바쁜 친구들이 즐거워지는 빠른 학습법 — 바빠 중학수학 시리즈

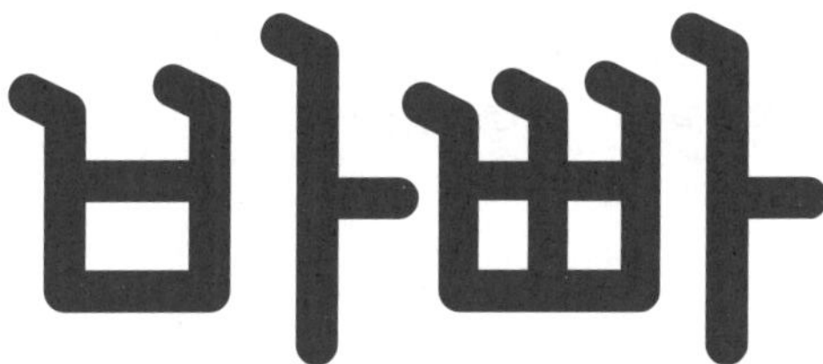

임미연 지음

고등수학으로 연결되는 중학수학 총정리

이지스에듀

지은이 | **임미연**

임미연 선생님은 대치동 학원가의 소문난 명강사로, 15년 넘게 중고등학생에게 수학을 지도하고 있다. 명강사로 이름을 날리기 전에는 동아출판사와 디딤돌에서 중고등 참고서와 교과서를 기획, 개발했다. 이론과 현장을 모두 아우르는 저자로, 학생들이 어려워하는 부분을 잘 알고 학생에 맞는 수준별 맞춤 수업을 하는 것으로도 유명하다. 그동안의 경험을 집대성해《바쁜 중1을 위한 빠른 중학연산 1권, 2권》,《바쁜 중1을 위한 빠른 중학도형》,《바빠 고등수학으로 연결되는 중학수학 총정리》,《바빠 고등수학으로 연결되는 중학도형 총정리》 등 〈바빠 중학수학〉 시리즈를 집필하였다.

바쁜 친구들이 즐거워지는 **빠**른 학습법 — 바빠 중학수학 시리즈

바빠 고등수학으로 연결되는 중학수학 총정리

초판 발행 2023년 6월 10일
초판 6쇄 2025년 1월 20일
지은이 임미연
발행인 이지연
펴낸곳 이지스퍼블리싱(주)
출판사 등록번호 제313-2010-123호
주소 서울시 마포구 잔다리로 109 이지스 빌딩 5층(우편번호 04003)
대표전화 02-325-1722 팩스 02-326-1723
이지스퍼블리싱 홈페이지 www.easyspub.com 이지스에듀 카페 www.easysedu.co.kr
바빠 아지트 블로그 blog.naver.com/easyspub 인스타그램 @easys_edu
페이스북 www.facebook.com/easyspub2014 이메일 service@easyspub.co.kr

본부장 조은미 기획 및 책임 편집 박지연 | 김현주, 정지연, 이지혜 교정 교열 서은아, 주선경 문제 검수 김해경 표지 및 내지 디자인 손한나 그림 김학수 전산편집 이츠북스 인쇄 보광문화사 독자지원 박애림, 김수경 영업 및 문의 이주동, 김요한(support@easyspub.co.kr) 마케팅 라혜주

ISBN 979-11-6303-469-8 53410
가격 16,800원

• **이지스에듀**는 이지스퍼블리싱(주)의 교육 브랜드입니다.
(이지스에듀는 학생들을 탈락시키지 않고 모두 목적지까지 데려가는 책을 만듭니다!)

추천의 글

전국의 명강사들이 박수 치며 추천한 책!

바쁜 예비 고1을 위한 최고의 교재!
'바빠 고등수학으로 연결되는 중학수학 총정리'

저자의 실전 내공이 느껴지는 책이네요. '바빠 중학수학 총정리'는 고등수학을 공부하는 데 꼭 필요한 내용이 빠짐없이 있으면서도 두껍지 않은 책입니다. 고등수학 시작 전, 빠르고 효과적인 워밍업 과정으로 추천합니다!

김종명 원장 | 분당 GTG수학 본원

이 책은 고등수학에 중요하지 않은 내용은 적게, 중요한 내용은 더 많이 공부할 수 있다는 점에서 시중 교재들과 차별화되어 있습니다. 특히 중요한 이차방정식과 이차함수가 다른 책보다 훨씬 많은 것이 눈에 띄네요. 바쁜 예비 고1에게 '강추' 합니다!

김승태 | 수학자가 들려주는 수학 이야기 저자

이 책은 고등수학 입문 직전, 잊고 있던 중학수학 과정의 핵심 개념들을 영역별로 총정리하여 학생들 스스로 자신의 실력을 빠르게 다지도록 구성된 점이 매우 좋습니다. '바빠 중학수학 총정리'로 빠르게 끝내세요!

정경이 원장 | 꿈이있는뜰 문래학원

올림픽 금메달리스트들의 공통점은 항상 기본에 충실하다는 것입니다. 고등수학을 시작하기 전 초석과도 같은 중학교 기본 개념을 핵심만 쏙쏙 빠르게 정리하는 책입니다. 고등 과정을 선행하기 전 필수 교재로 추천합니다.

김민경 원장 | 동탄 더원수학

단순 중학수학 3개년 모음집이 아닌 고등수학 과정에 쓰이는 내용만 짚어 담은 책입니다. '바빠 중학수학 총정리'로 공부한다면 중학수학 포기는 없을 것 같아요. 나아가 고등수학의 기본 실력이 탄탄해지도록 도와줄 것입니다.

박지현 원장 | 대치동 현수학학원

중등 과정을 빠르게 복습하고 싶은 중학생들, 시간이 부족한 예비 고1들에게 최고의 교재입니다. 그동안 아이들에게 총정리 책을 풀리기 전에 고등수학에 이어지는 내용만 찾아 선별하는 과정을 거쳤는데, 이제 이 책이 선생님들의 수고를 덜어 주겠네요.

서은아 선생 | 광진 공부방

중학수학은 고등수학의 기초!

고등수학에서 필요한 내용만 한 권으로 끝낸다!

고등학생 때 수포자가 안 되려면 중학수학 먼저 정리하고 넘어가라!

수학을 포기하는 일명 '수포자'는 고등학교에 가면 절정에 이릅니다! '사교육걱정없는세상'의 조사 결과, 고교생 3명 중 1명이 자신을 '수포자'라고 생각한다고 응답했습니다. 수포자 발생 원인으로는 '누적된 학습 결손'을 뽑은 교사의 비율이 중학교 교사 69%, 고등학교 교사의 78%로 모두 과반이 넘었습니다.

수학은 계통성이 강한 과목으로, 중학수학부터 고등수학 과정까지 많은 단원이 연계되어 있습니다. 고등수학은 배우는 범위가 넓고 학습량이 많기 때문에, 학습 결손이 발생할 때마다 중학수학을 복습할 시간이 부족합니다. 따라서 **고등수학을 공부하기 전에, 중학수학 먼저 정리하고 넘어가는 것이 중요**합니다.

대치동 명강사가 고르고 골랐다! 고등수학으로 연결되는 것만 정리하자!

대치동에서 15년이 넘게 중고생을 지도한 이 책의 저자, 임미연 선생님은 "시중의 중학 총정리 문제집은 중학수학 전체 내용을 포함하고 있어 양이 너무 방대합니다. 두꺼운 총정리 문제집은 사전처럼 찾는 용으로 쓸 수는 있지만 바쁜 예비 고1에게는 많은 개념과 문제가 버거울 수 있습니다."라고 말합니다.

바쁜 예비 고1이라면 중학교 수학 내용을 중1부터 중3까지 모두 훑는 것보다 고등수학으로 연결되는 내용만 압축하여 빠르게 정리하고 넘어가세요!

'바빠 중학수학 총정리'는 바쁜 예비 고1을 위해 고등수학으로 연결되는 중학수학만 고르고 골라 구성한 책입니다. 고등수학을 공부하는 데 필요 없는 중학수학 내용은 과감하게 생략하고, 덜 중요한 부분은 압축하여 빠르게 훑고 넘어갑니다. 하지만 고등수학에서 중요한 부분은 집중하여 더 많이 공부하도록 구성했으니, 이 책을 마치고 나면 고등수학과 연결되는 중학수학 개념이 탄탄하게 잡힐 것입니다!

왜 중요한지, 고등수학으로 어떻게 이어지는지 알고 공부한다!

이 책은 학년 구분 없이 5개 영역(수와 연산, 문자와 식, 함수, 기하, 확률과 통계)별로 구성했습니다. 그리고 각 단원마다 대치동 명강사인 저자가 중학교에서 배운 내용이 고등수학으로 어떻게 연결되는지 알려줍니다.

지금 하는 공부가 고등수학에서 얼마나 중요한지 알면 스스로 개념을 정리하는 힘과 문제 해결 방법도 터득하게 될 것입니다!

혼자 봐도 이해된다! 선생님이 옆에 있는 것 같다.

기존의 총정리 책은 한 권의 책에 방대한 지식을 모아 놓기만 할 뿐, 그것을 공부할 방법은 알려주지 않았습니다. 그래서 선생님께 의존하는 경우가 많았죠. 그러나 이 책은 선생님이 얼굴을 맞대고 알려주시는 것처럼 세세한 공부 팁까지 책 속에 담았습니다.

각 단계의 개념마다 친절한 설명과 함께 **명강사의 노하우가 담긴 '바빠 꿀팁'**을 수록, 혼자 공부해도 쉽게 이해할 수 있습니다. 또한 지금 외워 두면 좋은 것만 모은 **'외워 외워!'**로 핵심 내용을 잊지 않게 도와줍니다.

중학생 70%가 틀리는 문제, '앗! 실수' 코너로 해결!

중학수학 개념을 총정리하면서 **'앗! 실수'** 코너를 통해, 중학생 70%가 자주 틀리는 실수 포인트를 정리했습니다. 수학 개념을 정리하면서도 연산 실수 유형을 짚고 넘어 가세요.

각 단원의 마지막에는 **'고등수학으로 연결되는 문제'**를 넣어, 이 책에 나온 문제만 다 풀어도 고등수학으로 넘어갈 준비를 할 수 있습니다.

예비 고1이라면, 스스로 중학수학을 정리하고 고등수학으로 나아가는 준비를 해야 할 때!

'바빠 중학수학 총정리'가 바쁜 예비 고1 여러분을 도와드리겠습니다. 이 책으로 중학수학 필수 개념을 총정리하고 넘어가 보세요!

1단계 | 필수 개념 정리 — 중학 3개년 전 과정 핵심 개념만 총정리!

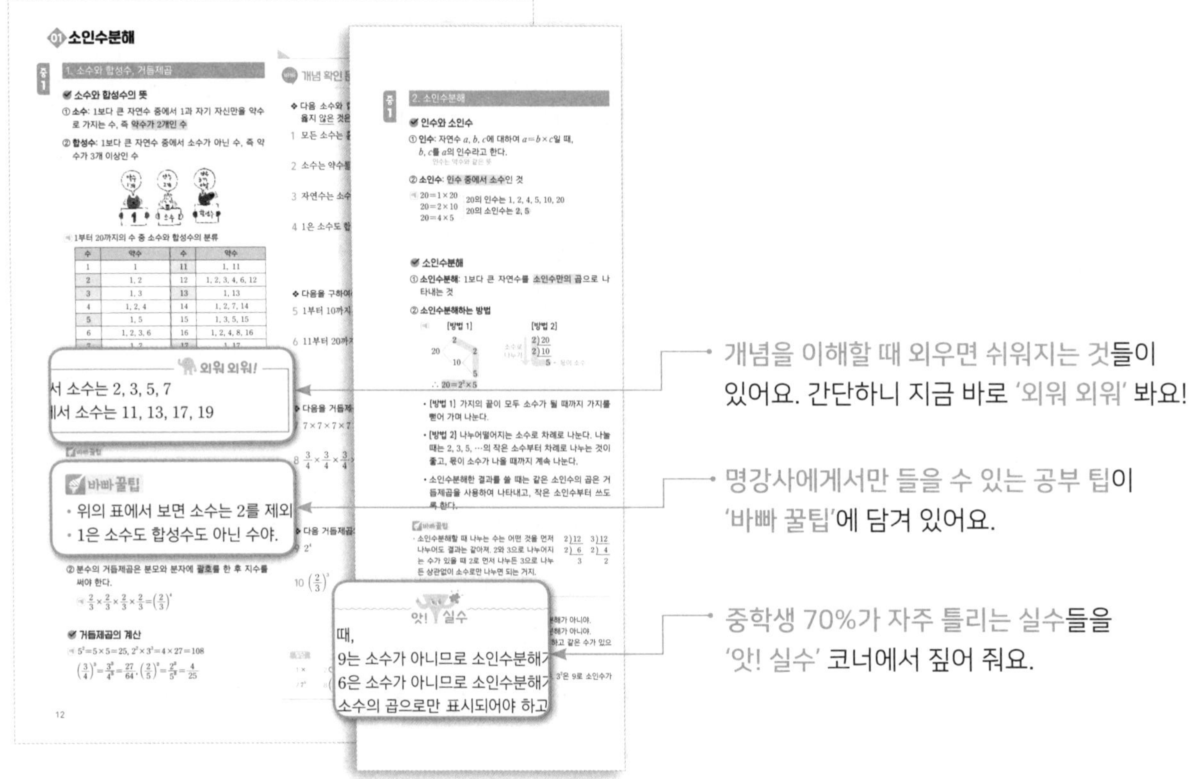

개념을 이해할 때 외우면 쉬워지는 것들이 있어요. 간단하니 지금 바로 '외워 외워' 봐요!

명강사에게서만 들을 수 있는 공부 팁이 '바빠 꿀팁'에 담겨 있어요.

중학생 70%가 자주 틀리는 실수들을 '앗! 실수' 코너에서 짚어 줘요.

2단계 | 개념 확인 문제 — 방금 배운 개념을 이해했는지 바로바로 확인!

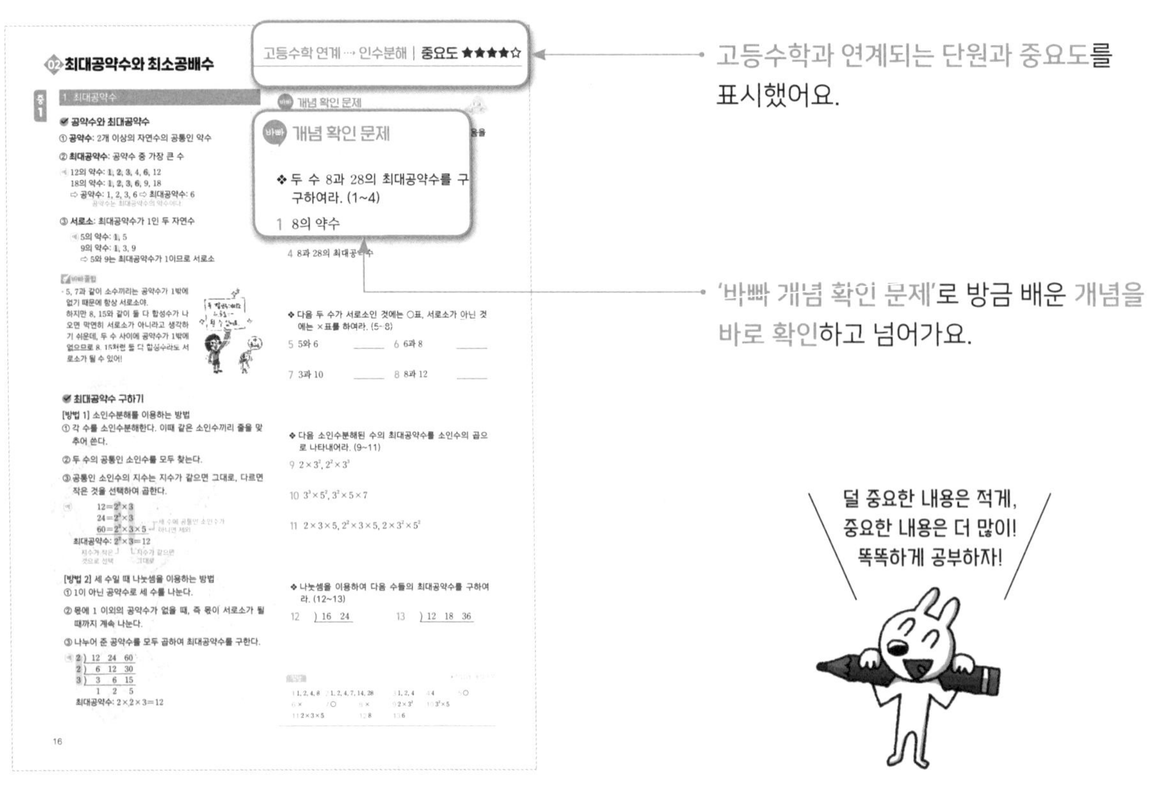

고등수학과 연계되는 단원과 중요도를 표시했어요.

'바빠 개념 확인 문제'로 방금 배운 개념을 바로 확인하고 넘어가요.

덜 중요한 내용은 적게, 중요한 내용은 더 많이! 똑똑하게 공부하자!

3단계 | 개념 완성 문제 – 각 개념 대표 문제로 응용력과 자신감 충전!

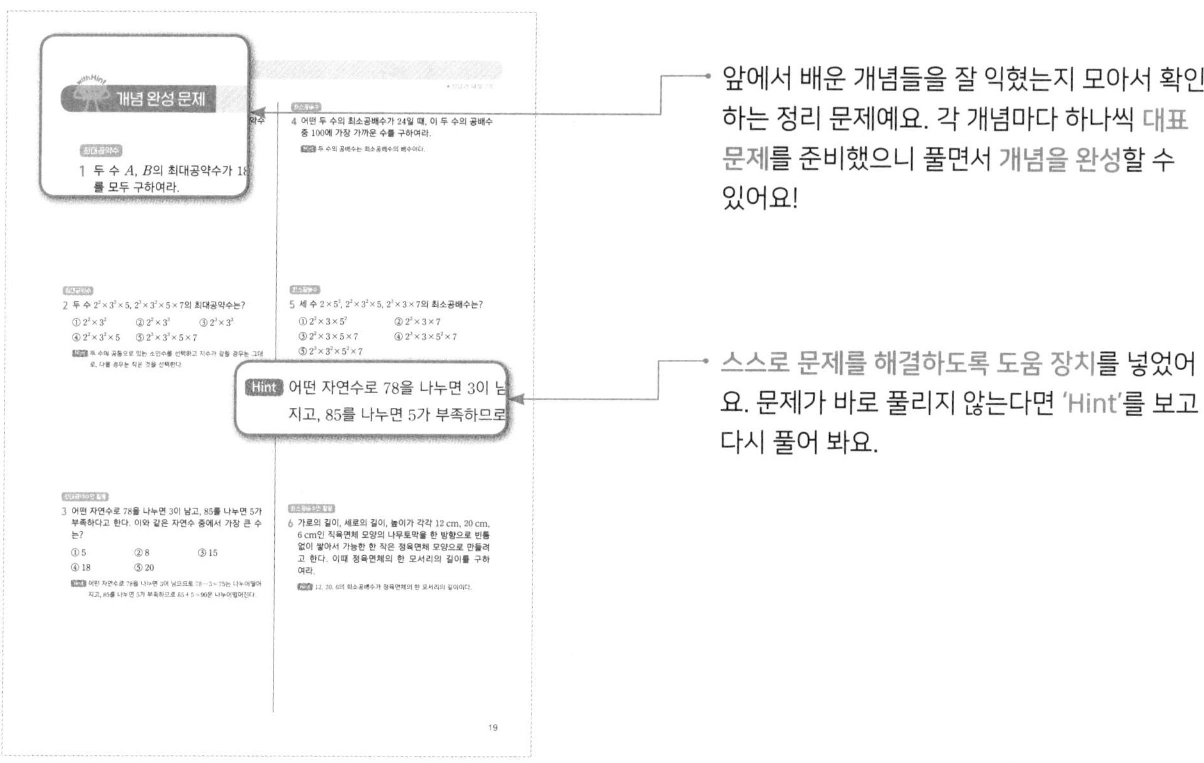

앞에서 배운 개념들을 잘 익혔는지 모아서 확인하는 정리 문제예요. 각 개념마다 하나씩 대표 문제를 준비했으니 풀면서 개념을 완성할 수 있어요!

스스로 문제를 해결하도록 도움 장치를 넣었어요. 문제가 바로 풀리지 않는다면 'Hint'를 보고 다시 풀어 봐요.

4단계 | 고등수학 연결 문제 – 고르고 고른 엄선 문제로 고등수학까지 연결!

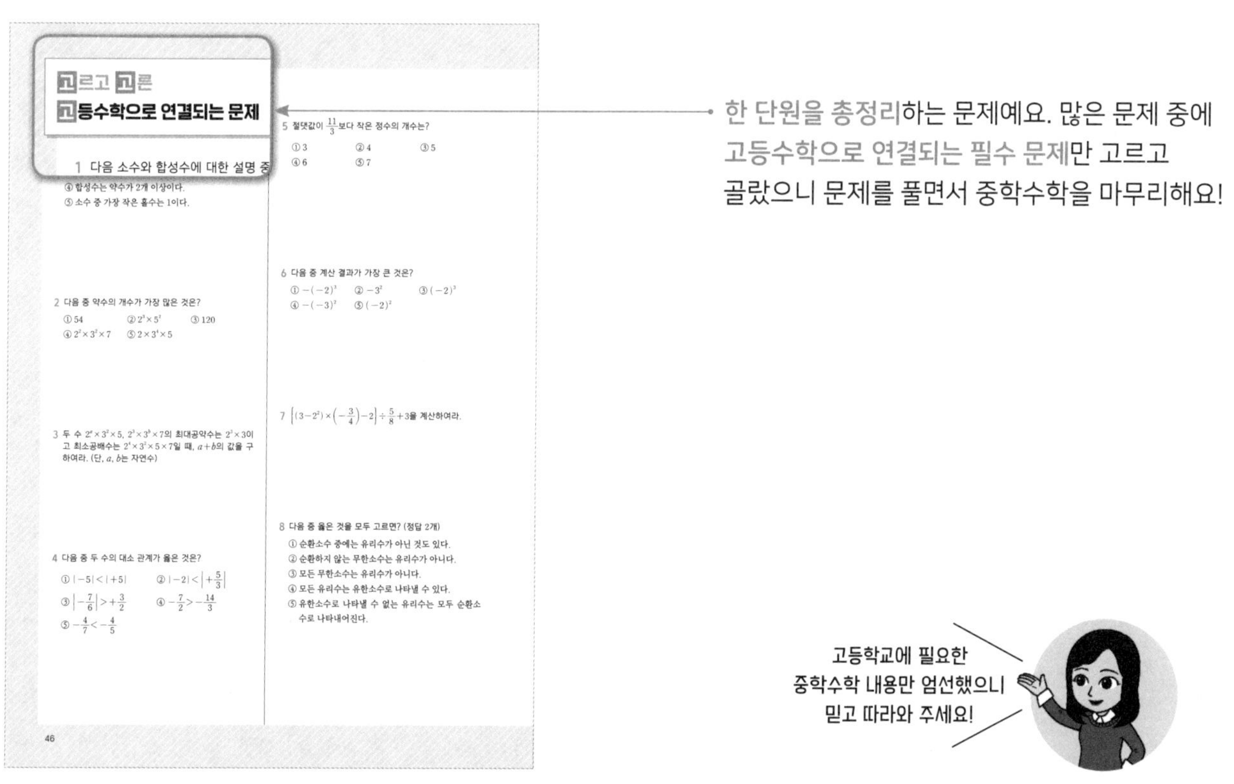

한 단원을 총정리하는 문제예요. 많은 문제 중에 고등수학으로 연결되는 필수 문제만 고르고 골랐으니 문제를 풀면서 중학수학을 마무리해요!

고등학교에 필요한 중학수학 내용만 엄선했으니 믿고 따라와 주세요!

《바빠 중학수학 총정리》
나에게 맞는 방법 찾기

'바빠 중학수학 총정리'는 고등수학에서 필요한 중학수학 내용만 추려내어 정리한 책입니다.

1. 중학수학을 잘하는 학생이라면?

이 책은 고등수학에서 나오지 않는 부분은 빼고 덜 중요한 부분은 약화시켰어요. 하지만 중요한 부분은 더욱 강화하여 많이 공부할 수 있게 해 놓았으니 15일 또는 21일 진도 중 자신에게 알맞은 진도를 선택해 빠르게 정리하세요!

2. 전반적으로 중학수학의 기초가 부족한 학생이라면?

이 책은 36단원으로 구성되어 있으니, 매일 한 단원씩 공부한다면 36일에 개념을 완성할 수 있어요. 한 단원은 4~5쪽 정도의 양이니 차분하게 처음부터 풀어 보세요! 고등학교에 가서 수학을 공부할 때 기초가 탄탄해서 자신감이 생길 거예요.

3. 방정식 또는 함수처럼 특정한 단원만 어려운 학생이라면?

단원마다 1학년부터 3학년까지의 개념이 연결되어 있으니, 자신이 어려운 단원만 찾아서 공부하세요! 예를 들어 방정식이 어렵다면 '일차방정식 → 연립방정식 → 이차방정식' 순으로 방정식 단원만 찾아서 공부하세요!

권장 진도표

✓	15일 진도	21일 진도
1일차	01~03	01~02
2일차	04~06	03~04
3일차	07~08 Ⅰ단원 총정리	05~06
4일차	09~11	07
5일차	12~14	08 Ⅰ단원 총정리
6일차	15~16	09~10
7일차	17~18 Ⅱ단원 총정리	11~12
8일차	19~21	13~14
9일차	22~23 Ⅲ단원 총정리	15~16
10일차	24~26	17~18 Ⅱ단원 총정리
11일차	27~29	19
12일차	30~31	20~21
13일차	32~33	22~23 Ⅲ단원 총정리
14일차	34 Ⅳ단원 총정리	24~25
15일차	35~36 Ⅴ단원 총정리 끝	26
16일차		27~28
17일차		29~31
18일차		32~33
19일차		34 Ⅳ단원 총정리
20일차		35
21일차		36 Ⅴ단원 총정리 끝

바빠 고등수학으로 연결되는 중학수학 총정리

I

수와 연산

'I 수와 연산'은 새로운 수를 배우고 새로운 수를 어떻게 계산하는지 공부하는 단원이에요. 중1 과정에서는 초등수학에서 배웠던 자연수를 확장한 정수와 정수를 확장한 유리수를 배워요. 중3 과정에서는 무리수를 배우고 유리수와 무리수를 합한 실수의 개념도 배우게 돼요.

1학년 내용을 다섯 단원으로 구성했는데, 모든 단원이 고등수학의 기본이 되는 내용들이에요. 초등학교 때 배웠던 자연수의 덧셈·뺄셈·곱셈·나눗셈이 중학수학의 기초인 것처럼 이 내용들을 모르면 고등수학을 시작도 하지 못하는 기본 중의 기본이죠.

2학년 내용은 한 단원이지만 덜 중요해서 간단히 정리했어요. 순환소수가 유리수라는 개념만 익히면 되고, 순환소수의 표현 등은 고등수학에 나오지 않으니 가볍게 넘어가도 돼요.

3학년 내용은 두 단원이지만 아주 중요한 무리수의 개념과 근호를 포함한 식의 계산으로 구성했어요. 중학교 때는 실수까지 배우지만 고등학교에서는 새로운 수인 복소수를 배우기 때문에 실수의 개념을 모르면 고등수학의 복소수를 공부하기는 어려워요. 따라서 실수를 중학교 때 완벽하게 공부하는 것이 필요해요.

3학년 내용이 고등수학을 준비하는 데 가장 중요하지만 중학수학을 총정리할 때 3학년 공부의 기본이 되는 1, 2학년 내용도 소홀히 하지 않기를 바랄게요!

학년	단원명	고등수학 연계 단원	중요도
1학년	01 소인수분해	다항식의 계산, 인수분해	★★★★☆
	02 최대공약수와 최소공배수	인수분해	★★★★☆
	03 정수와 유리수	복소수	★★★☆☆
	04 유리수의 덧셈과 뺄셈	복소수	★★★☆☆
	05 유리수의 곱셈과 나눗셈	복소수	★★★★☆
2학년	06 유리수와 순환소수	복소수	★★☆☆☆
3학년	07 제곱근과 실수	복소수	★★★★★
	08 근호를 포함한 식의 계산	복소수	★★★★★

01 소인수분해

1. 소수와 합성수, 거듭제곱

소수와 합성수의 뜻

① **소수**: 1보다 큰 자연수 중에서 1과 자기 자신만을 약수로 가지는 수, 즉 약수가 2개인 수

② **합성수**: 1보다 큰 자연수 중에서 소수가 아닌 수, 즉 약수가 3개 이상인 수

예 1부터 20까지의 수 중 소수와 합성수의 분류

수	약수	수	약수
1	1	11	1, 11
2	1, 2	12	1, 2, 3, 4, 6, 12
3	1, 3	13	1, 13
4	1, 2, 4	14	1, 2, 7, 14
5	1, 5	15	1, 3, 5, 15
6	1, 2, 3, 6	16	1, 2, 4, 8, 16
7	1, 7	17	1, 17
8	1, 2, 4, 8	18	1, 2, 3, 6, 9, 18
9	1, 3, 9	19	1, 19
10	1, 2, 5, 10	20	1, 2, 4, 5, 10, 20

외워 외워!
- ★ 1부터 10까지의 수 중에서 소수는 2, 3, 5, 7
- ★ 11부터 20까지의 수 중에서 소수는 11, 13, 17, 19

바빠 꿀팁
- 위의 표에서 보면 소수는 2를 제외하고 모두 홀수야.
- 1은 소수도 합성수도 아닌 수야.

거듭제곱의 표현

① 곱한 횟수만큼 지수를 쓴다.

예 $\underbrace{2\times2\times2}_{3개}=2^3$ ← 2를 3개 곱한 것

② 분수의 거듭제곱은 분모와 분자에 괄호를 한 후 지수를 써야 한다.

예 $\frac{2}{3}\times\frac{2}{3}\times\frac{2}{3}\times\frac{2}{3}=\left(\frac{2}{3}\right)^4$

거듭제곱의 계산

예 $5^2=5\times5=25$, $2^2\times3^3=4\times27=108$

$\left(\frac{3}{4}\right)^3=\frac{3^3}{4^3}=\frac{27}{64}$, $\left(\frac{2}{5}\right)^2=\frac{2^2}{5^2}=\frac{4}{25}$

바빠 개념 확인 문제

❖ 다음 소수와 합성수에 대한 설명 중 옳은 것은 ○표, 옳지 않은 것은 ×표를 하여라. (1~4)

1 모든 소수는 홀수이다. ____

2 소수는 약수를 2개만 가지는 자연수이다. ____

3 자연수는 소수와 합성수로 이루어져 있다. ____

4 1은 소수도 합성수도 아니다. ____

❖ 다음을 구하여라. (5~6)

5 1부터 10까지의 수 중에서 소수를 써라.

6 11부터 20까지의 수 중에서 소수를 써라.

❖ 다음을 거듭제곱을 사용하여 나타내어라. (7~8)

7 $7\times7\times7\times7\times7$

8 $\frac{3}{4}\times\frac{3}{4}\times\frac{3}{4}\times\frac{3}{4}$

❖ 다음 거듭제곱의 값을 구하여라. (9~10)

9 2^4

10 $\left(\frac{2}{3}\right)^3$

정답 *정답과 해설 1쪽

1 × 2 ○ 3 × 4 ○ 5 2, 3, 5, 7 6 11, 13, 17, 19 7 7^5 8 $\left(\frac{3}{4}\right)^4$ 9 16 10 $\frac{8}{27}$

중1

2. 소인수분해

✔ 인수와 소인수

① **인수**: 자연수 a, b, c에 대하여 $a=b\times c$일 때, b, c를 a의 인수라고 한다.
인수는 약수와 같은 뜻

② **소인수**: 인수 중에서 소수인 것

예 $20=1\times20$, $20=2\times10$, $20=4\times5$ — 20의 인수는 1, 2, 4, 5, 10, 20 / 20의 소인수는 2, 5

✔ 소인수분해

① **소인수분해**: 1보다 큰 자연수를 소인수만의 곱으로 나타내는 것

② **소인수분해하는 방법**

예 [방법 1] [방법 2]

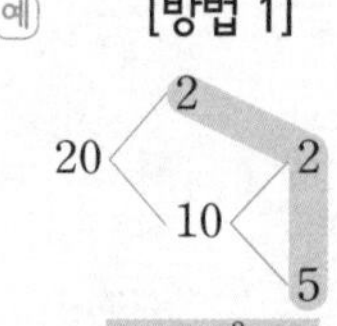

$\therefore 20=2^2\times5$

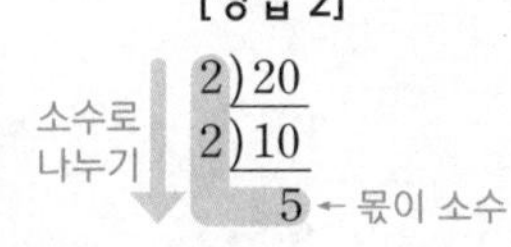

- [방법 1] 가지의 끝이 모두 소수가 될 때까지 가지를 뻗어 가며 나눈다.
- [방법 2] 나누어떨어지는 소수로 차례로 나눈다. 나눌 때는 2, 3, 5, ⋯의 작은 소수부터 차례로 나누는 것이 좋고, 몫이 소수가 나올 때까지 계속 나눈다.
- 소인수분해한 결과를 쓸 때는 같은 소인수의 곱은 거듭제곱을 사용하여 나타내고, 작은 소인수부터 쓰도록 한다.

바빠 꿀팁

- 소인수분해할 때 나누는 수는 어떤 것을 먼저 나누어도 결과는 같아져. 2와 3으로 나누어지는 수가 있을 때 2로 먼저 나누든 3으로 나누든 상관없이 소수로만 나누면 되는 거지.

2)12, 2)6, 3   3)12, 2)4, 2

앗! 실수

★ 소인수분해할 때,
$18=2\times9$ ⇨ 9는 소수가 아니므로 소인수분해가 아니야.
$18=3\times6$ ⇨ 6은 소수가 아니므로 소인수분해가 아니야.
소인수분해는 소수의 곱으로만 표시되어야 하고 같은 수가 있으면 거듭제곱으로 표현해야 되거든.
그래서 $18=2\times3^2$이 맞는 소인수분해야.
이때 18의 소인수는 2, 3^2이 아닌 2, 3이야. 3^2은 9로 소인수가 아니기 때문이지.

바빠 개념 확인 문제

❖ 다음은 수를 두 가지 방법으로 소인수분해하는 과정이다. □ 안에 알맞은 수를 써넣어라. (1~2)

1
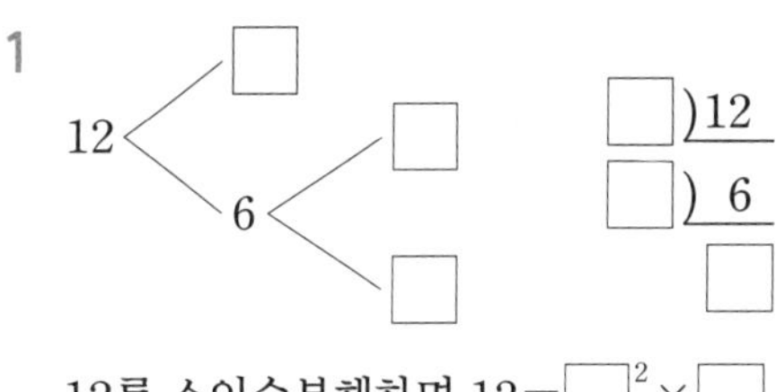

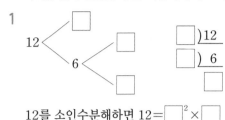

12를 소인수분해하면 $12=\square^2\times\square$

2
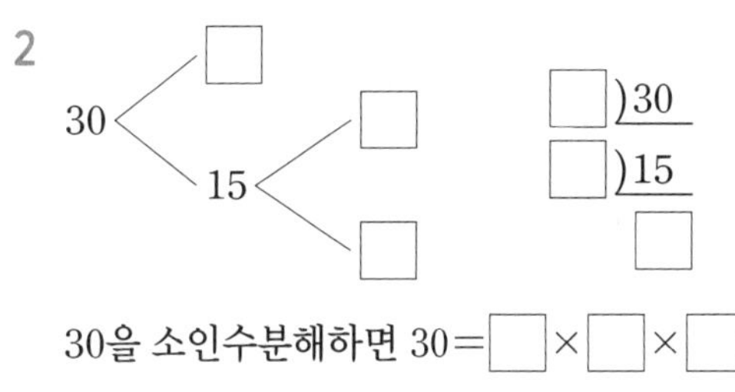

30을 소인수분해하면 $30=\square\times\square\times\square$

❖ 다음 수를 소인수분해하고, 각각의 소인수를 모두 구하여라. (3~9)

3 8

4 15

5 28

6 45

7 52

8 60

9 75

정답   * 정답과 해설 1쪽

1 2, 2, 3, 2, 2, 3, 2, 3   2 2, 3, 5, 2, 3, 5, 2, 3, 5   3 2^3, 2
4 3×5, 3, 5   5 $2^2\times7$, 2, 7   6 $3^2\times5$, 3, 5
7 $2^2\times13$, 2, 13   8 $2^2\times3\times5$, 2, 3, 5   9 3×5^2, 3, 5

중1

3. 소인수분해를 이용하여 약수와 약수의 개수 구하기

✔ a^n (a는 소수, n은 자연수)꼴의 약수와 약수의 개수

a^n의 약수 ⇨ $1, a, a^2, \cdots, a^n$ ⇨ $(n+1)$개

예 $16=2^4$의 약수 ⇨ $1, 2, 2^2, 2^3, 2^4$ ⇨ $(4+1)$개

✔ $a^m \times b^n$ (a, b는 서로 다른 소수, m, n은 자연수) 꼴의 약수와 약수의 개수

① 약수 구하기

예 $18=2\times3^2$의 약수를 구해 보자.
2의 약수인 1, 2와 3^2의 약수인 1, 3, 3^2을 다음과 같이 표에 쓰고 가로와 세로가 만나는 칸에 두 약수를 곱한다.

3^2의 약수 → 3개

2의 약수 → 2개

×	1	3	3^2
1	$1\times1=1$	$1\times3=3$	$1\times3^2=9$
2	$2\times1=2$	$2\times3=6$	$2\times3^2=18$

따라서 18의 약수는 1, 2, 3, 6, 9, 18로 소인수분해한 수들의 곱으로 표현된다.

② 약수의 개수 구하기

$a^m\times b^n$ (a, b는 서로 다른 소수, m, n은 자연수)으로 소인수분해될 때, $a^m\times b^n$의 약수는

⇨ a^m의 약수 $\underbrace{1, a, a^2, \cdots, a^m}_{(m+1)개}$과

⇨ b^n의 약수 $\underbrace{1, b, b^2, \cdots, b^n}_{(n+1)개}$

을 곱하여 구한다.

따라서 $a^m\times b^n$의 약수의 개수는 $(m+1)\times(n+1)$

예 45를 소인수분해한 후 약수의 개수를 구해 보자.
45를 소인수분해하면 $45=3^2\times5$이고 지수에 1씩 더하여 곱하면 약수의 개수는
$(2+1)\times(1+1)=6$

외워 외워!

★ 약수를 구하기 위해 표를 그릴 때는 지수보다 1칸씩 더 그려야 해. 왜냐하면 모든 수의 약수인 1이 들어갈 칸을 만들어야 되거든.

바빠 꿀팁

• 소인수분해로 약수의 개수를 구할 때 소인수분해를 잘했는지 살펴보아야 해.
$4\times3^2\times5$의 약수의 개수를 $2\times3\times2=12$로 답하는 경우가 있는데 4가 소인수가 아니어서 틀린 답이야.
4를 2^2으로 고쳐서 약수의 개수를 $3\times3\times2=18$로 답해야 해.

바빠 개념 확인 문제

❖ 소인수분해를 이용하여 다음 수의 약수를 구하는 과정이다. 표의 빈칸에 알맞은 수를 써넣고 약수를 구하여라. (1~2)

1 $20=2^2\times5$

×	1	2	2^2
1			
5			

약수 ____________

2 $50=2\times5^2$

×			

약수 ____________

❖ 다음 수의 약수의 개수를 구하여라. (3~5)

3 2×7^3

4 $3^3\times5^2$

5 $2^2\times3^3\times5$

❖ 다음 수를 소인수분해하고, 각각의 약수의 개수를 구하여라. (6~7)

6 24

7 30

정답 * 정답과 해설 1쪽

1 표: 해설 참조, 약수: 1, 2, 4, 5, 10, 20
2 표: 해설 참조, 약수: 1, 2, 5, 10, 25, 50
3 8　4 12　5 24　6 $2^3\times3$, 8　7 $2\times3\times5$, 8

개념 완성 문제

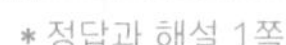

* 정답과 해설 1쪽

소수와 합성수

1 다음 소수와 합성수에 대한 설명 중 옳지 않은 것은?

① 2는 가장 작은 소수이다.
② 1은 소수도 합성수도 아니다.
③ 소수 중 짝수는 2뿐이다.
④ 소수는 약수가 2개인 수이다.
⑤ 합성수는 약수가 3개인 수이다.

Hint 합성수는 1보다 큰 자연수 중에서 소수가 아닌 수이다.

소수와 합성수

2 다음 중 소수를 모두 써라.

12, 17, 19, 23, 25, 33

Hint 약수가 1과 자기 자신인 수를 찾으면 된다.

거듭제곱

3 $2^a=16$, $5^2=b$를 만족하는 두 자연수 a, b에 대하여 $b-a$의 값은?

① 18　② 21　③ 23
④ 25　⑤ 26

Hint $16=2\times2\times2\times2$, $5^2=5\times5$

소인수분해

4 180을 소인수분해하면 $2^a\times3^b\times5^c$일 때, 세 자연수 a, b, c의 값을 각각 구하여라.

Hint 180을 나누어떨어지는 소수로 계속 나누고 여러 번 나누는 소수는 거듭제곱을 사용하여 나타낸다.

소인수분해

5 다음 중 120의 소인수를 모두 골라라.

2, 3^2, 2^3, 3, 5, 7

Hint $120=2^3\times3\times5$

소인수분해를 이용하여 약수 구하기

6 다음 중 96의 약수가 아닌 것은?

① 2×3　② $2^2\times3$　③ 2^3
④ $2^2\times3^2$　⑤ $2^4\times3$

Hint $96=2^5\times3$이므로 96의 약수는 2의 지수가 최대 5, 3의 지수가 최대 1이어야 한다.

소인수분해를 이용하여 약수의 개수 구하기

7 72의 약수의 개수와 $2^a\times5^2$의 약수의 개수가 같을 때, 자연수 a의 값은?

① 1　② 2　③ 3
④ 4　⑤ 5

Hint $72=2^3\times3^2$이므로 약수의 개수는 각각의 지수에 1을 더한 후 곱하면 되므로 $(3+1)\times(2+1)=12$

02 최대공약수와 최소공배수

1. 최대공약수

✔ 공약수와 최대공약수

① **공약수**: 2개 이상의 자연수의 공통인 약수

② **최대공약수**: 공약수 중 가장 큰 수

예) 12의 약수: 1, 2, 3, 4, 6, 12
18의 약수: 1, 2, 3, 6, 9, 18
⇨ 공약수: 1, 2, 3, 6 ⇨ 최대공약수: 6
공약수는 최대공약수의 약수이다.

③ **서로소**: 최대공약수가 1인 두 자연수

예) 5의 약수: 1, 5
9의 약수: 1, 3, 9
⇨ 5와 9는 최대공약수가 1이므로 서로소

바빠 꿀팁

- 5, 7과 같이 소수끼리는 공약수가 1밖에 없기 때문에 항상 서로소야.
하지만 8, 15와 같이 둘 다 합성수가 나오면 막연히 서로소가 아니라고 생각하기 쉬운데, 두 수 사이에 공약수가 1밖에 없으므로 8, 15처럼 둘 다 합성수라도 서로소가 될 수 있어!

두 합성수끼리도 서로소가 될 수 있어요.
아 그렇구나!

✔ 최대공약수 구하기

[방법 1] 소인수분해를 이용하는 방법

① 각 수를 소인수분해한다. 이때 같은 소인수끼리 줄을 맞추어 쓴다.

② 두 수의 공통인 소인수를 모두 찾는다.

③ 공통인 소인수의 지수는 지수가 같으면 그대로, 다르면 작은 것을 선택하여 곱한다.

예)
$12=2^2\times3$
$24=2^3\times3$
$60=2^2\times3\times5$ ← 세 수에 공통인 소인수가 아니면 제외
최대공약수: $2^2\times3=12$
(지수가 작은 것으로 선택) (지수가 같으면 그대로)

[방법 2] 세 수일 때 나눗셈을 이용하는 방법

① 1이 아닌 공약수로 세 수를 나눈다.

② 몫에 1 이외의 공약수가 없을 때, 즉 몫이 서로소가 될 때까지 계속 나눈다.

③ 나누어 준 공약수를 모두 곱하여 최대공약수를 구한다.

예)
```
2 ) 12  24  60
2 )  6  12  30
3 )  3   6  15
     1   2   5
```
최대공약수: $2\times2\times3=12$

고등수학 연계 ⋯ 인수분해 | 중요도 ★★★★☆

바빠 개념 확인 문제

❖ 두 수 8과 28의 최대공약수를 구하려고 한다. 다음을 구하여라. (1~4)

1 8의 약수

2 28의 약수

3 8과 28의 공약수

4 8과 28의 최대공약수

❖ 다음 두 수가 서로소인 것에는 ○표, 서로소가 아닌 것에는 ×표를 하여라. (5~8)

5 5와 6 ______ 6 6과 8 ______

7 3과 10 ______ 8 8과 12 ______

❖ 다음 소인수분해된 수의 최대공약수를 소인수의 곱으로 나타내어라. (9~11)

9 2×3^2, $2^2\times3^3$

10 $3^3\times5^2$, $3^2\times5\times7$

11 $2\times3\times5$, $2^2\times3\times5$, $2\times3^2\times5^2$

❖ 나눗셈을 이용하여 다음 수들의 최대공약수를 구하여라. (12~13)

12) 16 24

13) 12 18 36

정답 * 정답과 해설 1쪽

1 1, 2, 4, 8 2 1, 2, 4, 7, 14, 28 3 1, 2, 4 4 4 5 ○
6 × 7 ○ 8 × 9 2×3^2 10 $3^2\times5$
11 $2\times3\times5$ 12 8 13 6

2. 최소공배수

공배수와 최소공배수

① **공배수**: 두 개 이상의 자연수의 공통인 배수

② **최소공배수**: 공배수 중에서 가장 작은 수

예 6의 배수: 6, 12, 18, 24, 30, 36, 42, 48, ⋯
8의 배수: 8, 16, 24, 32, 40, 48, 56, ⋯
⇨ 공배수: 24, 48, ⋯ ⇨ 최소공배수: 24

바빠 꿀팁

• 두 자연수가 서로소일 때 최대공약수가 1이라는 사실을 기억하고 있을 거야. 그렇다면 서로소인 두 수의 최소공배수는 얼마일까? 서로소인 4와 5의 최소공배수는 20이야. 즉, 서로소인 두 수의 최소공배수는 두 수의 곱과 같음을 알 수 있어.

최소공배수 구하기

[방법 1] 소인수분해를 이용하는 방법

① 각 수를 소인수분해한다. 이때 같은 소인수끼리 줄을 맞추어 쓴다.

② 모든 종류의 소인수를 찾는다.

③ 소인수의 지수가 같으면 그대로, 다르면 큰 쪽을 선택하여 곱한다.

예
$12=2^2\times3$
$30=2\times3\times5$
$48=2^4\times3$
최소공배수: $2^4\times3\times5=240$
(지수가 큰 것으로 선택 / 지수가 같으면 그대로 / 모든 종류의 소인수)

[방법 2] 세 수일 때 나눗셈을 이용하는 방법

① 세 수를 1이 아닌 공약수로 계속 나눈다.

② 세 수의 공약수가 없으면 두 수의 공약수로 나눈다. 이때 공약수가 없는 수는 그대로 내려쓴다.

③ 세 개의 몫 중 어느 두 수가 모두 서로소가 될 때까지 계속 나눈다.

④ 나눈 수와 마지막 몫을 모두 곱한다.

예
2) 12 30 48
3) 6 15 24
2) 2 5 8
  1 5 4
(2, 5, 8의 공약수가 없으므로 5는 내려쓰고, 2와 8의 공약수 2로 나눈다.)

최소공배수: $2\times3\times2\times1\times5\times4=240$

바빠 개념 확인 문제

❖ 두 수 10과 15의 최소공배수를 구하려고 한다. 다음을 구하여라. (1~4)

1 10의 배수

2 15의 배수

3 10과 15의 공배수

4 10과 15의 최소공배수

❖ 다음 소인수분해된 수의 최소공배수를 소인수의 곱으로 나타내어라. (5~7)

5 $2^2\times3^2,\ 2\times3^3$

6 $2\times5^2,\ 2\times3\times5^3$

7 $2\times3^2\times5,\ 2^2\times3\times5,\ 2^2\times3^2\times7$

❖ 나눗셈을 이용하여 다음 수들의 최소공배수를 구하여라. (8~11)

8) 18 24

9) 20 32

10) 16 20 24

11) 18 21 36

정답 *정답과 해설 2쪽

1 10, 20, 30, 40, 50, ⋯ 2 15, 30, 45, 60, 75, ⋯ 3 30, 60, 90, ⋯
4 30 5 $2^2\times3^3$ 6 $2\times3\times5^3$ 7 $2^2\times3^2\times5\times7$
8 72 9 160 10 240 11 252

3. 최대공약수와 최소공배수의 활용

최대공약수의 활용

주어진 문장에 '가능한 한 많은', '가능한 한 큰', '가장 큰', '되도록 많은' 등의 표현이 있을 경우에는 대부분 최대공약수를 이용하여 문제를 해결한다.

① 두 종류 이상의 물건을 가능한 한 많은 사람들에게 남김없이 똑같이 나누어 주는 문제

② 직사각형을 가능한 한 큰 정사각형 모양으로 빈틈없이 채우는 문제

③ 몇 개의 자연수를 동시에 나누어 떨어지게 하는 가장 큰 자연수를 찾는 문제

예) 빵 45개, 우유 60개를 가능한 한 많은 학생들에게 남김없이 똑같이 나누어 주려고 한다. 몇 명의 학생들에게 몇 개씩 나누어 줄 수 있는지 구해 보자.
남김없이 똑같이 나누어준다고 했으므로 45, 60의 최대공약수를 구하면 된다.

3) 45 60
5) 15 20
3 4

⇨ 최대공약수가 $3\times5=15$이므로 15명의 학생들에게 빵 3개, 우유 4개씩 나누어 줄 수 있다.

최소공배수의 활용

주어진 문장에 '가능한 한 작은', '가장 작은', '되도록 작게', '처음으로 동시에' 등의 표현이 있을 경우에는 대부분 최소공배수를 이용하여 문제를 해결한다.

① 동시에 출발한 두 버스가 처음으로 다시 동시에 출발하는 시각을 구하는 문제

② 일정한 크기의 직사각형을 겹치지 않게 빈틈없이 붙여서 가능한 한 작은 정사각형 모양을 만드는 문제

③ 세 자연수 a, b, c 어느 것으로 나누어도 나머지가 같은 가장 작은 자연수를 구하는 문제

예) 가로의 길이가 8 cm, 세로의 길이가 12 cm인 직사각형을 겹치지 않게 빈틈없이 붙여서 가장 작은 정사각형 모양으로 만들려고 한다. 이 정사각형의 한 변의 길이와 필요한 직사각형의 개수를 구해 보자.

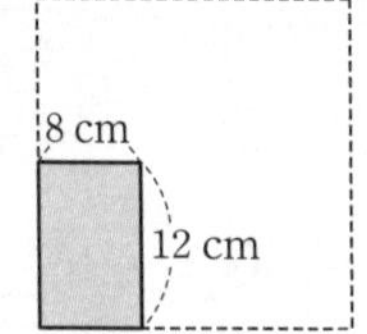

가장 작은 정사각형을 만들어야 하므로 8, 12의 최소공배수를 구하면 된다.

2) 8 12
2) 4 6
2 3

⇨ 최소공배수가 $2\times2\times2\times3=24$이므로 정사각형의 한 변의 길이는 24 cm이다. 따라서 가로에는 3개, 세로에는 2개가 필요하므로 직사각형의 개수는 $3\times2=6$

바빠 개념 확인 문제

1 연필 60자루와 노트 48권을 가능한 한 많은 학생들에게 똑같이 나누어 주려고 할 때, 나누어 줄 수 있는 학생 수를 구하여라.

❖ 가로의 길이가 75 cm, 세로의 길이가 30 cm인 직사각형 모양의 게시판에 크기가 같은 정사각형 모양의 색종이를 겹치지 않게 빈틈없이 붙이려고 한다. 가능한 한 큰 색종이를 붙이려고 할 때, 다음을 구하여라. (2~3)

2 가능한 큰 색종이의 한 변의 길이

3 필요한 색종이의 개수

4 A열차는 24분마다, B열차는 30분마다 출발한다. 오전 6시에 두 열차가 동시에 출발하였다면 두 열차가 처음으로 다시 동시에 출발하는 시각을 구하여라.

❖ 가로의 길이가 6 cm, 세로의 길이가 9 cm인 직사각형을 겹치지 않게 빈틈없이 붙여서 가장 작은 정사각형 모양으로 만들려고 한다. 다음을 구하여라. (5~6)

5 가장 작은 정사각형의 한 변의 길이

6 필요한 직사각형의 개수

정답 * 정답과 해설 2쪽

1 12명 2 15 cm 3 10 4 오전 8시
5 18 cm 6 6

개념 완성 문제

* 정답과 해설 2쪽

최대공약수

1 두 수 A, B의 최대공약수가 18일 때, A, B의 공약수를 모두 구하여라.

Hint 두 수의 공약수는 최대공약수의 약수이다.

최대공약수

2 두 수 $2^2\times3^3\times5$, $2^3\times3^2\times5\times7$의 최대공약수는?

① $2^2\times3^2$ ② $2^2\times3^3$ ③ $2^3\times3^3$
④ $2^2\times3^2\times5$ ⑤ $2^3\times3^3\times5\times7$

Hint 두 수에 공통으로 있는 소인수를 선택하고 지수가 같을 경우는 그대로, 다를 경우는 작은 것을 선택한다.

최대공약수의 활용

3 어떤 자연수로 78을 나누면 3이 남고, 85를 나누면 5가 부족하다고 한다. 이와 같은 자연수 중에서 가장 큰 수는?

① 5 ② 8 ③ 15
④ 18 ⑤ 20

Hint 어떤 자연수로 78을 나누면 3이 남으므로 $78-3=75$는 나누어떨어지고, 85를 나누면 5가 부족하므로 $85+5=90$은 나누어떨어진다.

최소공배수

4 어떤 두 수의 최소공배수가 24일 때, 이 두 수의 공배수 중 100에 가장 가까운 수를 구하여라.

Hint 두 수의 공배수는 최소공배수의 배수이다.

최소공배수

5 세 수 2×5^2, $2^2\times3^2\times5$, $2^3\times3\times7$의 최소공배수는?

① $2^2\times3\times5^2$ ② $2^2\times3\times7$
③ $2^2\times3\times5\times7$ ④ $2^3\times3\times5^2\times7$
⑤ $2^3\times3^2\times5^2\times7$

Hint 공통인 소인수와 공통이 아닌 소인수를 모두 곱한다. 이때 지수가 같으면 같은 지수를 곱하고, 지수가 다르면 큰 것을 택하여 곱한다.

최소공배수의 활용

6 가로의 길이, 세로의 길이, 높이가 각각 12 cm, 20 cm, 6 cm인 직육면체 모양의 나무토막을 한 방향으로 빈틈없이 쌓아서 가능한 한 작은 정육면체 모양으로 만들려고 한다. 이때 정육면체의 한 모서리의 길이를 구하여라.

Hint 12, 20, 6의 최소공배수가 정육면체의 한 모서리의 길이이다.

03 정수와 유리수

1. 정수와 유리수

정수

① **양의 정수**: 자연수에 양의 부호 $+$를 붙인 수

예 $+1,\ +2,\ +3,\ \cdots$

② **음의 정수**: 자연수에 음의 부호 $-$를 붙인 수

예 $-1,\ -2,\ -3,\ \cdots$

③ **정수**: 양의 정수, 0, 음의 정수를 통틀어 정수라고 한다.

외워 외워!

★ 0은 양의 정수도 아니고, 음의 정수도 아니야.

유리수

① **양의 유리수**: 분모, 분자가 자연수인 분수에 양의 부호 $+$를 붙인 수

예 $+\frac{2}{3},\ +3\left(=+\frac{3}{1}\right),\ +4.1\left(=+\frac{41}{10}\right)$

② **음의 유리수**: 분모, 분자가 자연수인 분수에 음의 부호 $-$를 붙인 수

예 $-\frac{1}{3},\ -2\left(=-\frac{2}{1}\right),\ -3.7\left(=-\frac{37}{10}\right)$

③ **유리수**: 양의 유리수, 0, 음의 유리수를 통틀어 유리수라고 한다.

유리수의 분류

- 유리수
  - 정수
    - 양의 정수(자연수): $+1,\ +2,\ +3,\ \cdots$ (└ 양의 정수를 자연수라고 부르고, $+$기호는 생략해도 된다.)
    - 0
    - 음의 정수: $-1,\ -2,\ -3,\ \cdots$
  - 정수가 아닌 유리수: $+\frac{1}{2},\ +1.4,\ -\frac{9}{7},\ \cdots$

바빠 꿀팁

- 초등학교에서 배운 $+$, $-$는 덧셈, 뺄셈이었지만 중학교에서는 숫자 앞에 $+$, $-$를 붙여 양수와 음수를 나타내.
- 초등 과정에서 배운 가분수, 대분수, 진분수라는 용어는 더 이상 사용하지 않아. 특히, 가분수이더라도 대분수로는 더 이상 나타내지 않아.

고등수학 연계 ⋯ 복소수 | 중요도 ★★★☆☆

바빠 개념 확인 문제

❖ 다음 수에 대하여 물음에 답하여라. (1~6)

$$-6,\ \frac{1}{2},\ +4.2,\ -\frac{6}{3},\ 0,\ \frac{12}{4},\ 100,\ -\frac{11}{7}$$

1 양의 정수를 모두 골라라.

2 음의 정수를 모두 골라라.

3 정수를 모두 골라라.

4 양의 유리수를 모두 골라라.

5 음의 유리수를 모두 골라라.

6 정수가 아닌 유리수를 모두 골라라.

❖ 다음 중 옳은 것은 ○표, 옳지 않은 것은 ×표를 하여라. (7~11)

7 정수는 양의 정수와 음의 정수로 이루어져 있다. ______

8 정수가 아닌 유리수도 있다. ______

9 양수는 0보다 큰 수이고 음수는 0보다 작은 수이다. ______

10 모든 자연수는 유리수이다. ______

11 모든 유리수는 정수이다. ______

정답 ＊정답과 해설 3쪽

1 $\frac{12}{4}$, 100　2 $-6,\ -\frac{6}{3}$　3 $-6,\ -\frac{6}{3},\ 0,\ \frac{12}{4},\ 100$

4 $\frac{1}{2},\ +4.2,\ \frac{12}{4},\ 100$　5 $-6,\ -\frac{6}{3},\ -\frac{11}{7}$　6 $\frac{1}{2},\ +4.2,\ -\frac{11}{7}$

7 ×　8 ○　9 ○　10 ○　11 ×

2. 절댓값

✔ 수직선

직선 위에 기준이 되는 점 O를 잡아 그 점에 수 0을 대응시키고 점 O의 좌우에 일정한 간격으로 점을 잡아 오른쪽으로 양수를, 왼쪽으로 음수를 차례로 대응시킨 직선을 수직선이라고 한다.

예

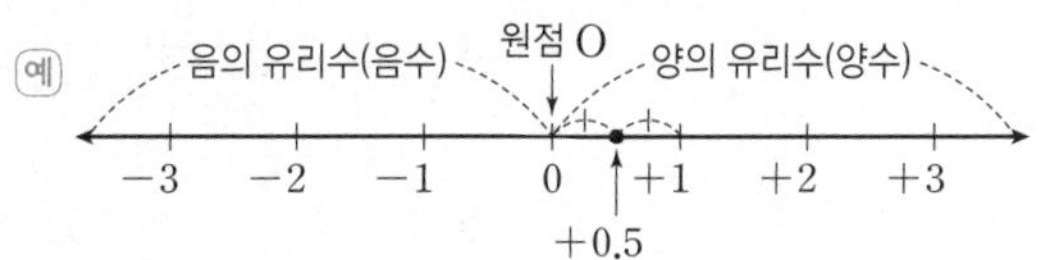

✔ 수직선에서의 절댓값의 의미

① **절댓값**: 수직선 위에서 어떤 수를 나타내는 점과 원점 사이의 거리
(원점: 수직선에서 0을 나타내는 점)

② **절댓값의 표현**: 유리수 a의 절댓값을 기호로 $|a|$와 같이 나타낸다.

예

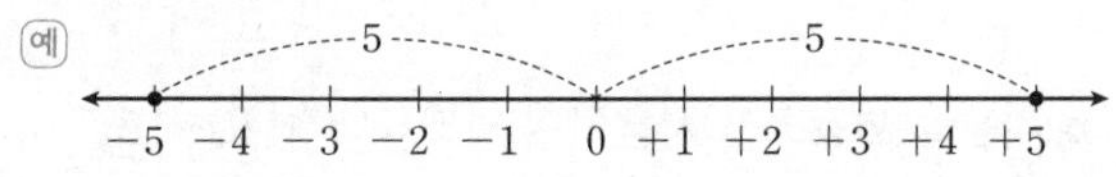

수직선을 보면 $+5$는 원점에서 5만큼 떨어져 있고, -5도 5만큼 떨어져 있으므로 $+5$의 절댓값은 5, -5의 절댓값도 5이다. 이것을 간단히 절댓값 기호를 사용하여 나타낼 수 있다.
즉,

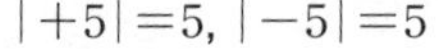
$|+5|=5$, $|-5|=5$

✔ 절댓값의 성질

① 절댓값이 a $(a>0)$인 수는 $-a$, $+a$의 2개가 있다.

예 절댓값이 1인 수
⇨ 부호는 다르지만 숫자는 같은 -1, $+1$
절댓값이 $\frac{1}{2}$인 수
⇨ 부호는 다르지만 숫자는 같은 $-\frac{1}{2}$, $+\frac{1}{2}$
절댓값이 0인 수 ⇨ 0

② 절댓값이 가장 작은 수는 0이다.

외워 외워!
★ 절댓값을 단순히 부호를 뗀 수로 보기도 해. 보통 양수는 + 부호가 생략되어 사용되니 결국 음수의 −부호만 떼면 되는 거지.

바빠 개념 확인 문제

❖ 다음을 구하여라. (1~2)

1 수직선에서 $-\frac{2}{3}$에 가장 가까운 정수

2 수직선에서 $+\frac{11}{4}$에 가장 가까운 정수

❖ 다음을 구하여라. (3~6)

3 $|+8|$

4 $|-10|$

5 $|0|$

6 $\left|-\frac{7}{5}\right|$

❖ 다음을 구하여라. (7~11)

7 절댓값이 1.5인 수

8 절댓값이 $\frac{2}{5}$인 수

9 절댓값이 1 이하인 정수

10 절댓값이 3 이하인 정수

11 수직선에서 절댓값이 2.3인 수를 나타내는 두 점 사이의 거리

12 절댓값이 같고 부호가 반대인 두 수를 수직선 위에 나타내면 두 수에 대응하는 두 점 사이의 거리가 8이다. 두 수를 각각 구하여라.

정답
* 정답과 해설 3쪽

1 -1　2 $+3$　3 8　4 10　5 0　6 $\frac{7}{5}$

7 -1.5, $+1.5$　8 $-\frac{2}{5}$, $+\frac{2}{5}$　9 -1, 0, 1

10 -3, -2, -1, 0, 1, 2, 3　11 4.6　12 -4, $+4$

3. 수의 대소 관계

수의 대소 관계

① 유리수를 수직선 위에 나타내면 자연수와 마찬가지로 오른쪽에 있는 수가 왼쪽에 있는 수보다 크다.

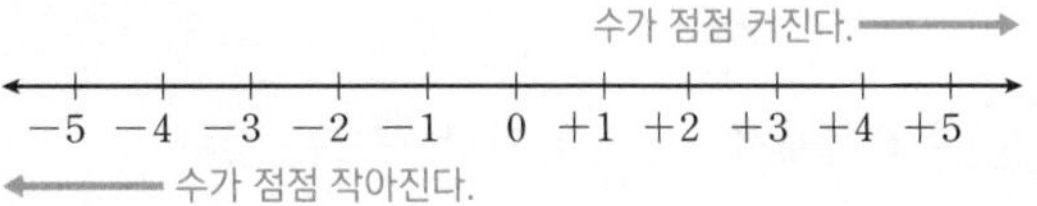

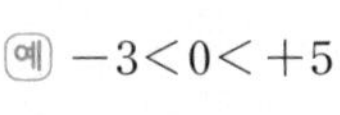

② 양수는 0보다 크고, 음수는 0보다 작다.

예 $-3<0<+5$

③ 양수는 음수보다 크다.

④ 두 양수에서는 절댓값이 큰 수가 크다.

예 $+3<+10$

⑤ 두 음수에서는 절댓값이 큰 수가 작다.

예 $-10<-3$

바빠 꿀팁

- 두 수의 대소 관계를 잘 모르면 수직선에 나타내 봐. 수직선에서 오른쪽에 표시되어 있는 수가 무조건 더 큰 수거든.

외워 외워!

★ 두 음수의 대소 관계는 혼동할 수 있는데 절댓값이 클수록 작은 수임을 잊지 말자.

부등호 이해하기

$x>a$	$x<a$	$x\geq a$	$x\leq a$
x는 a 초과이다.	x는 a 미만이다.	x는 a 이상이다.	x는 a 이하이다.
x는 a보다 크다.	x는 a보다 작다.	x는 a보다 크거나 같다. x는 a보다 작지 않다.	x는 a보다 작거나 같다. x는 a보다 크지 않다.

예 x는 3보다 크거나 같다. ⇨ $x\geq3$
x는 -1 미만이다. ⇨ $x<-1$
x는 2 초과 7 이하이다. ⇨ $2<x\leq7$
x는 9보다 크지 않다. ⇨ $x\leq9$
x는 -3보다 작지 않고 5보다 작거나 같다. ⇨ $-3\leq x\leq5$

바빠 꿀팁

- 'x는 3 초과 7 미만이다.' 처럼 부등호가 2개 들어간 경우에는 x의 위치는 가운데 있어야 해. 왜냐하면 x는 주인공이니까! 또한, $7>x>3$이라고 쓰기보다는 $3<x<7$과 같이 작은 수를 왼쪽에 쓰고, 큰 수는 오른쪽에 쓰는 것이 일반적인 표현이야.
- '작지 않다.'는 작지만 않으면 되므로 '크거나 같다.'
- '크지 않다.'는 크지만 않으면 되므로 '작거나 같다.'

바빠 개념 확인 문제

❖ 다음 ◯ 안에 부등호 >, < 중 알맞은 것을 써넣어라. (1~8)

1 $+4$ ◯ $+12$

2 0 ◯ $+7$

3 $+1$ ◯ -6

4 -3 ◯ -9

5 -2.7 ◯ 0

6 $+3.1$ ◯ -5.4

7 $-\frac{5}{4}$ ◯ $-\frac{2}{3}$

8 $-\frac{2}{5}$ ◯ $-\frac{1}{2}$

❖ 다음을 부등호를 사용하여 나타내어라. (9~15)

9 x는 -7 초과이다.

10 x는 15 이하이다.

11 x는 3보다 작지 않다.

12 x는 $-\frac{5}{2}$보다 크지 않다.

13 x는 3 이상이고 8.9 미만이다.

14 x는 $-\frac{1}{8}$보다 크거나 같고 3.5보다 크지 않다.

15 x는 -3.7보다 작지 않고 $-\frac{4}{5}$ 이하이다.

정답 ＊정답과 해설 3쪽

1 < 2 < 3 > 4 > 5 < 6 > 7 < 8 > 9 $x>-7$ 10 $x\leq15$ 11 $x\geq3$ 12 $x\leq-\frac{5}{2}$ 13 $3\leq x<8.9$ 14 $-\frac{1}{8}\leq x\leq3.5$ 15 $-3.7\leq x\leq-\frac{4}{5}$

개념 완성 문제

＊정답과 해설 3쪽

정수와 유리수

1 다음 수에 대한 설명으로 옳지 않은 것은?

$$-2.8,\quad \frac{11}{4},\quad -\frac{15}{3},\quad 0,\quad 8,\quad -\frac{6}{2}$$

① 정수는 4개이다.
② 양의 유리수는 2개이다.
③ 정수가 아닌 유리수는 4개이다.
④ 음의 유리수는 3개이다.
⑤ 음의 정수는 2개이다.

Hint $-\frac{15}{3}=-5, -\frac{6}{2}=-3$이므로 음의 정수이다.

정수와 유리수

2 다음 중 옳지 않은 것은?

① 양수는 0보다 큰 수이고 음수는 0보다 작은 수이다.
② 유리수는 양의 유리수와 음의 유리수로 이루어져 있다.
③ 0은 음수도 양수도 아니다.
④ 모든 자연수는 유리수이다.
⑤ 자연수에 음의 부호를 붙이면 음의 정수가 된다.

Hint 유리수는 양의 유리수, 0, 음의 유리수로 이루어져 있다.

절댓값

3 다음 수를 수직선 위에 나타내었을 때, 원점에서 가장 멀리 떨어져 있는 수는?

① -3.5 ② $+\frac{5}{2}$ ③ $-\frac{16}{4}$
④ $+4.2$ ⑤ $-\frac{1}{2}$

Hint $-\frac{16}{4}=-4$

절댓값

4 다음 수를 절댓값이 큰 수부터 차례로 나열하여라.

$$-\frac{7}{2},\quad 5.8,\quad 0,\quad -\frac{9}{4},\quad \frac{10}{3},\quad -6.2$$

Hint $\left|-\frac{7}{2}\right|=\frac{7}{2}=3.5, \left|-\frac{9}{4}\right|=\frac{9}{4}=2.25, |-6.2|=6.2,$
$\frac{10}{3}=3.333\cdots$

절댓값

5 절댓값이 $\frac{5}{2}$ 이하인 정수의 개수를 구하여라.

Hint
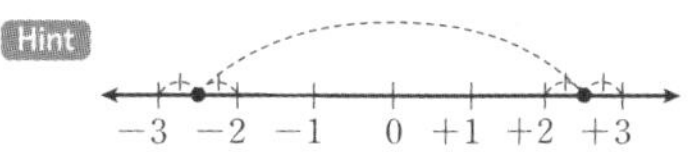

수의 대소 관계

6 다음 중 두 수의 대소 관계가 옳지 않은 것은?

① $-4.3<0$ ② $\left|-\frac{10}{3}\right|>2.7$
③ $\left|-\frac{9}{2}\right|>\left|+\frac{7}{4}\right|$ ④ $|-3.7|<|-4.5|$
⑤ $-\frac{3}{5}<-\frac{3}{4}$

Hint 음수는 절댓값이 큰 수가 작은 수이다.

04 유리수의 덧셈과 뺄셈

고등수학 연계 ··· 복소수 | 중요도 ★★★☆☆

1. 유리수의 덧셈

부호가 같은 두 수의 덧셈

두 수의 절댓값의 합에 공통인 부호를 붙여서 계산한다.

(예) $(+4)+(+2)=+(4+2)=+6$ (공통인 부호, 절댓값의 합)

$\left(-\frac{2}{5}\right)+\left(-\frac{1}{5}\right)=-\left(\frac{2}{5}+\frac{1}{5}\right)=-\frac{3}{5}$ (공통인 부호, 절댓값의 합)

부호가 다른 두 수의 덧셈

두 수의 절댓값의 차에 절댓값이 큰 수의 부호를 붙여서 계산한다.

(예) $(+4)+(-2)=+(4-2)=+2$ (절댓값이 큰 수의 부호, 절댓값의 차)

$\left(-\frac{2}{5}\right)+\left(+\frac{1}{5}\right)=-\left(\frac{2}{5}-\frac{1}{5}\right)=-\frac{1}{5}$ (절댓값이 큰 수의 부호, 절댓값의 차)

덧셈의 계산 법칙

① **덧셈의 교환법칙:** $a+b=b+a$

서로의 위치를 바꾸어 계산해도 그 결과가 서로 같다.

(예) $(+3)+(-4)=-1$

$(-4)+(+3)=-1$

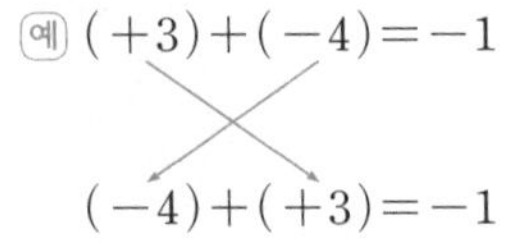

샤
위치를 바꿔 계산해도 결과는 같다!
샤

② **덧셈의 결합법칙:** $(a+b)+c=a+(b+c)$

앞의 두 수를 먼저 계산한 것과 뒤의 두 수를 먼저 계산한 값이 서로 같다.

(예) $\{(-3)+(+2)\}+(+4)=(-1)+(+4)=+3$ (앞의 두 수를 먼저 계산)

$(-3)+\{(+2)+(+4)\}=(-3)+(+6)=+3$ (뒤의 두 수를 먼저 계산)

앞을 먼저 계산해도 뒤를 먼저 계산해도 결과는 같다.

바빠 꿀팁

- 덧셈의 교환법칙과 결합법칙은 반드시 해야 할까? NO!
  만약 생각이 안 나서 적용하지 않았다면 안 해도 돼. 답은 똑같으니까. 하지만 계산 속도를 높여 주므로 적용하도록 노력하자. 연산은 빠를수록 잘하는 거야!

바빠 개념 확인 문제

❖ 다음을 계산하여라. (1~4)

1 $(+14)+(+5)$

2 $\left(+\frac{3}{5}\right)+\left(+\frac{1}{4}\right)$

3 $(-15)+(-9)$

4 $\left(-\frac{7}{8}\right)+\left(-\frac{1}{4}\right)$

❖ 다음을 계산하여라. (5~8)

5 $(+4)+(-7)$

6 $(-9)+(+5)$

7 $\left(+\frac{1}{3}\right)+\left(-\frac{7}{9}\right)$

8 $(-2)+\left(+\frac{4}{3}\right)$

❖ 다음을 계산하여라. (9~12)

9 $(+5)+(-12)+(+7)$

10 $(+5)+(-2.3)+(-3.2)$

11 $\left(-\frac{3}{7}\right)+\left(+\frac{7}{3}\right)+\left(-\frac{5}{7}\right)$

12 $(+1.3)+\left(-\frac{11}{6}\right)+(+0.7)$

정답 ＊정답과 해설 4쪽

1 $+19$　2 $+\frac{17}{20}$　3 -24　4 $-\frac{9}{8}$　5 -3　6 -4

7 $-\frac{4}{9}$　8 $-\frac{2}{3}$　9 0　10 -0.5　11 $+\frac{25}{21}$　12 $+\frac{1}{6}$

2. 유리수의 뺄셈

✔ 유리수의 뺄셈

빼는 수의 부호를 바꾸어 더한다.

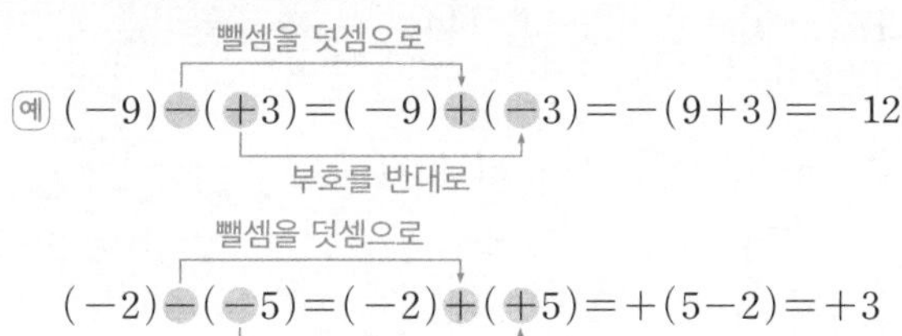

예) $(-9)-(+3)=(-9)+(-3)=-(9+3)=-12$

$(-2)-(-5)=(-2)+(+5)=+(5-2)=+3$

$\left(-\frac{3}{5}\right)-\left(-\frac{1}{3}\right)=\left(-\frac{9}{15}\right)+\left(+\frac{5}{15}\right)=-\frac{4}{15}$

5와 3은 서로소이므로 5×3=15로 통분

바빠 꿀팁

- 뺄셈을 할 때는 뺄셈을 모두 덧셈으로 바꾸고 빼는 수의 부호가 −이면 +로, +이면 −로 바꾸면 돼. 물론 뺄셈 기호 앞의 수는 그대로 두어야 해.
  이렇게 바꾸면 앞에서 연습했던 덧셈 문제와 같은 문제가 돼.
  어렵지 않지?
  (+)−(+) ⇨ (+)+(−)　　(−)−(−) ⇨ (−)+(+)
  (+)−(−) ⇨ (+)+(+)　　(−)−(+) ⇨ (−)+(−)

✔ 유리수의 뺄셈의 교환법칙과 결합법칙

① **뺄셈의 교환법칙**: 뺄셈의 교환법칙은 성립하지 않는다.

예) $(+3)-(-5)=(+3)+(+5)=+8$
$(-5)-(+3)=(-5)+(-3)=-8$

② **뺄셈의 결합법칙**: 뺄셈의 결합법칙은 성립하지 않는다.

예) $\{(-2)-(-1)\}-(+4)=(-1)+(-4)=-5$
$(-2)-\{(-1)-(+4)\}=(-2)-(-5)=+3$

★ 유리수의 연산에서 주의할 점은 계산을 한 후에 분모, 분자를 약분하여 기약분수로 나타낸다는 거야. 유리수의 뺄셈을 하다 보면 부호에만 신경쓰다가 약분을 안 해서 문제를 틀리는 경우가 종종 있거든.

바빠 개념 확인 문제

❖ 다음을 계산하여라. (1~6)

1 $(-5)-(+9)$

2 $(+12)-(+5)$

3 $(+18)-(-8)$

4 $(-25)-(-12)$

5 $(+2.5)-(+1.7)$

6 $(-4.5)-(-9.1)$

❖ 다음을 계산하여라. (7~12)

7 $\left(+\frac{5}{12}\right)-\left(-\frac{3}{4}\right)$

8 $\left(-\frac{9}{7}\right)-\left(+\frac{7}{21}\right)$

9 $\left(+\frac{5}{6}\right)-\left(+\frac{10}{9}\right)$

10 $\left(-\frac{7}{8}\right)-\left(-\frac{5}{3}\right)$

11 $\left(+\frac{3}{5}\right)-(+0.8)$

12 $(-0.7)-\left(-\frac{5}{6}\right)$

정답　* 정답과 해설 4쪽

1 −14　2 +7　3 +26　4 −13　5 +0.8　6 +4.6
7 $+\frac{7}{6}$　8 $-\frac{34}{21}$　9 $-\frac{5}{18}$　10 $+\frac{19}{24}$　11 $-\frac{1}{5}$　12 $+\frac{2}{15}$

3. 덧셈과 뺄셈의 혼합 계산

덧셈과 뺄셈이 혼합된 계산을 쉽게 하는 방법

예 $(+2)-(+5)+(-6)-(-10)$을 쉽게 계산해 보자.

① 뺄셈은 모두 덧셈으로 고치고 빼는 수의 부호를 바꾼다.
$(+2)+(-5)+(-6)+(+10)$

② 덧셈의 교환법칙을 이용하여 양수는 양수끼리, 음수는 음수끼리 모은다.
$(+2)+(+10)+(-5)+(-6)$

③ 덧셈의 결합법칙을 이용하여 양수는 양수끼리, 음수는 음수끼리 먼저 계산한 후에 나온 두 값의 덧셈을 한다.
$\{(+2)+(+10)\}+\{(-5)+(-6)\}=(+12)+(-11)$
$=+1$

★ 뺄셈에서는 교환법칙과 결합법칙이 성립하지 않아. 뺄셈에서 교환법칙과 결합법칙을 이용하여 계산하려면 뺄셈을 반드시 덧셈으로 바꾼 후에 덧셈의 교환법칙과 결합법칙을 이용하여 계산해야 해.

괄호가 없는 식의 덧셈과 뺄셈

① 괄호가 없는 식에 괄호를 넣어 계산하기

예 $4-6-5+8$을 괄호를 넣어 계산해 보자.
양수는 $+$부호를 생략하여 쓸 수 있으므로
$(+4)-(+6)-(+5)+(+8)=4-6-5+8$로 쓸 수 있다.
따라서 $4-6-5+8$을 계산할 때는 반대로 양의 부호와 괄호를 넣어 $(+4)-(+6)-(+5)+(+8)$로 계산할 수 있다.

$4-6-5+8$
$=(+4)-(+6)-(+5)+(+8)$
$=(+4)+(-6)+(-5)+(+8)$
$=\{\underbrace{(+4)+(+8)}_{\text{양수끼리}}\}+\{\underbrace{(-6)+(-5)}_{\text{음수끼리}}\}$
$=(+12)+(-11)=+1$

② 괄호가 없는 식을 괄호 없이 계산하기

예 $4-6-5+8$을 괄호 없이 계산해 보자.
뺄셈 기호 자체를 수의 부호로 보아 양수는 양수끼리, 음수는 음수끼리 모아서 계산하면 빠르게 계산된다.
$4-6-5+8=4+8-6-5=12-11=1$
뺄셈으로 생각하지 않고 음의 부호로 생각

바빠 꿀팁

• 혼합 계산에서는 반드시 교환법칙이나 결합법칙을 사용해야 하는 것은 아니야. 그런데도 여러 법칙을 사용하는 이유는 일반적으로 같은 부호의 덧셈이 더 쉽고, 분모가 같은 덧셈을 먼저 하는 것이 쉬우니까 바꾸고 모아서 계산하는 거야. 이렇게 하면 계산 속도도 높이고 오답도 줄일 수 있어.

바빠 개념 확인 문제

❖ 다음을 계산하여라. (1~6)

1 $(-9)+(-1)-(-4)$

2 $(+18)-(+12)-(+9)$

3 $(+7)+(-18)-(-13)$

4 $\left(-\frac{2}{7}\right)-\left(+\frac{1}{3}\right)-\left(-\frac{7}{3}\right)$

5 $\left(-\frac{7}{8}\right)-\left(-\frac{2}{3}\right)+\left(-\frac{3}{8}\right)$

6 $\left(+\frac{13}{40}\right)-\left(+\frac{9}{8}\right)+\left(+\frac{6}{5}\right)$

❖ 다음을 계산하여라. (7~12)

7 $-6-18$

8 $-12+7-9$

9 $7-11-6+12$

10 $\frac{5}{12}-\frac{4}{15}$

11 $-\frac{8}{5}+\frac{3}{8}+\frac{7}{10}$

12 $\frac{3}{5}+2+\frac{9}{4}-5$

정답 * 정답과 해설 4쪽

1 -6 2 -3 3 $+2$ 4 $+\frac{12}{7}$ 5 $-\frac{7}{12}$ 6 $+\frac{2}{5}$
7 -24 8 -14 9 2 10 $\frac{3}{20}$ 11 $-\frac{21}{40}$ 12 $-\frac{3}{20}$

개념 완성 문제

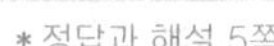

* 정답과 해설 5쪽

유리수의 덧셈

1 다음 중 계산 결과가 나머지 넷과 다른 하나는?

① $(+1)+(+3)$　② $(+7)+(-11)$
③ $(-6)+(+10)$　④ $(+9)+(-5)$
⑤ $(-2)+(+6)$

Hint 음수와 양수의 덧셈은 절댓값이 큰 수에서 작은 수를 빼고 절댓값이 큰 수의 부호를 붙인다.

유리수의 덧셈

2 다음 중 가장 큰 수와 가장 작은 수의 합을 구하여라.

$-\frac{2}{3}$, $+2$, $+\frac{5}{2}$, -3, $+\frac{7}{3}$

Hint $+\frac{5}{2}$와 $+\frac{7}{3}$을 통분하여 크기를 비교한다.

유리수의 뺄셈

3 다음 중 계산 결과가 가장 작은 것은?

① $(+7)-(+13)$　② $(-5)-(-4)$
③ $(+15)-(+12)$　④ $(+11)-(+4)$
⑤ $(-12)-(-9)$

Hint 뺄셈은 모두 덧셈으로 바꾸고 빼는 수의 부호를 바꾸어 계산한다.

유리수의 뺄셈

4 $a=(-17)-(-8)$, $b=(+12)-(+5)$일 때, $a-b$의 값은?

① -23　② -18　③ -16
④ 2　⑤ 10

Hint a, b의 값을 먼저 구한 후 a에서 b를 뺀다.

덧셈과 뺄셈의 혼합 계산

5 $\frac{2}{3}-\frac{4}{5}-\frac{5}{6}+\frac{11}{5}$을 계산하여라.

Hint 덧셈의 결합법칙을 이용하여 $\frac{2}{3}-\frac{5}{6}-\frac{4}{5}+\frac{11}{5}$로 순서를 바꾸면 쉽게 계산할 수 있다.

덧셈과 뺄셈의 혼합 계산

6 -2보다 3만큼 작은 수를 a, 4보다 $-\frac{20}{3}$만큼 큰 수를 b라고 할 때, $a-b$의 값은?

① -4　② $-\frac{10}{3}$　③ $-\frac{8}{3}$
④ $-\frac{7}{3}$　⑤ $\frac{2}{3}$

Hint $a=-2-3$, $b=4+\left(-\frac{20}{3}\right)$

05 유리수의 곱셈과 나눗셈

중1

1. 유리수의 곱셈

두 수의 곱셈

① **부호가 같은 두 수의 곱셈**: 두 수의 절댓값의 곱에 양의 부호 +를 붙인다.

예 $(+4)\times(+2)=+(4\times2)=+8$
$(-4)\times(-2)=+(4\times2)=+8$

② **부호가 다른 두 수의 곱셈**: 두 수의 절댓값의 곱에 음의 부호 −를 붙인다.

예 $(+4)\times(-2)=-(4\times2)=-8$
$(-4)\times(+2)=-(4\times2)=-8$

곱셈의 교환법칙, 결합법칙

① **곱셈의 교환법칙**: $a\times b=b\times a$

예 $(+3)\times(-5)=(-5)\times(+3)=-15$

② **곱셈의 결합법칙**: $(a\times b)\times c=a\times(b\times c)$

예 $\{(+5)\times(+2)\}\times(-6)=-60$
$(+5)\times\{(+2)\times(-6)\}=-60$

세 수 이상의 곱셈

① 음의 부호 −가 짝수 개이면 전체 곱의 부호는 +

예 $(-1)\times(-1)\times(-1)\times(-1)=+1$

② 음의 부호 −가 홀수 개이면 전체 곱의 부호는 −

예 $(-1)\times(-1)\times(-1)=-1$

음수의 거듭제곱

① **지수가 짝수인 음수의 거듭제곱**: 음수가 짝수 번 곱해지므로 계산 결과의 부호는 +

예 $(-2)^2=(-2)\times(-2)=+(2\times2)=+4$

② **지수가 홀수인 음수의 거듭제곱**: 음수가 홀수 번 곱해지므로 계산 결과의 부호는 −

예 $(-2)^3=(-2)\times(-2)\times(-2)$
$=-(2\times2\times2)=-8$

외워 외워!

★ $-2^2=-4$ ⇦ 2를 두 번 곱한 수에 앞의 부호 −
★ $(-2)^2=+4$ ⇦ −2를 두 번 곱한 수이므로 부호는 +
★ $-(-2)^2=-4$ ⇦ −2를 두 번 곱한 수에 앞의 부호 −

분배법칙

세 수 a, b, c에 대하여 다음이 성립한다.

$a\times(b+c)=a\times b+a\times c$

$(a+b)\times c=a\times c+b\times c$

예 $4\times(100-5)=4\times100-4\times5=400-20=380$

고등수학 연계 ··· 복소수 | 중요도 ★★★★☆

바빠 개념 확인 문제

❖ 다음 두 수의 곱셈을 하여라. (1~3)

1 $(-3)\times(-5)$

2 $(+14)\times\left(-\frac{9}{28}\right)$

3 $\left(-\frac{5}{12}\right)\times\left(+\frac{6}{15}\right)$

❖ 다음 세 수의 곱셈을 하여라. (4~5)

4 $(-5)\times\left(+\frac{3}{2}\right)\times(+4)$

5 $\left(-\frac{5}{6}\right)\times\left(+\frac{3}{4}\right)\times\left(-\frac{12}{5}\right)$

❖ 다음 거듭제곱을 계산하여라. (6~9)

6 $(-1)^2$

7 $(-3)^2$

8 $(-3)^3$

9 $(-1)^{99}$

❖ 다음을 분배법칙을 이용하여 계산하여라. (10~11)

10 $(100-8)\times4$

11 $103\times43+(-3)\times43$

정답 ＊정답과 해설 5쪽

1 $+15$ 2 $-\frac{9}{2}$ 3 $-\frac{1}{6}$ 4 -30 5 $+\frac{3}{2}$ 6 $+1$
7 $+9$ 8 -27 9 -1 10 368 11 4300

2. 유리수의 나눗셈

수의 나눗셈

① **부호가 같은 두 수의 나눗셈**: 두 수의 절댓값을 나눈 후 몫에 양의 부호 +를 붙인다.

예 $(+4)\div(+2)=+(4\div2)=+2$
$(-4)\div(-2)=+(4\div2)=+2$

② **부호가 다른 두 수의 나눗셈**: 두 수의 절댓값을 나눈 후 몫에 음의 부호 −를 붙인다.

예 $(+4)\div(-2)=-(4\div2)=-2$
$(-4)\div(+2)=-(4\div2)=-2$

역수를 이용한 나눗셈

① **역수**: 두 수의 곱이 1이 될 때, 한 수를 다른 수의 역수라고 한다.

예 $\left(-\frac{3}{4}\right)\times\left(-\frac{4}{3}\right)=1$
서로 역수

⇨ $-\frac{3}{4}$의 역수는 $-\frac{4}{3}$, $-\frac{4}{3}$의 역수는 $-\frac{3}{4}$

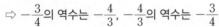

바빠 꿀팁
여러 가지 경우 역수 구하는 방법을 익혀 보자.
- 정수는 $\frac{(\text{정수})}{1}$로 고친 후 역수로!
- 소수는 분수로 고친 후 역수로!

외워 외워!
★ 역수를 구할 때, 부호는 바뀌지 않고 그대로 써.

② **역수를 이용한 나눗셈**: 나누는 수를 그 역수로 바꾸고 나눗셈은 곱셈으로 고쳐서 계산한다.

나눗셈 → 곱셈

예 $\left(+\frac{3}{8}\right)\div\left(-\frac{9}{4}\right)=\left(+\frac{3}{8}\right)\times\left(-\frac{4}{9}\right)=-\frac{1}{6}$
역수

곱셈과 나눗셈의 혼합 계산

① 나눗셈을 모두 곱셈으로 고친다.

② 부호를 먼저 정한다. 음수의 개수가 짝수이면 +, 홀수이면 −이다.

③ 절댓값의 곱에 정한 부호를 붙인다.

바빠 개념 확인 문제

❖ 다음 나눗셈을 하여라. (1~2)

1 $(-7.2)\div(-9)$

2 $(+51)\div(-3)$

❖ 다음 수의 역수를 구하여라. (3~5)

3 4

4 $-\frac{7}{4}$

5 -2.3

❖ 다음 나눗셈을 하여라. (6~7)

6 $\left(-\frac{9}{8}\right)\div\frac{3}{4}$

7 $\left(-\frac{7}{18}\right)\div\left(-\frac{14}{15}\right)$

❖ 다음 곱셈과 나눗셈의 혼합 계산을 하여라. (8~10)

8 $\left(-\frac{9}{8}\right)\times\left(-\frac{2}{27}\right)\div\left(-\frac{4}{9}\right)$

9 $20\div\left(-\frac{4}{7}\right)\times(-2)^2$

10 $(-1)^{100}\div\left(\frac{5}{3}\right)^2\times\frac{5}{18}$

정답 ＊정답과 해설 5쪽

1 $+0.8$ 2 -17 3 $\frac{1}{4}$ 4 $-\frac{4}{7}$ 5 $-\frac{10}{23}$ 6 $-\frac{3}{2}$
7 $+\frac{5}{12}$ 8 $-\frac{3}{16}$ 9 -140 10 $\frac{1}{10}$

3. 덧셈, 뺄셈, 곱셈, 나눗셈의 혼합 계산

✔ 소괄호가 있는 혼합 계산

괄호 안을 먼저 계산한 후 곱셈 또는 나눗셈을 하고 덧셈 또는 뺄셈을 한다.

예) $-12\div(6-9)$

① 괄호: $6-9=-3$
② 나눗셈: $-12\div(-3)=4$

✔ 소괄호, 중괄호가 있는 혼합 계산

거듭제곱을 먼저 계산하고 소괄호, 중괄호 순서로 계산을 한다.

예) $4-\{(-2)^2+2\times(12-7)\}$

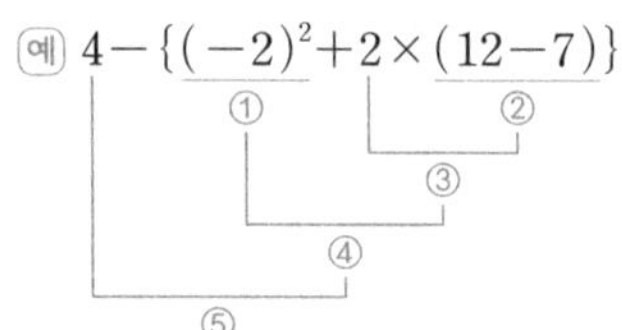

① 거듭제곱의 계산: $(-2)^2=4$
② 소괄호 안 뺄셈: $12-7=5$
③ 곱셈: $2\times5=10$
④ 덧셈: $4+10=14$
⑤ 뺄셈: $4-14=-10$

✔ 소괄호, 중괄호, 대괄호가 있는 혼합 계산

거듭제곱을 먼저 계산하고 소괄호, 중괄호, 대괄호 순서로 계산을 한다.

예) $-\left[-\frac{11}{8}+3\times\left\{(-2+10)\times\frac{5}{24}-(-1)^8\right\}\right]+1$

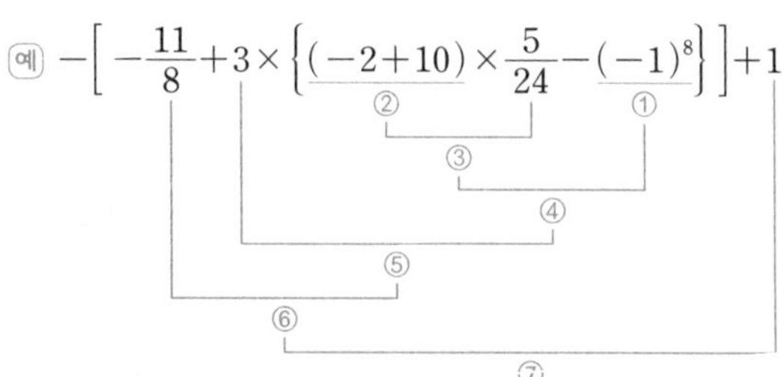

① 거듭제곱의 계산: $(-1)^8=1$
② 소괄호 안 덧셈: $-2+10=8$
③ 곱셈: $8\times\frac{5}{24}=\frac{5}{3}$
④ 뺄셈: $\frac{5}{3}-1=\frac{2}{3}$
⑤ 곱셈: $3\times\frac{2}{3}=2$
⑥ 덧셈: $-\frac{11}{8}+2=\frac{5}{8}$
⑦ 덧셈: $-\frac{5}{8}+1=\frac{3}{8}$

외워 외워!
★ 거듭제곱 ⇨ 괄호 풀기 ⇨ 곱셈과 나눗셈 ⇨ 덧셈과 뺄셈

바빠 개념 확인 문제

❖ 다음 소괄호가 있는 혼합 계산을 하여라. (1~4)

1 $-6\div(5-8)+12$

2 $16\div4-(12-9)\times3$

3 $-\frac{12}{5}+\left(\frac{3}{2}\times6-\frac{23}{5}\right)$

4 $\frac{5}{16}\div\left(-8+\frac{7}{12}\times3\right)-\frac{9}{20}$

❖ 다음 소괄호, 중괄호가 있는 혼합 계산을 하여라. (5~6)

5 $-9-\{(-2)^4+4\times(1-3)\}$

6 $\left\{(3^2-10)\times\left(-\frac{4}{5}\right)-2\right\}\div\frac{3}{5}-7$

❖ 다음 소괄호, 중괄호, 대괄호가 있는 혼합 계산을 하여라. (7~8)

7 $2[(-4)^2-\{(7-3)\div2+8\}]-9$

8 $-\left[(-2)^3+\left\{(10-2)\div\frac{4}{5}-7\right\}\right]-\frac{13}{4}$

정답 * 정답과 해설 5쪽

1 14　2 -5　3 2　4 $-\frac{1}{2}$　5 -17　6 -9
7 3　8 $\frac{7}{4}$

개념 완성 문제

＊정답과 해설 6쪽

유리수의 곱셈

1 다음 중 계산 결과가 옳지 않은 것은?

① $\frac{6}{15}\times\frac{14}{3}\times\left(-\frac{9}{7}\right)=-\frac{12}{5}$

② $\left(-\frac{6}{5}\right)\times2\times\frac{7}{3}=-\frac{28}{5}$

③ $(-4)\times\left(-\frac{3}{2}\right)\times\frac{5}{6}=5$

④ $(-3)\times(-2)\times\left(-\frac{5}{9}\right)=-\frac{5}{3}$

⑤ $(-2)\times\frac{7}{4}\times6=-21$

Hint 유리수의 곱셈은 부호를 먼저 결정하고 절댓값을 곱한다.

유리수의 곱셈

2 다음 네 수 중에서 서로 다른 세 수를 뽑아 곱한 값 중 가장 큰 수를 구하여라.

$$-\frac{5}{3},\quad -2,\quad \frac{9}{10},\quad -\frac{1}{2}$$

Hint 세 개의 음수 중에서 절댓값이 큰 수 2개를 선택해야 세 수의 곱이 양수이면서 가장 큰 수가 된다.

분배법칙

3 세 수 a, b, c에 대하여 $a\times(b+c)=28$, $a\times b=12$일 때, $a\times c$의 값은?

① 12　② 14　③ 16　④ 18　⑤ 20

Hint $a\times(b+c)=a\times b+a\times c=28$

유리수의 나눗셈

4 $-\frac{7}{3}$의 역수를 a, 0.6의 역수를 b라고 할 때, $a\times b$의 값은?

① $-\frac{7}{5}$　② $-\frac{5}{7}$　③ $-\frac{3}{5}$　④ $-\frac{2}{7}$　⑤ $-\frac{1}{7}$

Hint $-\frac{7}{3}$의 역수는 부호가 $-$부호이고 분모, 분자를 바꾼 수이다.

곱셈과 나눗셈의 혼합 계산

5 $a=(-2)^2\times\frac{3}{8}\div\left(-\frac{3}{4}\right)^2$, $b=\left(-\frac{7}{6}\right)\times\frac{3}{14}\div\left(-\frac{9}{8}\right)$일 때, $a\div b$의 값은?

① $\frac{15}{2}$　② 9　③ $\frac{31}{3}$　④ $\frac{56}{5}$　⑤ 12

Hint $(-2)^2=4$, $\left(-\frac{3}{4}\right)^2=\frac{9}{16}$

괄호가 있는 혼합 계산

6 $(-4)^2\times\frac{3}{8}-\left\{(-2^3+7)\times2+\frac{9}{2}\right\}$를 계산하여라.

Hint $(-4)^2=16$, $-2^3=-8$
거듭제곱을 먼저 계산하고 소괄호, 중괄호, 대괄호 순서로 계산한다.

06 유리수와 순환소수

고등수학 연계 ⋯→ 복소수 | 중요도 ★★☆☆☆

1. 유한소수와 순환소수

✔ 유한소수와 무한소수

① **유한소수**: 소수점 아래에 0이 아닌 숫자가 유한 번 나타나는 소수

(예) 0.2, 0.423, −5.16

② **무한소수**: 소수점 아래에 0이 아닌 숫자가 무한 번 나타나는 소수

(예) 0.3535⋯, −0.582582⋯, 0.7321458⋯

✔ 유한소수로 나타낼 수 있는 분수

① 유한소수는 분모가 10의 거듭제곱인 분수로 나타낼 수 있고, 유한소수를 기약분수로 나타낸 후 분모를 소인수분해하면 소인수는 2 또는 5뿐이다.

(예) $0.3=\frac{3}{10}=\frac{3}{2\times5}$, $1.48=\frac{148}{100}=\frac{37}{25}=\frac{37}{5^2}$

② 분모의 소인수가 2나 5뿐인 기약분수는 분모를 10의 거듭제곱으로 고쳐서 유한소수로 나타낼 수 있다.

(예) $\frac{9}{36}=\frac{1}{4}=\frac{1}{2^2}=\frac{5^2}{2^2\times5^2}=\frac{25}{100}=0.25$ ← 2의 개수 2개에 맞춘다.

$\frac{3}{125}=\frac{3}{5^3}=\frac{3\times2^3}{5^3\times2^3}=\frac{24}{1000}=0.024$ ← 5의 개수 3개에 맞춘다.

바빠 꿀팁

• 분모를 10의 거듭제곱으로 나타내려면 분모에 있는 2의 개수와 5의 개수가 일치해야 해.

✔ 순환소수

① **순환소수**: 무한소수 중에서 소수점 아래의 어떤 자리에서부터 일정한 숫자의 배열이 한없이 되풀이되는 소수

② **순환마디**: 순환소수의 소수점 아래에서 일정한 숫자의 배열이 한없이 되풀이되는 한 부분

우리는 순환마디!
357
357
357
순서가 바뀌면 안 돼!

③ **순환소수의 표현**: 순환마디의 양 끝의 숫자 위에 점을 찍어 나타낸다.

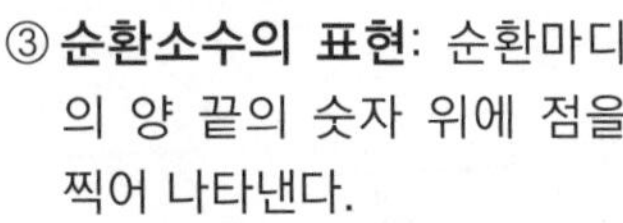

순환소수	순환마디	순환소수의 표현
0.333⋯	3	$0.\dot{3}$
−1.7838383⋯	83	$-1.7\dot{8}\dot{3}$
4.372372372⋯	372	$4.\dot{3}7\dot{2}$

 개념 확인 문제 

❖ 다음 분수 중 유한소수로 나타낼 수 있는 것은 '유한'을, 순환소수로 나타낼 수 있는 것은 '순환'을 써넣어라. (1~4)

1 $\frac{5}{2\times7}$ ______

2 $\frac{3}{2\times3\times5}$ ______

3 $\frac{3}{24}$ ______

4 $\frac{2}{30}$ ______

❖ 다음에 주어진 분수의 분모, 분자에 적당한 자연수를 곱하여 분모를 10의 거듭제곱으로 만든 후, 유한소수로 나타내어라. (5~8)

5 $\frac{3}{5}$

6 $\frac{1}{20}$

7 $\frac{14}{50}$

8 $\frac{9}{120}$

❖ 다음 순환소수를 점을 찍어 간단히 나타내어라. (9~12)

9 0.666⋯

10 2.6888⋯

11 1.438438⋯

12 4.1785785⋯

정답 * 정답과 해설 6쪽

1 순환 2 유한 3 유한 4 순환 5 0.6 6 0.05
7 0.28 8 0.075 9 $0.\dot{6}$ 10 $2.6\dot{8}$ 11 $1.\dot{4}3\dot{8}$ 12 $4.1\dot{7}8\dot{5}$

2. 순환소수를 분수로 나타내기

✔ 순환소수를 분수로 나타내기 [방법 1]

① 주어진 순환소수를 x로 놓는다.

② 양변에 10의 거듭제곱$(10,\ 100,\ 1000,\ \cdots)$을 적당히 곱하여 소수점 아래의 부분이 같은 두 식을 만든다.

③ ②의 두 식을 변끼리 빼어서 x의 값을 구한다.

• 소수점 아래 바로 순환마디가 오는 경우

예 $0.\dot{3}\dot{5}$를 x라고 하면 $x=0.\dot{3}\dot{5}=0.3535\cdots$

$$\begin{array}{rl} 100x=35.3535\cdots & \leftarrow \text{순환마디까지 소수점 위에 오도록 } x\times100 \\ -\underline{\ \ \ \ \ \ \ x=\ \ 0.3535\cdots} & \leftarrow \text{소수점 아래 부분을 없애기 위해 } 100x-x \\ 99x=35 & \end{array}$$

$\therefore x=\dfrac{35}{99}$

• 소수점 아래 바로 순환마디가 오지 않는 경우

예 $0.2\dot{1}\dot{8}$을 x라고 하면 $x=0.2\dot{1}\dot{8}=0.21818\cdots$

$$\begin{array}{rl} 1000x=218.1818\cdots & \leftarrow \text{순환마디까지 소수점 위에 오도록 } x\times1000 \\ -\underline{\ \ \ \ 10x=\ \ 2.1818\cdots} & \leftarrow \text{순환마디 전까지 소수점 위에 오도록 } x\times10 \\ 990x=216 & \end{array}$$

$\therefore x=\dfrac{216}{990}=\dfrac{12}{55}$

✔ 순환소수를 분수로 나타내기 [방법 2]

① **분모:** 순환마디의 숫자의 개수만큼 9를 쓰고, 그 뒤에 소수점 아래 순환마디에 포함되지 않는 숫자의 개수만큼 0을 쓴다.

② **분자:** (전체의 수)$-$(순환하지 않는 부분의 수)

• 소수점 아래 바로 순환마디가 오는 경우

• 소수점 아래 바로 순환마디가 오지 않는 경우

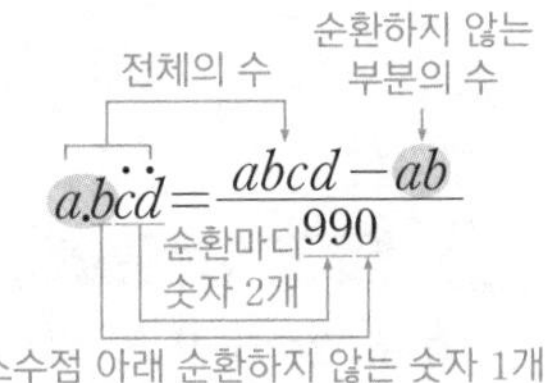

예 $0.\dot{5}1\dot{7}=\dfrac{517}{999}$, $1.3\dot{7}\dot{5}=\dfrac{1375-13}{990}=\dfrac{1362}{990}=\dfrac{227}{165}$

외워 외워!

★ 분수를 약분할 때 필요하니 외우자.
- 3의 배수(9의 배수): 각 자리 숫자의 합이 3의 배수(9의 배수)
- 4의 배수: 끝의 두 자리의 수가 4의 배수
- 5의 배수: 끝자리 숫자가 0 또는 5

924는 3의 배수일까?
9+2+4=15
15가 3의 배수니까 924도 3의 배수지.

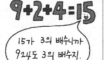

바빠 개념 확인 문제

❖ 다음은 순환소수를 분수로 나타내는 과정이다. □ 안에 알맞은 수를 써넣어라. (1~2)

1 $0.\dot{2}\dot{4}$

$x=0.\dot{2}\dot{4}=0.2424\cdots$로 놓으면

$$\begin{array}{rl} \square\, x=24.2424\cdots \\ -\underline{\ \ \ \ \ \ x=\ \ 0.2424\cdots} \\ \square\, x=24 \end{array}$$

$\therefore x=\square$

2 $0.1\dot{0}\dot{9}$

$x=0.1\dot{0}\dot{9}=0.10909\cdots$로 놓으면

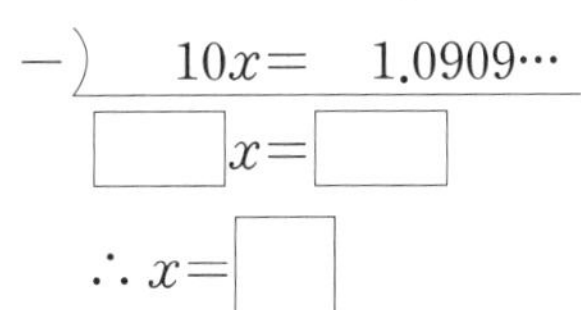

$$\begin{array}{rl} 1000x=109.0909\cdots \\ -\underline{\ \ \ \ 10x=\ \ 1.0909\cdots} \\ \square\, x=\square \end{array}$$

$\therefore x=\square$

❖ 다음 순환소수를 기약분수로 나타내어라. (3~8)

3 $0.\dot{2}$

4 $0.\dot{1}\dot{5}$

5 $0.\dot{0}3\dot{6}$

6 $0.5\dot{8}$

7 $0.14\dot{6}$

8 $1.0\dot{3}$

정답 * 정답과 해설 7쪽

1 100, 99, $\dfrac{8}{33}$ 2 990, 108, $\dfrac{6}{55}$ 3 $\dfrac{2}{9}$ 4 $\dfrac{5}{33}$ 5 $\dfrac{4}{111}$ 6 $\dfrac{53}{90}$ 7 $\dfrac{11}{75}$ 8 $\dfrac{31}{30}$

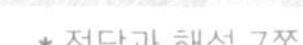

유한소수

1 다음 분수 중 유한소수로 나타낼 수 <u>없는</u> 것은?

① $\frac{9}{2\times3\times5}$ ② $\frac{55}{2\times11}$

③ $\frac{35}{2^2\times3\times7}$ ④ $\frac{27}{2\times3^2\times5}$

⑤ $\frac{26}{2^3\times5^2\times13}$

Hint 먼저 약분을 한 후에 분모에 2나 5 이외의 소인수가 있는지 확인한다.

유한소수

2 분수 $\frac{a}{2\times5^2\times7^2}$를 소수로 나타내면 유한소수가 될 때, a의 값이 될 수 있는 가장 작은 자연수는?

① 2 ② 5 ③ 7

④ 25 ⑤ 49

Hint 분수를 약분하여 분모에 있는 7^2을 없애야 한다.

순환소수의 표현

3 다음 중 순환소수의 표현이 옳지 <u>않은</u> 것을 모두 고르면? (정답 2개)

① $0.7070\cdots=0.\dot{7}\dot{0}$

② $2.5666\cdots=2.5\dot{6}$

③ $8.54715471\cdots=8.\dot{5}47\dot{1}$

④ $3.145145\cdots=3.1\dot{4}\dot{5}$

⑤ $7.357357\cdots=7.\dot{3}\dot{5}\dot{7}$

Hint 소숫점 아래 반복되는 숫자를 찾는다. 이때 반복되는 숫자가 3개 이상이면 처음 수와 끝 수의 위에 점을 찍는다.

소수점 아래 n번째 자리의 숫자 구하기

4 분수 $\frac{7}{33}$을 순환소수로 나타내었을 때, 소숫점 아래 40번째 자리의 숫자를 구하여라.

Hint $7\div33$을 하여 순환마디를 구한다.

순환소수를 분수로 나타내기

5 순환소수 $2.0\dot{7}$을 분수로 나타내려고 한다. $x=2.0\dot{7}$이라고 할 때, 다음 중 이용할 수 있는 가장 간단한 식은?

① $10x-x$ ② $100x-x$

③ $100x-10x$ ④ $1000x-x$

⑤ $1000x-10x$

Hint 순환마디까지 소수점 위에 오도록 하려면 $x\times100$, 순환마디 전까지 소수점 위에 오도록 하려면 $x\times10$

순환소수를 분수로 나타내기

6 순환소수 $0.2\dot{4}\dot{5}$를 기약분수로 나타내어라.

Hint $0.a\dot{b}\dot{c}=\frac{abc-a}{990}$

07 제곱근과 실수

중3

1. 제곱근의 뜻과 이해

제곱근의 뜻

어떤 수 x를 제곱하여 음이 아닌 수 a가 될 때, x를 a의 제곱근이라고 한다.

⇨ $x^2=a$일 때, x는 a의 제곱근

① 양수의 제곱근은 양수와 음수 2개가 있고 그 절댓값은 같다. ⇨ 2개

② 0의 제곱근은 0 하나뿐이다. ⇨ 1개

③ 양수나 음수를 제곱하면 항상 양수가 되므로 음수의 제곱근은 생각하지 않는다. ⇨ 0개(없다.)

(예) 9의 제곱근은 제곱하여 9가 되는 수이므로 $x^2=9$를 만족하는 x의 값 3, -3이다.
-9의 제곱근은 없다.

제곱근의 표현

① a의 제곱근을 나타내기 위해 $\sqrt{\ }$(근호)를 사용한다. 기호 $\sqrt{\ }$를 근호라 하고, 제곱근 또는 루트(root)로 읽는다.

a (양수) —제곱근→ $\sqrt{a}$, $-\sqrt{a}$ —제곱→ a

② 양수 a의 두 제곱근 중에서
- 양수인 것 ⇨ a의 양의 제곱근: $\sqrt{a}$
- 음수인 것 ⇨ a의 음의 제곱근: $-\sqrt{a}$
- $\sqrt{a}$와 $-\sqrt{a}$를 한꺼번에 $\pm\sqrt{a}$로 나타내기도 한다.

(예) 2의 제곱근은 제곱하여 2가 되는 수이므로 $x^2=2$를 만족하는 x의 값인 $\sqrt{2}, -\sqrt{2}$이고 이것을 한꺼번에 $\pm\sqrt{2}$로 나타내기도 한다.

외워 외워!

★ 양수 a의 제곱근
- 제곱하여 a가 되는 수
- $x^2=a$를 만족시키는 x의 값
- $\pm\sqrt{a}$

바빠 개념 확인 문제

❖ 제곱하여 다음 수가 되는 수를 모두 구하여라. (1~4)

1 1

2 9

3 64

4 81

❖ 다음 수의 제곱근을 구하여라. (5~8)

5 4

6 36

7 49

8 100

❖ 다음 수의 제곱근을 근호를 사용하여 나타내어라. (9~12)

9 7

10 5

11 8

12 17

정답 ＊정답과 해설 7쪽

1 $1, -1$ 2 $3, -3$ 3 $8, -8$ 4 $9, -9$ 5 $2, -2$
6 $6, -6$ 7 $7, -7$ 8 $10, -10$ 9 $\sqrt{7}, -\sqrt{7}$ 10 $\sqrt{5}, -\sqrt{5}$
11 $\sqrt{8}, -\sqrt{8}$ 12 $\sqrt{17}, -\sqrt{17}$

2. 제곱근의 성질

✔ 근호를 사용하지 않고 나타내기

9의 제곱근을 근호를 사용하여 나타내면 양의 제곱근은 $\sqrt{9}$, 음의 제곱근은 $-\sqrt{9}$이다. 그런데 제곱하여 9가 되는 수는 3과 -3이므로 다음이 성립한다.

$\sqrt{9}=3,\ -\sqrt{9}=-3$

이와 같이 **어떤 수의 제곱인 수의 제곱근은 근호를 사용하지 않고 나타낼 수 있다.**

예 $\sqrt{16}$은 16의 양의 제곱근이므로 $\sqrt{16}=4$
$-\sqrt{0.04}$는 0.04의 음의 제곱근이므로 $-\sqrt{0.04}=-0.2$

✔ 근호를 제곱한 수와 근호 안의 수를 제곱한 수

① 근호 안의 수가 양수의 제곱이면 그 수 그대로 나온다.

예 $(\sqrt{2})^2=2,\ \sqrt{2^2}=2$

② 근호 안의 수가 음수의 제곱이면 부호가 바뀌어 양수로 나온다.

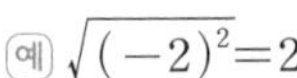

예 $\sqrt{(-2)^2}=2$

③ 근호 밖에 있는 $-$는 그대로 붙인다.

예 $-\sqrt{(-2)^2}=-2$

부호가 바뀌었네!
√(-2)² = 2
음수일 경우 부호를 바꿔야 루트 밖으로 나올 수 있지!

✔ $\sqrt{a^2}$의 성질

① $a>0$일 때,

- $\sqrt{a^2}=a$
  a가 양수이므로 a가 그대로 나온다.
- $\sqrt{(-a)^2}=a$
  $-a$는 음수이므로 부호가 바뀌어 a가 된다.

② $a<0$일 때,

- $\sqrt{a^2}=-a$
  a가 음수이므로 부호가 바뀌어 나온다.
- $\sqrt{(-a)^2}=-a$
  $-a$는 양수이므로 $-a$가 그대로 나온다.

예 $a>2$일 때, $\sqrt{(a-2)^2}=a-2$
$a-2$는 양수이므로 $a-2$

$a<2$일 때, $\sqrt{(a-2)^2}=-a+2$
$a-2$는 음수이므로 부호가 바뀌어서 $-(a-2)$

바빠 꿀팁

- $a>0$일 때, $\sqrt{\ }$와 제곱이 만나면 아래와 같이 $\sqrt{\ }$가 사라져.

$\sqrt{a^2}=a,\ \sqrt{(-a)^2}=a$
(사라짐, 사라짐, 부호 바뀜)

바빠 개념 확인 문제

❖ 다음을 근호를 사용하지 않고 나타내어라. (1~3)

1 $\sqrt{36}$

2 $-\sqrt{25}$

3 $\sqrt{0.01}$

❖ 다음을 계산하여라. (4~7)

4 $\sqrt{100}+\sqrt{(-2)^2}$

5 $-(\sqrt{7})^2+\sqrt{(-1)^2}$

6 $\sqrt{\frac{4}{25}}-\left(\sqrt{\frac{8}{5}}\right)^2$

7 $-\left(\sqrt{\frac{3}{10}}\right)^2+\sqrt{0.09}\times\sqrt{(-2)^2}$

❖ $a<0$일 때, 다음 식을 간단히 하여라. (8~9)

8 $\sqrt{(2a)^2}$

9 $\sqrt{(-5a)^2}$

❖ 다음 식을 간단히 하여라. (10~11)

10 $a>3$일 때, $\sqrt{(a-3)^2}$

11 $a<-6$일 때, $\sqrt{4(a+6)^2}$

정답 * 정답과 해설 7쪽

1 6　2 -5　3 0.1　4 12　5 -6　6 $-\frac{6}{5}$　7 $\frac{3}{10}$　8 $-2a$　9 $-5a$　10 $a-3$　11 $-2a-12$

3. 무리수와 실수

무리수

① **유리수**: 분수 $\frac{a}{b}$($b\neq0$, a, b는 정수)의 꼴로 나타낼 수 있는 수

② **무리수**: 유리수가 아닌 수, 즉 순환하지 않는 무한소수

③ **소수의 분류**

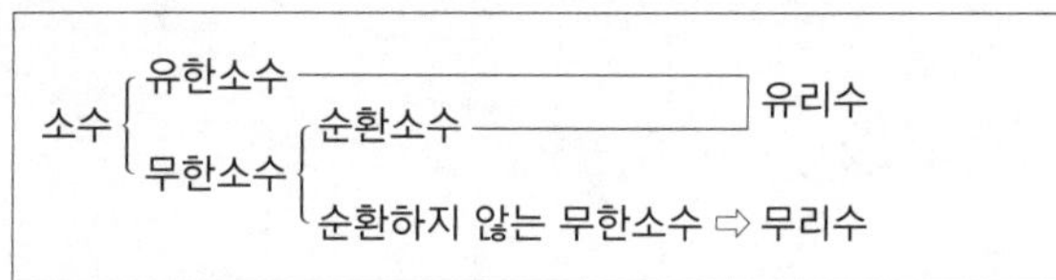

예 3, 0.5, $0.2323\cdots$ ⇨ 유리수
$\pi=3.1415\cdots$, $\sqrt{2}=1.4142\cdots$, $\sqrt{5}=2.2360\cdots$ ⇨ 무리수

실수

① **실수**: 유리수와 무리수를 통틀어 실수라고 한다.

② **실수의 분류**

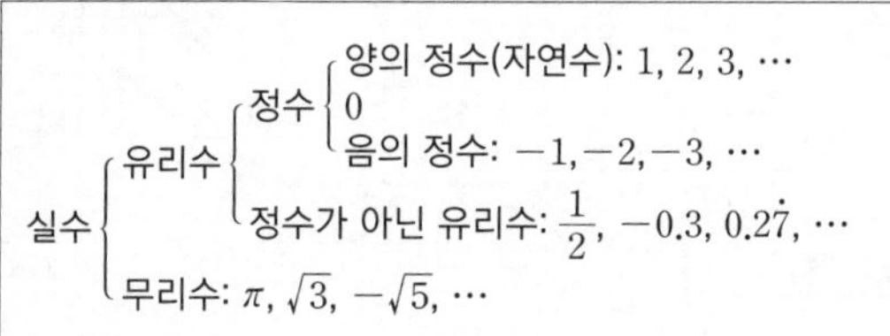

실수와 수직선

① 서로 다른 두 실수 사이에는 무수히 많은 실수가 있다.

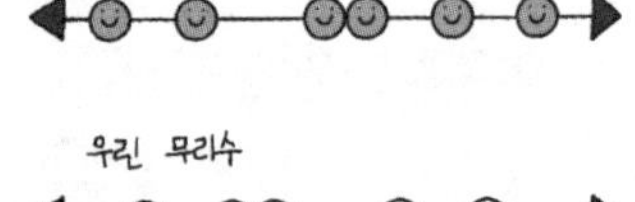

② 수직선은 유리수와 무리수, 즉 실수에 대응하는 점으로 완전히 메울 수 있다.

③ 모든 실수는 각각 수직선 위의 한 점에 대응하고 수직선 위의 한 점에는 한 실수가 반드시 대응한다.

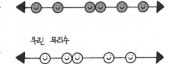

우리 둘이 있어야 수직선이 완전히 메워지는구나!

바빠 꿀팁

• 서로 다른 두 유리수와 두 무리수 사이에는 무수히 많은 유리수와 무리수가 있어.

바빠 개념 확인 문제

❖ 다음 수가 유리수이면 '유'를, 무리수이면 '무'를 써넣어라. (1~4)

1 $\sqrt{3}$ ______

2 $\sqrt{0.09}$ ______

3 $-\sqrt{20}$ ______

4 $\sqrt{\frac{25}{36}}$ ______

❖ 다음 무리수와 유리수에 대한 설명 중 옳은 것은 ○표, 옳지 않은 것은 ×표를 하여라. (5~8)

5 무리수는 $\frac{(\text{정수})}{(0\text{이 아닌 정수})}$ 꼴로 나타낼 수 없다. ______

6 정수가 아닌 유리수는 모두 유한소수로 나타낼 수 있다. ______

7 근호를 사용하여 나타낸 수는 무리수이다. ______

8 무한소수 중에는 유리수인 것도 있다. ______

❖ 다음 실수와 수직선에 대한 설명 중 옳은 것은 ○표, 옳지 않은 것은 ×표를 하여라. (9~11)

9 수직선은 유리수에 대응하는 점으로 완전히 메울 수 있다. ______

10 모든 실수는 각각 수직선 위의 한 점에 대응한다. ______

11 서로 다른 두 무리수 사이에는 무수히 많은 유리수가 있다. ______

정답

*정답과 해설 8쪽

1 무 2 유 3 무 4 유 5 ○ 6 ×
7 × 8 ○ 9 × 10 ○ 11 ○

4. 실수의 대소 관계

✔ 제곱근의 대소 관계

$a>0$, $b>0$일 때,

① $a<b$이면 $\sqrt{a}<\sqrt{b}$

② $\sqrt{a}<\sqrt{b}$이면 $a<b$

③ $a<b$이면 $\sqrt{a}<\sqrt{b}$이므로 $-\sqrt{a}>-\sqrt{b}$

예 $5<10$이면 $\sqrt{5}<\sqrt{10}$이므로 $-\sqrt{5}>-\sqrt{10}$

바빠 꿀팁

• 두 수가 양수일 때 근호가 있는 수와 근호가 없는 수의 대소 비교는 보통 근호가 없는 수를 근호가 있는 수로 바꾸어 비교해.

✔ 무리수의 정수 부분과 소수 부분

무리수는 정수 부분과 소수 부분의 합이므로
(무리수의 소수 부분)=(무리수)−(정수 부분)이다.

예 $\sqrt{7}$의 소수 부분을 구해 보자.
$2<\sqrt{7}<3$이므로 $\sqrt{7}$의 정수 부분은 2, 소수 부분은 $\sqrt{7}-2$이다.

외워 외워!

★ 무리수는 순환하지 않는 무한소수라 값을 정할 수는 없지만 반올림하여 유리수 값인 $\sqrt{2}=1.41$, $\sqrt{3}=1.73$, $\sqrt{5}=2.24$로 외우면 문제를 풀 때 편리해.

✔ 실수의 대소 관계

① **수직선을 이용**: 수직선 위에서 오른쪽에 있는 점에 대응하는 실수가 왼쪽에 있는 점에 대응하는 실수보다 크다.

② **제곱근의 값 이용**

예 $\sqrt{8}$과 $\sqrt{3}+2$의 대소를 비교해 보자.
$2<\sqrt{8}<3$이므로 $\sqrt{8}=2.\times\times\times$
$1<\sqrt{3}<2$이므로 $\sqrt{3}=1.\times\times\times$ $\quad\therefore \sqrt{3}+2=3.\times\times\times$
$\therefore \sqrt{8}<\sqrt{3}+2$

③ **부등식의 성질 이용**: 양변에 적당한 수를 더하거나 뺀다.

예 $\sqrt{5}+\sqrt{3}$과 $2+\sqrt{3}$의 대소를 비교해 보자.
두 수에서 $\sqrt{3}$을 각각 빼면 $\sqrt{5}>2$이므로
$\sqrt{5}+\sqrt{3}>2+\sqrt{3}$

④ **뺄셈을 이용**: a, b가 실수일 때,
$a-b>0$이면 $a>b$
$a-b=0$이면 $a=b$
$a-b<0$이면 $a<b$

예 $3+\sqrt{5}$와 5의 대소를 비교해 보자.
앞의 수에서 뒤의 수를 빼보면
$3+\sqrt{5}-5=\sqrt{5}-2=\sqrt{5}-\sqrt{4}>0$이므로 $3+\sqrt{5}>5$

바빠 개념 확인 문제

❖ 다음 ○ 안에 부등호 >, < 중 알맞은 것을 써넣어라. (1~4)

1 $\sqrt{6}$ ○ $\sqrt{5}$

2 -4 ○ $-\sqrt{17}$

3 $\sqrt{1.2}$ ○ 1.2

4 $\frac{1}{6}$ ○ $\sqrt{\frac{5}{12}}$

❖ 다음 수의 정수 부분과 소수 부분을 각각 구하여라. (5~6)

5 $\sqrt{2}$

정수 부분 ______

소수 부분 ______

6 $\sqrt{10}$

정수 부분 ______

소수 부분 ______

❖ 다음 ○ 안에 부등호 >, < 중 알맞은 것을 써넣어라. (7~10)

7 -10 ○ $-8-\sqrt{7}$

8 $\sqrt{12}+10$ ○ $\sqrt{15}+10$

9 $9-\sqrt{8}$ ○ 5

10 5 ○ $\sqrt{11}+2$

정답 * 정답과 해설 8쪽

1 > 2 > 3 < 4 < 5 $1, \sqrt{2}-1$ 6 $3, \sqrt{10}-3$
7 > 8 < 9 > 10 <

개념 완성 문제

* 정답과 해설 8쪽

제곱근의 뜻과 이해

1 다음 중 옳지 않은 것은?

① 제곱하여 9가 되는 수는 3, -3이다.
② 제곱하여 0.5가 되는 수는 없다.
③ -3의 제곱근은 없다.
④ 11의 제곱근은 $\pm\sqrt{11}$이다.
⑤ 25의 제곱근은 5, -5이다.

Hint 양수의 제곱근은 2개이고, 음수의 제곱근은 없다.

근호를 사용하지 않고 나타내기

2 다음 중 근호를 사용하지 않고 제곱근을 나타낼 수 있는 수는?

① 0.4 ② 8 ③ 12
④ $\frac{15}{16}$ ⑤ $\frac{36}{49}$

Hint 어떤 수의 제곱인 수를 찾는다.

제곱근의 성질

3 $\sqrt{(-3)^2}\times\sqrt{5^2}-(-\sqrt{8})^2$을 계산하면?

① 7 ② 11 ③ 15
④ 20 ⑤ 23

Hint $-(-\sqrt{8})^2=-8$

제곱근의 성질

4 $a<0$, $b<0$일 때, $\sqrt{a^2}+\sqrt{(-b)^2}$을 간단히 하여라.

Hint $b<0$이므로 $-b>0$, $\sqrt{(-b)^2}=-b$

실수와 수직선

5 다음 중 옳지 않은 것을 모두 고르면? (정답 2개)

① 서로 다른 두 유리수 사이에는 무수히 많은 무리수가 있다.
② 무리수는 수직선에 나타낼 수 없다.
③ 모든 실수는 각각 수직선 위의 한 점에 대응한다.
④ 1에 가장 가까운 무리수는 $\sqrt{2}$이다.
⑤ 실수는 유리수와 무리수로 이루어져 있다.

Hint 수직선은 실수에 대응하는 점으로 완전히 메울 수 있다.

두 실수의 대소 관계

6 두 실수의 대소 관계가 옳은 것을 보기에서 모두 고른 것은?

보기

ㄱ. $3+\sqrt{2}>\sqrt{10}+\sqrt{2}$
ㄴ. $-5-\sqrt{12}<-5-\sqrt{11}$
ㄷ. $6-2\sqrt{5}>-\sqrt{5}+3$
ㄹ. $\sqrt{14}+1>4$

① ㄱ, ㄴ ② ㄱ, ㄷ ③ ㄴ, ㄷ
④ ㄴ, ㄹ ⑤ ㄴ, ㄷ, ㄹ

Hint 양변에 같은 수가 있는지 확인한 후 같은 수가 있으면 그 수를 빼고 양변을 비교한다.

08 근호를 포함한 식의 계산

1. 제곱근의 곱셈과 나눗셈

제곱근의 곱셈

제곱근끼리 곱할 때에는 근호 안의 수는 근호 안의 수끼리 곱하고, 근호 밖의 수는 근호 밖의 수끼리 곱한다.

$a>0$, $b>0$이고 m, n이 유리수일 때,

① $\sqrt{a}\times\sqrt{b}=\sqrt{a}\sqrt{b}=\sqrt{ab}$

예) $\sqrt{5}\times\sqrt{7}=\sqrt{5\times7}$ ← 근호 안의 수끼리 곱한다.
$=\sqrt{35}$

② $m\sqrt{a}\times n=mn\sqrt{a}$

예) $3\sqrt{5}\times2=3\times2\sqrt{5}$ ← 근호 밖의 수끼리 곱한다.
$=6\sqrt{5}$

③ $m\sqrt{a}\times n\sqrt{b}=mn\sqrt{ab}$

예) $5\sqrt{2}\times2\sqrt{7}=5\times2\sqrt{2\times7}$ ← 근호 밖의 수끼리, 근호 안의 수끼리 곱한다.
$=10\sqrt{14}$

세 개 이상의 제곱근을 곱할 때에도 근호 안의 수끼리 곱하면 된다. 즉, $a>0$, $b>0$, $c>0$일 때,

$\sqrt{a}\times\sqrt{b}\times\sqrt{c}=\sqrt{abc}$

예) $\sqrt{\frac{3}{4}}\times\sqrt{\frac{10}{9}}\times\sqrt{\frac{6}{5}}=\sqrt{\frac{3}{4}\times\frac{10}{9}\times\frac{6}{5}}$ ← 근호 안의 수끼리 곱한다.
$=\sqrt{1}=1$

제곱근의 나눗셈

$a>0$, $b>0$, $c>0$, $d>0$이고 m, n이 유리수일 때,

① $\sqrt{a}\div\sqrt{b}=\frac{\sqrt{a}}{\sqrt{b}}=\sqrt{\frac{a}{b}}$

예) $\sqrt{2}\div\sqrt{7}=\frac{\sqrt{2}}{\sqrt{7}}$ ← 근호 안의 수끼리 나눈다.
$=\sqrt{\frac{2}{7}}$

② $m\sqrt{a}\div n\sqrt{b}=m\sqrt{a}\times\frac{1}{n\sqrt{b}}=\frac{m}{n}\sqrt{\frac{a}{b}}$ (단, $n\neq0$)

예) $2\sqrt{5}\div3\sqrt{2}=2\sqrt{5}\times\frac{1}{3\sqrt{2}}$ ← 근호 밖의 수끼리, 근호 안의 수끼리 나눈다.
$=\frac{2}{3}\sqrt{\frac{5}{2}}$

③ $\frac{\sqrt{a}}{\sqrt{b}}\div\frac{\sqrt{c}}{\sqrt{d}}=\frac{\sqrt{a}}{\sqrt{b}}\times\frac{\sqrt{d}}{\sqrt{c}}=\frac{\sqrt{ad}}{\sqrt{bc}}$

예) $\frac{\sqrt{2}}{\sqrt{3}}\div\frac{\sqrt{10}}{\sqrt{6}}=\frac{\sqrt{2}}{\sqrt{3}}\times\frac{\sqrt{6}}{\sqrt{10}}=\sqrt{\frac{2}{3}\times\frac{6}{10}}=\sqrt{\frac{2}{5}}$

고등수학 연계 ··· 복소수 | 중요도 ★★★★★

바빠 개념 확인 문제

❖ 다음을 계산하여라. (1~6)

1 $\sqrt{5}\times\sqrt{6}$

2 $(-\sqrt{35})\times\sqrt{\frac{1}{7}}$

3 $(-2\sqrt{10})\times4\sqrt{\frac{1}{5}}$

4 $\left(-9\sqrt{\frac{5}{9}}\right)\times\left(-\frac{1}{3}\sqrt{\frac{27}{10}}\right)$

5 $\left(-\sqrt{\frac{3}{14}}\right)\times\sqrt{3}\times\sqrt{\frac{7}{9}}$

6 $(-5\sqrt{5})\times\left(-2\sqrt{\frac{3}{22}}\right)\times\sqrt{\frac{11}{25}}$

❖ 다음을 계산하여라. (7~11)

7 $-\sqrt{15}\div(-\sqrt{5})$

8 $\frac{\sqrt{69}}{\sqrt{3}}$

9 $6\sqrt{35}\div(-2\sqrt{5})$

10 $(-10\sqrt{26})\div5\sqrt{2}$

11 $\frac{\sqrt{5}}{\sqrt{7}}\div\frac{\sqrt{25}}{\sqrt{21}}$

정답

* 정답과 해설 8쪽

1 $\sqrt{30}$ 2 $-\sqrt{5}$ 3 $-8\sqrt{2}$ 4 $3\sqrt{\frac{3}{2}}$ 5 $-\sqrt{\frac{1}{2}}$ 6 $10\sqrt{\frac{3}{10}}$
7 $\sqrt{3}$ 8 $\sqrt{23}$ 9 $-3\sqrt{7}$ 10 $-2\sqrt{13}$ 11 $\sqrt{\frac{3}{5}}$

2. 근호가 있는 식의 변형

✔ 근호가 있는 식의 변형

① 근호 안의 수에 제곱인 인수가 있으면 근호 밖으로 꺼낼 수 있다.

$a>0$, $b>0$일 때,

$\sqrt{a^2b}=\sqrt{a^2}\sqrt{b}=a\sqrt{b}$

근호 밖으로

$\sqrt{\dfrac{a}{b^2}}=\dfrac{\sqrt{a}}{\sqrt{b^2}}=\dfrac{\sqrt{a}}{b}$

근호 밖으로

예 $\sqrt{18}=\sqrt{3^2\times2}=3\sqrt{2}$

$\sqrt{\dfrac{20}{9}}=\sqrt{\dfrac{2^2\times5}{3^2}}=\dfrac{\sqrt{2^2\times5}}{\sqrt{3^2}}=\dfrac{2\sqrt{5}}{3}$

② 근호 밖의 양수는 제곱하여 근호 안으로 넣을 수 있다.

$a>0$, $b>0$일 때,

$a\sqrt{b}=\sqrt{a^2}\sqrt{b}=\sqrt{a^2b}$

근호 안으로

$\dfrac{\sqrt{a}}{b}=\dfrac{\sqrt{a}}{\sqrt{b^2}}=\sqrt{\dfrac{a}{b^2}}$

근호 안으로

예 $3\sqrt{3}=\sqrt{3^2\times3}=\sqrt{27}$

$\dfrac{\sqrt{20}}{2}=\dfrac{\sqrt{20}}{\sqrt{2^2}}=\sqrt{\dfrac{20}{4}}=\sqrt{5}$

외워 외워!

근호 안의 제곱인 인수 꺼내기
- ★ 근호 안의 수를 먼저 소인수분해하고 지수를 짝수로 나타낼 수 있는 것을 모아서 $\sqrt{a^2b}$로 나타내고
- ★ 근호 안의 제곱인 인수는 제곱을 없애고 근호 밖으로 꺼내면 돼.

앗! 실수

- ★ 근호 안의 수를 근호 밖으로 꺼낼 때 근호 안의 수는 가장 작은 자연수가 돼야 해.
  예 $\sqrt{80}=\sqrt{4^2\times5}=4\sqrt{5}$
- ★ 근호 밖에 음수가 있더라도 −는 그대로 두고 양수만 근호 안으로 넣어야 해.
  예 $-2\sqrt{6}=\sqrt{(-2)^2\times6}$ (×)
  $-2\sqrt{6}=-\sqrt{2^2\times6}=-\sqrt{24}$ (○)

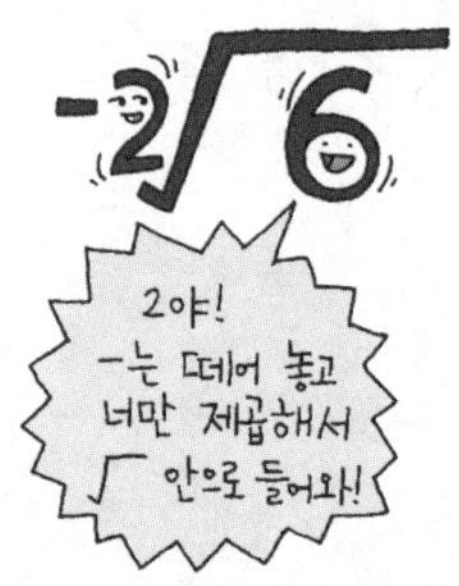
-2√6
2야!
-는 떼어 놓고
너만 제곱해서
√ 안으로 들어와!

바빠 개념 확인 문제

❖ 다음을 근호 안의 수가 가장 작은 자연수가 되도록 $a\sqrt{b}$의 꼴로 나타내어라. (단, a는 유리수) (1~4)

1 $\sqrt{12}$

2 $\sqrt{20}$

3 $\sqrt{27}$

4 $\sqrt{150}$

❖ 다음을 근호 안의 수가 가장 작은 자연수가 되도록 $\dfrac{b\sqrt{c}}{a}$의 꼴로 나타내어라. (단, a, b는 자연수) (5~7)

5 $\sqrt{\dfrac{8}{25}}$

6 $\sqrt{\dfrac{50}{9}}$

7 $\sqrt{\dfrac{27}{49}}$

❖ 다음을 $\sqrt{a}$ 또는 $-\sqrt{a}$의 꼴로 나타내어라. (8~10)

8 $3\sqrt{2}$

9 $4\sqrt{7}$

10 $-5\sqrt{3}$

정답 * 정답과 해설 9쪽

1 $2\sqrt{3}$　2 $2\sqrt{5}$　3 $3\sqrt{3}$　4 $5\sqrt{6}$　5 $\dfrac{2\sqrt{2}}{5}$
6 $\dfrac{5\sqrt{2}}{3}$　7 $\dfrac{3\sqrt{3}}{7}$　8 $\sqrt{18}$　9 $\sqrt{112}$　10 $-\sqrt{75}$

중3

3. 분모의 유리화

✔ 분모의 유리화

분수의 분모가 근호를 포함한 무리수일 때, 분모와 분자에 0이 아닌 같은 수를 곱하여 분모를 유리수로 고치는 것

✔ 분모의 유리화 방법 $(a>0, b>0)$

① $\dfrac{1}{\sqrt{a}}=\dfrac{1\times\sqrt{a}}{\sqrt{a}\times\sqrt{a}}=\dfrac{\sqrt{a}}{a}$

예) $\dfrac{1}{\sqrt{3}}=\dfrac{\sqrt{3}}{\sqrt{3}\times\sqrt{3}}=\dfrac{\sqrt{3}}{3}$

└ $\sqrt{3}$을 분모, 분자에 각각 곱한다.

② $\dfrac{b}{\sqrt{a}}=\dfrac{b\times\sqrt{a}}{\sqrt{a}\times\sqrt{a}}=\dfrac{b\sqrt{a}}{a}$

예) $\dfrac{5}{\sqrt{2}}=\dfrac{5\times\sqrt{2}}{\sqrt{2}\times\sqrt{2}}=\dfrac{5\sqrt{2}}{2}$

└ $\sqrt{2}$를 분모, 분자에 각각 곱한다.

③ $\dfrac{c}{b\sqrt{a}}=\dfrac{c\times\sqrt{a}}{b\sqrt{a}\times\sqrt{a}}=\dfrac{c\sqrt{a}}{ab}$

예) $\dfrac{7}{2\sqrt{5}}=\dfrac{7\times\sqrt{5}}{2\sqrt{5}\times\sqrt{5}}=\dfrac{7\sqrt{5}}{10}$

└ $\sqrt{5}$를 분모, 분자에 각각 곱한다.

바빠 꿀팁

- $\dfrac{\sqrt{5}}{\sqrt{12}}$의 분모를 유리화할 때, 분모, 분자에 $\sqrt{12}$를 곱하면 수가 너무 커져. $\sqrt{12}=2\sqrt{3}$으로 변형한 후 $\sqrt{3}$을 분모, 분자에 곱하면 훨씬 간단히 풀 수 있어.

$\dfrac{\sqrt{5}}{\sqrt{12}}=\dfrac{\sqrt{5}}{2\sqrt{3}}=\dfrac{\sqrt{15}}{6}$

- $\dfrac{\sqrt{14}}{\sqrt{6}}$의 분모를 유리화할 때 분모, 분자에 $\sqrt{6}$을 곱해도 되지만 다음과 같이 변형해서 $\sqrt{2}$를 약분하고 분모, 분자에 $\sqrt{3}$을 곱하면 계산이 훨씬 쉬워져.

$\dfrac{\sqrt{14}}{\sqrt{6}}=\dfrac{\sqrt{2}\sqrt{7}}{\sqrt{2}\sqrt{3}}=\dfrac{\sqrt{7}}{\sqrt{3}}=\dfrac{\sqrt{21}}{3}$

✔ 제곱근의 곱셈과 나눗셈의 혼합 계산

① 나눗셈은 역수의 곱셈으로 바꾼 후, 근호 밖의 수끼리 근호 안의 수끼리 계산한다.

② 분모를 유리화하고 제곱인 인수는 근호 밖으로 꺼내어 간단히 한다.

예) $\dfrac{3\sqrt{6}}{\sqrt{2}}\div\dfrac{6\sqrt{3}}{\sqrt{10}}\times\dfrac{\sqrt{2}}{\sqrt{15}}=\dfrac{3\sqrt{6}}{\sqrt{2}}\times\dfrac{\sqrt{10}}{6\sqrt{3}}\times\dfrac{\sqrt{2}}{\sqrt{15}}$

$=\dfrac{3}{6}\times\sqrt{\dfrac{6\times10\times2}{2\times3\times15}}$

$=\dfrac{\sqrt{4}}{2\sqrt{3}}=\dfrac{\sqrt{3}}{3}$

바빠 개념 확인 문제

❖ 다음 수의 분모를 유리화하여라. (1~3)

1 $\dfrac{3}{\sqrt{2}}$

2 $\dfrac{4}{\sqrt{5}}$

3 $\sqrt{\dfrac{6}{7}}$

❖ 다음 수의 분모를 유리화하여라. (4~7)

4 $\dfrac{4}{\sqrt{12}}$

5 $\dfrac{3\sqrt{5}}{\sqrt{18}}$

6 $\dfrac{\sqrt{14}}{\sqrt{2}\times\sqrt{5}}$

7 $\dfrac{\sqrt{10}}{\sqrt{3}\times\sqrt{5}}$

❖ 다음을 간단히 하고, 분모를 유리화하여라. (8~10)

8 $\sqrt{7}\div\sqrt{6}\times\sqrt{2}$

9 $\sqrt{5}\times\sqrt{3}\div\sqrt{21}$

10 $\dfrac{\sqrt{24}}{\sqrt{10}}\div\dfrac{\sqrt{12}}{\sqrt{5}}\times\dfrac{\sqrt{3}}{\sqrt{2}}$

정답

* 정답과 해설 9쪽

1 $\dfrac{3\sqrt{2}}{2}$ 2 $\dfrac{4\sqrt{5}}{5}$ 3 $\dfrac{\sqrt{42}}{7}$ 4 $\dfrac{2\sqrt{3}}{3}$ 5 $\dfrac{\sqrt{10}}{2}$

6 $\dfrac{\sqrt{35}}{5}$ 7 $\dfrac{\sqrt{6}}{3}$ 8 $\dfrac{\sqrt{21}}{3}$ 9 $\dfrac{\sqrt{35}}{7}$ 10 $\dfrac{\sqrt{6}}{2}$

4. 제곱근의 덧셈과 뺄셈

제곱근의 덧셈과 뺄셈

① $m\sqrt{a}+n\sqrt{a}=(m+n)\sqrt{a}$

예 $6\sqrt{2}+5\sqrt{2}=(6+5)\sqrt{2}=11\sqrt{2}$

② $m\sqrt{a}-n\sqrt{a}=(m-n)\sqrt{a}$

예 $8\sqrt{5}-2\sqrt{5}=(8-2)\sqrt{5}=6\sqrt{5}$

③ $m\sqrt{a}+n\sqrt{b}-l\sqrt{a}-o\sqrt{b}=(m-l)\sqrt{a}+(n-o)\sqrt{b}$

예 $3\sqrt{7}+5\sqrt{3}+4\sqrt{7}-8\sqrt{3}=(3+4)\sqrt{7}+(5-8)\sqrt{3}$
$=7\sqrt{7}-3\sqrt{3}$

$\sqrt{a^2b}=a\sqrt{b}$를 이용한 제곱근의 덧셈과 뺄셈

근호 안의 수가 제곱인 인수를 갖는 경우에는 소인수분해하여 제곱인 인수를 근호 밖으로 꺼낸 후 계산한다.

예 $\sqrt{12}+\sqrt{75}=\sqrt{2^2\times3}+\sqrt{3\times5^2}=2\sqrt{3}+5\sqrt{3}$
$=(2+5)\sqrt{3}=7\sqrt{3}$

바빠 꿀팁

• $\sqrt{12}+\sqrt{3}$은 근호 안의 수가 달라서 덧셈, 뺄셈을 할 수 없다고 생각하는 학생이 많아.
하지만 $\sqrt{12}=2\sqrt{3}$이므로 $\sqrt{12}+\sqrt{3}=2\sqrt{3}+\sqrt{3}=3\sqrt{3}$이 되는 거지. 이처럼 근호 안의 수를 가장 작은 자연수로 만든 후 계산해야 해.

근호를 포함한 복잡한 식의 계산

① **괄호가 있을 때**: 근호를 포함한 식에서도 유리수의 경우와 같이 분배법칙이 성립한다.

• $a>0$, $b>0$, $c>0$일 때,

$\sqrt{a}(\sqrt{b}+\sqrt{c})=\sqrt{a}\sqrt{b}+\sqrt{a}\sqrt{c}$

예 $\sqrt{2}(\sqrt{5}-\sqrt{2})=\sqrt{10}-2$

$(\sqrt{a}+\sqrt{b})\sqrt{c}=\sqrt{a}\sqrt{c}+\sqrt{b}\sqrt{c}$

예 $(\sqrt{2}-\sqrt{5})\sqrt{3}=\sqrt{6}-\sqrt{15}$

② **근호 안에 제곱인 인수가 있을 때**: 근호 밖으로 꺼내어 근호 안의 수가 가장 작은 자연수가 되게 한다.

예 $\sqrt{2}(\sqrt{32}-\sqrt{20})=\sqrt{2}(4\sqrt{2}-2\sqrt{5})$
$=8-2\sqrt{10}$

③ **분모에 무리수가 있을 때**: 분모를 유리화한다.

예 $\dfrac{\sqrt{27}}{\sqrt{2}}+\dfrac{\sqrt{8}}{\sqrt{3}}=\dfrac{\sqrt{27}\times\sqrt{2}}{\sqrt{2}\times\sqrt{2}}+\dfrac{\sqrt{8}\times\sqrt{3}}{\sqrt{3}\times\sqrt{3}}=\dfrac{3\sqrt{6}}{2}+\dfrac{2\sqrt{6}}{3}$
$=\dfrac{9\sqrt{6}+4\sqrt{6}}{6}=\dfrac{13\sqrt{6}}{6}$

바빠 개념 확인 문제

❖ 다음을 계산하여라. (1~3)

1 $5\sqrt{3}+3\sqrt{3}$

2 $9\sqrt{2}-6\sqrt{2}$

3 $2\sqrt{11}-\sqrt{7}+5\sqrt{7}-3\sqrt{11}$

❖ 다음을 $\sqrt{a^2b}=a\sqrt{b}$를 이용하여 계산하여라. (4~6)

4 $\sqrt{12}-\sqrt{27}$

5 $-\sqrt{50}+\sqrt{8}$

6 $\sqrt{32}-2\sqrt{45}+\sqrt{50}+12\sqrt{5}$

❖ 다음을 계산하여라. (7~10)

7 $\dfrac{1}{5\sqrt{2}}+\dfrac{3}{\sqrt{2}}$

8 $\dfrac{2}{\sqrt{3}}-\dfrac{4}{\sqrt{27}}$

9 $\dfrac{4\sqrt{3}-8\sqrt{12}}{\sqrt{2}}$

10 $\dfrac{3\sqrt{8}+4\sqrt{2}}{\sqrt{5}}$

정답

* 정답과 해설 9쪽

1 $8\sqrt{3}$　2 $3\sqrt{2}$　3 $4\sqrt{7}-\sqrt{11}$　4 $-\sqrt{3}$　5 $-3\sqrt{2}$
6 $9\sqrt{2}+6\sqrt{5}$　7 $\dfrac{8\sqrt{2}}{5}$　8 $\dfrac{2\sqrt{3}}{9}$　9 $-6\sqrt{6}$　10 $2\sqrt{10}$

5. 제곱근표

✔ 제곱근표에 있는 수의 제곱근의 값

1.00부터 99.9까지의 수의 양의 제곱근의 값은 제곱근표를 이용하여 소수점 아래 셋째 자리까지 구할 수 있다.

예) 아래 제곱근표를 이용하여 $\sqrt{3.24}$의 값을 구하면 3.2의 가로줄과 4의 세로줄이 만나는 칸에 적혀 있는 수인 1.800이다.

수	…	3	4	5	…
3.0	…	1.741	1.744	1.746	…
3.1	…	1.769	1.772	1.775	…
3.2	…	1.797	1.800	1.803	…
3.3	…	1.825	1.828	1.830	…

✔ 제곱근표에 없는 수의 제곱근의 값

① 100보다 큰 수의 제곱근의 값

$\sqrt{100a}=10\sqrt{a}$, $\sqrt{10000a}=100\sqrt{a}$, …의 꼴로 고친다.
(단, $1\le a\le 99.9$)

예) 제곱근표에서 $\sqrt{2.57}=1.603$일 때, $\sqrt{257}$, $\sqrt{25700}$의 값을 구해 보자.

$\sqrt{257}=\sqrt{2.57\times100}=10\sqrt{2.57}=16.03$

$\sqrt{25700}=\sqrt{2.57\times10000}=100\sqrt{2.57}=160.3$

② 0보다 크고 1보다 작은 수의 제곱근의 값

$\sqrt{\dfrac{a}{100}}=\dfrac{\sqrt{a}}{10}$, $\sqrt{\dfrac{a}{10000}}=\dfrac{\sqrt{a}}{100}$, …의 꼴로 고친다.
(단, $1\le a\le 99.9$)

예) 제곱근표에서 $\sqrt{46.2}=6.797$일 때, $\sqrt{0.462}$, $\sqrt{0.00462}$의 값을 구해 보자.

$\sqrt{0.462}=\sqrt{\dfrac{46.2}{100}}=\dfrac{\sqrt{46.2}}{10}=\dfrac{6.797}{10}=0.6797$

$\sqrt{0.00462}=\sqrt{\dfrac{46.2}{10000}}=\dfrac{\sqrt{46.2}}{100}=\dfrac{6.797}{100}=0.06797$

바빠 꿀팁

• 근호 안의 수가 제곱근표에 없다면 소수점을 왼쪽이나 오른쪽으로 움직여서 근호 안의 수가 나오도록 만들어야 해. 이때 근호 안에 곱해지거나 나누어지는 수는 10^2, 10^4, …과 같이 지수가 짝수일 때만 근호 밖으로 나올 수 있어.

제곱근표에는
99.9까지만 있어도
모든 수의 제곱근의
값을 다 구할 수
있어!

바빠 개념 확인 문제

❖ 아래 표는 제곱근표의 일부이다. 이 표를 이용하여 다음 제곱근의 값을 구하여라. (1~2)

수	0	1	2	3
4.3	2.074	2.076	2.078	2.081
4.4	2.098	2.100	2.102	2.105
4.5	2.121	2.124	2.126	2.128
4.6	2.145	2.147	2.149	2.152

1 4.43

2 4.51

❖ 다음은 $\sqrt{5}=2.236$, $\sqrt{50}=7.071$임을 이용하여 주어진 제곱근의 값을 구하는 과정이다. □ 안에 알맞은 수를 써넣어라. (3~6)

3 $\sqrt{500}=\sqrt{5\times\square}=\square\sqrt{5}=\square$

4 $\sqrt{0.05}=\sqrt{5\times\square}=\square\sqrt{5}=\square$

5 $\sqrt{5000}=\sqrt{50\times\square}=\square\sqrt{50}=\square$

6 $\sqrt{0.005}=\sqrt{50\times\square}=\square\sqrt{50}=\square$

❖ $\sqrt{7.2}=2.683$, $\sqrt{72}=8.485$일 때, 다음 수의 값을 구하여라. (7~10)

7 $\sqrt{7200}$

8 $\sqrt{0.0072}$

9 $\sqrt{720}$

10 $\sqrt{0.072}$

정답 * 정답과 해설 10쪽

1 2.105 2 2.124 3 100, 10, 22.36 4 $\frac{1}{100}$, $\frac{1}{10}$, 0.2236
5 100, 10, 70.71 6 $\frac{1}{10000}$, $\frac{1}{100}$, 0.07071 7 84.85
8 0.08485 9 26.83 10 0.2683

개념 완성 문제

＊정답과 해설 10쪽

제곱근의 곱셈과 나눗셈

1 다음 중 옳지 않은 것은?

① $4\sqrt{\frac{7}{6}}\times(-2\sqrt{3})=-8\sqrt{\frac{7}{2}}$

② $\frac{\sqrt{5}}{\sqrt{2}}\div\frac{\sqrt{15}}{\sqrt{6}}=1$

③ $3\sqrt{\frac{4}{15}}\times\left(-5\sqrt{\frac{25}{8}}\right)=-15\sqrt{\frac{5}{6}}$

④ $5\sqrt{108}\div(-6\sqrt{3})=-10$

⑤ $-\frac{16\sqrt{5}}{2\sqrt{45}}=-\frac{8}{3}$

Hint 나눗셈은 곱셈으로 고친 후 근호 안의 수끼리 곱하고 근호 밖의 수끼리 곱한다.

근호가 있는 식의 변형

2 다음 중 옳지 않은 것은?

① $\sqrt{48}=4\sqrt{3}$　② $\sqrt{18}=3\sqrt{2}$

③ $-\sqrt{200}=-10\sqrt{2}$　④ $\sqrt{150}=5\sqrt{6}$

⑤ $-\sqrt{88}=-4\sqrt{11}$

Hint $\sqrt{a^2b}=\sqrt{a^2}\sqrt{b}=a\sqrt{b}$임을 이용한다.

제곱근의 곱셈과 나눗셈의 혼합 계산

3 $\frac{3}{\sqrt{5}}\times\frac{2}{\sqrt{8}}\div\frac{\sqrt{18}}{2\sqrt{5}}$을 계산하여라.

Hint 곱셈과 나눗셈이 혼합되어 있는 식의 계산은 먼저 나눗셈을 곱셈으로 고친 후에 계산한다.

제곱근의 덧셈과 뺄셈

4 $\sqrt{75}-\frac{\sqrt{12}-3}{\sqrt{3}}$을 계산하여라.

Hint $\sqrt{75}=5\sqrt{3}$, $\sqrt{12}=2\sqrt{3}$

제곱근의 계산

5 $\sqrt{3}(3\sqrt{2}-1)+\frac{\sqrt{12}-2\sqrt{6}}{\sqrt{2}}$을 계산하면?

① $4\sqrt{6}-3\sqrt{3}$　② $3\sqrt{6}-4\sqrt{3}$

③ $\frac{5\sqrt{6}-7\sqrt{3}}{2}$　④ $\frac{4\sqrt{6}-5\sqrt{3}}{2}$

⑤ $\frac{3\sqrt{6}-4\sqrt{3}}{2}$

Hint $\frac{\sqrt{12}-2\sqrt{6}}{\sqrt{2}}$의 분모, 분자를 $\sqrt{2}$로 약분하면 $\sqrt{6}-2\sqrt{3}$이다.

제곱근표의 응용

6 $\sqrt{4.56}=2.135$, $\sqrt{45.6}=6.753$일 때, 다음 중 옳지 않은 것은?

① $\sqrt{456}=21.35$　② $\sqrt{4560}=67.53$

③ $\sqrt{0.456}=0.06753$　④ $\sqrt{0.0456}=0.2135$

⑤ $\sqrt{45600}=213.5$

Hint $\sqrt{456}$, $\sqrt{0.0456}$, $\sqrt{45600}$은 $\sqrt{4.56}=2.135$를 이용한다.

고르고 고른 고등수학으로 연결되는 문제

1 다음 소수와 합성수에 대한 설명 중 옳은 것은?

① 소수가 아닌 자연수는 모두 합성수이다.
② 가장 작은 소수는 1이다.
③ 2를 제외한 소수는 모두 홀수이다.
④ 합성수는 약수가 2개 이상이다.
⑤ 소수 중 가장 작은 홀수는 1이다.

2 다음 중 약수의 개수가 가장 많은 것은?

① 54 ② $2^3\times5^2$ ③ 120
④ $2^2\times3^2\times7$ ⑤ $2\times3^4\times5$

3 두 수 $2^a\times3^2\times5$, $2^3\times3^b\times7$의 최대공약수는 $2^3\times3$이고 최소공배수는 $2^4\times3^2\times5\times7$일 때, $a+b$의 값을 구하여라. (단, a, b는 자연수)

4 다음 중 두 수의 대소 관계가 옳은 것은?

① $|-5|<|+5|$ ② $|-2|<\left|+\frac{5}{3}\right|$
③ $\left|-\frac{7}{6}\right|>+\frac{3}{2}$ ④ $-\frac{7}{2}>-\frac{14}{3}$
⑤ $-\frac{4}{7}<-\frac{4}{5}$

5 절댓값이 $\frac{11}{3}$보다 작은 정수의 개수는?

① 3 ② 4 ③ 5
④ 6 ⑤ 7

6 다음 중 계산 결과가 가장 큰 것은?

① $-(-2)^3$ ② -3^2 ③ $(-2)^3$
④ $-(-3)^2$ ⑤ $(-2)^2$

7 $\left\{(3-2^2)\times\left(-\frac{3}{4}\right)-2\right\}\div\frac{5}{8}+3$을 계산하여라.

8 다음 중 옳은 것을 모두 고르면? (정답 2개)

① 순환소수 중에는 유리수가 아닌 것도 있다.
② 순환하지 않는 무한소수는 유리수가 아니다.
③ 모든 무한소수는 유리수가 아니다.
④ 모든 유리수는 유한소수로 나타낼 수 있다.
⑤ 유한소수로 나타낼 수 없는 유리수는 모두 순환소수로 나타내어진다.

* 정답과 해설 11쪽

9 다음 중 옳지 않은 것은?

① 11의 제곱근은 $+\sqrt{11}$, $-\sqrt{11}$이다.
② $\sqrt{49}$의 음의 제곱근은 -7이다.
③ 제곱하여 -16이 되는 수는 없다.
④ 양수의 제곱근은 2개이다.
⑤ 17의 제곱근은 $\pm\sqrt{17}$이다.

10 다음 중 옳은 것을 모두 고르면? (정답 2개)

① 0에 가장 가까운 무리수를 찾을 수 없다.
② $\sqrt{5}$와 $\sqrt{6}$ 사이에는 무리수만 있다.
③ $\sqrt{2}$와 $\sqrt{15}$ 사이에는 3개의 정수가 있다.
④ $\sqrt{10}$과 $\sqrt{17}$ 사이에는 무수히 많은 유리수가 있다.
⑤ 3과 4 사이에는 무리수가 없다.

11 다음 중 옳은 것은?

① $\sqrt{9^2}=3$
② $\sqrt{(-8)^2}=-8$
③ $-\sqrt{\left(\frac{1}{4}\right)^2}=\frac{1}{2}$
④ $(-\sqrt{0.4})^2=0.2$
⑤ $-\sqrt{(-6)^2}=-6$

12 $-4<a<4$일 때, $\sqrt{(a-4)^2}+\sqrt{(a+4)^2}$을 간단히 하여라.

13 다음 중 두 실수의 대소 관계가 옳지 않은 것은?

① $3+\sqrt{5}<\sqrt{11}+\sqrt{5}$
② $\sqrt{12}+1<\sqrt{27}$
③ $-\sqrt{10}>-3+\sqrt{2}$
④ $-6-\sqrt{12}<-6-\sqrt{10}$
⑤ $\sqrt{24}-3<-5+\sqrt{54}$

14 $\sqrt{\frac{5}{11}}\div\frac{\sqrt{3}}{\sqrt{2}}\times\frac{4\sqrt{33}}{\sqrt{2}}=a\sqrt{5}$를 만족시키는 유리수 a의 값은?

① $\frac{1}{4}$ ② $\frac{1}{2}$ ③ 1
④ 2 ⑤ 4

15 $\sqrt{45}-\sqrt{72}+\sqrt{32}-3\sqrt{20}=a\sqrt{2}+b\sqrt{5}$일 때, 유리수 a, b에 대하여 ab의 값은?

① -5 ② -1 ③ 4
④ 6 ⑤ 9

16 $\sqrt{3}(\sqrt{8}-2\sqrt{6})+\frac{\sqrt{6}+3\sqrt{2}}{\sqrt{3}}$를 계산하면?

① $9\sqrt{2}+4\sqrt{6}$ ② $-5\sqrt{2}+3\sqrt{6}$
③ $\frac{7\sqrt{2}-5\sqrt{6}}{3}$ ④ $\frac{5\sqrt{2}-4\sqrt{6}}{3}$
⑤ $\frac{4\sqrt{2}-3\sqrt{6}}{3}$

Ⅱ

문자와 식

'Ⅱ 문자와 식' 단원에서는 고등수학을 준비할 때 가장 중요한 내용들을 배워요.

1학년 내용은 두 단원인데 문자를 사용하여 식을 세워 보고 일차방정식의 개념을 배워요. 이때 방정식의 기본인 일차방정식 개념을 잘 익혀야 이차방정식뿐 아니라 고등수학의 삼차방정식, 지수방정식, 로그방정식 등 다양한 방정식을 공부할 수 있게 돼요.

2학년 내용은 세 단원으로 구성했어요. 단항식과 다항식의 계산을 잘하지 못한다는 것은 더하기 빼기를 못하는데 중학수학을 하겠다고 하는 것과 같아요. 따라서 계산을 빠르고 정확하게 할 수 있도록 많이 연습해야 해요. 일차부등식과 연립방정식 또한 중요한데, 이 내용을 숙지하지 못한다면 고등수학의 이차부등식과 연립이차방정식을 배울 수가 없으니 반드시 잘 익히고 넘어가세요.

3학년 내용은 다섯 단원이 모두 중요해요! 고등학교 수학책을 받으면 아주 놀랍게도 곱셈 공식, 인수분해가 첫 번째 단원에 그대로 나와요. 물론 좀 더 확장된 공식들이 추가되지만 중학교에서 배운 내용도 아주 중요하게 쓰인답니다. 또한 이차방정식은 고등수학에서 복소수의 범위까지 확장해서 구하기 때문에 지금 실수에서 근을 찾는 중학수학 공부가 기본이 될 거예요.

'Ⅱ 문자와 식' 단원의 개념을 정확하게 익히고 넘어간다면 고등수학의 첫 단원에 자신감이 생길 거예요!

학년	단원명	고등수학 연계 단원	중요도
1학년	09 문자와 식	다항식의 연산	★★★☆☆
	10 일차방정식	이차방정식	★★★★☆
2학년	11 단항식과 다항식의 계산	다항식의 연산	★★★★★
	12 일차부등식	부등식	★★★★☆
	13 연립방정식	연립이차방정식	★★★★☆
3학년	14 곱셈 공식	다항식의 연산	★★★★★
	15 인수분해	인수분해	★★★★★
	16 복잡한 인수분해	인수분해	★★★★★
	17 이차방정식 1	이차방정식	★★★★★
	18 이차방정식 2	이차방정식	★★★★★

09 문자와 식

고등수학 연계 ⋯ 다항식의 연산 | 중요도 ★★★☆☆

1. 곱셈, 나눗셈 기호의 생략과 식의 값

✔ 곱셈 기호의 생략

① **(수)×(문자) 또는 (문자)×(수)**: 곱셈 기호 ×를 생략하고 수를 문자 앞에 쓴다.

예 $3\times a=3a$, $b\times(-5)=-5b$

② **(문자)×(문자)**: 문자끼리 곱할 때는 곱셈 기호 ×를 생략하고 알파벳 순서로 쓴다.

예 $b\times a=ab$, $c\times b\times a=abc$

③ **$1\times$(문자), $-1\times$(문자)**: 1은 생략한다.

예 $1\times a=a$, $(-1)\times a=-a$

④ **같은 문자의 곱**: 거듭제곱의 꼴로 나타낸다.

예 $a\times a\times a=a^3$, $a\times b\times b=ab^2$

⑤ **괄호가 있는 식과 수 사이의 곱**: 수를 괄호 앞에 쓴다.

예 $2\times(a-b)=2(a-b)$, $(x+y)\times 3=3(x+y)$

✔ 나눗셈 기호의 생략

① 나눗셈 기호를 생략하고 분수의 꼴로 쓴다.

예 $2\div a=\frac{2}{a}$, $a\div b=\frac{a}{b}$

② 나눗셈 기호는 역수를 이용하여 곱셈으로 바꾸어 곱셈 기호를 생략한다.

예 $x\div\frac{2}{5}=x\times\frac{5}{2}=\frac{5}{2}x$

✔ 대입

① **대입**: 문자를 포함한 식에서 문자 대신 수를 넣는 것

② **식의 값**: 문자를 포함한 식의 문자에 어떤 수를 대입하여 구한 값

✔ 식의 값을 구하는 방법

① 주어진 식에서 생략된 곱셈 또는 나눗셈 기호를 다시 쓴다.

② 문자에 주어진 수를 대입하여 계산한다. 이때 음수를 대입할 때는 반드시 괄호를 사용한다.

예 $x=-2$를 $3x+5$에 대입하면 $3\times(-2)+5=-1$

③ 분모에 분수를 대입할 때는 생략된 나눗셈 기호를 다시 쓴다.

예 $x=\frac{1}{2}$을 $\frac{4}{x}$에 대입하면

$\frac{4}{x}=4\div x=4\div\frac{1}{2}=4\times 2=8$

바빠 개념 확인 문제

❖ 다음 식을 곱셈, 나눗셈 기호를 생략하여 나타내어라. (1~6)

1 $a\times(-3)$

2 $x\times x\times y\times\frac{1}{3}$

3 $2\div a\div b$

4 $a\times(b+c)\div 3$

5 $a\times a\div 4b\times a$

6 $x\div 5+y\div 7\times 3$

❖ 다음 식의 값을 구하여라. (7~12)

7 $x=2$일 때, $3x+4$

8 $a=-2$일 때, $-a-1$

9 $x=-1$일 때, $-x^2+1$

10 $a=\frac{1}{5}$일 때, $\frac{6}{a}$

11 $x=5$, $y=\frac{1}{3}$일 때, $2x-3y$

12 $x=-\frac{1}{4}$, $y=\frac{1}{2}$일 때, $\frac{1}{x}-\frac{2}{y}$

정답 *정답과 해설 12쪽

1 $-3a$	2 $\frac{1}{3}x^2y$	3 $\frac{2}{ab}$	4 $\frac{a(b+c)}{3}$
5 $\frac{a^3}{4b}$	6 $\frac{x}{5}+\frac{3y}{7}$	7 10	8 1
9 0	10 30	11 9	12 -8

2. 문자를 사용한 식

문자의 사용

① **문자를 사용한 식**: 문자를 사용하여 어떤 수량 사이의 관계를 간단한 식으로 나타낼 수 있다.

② **문자를 사용하여 식 세우기**: 문자 사이의 규칙을 찾은 후 규칙에 맞도록 문자를 사용하여 식을 세운다.

문자를 사용한 식에 사용되는 공식

① **물건의 가격**
(물건의 가격)=(물건 1개의 가격)×(물건의 개수)

② **도형의 둘레의 길이**
- (직사각형의 둘레의 길이)
  =2×{(가로의 길이)+(세로의 길이)}
- (정삼각형의 둘레의 길이)=3×(한 변의 길이)

③ **도형의 넓이**
- (직사각형의 넓이)=(가로의 길이)×(세로의 길이)
- (삼각형의 넓이)=$\frac{1}{2}$×(밑변의 길이)×(높이)
- (사다리꼴의 넓이)
  =$\frac{1}{2}$×{(윗변의 길이)+(아랫변의 길이)}×(높이)
- (평행사변형의 넓이)=(밑변의 길이)×(높이)
- (마름모의 넓이)
  =(한 대각선의 길이)×(다른 대각선의 길이)×$\frac{1}{2}$

④ (두 자리의 자연수)
=10×(십의 자리의 숫자)+1×(일의 자리의 숫자)

⑤ **거리, 속력, 시간**
- (거리)=(속력)×(시간)
- (속력)=$\frac{(거리)}{(시간)}$
- (시간)=$\frac{(거리)}{(속력)}$

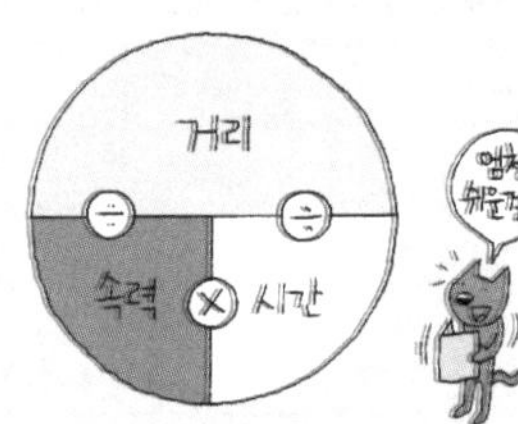

구하려는 것을 손으로 가리면 구하는 공식이 보인다.

⑥ **소금물의 농도**
- (소금물의 농도)=$\frac{(소금의 양)}{(소금물의 양)}\times 100(\%)$
- (소금의 양)=$\frac{(소금물의 농도)}{100}$×(소금물의 양)

⑦ **할인된 물건의 가격**
정가가 a원인 물건을 x % 할인할 때의 판매 가격은
$\left(a-a\times\frac{x}{100}\right)$원

바빠 개념 확인 문제

❖ 다음 중 옳은 것은 ○표, 옳지 않은 것은 ×표를 하여라. (1~5)

1 가로의 길이가 x cm, 세로의 길이가 y cm인 직사각형의 넓이는 xy cm^{2}이다. ______

2 시속 3 km의 속력으로 t시간 동안 이동한 거리는 $\frac{3}{t}$ km이다. ______

3 소금물 300 g에 소금 x g이 들어 있을 때, 소금물의 농도는 $\frac{x}{3}$ %이다. ______

4 800원짜리 볼펜 x자루와 1500원짜리 파일 y개의 가격은 $(800x+1500y)$원이다. ______

5 500원짜리 물건 a개를 사고 10000원을 냈을 때, 거스름돈은 $(500a-10000)$원이다. ______

❖ 다음을 문자를 사용한 식으로 나타내어라. (6~10)

6 1200원짜리 공책 a권의 가격

7 한 변의 길이가 x cm인 정사각형의 둘레의 길이

8 십의 자리의 숫자가 x, 일의 자리의 숫자가 y인 두 자리의 자연수

9 5 km의 거리를 t시간 동안 이동할 때의 속력

10 정가가 x원인 물건을 30 % 할인한 금액

정답 ＊정답과 해설 12쪽

1 ○ 2 × 3 ○ 4 ○ 5 ×
6 $1200a$원 7 $4x$ cm 8 $10x+y$ 9 시속 $\frac{5}{t}$ km 10 $\frac{7}{10}x$원

3. 다항식과 단항식

항과 계수

① **항**: 수 또는 문자의 곱으로만 이루어진 식

② **상수항**: 수로만 이루어진 항

③ **계수**: 수와 문자의 곱으로 이루어진 항에서 문자 앞에 곱해진 수

예 $2x+3y-1$에서
항의 개수 ⇨ $2x$, $3y$, -1로 3
x의 계수 ⇨ 2, y의 계수 ⇨ 3
상수항 ⇨ -1

단항식, 다항식

① **다항식**: 1개 또는 2개 이상의 항의 합으로 이루어진 식

예 $-4x$ ⇨ 항이 1개, $2x+3$ ⇨ 항이 2개
$3x-2y+1$ ⇨ 항이 3개

② **단항식**: 다항식 중에서 하나의 항으로만 이루어진 식

예 x, $2x^3$, 6은 모두 단항식

다항식의 차수

① **차수**: 항에서 문자가 곱해진 개수

예 $-3x^2$ ⇨ 곱해진 문자 x가 2개이므로 차수는 2
$2y^3$ ⇨ 곱해진 문자 y가 3개이므로 차수는 3

② **일차식**: 차수가 1인 다항식

예 $-x+1$ ⇨ x의 차수가 1이므로 일차식이다.
$\frac{1}{x}+2$ ⇨ 분모에 문자가 있으면 다항식이 아니다.
따라서 일차식이 아니다.

③ **다항식의 차수**: 차수가 가장 큰 항의 차수로 결정한다.

예 $2x^3+y^2+1$에서 $2x^3$의 차수가 3, y^2은 차수가 2이므로 이 다항식의 차수는 3이다.

바빠 개념 확인 문제

❖ 다음 중 옳은 것은 ○표, 옳지 않은 것은 ×표를 하여라. (1~7)

1 $4x-2y+1$의 항의 개수는 3이다. ______

2 $\frac{1}{x}$은 일차식이다. ______

3 $3x-5y$에서 y의 계수는 5이다. ______

4 $3x^2+6y$의 상수항은 없다. ______

5 $6x$는 다항식이다. ______

6 수로만 이루어진 항이 상수항이다. ______

7 $3x^2-2x-5$에서 x^2의 계수는 -2이다. ______

❖ 다음 다항식의 차수를 말하여라. (8~12)

8 $9y+4x$

9 $5x^2-2x+1$

10 $\frac{x}{2}$

11 $\frac{1}{3}x+\frac{1}{2}y^2+5$

12 x^3-4y^2-y+3

정답 * 정답과 해설 12쪽

1 ○ 2 × 3 × 4 ○ 5 ○ 6 ○
7 × 8 1 9 2 10 1 11 2 12 3

4. 일차식의 계산

✔ 일차식과 수의 곱셈, 나눗셈

① 단항식과 수의 곱셈, 나눗셈

- (수)×(단항식), (단항식)×(수): 수끼리 곱하여 문자 앞에 쓴다.

  예 $4\times 2x=8x$, $5x\times(-2)=-10x$

- (단항식)÷(수): 곱셈으로 고쳐서 계산한다.

  예 $6x\div 2=6x\times\frac{1}{2}=3x$

② 일차식과 수의 곱셈, 나눗셈

- (수)×(일차식), (일차식)×(수): 분배법칙을 이용하여 일차식의 각 항에 수를 곱한다.

  예 $2(4x+3)=2\times 4x+2\times 3=8x+6$

- (일차식)÷(수): 나눗셈을 역수를 이용하여 곱셈으로 고친 후 분배법칙을 이용한다.

  예 $(8x-3)\div 2=(8x-3)\times\frac{1}{2}$
  $=8x\times\frac{1}{2}-3\times\frac{1}{2}$
  $=4x-\frac{3}{2}$

✔ 동류항의 계산

① 동류항: 문자와 차수가 각각 같은 항

예 $2x$, $5x$ ⇨ 동류항이다.
$3x$, $7y$ ⇨ 문자가 다르므로 동류항이 아니다.
$4x^2$, $6x$ ⇨ 차수가 다르므로 동류항이 아니다.

② 동류항의 덧셈과 뺄셈: 동류항끼리 모은 후 분배법칙을 이용하여 간단히 한다.

예 $3x+4y-x+2y=3x-x+4y+2y$
$=(3-1)x+(4+2)y$
$=2x+6y$

✔ 일차식의 덧셈과 뺄셈

① 괄호가 있으면 분배법칙을 이용하여 괄호를 푼다.

괄호 앞이 ┌ +이면 ⇨ 괄호 안의 부호는 그대로
　　　　　└ −이면 ⇨ 괄호 안의 부호는 반대로

② 동류항끼리 모아서 계산한다.

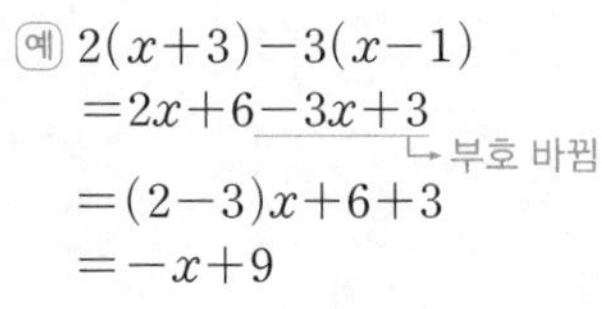

예 $2(x+3)-3(x-1)$
$=2x+6-3x+3$ (└ 부호 바뀜)
$=(2-3)x+6+3$
$=-x+9$

바빠 개념 확인 문제

❖ 다음 중 동류항끼리 짝 지어진 것은 ○표, 아닌 것은 ×표를 하여라. (1~4)

1 x, $2y$ ______

2 3, 5 ______

3 x, $2x^2$ ______

4 ab, $-2ab$ ______

❖ 다음 식을 간단히 하여라. (5~7)

5 $5a-a+3a$

6 $6a+1-b-7b-5$

7 $-2b-a+3b-8a+2$

❖ 다음 식을 간단히 하여라. (8~12)

8 $6(x+2)-3(2x-1)$

9 $x-(x+1)+5(x-1)$

10 $\frac{5}{4}(8x-4)-\frac{1}{2}(4x-6)$

11 $\frac{3a+1}{2}-\frac{5a-1}{4}$

12 $\frac{4a-2}{3}-\frac{a+1}{2}$

정답 ＊정답과 해설 12쪽

1 × 2 ○ 3 × 4 ○ 5 $7a$
6 $6a-8b-4$ 7 $-9a+b+2$ 8 15 9 $5x-6$
10 $8x-2$ 11 $\frac{a+3}{4}$ 12 $\frac{5a-7}{6}$

개념 완성 문제

＊정답과 해설 13쪽

곱셈, 나눗셈 기호의 생략

1 다음 중 옳은 것은?

① $3\times(x+y)=3x+y$
② $0.1\times x\times y=0.xy$
③ $a\times a\div b\times(-1)=-1\dfrac{a^2}{b}$
④ $a\div(b\div c\times 5)=\dfrac{ac}{5b}$
⑤ $a\div b\div c\times a=\dfrac{a^2c}{b}$

Hint 나눗셈을 곱셈으로 고쳐서 계산하고, 계수가 0.1이면 생략할 수 없다.

곱셈, 나눗셈 기호의 생략

2 다음 중 식을 간단히 한 결과가 $\dfrac{a}{bc}$와 같은 것을 모두 고르면? (정답 2개)

① $a\div(b\times c)$ ② $a\times b\div c$ ③ $a\div b\times c$
④ $a\div(b\div c)$ ⑤ $a\div b\div c$

Hint 먼저 ( ) 안을 간단히 한 후, 나눗셈을 곱셈으로 고쳐서 계산한다.

문자를 사용한 식

3 다음 중 옳지 않은 것은?

① 300원짜리 물건 a개의 가격은 $300a$원이다.
② 1500원짜리 물건 a개를 사고 20000원을 내었을 때, 거스름돈은 $(20000-1500a)$원이다.
③ 5000원짜리 물건을 x % 할인하여 구입할 때, 지불해야 하는 금액은 $(5000-50x)$원이다.
④ 소금물 100 g에 소금 a g이 들어 있을 때, 소금물의 농도는 a %이다.
⑤ 윗변의 길이가 x cm, 아랫변의 길이가 5 cm, 높이가 h cm인 사다리꼴의 넓이는 $h(x+5)$ cm^{2}이다.

Hint (소금물의 농도)$=\dfrac{\text{(소금의 양)}}{\text{(소금물의 양)}}\times 100(\%)$
(사다리꼴의 넓이)
$=\dfrac{1}{2}\times$\{(아랫변의 길이)+(윗변의 길이)\}$\times$(높이)

식의 값

4 $a=-\dfrac{1}{3}$일 때, 다음 중 식의 값이 가장 큰 것은?

① $3a$ ② $6a+3$ ③ $\dfrac{1}{a}$
④ $\dfrac{2}{a}+4$ ⑤ a^2

Hint a가 분모에 있을 때는 나눗셈 식으로 고친 후 대입한다.

일차식의 계산

5 $-5(2x-3y)-(-4x+20y)\div 4$를 간단히 하면 $ax+by$일 때, 상수 a, b에 대하여 $a+b$의 값을 구하여라.

Hint $-(-4x+20y)\div 4$는 괄호를 풀 때, 각 항을 -4로 나누는 것과 같다.

일차식의 계산

6 다음 중 옳지 않은 것은?

① $2(x+5y)-(x+7y)=x+3y$
② $-(3x+y)+2(4x+y)=5x+y$
③ $3(5x+3y)-4(2x+2y)=-7x+y$
④ $-(2x-3y)-(3x-5y)=-5x+8y$
⑤ $3x-2y-5(x+2y)=-2x-12y$

Hint 괄호 앞의 수의 부호가 음수일 때, 괄호를 풀면 괄호 안의 수의 부호가 모두 바뀐다.

10 일차방정식

1. 방정식과 항등식

✔ 등식

① **등식**: 수량 사이의 관계를 등호(=)를 사용하여 나타낸 식

예 $2x+4=1$, $x-7x=-6x$ ⇨ 등식
$x+5$, $5+2>4$ ⇨ 등호가 없으므로 등식이 아니다.

② **좌변, 우변, 양변**: 등식에서 등호의 왼쪽 부분을 좌변, 오른쪽 부분을 우변이라 하고, 좌변과 우변을 통틀어 양변이라고 한다.

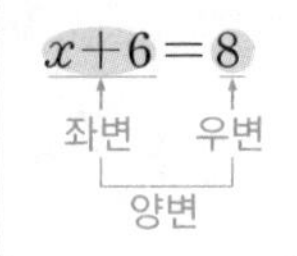

✔ 방정식

① **x에 대한 방정식**: x의 값에 따라 참이 되기도 하고 거짓이 되기도 하는 등식

② **방정식의 해(근)**: 방정식을 참이 되게 하는 미지수의 값

③ **방정식을 푼다**: 방정식의 해 또는 근을 구하는 것

예 등식 $x+4=7$에서

$x=1$	$1+4\neq7$ (거짓)	$x=3$	$3+4=7$ (참)
$x=2$	$2+4\neq7$ (거짓)	$x=4$	$4+4\neq7$ (거짓)

따라서 $x=3$일 때 $x+4=7$은 참이 되므로
$x+4=7$은 방정식이고 해는 $x=3$이다.

✔ 항등식

미지수에 어떠한 값을 대입해도 항상 참이 되는 등식

x의 계수끼리 같다.
$$ax+b=cx+d$$
상수항끼리 같다.

예 $x+3x=4x$는 x에 어떤 수를 대입해도 항상 참이 되므로 항등식이다.

바빠꿀팁

- 항등식은 아래와 같이 괄호나 동류항을 정리하면 좌변과 우변이 같아지는 식이야.
  $2x-4=2(x-2)$
  괄호를 풀면 $2x-4$가 되어 항등식
- 등호(=)의 '등'은 같을 등(等)으로 양변이 같다는 거야.
- 항등식의 '항'은 항상 항(恒)으로 항상 같은 식이란 뜻이지.
- 미지수의 '미'는 아닐 미(未), '지'는 알 지(知)야. 그 값이 무엇인지 알지 못하는 수란 뜻이야. 즉, 문자 a, b, x, y 등을 말해.

바빠 개념 확인 문제

❖ 다음 중 등식인 것에는 ○표, 등식이 아닌 것에는 ×표를 하여라. (1~4)

1 $1+9<12$ ______

2 $3y-6$ ______

3 $4=7$ ______

4 $x-2y+5=-3$ ______

❖ 다음 식이 방정식이면 '방', 항등식이면 '항'을 써넣어라. (5~9)

5 $5x+3=14$ ______

6 $7x-3x=4x$ ______

7 $5x-2=-2+5x$ ______

8 $-2x+3=7$ ______

9 $6-2x=-2(-3+x)$ ______

❖ 다음 [ ] 안의 수가 주어진 방정식의 해이면 ○표, 해가 아니면 ×표를 하여라. (10~12)

10 $-3x+5=-7$ [4] ______

11 $-4x+9=1$ [-2] ______

12 $\frac{1}{3}x-2=1$ [9] ______

정답 * 정답과 해설 13쪽

1 ×	2 ×	3 ○	4 ○	5 방	6 항
7 항	8 방	9 항	10 ○	11 ×	12 ○

2. 일차방정식의 풀이

✔ 등식의 성질

① 등식의 양변에 같은 수를 더하여도 등식은 성립한다.
$a=b$이면 $a+c=b+c$

② 등식의 양변에서 같은 수를 빼어도 등식은 성립한다.
$a=b$이면 $a-c=b-c$

③ 등식의 양변에 같은 수를 곱하여도 등식은 성립한다.
$a=b$이면 $ac=bc$

④ 등식의 양변을 0이 아닌 같은 수로 나누어도 등식은 성립한다.
$a=b$이고 $c\neq0$이면 $\frac{a}{c}=\frac{b}{c}$

✔ 이항

등식의 성질을 이용하여 등식의 한 변에 있는 항을 그 항의 부호를 바꾸어 다른 변으로 옮기는 것이다.

$x+5=7 \Rightarrow x=7-5$ (이항)

외워 외워!

★ 이항을 하면 항의 부호가 바뀐다는 것을 꼭 기억해야 해. 어느 쪽으로 움직이던지 =를 넘어가면
$+ \Rightarrow -$, $- \Rightarrow +$

✔ 일차방정식의 뜻

등식의 모든 항을 좌변으로 이항하여 정리했을 때,
(일차식)$=0$
의 꼴이 되는 방정식을 일차방정식이라고 한다.

✔ 일차방정식의 풀이

① 괄호가 있으면 괄호를 먼저 푼다.

② 미지수 x를 포함하는 항은 좌변으로, 상수항은 우변으로 각각 이항한다.

③ 양변을 정리하여 $ax=b\ (a\neq0)$의 꼴로 나타낸다.

④ 양변을 x의 계수 a로 나누어 해 $x=\frac{b}{a}$를 구한다.

$$4(x-1)=-x+6$$
$$4x-4=-x+6 \quad ①$$
$$4x+x=6+4 \quad ②$$
$$5x=10 \quad ③$$
$$\therefore x=2 \quad ④$$

바빠 개념 확인 문제

❖ 다음 □ 안에 알맞은 것을 써넣어라. (1~6)

1 $-2a=b$일 때, $-2a+5=b+\square$

2 $a=-4b$일 때, $\square=4b$

3 $8a=9b$일 때, $\frac{8a}{7}=\frac{9b}{\square}$

4 $\frac{a}{4}=\frac{b}{3}$일 때, $\square a=4b$

5 $4a+8=2b$일 때, $2a+\square=b$

6 $-3x-1=9y$일 때, $x+\square=-3y$

❖ 다음 일차방정식을 풀어라. (7~13)

7 $-8+x=5$

8 $-\frac{1}{3}x=-4$

9 $5x-12=13$

10 $2x+6=18$

11 $2x-5=-2x+11$

12 $-9x+7=-6x+1$

13 $7x+6=2x-4$

정답 * 정답과 해설 13쪽

1 5　2 $-a$　3 7　4 3　5 4　6 $\frac{1}{3}$
7 $x=13$　8 $x=12$　9 $x=5$　10 $x=6$　11 $x=4$　12 $x=2$
13 $x=-2$

3. 복잡한 일차방정식의 풀이

✔ 괄호가 있는 일차방정식의 풀이

괄호가 있는 일차방정식은 분배법칙을 이용하여 괄호를 풀어 정리한 후 푼다.

예
$4(x-1)=2(x+2)$ 괄호를 푼다.
$4x-4=2x+4$ -4, $2x$를 이항한다.
$4x-2x=4+4$ $ax=b$ 꼴로 정리한다.
$2x=8$ 양변을 x의 계수 2로 나눈다.
$\therefore x=4$

✔ 계수가 소수인 일차방정식의 풀이

양변에 10, 100, 1000, ⋯을 곱한다.

예
$0.3x+2=0.7x$ 양변에 10을 곱한다.
$10\times(0.3x+2)=10\times0.7x$ 분배법칙을 이용하여 괄호를 푼다.
$3x+20=7x$ 20, $7x$를 이항한다.
$3x-7x=-20$ $ax=b$ 꼴로 정리한다.
$-4x=-20$ 양변을 x의 계수 -4로 나눈다.
$\therefore x=5$

✔ 계수가 분수인 일차방정식의 풀이

양변에 분모의 최소공배수를 곱한다.

예
$\frac{5}{4}x-1=\frac{1}{2}x$ 양변에 4, 2의 최소공배수 4를 곱한다.
$4\times\left(\frac{5}{4}x-1\right)=4\times\frac{1}{2}x$ 분배법칙을 이용하여 괄호를 푼다.
$5x-4=2x$ -4, $2x$를 이항한다.
$5x-2x=4$ $ax=b$ 꼴로 정리한다.
$3x=4$ 양변을 x의 계수 3으로 나눈다.
$\therefore x=\frac{4}{3}$

★ 방정식 $\frac{3}{4}x-1=\frac{1}{2}x$를 풀 때 가장 많이 실수하는 것은 분모 2와 4의 최소공배수인 4를 곱할 때, 분수 계수의 항들에만 곱하는 거야. 최소공배수 4를 곱할 때는 상수항에도 곱해야 하는 것을 반드시 기억해야 해.

✔ 비례식으로 주어진 일차방정식의 풀이

외항의 곱은 내항의 곱과 같다.

예 $x:3=(5x-2):6 \Rightarrow 6x=3(5x-2)$ (외항: x, 6 / 내항: 3, $5x-2$)

바빠 개념 확인 문제

❖ 다음 일차방정식을 풀어라. (1~3)

1 $-(x+13)=7x-5$

2 $-3x-12=-2(4x+1)$

3 $-5-2(x-4)=3(x+6)$

❖ 다음 계수가 소수나 분수인 일차방정식을 풀어라. (4~9)

4 $0.1x+0.5=-0.3$

5 $0.5+0.08x=0.2x+0.02$

6 $\frac{1}{2}x+1=\frac{5}{4}$

7 $\frac{3}{2}x-3=\frac{6}{5}x$

8 $-\frac{7-x}{3}=\frac{x+1}{9}$

9 $\frac{2x-1}{3}-1=\frac{x+5}{2}$

❖ 다음 비례식으로 주어진 일차방정식을 풀어라. (10~11)

10 $(x-1):2=(2x+1):5$

11 $\frac{1}{7}x:5=(x-2):21$

정답 * 정답과 해설 14쪽

1 $x=-1$ 2 $x=2$ 3 $x=-3$ 4 $x=-8$ 5 $x=4$ 6 $x=\frac{1}{2}$
7 $x=10$ 8 $x=11$ 9 $x=23$ 10 $x=7$ 11 $x=5$

4. 일차방정식의 활용 1

✔ 어떤 수에 대한 문제

① 어떤 수를 x로 놓고 주어진 조건을 이용하여 x에 대한 방정식을 세운다.

② 방정식을 푼다.

③ 구한 해가 문제의 뜻에 맞는지 확인한다.

예 어떤 수에서 3을 뺀 후 4배 한 것은 어떤 수의 3배와 같다. 어떤 수를 구해 보자.

① 미지수 정하기	어떤 수를 x라고 하자.
② 일차방정식 세우기	어떤 수에서 3을 뺀 후 4배 한 것은 어떤 수의 3배와 같으므로 $4(x-3)=3x$
③ 일차방정식 풀기	$4x-12=3x$ $\quad\therefore x=12$
④ 답 구하기	따라서 어떤 수는 12이다.

✔ 연속하는 자연수에 대한 문제

① 연속하는 세 자연수

⇨ $x, x+1, x+2$ 또는 $x-2, x-1, x$ 또는 $x-1, x, x+1$

② 연속하는 세 홀수 또는 세 짝수

⇨ $x, x+2, x+4$ 또는 $x-4, x-2, x$ 또는 $x-2, x, x+2$

✔ 자릿수에 대한 문제

십의 자리의 숫자가 x, 일의 자리의 숫자가 y인 두 자리의 자연수는 $10\times x+1\times y=10x+y$

이 수의 십의 자리와 일의 자리 숫자를 바꾼 수는

$10\times y+1\times x=10y+x$

예 십의 자리의 숫자가 2인 두 자리의 자연수가 있다. 이 자연수의 십의 자리의 숫자와 일의 자리의 숫자를 바꾼 수는 처음 수보다 9만큼 크다. 처음 수를 구해 보자.

① 미지수 정하기	일의 자리의 숫자를 x라고 하자.
② 일차방정식 세우기	십의 자리의 숫자와 일의 자리의 숫자를 바꾼 수는 처음 수보다 9만큼 크므로 $10x+2=20+x+9$
③ 일차방정식 풀기	$9x=27$ $\quad\therefore x=3$
④ 답 구하기	따라서 처음 수는 23이다.

✔ 증가, 감소에 대한 문제

① **x가 a % 증가**: 증가한 양 ⇨ $\frac{a}{100}\times x$

② **y가 b % 감소**: 감소한 양 ⇨ $-\frac{b}{100}\times y$

바빠 개념 확인 문제

1 어떤 수와 23의 합은 어떤 수의 4배보다 2만큼 크다. 다음 □ 안에 알맞은 수를 써넣고 어떤 수를 구하여라.

> 어떤 수를 x라고 하면 어떤 수와 23의 합은
> □
> 어떤 수의 4배보다 2만큼 큰 수는 □이므로
> □=□

2 연속하는 세 짝수의 합이 42일 때, 다음 □ 안에 알맞은 수를 써넣고 세 짝수를 구하여라.

> 세 짝수를 $x-$□, x, $x+$□라고 하면
> $(x-$□$)+x+(x+$□$)=$□

3 일의 자리의 숫자가 3인 두 자리의 자연수가 있다. 이 자연수의 십의 자리의 숫자와 일의 자리의 숫자를 바꾼 수는 처음 수보다 18만큼 작다. 다음 □ 안에 알맞은 수를 써넣고 처음 수를 구하여라.

> 십의 자리의 숫자를 x라고 하면 처음 수는
> □$\times x+3$, 십의 자리의 숫자와 일의 자리의 숫자를 바꾼 수는 $3\times$□$+x$이다.
> 이 자연수의 십의 자리의 숫자와 일의 자리의 숫자를 바꾼 수는 처음 수보다 18만큼 작으므로
> $3\times$□$+x=$□$\times x+3-$□

4 어떤 동호회 회원 수는 작년보다 10 %가 증가하여 올해는 198명이 되었다. 다음 □ 안에 알맞은 수를 써넣고 작년의 회원 수를 구하여라.

> 작년의 회원 수를 x명이라고 하면 작년보다 10 %가 증가한 올해의 회원 수는 $x+x\times\frac{□}{100}$이므로
> $x+x\times\frac{□}{100}=$□

정답 * 정답과 해설 14쪽

1 $x+23$, $4x+2$, $x+23$, $4x+2$, 7　2 2, 2, 2, 2, 42, 12, 14, 16
3 10, 10, 10, 10, 18, 53　4 10, 10, 198, 180명

5. 일차방정식의 활용 2

✔ 일에 대한 문제

어떤 일을 혼자서 완성하는 데 x일이 걸릴 때 전체 일의 양을 1이라고 하면 하루에 하는 일의 양은 $\frac{1}{x}$이고, a일 동안 하는 일의 양은 $\frac{1}{x}\times a$이다.

예 어떤 일을 완성하는 데 도형이는 10일, 도은이는 15일이 걸린다고 한다. 둘이 함께 일을 하면 며칠이 걸리는지 구해 보자.

① 미지수 정하기	함께 일하는 날을 x일이라고 하자.
② 일차방정식 세우기	1일 동안 도형이와 도은이가 하는 일의 양은 각각 $\frac{1}{10}$, $\frac{1}{15}$이므로 $\frac{1}{10}x+\frac{1}{15}x=1$
③ 일차방정식 풀기	$3x+2x=30 \quad \therefore x=6$
④ 답 구하기	따라서 함께 일을 하면 6일이 걸린다.

✔ 거리, 속력, 시간에 대한 문제

① $(시간)=\frac{(거리)}{(속력)}$ ② $(속력)=\frac{(거리)}{(시간)}$

③ $(거리)=(속력)\times(시간)$

예 두 지점 A, B 사이를 왕복하는데 갈 때는 시속 4 km, 올 때는 시속 6 km로 걸었더니 모두 5시간이 걸렸다. 두 지점 A, B 사이의 거리를 구해 보자.

① 미지수 정하기	A, B 사이의 거리를 x km라고 하자.
② 일차방정식 세우기	(갈 때 걸린 시간)+(올 때 걸린 시간) =(전체 걸린 시간)이므로 $\frac{x}{4}+\frac{x}{6}=5$
③ 일차방정식 풀기	$3x+2x=60 \quad \therefore x=12$
④ 답 구하기	따라서 A, B 사이의 거리는 12 km이다.

✔ 농도에 대한 문제

① $(소금의 양)=\frac{(소금물의 농도)}{100}\times(소금물의 양)$

② $(소금물의 농도)=\frac{(소금의 양)}{(소금물의 양)}\times 100(\%)$

예 6 %의 소금물 300 g이 있다. 여기에 몇 g의 물을 더 넣으면 4 %의 소금물이 되는지 구해 보자.

① 미지수 정하기	더 넣은 물의 양을 x g이라고 하자.
② 일차방정식 세우기	6 %와 4 %의 소금물에 들어 있는 소금의 양은 변하지 않으므로 $\frac{6}{100}\times 300=\frac{4}{100}\times(300+x)$
③ 일차방정식 풀기	$1800=1200+4x \quad \therefore x=150$
④ 답 구하기	따라서 물을 150 g 더 넣었다.

바빠 개념 확인 문제

1 어떤 일을 완성하는 데 규호는 20시간, 지윤이는 30시간이 걸린다고 한다. 다음 □ 안에 알맞은 수를 써넣고 둘이 함께 일을 하면 몇 시간이 걸리는지 구하여라.

> 전체 일의 양을 1이라고 하면 규호와 지윤이가 1시간 동안 하는 일의 양은 각각 $\frac{1}{\square}$, $\frac{1}{\square}$이고,
> 둘이 함께 x시간 동안 일을 하여 완성한다고 하면
> $\left(\frac{1}{\square}+\frac{1}{\square}\right)\times x=1$

2 두 지점 A, B 사이를 자동차로 왕복하는 데 갈 때는 시속 80 km로 갔고, 올 때는 시속 100 km로 왔다. 왕복하는 데 걸린 시간이 9시간일 때, 다음 □ 안에 알맞은 수를 써넣고, 두 지점 A, B 사이의 거리를 구하여라.

> 두 지점 A, B 사이의 거리를 x km라고 하면 갈 때 걸린 시간은 $\frac{x}{\square}$시간, 올 때 걸린 시간은 $\frac{x}{\square}$시간이다.
> (갈 때 걸린 시간)+(올 때 걸린 시간)=□(시간)
> 이므로 $\frac{x}{\square}+\frac{x}{\square}=\square$

3 8 %의 소금물 400 g에 몇 g의 물을 더 넣으면 5 %의 소금물이 되는지 다음 □ 안에 알맞은 수를 써넣고 구하여라.

> 8 %의 소금물에 들어 있는 소금의 양은
> $\frac{8}{100}\times\square$ g, 물을 x g 더 넣으면 소금물의 양은
> $(\square)$ g이고 이 소금물에 들어 있는 소금의 양은 $\frac{5}{100}\times(\square)$ g이다.
> 물을 더 넣어도 소금의 양은 변하지 않으므로
> $\frac{8}{100}\times\square=\frac{5}{100}\times(\square)$

정답 * 정답과 해설 14쪽

1 20, 30, 20, 30, 12시간
2 80, 100, 9, 80, 100, 9, 400 km
3 400, $400+x$, $400+x$, 400, $400+x$, 240 g

일차방정식의 해

1 다음 일차방정식의 해를 구하여라.

$$\frac{5}{2}x-\frac{2}{3}=0.5(x-2)$$

Hint 0.5를 분수로 고쳐서 분모의 최소공배수를 곱한다.

일차방정식의 해

2 x에 대한 두 일차방정식 $-2x-1=4x-13$, $3ax+11=-5x-a$의 해가 같을 때, 상수 a의 값은?

① -3 ② -1 ③ 0
④ 1 ⑤ 3

Hint 일차방정식 $-2x-1=4x-13$의 해를 구한 후 $3ax+11=-5x-a$의 x에 대입하여 상수 a의 값을 구한다.

일차방정식의 해

3 일차방정식 $0.3(x+1)-0.24(x+2)=-0.42$의 해를 $x=a$, 일차방정식 $\frac{3}{4}x-1=\frac{2(x-1)}{3}$의 해를 $x=b$라고 할 때, $a+b$의 값은?

① -3 ② -1 ③ 0
④ 1 ⑤ 3

Hint 계수가 소수인 일차방정식은 양변에 10의 거듭제곱을 곱하고, 계수가 분수인 일차방정식은 양변에 분모의 최소공배수를 곱하여 계수를 정수로 고친다.

일차방정식의 활용

4 산에 올라갈 때는 등산로를 따라 시속 4 km로 걷고, 내려올 때는 같은 등산로로 시속 6 km로 걸었더니 올라갈 때보다 내려올 때가 20분이 덜 걸렸다고 한다. 등산로의 길이를 구하여라.

Hint 속력은 시속으로 되어 있고 걸린 시간은 분으로 되어 있으므로 20분을 시간으로 고쳐서 식을 세운다.
20분은 $\frac{20}{60}$시간이므로
(올라갈 때 걸린 시간)$-$(내려올 때 걸린 시간)$=\frac{20}{60}$(시간)

일차방정식의 활용

5 동생이 집에서 출발한 지 10분 후에 형이 동생을 따라 나섰다. 동생은 매분 60 m의 속력으로 걷고, 형은 매분 80 m의 속력으로 걸을 때, 형은 집에서 출발한 지 몇 분 후에 동생을 만나는가?

① 20분 ② 30분 ③ 40분
④ 50분 ⑤ 60분

Hint 형이 걸린 시간을 x분이라고 하면 동생이 걸린 시간은 $(x+10)$분이다. 형이 걸은 거리는 $80x$ m, 동생이 걸은 거리는 $60(x+10)$ m이고 (형이 걸은 거리)$=$(동생이 걸은 거리)이다.

일차방정식의 활용

6 9 %의 소금물 200 g에서 몇 g의 물을 증발시키면 12 %의 소금물이 되는가?

① 34 g ② 36 g ③ 40 g
④ 45 g ⑤ 50 g

Hint 증발시킨 물의 양을 x g이라고 하면 9 %의 소금물 200 g에 들어 있는 소금의 양 $\frac{9}{100}\times200$ g과 12 %의 소금물 $(200-x)$ g에 들어 있는 소금의 양 $\frac{12}{100}\times(200-x)$ g은 같다.

11 단항식과 다항식의 계산

중2

1. 지수법칙

✔ 거듭제곱의 곱셈

m, n이 자연수일 때,

$a^m \times a^n = a^{m+n}$ ← 지수끼리 더한다.

예) $a^2 \times a^3 = \underbrace{(a \times a)}_{2개} \times \underbrace{(a \times a \times a)}_{3개} = a^{2+3} = a^5$

$5^4 \times 5^6 = 5^{4+6} = 5^{10}$

✔ 거듭제곱의 거듭제곱

m, n이 자연수일 때,

$(a^m)^n = a^{mn}$ ← 지수끼리 곱한다.

예) $(a^2)^3 = \underbrace{(a \times a)}_{2개} \times \underbrace{(a \times a)}_{2개} \times \underbrace{(a \times a)}_{2개} = a^{2 \times 3} = a^6$

$(5^2)^4 = 5^{2 \times 4} = 5^8$

✔ 거듭제곱의 나눗셈

$a \neq 0$이고 m, n이 자연수일 때,

① $m > n$이면 $a^m \div a^n = a^{m-n}$

예) $a^3 \div a^2 = \frac{a \times a \times a}{a \times a} = a^{3-2} = a$

$5^5 \div 5^2 = 5^{5-2} = 5^3$

② $m = n$이면 $a^m \div a^n = 1$

예) $a^3 \div a^3 = \frac{a \times a \times a}{a \times a \times a} = 1$

$5^4 \div 5^4 = 1$

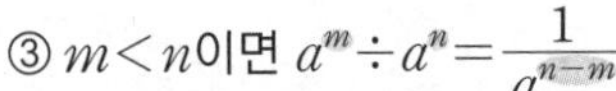

③ $m < n$이면 $a^m \div a^n = \frac{1}{a^{n-m}}$

예) $a^2 \div a^3 = \frac{a \times a}{a \times a \times a} = \frac{1}{a}$

$5^4 \div 5^6 = \frac{1}{5^{6-4}} = \frac{1}{5^2}$

✔ 곱과 몫의 거듭제곱

① m이 자연수일 때, $(ab)^m = a^m b^m$

예) $(ab)^3 = (ab) \times (ab) \times (ab)$
$= a \times a \times a \times b \times b \times b = a^3 b^3$

② $a \neq 0$이고 m, n이 자연수일 때, $\left(\frac{b}{a}\right)^m = \frac{b^m}{a^m}$

예) $\left(\frac{b}{a}\right)^3 = \frac{b}{a} \times \frac{b}{a} \times \frac{b}{a} = \frac{b \times b \times b}{a \times a \times a} = \frac{b^3}{a^3}$

바빠 꿀팁

- 음수의 거듭제곱일 때 항의 부호는 지수가 짝수이면 $+$, 지수가 홀수이면 $-$
  $(-ab)^2 = a^2b^2$, $(-ab)^3 = -a^3b^3$

바빠 개념 확인 문제

❖ 다음 식을 간단히 하여라. (1~9)

1 $a^3 \times a^4$

2 $a^3 \times b^3 \times a^2 \times b^5$

3 $(x^3)^4$

4 $(x^2)^3 \times (x^3)^5$

5 $3^4 \div 3^2$

6 $a^2 \div a^2$

7 $a^2 \div a^8$

8 $(3x^5y^2)^3$

9 $(-2ab^2)^2$

❖ 다음 □ 안에 알맞은 수를 구하여라. (10~13)

10 $5^4 \times 25 = 5^{\square}$

11 $(x^2)^{\square} \times x^3 = x^{13}$

12 $x^4 \div (x^3)^{\square} = \frac{1}{x^5}$

13 $(2a^{\square}b^3)^3 = 8a^{15}b^9$

정답

＊정답과 해설 15쪽

1 a^7 2 a^5b^8 3 x^{12} 4 x^{21} 5 3^2
6 1 7 $\frac{1}{a^6}$ 8 $27x^{15}y^6$ 9 $4a^2b^4$ 10 6
11 5 12 3 13 5

중2

2. 단항식의 곱셈과 나눗셈

✔ 단항식의 곱셈

① 계수는 계수끼리, 문자는 문자끼리 곱한다.

② 같은 문자끼리의 곱셈은 지수법칙을 이용하여 간단히 한다.

예 $2x^2y \times 5xy^3 = (2\times 5)\times(x^2\times x)\times(y\times y^3)$
$= 10\times x^{2+1}\times y^{1+3}$
$= 10x^3y^4$

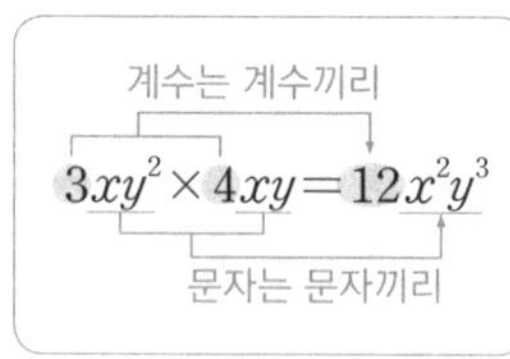

✔ 단항식의 나눗셈

① **분수 꼴로 바꾸기 [방법 1]**
분수 꼴로 바꾼 후 계수는 계수끼리, 문자는 문자끼리 계산한다.

$$A\div B=\frac{A}{B}$$

예 $9x^2y^3\div 3xy=\frac{9x^2y^3}{3xy}=3xy^2$

② **곱셈으로 바꾸기 [방법 2]**
나누는 식의 역수를 이용하여 나눗셈을 곱셈으로 바꾸어 계산한다.

$$A\div B=A\times\frac{1}{B}$$

예 $9x^2y^3\div 3xy=9x^2y^3\times\frac{1}{3xy}=3xy^2$

✔ 단항식의 곱셈과 나눗셈의 혼합 계산

① 괄호가 있는 거듭제곱의 괄호 풀기

② 나눗셈을 분수 꼴 또는 곱셈으로 고치기

③ 계수는 계수끼리, 문자는 문자끼리 계산하기

예 $(-2x^2)^3\div 4x^3y^2\times 3x^2y^4=-8x^6\times\frac{1}{4x^3y^2}\times 3x^2y^4$
$=-6x^5y^2$

✔ 단항식의 계산에서 □ 안에 알맞은 식 구하기

① $A\times\square\div B=C$ ⇨ $\square=C\times B\div A$

② $A\div\square\times B=C$ ⇨ $\square=A\times B\div C$

③ $A\div B\times\square=C$ ⇨ $\square=C\times B\div A$

④ $A\div\square\div B=C$ ⇨ $\square=A\div B\div C$

바빠 개념 확인 문제

❖ 다음 식을 간단히 하여라. (1~8)

1 $5b^2\times 3b^3$

2 $(-2xy)^3\times 3x^2y$

3 $\frac{y}{2x^2}\times(-xy)\times(2x^2y)^2$

4 $-9a^2b^4\div 3ab^3$

5 $6a^4b\div\frac{3a}{b}$

6 $16x^8\div(-2x^5)\div x^3$

7 $4x^6y^5\div 6x^4y\times 9x^2y^3$

8 $(-3ab^4)^2\times a^3b^3\div ab^2$

❖ 다음 □ 안에 알맞은 식을 써넣어라. (9~12)

9 $\square\times(-8x^2y^3)\div xy=24x^3y^4$

10 $15x^3y^4\div(5xy)^2\times\square=3x^4y^3$

11 $-3x^2y^3\times\square\div 6x^2y=5x^4y^2$

12 $16x^5y^3\div\square\times 4x^4y=32x^3y$

정답 ＊정답과 해설 16쪽

1 $15b^5$ 2 $-24x^5y^4$ 3 $-2x^3y^4$ 4 $-3ab$ 5 $2a^3b^2$ 6 -8
7 $6x^4y^7$ 8 $9a^4b^9$ 9 $-3x^2y^2$ 10 $5x^3y$ 11 $-10x^4$ 12 $2x^6y^3$

3. 다항식의 계산 1

✔ 다항식의 덧셈과 뺄셈

① **다항식의 덧셈**: 괄호를 풀고 동류항끼리 모아서 간단히 한다.

예 $(2a+4b)+(6a+3b)$
$=2a+4b+6a+3b$) 괄호 풀기
$=2a+6a+4b+3b$) 교환법칙을 이용
$=8a+7b$) 동류항끼리 간단히

② **다항식의 뺄셈**: 빼는 식의 각 항의 부호를 바꾸어 계산한다.

예 $(3a-5b)-(-2a+9b)=3a-5b+2a-9b$
$=3a+2a-5b-9b$
$=5a-14b$

바빠 꿀팁

덧셈, 뺄셈에서 괄호를 풀 때의 부호 변화
- 괄호 앞에 +가 있으면
  ⇨ 괄호 안의 각 항의 부호를 그대로
- 괄호 앞에 −가 있으면
  ⇨ 괄호 안의 각 항의 부호를 반대로

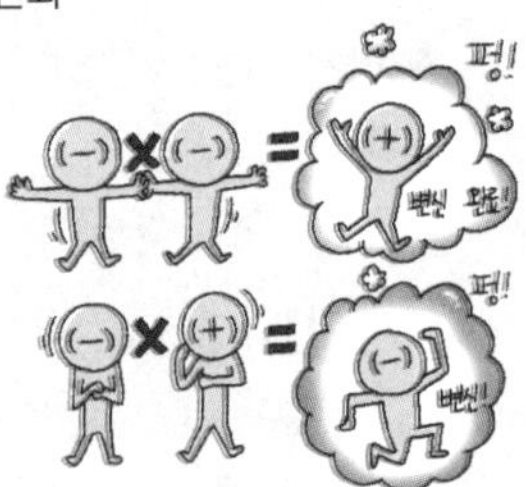

✔ 이차식의 덧셈과 뺄셈

① **이차식**: 다항식의 각 항의 차수 중에서 가장 큰 차수가 2인 다항식

② **이차식의 덧셈과 뺄셈**: 괄호를 풀고 동류항끼리 모아서 간단히 한다. 이때 차수가 높은 항부터 낮은 항의 순서로 정리한다.

예 $(5x^2-3x+2)-(3x^2-8x+4)$
$=5x^2-3x+2-3x^2+8x-4$
$=5x^2-3x^2-3x+8x+2-4$) 동류항인 x^2항끼리, x항끼리, 상수항끼리 간단히
$=2x^2+5x-2$

✔ 여러 가지 괄호가 있는 식의 계산

(소괄호) → {중괄호} → [대괄호]의 순서로 푼다.

앗! 실수

★ 계수가 분수인 다항식의 덧셈과 뺄셈은 분모의 최소공배수로 통분한 다음 동류항끼리 계산해야 해. 이때 분수 앞에 −가 있으면 분자의 모든 항에 곱해 주어야만 하는데 실수하는 학생들이 매우 많으니 주의하자.

$\frac{x+y}{3}-\frac{2x-3y}{6}=\frac{2(x+y)-2x-3y}{6}$ (×)

$\frac{x+y}{3}-\frac{2x-3y}{6}=\frac{2(x+y)-(2x-3y)}{6}$ (○)

개념 확인 문제

❖ 다음 식을 간단히 하여라. (1~3)

1 $3(a-2b)+2(-a+4b)$

2 $(b-4a)-3(2b-a-1)$

3 $6(a-b-3)+5(-a+2b+2)$

❖ 다음 식을 간단히 하여라. (4~8)

4 $\frac{3x-2y}{6}+\frac{-x+5y}{4}$

5 $\frac{2x+y}{8}-\frac{x+6y}{4}$

6 $\frac{3x-5y}{2}-\frac{4x-2y}{3}+y$

7 $\frac{-2a^2+3a-3}{4}+\frac{a^2-a+8}{10}$

8 $\frac{x^2-4x+1}{5}-\frac{3x^2-x-1}{2}$

❖ 다음 식을 간단히 하여라. (9~11)

9 $(3a-b)-\{2a-(a+b)\}$

10 $(2x+y)-\{x-(4x-2y)\}$

11 $-[(2x^2-3x)-\{8x-(x^2-5x)\}]$

정답 * 정답과 해설 16쪽

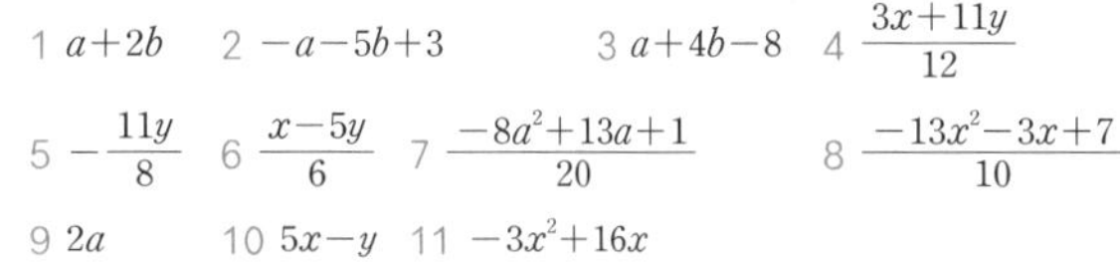
1 $a+2b$ 2 $-a-5b+3$ 3 $a+4b-8$ 4 $\frac{3x+11y}{12}$
5 $-\frac{11y}{8}$ 6 $\frac{x-5y}{6}$ 7 $\frac{-8a^2+13a+1}{20}$ 8 $\frac{-13x^2-3x+7}{10}$
9 $2a$ 10 $5x-y$ 11 $-3x^2+16x$

중2

4. 다항식의 계산 2

✔ (단항식)×(다항식) 또는 (다항식)×(단항식)의 계산

① 분배법칙을 이용하여 단항식을 다항식의 각 항에 곱한다.

$$A(B+C)=AB+AC,\ (A+B)C=AC+BC$$

② **전개**: 다항식의 곱을 괄호를 풀어서 하나의 다항식으로 나타낸 것

예) $4a(3a+5b)=4a\times3a+4a\times5b=12a^2+20ab$

✔ (다항식)÷(단항식)의 계산

① **분수 꼴로 바꾸기 [방법 1]**

분수 꼴로 바꾼 후 분자의 각 항을 분모로 나눈다.

$$(A+B)\div C=\frac{A+B}{C}=\frac{A}{C}+\frac{B}{C}$$

예) $(9x^2+6xy)\div3x=\frac{9x^2+6xy}{3x}=\frac{9x^2}{3x}+\frac{6xy}{3x}$
$=3x+2y$

② **곱셈으로 바꾸기 [방법 2]**

다항식에 단항식의 역수를 곱하여 전개한다.

$$(A+B)\div C=(A+B)\times\frac{1}{C}=\frac{A}{C}+\frac{B}{C}$$

예) $(9x^2+6xy)\div3x=(9x^2+6xy)\times\frac{1}{3x}$
$=9x^2\times\frac{1}{3x}+6xy\times\frac{1}{3x}=3x+2y$

✔ 사칙연산이 혼합된 식의 계산

① 거듭제곱이 있으면 거듭제곱을 먼저 계산한다.

② 괄호는 (소괄호) → {중괄호} → [대괄호]의 순서로 푼다.

③ 분배법칙을 이용하여 곱셈, 나눗셈을 한다.

④ 동류항끼리 덧셈, 뺄셈을 한다.

✔ 식의 값 구하기

① 먼저 주어진 식을 간단히 한다.

② 정리한 식의 문자에 주어진 수를 대입하여 계산한다. 이때 대입하는 수가 음수인 경우 괄호를 사용하여 대입한다.

예) $x=-3,\ y=8$일 때, $(16x^3y-12xy^2)\div4xy$의 값을 구해 보자.

$(16x^3y-12xy^2)\div4xy=\frac{16x^3y-12xy^2}{4xy}=4x^2-3y$

$x=-3,\ y=8$을 이 식에 대입하면

$4\times(-3)^2-3\times8=36-24=12$

바빠 개념 확인 문제

❖ 다음 식을 간단히 하여라. (1~4)

1 $\frac{2}{3}x(6x+9y)$

2 $(3x-xy+8)\times4x$

3 $(4x-10x^2)\div(-2x)$

4 $(-2x^2y^2+16xy^2-4xy)\div2xy$

❖ 다음 식을 간단히 하여라. (5~7)

5 $(3x-6y)\div3-(y-4xy)\div y$

6 $(4x-7x^2)\div x-(y^2+2y)\div y$

7 $\frac{16a^2b+12ab}{4ab}-\frac{25b^2-5ab}{5b}$

❖ 다음 식을 간단히 하여라. (8~11)

8 $x=3$일 때, $-x(4x-7)$

9 $x=-2$일 때, $2x(x^2+4x)$

10 $a=\frac{1}{5},\ b=\frac{1}{3}$일 때,
$(4a+8a^2)\div(-2a)+9(b^2+a)$

11 $a=-\frac{1}{2},\ b=\frac{4}{5}$일 때, $\frac{10ab^2+8a^2b}{2ab}$

정답 * 정답과 해설 17쪽

1 $4x^2+6xy$ 2 $12x^2-4x^2y+32x$ 3 $5x-2$ 4 $-xy+8y-2$
5 $5x-2y-1$ 6 $-7x-y+2$ 7 $5a-5b+3$
8 -15 9 16 10 0 11 2

개념 완성 문제

* 정답과 해설 17쪽

지수법칙

1 $16^{x+1}=2^8$일 때, 자연수 x의 값은?

① 1 ② 2 ③ 3
④ 4 ⑤ 5

Hint $16^{x+1}=(2^4)^{x+1}=2^{4x+4}$

지수법칙

2 $\left(-\dfrac{2x^a}{3y^3}\right)^4=\dfrac{bx^8}{81y^c}$일 때, 자연수 a, b, c에 대하여 $b-a-c$의 값을 구하여라.

Hint $\left(-\dfrac{2x^a}{3y^3}\right)^4=\dfrac{2^4x^{4a}}{3^4y^{12}}$

단항식의 계산

3 $9xy^2\div(2x^2y)^3\div(-3xy)^2$을 간단히 하면?

① $-\dfrac{1}{x^7y^3}$ ② $\dfrac{1}{8x^3y^5}$ ③ $\dfrac{1}{8x^7y^3}$
④ $\dfrac{2}{9x^5y^3}$ ⑤ $-\dfrac{2}{18x^7y^3}$

Hint $A\div B\div C=A\times\dfrac{1}{B}\times\dfrac{1}{C}$

단항식의 계산

4 $18x^3y\div(4x^5y)^2\times\square=\dfrac{3}{16x^2y^2}$일 때, $\square$ 안에 알맞은 식은?

① $\dfrac{x^5}{6y}$ ② $6x^5$ ③ $6xy^2$
④ $\dfrac{x^5y^2}{6}$ ⑤ $12x^3y$

Hint $A\div B\times\square=C \Rightarrow \square=C\times B\div A$

다항식의 계산

5 $3x(3y-5)+(18x^2y-24xy+6x^2)\div 6x$를 간단히 한 식에서 x의 계수를 a, y의 계수를 b라고 할 때, $a-b$의 값은?

① -12 ② -10 ③ 1
④ 5 ⑤ 7

Hint x의 계수와 y의 계수만 필요하므로 x항과 y항이 되는 경우만 계산해도 된다.

다항식의 계산

6 $x=6$, $y=-\dfrac{1}{2}$일 때,

$(-2xy)^2\div xy-(21x^2y-7xy)\div\dfrac{7}{2}x$의 값을 구하여라.

Hint 먼저 식을 간단히 한 후 x, y의 값을 대입해야 계산이 쉽다. 이때 음수는 반드시 괄호를 사용하여 대입해야 한다.

12 일차부등식

중2

1. 부등식의 기본 성질

✔ 부등식

부등호($>$, $<$, $\geq$, $\leq$)를 사용하여 수 또는 식의 대소 관계를 나타낸 식

예 $3<1$, $x<4$, $2x+1\geq 5$, $-3x-2\leq x+7$

✔ 부등식의 해

① **부등식의 해**: 미지수가 x인 부등식에서 부등식을 참이 되게 하는 x의 값

② **부등식을 푼다**: 부등식의 해를 모두 구하는 것

✔ 부등식의 성질

① 부등식의 양변에 같은 수를 더하거나 양변에서 같은 수를 빼도 부등호의 방향은 바뀌지 않는다.

⇨ $a>b$이면 $a+c>b+c$, $a-c>b-c$

예 $a>3b$일 때, 양변에 5를 더하면 $a+5>3b+5$
양변에서 5를 빼면 $a-5>3b-5$

② 부등식의 양변에 같은 양수를 곱하거나 양변을 같은 양수로 나누어도 부등호의 방향은 바뀌지 않는다.

⇨ $a>b$, $c>0$이면 $ac>bc$, $\frac{a}{c}>\frac{b}{c}$

예 $4a>2b$일 때, 양변에 2를 곱하면 $8a>4b$
양변을 2로 나누면 $2a>b$

③ 부등식의 양변에 같은 음수를 곱하거나 양변을 같은 음수로 나누면 부등호의 방향이 바뀐다.

⇨ $a>b$, $c<0$이면 $ac<bc$, $\frac{a}{c}<\frac{b}{c}$

예 $4a>2b$일 때, 양변에 -2를 곱하면 $-8a<-4b$
양변을 -2로 나누면 $-2a<-b$

바빠 개념 확인 문제

❖ 다음 문장을 부등식으로 나타내어라. (1~4)

1 x의 4배에 5를 더하면 12보다 크다.

2 한 개에 x원인 아이스크림 10개의 가격은 8000원보다 작지 않다.

3 x의 3배에 9를 더한 값은 x의 5배에서 2를 뺀 값보다 크지 않다.

4 한 병에 700원인 음료수 x병과 한 봉지에 1000원인 과자 y봉지의 전체 가격은 20000원을 초과한다.

❖ $a\geq b$일 때, 다음 ◯ 안에 알맞은 부등호를 써넣어라. (5~8)

5 $-10a$ ◯ $-10b$

6 $\frac{a}{4}$ ◯ $\frac{b}{4}$

7 $a-(-3)$ ◯ $b-(-3)$

8 $-3a+1$ ◯ $-3b+1$

❖ 다음 ◯ 안에 알맞은 부등호를 써넣어라. (9~11)

9 $a-5<b-5$ ⇨ a ◯ b

10 $-6a\geq -6b$ ⇨ a ◯ b

11 $-\frac{1}{2}a+4<-\frac{1}{2}b+4$ ⇨ a ◯ b

정답 * 정답과 해설 17쪽

1 $4x+5>12$　2 $10x\geq 8000$　3 $3x+9\leq 5x-2$
4 $700x+1000y>20000$　5 $\leq$　6 $\geq$　7 $\geq$
8 $\leq$　9 $<$　10 $\leq$　11 $>$

중2

2. 일차부등식

✔ 일차부등식

부등식의 모든 항을 좌변으로 이항하여 정리한 식이 다음 중 어느 하나의 꼴로 나타내어지는 부등식

(일차식)>0, (일차식)<0, (일차식)≥ 0, (일차식)≤ 0

✔ 일차부등식의 풀이

① **일차부등식의 해:** 일차부등식의 해는 이항과 부등식의 성질을 이용하여 주어진 부등식을 다음 중 어느 하나의 꼴로 변형하여 나타낸다.

$x>$(수), $x<$(수), $x\geq$(수), $x\leq$(수)

② **부등식의 해를 수직선 위에 나타내기**

- $x>a$
- $x<a$
- $x\geq a$
- $x\leq a$

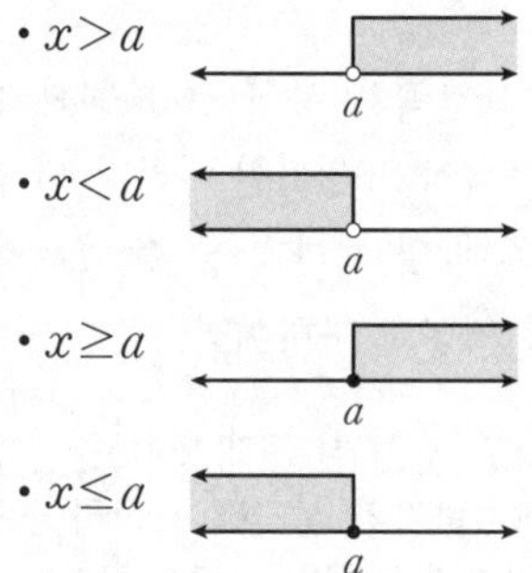

바빠 꿀팁

- 부등식의 해를 수직선 위에 표시할 때 부등호가 $\geq$, $\leq$이면 경계의 값이 부등식의 해에 포함되므로 '●'로 나타내고
- 부등호가 $>$, $<$이면 경계의 값이 부등식의 해에 포함되지 않으므로 '○'로 나타내.

③ **일차부등식의 풀이**

- 미지수 x를 포함한 항은 좌변으로, 상수항은 우변으로 이항한다.
- 양변을 정리하여 $ax>b$, $ax<b$, $ax\geq b$, $ax\leq b$ $(a\neq 0)$의 꼴로 고친다.
- 양변을 x의 계수 a로 나눈다. 이때 a가 음수이면 부등호의 방향이 바뀐다.

예) $4x-5>7x+10$
$4x-7x>10+5$) $7x$는 좌변, -5는 우변으로 이항
$-3x>15$) 양변을 정리
$\therefore x<-5$) -3으로 양변을 나눔

$x<-5$를 수직선 위에 나타내면 오른쪽과 같다. (-5)

바빠 개념 확인 문제

❖ 다음 일차부등식을 풀어라. (1~4)

1 $5x\geq 30$

2 $2x-5>13$

3 $3x-9\leq 8x+16$

4 $-15-2x\geq 4x-3$

❖ 다음 일차부등식을 풀고, 수직선에 위에 나타내어라. (5~6)

5 $10x-1\geq 6x-17$

6 $2x+8>5x-7$

❖ 다음 일차부등식을 풀어라. (7~10)

7 $5(x-2)+4\leq -(x-6)$

8 $-0.18-0.1x<0.8x+0.72$

9 $2-\dfrac{2x+5}{3}>-\dfrac{3x+1}{4}$

10 $3(1-0.2x)\geq 0.1x+\dfrac{11}{6}$

정답 * 정답과 해설 18쪽

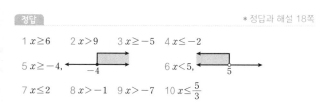

1 $x\geq 6$ 2 $x>9$ 3 $x\geq -5$ 4 $x\leq -2$

5 $x\geq -4$, (-4) 6 $x<5$, (5)

7 $x\leq 2$ 8 $x>-1$ 9 $x>-7$ 10 $x\leq \frac{5}{3}$

3. 일차부등식의 활용 1

✔ 일차부등식의 활용

① **미지수 정하기**: 문제의 뜻을 이해하고, 구하려는 것을 미지수 x로 놓는다.

② **일차부등식 세우기**: 대소 관계를 파악하여 x에 대한 일차부등식을 세운다.

③ **일차부등식 풀기**: 일차부등식을 푼다.

④ **확인하기**: 구한 해가 문제의 뜻에 맞는지 확인한다.

✔ 개수, 가격에 대한 문제

예 한 자루에 500원 하는 연필과 1400원 하는 볼펜을 합하여 10자루를 사려고 한다. 전체 가격이 8000원 이하가 되게 하려고 할 때, 볼펜은 최대 몇 자루까지 살 수 있는지 일차부등식을 세우고 풀어 보자.

① 미지수 정하기	볼펜을 x자루 산다고 하자.
② 일차부등식 세우기	볼펜의 가격은 $1400x$원, 연필의 가격은 $500(10-x)$원이므로 $1400x+500(10-x)\leq 8000$
③ 일차부등식 풀기	$1400x+5000-500x\leq 8000$ $900x\leq 3000$ $\quad\therefore x\leq\frac{10}{3}$
④ 답 구하기	따라서 볼펜은 최대 3자루까지 살 수 있다.

✔ 예금액에 대한 문제

예 현재 형은 20000원, 동생은 50000원이 저축되어 있다. 다음 달부터 매월 형은 5000원씩, 동생은 2000원씩 저축한다면 몇 개월 후부터 형의 저축액이 동생의 저축액보다 많아지는지 일차부등식을 세우고 풀어 보자.

① 미지수 정하기	x개월 후부터 형의 저축액이 동생의 저축액보다 많아진다고 하자.
② 일차부등식 세우기	x개월 후의 형의 저축액은 $(20000+5000x)$원, 동생의 저축액은 $(50000+2000x)$원이므로 $20000+5000x>50000+2000x$
③ 일차부등식 풀기	$3000x>30000$ $\quad\therefore x>10$
④ 답 구하기	따라서 11개월 후부터 형의 저축액이 동생의 저축액보다 많아진다.

앗! 실수

★ 부등식의 해에서 답을 구할 때 미지수 x가 물건의 개수, 사람 수, 횟수, ⋯ 라면 구한 범위에서 자연수만을 답으로 택해야 해. 사람 수를 x라 했는데 답이 $x\leq 3.5$라고 해도 사람을 3.5명으로 만들 수 없기 때문에 3명이 최대인 거지.

바빠 개념 확인 문제

1 연속하는 세 자연수의 합이 48보다 클 때, 합이 가장 작은 세 자연수 중 가장 작은 자연수를 다음 □ 안에 알맞은 수를 써넣고 구하여라.

> 연속하는 세 자연수를 x, □, □라고 하면
> 이 세 자연수의 합이 48보다 크므로
> $x+($□$)+($□$)>48$

2 한 개에 2000원인 찹쌀떡을 사고 5000원짜리 상자에 포장하여 전체 가격이 20000원 이하가 되게 하려고 한다. 찹쌀떡은 최대 몇 개까지 살 수 있는지 다음 □ 안에 알맞은 수를 써넣고 구하여라.

> 찹쌀떡을 x개 산다고 하면 한 개에 2000원인 찹쌀떡을 x개 사고 5000원짜리 상자에 포장하여 전체 가격이 20000원 이하가 되어야 하므로
> □$x+5000\leq$□

3 현재 예나는 15000원, 채은이는 45000원이 저축되어 있다. 다음 달부터 매월 예나는 5000원씩, 채은이는 3000원씩 저축한다면 예나의 저축액이 채은이의 저축액보다 많아지는 것은 몇 개월 후부터인지 다음 □ 안에 알맞은 수를 써넣고 구하여라.

> x개월 후부터 예나의 저축액이 채은이의 저축액보다 많아진다면 x개월 후의 예나의 저축액은
> $(15000+$□$)$원, 채은이의 저축액은
> $(45000+$□$)$원이다.
> 예나의 저축액이 채은이의 저축액보다 많아져야 하므로 $15000+$□$>45000+$□

정답 * 정답과 해설 18쪽

1 $x+1$, $x+2$, $x+1$, $x+2$, 16 　2 2000, 20000, 7개
3 $5000x$, $3000x$, $5000x$, $3000x$, 16개월

4. 일차부등식의 활용 2

✔ 유리한 방법을 선택하는 문제

예 어느 미술관 입장료는 10000원이고 20명 이상의 단체 관람객은 입장료의 20 %를 할인해 준다. 이 미술관에 20명 미만의 단체가 입장할 때, 몇 명 이상이면 20명의 단체 입장권을 사는 것이 유리한지 일차부등식을 세우고 풀어 보자.

① 미지수 정하기	관람객을 x명이라고 하자.
② 일차부등식 세우기	x명의 입장료는 $10000x$원, 20명 단체 입장료는 $10000\times20\times\frac{80}{100}$원이므로 $10000x>10000\times20\times\frac{80}{100}$
③ 일차부등식 풀기	$x>16$
④ 답 구하기	따라서 17명 이상이면 단체 입장권을 사는 것이 유리하다.

✔ 거리, 속력, 시간에 대한 문제

예 A지점에서 50 km 떨어진 B지점까지 자전거를 타고 가는데 처음에는 시속 30 km로 가다가 도중에 시속 20 km로 가서 2시간 이내에 B지점에 도착하였다. 이때 시속 20 km로 간 거리는 최대 몇 km인지 일차부등식을 세우고 풀어 보자.

① 미지수 정하기	시속 20 km로 간 거리를 x km라고 하자.
② 일차부등식 세우기	시속 20 km로 $\frac{x}{20}$시간, 시속 30 km로 $\frac{50-x}{30}$시간 갔으므로 $\frac{x}{20}+\frac{50-x}{30}\le2$
③ 일차부등식 풀기	$3x+2(50-x)\le120$ $\quad\therefore x\le20$
④ 답 구하기	따라서 시속 20 km로 간 거리는 최대 20 km이다.

✔ 농도에 대한 문제

예 8 %의 소금물 200 g에 12 %의 소금물을 섞어서 10 % 이상의 소금물을 만들려고 할 때, 12 %의 소금물은 몇 g 이상 섞어야 하는지 일차부등식을 세우고 풀어보자.

① 미지수 정하기	12 %의 소금물을 x g 섞었다고 하자.
② 일차부등식 세우기	$\frac{8}{100}\times200+\frac{12}{100}\times x\ge\frac{10}{100}\times(200+x)$
③ 일차부등식 풀기	$1600+12x\ge2000+10x$, $2x\ge400$ $\therefore x\ge200$
④ 답 구하기	따라서 12 %의 소금물은 200 g 이상 섞어야 한다.

바빠 개념 확인 문제

1 동네 문구점에서 한 권에 1200원 하는 공책이 할인 매장에서는 1000원이다. 할인 매장에 갔다 오려면 왕복 2800원의 교통비가 든다고 할 때, 공책을 몇 권 이상 사는 경우 할인 매장에서 사는 것이 유리한지 다음 □ 안에 알맞은 수를 써넣고 구하여라.

> 공책 x권을 산다고 하면 동네 문구점에서 사는 공책 값이 더 비싸야 할인 매장에서 사는 것이 유리하므로
>
> $\square x>\square x+2800$

2 등산을 하는데 올라갈 때는 시속 3 km로, 내려올 때는 같은 등산로를 시속 5 km로 걸어서 총 4시간 이내에 등산을 마치려고 한다. 최대 몇 km 지점까지 올라갔다 내려올 수 있는지 다음 □ 안에 알맞은 수를 써넣고 구하여라.

> x km 지점까지 올라갔다 내려온다고 하면
> (올라갈 때 걸린 시간)
> +(내려올 때 걸린 시간)≤□(시간)이므로
>
> $\frac{x}{\square}+\frac{x}{\square}\le\square$

3 8 %의 소금물 800 g에 15 %의 소금물을 섞어서 11 % 이상의 소금물을 만들려고 할 때, 15 %의 소금물은 몇 g 이상 섞어야 하는지 다음 □ 안에 알맞은 수를 써넣고 구하여라.

> 15 %의 소금물을 x g 섞으면 두 소금물을 합하여 11 % 이상의 소금물을 만들어야 하므로
>
> $\frac{8}{100}\times\square+\frac{\square}{100}\times x\ge\frac{11}{100}\times(800+x)$

정답 ＊정답과 해설 18쪽

1 1200, 1000, 15권 2 4, 3, 5, 4, $\frac{15}{2}$ km 3 800, 15, 600 g

* 정답과 해설 19쪽

부등식의 성질

1 $a \geq b$일 때, 다음 중 옳지 않은 것은?

① $a-5 \geq b-5$　② $-2a \leq -2b$
③ $4a-7 \geq 4b-7$　④ $-\frac{a}{5} \leq -\frac{b}{5}$
⑤ $-\frac{1}{2}a+3 \geq -\frac{1}{2}b+3$

Hint 양변에 음수를 곱하거나 음수로 나누면 부등호의 방향이 바뀐다.

일차부등식의 풀이

2 일차부등식 $\frac{2x+1}{3}-\frac{x+1}{2} \leq \frac{1}{4}$을 풀면?

① $x \geq -\frac{1}{2}$　② $x \leq -\frac{1}{4}$　③ $x \leq \frac{3}{4}$
④ $x \leq \frac{5}{2}$　⑤ $x \geq \frac{7}{2}$

Hint 양변에 3, 2, 4의 최소공배수인 12를 곱한다.

일차부등식의 풀이

3 다음 중 일차부등식 $0.3x-4>\frac{1}{2}(x-6)$의 해를 수직선 위에 바르게 나타낸 것은?

①
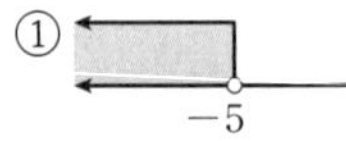

②
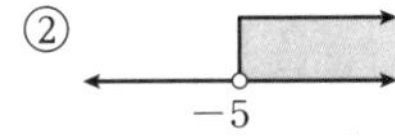

③
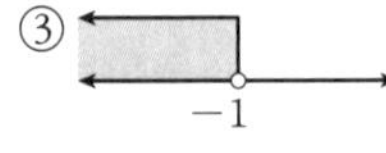

④

⑤
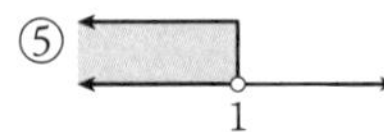

Hint 일차부등식을 푼 다음 x의 값이 크다면 오른쪽으로, 작다면 왼쪽으로 화살표 방향을 향하게 그린다.

일차부등식의 활용

4 온라인 쇼핑몰에서 한 개에 2000원 하는 사과와 5000원 하는 배를 합하여 20개를 사고, 배송료를 5000원 지불하였다. 전체 가격을 60000원 이하로 하려고 할 때, 배는 최대 몇 개까지 살 수 있는가?

① 1개　② 2개　③ 3개
④ 4개　⑤ 5개

Hint 배의 개수를 x라고 하면 사과의 개수는 $20-x$이다.

일차부등식의 활용

5 다은이와 경진이는 같은 지점에서 동시에 출발하여 서로 반대 방향으로 걷고 있다. 다은이는 분속 120 m로, 경진이는 분속 100 m로 걸을 때, 다은이와 경진이가 4.4 km 이상 떨어지려면 몇 분 이상 걸어야 하는지 구하여라.

Hint (거리)=(시간)×(속력)
(다은이가 걸은 거리)+(경진이가 걸은 거리)≥4400(m)

일차부등식의 활용

6 10 %의 소금물 200 g이 있다. 이 소금물에 물을 더 넣어 농도가 4 % 이하가 되게 하려고 할 때, 최소 몇 g의 물을 더 넣어야 하는가?

① 100 g　② 140 g　③ 160 g
④ 180 g　⑤ 300 g

Hint 더 넣은 물의 양을 x g이라고 하면 4 %의 소금물의 양은 $(200+x)$ g이다.

13 연립방정식

1. 연립방정식의 해

✔ 미지수가 2개인 일차방정식

미지수가 2개이고 그 차수가 모두 1인 방정식을 미지수가 2개인 일차방정식이라 하고, 미지수가 2개인 x, y에 대한 일차방정식은 다음과 같이 나타낸다.

$ax+by+c=0$ (a, b, c는 상수, $a \neq 0$, $b \neq 0$)

예 $3x-y+5=0$, $2x+4y=7$

✔ 미지수가 2개인 일차방정식의 해

미지수가 2개인 일차방정식을 만족하는 x, y의 값을 미지수가 2개인 일차방정식의 해라고 한다. 미지수가 2개인 일차방정식의 해는 $x=a$, $y=b$ 꼴로 나타내거나 순서쌍 $(a,\ b)$로 나타낸다.

✔ 미지수가 2개인 연립일차방정식

미지수가 2개인 일차방정식 두 개를 한 쌍으로 묶어 나타낸 것을 미지수가 2개인 연립일차방정식 또는 간단히 연립방정식이라고 한다.

예 $\begin{cases} 3x-2y=5 \\ 5x-y=7 \end{cases}$, $\begin{cases} x-y=5 \\ y=3x-1 \end{cases}$

✔ 연립일차방정식의 해

두 미지수 x, y에 대한 연립방정식에서 두 일차방정식을 동시에 만족하는 x, y의 값 또는 그 순서쌍 $(x,\ y)$

✔ 연립일차방정식을 푼다

연립방정식의 해를 모두 구하는 것을 연립방정식을 푼다라고 한다.

예 x, y가 자연수일 때, 연립방정식 $\begin{cases} x-y=-3 \\ -2x+y=1 \end{cases}$의 해를 구해 보자.

① 두 일차방정식의 해를 각각 구한다.

$x-y=-3$의 해

x	1	2	3	···
y	4	5	6	···

$-2x+y=1$의 해

x	1	2	3	···
y	3	5	7	···

② 두 일차방정식의 공통인 해를 찾는다.
표에서 두 일차방정식을 모두 만족하는 x, y의 값을 찾으면 $x=2$, $y=5$이다.
따라서 주어진 연립방정식의 해는 $x=2$, $y=5$이다.

바빠 개념 확인 문제

❖ 다음 문장을 미지수가 2개인 일차방정식으로 나타내어라. (1~4)

1 수학 문제집 x권, 영어 문제집 y권을 합하여 8권을 샀다.

2 강아지 x마리와 닭 y마리의 다리의 수의 합은 36이다.

3 x의 4배는 y의 2배보다 1만큼 작다.

4 수학 시험에서 3점짜리 문제 x개와 4점짜리 문제 y개를 맞혀서 90점을 받았다.

5 x, y가 자연수일 때, 일차방정식 $2x+y=10$에 대하여 표를 완성하고, 일차방정식의 해를 순서쌍 $(x,\ y)$로 나타내어라.

x	1	2	3	4
y				

❖ 다음 주어진 x, y의 값이 연립방정식의 해이면 ○표, 해가 아니면 ×표를 하여라. (6~8)

6 $x=1$, $y=-3$ ⇨ $\begin{cases} x+2y=-5 \\ 5x-y=2 \end{cases}$ ______

7 $x=3$, $y=-4$ ⇨ $\begin{cases} -x-3y=9 \\ x+2y=-5 \end{cases}$ ______

8 $x=2$, $y=-2$ ⇨ $\begin{cases} 7x+5y=4 \\ x-2y=-6 \end{cases}$ ______

정답 * 정답과 해설 19쪽

1 $x+y=8$ 2 $4x+2y=36$ 3 $4x=2y-1$
4 $3x+4y=90$ 5 표: 8, 6, 4, 2, (1, 8), (2, 6), (3, 4), (4, 2)
6 × 7 ○ 8 ×

중2

2. 연립방정식의 풀이

✔ 연립방정식의 풀이 - 가감법

두 일차방정식을 변끼리 더하거나 빼어서 한 미지수를 없앤 후 연립방정식의 해를 구하는 방법

가감법에 의한 연립방정식의 풀이 순서

① 두 미지수 중 어느 것을 소거할 것인지 정한다.
미지수가 2개인 연립방정식에서 한 미지수를 없애는 것

② 소거할 미지수의 계수의 절댓값이 같아지도록 각 방정식의 양변에 적당한 수를 곱한다.

③ 소거할 미지수의
계수의 부호가 같으면 두 방정식을 변끼리 뺀다.
계수의 부호가 다르면 두 방정식을 변끼리 더한다.

④ ③에서 구한 해를 두 방정식 중 간단한 식에 대입하여 다른 미지수의 값을 구한다.

예 연립방정식 $\begin{cases} 2x-3y=1 & \cdots ㉠ \\ 5x-4y=-1 & \cdots ㉡ \end{cases}$ 을 가감법으로 풀어 보자.

소거할 미지수 x의 계수의 절댓값이 같아지도록 ㉠$\times 5$, ㉡$\times 2$를 하면

$\begin{cases} 10x-15y=5 & \cdots ㉢ \\ 10x-8y=-2 & \cdots ㉣ \end{cases}$

㉢$-$㉣을 하면 $-7y=7$ $\quad \therefore y=-1$

$y=-1$을 ㉠에 대입하면 $2x+3=1$ $\quad \therefore x=-1$

따라서 연립방정식의 해는 $x=-1$, $y=-1$이다.

✔ 연립방정식의 풀이 - 대입법

연립방정식의 한 방정식을 소거할 미지수의 식으로 나타낸 다음 그 식을 다른 방정식에 대입하여 해를 구하는 방법

대입법에 의한 연립방정식의 풀이 순서

① 두 방정식 중 한 방정식을
$x=$(y에 대한 식) 또는 $y=$(x에 대한 식)의 꼴
이 되게 한다.

② ①의 식을 다른 방정식에 대입하여 해를 구한다.

예 연립방정식 $\begin{cases} x+y=5 & \cdots ㉠ \\ 2x+3y=10 & \cdots ㉡ \end{cases}$ 을 대입법으로 풀어 보자.

㉠을 $y=$(x에 대한 식)으로 바꾸면

$y=5-x$ $\quad \cdots ㉢$

㉢을 ㉡에 대입하면

$2x+3(5-x)=10$

$\therefore x=5$

$x=5$를 ㉢에 대입하면

$y=0$

따라서 연립방정식의 해는 $x=5$, $y=0$이다.

바빠 개념 확인 문제

❖ 다음 연립방정식을 가감법으로 풀어라. (1~6)

1 $\begin{cases} -x+y=5 \\ x+y=3 \end{cases}$

2 $\begin{cases} x+3y=6 \\ x+y=4 \end{cases}$

3 $\begin{cases} -3x+y=-9 \\ 5x-4y=8 \end{cases}$

4 $\begin{cases} -2x+y=10 \\ x-7y=21 \end{cases}$

5 $\begin{cases} 7x-4y=-6 \\ 5x-3y=-5 \end{cases}$

6 $\begin{cases} -2x+3y=10 \\ 3x-5y=-14 \end{cases}$

❖ 다음 연립방정식을 대입법으로 풀어라. (7~10)

7 $\begin{cases} x=3y+4 \\ -3x+5y=8 \end{cases}$

8 $\begin{cases} y=-x+7 \\ 3x-2y=11 \end{cases}$

9 $\begin{cases} x=-2y+7 \\ x=-4y+11 \end{cases}$

10 $\begin{cases} 7x+y=10 \\ 5x+2y=11 \end{cases}$

정답 * 정답과 해설 19쪽

1 $x=-1, y=4$ 2 $x=3, y=1$ 3 $x=4, y=3$ 4 $x=-7, y=-4$
5 $x=2, y=5$ 6 $x=-8, y=-2$ 7 $x=-11, y=-5$
8 $x=5, y=2$ 9 $x=3, y=2$ 10 $x=1, y=3$

3. 여러 가지 연립방정식의 풀이

복잡한 연립방정식의 풀이

① **괄호가 있는 연립방정식**: 분배법칙을 이용하여 괄호를 풀고 동류항끼리 정리한 후 연립방정식을 푼다.

예 $\begin{cases} -(x+y)-3y=6 \\ 2x-4(x-y)=-3 \end{cases} \Rightarrow \begin{cases} -x-y-3y=6 \\ 2x-4x+4y=-3 \end{cases}$

$\Rightarrow \begin{cases} -x-4y=6 \\ -2x+4y=-3 \end{cases}$

② **계수가 분수 또는 소수인 연립방정식**

- **계수가 분수일 때**: 양변에 분모의 최소공배수를 곱한다.
- **계수가 소수일 때**: 양변에 10의 거듭제곱(10, 100, ⋯)을 곱한다.

③ **$A=B=C$ 꼴의 연립방정식**: 다음 세 가지 중 하나로 고쳐서 푼다. 모두 해가 같으므로 셋 중 가장 간단한 것을 선택한다.

$\begin{cases} A=B \\ B=C \end{cases}, \begin{cases} A=B \\ A=C \end{cases}, \begin{cases} A=C \\ B=C \end{cases}$

바빠꿀팁

- $x+y=2x-y=5$와 같이 상수항이 있는 방정식을 풀 때는 상수항만으로 되어 있는 식을 두 번 선택하여 풀어야 가장 쉽게 풀 수 있어.
$\begin{cases} x+y=5 \\ 2x-y=5 \end{cases}$
- $3x-y=-x+5y=x-2$의 방정식을 풀 때는 상수항만으로 되어 있는 식이 없으므로 가장 간단한 식 $x-2$를 두 번 선택하여 풀어야 가장 쉽게 풀 수 있어.
$\begin{cases} 3x-y=x-2 \\ -x+5y=x-2 \end{cases}$

해가 특수한 연립방정식

한 쌍의 해를 갖는 일반적인 연립방정식 외에 해가 무수히 많거나 해가 없는 연립방정식도 있다.

① **해가 무수히 많은 연립방정식**: 두 방정식을 변형하였을 때, 미지수의 계수와 상수항이 각각 같다.

예 $\begin{cases} x+3y=2 & \cdots ㉠ \\ 2x+6y=4 & \cdots ㉡ \end{cases} \xrightarrow{㉠\times 2\text{를 하면}} \begin{cases} 2x+6y=4 \\ 2x+6y=4 \end{cases}$

각각 같다.

따라서 이 연립방정식의 해는 무수히 많다.

② **해가 없는 연립방정식**: 두 방정식을 변형하였을 때, 미지수의 계수는 같지만 상수항이 다르다.

예 $\begin{cases} x+3y=2 & \cdots ㉠ \\ 2x+6y=8 & \cdots ㉡ \end{cases} \xrightarrow{㉠\times 2\text{를 하면}} \begin{cases} 2x+6y=4 \\ 2x+6y=8 \end{cases}$

각각 같다. 다르다.

따라서 이 연립방정식의 해는 없다.

바빠 개념 확인 문제

❖ 다음 연립방정식을 풀어라. (1~3)

1 $\begin{cases} x-(3x+4y)=2 \\ 2(4x+y)+5y=1 \end{cases}$

2 $\begin{cases} -0.3x+0.5y=1 \\ 0.02x-0.01y=0.05 \end{cases}$

3 $\begin{cases} x-\frac{7}{8}y=-\frac{3}{2} \\ \frac{8}{5}x-\frac{1}{2}y=-\frac{3}{5} \end{cases}$

❖ 다음 방정식을 풀어라. (4~6)

4 $x-2y-4=5x-2y=-1$

5 $2x-7y+3=-x+9y+1=x-1$

6 $x-2y+3=-2x+5y+1=-x+3y+2$

❖ 다음 연립방정식의 해가 무수히 많으면 ○표, 해가 없으면 ×표를 하여라. (7~9)

7 $\begin{cases} x-2y=-3 \\ 4x-8y=-12 \end{cases}$ ______

8 $\begin{cases} -3x+2y=-5 \\ 6x-4y=1 \end{cases}$ ______

9 $\begin{cases} 3(x+3y)-7y=1 \\ -2y+6(x+y)=3 \end{cases}$ ______

정답 * 정답과 해설 20쪽

1 $x=1, y=-1$ 2 $x=5, y=5$ 3 $x=\frac{1}{4}, y=2$
4 $x=-1, y=-2$ 5 $x=10, y=2$ 6 $x=-3, y=-1$
7 ○ 8 × 9 ×

4. 연립방정식의 활용 1

연립일차방정식의 활용

① **미지수 정하기**: 문제의 뜻을 이해하고, 구하려는 값을 미지수 x, y로 놓는다.

② **연립방정식 세우기**: 문제의 뜻에 맞게 x, y에 대한 연립방정식을 세운다.

③ **연립방정식 풀기**: 연립방정식을 푼다.

④ **확인하기**: 구한 해가 문제의 뜻에 맞는지 확인한다.

자연수의 자릿수 변화에 대한 문제

십의 자리의 숫자가 x, 일의 자리의 숫자가 y인 두 자리의 자연수는 처음 수는 $10x+y$, 십의 자리의 숫자와 일의 자리의 숫자를 바꾼 수는 $10y+x$이다.

예) 두 자리의 자연수가 있다. 각 자리의 숫자의 합은 10이고, 십의 자리의 숫자와 일의 자리의 숫자를 바꾼 수는 처음 수보다 18만큼 작다. 처음 수를 구해 보자.

① 미지수 정하기	십의 자리의 숫자를 x, 일의 자리의 숫자를 y라고 하자.
② 연립방정식 세우기	각 자리의 숫자의 합이 10이다. 십의 자리의 숫자와 일의 자리의 숫자를 바꾼 수는 처음 수보다 18만큼 작다. $\therefore \begin{cases} x+y=10 \\ 10y+x=10x+y-18 \end{cases}$
③ 연립방정식 풀기	$x=6$, $y=4$
④ 답 구하기	따라서 처음 수는 64이다.

일에 대한 문제

예) 시은이와 정민이가 함께 6일 동안 일하여 마칠 수 있는 일을 시은이가 2일 동안 일한 후 나머지를 정민이가 12일 동안 일하여 모두 마쳤다. 이 일을 시은이가 혼자 하면 며칠이 걸리는지 구해 보자.

① 미지수 정하기	시은이가 하루 동안 일한 양을 x, 정민이가 하루 동안 일한 양을 y라고 하자.
② 연립방정식 세우기	둘이 함께 일하면 6일 동안 일하여 마칠 수 있다. 시은이가 2일 일한 후 정민이가 12일 일하여 마칠 수 있다. $\therefore \begin{cases} 6x+6y=1 \\ 2x+12y=1 \end{cases}$
③ 연립방정식 풀기	$x=\frac{1}{10}$, $y=\frac{1}{15}$
④ 답 구하기	따라서 시은이가 혼자 하면 10일이 걸린다.

바빠 개념 확인 문제

1 두 자리의 자연수가 있다. 각 자리의 숫자의 합은 13이고, 십의 자리의 숫자와 일의 자리의 숫자를 바꾼 수는 처음 수보다 27만큼 크다. 다음 □ 안에 알맞은 수를 써넣고 처음 수를 구하여라.

> 십의 자리의 숫자를 x, 일의 자리의 숫자를 y라고 하면 $x+y=$□
> (바꾼 수)=(처음 수)+27이므로
> □$y+x=$□$x+y+27$

2 어느 연극의 입장료가 어른은 14000원, 청소년은 9000원이라고 한다. 어느 날 이 연극을 어른과 청소년을 합하여 25명이 관람하였다. 총 입장료가 300000원일 때, 이 연극을 관람한 어른의 수와 청소년의 수를 다음 □ 안에 알맞은 수를 써넣고 각각 구하여라.

> 어른을 x명, 청소년을 y명이라고 하면
> $x+y=$□
> □$x+$□$y=300000$

3 수영이가 3일 동안 일한 다음 승원이가 8일 동안 일하여 완성할 수 있는 일을 수영이가 6일 동안 일한 다음 승원이가 4일 동안 일하여 완성하였다. 수영이가 이 일을 혼자 하면 며칠이 걸리는지 다음 □ 안에 알맞은 수를 써넣고 구하여라.

> 전체 일의 양을 1로 놓고 수영이와 승원이가 하루 동안 할 수 있는 일의 양을 각각 x, y라고 하자.
> 수영이가 3일 동안 일한 다음 승원이가 8일 동안 일해서 완성하면 □$x+$□$y=1$
> 수영이가 6일 동안 일한 다음 승원이가 4일 동안 일해서 완성하면 □$x+$□$y=1$

정답 * 정답과 해설 21쪽

1 13, 10, 10, 58 2 25, 14000, 9000, 어른의 수: 15명, 청소년의 수: 10명
3 3, 8, 6, 4, 9일

5. 연립방정식의 활용 2

✔ 거리, 속력, 시간에 대한 문제

(거리)=(속력)×(시간)

(속력)$=\dfrac{(거리)}{(시간)}$

(시간)$=\dfrac{(거리)}{(속력)}$

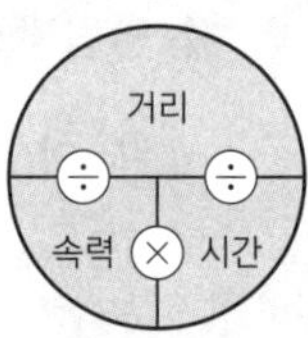

예 어느 산을 등산하는데 올라갈 때는 시속 3 km로 걷고, 내려올 때는 다른 등산로로 시속 4 km로 걸었더니 모두 6시간이 걸렸다. 총 거리가 20 km일 때, 내려온 거리를 구해 보자.

① 미지수 정하기	올라간 거리를 x km, 내려온 거리를 y km라고 하자.
② 연립방정식 세우기	등산을 한 총 거리는 20 km이다. (올라갈 때 걸린 시간) +(내려올 때 걸린 시간)=6(시간) $\therefore \begin{cases} x+y=20 \\ \frac{x}{3}+\frac{y}{4}=6 \end{cases}$
③ 연립방정식 풀기	$x=12$, $y=8$
④ 답 구하기	따라서 내려온 거리는 8 km이다.

★ 거리, 속력, 시간에 대한 활용 문제를 풀 때, 각각의 단위가 다를 경우에는 방정식을 세우기 전에 단위를 통일해야 해.

- 1 km=1000 m
- 1시간=60분, 1분$=\frac{1}{60}$시간

✔ 농도에 대한 문제

(소금물의 농도)$=\dfrac{(소금의 양)}{(소금물의 양)}\times 100(\%)$

(소금의 양)$=\dfrac{(소금물의 농도)}{100}\times$(소금물의 양)

예 9 %의 소금물과 4 %의 소금물을 섞어서 5 %의 소금물 800 g을 만들었다. 9 %의 소금물은 몇 g을 섞어야 하는지 구해 보자.

① 미지수 정하기	9 %의 소금물의 양을 x g, 4 %의 소금물의 양을 y g이라고 하자.
② 연립방정식 세우기	두 소금물을 합하여 800 g이다. 두 소금물의 소금을 합하면 5 %의 소금물 800 g에 들어 있는 소금의 양과 같다. $\therefore \begin{cases} x+y=800 \\ \frac{9}{100}x+\frac{4}{100}y=\frac{5}{100}\times 800 \end{cases}$
③ 연립방정식 풀기	$x=160$, $y=640$
④ 답 구하기	따라서 9 %의 소금물은 160 g을 섞어야 한다.

바빠 개념 확인 문제

1 정현이네 집에서 도서관까지의 거리는 8 km이다. 정현이가 집에서 도서관까지 가는데 자전거로 시속 20 km로 가다가 자전거가 고장 나서 시속 4 km로 걸어서 모두 1시간이 걸렸다. 자전거를 타고 간 거리를 다음 □ 안에 알맞은 수를 써넣고 구하여라.

> 자전거를 타고 간 거리를 x km, 걸은 거리를 y km라고 하면 $x+y=\square$
> 시속 20 km, 4 km로 간 시간은 각각 $\frac{x}{\square}$시간, $\frac{y}{\square}$시간이므로 $\frac{x}{\square}+\frac{y}{\square}=1$

2 둘레의 길이가 1200 m인 트랙을 형과 동생이 같은 지점에서 동시에 출발하여 같은 방향으로 돌면 6분 후에 처음으로 만나고, 반대 방향으로 돌면 3분 후에 처음으로 만난다고 한다. 형이 동생보다 빠르게 걷는다고 할 때, 동생의 속력을 다음 □ 안에 알맞은 수를 써넣고 구하여라.

> 형의 속력을 분속 x m, 동생의 속력을 분속 y m라고 하자.
> 같은 방향으로 돌면
> (형이 걸은 거리)−(동생이 걸은 거리)=1200(m)
> $\therefore \square x-\square y=1200$
> 반대 방향으로 돌면
> (형이 걸은 거리)+(동생이 걸은 거리)=1200(m)
> $\therefore \square x+\square y=1200$

3 18 %의 소금물과 9 %의 소금물을 섞어서 12 %의 소금물 600 g을 만들었다. 9 %의 소금물은 몇 g을 섞어야 하는지 □ 안에 알맞은 수를 써넣고 구하여라.

> 18 %의 소금물의 양을 x g, 9 %의 소금물의 양을 y g이라고 하면 $x+y=\square$
> $\frac{\square}{100}x+\frac{\square}{100}y=\frac{12}{100}\times 600$

정답 * 정답과 해설 21쪽

1 8, 20, 4, 20, 4, 5 km 2 6, 6, 3, 3, 분속 100 m 3 600, 18, 9, 400 g

개념 완성 문제

* 정답과 해설 21쪽

연립방정식

1 연립방정식 $\begin{cases} 5x-4y=3 \\ 4x-3y=8 \end{cases}$의 해가 $x=a$, $y=b$일 때, $a-b$의 값은?

① -8 ② -5 ③ -3 ④ 0 ⑤ 2

Hint 가감법을 이용하여 x나 y를 소거한다.

연립방정식

2 연립방정식 $\begin{cases} \frac{1}{4}x-0.3y=0.1 \\ -0.6x+\frac{3}{5}y=-0.3 \end{cases}$을 풀어라.

Hint 첫 번째 식에는 양변에 20을 곱하고, 두 번째 식에는 양변에 10을 곱하면 가장 간단하게 풀 수 있다.

연립방정식

3 방정식 $\frac{x-4y}{2}=\frac{x+8}{5}=\frac{x-4y}{4}$를 풀어라.

Hint $A=B=C$인 식을 $\begin{cases} A=B \\ B=C \end{cases}$ 또는 $\begin{cases} A=C \\ B=C \end{cases}$ 또는 $\begin{cases} A=B \\ A=C \end{cases}$로 변형하여 연립방정식을 푼다.

연립방정식

4 연립방정식 $\begin{cases} ax-3y=5 \\ -4x+by=-10 \end{cases}$의 해가 무수히 많을 때, 상수 a, b에 대하여 $a-b$의 값은?

① -4 ② -2 ③ 0 ④ 1 ⑤ 3

Hint 해가 무수히 많으므로 첫 번째 식에 -2를 곱하면
$-2ax+6y=-10$
이 식은 두 번째 식의 상수항과 같아졌으므로 x의 계수와 y의 계수도 같아져야 해가 무수히 많아진다.

연립방정식의 활용

5 정은이네 집에서 미술관까지의 거리는 8 km이다. 정은이가 집에서 미술관까지 가는데 시속 6 km로 달리다가 시속 2 km로 걸어서 모두 2시간이 걸렸다. 이때 정은이가 걸은 거리는?

① 1 km ② 2 km ③ 3 km ④ 4 km ⑤ 5 km

Hint 정은이가 달린 거리를 x km, 걸은 거리를 y km라고 하면
$\frac{x}{6}+\frac{y}{2}=2$

연립방정식의 활용

6 12 %의 소금물과 7 %의 소금물을 섞어서 10 %의 소금물 800 g을 만들었다. 7 %의 소금물은 몇 g을 섞어야 하는가?

① 220 g ② 280 g ③ 320 g ④ 380 g ⑤ 400 g

Hint 12 %의 소금물의 양을 x g, 7 %의 소금물의 양을 y g이라고 하면 소금의 양은 변하지 않으므로 $\frac{12}{100}x+\frac{7}{100}y=\frac{10}{100}\times 800$

14 곱셈 공식

중3

1. 곱셈 공식 1

✔ (다항식)×(다항식)의 계산

분배법칙을 이용하여 식을 전개한 다음 동류항이 있으면 동류항끼리 모아서 간단히 한다.

$$(a+b)(c+d)=\underset{①}{ac}+\underset{②}{ad}+\underset{③}{bc}+\underset{④}{bd}$$

예 $(a+2b)(3a-4b)=3a^2-4ab+6ab-8b^2$
$=3a^2+2ab-8b^2$

외워 외워!

★ 다항식의 곱셈은 다음과 같은 순서로 한다.
① 분배법칙을 이용하여 전개한다.
② 동류항이 있으면 동류항끼리 모아서 간단히 한다.

✔ 곱셈 공식

① 합의 제곱

$(a+b)^2=a^2+2ab+b^2$ (제곱, 제곱, 두 수의 곱의 2배)

예 $(x+3)^2=x^2+2\times x\times 3+3^2=x^2+6x+9$

② 차의 제곱

$(a-b)^2=a^2-2ab+b^2$ (제곱, 제곱, 두 수의 곱의 2배)

예 $(x-3)^2=x^2-2\times x\times 3+3^2=x^2-6x+9$

바빠 꿀팁

공식에 없는 $(-3x+1)^2$과 $(-3x-1)^2$은 어떻게 공식을 이용하면 될까?

- $(-3x+1)^2=\{-(3x-1)\}^2=(3x-1)^2$
  ⇨ −가 앞에 있든지 뒤에 있든지 공식은 같아.
- $(-3x-1)^2=\{-(3x+1)\}^2=(3x+1)^2$
  ⇨ −가 둘 다 있으면 +로 된 공식과 같아.

외워 외워!

★ 합의 제곱 ⇨ (●+■)^2=●^{2}+2×●×■+■^{2}
★ 차의 제곱 ⇨ (●−■)^2=●^{2}−2×●×■+■^{2}

바빠 개념 확인 문제

❖ 다음 식을 전개하여라. (1~4)

1 $(x-5)(y+4)$

2 $(3a+6b)\left(\frac{1}{3}a-2b\right)$

3 $(2a-4b+1)(a-3b)$

4 $(3x+2)(x^2-x+1)$

❖ 다음 식을 곱셈 공식을 이용하여 전개하여라. (5~11)

5 $(a+2)^2$

6 $(2a+b)^2$

7 $(4-x)^2$

8 $(3x-y)^2$

9 $\left(\frac{1}{3}x-\frac{3}{2}y\right)^2$

10 $(-5x-2)^2$

11 $(-7y+4)^2$

정답 * 정답과 해설 22쪽

1 $xy+4x-5y-20$ 2 $a^2-4ab-12b^2$
3 $2a^2-10ab+12b^2+a-3b$ 4 $3x^3-x^2+x+2$ 5 a^2+4a+4
6 $4a^2+4ab+b^2$ 7 $x^2-8x+16$ 8 $9x^2-6xy+y^2$
9 $\frac{1}{9}x^2-xy+\frac{9}{4}y^2$ 10 $25x^2+20x+4$ 11 $49y^2-56y+16$

2. 곱셈 공식 2

곱셈 공식

① 합과 차의 곱

$(a+b)(a-b)=a^2-b^2$

합 차 (제곱)−(제곱)

예 $(4x+3)(4x-3)=(4x)^2-3^2$
$=16x^2-9$

바빠 꿀팁

- $(-a-b)(-a+b)$와 같은 것은 어떻게 공식을 이용하면 될까?
$(-a-b)(-a+b)=\{(-a)-b\}\{(-a)+b\}$
$=(-a)^2-b^2=a^2-b^2$
$(-x-3)(-x+3)=\{(-x)-3\}\{(-x)+3\}$
$=(-x)^2-3^2$
$=x^2-9$

② 일차항의 계수가 1인 일차식의 곱

합

$(x+a)(x+b)=x^2+(a+b)x+ab$

곱

예 $(x+3)(x-2)=x^2+(3-2)x+3\times(-2)$
$=x^2+x-6$

③ 일차항의 계수가 1이 아닌 일차식의 곱

외항의 곱과 내항의 곱의 합

$(ax+b)(cx+d)=acx^2+(ad+bc)x+bd$

x의 계수의 곱 상수항의 곱

예 $(3x-2)(x+4)=3x^2+(12-2)x-8$
$=3x^2+10x-8$

바빠 꿀팁

- 일차항의 계수가 1이 아닌 일차식의 곱의 경우 공식이 복잡하니까 전개해서 계산하는 학생이 많아.
물론 그래도 계산은 맞지만 앞으로 배우는 내용들에 응용하려면 공식으로 푸는 것이 편리해. 여러 번 연습해서 반드시 공식을 익히자.

바빠 개념 확인 문제

❖ 다음 식을 곱셈 공식을 이용하여 전개하여라. (1~3)

1 $(x+2)(x-2)$

2 $(a-3)(a+3)$

3 $(-y+5)(y+5)$

❖ 다음 식을 곱셈 공식을 이용하여 전개하여라. (4~7)

4 $(a+4)(a+3)$

5 $(y+2)(y-7)$

6 $(a-4b)(a+8b)$

7 $\left(x+\frac{3}{4}y\right)\left(x-\frac{1}{2}y\right)$

❖ 다음 식을 곱셈 공식을 이용하여 전개하여라. (8~11)

8 $(2a+b)(a-2b)$

9 $(5a+4)(2a-3)$

10 $(6x+3)\left(x-\frac{1}{3}\right)$

11 $\left(3x+\frac{3}{5}y\right)\left(5x-\frac{1}{3}y\right)$

정답 * 정답과 해설 22쪽

1 x^2-4 2 a^2-9 3 $25-y^2$ 4 $a^2+7a+12$ 5 $y^2-5y-14$
6 $a^2+4ab-32b^2$ 7 $x^2+\frac{1}{4}xy-\frac{3}{8}y^2$ 8 $2a^2-3ab-2b^2$
9 $10a^2-7a-12$ 10 $6x^2+x-1$ 11 $15x^2+2xy-\frac{1}{5}y^2$

중3

3. 곱셈 공식을 이용한 계산

✔ 치환을 이용한 다항식의 전개

① 공통부분을 한 문자로 치환한다.

② 치환한 식을 곱셈 공식을 이용하여 전개한다.

③ 전개한 식에 치환하기 전의 식을 대입하여 정리한다.

예 $(x+3y-2)(x+3y+2)$를 치환을 이용하여 전개해 보자.

$(x+3y-2)(x+3y+2)$) $x+3y=A$로 치환하기
$=(A-2)(A+2)$) $(a+b)(a-b)=a^2-b^2$ 이용하기
$=A^2-2^2$) $A=x+3y$를 대입하기
$=(x+3y)^2-4$) $(a+b)^2=a^2+2ab+b^2$ 이용하기
$=x^2+6xy+9y^2-4$

✔ 곱셈 공식을 이용한 무리수의 계산

① $(a+b)^2=a^2+2ab+b^2$을 이용한 수의 계산

예 $(2+\sqrt{7})^2=2^2+2\times2\times\sqrt{7}+(\sqrt{7})^2$
$=4+4\sqrt{7}+7=11+4\sqrt{7}$

② $(a+b)(a-b)=a^2-b^2$을 이용한 수의 계산

예 $(\sqrt{5}+\sqrt{3})(\sqrt{5}-\sqrt{3})=(\sqrt{5})^2-(\sqrt{3})^2=5-3=2$

③ $(x+a)(x+b)=x^2+(a+b)x+ab$를 이용한 수의 계산

예 $(\sqrt{2}+4)(\sqrt{2}-3)=(\sqrt{2})^2+(4-3)\sqrt{2}-12$
$=-10+\sqrt{2}$

④ $(ax+b)(cx+d)=acx^2+(ad+bc)x+bd$를 이용한 수의 계산

예 $(5\sqrt{3}-2)(\sqrt{3}+1)=5(\sqrt{3})^2+(5-2)\sqrt{3}-2$
$=13+3\sqrt{3}$

✔ 곱셈 공식을 이용한 분모의 유리화

분모가 2개 항으로 되어 있는 무리수일 때, 곱셈 공식 $(a+b)(a-b)=a^2-b^2$을 이용하여 분모를 유리화한다.
$a>0$, $b>0$일 때,

$$\frac{c}{\sqrt{a}+\sqrt{b}}=\frac{c(\sqrt{a}-\sqrt{b})}{(\sqrt{a}+\sqrt{b})(\sqrt{a}-\sqrt{b})}=\frac{c(\sqrt{a}-\sqrt{b})}{a-b}$$

예 $\frac{2}{\sqrt{7}+\sqrt{5}}=\frac{2(\sqrt{7}-\sqrt{5})}{(\sqrt{7}+\sqrt{5})(\sqrt{7}-\sqrt{5})}$
$=\frac{2(\sqrt{7}-\sqrt{5})}{7-5}=\sqrt{7}-\sqrt{5}$

바빠 개념 확인 문제

❖ 다음 식을 치환을 이용하여 전개하여라. (1~3)

1 $(x-1)(x-1+y)$

2 $(a-b-3)(a-b+3)$

3 $(x+y-2)(x+y+7)$

❖ 곱셈 공식을 이용하여 다음을 계산하여라. (4~7)

4 $(\sqrt{6}-2)^2$

5 $(\sqrt{11}-\sqrt{5})(\sqrt{11}+\sqrt{5})$

6 $(\sqrt{5}-2)(\sqrt{5}+3)$

7 $(\sqrt{3}-4)(2\sqrt{3}+1)$

❖ 다음 수의 분모를 유리화하여라. (8~11)

8 $\frac{2}{\sqrt{3}-1}$

9 $\frac{\sqrt{7}-2}{\sqrt{7}+2}$

10 $\frac{\sqrt{3}-2}{4-2\sqrt{3}}$

11 $\frac{6}{\sqrt{5}+\sqrt{2}}-\frac{2}{\sqrt{5}-\sqrt{2}}$

정답 ＊정답과 해설 22쪽

1 $x^2-2x+1+xy-y$ 2 $a^2-2ab+b^2-9$ 3 $x^2+2xy+y^2+5x+5y-14$
4 $10-4\sqrt{6}$ 5 6 6 $-1+\sqrt{5}$ 7 $2-7\sqrt{3}$ 8 $\sqrt{3}+1$
9 $\frac{11-4\sqrt{7}}{3}$ 10 $-\frac{1}{2}$ 11 $\frac{4\sqrt{5}-8\sqrt{2}}{3}$

4. 곱셈 공식을 변형하여 식의 값 구하기

✔ 곱셈 공식의 변형

곱셈 공식을 다음과 같이 변형하여 식의 값을 구할 수 있다.

① $(a+b)^2=a^2+2ab+b^2$
⇨ $a^2+b^2=(a+b)^2-2ab$

예 $a+b=5$, $ab=6$일 때,
$a^2+b^2=(a+b)^2-2ab=5^2-2\times6=13$

② $(a-b)^2=a^2-2ab+b^2$
⇨ $a^2+b^2=(a-b)^2+2ab$

예 $a-b=2$, $ab=3$일 때,
$a^2+b^2=(a-b)^2+2ab=2^2+2\times3=10$

③ $(a+b)^2=(a-b)^2+4ab$

예 $a-b=-3$, $ab=-2$일 때,
$(a+b)^2=(a-b)^2+4ab=(-3)^2+4\times(-2)=1$

④ $(a-b)^2=(a+b)^2-4ab$

예 $a+b=6$, $ab=8$일 때,
$(a-b)^2=(a+b)^2-4ab=6^2-4\times8=4$

바빠 꿀팁

• 변형된 곱셈 공식은 외워도 좋지만 등호 양변을 생각해서 다음과 같이 풀어도 좋아.
일단 $a^2+b^2=(a+b)^2$이라고 써 봐. 이건 잘못된 식이지. 왜냐하면 우변을 전개하면 $a^2+2ab+b^2$이 되어 좌변에 없는 $2ab$가 있으니까. 그래서 우변에서 $2ab$를 빼 주어야 등호가 성립하는 거야.

✔ 두 수의 곱이 1인 곱셈 공식의 변형

위의 곱셈 공식을 변형한 식에서 a, $\frac{1}{a}$과 같이 서로 역수 관계인 두 문자의 곱은 $a\times\frac{1}{a}=1$이므로 다음과 같은 식이 성립한다.

① $a^2+\frac{1}{a^2}=\left(a+\frac{1}{a}\right)^2-2$, $a^2+\frac{1}{a^2}=\left(a-\frac{1}{a}\right)^2+2$

② $\left(a-\frac{1}{a}\right)^2=\left(a+\frac{1}{a}\right)^2-4$, $\left(a+\frac{1}{a}\right)^2=\left(a-\frac{1}{a}\right)^2+4$

예 $a+\frac{1}{a}=4$일 때,

$a^2+\frac{1}{a^2}=\left(a+\frac{1}{a}\right)^2-2=4^2-2=14$

$\left(a-\frac{1}{a}\right)^2=\left(a+\frac{1}{a}\right)^2-4=4^2-4=12$

바빠 개념 확인 문제

❖ 다음 식의 값을 구하여라. (1~5)

1 $x+y=2\sqrt{3}$, $xy=2$일 때, x^2+y^2

2 $x-y=\sqrt{5}$, $xy=2$일 때, x^2+y^2

3 $x=2-\sqrt{2}$, $y=2+\sqrt{2}$일 때, $\frac{x}{y}+\frac{y}{x}$

4 $a=3-\sqrt{6}$, $b=3+\sqrt{6}$일 때, $\frac{a}{b}+\frac{b}{a}$

5 $a=\frac{1}{3-\sqrt{8}}$, $b=\frac{1}{3+\sqrt{8}}$일 때, a^2+b^2

❖ 다음 식의 값을 구하여라. (6~7)

6 $x+y=-2\sqrt{5}$, $xy=4$일 때, $(x-y)^2$

7 $x-y=4\sqrt{2}$, $xy=-6$일 때, $(x+y)^2$

❖ 다음 식의 값을 구하여라. (8~11)

8 $x+\frac{1}{x}=\sqrt{6}$일 때, $x^2+\frac{1}{x^2}$

9 $x-\frac{1}{x}=\sqrt{7}$일 때, $x^2+\frac{1}{x^2}$

10 $x+\frac{1}{x}=5$일 때, $\left(x-\frac{1}{x}\right)^2$

11 $x-\frac{1}{x}=6$일 때, $\left(x+\frac{1}{x}\right)^2$

정답 * 정답과 해설 23쪽

1 8 2 9 3 6 4 10 5 34 6 4
7 8 8 4 9 9 10 21 11 40

개념 완성 문제

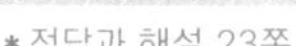

* 정답과 해설 23쪽

곱셈 공식

1 $(7x-2)^2=ax^2+bx+c$일 때, $a+b+c$의 값은? (단, a, b, c는 상수)

① 25　② 27　③ 31　④ 38　⑤ 52

Hint $(a-b)^2=a^2-2ab+b^2$을 이용한다.

곱셈 공식

2 $(ax-4)(3x+b)=15x^2+cx-8$일 때, $a+b+c$의 값은? (단, a, b, c는 상수)

① 0　② 2　③ 5　④ 8　⑤ 10

Hint $(ax-4)(3x+b)=3ax^2+(ab-12)x-4b=15x^2+cx-8$에서 각 항의 계수를 비교한다.

곱셈 공식

3 다음 중 옳은 것은?

① $(-a+b)^2=-a^2+2ab+b^2$

② $\left(\frac{2}{3}x+3\right)^2=\frac{4}{9}x^2+2x+9$

③ $(-x+y)(-x-y)=-x^2-y^2$

④ $(x+6)(x-4)=x^2+10x-24$

⑤ $(2x-3)(4x+5)=8x^2-2x-15$

Hint $(-x+y)(-x-y)=\{(-x)+y\}\{(-x)-y\}$

치환을 이용한 다항식의 전개

4 $(x-5y+7)(x-5y-2)$를 전개하여라.

Hint $x-5y=A$로 치환하고 전개한다.

곱셈 공식을 이용한 분모의 유리화

5 $\frac{3-\sqrt{7}}{3+\sqrt{7}}-\frac{3+\sqrt{7}}{3-\sqrt{7}}=a+b\sqrt{7}$일 때, 유리수 a, b에 대하여 $a+b$의 값은?

① -8　② -6　③ -2　④ 2　⑤ 6

Hint 분모가 $3+\sqrt{7}$이면 분모, 분자에 $3-\sqrt{7}$을 곱하고 분모가 $3-\sqrt{7}$이면 분모, 분자에 $3+\sqrt{7}$을 곱한다.

곱셈 공식을 변형하여 식의 값 구하기

6 $x+y=\sqrt{11}$, $xy=-3$일 때, $\frac{y}{x}+\frac{x}{y}$의 값은?

① $-\frac{7}{3}$　② -3　③ -4　④ $-\frac{14}{3}$　⑤ $-\frac{17}{3}$

Hint $x^2+y^2=(x+y)^2-2xy$를 이용한다.

15 인수분해

1. 공통인수를 이용한 인수분해

인수분해의 뜻

① **인수**: 하나의 다항식을 두 개 이상의 다항식의 곱으로 나타낼 때, 각각의 식을 처음 다항식의 인수라고 한다.

예) ab^2의 인수는 $1, a, b, b^2, ab, ab^2$

② **인수분해**: 하나의 다항식을 두 개 이상의 인수의 곱으로 나타내는 것을 그 다항식을 인수분해한다고 한다. 인수분해는 전개를 거꾸로 한 과정이다.

예) $x^2+5x+6 \underset{\text{전개}}{\overset{\text{인수분해}}{\rightleftarrows}} (x+2)(x+3)$

위의 식에서 $x+2$, $x+3$은 x^2+5x+6의 인수이다.

공통인수를 이용한 인수분해

① **공통인수가 문자인 경우**: 다항식의 각 항에 공통인수가 있으면 그 인수로 묶어서 인수분해한다.

$ax+bx=x(a+b)$ (공통인수)

예) $xy+5x$에서 각 항의 공통인수는 x이므로 인수분해하면 $xy+5x=x(y+5)$

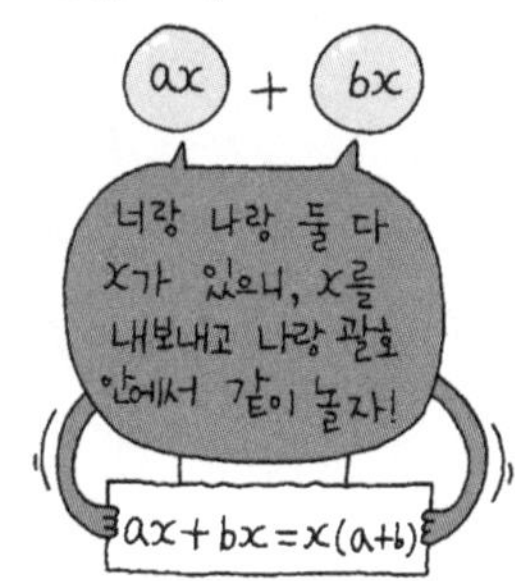

② **공통인수가 식인 경우**: $x(x+y)-y(x+y)$와 같이 식인 경우도 같은 방법으로 공통인수로 묶으면 된다.

$x(x+y)-y(x+y)=(x+y)(x-y)$ (공통인수)

바빠 꿀팁

- $a+ab$를 인수분해할 때, 공통인수 a로 묶으면 a항에 남는 것이 없다고 생각해서 $a(b)$라고 생각하기 쉽지만 a로 묶어도 1이 남아서 $a(1+b)$가 옳은 인수분해야.
- $(x-y)+a(y-x)$일 때 공통인 식이 없는 것처럼 보여서 인수분해가 안 된다고 생각하기 쉬워.
  그렇지만 $(x-y)+a(y-x)=(x-y)-a(x-y)$로 변형하면 공통인수가 $x-y$가 돼. 따라서 $x-y$로 묶고 각 항에서 남은 수는 그대로 쓰면 $(x-y)(1-a)$로 인수분해되는 거야.

바빠 개념 확인 문제

❖ 다음에서 $a^2b(x-y)$의 인수인 것은 ○표, 아닌 것은 ×표를 하여라. (1~3)

1 ab ______

2 $ab(x-y)$ ______

3 ab^2 ______

❖ 다음 다항식의 공통인수를 구하고 인수분해하여라. (4~6)

4 $xy+4x$

공통인수: ______

인수분해: ______

5 a^2bx+6a^2y

공통인수: ______

인수분해: ______

6 $x(x-y)+y(x-y)$

공통인수: ______

인수분해: ______

❖ 다음 식을 인수분해하여라. (7~10)

7 $a(x-y)+(x-y)$

8 $ab(3a-b)-2a(3a-b)$

9 $2(5a-2b)^2+a(-5a+2b)$

10 $xy^2(x-y)-y^2(-x+y)$

정답 * 정답과 해설 23쪽

1 ○ 2 ○ 3 × 4 x, $x(y+4)$
5 a^2, $a^2(bx+6y)$ 6 $x-y$, $(x-y)(x+y)$ 7 $(x-y)(a+1)$
8 $a(3a-b)(b-2)$ 9 $(5a-2b)(9a-4b)$ 10 $y^2(x-y)(x+1)$

2. 인수분해 공식 1, 2

✔ 인수분해 공식 1 - 완전제곱식

① **완전제곱식**: 어떤 다항식의 제곱으로 된 식 또는 이 식에 상수를 곱한 식

예 $(x+2)^2$, $(3a-b)^2$, $\left(x-\frac{1}{4}\right)^2$, $-2(x-4y)^2$

② **완전제곱식을 이용한 인수분해 공식**: 주어진 식이 $a^2+2ab+b^2$ 또는 $a^2-2ab+b^2$의 꼴이면 다음과 같이 완전제곱식으로 인수분해된다.

$a^2+2ab+b^2=(a+b)^2$

$a^2-2ab+b^2=(a-b)^2$

예 $x^2-6x+9=x^2-2\times x\times 3+3^2=(x-3)^2$

③ **x^2+ax+b가 완전제곱식이 되기 위한 상수항 b의 조건**

$x^2+ax+b=x^2+2\times x\times\frac{a}{2}+\left(\frac{a}{2}\right)^2=\left(x+\frac{a}{2}\right)^2$에서

$b=\left(\frac{a}{2}\right)^2$

예 x^2+8x+b가 완전제곱식이 되기 위해서는

$b=\left(\frac{8}{2}\right)^2=16$

④ **x^2+ax+b^2이 완전제곱식이 되기 위한 x의 계수 a의 조건**

$x^2+ax+b^2=x^2+2\times x\times(\pm b)+(\pm b)^2=(x\pm b)^2$ 에서 $a=2\times(\pm b)=\pm 2b$

예 x^2+ax+9가 완전제곱식이 되기 위해서는

$a=2\times(\pm 3)=\pm 6$

외워 외워!

★ 많이 나오는 완전제곱식의 인수분해는 외우면 계산 속도가 빨라지니 꼭 외워 보자.
$x^2\pm 2x+1=(x\pm 1)^2$, $x^2\pm 4x+4=(x\pm 2)^2$
$x^2\pm 6x+9=(x\pm 3)^2$, $x^2\pm 8x+16=(x\pm 4)^2$
$x^2\pm 10x+25=(x\pm 5)^2$

✔ 인수분해 공식 2 - 제곱의 차

$a^2-b^2=(a+b)(a-b)$

예 $x^2-4=x^2-2^2=(x+2)(x-2)$

바빠 개념 확인 문제

❖ 다음 식을 인수분해하여라. (1~6)

1 a^2+2a+1

2 a^2-4a+4

3 $9y^2-6y+1$

4 $81x^2+18x+1$

5 $4x^2+12x+9$

6 $16x^2+56xy+49y^2$

❖ 다음 식이 완전제곱식이 되도록 □ 안에 알맞은 수를 써넣어라. (7~9)

7 y^2+12y+□

8 x^2+□$x+25$

9 $9x^2+$□$x+49$

❖ 다음 식을 인수분해하여라. (10~12)

10 y^2-36

11 $4x^2-25y^2$

12 $\frac{1}{9}x^2-\frac{1}{49}y^2$

정답

* 정답과 해설 24쪽

1 $(a+1)^2$ 2 $(a-2)^2$ 3 $(3y-1)^2$ 4 $(9x+1)^2$ 5 $(2x+3)^2$
6 $(4x+7y)^2$ 7 36 8 ± 10 9 ± 42
10 $(y+6)(y-6)$ 11 $(2x+5y)(2x-5y)$
12 $\left(\frac{1}{3}x+\frac{1}{7}y\right)\left(\frac{1}{3}x-\frac{1}{7}y\right)$

3. 인수분해 공식 3

인수분해 공식 3 - x^2의 계수가 1인 이차식

$x^2+(a+b)x+ab=(x+a)(x+b)$

인수분해 방법

① 곱하여 상수항 ab가 되는 두 정수를 모두 찾는다.

② ①에서 찾은 두 정수 중 그 합이 x의 계수 $a+b$가 되는 두 정수 a, b를 고른다.

③ $x^2+\underline{(a+b)}x+ab=(x+a)(x+b)$

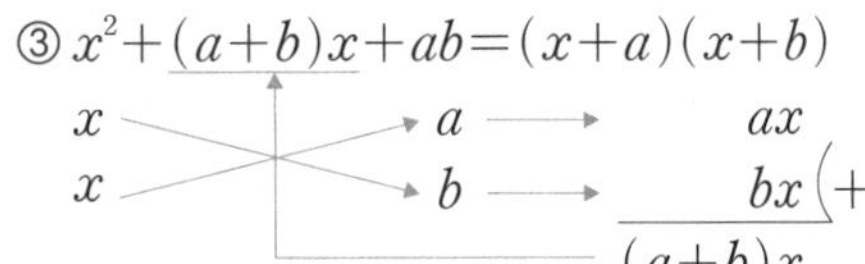

예 x^2+6x+5를 인수분해해 보자.

① 곱하여 상수항 5가 되는 두 정수를 찾는다.

② 곱이 5인 두 정수 중에서 합이 6인 두 정수를 찾는다.

곱이 5인 두 정수	두 정수의 합
1, 5	6
$-1, -5$	-6

③ ②에서 두 정수는 1, 5이므로
$x^2+6x+5=(x+1)(x+5)$로 인수분해된다.

$x^2+\underline{6x}+5=(x+1)(x+5)$

$x \to 1 \to x$
$x \to 5 \to 5x$ (+
$6x$

바빠 꿀팁

• 곱이 양수일 때 (상수항이 양수)

합이 양수	합이 음수
두 수 +, +	두 수 −, −

예 x^2+3x+2에서 두 수의 곱이 양수이고 합도 양수이므로 두 수는 모두 양수
x^2-3x+2에서 두 수의 곱이 양수이고 합은 음수이므로 두 수는 모두 음수

• 곱이 음수일 때 (상수항이 음수)

합이 양수	합이 음수
절댓값이 큰 수 + 절댓값이 작은 수 −	절댓값이 큰 수 − 절댓값이 작은 수 +

예 x^2+2x-3에서 두 수의 곱이 음수이고 합은 양수이므로 두 수 중 절댓값이 큰 수가 양수, 절댓값이 작은 수가 음수
x^2-2x-3에서 두 수의 곱이 음수이고 합도 음수이므로 두 수 중 절댓값이 큰 수가 음수, 절댓값이 작은 수가 양수

바빠 개념 확인 문제

❖ 합과 곱이 다음과 같은 두 정수를 구하여라. (1~4)

1 합 3, 곱 2

2 합 -6, 곱 5

3 합 -3, 곱 -10

4 합 4, 곱 -12

5 다음은 x^2+4x-5를 인수분해하는 과정이다. □ 안에 알맞은 것을 써넣어라.

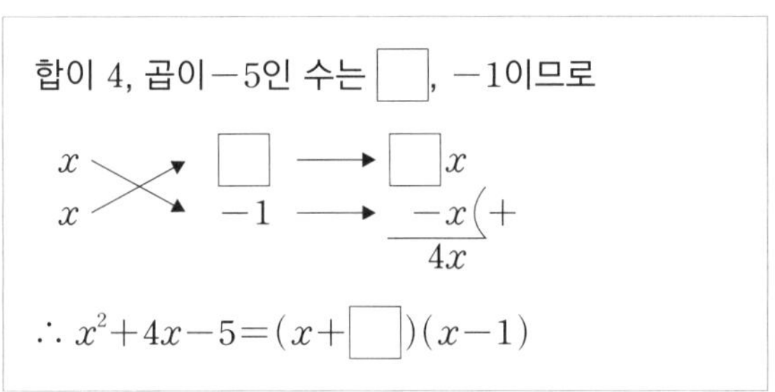
합이 4, 곱이 -5인 수는 □, -1이므로

$x \to □ \to □x$
$x \to -1 \to -x$ (+
$4x$

$\therefore x^2+4x-5=(x+□)(x-1)$

❖ 다음 식을 인수분해하여라. (6~10)

6 x^2+6x-7

7 x^2+5x+6

8 x^2-2x-8

9 $x^2+4xy-12y^2$

10 $x^2-5xy-14y^2$

정답 * 정답과 해설 24쪽

1 1, 2 2 $-1, -5$ 3 $-5, 2$ 4 $-2, 6$ 5 5, 5, 5, 5
6 $(x+7)(x-1)$ 7 $(x+2)(x+3)$ 8 $(x+2)(x-4)$
9 $(x+6y)(x-2y)$ 10 $(x+2y)(x-7y)$

4. 인수분해 공식 4

✔ 인수분해 공식 4 - x^2의 계수가 1이 아닌 이차식

$acx^2+(ad+bc)x+bd=(ax+b)(cx+d)$

인수분해 방법

① 곱하여 x^2의 계수가 되는 두 정수 a, c를 찾는다.

② 곱해서 상수항이 되는 두 정수 b, d를 찾는다.

③ 대각선 방향으로 곱하여 더한 $ad+bc$의 값이 x의 계수가 되는 것을 고른다.

④ $acx^2+(ad+bc)x+bd=(ax+b)(cx+d)$

$ax \searrow b \to bcx$
$cx \nearrow d \to adx$ (+
$(ad+bc)x$

예 $3x^2+7x+2$를 인수분해해 보자.

① 곱해서 x^2의 계수 3이 되는 두 정수를 찾는다.

② 곱해서 상수항 2가 되는 두 정수를 찾는다.

③ 다음과 같이 4가지 중에서 대각선 방향으로 곱하여 더한 값이 x의 계수 7이 되는 것을 찾는다.

x ╳ $1 \to 3x$
$3x$ ╳ $2 \to 2x$ (+
$5x$

x ╳ $2 \to 6x$
$3x$ ╳ $1 \to x$ (+
$7x$

x ╳ $-1 \to -3x$
$3x$ ╳ $-2 \to -2x$ (+
$-5x$

x ╳ $-2 \to -6x$
$3x$ ╳ $-1 \to -x$ (+
$-7x$

④ $3x^2+7x+2=(x+2)(3x+1)$로 인수분해된다.

바빠 개념 확인 문제

❖ 다음은 다항식을 인수분해하는 과정이다. □ 안에 알맞은 수를 써넣어라. (1~2)

1 $3x^2-x-4$

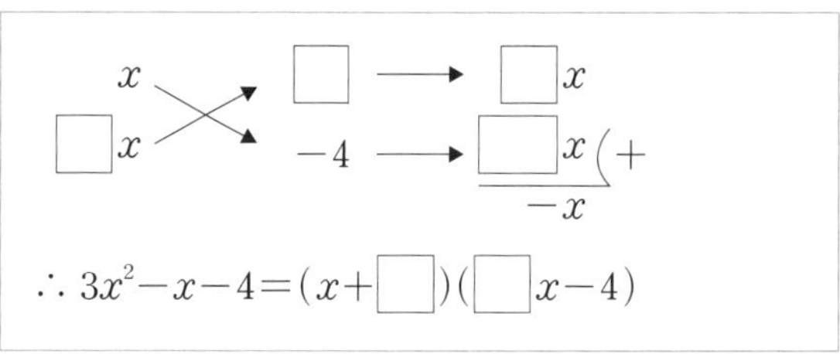

$x \searrow \square \to \square x$
$\square x \nearrow -4 \to \square x$ (+
$-x$

$\therefore 3x^2-x-4=(x+\square)(\square x-4)$

2 $5x^2-6xy-8y^2$

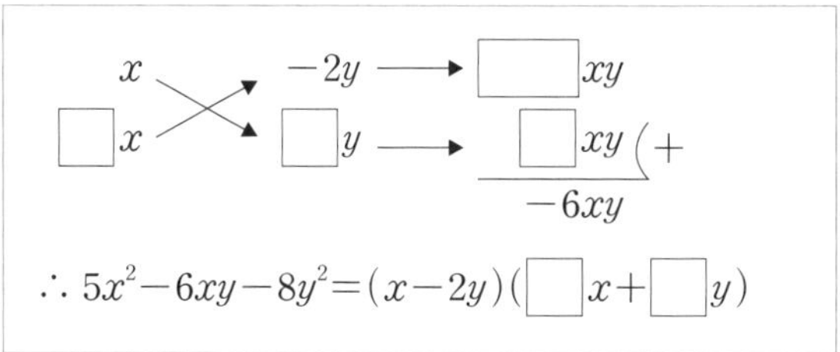

$x \searrow -2y \to \square xy$
$\square x \nearrow \square y \to \square xy$ (+
$-6xy$

$\therefore 5x^2-6xy-8y^2=(x-2y)(\square x+\square y)$

❖ 다음 식을 인수분해하여라. (3~8)

3 $2x^2+5x-3$

4 $3x^2+10x+8$

5 $5x^2-12x-9$

6 $6x^2+13x+6$

7 $8x^2+2xy-y^2$

8 $6x^2-11xy-2y^2$

정답 ＊정답과 해설 24쪽

1 1, 3, 3, −4, 1, 3　2 −10, 5, 4, 4, 5, 4　3 $(x+3)(2x-1)$
4 $(x+2)(3x+4)$　5 $(x-3)(5x+3)$　6 $(2x+3)(3x+2)$
7 $(2x+y)(4x-y)$　8 $(x-2y)(6x+y)$

* 정답과 해설 25쪽

공통인수를 이용한 인수분해

1 $a(3x-y)-b(-3x+y)$를 인수분해하면?

① $(3x-y)(a+b)$ ② $-(3x-y)(a+b)$
③ $(3x+y)(a-b)$ ④ $(3x+y)(a+b)$
⑤ $(3x-y)(a-b)$

Hint $(-3x+y)=-(3x-y)$

완전제곱식의 인수분해

2 다음 중 완전제곱식으로 인수분해할 수 없는 것은?

① x^2-2x+1 ② x^2+4x-4
③ $x^2-8xy+16y^2$ ④ $9x^2-6x+1$
⑤ $25x^2+10xy+y^2$

Hint 완전제곱식이 되려면 처음 항과 마지막 항은 어떤 수의 제곱이 되어야 한다.

제곱의 차의 인수분해

3 $64x^2-\frac{1}{16}=(Ax+B)(Ax-B)$일 때, 상수 A, B에 대하여 AB의 값을 구하여라.
(단, A는 자연수, $B>0$)

Hint $64=8^2$, $\frac{1}{16}=\left(\frac{1}{4}\right)^2$

이차항의 계수가 1인 이차식의 인수분해

4 다음 중 $x^2-10xy+24y^2$의 인수를 모두 고르면? (정답 2개)

① $x-2y$ ② $x-4y$ ③ $x-6y$
④ $x+8y$ ⑤ $x-12y$

Hint 합이 -10이고 곱이 24인 두 정수를 찾는다.

이차항의 계수가 1이 아닌 이차식의 인수분해

5 $6x^2+7xy-5y^2=(ax-by)(cx+5y)$일 때, 자연수 a, b, c에 대하여 $a+b+c$의 값을 구하여라.

Hint 곱이 6이 되는 두 정수와 곱이 -5가 되는 두 정수를 찾아서 대각선 방향으로 곱한다.

인수분해의 종합

6 다음 중 옳지 않은 것은?

① $x^2+5x-6=(x+6)(x-1)$
② $64x^2-25=(8x+5)(8x-5)$
③ $2x^2-5x-7=(x+1)(2x-7)$
④ $16x^2+8x+1=(4x+1)^2$
⑤ $3x^2+7x+2=(x+2)(3x-1)$

Hint 항이 2개이면 제곱의 차를 이용하여 인수분해한다.

16 복잡한 인수분해

1. 치환을 이용한 인수분해

✔ 공통부분을 치환하여 인수분해하기

① 공통부분 또는 식의 일부를 한 문자로 치환한다.

② 인수분해 공식을 이용하여 인수분해한다.

③ 치환한 문자 대신 원래의 식을 대입하여 정리한다.

공통부분을 A로 놓기 ⇩ 인수분해하기 ⇩ A에 원래의 식을 대입하여 정리하기

예 $(x+y)^2+7(x+y)+6$
$=A^2+7A+6$ — $x+y=A$로 치환하기
$=(A+1)(A+6)$ — 인수분해하기
$=(x+y+1)(x+y+6)$ — $A=x+y$를 대입하기

✔ 공통부분을 치환하고 전개하여 인수분해하기

치환한 식이 바로 인수분해되지 않으면 전개하여 식을 정리한 후 인수분해한다.

예 $(a+b)(a+b-4)-12$
$=A(A-4)-12$ — $x+y=A$로 치환하기
$=A^2-4A-12$ — 전개하기
$=(A-6)(A+2)$ — 인수분해하기
$=(a+b-6)(a+b+2)$ — $A=a+b$를 대입하기

✔ 2개의 문자로 치환하여 인수분해하기

공통부분이 2개인 경우에는 두 문자로 각각 치환하여 인수분해한다.

예 $(x+2)^2-6(x+2)(y-5)+8(y-5)^2$에서
$x+2=A,\ y-5=B$로 치환하면
$A^2-6AB+8B^2$
인수분해하면
$A^2-6AB+8B^2=(A-2B)(A-4B)$
$A=x+2,\ B=y-5$를 대입하면
$(A-2B)(A-4B)$
$=\{(x+2)-2(y-5)\}\{(x+2)-4(y-5)\}$
$=(x-2y+12)(x-4y+22)$

★ 치환을 이용하여 인수분해할 때는 반드시 마지막에 원래의 식을 대입해야 해. 많은 학생들이 치환한 채로 인수분해를 끝내서 문제를 틀리거든.

바빠 개념 확인 문제

❖ 다음 식을 치환하여 인수분해하여라. (1~4)

1 $(x-1)^2+4(x-1)+4$

2 $(x+y)^2-16$

3 $(a-2b)^2-4(a-2b)-12$

4 $2(x+7)^2-3(x+7)-5$

❖ 다음 식을 치환하여 인수분해하여라. (5~8)

5 $(x-4)^2+(4-x)-6$

6 $(3x-1)^2-10(-3x+1)+25$

7 $8(a-2)^2+6(2-a)-5$

8 $16(x-5)^2+8(5-x)+1$

❖ 다음 식을 치환하여 인수분해하여라. (9~11)

9 $(a+b)(a+b-7)+10$

10 $(2a+b)^2-(a-2b)^2$

11 $4(2a-1)^2+8(2a-1)(a+4)+3(a+4)^2$

정답 ＊정답과 해설 25쪽

1 $(x+1)^2$ 2 $(x+y+4)(x+y-4)$ 3 $(a-2b+2)(a-2b-6)$
4 $(x+8)(2x+9)$ 5 $(x-2)(x-7)$ 6 $(3x+4)^2$
7 $(2a-3)(4a-13)$ 8 $(4x-21)^2$ 9 $(a+b-2)(a+b-5)$
10 $(3a-b)(a+3b)$ 11 $(5a+2)(7a+10)$

2. 여러 가지 인수분해

항이 4개일 때 인수분해 - (2항)+(2항)

공통인수가 생기도록 (2항)+(2항)으로 묶은 후 인수분해 한다.

예 $8xy-2x-4y+1$
$=2x(4y-1)-(4y-1)$) 2항씩 묶어 공통인수 만들기
$=(4y-1)(2x-1)$) 인수분해하기

xy^2-y^2-x+1
$=y^2(x-1)-(x-1)$) 2항씩 묶어 공통인수 만들기
$=(x-1)(y^2-1)$) 인수분해하기
$=(x-1)(y+1)(y-1)$) 더 이상 인수분해할 수 없을 때까지 인수분해하기

항이 4개일 때 인수분해 - (3항)+(1항)

(3항)+(1항)으로 묶어 A^2-B^2의 꼴로 변형한 후 인수분해한다.
3항으로 묶을 때는 완전제곱식이 되도록 묶는다.

예 $a^2-2ab-16+b^2$
$=(a^2-2ab+b^2)-16$) 완전제곱식이 되도록 순서 바꾸기
$=(a-b)^2-4^2$) 완전제곱식으로 만들기
$=(a-b+4)(a-b-4)$) 인수분해하기

인수분해 공식을 이용한 수의 계산

수를 계산할 때, 인수분해 공식을 이용하면 쉽게 계산할 수 있다.

① 공통인수를 이용하여 계산하기
⇨ $ma+mb=m(a+b)$
예 $2\times31+2\times69=2\times(31+69)=2\times100=200$

② 완전제곱식을 이용하여 계산하기
⇨ $a^2+2ab+b^2=(a+b)^2$, $a^2-2ab+b^2=(a-b)^2$
예 $17^2+2\times17\times23+23^2=(17+23)^2=40^2=1600$
$103^2-2\times103\times3+3^2=(103-3)^2=100^2=10000$

③ 제곱의 차를 이용하여 계산하기
⇨ $a^2-b^2=(a+b)(a-b)$
예 $54^2-46^2=(54+46)(54-46)=100\times8=800$

바빠 개념 확인 문제

❖ 다음 식을 인수분해하여라. (1~4)

1 $a-b+ay-by$

2 $5xy+10x+2y+4$

3 $xy^2-3xy+2y-6$

4 $2x^2y-x^2-2y+1$

❖ 다음 식을 인수분해하여라. (5~8)

5 $x^2+6x+9-16y^2$

6 $a^2-b^2+100-20a$

7 $a^2-b^2-25c^2-10bc$

8 $-y^2+81+x^2-18x$

❖ 인수분해 공식을 이용하여 다음을 계산하여라. (9~12)

9 $89\times20-83\times20$

10 $17^2+2\times17\times3+3^2$

11 $7.4^2-2.6^2$

12 $15^2-7\times15+10$

정답 * 정답과 해설 26쪽

1 $(a-b)(y+1)$ 2 $(5x+2)(y+2)$ 3 $(xy+2)(y-3)$
4 $(x+1)(x-1)(2y-1)$ 5 $(x+4y+3)(x-4y+3)$
6 $(a+b-10)(a-b-10)$ 7 $(a+b+5c)(a-b-5c)$
8 $(x+y-9)(x-y-9)$ 9 120 10 400 11 48 12 130

3. 인수분해 공식을 이용하여 식의 값 구하기

✔ 인수분해 공식을 이용하여 식의 값 구하기

식의 값을 구할 때, 주어진 식을 인수분해한 후 대입하여 계산하면 편리하다.

① 예 $a=\dfrac{1}{2+\sqrt{3}}$, $b=\dfrac{1}{2-\sqrt{3}}$일 때, a^2-b^2의 값을 구해 보자.

$a=\dfrac{1}{2+\sqrt{3}}=2-\sqrt{3}$, $b=\dfrac{1}{2-\sqrt{3}}=2+\sqrt{3}$에서

$a+b=4$, $a-b=-2\sqrt{3}$이므로

a^2-b^2
$=(a+b)(a-b)$) 인수분해하기
$=4\times(-2\sqrt{3})$) 식의 값 대입하기
$=-8\sqrt{3}$

② 예 $x=2-\sqrt{7}$일 때, x^2-4x+4의 값을 구해 보자.

x^2-4x+4
$=(x-2)^2$) 인수분해하기
$=(2-\sqrt{7}-2)^2$) 식의 값 대입하기
$=(-\sqrt{7})^2$
$=7$

③ 예 $x+y=8$, $x-y=2$일 때, $x^2-y^2+5x-5y$의 값을 구해 보자.

$x^2-y^2+5x-5y$
$=(x+y)(x-y)+5(x-y)$) 2항씩 묶어서 인수분해하기
$=(x-y)(x+y+5)$) 공통인수로 인수분해하기
$=2\times(8+5)$) 식의 값 대입하기
$=26$

④ 예 $a+b=9$이고, $a(a+1)-b(b+1)=40$일 때, $a-b$의 값을 구해 보자.

$a(a+1)-b(b+1)$
$=a^2+a-b^2-b$) 전개하기
$=(a^2-b^2)+(a-b)$) 2항씩 묶기
$=(a+b)(a-b)+(a-b)$) 인수분해하기
$=(a-b)(a+b+1)$) 공통인수로 인수분해하기
$(a-b)(9+1)=40$이므로
$a-b=4$

앗! 실수

★ 위의 ①, ②번은 인수분해하지 않고 직접 대입해도 되지만 직접 대입하면 제곱을 해야 해서 계산이 복잡해져. 계산이 복잡해지면 실수할 확률이 그만큼 높아지므로 되도록 인수분해해서 계산하는 것이 좋고 ③, ④번은 반드시 인수분해를 해야 풀 수 있는 문제야.

개념 확인 문제

❖ 다음 식의 값을 구하여라. (1~5)

1 $a=\dfrac{1}{\sqrt{2}+1}$, $b=\dfrac{1}{\sqrt{2}-1}$일 때, a^2-b^2

2 $x=\dfrac{1}{3-\sqrt{7}}$, $y=\dfrac{1}{3+\sqrt{7}}$일 때, x^2-y^2

3 $x=6+\sqrt{2}$일 때, x^2-5x-6

4 $x+y=2$, $xy=-4$일 때, $x^3y+2x^2y^2+xy^3$

5 $a=\dfrac{\sqrt{3}+\sqrt{2}}{\sqrt{3}-\sqrt{2}}$, $b=\dfrac{\sqrt{3}-\sqrt{2}}{\sqrt{3}+\sqrt{2}}$일 때, $a^2+2ab+b^2$

❖ 다음 식의 값을 구하여라. (6~8)

6 $a+b=5$, $a-b=-2$일 때, $a^2-b^2+5a+5b$

7 $x-y=11$, $y-z=10$일 때, $y^2+xz-yz-xy$

8 $x-y=1$, $x+y=3$일 때, $x^2-y^2+4x+4y$

❖ 다음 식의 값을 구하여라. (9~10)

9 $a+b=-4$, $a^2-b^2+2a-2b=20$일 때, $a-b$

10 $x-y=11$, $-y^2+x^2-14y-49=32$일 때, $x+y$

정답

* 정답과 해설 26쪽

1 $-4\sqrt{2}$　2 $3\sqrt{7}$　3 $7\sqrt{2}+2$　4 -16　5 100　6 15　7 -110　8 15　9 -10　10 1

개념 완성 문제

* 정답과 해설 27쪽

치환을 이용한 인수분해

1 $(a-b)^2-64$를 인수분해하면?

① $(a-b+8)(a+b+8)$
② $(a-b+8)(a-b-8)$
③ $(a-b-8)(a+b+8)$
④ $(a+b-8)(a-b+8)$
⑤ $(a+b-8)(a+b+8)$

Hint $a-b=A$로 치환한다.

치환을 이용한 인수분해

2 다음 중 $(3x-2)^2+2(3x-2)(x+1)-8(x+1)^2$의 인수를 모두 고르면? (정답 2개)

① $x-4$ ② $3x-4$ ③ $5x-2$
④ $7x+2$ ⑤ $9x+4$

Hint $3x-2=A$, $x+1=B$로 치환한다.

(2항)+(2항)으로 묶어 인수분해하기

3 $x^3-5x^2-3x+15$를 인수분해하면?

① $(x-5)(x^2+3)$
② $(x-5)(x^2-3)$
③ $(x+5)(x^2-3)$
④ $(x+5)(x-3)$
⑤ $(x+5)(x+3)$

Hint $x^3-5x^2=x^2(x-5)$, $-3x+15=-3(x-5)$

(3항)+(1항)으로 묶어 인수분해하기

4 $x^2-12x-y^2+36$을 인수분해하면?

① $(x-y+6)(x+y-5)$
② $(x+y-5)(x+y+5)$
③ $(x+y-5)(x-y-6)$
④ $(x+y+6)(x-y+6)$
⑤ $(x+y-6)(x-y-6)$

Hint $x^2-12x+36=(x-6)^2$

식의 값 구하기

5 $x=\dfrac{\sqrt{3}+1}{\sqrt{3}-1}$, $y=\dfrac{\sqrt{3}-1}{\sqrt{3}+1}$일 때, $x^2+2xy+y^2$의 값은?

① 16 ② 20 ③ 32
④ 40 ⑤ 49

Hint $x=\dfrac{\sqrt{3}+1}{\sqrt{3}-1}=\dfrac{(\sqrt{3}+1)^2}{(\sqrt{3}-1)(\sqrt{3}+1)}$

$y=\dfrac{\sqrt{3}-1}{\sqrt{3}+1}=\dfrac{(\sqrt{3}-1)^2}{(\sqrt{3}+1)(\sqrt{3}-1)}$

식의 값 구하기

6 $a+b=5$이고, $a(a+1)-b(b-1)=10$일 때, $a-b$의 값은?

① 1 ② 2 ③ 5
④ 9 ⑤ 12

Hint $a(a+1)-b(b-1)=a^2+a-b^2+b=a^2-b^2+a+b$

17 이차방정식 1

1. 이차방정식의 뜻과 해

이차방정식의 뜻

등식의 우변에 있는 모든 항을 좌변으로 이항하여 정리한 식이 (x에 대한 이차식)$=0$의 꼴로 나타내어지는 방정식을 x에 대한 이차방정식이라고 한다.

일반적으로 x에 대한 이차방정식은 다음과 같이 나타낸다.

$ax^2+bx+c=0$ (단, a, b, c는 상수, $a\neq0$)

예) $x^2=0$ ← 일차항, 상수항이 없어도 이차방정식이다.
$x^2-x(x+3)=0$ ← 괄호를 풀면 이차항이 없어져서 이차방정식이 아니다.

바빠 꿀팁

a, b, c는 상수이고 $a\neq0$일 때
- ax^2+bx+c ⇨ 이차식
- $ax^2+bx+c=0$ ⇨ 이차방정식

② **이차방정식이 되는 조건**: 방정식 $ax^2+bx+c=0$이 x에 대한 이차방정식이 되기 위한 조건은 $a\neq0$이다.

★ $x^2+7x-1=x^2-2x+5$는 모든 항을 좌변으로 이항하면 이차항이 사라지므로 이차방정식이 아니야.

★ $x^3-6x^2+2=x^3-4x+3$은 이항하면 삼차항이 사라지고 이차항이 가장 높은 차수가 되므로 이차방정식이야.

이차방정식의 해(근)

① **이차방정식의 해(근)**: 이차방정식 $ax^2+bx+c=0$을 참이 되게 하는 미지수 x의 값을 이차방정식의 해 또는 근이라고 한다.

예) $x^2-4x+3=0$에서
$x=1$을 대입하면 $1^2-4\times1+3=0$이므로 $x=1$은 해이다.
$x=2$를 대입하면 $2^2-4\times2+3=-1\neq0$이므로 $x=2$는 해가 아니다.
$x=3$을 대입하면 $3^2-4\times3+3=0$이므로 $x=3$은 해이다.

② **이차방정식을 푼다**: 이차방정식의 해 또는 근을 모두 구하는 것을 이차방정식을 푼다고 한다.

예) x의 값이 -1, 0, 1, 2, 3일 때,
이차방정식 $x^2-2x-3=0$을 풀면 $x=-1$ 또는 $x=3$

개념 확인 문제

❖ 다음 중 이차방정식인 것에는 ○표, 이차방정식이 아닌 것에는 ×표를 하여라. (1~6)

1 x^2-4x+1 ______

2 $7x-2=3x-5$ ______

3 $3x^2+5x+1=0$ ______

4 $\frac{1}{x^2}+6x=2$ ______

5 $4x^2+2x-5=4x^2-6x+2$ ______

6 $x^3+9x^2-1=x^3+4x^2$ ______

❖ 다음 [ ] 안의 수가 주어진 이차방정식의 해이면 ○표, 해가 아니면 ×표를 하여라. (7~9)

7 $x^2-1=0$ [1] ______

8 $3x^2-x+2=0$ [-1] ______

9 $(x-4)^2=25$ [-1] ______

❖ 다음 이차방정식의 한 근이 주어질 때, 상수 a의 값을 구하여라. (10~12)

10 $x^2+5ax+4=0$의 한 근이 $x=1$

11 $-3x^2+8x+a=0$의 한 근이 $x=2$

12 $2x^2+4ax-10=0$의 한 근이 $x=-1$

정답 ＊정답과 해설 27쪽

1 ×	2 ×	3 ○	4 ×	5 ×	6 ○
7 ○	8 ×	9 ○	10 -1	11 -4	12 -2

2. 인수분해를 이용한 이차방정식의 풀이

✔ $AB=0$의 성질

두 수 또는 두 식 A, B에 대하여

$AB=0$ ⇨ $A=0$ 또는 $B=0$

예) $(x-1)(x-3)=0$이면 $x-1=0$ 또는 $x-3=0$

$\therefore x=1$ 또는 $x=3$

✔ 인수분해를 이용한 이차방정식의 풀이

이차방정식을 인수분해를 이용하여 두 일차식의 곱 $AB=0$으로 나타낼 수 있을 때 이차방정식의 해는

$A=0$ 또는 $B=0$

① 주어진 이차방정식을 정리한다.
⇨ $ax^2+bx+c=0$

② 좌변을 인수분해한다.
⇨ $(px-q)(rx-s)=0$

③ $AB=0$의 성질을 이용한다.
⇨ $px-q=0$ 또는 $rx-s=0$

④ 해를 구한다. ⇨ $x=\frac{q}{p}$ 또는 $x=\frac{s}{r}$

예) $x^2+5x=6$
$x^2+5x-6=0$
$(x+6)(x-1)=0$
$x+6=0$ 또는 $x-1=0$
$\therefore x=-6$ 또는 $x=1$

주어진 이차방정식을 정리하기
좌변을 인수분해하기
$AB=0$의 성질을 이용하기
해를 구하기

✔ 이차방정식의 중근

이차방정식의 **두 근이 중복되어 서로 같을 때**, 이 근을 이차방정식의 **중근**이라고 한다.

⇨ 이차방정식이 (완전제곱식)$=0$의 꼴로 인수분해되면 중근을 가진다.

예) $x^2-4x+4=0$을 인수분해를 이용하여 풀면
$(x-2)^2=0$, 즉 $(x-2)(x-2)=0$
$x-2=0$ 또는 $x-2=0$
$x=2$ 또는 $x=2$
$\therefore x=2$ (중근)

✔ 이차방정식의 중근을 가질 조건

이차방정식 $x^2+ax+b=0$이 중근을 갖기 위해서는 좌변이 완전제곱식이 되어야 하므로 $b=\left(\frac{a}{2}\right)^2$이어야 한다.

외워 외워!

★ 이차방정식이 중근을 가진다.
⇨ (완전제곱식)$=0$ 꼴
⇨ 이차항의 계수가 1일 때, (상수항)$=\left(\frac{\text{일차항의 계수}}{2}\right)^2$

바빠 개념 확인 문제

❖ 다음 이차방정식의 해를 구하여라. (1~3)

1 $x(x-5)=0$

2 $(x+2)(x-4)=0$

3 $(4x-1)(3x-9)=0$

❖ 인수분해를 이용하여 다음 이차방정식을 풀어라. (4~7)

4 $x^2-7x=0$

5 $x^2-8x+15=0$

6 $4x^2-25=0$

7 $2x^2-7x-4=0$

❖ 다음 이차방정식을 풀어라. (8~9)

8 $(2x-9)^2=0$

9 $9x^2-12x+4=0$

❖ 다음 이차방정식이 중근을 가질 때, 상수 k의 값을 구하고 중근을 구하여라. (10~11)

10 $x^2-12x+k=0$　　$k=$______, $x=$______

11 $kx^2+18x+1=0$　　$k=$______, $x=$______

정답　* 정답과 해설 27쪽

1 $x=0$ 또는 $x=5$　2 $x=-2$ 또는 $x=4$　3 $x=\frac{1}{4}$ 또는 $x=3$
4 $x=0$ 또는 $x=7$　5 $x=3$ 또는 $x=5$　6 $x=-\frac{5}{2}$ 또는 $x=\frac{5}{2}$
7 $x=-\frac{1}{2}$ 또는 $x=4$　8 $x=\frac{9}{2}$　9 $x=\frac{2}{3}$
10 36, 6　11 81, $-\frac{1}{9}$

중3

3. 제곱근을 이용한 이차방정식의 풀이

✔ 제곱근을 이용한 이차방정식의 풀이

이차방정식 $x^2=q$, $(x-p)^2=q$의 해는 제곱근을 이용하여 구할 수 있다. (단, $q\ge0$)

① $x^2=q$에서 x는 q의 제곱근이므로 $x=\pm\sqrt{q}$

② $(x-p)^2=q$에서 $x-p$는 q의 제곱근이므로
$x-p=\pm\sqrt{q}$
$\therefore x=p\pm\sqrt{q}$

✔ 완전제곱식을 이용한 이차방정식의 풀이

이차방정식 $ax^2+bx+c=0$ $(a\ne0, b\ne0, c\ne0)$은 다음과 같은 순서로 $(x-p)^2=q$의 꼴로 고친 후 제곱근을 이용하여 해를 구할 수 있다.

① 이차항의 계수가 1이 되도록 이차항의 계수 a로 양변을 나눈다.

② 상수항을 우변으로 이항한다.

③ 양변에 $\left(\frac{\text{일차항의 계수}}{2}\right)^2$을 더한다.

④ 좌변을 완전제곱식으로 고쳐 (완전제곱식)=(상수)의 꼴로 나타낸다.

⑤ 제곱근을 이용하여 해를 구한다.

예 이차방정식 $2x^2+12x-10=0$을 완전제곱식을 이용하여 풀어 보자.

$2x^2+12x-10=0$
$x^2+6x-5=0$) 양변을 2로 나누기
$x^2+6x=5$) 상수항을 우변으로 이항하기
$x^2+6x+\left(\frac{6}{2}\right)^2=5+\left(\frac{6}{2}\right)^2$) 양변에 $\left(\frac{6}{2}\right)^2$을 더하기
$(x+3)^2=14$) 좌변을 완전제곱식으로 고치기
$x+3=\pm\sqrt{14}$) 제곱근을 구하기
$\therefore x=-3\pm\sqrt{14}$) 해를 구하기

왜 이렇게 어려운 방법으로 해를 구해?
인수분해를 이용하여 해를 구할 수 없는 이차방정식이 있어서!
폴짝!

바빠 개념 확인 문제

❖ 제곱근을 이용하여 다음 이차방정식을 풀어라. (1~3)

1 $x^2=9$

2 $3x^2-4=0$

3 $(x-5)^2=81$

❖ 다음은 완전제곱식을 이용하여 이차방정식의 해를 구하는 과정이다. □ 안에 알맞은 수를 써넣어라. (4~5)

4 $x^2+4x-9=0$에서
좌변의 -9를 우변으로 이항하면 $x^2+4x=9$
좌변을 완전제곱식으로 만들기 위해 양변에 □를 더하면 $x^2+4x+\square=9+\square$
좌변을 완전제곱식으로 고치면 $(x+2)^2=\square$
제곱근을 구하면 $x+2=\square$
$\therefore x=\square$

5 $2x^2+6x-3=0$에서
양변을 이차항의 계수인 2로 나누면
$x^2+3x-\frac{3}{2}=0$
좌변의 $-\frac{3}{2}$을 우변으로 이항하면 $x^2+3x=\frac{3}{2}$
좌변을 완전제곱식으로 만들기 위해 양변에 □를 더하면 $x^2+3x+\square=\frac{3}{2}+\square$
좌변을 완전제곱식으로 고치면 $\left(x+\frac{3}{2}\right)^2=\square$
제곱근을 구하면 $x+\frac{3}{2}=\square$
$\therefore x=\square$

정답
* 정답과 해설 28쪽

1 $x=\pm3$ 2 $x=\pm\frac{2\sqrt{3}}{3}$ 3 $x=-4$ 또는 $x=14$
4 $4, 4, 4, 13, \pm\sqrt{13}, -2\pm\sqrt{13}$ 5 $\frac{9}{4}, \frac{9}{4}, \frac{9}{4}, \frac{15}{4}, \pm\frac{\sqrt{15}}{2}, \frac{-3\pm\sqrt{15}}{2}$

개념 완성 문제

* 정답과 해설 28쪽

이차방정식의 뜻

1 다음 중 방정식 $ax^2-3=(5x-2)(x+3)$이 x에 대한 이차방정식이 되도록 하는 상수 a의 값이 아닌 것은?

① 0 ② 1 ③ 3
④ 4 ⑤ 5

Hint 양변의 이차항의 계수가 같아지면 이항하여 이차항이 없어지므로 이차방정식이 될 수 없다.

인수분해를 이용한 이차방정식의 풀이

2 이차방정식 $(x-8)(x-1)=-3x$의 두 근을 a, b라고 할 때, $5a-b$의 값은? (단, $a>b$)

① -8 ② -4 ③ 6
④ 18 ⑤ 20

Hint 좌변을 전개하고 우변을 이항하여 식을 정리한 후 인수분해를 이용하여 이차방정식을 푼다.

인수분해를 이용한 이차방정식의 풀이

3 두 이차방정식 $x^2-x-12=0$, $2x^2-9x+4=0$을 동시에 만족시키는 해를 구하여라.

Hint 두 이차방정식의 해를 각각 구한 후 공통인 해를 찾는다.

이차방정식이 중근을 가질 조건

4 이차방정식 $x^2+8x+10-3k=0$이 중근을 가질 때, 상수 k의 값은?

① -2 ② -1 ③ 0
④ 5 ⑤ 9

Hint 이차방정식이 중근을 가지려면 좌변이 완전제곱식이 되어야 한다.

제곱근을 이용한 이차방정식의 풀이

5 이차방정식 $4(x+3)^2=28$의 해가 $x=a\pm\sqrt{b}$일 때, 유리수 a, b에 대하여 $a+b$의 값은?

① -1 ② 0 ③ 1
④ 2 ⑤ 4

Hint 먼저 4로 양변을 나누어 $(x+a)^2=b$의 꼴로 만든 후 이차방정식 $(x+a)^2=b$의 근은 $x=-a\pm\sqrt{b}$ (단, $b\geq 0$)임을 이용한다.

완전제곱식을 이용한 이차방정식의 풀이

6 이차방정식 $2x^2-8x+5=0$을 $(x-2)^2=k$로 나타낼 때, 상수 k의 값은?

① $\frac{1}{4}$ ② $\frac{3}{4}$ ③ $\frac{3}{2}$
④ $\frac{5}{2}$ ⑤ $\frac{11}{4}$

Hint 이차항의 계수 2로 모든 항을 나눈 후 상수항을 우변으로 이항한다.

18 이차방정식 2

중3

1. 이차방정식의 근의 공식

✔ 이차방정식의 근의 공식

① x에 대한 이차방정식 $ax^2+bx+c=0$ $(a\neq0)$의 해는

$x=\dfrac{-b\pm\sqrt{b^2-4ac}}{2a}$ (단, $b^2-4ac\geq0$)

다음과 같이 완전제곱식을 이용하여 이차방정식의 해를 구하는 과정에서 근의 공식을 유도할 수 있다.

$ax^2+bx+c=0$ $(a\neq0)$에서

$x^2+\dfrac{b}{a}x+\dfrac{c}{a}=0$ — 양변을 a로 나누기

$x^2+\dfrac{b}{a}x=-\dfrac{c}{a}$ — 상수항을 우변으로 이항하기

$x^2+\dfrac{b}{a}x+\left(\dfrac{b}{2a}\right)^2=-\dfrac{c}{a}+\left(\dfrac{b}{2a}\right)^2$ — 양변에 $\left(\dfrac{x\text{의 계수}}{2}\right)^2$을 더하기

$\left(x+\dfrac{b}{2a}\right)^2=\dfrac{b^2-4ac}{4a^2}$ — 좌변을 완전제곱식으로 고치기

$x+\dfrac{b}{2a}=\pm\dfrac{\sqrt{b^2-4ac}}{2a}$ — 제곱근을 구하기 $(b^2-4ac\geq0)$

$\therefore x=\dfrac{-b\pm\sqrt{b^2-4ac}}{2a}$ — 해를 구하기 ⇨ 근의 공식

예 $2x^2+3x-1=0$을 근의 공식을 이용하여 풀어 보자.
$a=2$, $b=3$, $c=-1$이므로

$x=\dfrac{-3\pm\sqrt{3^2-4\times2\times(-1)}}{2\times2}$

$=\dfrac{-3\pm\sqrt{17}}{4}$

② 일차항의 계수가 짝수인 이차방정식의 근의 공식
x에 대한 이차방정식 $ax^2+2b'x+c=0$ $(a\neq0)$의 해는

$x=\dfrac{-b'\pm\sqrt{b'^2-ac}}{a}$ (단, $b'^2-ac\geq0$)

예 $x^2+4x-1=0$을 근의 공식을 이용하여 풀어 보자.
일차항의 계수가 짝수이므로 일차항의 계수가 짝수일 때의 근의 공식에 대입한다.
$a=1$, $b=4$에서 $b'=2$, $c=-1$이므로

$x=\dfrac{-2\pm\sqrt{2^2-1\times(-1)}}{1}$

$=-2\pm\sqrt{5}$

바빠 꿀팁

- 근의 공식으로는 모든 이차방정식의 해를 구할 수 있어. 하지만 인수분해를 이용한 방법과 제곱근을 이용한 방법이 좀 더 계산이 간단해.

바빠 개념 확인 문제

❖ 다음은 이차방정식 $ax^2+bx+c=0$ $(a\neq0)$의 해를 근의 공식 $x=\dfrac{-b\pm\sqrt{b^2-4ac}}{2a}$를 이용하여 구하는 과정이다. □ 안에 알맞은 수를 써넣어라. (1~2)

1 $2x^2-5x-1=0$에서 $a=2$, $b=$□, $c=$□이므로

$x=\dfrac{5\pm\sqrt{(\square)^2-4\times2\times(\square)}}{2\times\square}=\square$

2 $3x^2+6x+1=0$에서 일차항의 계수가 짝수이다.
$a=$□, $b=6$에서 $b'=$□, $c=$□이므로

$x=\dfrac{-3\pm\sqrt{3^2-(\square)\times(\square)}}{\square}=\square$

❖ 다음 이차방정식의 해를 근의 공식을 이용하여 구하여라. (3~5)

3 $2x^2+x-8=0$

4 $x^2-6x+3=0$

5 $4x^2-7x+2=0$

❖ 다음 이차방정식의 해를 가장 간편한 방법으로 구하여라. (6~9)

6 $x^2-3x-40=0$

7 $x^2+4x-3=0$

8 $(x+5)^2=13$

9 $3x^2+8x+2=0$

정답

* 정답과 해설 28쪽

1 -5, -1, -5, -1, 2, $\dfrac{5\pm\sqrt{33}}{4}$ 2 3, 3, 1, 3, 1, 3, $\dfrac{-3\pm\sqrt{6}}{3}$
3 $x=\dfrac{-1\pm\sqrt{65}}{4}$ 4 $x=3\pm\sqrt{6}$ 5 $x=\dfrac{7\pm\sqrt{17}}{8}$ 6 $x=-5$ 또는 $x=8$
7 $x=-2\pm\sqrt{7}$ 8 $x=-5\pm\sqrt{13}$ 9 $x=\dfrac{-4\pm\sqrt{10}}{3}$

2. 복잡한 이차방정식의 풀이

✔ 계수가 소수 또는 분수인 이차방정식

양변에 적당한 수를 곱하여 계수를 정수로 고친 후 $ax^2+bx+c=0$의 꼴로 정리하여 인수분해 또는 근의 공식을 이용하여 푼다.

① 계수가 분수이면 양변에 분모의 최소공배수를 곱한다.

예 $\frac{1}{4}x^2-\frac{3}{8}x-\frac{1}{2}=0$에서) 양변에 분모의 최소공배수 8을 곱하기
$2x^2-3x-4=0$) 근의 공식 이용하기
$\therefore x=\frac{-(-3)\pm\sqrt{(-3)^2-4\times2\times(-4)}}{2\times2}$
$=\frac{3\pm\sqrt{41}}{4}$

② 계수가 소수이면 양변에 10, 100, 1000, ⋯을 곱한다.

✔ 괄호가 있는 이차방정식

분배법칙을 이용하여 괄호를 풀고 동류항끼리 모아서 $ax^2+bx+c=0$의 꼴로 정리한 후 인수분해 또는 근의 공식을 이용하여 푼다.

예 $(3x-1)^2=8x^2-4$) 좌변을 전개하기
$9x^2-6x+1=8x^2-4$) 동류항끼리 정리하기
$x^2-6x+5=0$) 좌변을 인수분해하기
$(x-1)(x-5)=0$) 해 구하기
$\therefore x=1$ 또는 $x=5$

✔ 공통부분이 있는 이차방정식

공통부분을 A로 치환하여 $aA^2+bA+c=0$의 꼴로 정리한 후 인수분해 또는 근의 공식을 이용하여 푼다.

예 $(x+2)^2-3(x+2)-4=0$) $x+2=A$로 치환하기
$A^2-3A-4=0$) 좌변을 인수분해하기
$(A+1)(A-4)=0$) A의 값 구하기
$A=-1$ 또는 $A=4$) $A=x+2$를 대입하기
$x+2=-1$ 또는 $x+2=4$) 해 구하기
$\therefore x=-3$ 또는 $x=2$

바빠 개념 확인 문제

❖ 다음 이차방정식을 풀어라. (1~7)

1 $\frac{1}{6}x^2+\frac{4}{3}x+2=0$

2 $\frac{1}{4}x^2-x-\frac{3}{2}=0$

3 $\frac{5}{12}x^2+\frac{3}{4}x+\frac{1}{3}=0$

4 $0.2x^2-0.3x-1=0$

5 $0.1x^2=x-1.6$

6 $x^2+0.2x-0.3=0$

7 $(x-2)^2-4x+3=0$

❖ 다음 이차방정식을 치환을 이용하여 풀어라. (8~10)

8 $(2x-5)^2-6(2x-5)+9=0$

9 $6(x-2)^2+7(x-2)+2=0$

10 $2\left(\frac{1}{2}x+1\right)^2-3=\frac{1}{2}x+1$

정답 * 정답과 해설 29쪽

1 $x=-2$ 또는 $x=-6$ 2 $x=2\pm\sqrt{10}$ 3 $x=-1$ 또는 $x=-\frac{4}{5}$
4 $x=\frac{3\pm\sqrt{89}}{4}$ 5 $x=2$ 또는 $x=8$ 6 $x=\frac{-1\pm\sqrt{31}}{10}$
7 $x=1$ 또는 $x=7$ 8 $x=4$ 9 $x=\frac{3}{2}$ 또는 $x=\frac{4}{3}$
10 $x=-4$ 또는 $x=1$

중 3

3. 이차방정식의 근의 개수

✔ 이차방정식의 근의 개수

이차방정식 $ax^2+bx+c=0$ $(a\neq0)$의 근의 개수는 근의 공식 $x=\frac{-b\pm\sqrt{b^2-4ac}}{2a}$에서 b^2-4ac의 부호로 알 수 있다.

① $b^2-4ac>0$ ⇨ 서로 다른 두 근을 가진다.

② $b^2-4ac=0$ ⇨ 한 근(중근)을 가진다.

③ $b^2-4ac<0$ ⇨ 근이 없다.

예) $x^2+5x+3=0$에서 $a=1$, $b=5$, $c=3$이므로
$b^2-4ac=5^2-4\times1\times3=13>0$
따라서 이 방정식은 서로 다른 두 근을 가진다.

✔ 이차방정식의 근의 개수에 따른 미지수의 조건

예) $x^2-(k-2)x+k^2+1=0$이 중근을 가질 때, 상수 k의 값을 구해 보자.
$a=1$, $b=-(k-2)$, $c=k^2+1$에서
$b^2-4ac=(k-2)^2-4(k^2+1)=0$
$k^2-4k+4-4k^2-4=0$
$3k^2+4k=0$, $k(3k+4)=0$
$\therefore k=0$ 또는 $k=-\frac{4}{3}$

예) $x^2+5x+k+4=0$이 근을 갖지 않을 때, 상수 k의 값의 범위를 구해 보자.
$a=1$, $b=5$, $c=k+4$에서
$b^2-4ac=5^2-4(k+4)<0$
$25-4k-16<0$, $-4k<-9$
$\therefore k>\frac{9}{4}$

✔ 이차방정식 구하기

① 두 근이 α, β이고 이차항의 계수가 1인 이차방정식
⇨ $(x-\alpha)(x-\beta)=0$

예) 두 근이 -4, 3이고 이차항의 계수가 1인 이차방정식은
$(x+4)(x-3)=0$ ⇨ $x^2+x-12=0$

② 두 근이 α, β이고 이차항의 계수가 a인 이차방정식
⇨ $a(x-\alpha)(x-\beta)=0$

예) 두 근이 -7, 2이고 이차항의 계수가 2인 이차방정식은
$2(x+7)(x-2)=0$ ⇨ $2x^2+10x-28=0$

③ α를 중근으로 가지고 이차항의 계수가 a인 이차방정식
⇨ $a(x-\alpha)^2=0$

예) 중근이 2이고 이차항의 계수가 3인 이차방정식은
$3(x-2)^2=0$ ⇨ $3x^2-12x+12=0$

바빠 개념 확인 문제

❖ 다음 이차방정식의 근의 개수를 구하여라. (1~3)

1 $x^2-2x-5=0$

2 $x^2+5x+7=0$

3 $9x^2-12x+4=0$

❖ 다음을 구하여라. (4~5)

4 이차방정식 $x^2+(k-4)x+1=0$이 중근을 갖도록 하는 모든 상수 k의 값

5 이차방정식 $4x^2-x+k+1=0$이 서로 다른 두 근을 가질 때, 상수 k의 값의 범위

❖ 주어진 두 수를 근으로 하고 이차항의 계수가 1인 이차방정식을 $x^2+bx+c=0$의 꼴로 나타내어라. (6~7)

6 -3, 5

7 -6 (중근)

❖ 주어진 두 수를 근으로 하고 이차항의 계수가 주어진 이차방정식을 $ax^2+bx+c=0$의 꼴로 나타내어라. (8~9)

8 $\frac{1}{4}$, 1, 이차항의 계수가 4

9 $-\frac{1}{2}$, $-\frac{1}{3}$, 이차항의 계수가 6

정답

* 정답과 해설 29쪽

1 2　2 0　3 1　4 $k=2$ 또는 $k=6$　5 $k<-\frac{15}{16}$
6 $x^2-2x-15=0$　7 $x^2+12x+36=0$　8 $4x^2-5x+1=0$
9 $6x^2+5x+1=0$

4. 이차방정식의 활용

✔ 이차방정식의 활용 문제 구하는 순서

이차방정식의 활용 문제는 다음과 같은 순서로 푼다.

① **미지수 정하기**: 문제의 뜻을 파악하고, 구하고자 하는 것을 미지수 x로 정한다.

② **방정식 세우기**: 문제의 뜻에 따라 이차방정식을 세운다.

③ **방정식 풀기**: 이차방정식을 풀어 해를 구한다.

④ **답 구하기**: 구한 해 중에서 문제의 뜻에 맞는 것을 답으로 택한다.

✔ 여러 가지 이차방정식의 활용

① **수에 대한 문제**

- **연속하는 두 정수**: x, $x+1$ 또는 $x-1$, x로 놓는다.
- **연속하는 세 정수**: x, $x+1$, $x+2$ 또는 $x-1$, x, $x+1$로 놓는다.
- **연속하는 두 홀수(또는 짝수)**: x, $x+2$ 또는 $x-2$, x로 놓는다.

② **쏘아 올린 물체에 대한 문제**

- (시간에 대한 이차식)=(높이)를 이용하여 일정한 높이일 때의 시간을 구한다.
- 물체가 지면에 떨어졌을 때의 높이는 0이다.

③ **정사각형의 길이를 늘이거나 줄이는 문제**

한 변의 길이가 x cm인 정사각형의 가로의 길이는 a cm만큼 늘이고, 세로의 길이는 b cm만큼 줄인 직사각형의 넓이는 $(x+a)(x-b)$ cm^{2}이다.

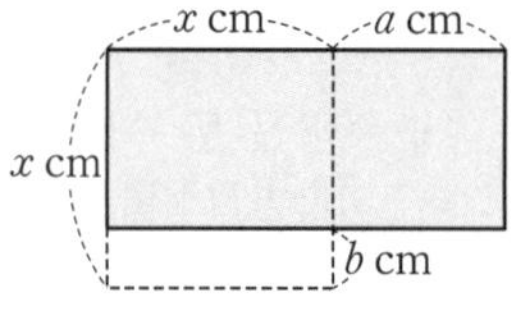

④ **길에 대한 문제**

오른쪽 그림과 같은 직사각형 모양의 땅에 x m로 폭이 일정한 도로를 만들었다. 도로를 제외한 땅의 가로의 길이가 $(a-x)$ m, 세로의 길이가 $(b-x)$ m이므로 넓이는 $(a-x)(b-x)$ m^{2}이다.

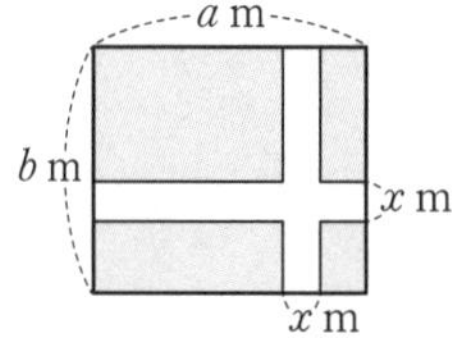

바빠 개념 확인 문제

1 정민이는 수아의 나이보다 4살 위이고 정민이의 나이의 제곱이 수아의 나이의 제곱의 2배보다 7살이 더 많다. 이때 수아의 나이를 다음 □ 안에 알맞은 수를 써넣고 구하여라.

> 수아의 나이를 x살이라고 하면 정민이의 나이는 (□)살이다. 정민이의 나이의 제곱이 수아의 나이의 제곱의 2배보다 7살이 더 많으므로
> $(\square)^2=\square x^2+7$

2 정사각형의 가로의 길이는 10 cm만큼 늘이고, 세로의 길이는 3 cm만큼 늘였더니 그 넓이가 처음 정사각형의 넓이의 2배가 되었다. 이때 처음 정사각형의 한 변의 길이를 다음 □ 안에 알맞은 수를 써넣고 구하여라.

> 정사각형의 한 변의 길이를 x cm라고 하면
> 가로의 길이는 10 cm 늘였으므로 $(x+\square)$ cm,
> 세로의 길이는 3 cm 늘였으므로 $(x+\square)$ cm이고
> 넓이는 처음 정사각형의 넓이의 2배가 되므로
> $(x+\square)(x+\square)=\square x^2$

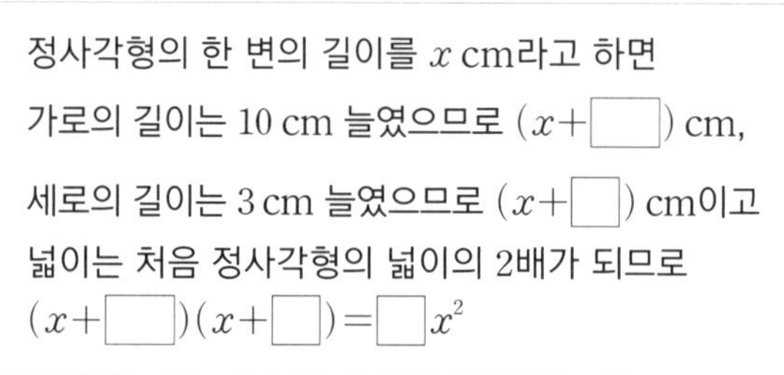

3 가로, 세로의 길이가 각각 20 m, 10 m인 직사각형 모양의 땅에 폭이 일정한 도로를 만들었다. 도로를 제외한 땅의 넓이가 144 m^{2}일 때, 이 도로의 폭을 다음 □ 안에 알맞은 수를 써넣고 구하여라.

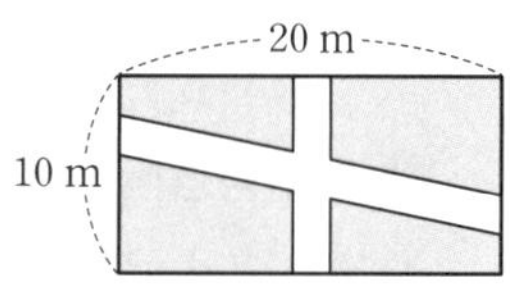

> 도로의 폭을 x m라고 하면 도로를 제외한 땅의 가로의 길이는 $(\square-x)$ m, 세로의 길이는 $(\square-x)$ m이다.
> 따라서 도로를 제외한 땅의 넓이가 144 m^{2}이므로
> $(\square-x)(\square-x)=144$

정답 * 정답과 해설 30쪽

1 $x+4$, $x+4$, 2, 9살 2 10, 3, 10, 3, 2, 15 cm 3 20, 10, 20, 10, 2 m

개념 완성 문제

* 정답과 해설 30쪽

이차방정식의 근의 공식

1 이차방정식 $5x^2-6x+a=0$의 근이 $x=\frac{b\pm\sqrt{19}}{5}$일 때, ab의 값은? (단, a, b는 유리수)

① -6 ② -5 ③ -2
④ 1 ⑤ 3

Hint 일차항의 계수가 짝수이므로 일차항의 계수가 짝수인 근의 공식에 대입한다.

계수가 소수 또는 분수인 이차방정식

2 이차방정식 $0.1x^2=-\frac{1}{2}x+\frac{2}{5}$를 풀어라.

Hint 양변에 10, 2, 5의 최소공배수 10을 곱한다.

이차방정식의 근의 개수

3 다음 이차방정식 중 근의 개수가 나머지 넷과 다른 하나는?

① $x^2-8x+5=0$ ② $3x^2-6x+1=0$
③ $x^2+5x+3=0$ ④ $2x^2-4x+5=0$
⑤ $4x^2+9x-1=0$

Hint 이차방정식 $ax^2+bx+c=0(a\neq0)$의 근의 개수는 b^2-4ac의 값으로 알 수 있다.

이차방정식의 근의 개수에 따른 미지수의 범위

4 이차방정식 $x^2-2x+\frac{k-1}{2}=0$의 근이 존재하지 않을 때, 상수 k의 값의 범위는?

① $k<-3$ ② $k>3$ ③ $k<4$
④ $k>5$ ⑤ $k<6$

Hint 이차방정식 $ax^2+bx+c=0$ $(a\neq0)$의 근이 존재하지 않을 때, $b^2-4ac<0$을 만족한다.

두 근이 주어질 때 이차방정식 구하기

5 두 근이 $\frac{4}{3}$, $-\frac{1}{2}$이고 이차항의 계수가 6인 이차방정식은?

① $6x^2-5x-4=0$ ② $6x^2+5x+4=0$
③ $6x^2-x+4=0$ ④ $6x^2+x-5=0$
⑤ $6x^2+x+3=0$

Hint 두 근이 α, β이고 이차항의 계수가 a인 이차방정식은 $a(x-\alpha)(x-\beta)=0$

이차방정식의 활용

6 지면에서 수직인 방향으로 초속 60 m로 쏘아 올린 로켓의 x초 후의 지면으로부터의 높이는 $(60x-5x^2)$ m라고 한다. 로켓이 처음으로 지면으로부터의 높이가 100 m인 지점을 지나는 것은 발사한 지 몇 초 후인지 구하여라.

Hint $60x-5x^2=100$

고르고 고른 고등수학으로 연결되는 문제

1 다음 중 옳지 않은 것을 모두 고르면? (정답 2개)

① $x \div y \times z = \frac{xz}{y}$　② $x \div (y \times z) = \frac{x}{yz}$

③ $a \times b \div c \times 5 = \frac{ab}{5c}$　④ $a \times a \div b \div c = \frac{a^2c}{b}$

⑤ $a \div (a+b) \times (-1) = -\frac{a}{a+b}$

2 x에 대한 두 일차방정식 $-2x+5=7x-13$, $-4ax+a=2x+10$의 해가 같을 때, 상수 a의 값은?

① -2　② -1　③ 0　④ 1　⑤ 2

3 $(2x^3y^a)^2 \div (-x^by)^3 = cx^3y^3$일 때, 유리수 a, b, c에 대하여 $a+b+c$의 값은?

① 0　② 1　③ 2　④ 3　⑤ 4

4 일차부등식 $-\frac{1}{2}(x-5) > -0.3x+1$을 만족하는 x의 값 중 가장 큰 정수는?

① -5　② -4　③ 7　④ 9　⑤ 10

5 연립방정식 $\begin{cases} 3x-2(x-y)=4 \\ 4(x+y)-2y=1 \end{cases}$의 해가 $x=a$, $y=b$일 때, $a+2b$의 값을 구하여라.

6 다음 중 전개하였을 때, x의 계수가 나머지 넷과 다른 하나는?

① $(x-7)^2$　② $(x-8)(x-6)$

③ $(3x-1)(7x-2)$　④ $(x-2)(x-12)$

⑤ $(2x-1)(4x-5)$

7 $a+b=6$, $a^2+b^2=20$일 때, ab의 값은?

① 2　② 4　③ 5　④ 6　⑤ 8

8 다음 중 옳지 않은 것은?

① $x^2+5x+6=(x+2)(x+3)$

② $25x^2-10x+1=(5x-1)^2$

③ $2x^2-5x-7=(x-1)(2x+7)$

④ $64x^2-49=(8x+7)(8x-7)$

⑤ $6x^2+13x+5=(2x+1)(3x+5)$

* 정답과 해설 31쪽

9 다음 중 완전제곱식으로 인수분해할 수 있는 것은?

① x^2+5x+9 ② $x^2-8x+25$

③ $\frac{1}{9}x^2-\frac{4}{3}x+4$ ④ $\frac{1}{4}x^2+x+4$

⑤ $x^2+\frac{1}{6}x+\frac{1}{36}$

10 $x^3+4x^2-5x-20$을 인수분해하면?

① $(x-4)(x^2+5)$ ② $(x+4)(x^2-5)$

③ $(x+4)(x^2-3)$ ④ $(x-4)(x^2-3)$

⑤ $(x+4)(x^2+4)$

11 두 이차방정식 $x^2-5x+6=0$, $3x^2-13x+12=0$을 동시에 만족시키는 해를 구하여라.

12 이차방정식 $x^2-7x+4k-3=0$의 해가 $x=\frac{7\pm\sqrt{29}}{2}$일 때, 상수 k의 값은?

① -1 ② 0 ③ 2

④ 4 ⑤ 6

13 이차방정식 $0.3(x+3)^2=\frac{(x+2)(x+3)}{4}$을 풀어라.

14 이차방정식 $-2\left(x+\frac{1}{4}\right)^2+6=x+\frac{1}{4}$의 해는?

① $x=-\frac{9}{4}$ 또는 $x=-\frac{5}{4}$

② $x=-\frac{9}{4}$ 또는 $x=\frac{5}{4}$

③ $x=-\frac{5}{4}$ 또는 $x=\frac{7}{4}$

④ $x=-\frac{5}{4}$ 또는 $x=\frac{9}{4}$

⑤ $x=\frac{5}{4}$ 또는 $x=\frac{9}{4}$

15 이차방정식 $x^2+6(2x+1)+5a=0$이 $x=b$를 중근으로 가질 때, $a+b$의 값은? (단, a는 상수)

① -5 ② -3 ③ -1

④ 0 ⑤ 2

16 이차방정식 $2x^2-4x+m-3=0$이 서로 다른 두 근을 가질 때, 상수 m의 값의 범위는?

① $m>5$ ② $m>-\frac{1}{5}$ ③ $m>-5$

④ $m<\frac{1}{5}$ ⑤ $m<5$

함수

고등수학에서는 아주 다양한 함수를 배워요. 항등함수, 상수함수, 합성함수, 역함수, 유리함수, 무리함수, 삼각함수, 지수함수, 로그함수, ⋯. 여기에 더해 우리가 배울 더 많은 함수가 있어요. 이렇게 많이 나열한 것은 그만큼 함수가 고등수학에서는 몰라서는 안 되는 중요한 개념이라는 것을 강조하기 위해서예요. 지수를 배운 다음 함수로 나타내면 지수함수가 되고, 로그를 배운 다음 함수로 나타내면 로그함수가 돼요. 따라서 **'Ⅲ 함수'** 단원은 중학수학에서 처음 배울 때 개념을 놓치지 말고 공부해야 해요.

1학년 내용은 한 단원으로 구성했는데 정비례 관계와 반비례 관계를 나타내는 식과 그래프를 배워요. 함수라는 개념을 언급하지는 않지만 정비례 관계식과 반비례 관계식도 함수라는 것을 2학년 공부를 하고 나면 알 수 있어야 해요.

2학년 내용은 두 단원으로 구성했는데 함수의 개념부터 함숫값, 일차함수, 일차함수의 그래프, 일차방정식과 일차함수의 관계 등을 공부하게 돼요. 고등수학의 많은 단원의 기초가 되는 내용들이니 꼭 잘 알아두세요.

3학년 내용 역시 두 단원으로 구성했는데 이차함수를 그래프로 나타내는 방법을 주로 배워요. 이차함수의 꼭짓점의 좌표를 구하고, 그래프를 그리는 방법을 여러 번 연습해야 해요. 고등학교에 가면 문제들 중에서 식으로 풀어서 답을 얻는 것도 있지만 그래프 하나만 잘 그려도 풀 수 있는 문제들이 많이 있어요. 이차함수의 그래프는 아무리 강조해도 지나치지 않을 만큼 중요하니 집중해서 연습해 보세요.

학년	단원명	고등수학 연계 단원	중요도
1학년	19 정비례와 반비례	평면좌표	★★★☆☆
2학년	20 일차함수 1	함수, 직선의 방정식	★★★★★
	21 일차함수 2	함수, 직선의 방정식	★★★★★
3학년	22 이차함수 1	이차함수	★★★★★
	23 이차함수 2	이차함수	★★★★★

19 정비례와 반비례

1. 순서쌍과 좌표

좌표평면

두 수직선이 점 O에서 서로 수직으로 만날 때,

① **x축**: 가로의 수직선
y축: 세로의 수직선 ⇨ 좌표축

② **원점**: 두 좌표축이 만나는 점 O

③ **좌표평면**: 두 좌표축이 그려진 평면

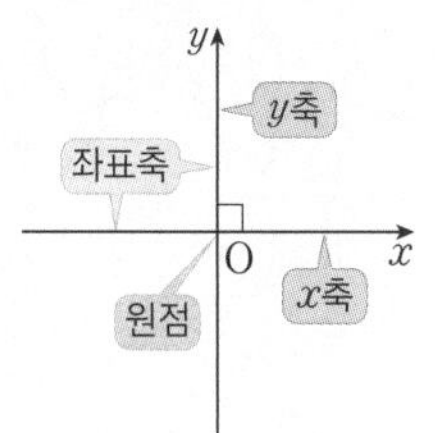

좌표평면 위의 점의 좌표

① **순서쌍**: 순서를 생각하여 두 수를 짝 지어 나타낸 것

② 좌표평면 위의 점 P에서 x축, y축에 각각 수직인 선을 긋고 이 선이 x축, y축과 만나는 점에 대응하는 수를 각각 a, b라고 할 때, 순서쌍 $(a,\ b)$를 점 P의 좌표라 하고 기호로

$\mathrm{P}(a,\ b)$ (x좌표, y좌표)

와 같이 나타낸다.

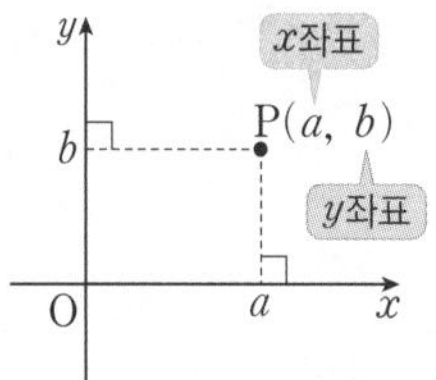

(예) 오른쪽 좌표평면 위의 점의 좌표를 구해 보자.
A(4, 3), B(−2, −5)
x축 위의 점의 좌표: C(2, 0)
y축 위의 점의 좌표: D(0, −3)
원점의 좌표: O(0, 0)

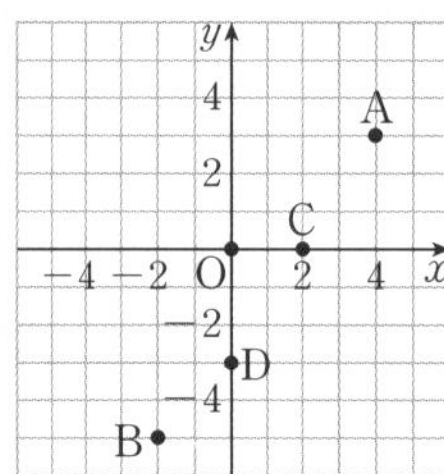

사분면 위의 점

좌표평면은 오른쪽 그림과 같이 좌표축에 의해 네 개의 부분으로 나누어진다.
이때 그 각각을 제1사분면, 제2사분면, 제3사분면, 제4사분면이라고 한다.

좌표평면 위의 점 P$(a,\ b)$가
제1사분면 위의 점이면 $a>0$, $b>0$
제2사분면 위의 점이면 $a<0$, $b>0$
제3사분면 위의 점이면 $a<0$, $b<0$
제4사분면 위의 점이면 $a>0$, $b<0$

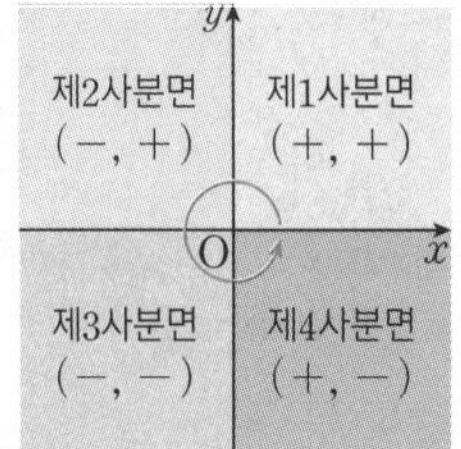

바빠 개념 확인 문제

1 오른쪽 좌표평면 위의 네 점 A, B, C, D의 좌표를 각각 기호로 나타내어라.

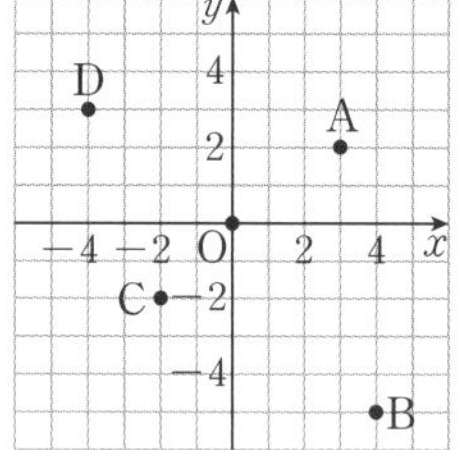

2 다음 점들을 오른쪽 좌표평면 위에 나타내어라.
A(1, −4), B(−3, −2), C(−2, 5), D(4, 3)

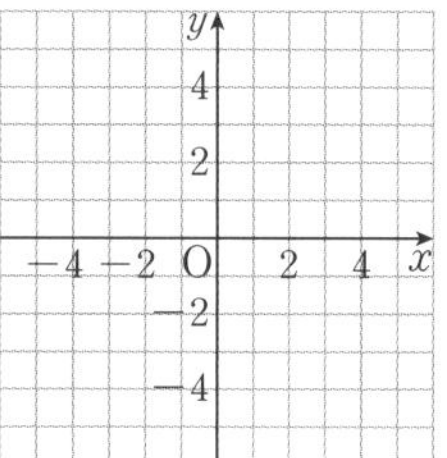

❖ 다음 점이 제 몇 사분면 위의 점인지 구하여라. (3~5)

3 $(-5,\ 6)$

4 $(2,\ -7)$

5 $(-1,\ -3)$

❖ $a>0$, $b<0$일 때, 다음 점은 제 몇 사분면 위의 점인지 구하여라. (6~8)

6 $(-a,\ b)$

7 $(a,\ -b)$

8 $(-a,\ -b)$

정답 * 정답과 해설 32쪽

1 A(3, 2), B(4, −5), C(−2, −2), D(−4, 3) 2 해설 참조
3 제2사분면 4 제4사분면 5 제3사분면
6 제3사분면 7 제1사분면 8 제2사분면

중1

2. 정비례

✔ 정비례

두 변수 x와 y 사이에 x의 값이 2배, 3배, 4배, ⋯가 될 때, y의 값도 2배, 3배, 4배, ⋯가 되는 관계가 있으면 y는 x에 정비례한다고 한다.

✔ 정비례 관계식

y가 x에 정비례할 때, x와 y 사이의 관계식은

$y=ax\ (a\neq0)$ ⇨ $\dfrac{y}{x}=a$

바빠 꿀팁

- $y=ax\ (a\neq0)$의 모양일 때, 정비례 관계식인 것은 쉽게 아는데 $\dfrac{y}{x}=a\ (a\neq0)$의 모양이 정비례 관계식인 것은 잊어버리는 경우가 많아. 달라보여도 이 두 모양은 같은 정비례 관계식이야.

✔ 정비례 관계 $y=ax\ (a\neq0)$의 그래프

예 정비례 관계 $y=2x$의 그래프

① x의 값이 -2, -1, 0, 1, 2일 때, 정비례 관계 $y=2x$의 그래프는 오른쪽 그림과 같이 5개의 점이다.

② x의 값이 수 전체일 때, 함수 $y=2x$의 그래프는 오른쪽 그림과 같이 원점 O와 원점 이외의 한 점 $(1,\ 2)$를 연결한 직선이다. (단, 직선 위의 어떤 점을 잡아도 된다.)

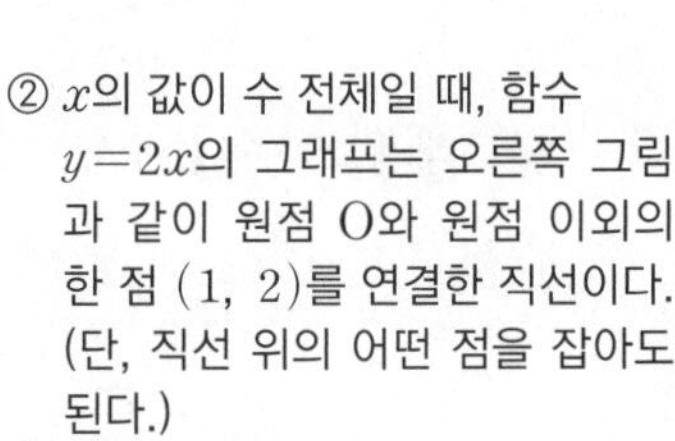

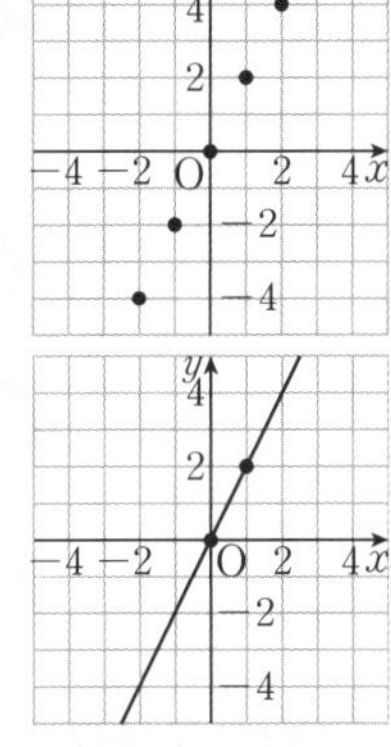

✔ 정비례 관계 $y=ax\ (a\neq0)$의 그래프의 성질

	$a>0$	$a<0$
그래프	$y=ax$, 증가, 증가, a, O, 1	$y=ax$, 1, O, 증가, 감소, a
지나는 사분면	제1사분면과 제3사분면	제2사분면과 제4사분면
그래프의 모양	원점을 지나고 오른쪽 위로 향하는 직선	원점을 지나고 오른쪽 아래로 향하는 직선
증가, 감소	x의 값이 증가하면 y의 값도 증가	x의 값이 증가하면 y의 값은 감소
a의 값과 축	a의 절댓값이 클수록 y축에 가까워진다.	

바빠 개념 확인 문제

1 x의 값이 수 전체일 때, 다음 □ 안에 알맞은 수를 써넣고, 그래프를 그려라.

$y=\dfrac{1}{2}x$

⇨ (0, □), (4, □)

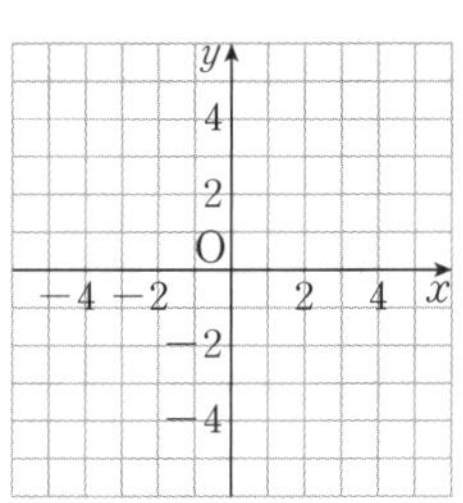

❖ 다음 중 정비례 관계 $y=-2x$의 그래프에 대한 설명으로 옳은 것은 ○표, 옳지 않은 것은 ×표를 하여라. (2~7)

2 제2사분면과 제4사분면을 지난다. ______

3 점 $(-3,\ -6)$을 지난다. ______

4 원점을 지나는 직선이다. ______

5 오른쪽 위로 향하는 직선이다. ______

6 x의 값이 증가하면 y의 값도 증가한다. ______

7 $y=-x$의 그래프보다 y축에 더 가깝다. ______

❖ 정비례 관계 $y=4x$에 대하여 주어진 점이 그래프 위의 점이면 ○표, 그래프 위의 점이 아니면 ×표를 하여라. (8~9)

8 $(-1,\ 4)$ ______

9 $(2,\ 8)$ ______

정답 * 정답과 해설 32쪽

1 0, 2, 그래프는 해설 참조 2 ○ 3 × 4 ○
5 × 6 × 7 ○ 8 × 9 ○

3. 반비례

✔ 반비례

두 변수 x와 y 사이에 x의 값이 2배, 3배, 4배, …가 될 때, y의 값은 $\frac{1}{2}$배, $\frac{1}{3}$배, $\frac{1}{4}$배, …가 되는 관계가 있으면 y는 x에 반비례한다고 한다.

✔ 반비례 관계식

y가 x에 반비례할 때, x와 y 사이의 관계식은

$y=\frac{a}{x}\ (a\neq0)$ ⇨ $xy=a$

바빠 꿀팁

• $y=\frac{a}{x}\ (a\neq0)$의 모양일 때, 반비례 관계식인 것은 쉽게 아는데 $xy=a\ (a\neq0)$의 모양이 반비례 관계식인 것은 잊어버리는 경우가 많아. 달라보여도 이 두 모양은 같은 반비례 관계식이야.

(예) 반비례 관계 $y=\frac{6}{x}$의 그래프

① x의 값이 $-6, -3, -2, -1, 1, 2, 3, 6$일 때, 반비례 관계 $y=\frac{6}{x}$의 그래프는 오른쪽 그림과 같이 8개의 점이다.

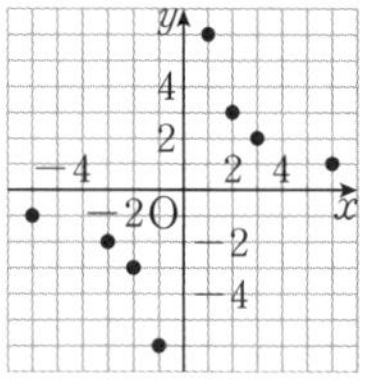

② x의 값이 수 전체일 때, 제1사분면에 두 점 $(1,\ 6)$, $(6,\ 1)$, 제3사분면에 두 점 $(-1,\ -6)$, $(-6,\ -1)$을 잡아서 두 점을 매끄러운 곡선으로 연결한다.

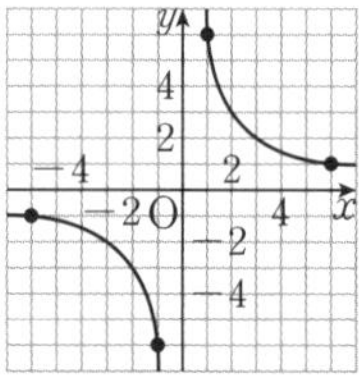

✔ 반비례 관계 $y=\frac{a}{x}\ (a\neq0)$의 그래프의 성질

	$a>0$	$a<0$
그래프	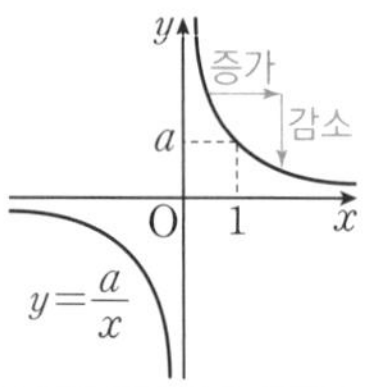	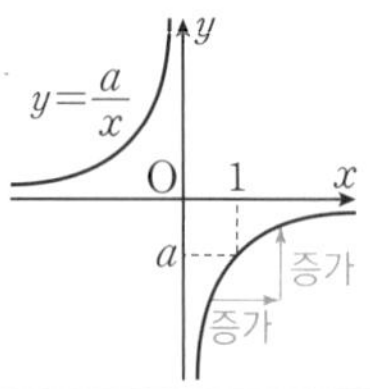
지나는 사분면	제1사분면과 제3사분면	제2사분면과 제4사분면
그래프의 모양	좌표축에 점점 가까워지면서 한없이 뻗어 나가는 한 쌍의 곡선이다.	
a의 값과 축	a의 절댓값이 클수록 원점에서 멀어진다.	

앗! 실수

★ 반비례 관계의 그래프를 그릴 때 곡선이 좌표축에 닿지 않게 그려야 해.

바빠 개념 확인 문제

1 x의 값이 수 전체일 때, 다음 □ 안에 알맞은 수를 써넣고, 그래프를 그려라.

$y=\frac{10}{x}$

⇨ (2, □), (5, □), (−2, □), (−5, □)

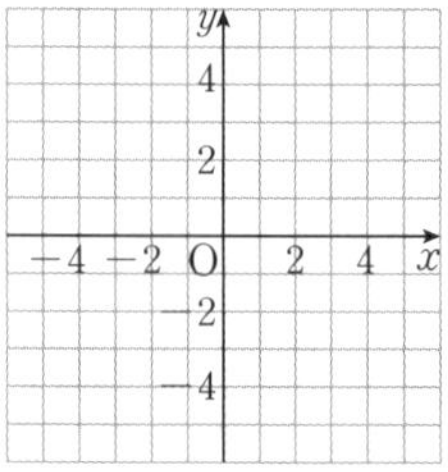

❖ 다음 중 반비례 관계 $y=-\frac{2}{x}$의 그래프에 대한 설명으로 옳은 것은 ○표, 옳지 않은 것은 ×표를 하여라. (2~5)

2 제2사분면과 제4사분면을 지난다. ______

3 점 $(-2,\ 1)$을 지난다. ______

4 x축 또는 y축과 만난다. ______

5 반비례 관계 $y=\frac{4}{x}$의 그래프보다 원점에서 더 멀다. ______

❖ 반비례 관계 $y=\frac{6}{x}$의 그래프에 대하여 주어진 점이 그래프 위의 점이면 ○표, 그래프 위의 점이 아니면 ×표를 하여라. (6~8)

6 $(-1,\ -6)$ ______

7 $(3,\ -2)$ ______

8 $(-2,\ -3)$ ______

정답 ＊정답과 해설 32쪽

1 5, 2, −5, −2, 그래프는 해설 참조　2 ○　3 ○　4 ×
5 ×　6 ○　7 ×　8 ○

4. 정비례와 반비례 관계식 구하기

✔ 정비례 관계 $y=ax\ (a\neq0)$에서 a의 값 구하기

예) 정비례 관계 $y=ax$의 그래프가 점 $(2,\ 8)$을 지날 때, 상수 a의 값을 구해 보자.
$x=2$, $y=8$을 $y=ax$에 대입하면
$8=a\times2 \quad \therefore a=4$

✔ 그래프에서 정비례 관계식 구하기

그래프가 원점을 지나는 직선이면 x와 y는 정비례 관계이다.
⇨ 정비례 관계식을 $y=ax$로 놓고 그래프 위의 점을 대입한다.

예) 오른쪽 그림을 보고, 정비례 관계식을 구해 보자.
정비례 관계식을 $y=ax$라 하고 직선 위의 점이 $(1,\ 3)$이므로 $x=1$, $y=3$을 $y=ax$에 대입하면
$3=a\times1 \quad \therefore a=3$
따라서 구하는 정비례 관계식은 $y=3x$이다.

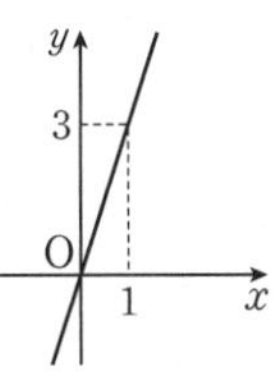

✔ 반비례 관계 $y=\frac{a}{x}\ (a\neq0)$에서 a의 값 구하기

예) 반비례 관계 $y=\frac{a}{x}$의 그래프가 점 $(3,\ 4)$를 지날 때, 상수 a의 값을 구해 보자.
$x=3$, $y=4$를 $y=\frac{a}{x}$에 대입하면
$4=\frac{a}{3} \quad \therefore a=12$

✔ 그래프에서 반비례 관계식 구하기

① 그래프가 원점에 대하여 대칭인 한 쌍의 곡선이다.
② 그래프가 좌표축에 한없이 가까워지는 한 쌍의 곡선이다.
③ x와 y는 반비례 관계이다.
⇨ 반비례 관계식을 $y=\frac{a}{x}$로 놓고 그래프 위의 점을 대입한다.

예) 오른쪽 그림을 보고 반비례 관계식을 구해 보자.
반비례 관계식을 $y=\frac{a}{x}$라 하고 곡선 위의 점이 $(1,\ 3)$이므로 $x=1$, $y=3$을 $y=\frac{a}{x}$에 대입하면

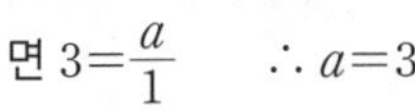
면 $3=\frac{a}{1} \quad \therefore a=3$
따라서 구하는 반비례 관계식은 $y=\frac{3}{x}$이다.

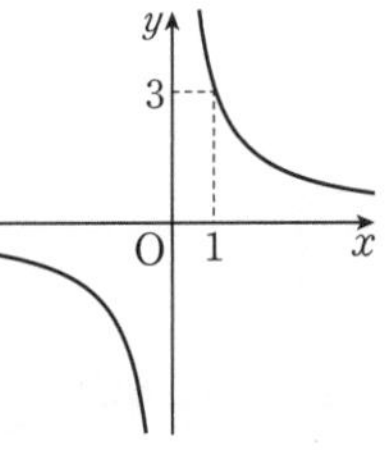

바빠 개념 확인 문제

❖ 정비례 관계 $y=ax$의 그래프가 다음 점을 지날 때, 상수 a의 값을 구하여라. (1~2)

1 $(1,\ 5)$

2 $(-2,\ 12)$

❖ 다음 그래프가 나타내는 식을 구하여라. (3~4)

3
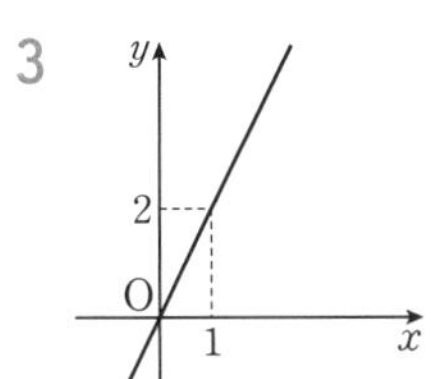

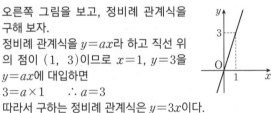

4
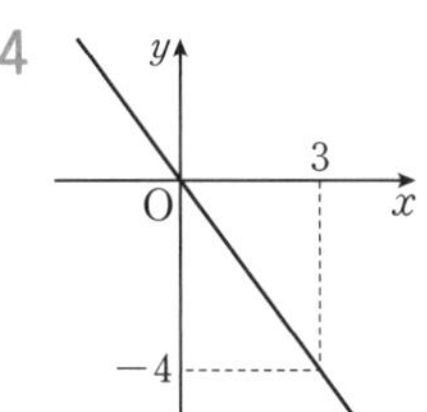

❖ 반비례 관계 $y=\frac{a}{x}\ (a\neq0)$의 그래프가 다음 점을 지날 때, 상수 a의 값을 구하여라. (5~6)

5 $(4,\ -2)$

6 $(-2,\ -3)$

❖ 다음 그래프가 나타내는 식을 구하여라. (7~8)

7
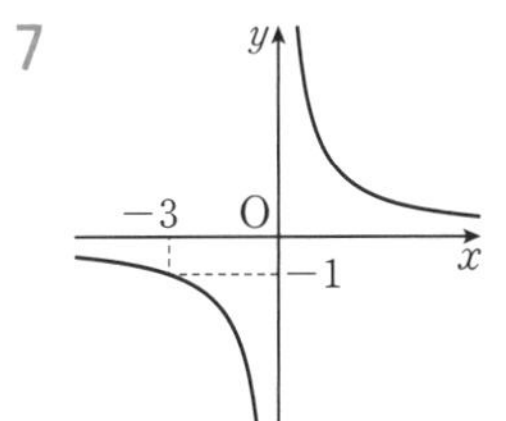

8
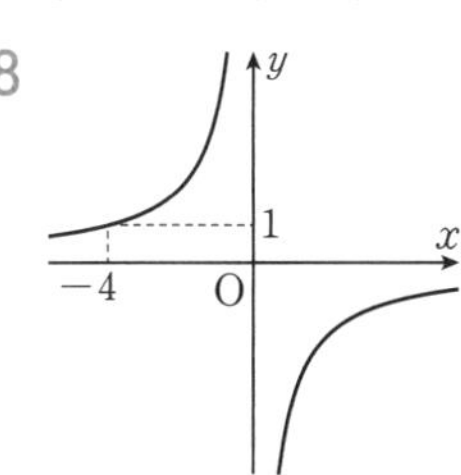

정답 * 정답과 해설 32쪽

1 5　2 −6　3 $y=2x$　4 $y=-\frac{4}{3}x$　5 −8
6 6　7 $y=\frac{3}{x}$　8 $y=-\frac{4}{x}$

* 정답과 해설 33쪽

정비례 관계 $y=ax$ $(a\neq0)$의 그래프의 성질

1 다음 중 정비례 관계 $y=-\frac{1}{4}x$의 그래프에 대한 설명으로 옳지 않은 것은?

① 원점을 지난다.
② 점 $\left(3,\ -\frac{3}{4}\right)$을 지난다.
③ 제2사분면과 제4사분면을 지난다.
④ x의 값이 증가하면 y의 값은 감소한다.
⑤ 정비례 관계 $y=3x$의 그래프보다 y축에 가깝다.

Hint $y=ax$의 그래프는 a의 절댓값이 클수록 y축에 가깝다.

정비례 관계 $y=ax$ $(a\neq0)$의 그래프 위의 점

2 정비례 관계 $y=ax$의 그래프가 점 $(2,\ 10)$을 지날 때, 다음 중 이 그래프 위에 있지 않은 점은?

① $(-1,\ -5)$ ② $\left(-\frac{1}{2},\ -\frac{5}{2}\right)$
③ $(0,\ 0)$ ④ $\left(\frac{3}{2},\ \frac{7}{2}\right)$
⑤ $(2,\ 10)$

Hint $y=ax$에 $x=2$, $y=10$을 대입하여 a의 값을 먼저 구한다.

정비례 관계 $y=ax$ $(a\neq0)$의 식

3 오른쪽 그림은 정비례 관계 $y=ax$, $y=bx$의 그래프이다. 상수 a, b에 대하여 ab의 값을 구하여라.

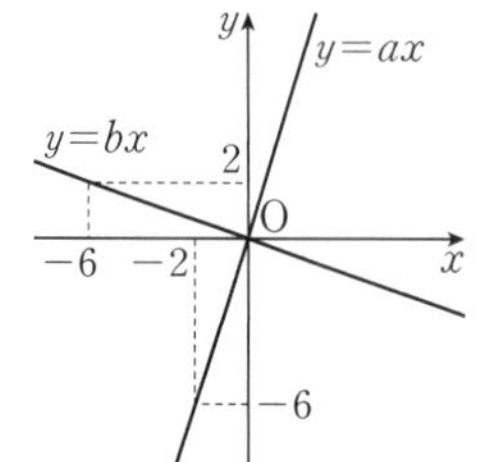

Hint $y=ax$에 $x=-2$, $y=-6$을 대입하고, $y=bx$에 $x=-6$, $y=2$를 대입한다.

반비례 관계 $y=\frac{a}{x}$ $(a\neq0)$의 그래프의 성질

4 다음 중 반비례 관계 $y=\frac{6}{x}$의 그래프에 대한 설명으로 옳지 않은 것은?

① 점 $(-2,\ -3)$을 지난다.
② 제1사분면과 제3사분면을 지난다.
③ 원점에 대하여 대칭인 한 쌍의 곡선이다.
④ $x<0$에서 x의 값이 증가하면 y의 값도 증가한다.
⑤ 반비례 관계 $y=\frac{3}{x}$의 그래프보다 원점에서 멀어진다.

Hint 그래프를 그려 본다.

반비례 관계 $y=\frac{a}{x}$ $(a\neq0)$의 그래프 위의 점

5 반비례 관계 $y=\frac{a}{x}$의 그래프가 점 $(-4,\ -3)$을 지날 때, 다음 중 이 그래프 위에 있지 않은 점은?

① $(-2,\ -6)$ ② $(-1,\ -12)$ ③ $(3,\ 4)$
④ $(4,\ 3)$ ⑤ $(6,\ -2)$

Hint 반비례 관계 $y=\frac{a}{x}$의 그래프가 점 $(-4,\ -3)$을 지나므로
$a=xy=12$

반비례 관계 $y=\frac{a}{x}$ $(a\neq0)$의 식

6 오른쪽 그래프가 나타내는 식을 구하여라.

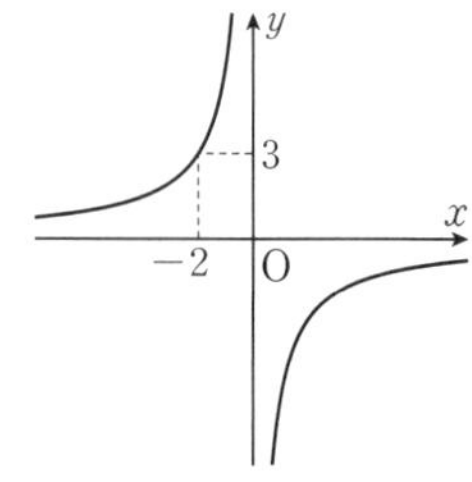

Hint 반비례 관계의 그래프의 식을 $y=\frac{a}{x}$로 놓고 점 $(-2,\ 3)$을 대입한다.

일차함수 1

중2

1. 함수의 뜻과 함숫값

✔ 함수의 뜻

① **변수**: x, y와 같이 여러 가지로 변하는 값을 나타내는 문자

② **함수**: 두 변수 x, y에 대하여 x의 값이 변함에 따라 y의 값이 하나씩 정해지는 대응 관계가 있을 때, y를 x의 함수라고 한다.

예 길이가 10 m인 끈을 x m 잘라서 쓰고 남은 y m

x m	1	2	3	4	⋯
y m	9	8	7	6	⋯

x의 값이 변함에 따라 y의 값이 하나씩 대응하므로 함수이다.

바빠 꿀팁

• 함수는 x의 값에 y의 값이 오직 하나씩 대응되어야 해. 즉, x와 짝을 이루는 수가 한 개만이야. 학교에서도 짝꿍은 한 명인 것처럼 x의 짝이 여러 개이면 함수가 아니야.

앗! 실수

★ 자연수 x의 약수 y는 함수일까? 자연수 4의 약수는 1, 2, 4이므로 자연수 4에 1, 2, 4가 모두 대응되어서 함수가 아니야. 하지만 자연수 x의 약수의 개수 y는 하나만 대응되므로 함수야.

• 자연수 x의 약수 y

x	1	2	3	4	5	⋯
y	1	1, 2	1, 3	1, 2, 4	1, 5	⋯

• 자연수 x의 약수의 개수 y

x	1	2	3	4	5	⋯
y	1	2	2	3	2	⋯

✔ 함수의 표현

y가 x의 함수일 때, 기호로 $y=f(x)$와 같이 나타낸다.

✔ 함숫값

함수 $y=f(x)$에서 x의 값에 따라 하나로 정해지는 y의 값이다.

예 함수 $y=-3x+1$을 $f(x)=-3x+1$로 놓으면
$x=1$일 때, 함숫값은 $f(1)=-3\times1+1=-2$
$x=2$일 때, 함숫값은 $f(2)=-3\times2+1=-5$
⋮
$x=a$일 때, 함숫값은 $f(a)=-3\times a+1=-3a+1$
따라서 $f(a)$는 함수 $f(x)$에 x 대신 a를 대입하여 계산한 식의 값이 된다.

바빠 꿀팁

• 함수 $y=f(x)$에서 $f(a)$ ⇨ $x=a$일 때의 함숫값
⇨ $x=a$에 대응하는 y의 값
⇨ $f(x)$에 x 대신 a를 대입하여 얻은 값

바빠 개념 확인 문제

❖ 다음 중 y가 x의 함수인 것은 ○표, 함수가 아닌 것은 ×표를 하여라. (1~6)

1 한 변의 길이가 x cm인 정사각형의 둘레의 길이 y cm ______

2 자연수 x보다 작은 홀수 y ______

3 한 개에 10 g인 물건 x개의 무게 y g ______

4 자연수 x의 배수 y ______

5 자연수 x를 4로 나눈 나머지 y ______

6 자연수 x와 6의 최대공약수 y ______

❖ 함수 $f(x)=2x-5$에 대하여 다음 함숫값을 구하여라. (7~9)

7 $f(-2)$

8 $f(0)$

9 $f\left(\frac{1}{2}\right)$

❖ 함수 $f(x)=-\frac{8}{x}+2$에 대하여 다음 함숫값을 구하여라. (10~12)

10 $f(-4)$

11 $f(-2)$

12 $f(1)$

정답 ＊정답과 해설 33쪽

1 ○ 2 × 3 ○ 4 × 5 ○ 6 ○
7 −9 8 −5 9 −4 10 4 11 6 12 −6

2. 일차함수의 뜻과 그래프

✔ 일차함수의 뜻

함수 $y=f(x)$에서 y가 x에 대한 일차식으로 나타내어질 때, 즉

$y=ax+b$ (a, b는 상수, $a\neq0$)

일 때, 이 함수를 x에 대한 **일차함수**라고 한다.

예) $y=-4x+1$ ← 일차함수이다.

$y=\frac{x}{3}$ ← 상수항이 없어도 일차함수이다.

$y=5x^2-2$ ← x가 이차이므로 일차함수가 아니다.

$y=\frac{4}{x}$ ← 분모에 x가 있으므로 일차함수가 아니다.

$y=3$ ← x항이 없으므로 일차함수가 아니다.

바빠 꿀팁

- 일차함수를 찾을 때는 y항을 좌변으로, 나머지 항은 우변으로 이항해서 y의 계수를 1로 만든 후에 $y=ax+b$ $(a\neq0)$의 꼴을 찾으면 돼.

✔ 일차함수의 그래프 위의 점

주어진 점이 일차함수의 그래프 위의 점인지 알아보려면 x의 값을 일차함수에 대입하여 구한 y의 값과 주어진 점의 y의 값이 같으면 된다.

예) 점 $(2,\ 3)$이 일차함수 $y=4x-1$의 그래프 위의 점인지 알아보자.
$x=2$를 $y=4x-1$에 대입하면 $y=4\times2-1=7$이다.
따라서 점 $(2,\ 3)$은 $y=4x-1$의 그래프 위의 점이 아니다.

✔ 일차함수 $y=ax+b$ $(a\neq0)$의 그래프

일차함수 $y=ax$의 그래프를 **y축의 방향으로 b만큼 평행이동**한 직선이다.

① $b>0$이면 y축을 따라 위로 평행이동한다.

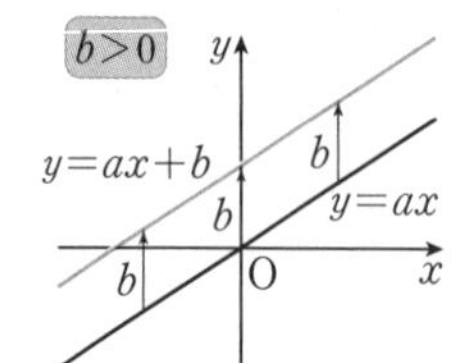

② $b<0$이면 y축을 따라 아래로 평행이동한다.

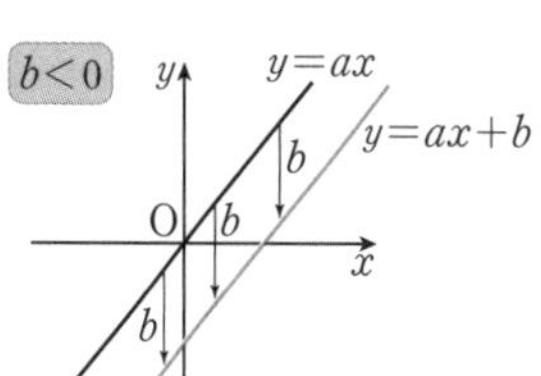

바빠 개념 확인 문제

❖ 다음 중 일차함수인 것은 ○표, 일차함수가 아닌 것은 ×표를 하여라. (1~3)

1 $y=5$ ______

2 $-3x+y=-x+1$ ______

3 $x^2-y=6x+x^2+2$ ______

❖ 다음 중 일차함수 $y=-3x-2$의 그래프 위의 점인 것은 ○표, 그래프 위의 점이 아닌 것은 ×표를 하여라. (4~6)

4 $(-3,\ 7)$ ______

5 $(-2,\ -8)$ ______

6 $(1,\ -1)$ ______

❖ 다음 일차함수의 그래프를 y축의 방향으로 [ ] 안의 수만큼 평행이동한 그래프가 나타내는 일차함수의 식을 구하여라. (7~8)

7 $y=8x$ [-1]

8 $y=-5x$ [3]

❖ 다음 중 일차함수 $y=3x$의 그래프를 평행이동했을 때, 겹쳐지는 것은 ○표, 겹쳐지지 않는 것은 ×표를 하여라. (9~11)

9 $y=3x-1$ ______

10 $y=2(x+2)+x$ ______

11 $y=3(x+1)-x$ ______

정답 * 정답과 해설 34쪽

1 × 2 ○ 3 ○ 4 ○ 5 ×
6 × 7 $y=8x-1$ 8 $y=-5x+3$ 9 ○
10 ○ 11 ×

3. 일차함수의 그래프의 x절편, y절편, 기울기

✔ 일차함수의 그래프의 x절편, y절편

① **x절편**: 일차함수의 그래프가 x축과 만나는 점의 x좌표
⇨ $y=0$일 때의 x의 값

② **y절편**: 일차함수의 그래프가 y축과 만나는 점의 y좌표
⇨ $x=0$일 때의 y의 값

예 $y=-4x+8$의 그래프의 x절편과 y절편을 각각 구해 보자.
x절편은 $y=0$일 때의 x의 값이므로 $-4x+8=0$에서
$x=2$ $\quad\therefore x$절편: 2
y절편은 $x=0$일 때의 y의 값이므로 $y=-4\times0+8$에서
$y=8$ $\quad\therefore y$절편: 8

✔ 일차함수의 그래프의 기울기

일차함수 $y=ax+b$에서 x의 값의 증가량에 대한 y의 값의 증가량의 비율은 항상 일정하고, 그 비율은 x의 계수 a와 같다. 이때 a를 일차함수 $y=ax+b$의 그래프의 기울기라고 한다.

$$(\text{기울기})=\frac{(y\text{의 값의 증가량})}{(x\text{의 값의 증가량})}=a$$

✔ 일차함수의 그래프 그리기

① **x절편과 y절편을 이용하여 그래프 그리기**
일차함수의 식을 이용하여 x절편과 y절편을 구한 후에 좌표평면 위에 두 점 (x절편, 0), (0, y절편)을 나타내고 직선으로 연결한다.

예 일차함수 $y=2x+4$의 그래프를 그려 보자.
x절편이 -2, y절편이 4이므로 그래프는 두 점 $(-2,\ 0)$, $(0,\ 4)$를 직선으로 연결하면 된다.

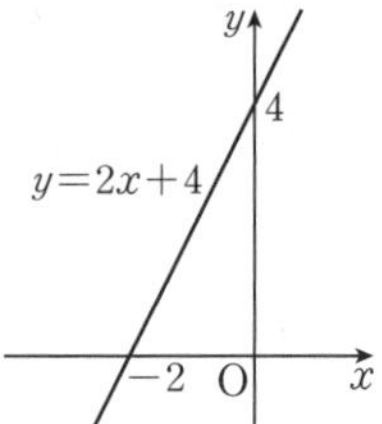

② **기울기와 y절편을 이용하여 그래프 그리기**
좌표평면 위에 점 (0, y절편)을 나타낸 후 기울기를 이용하여 다른 한 점을 찾아 두 점을 직선으로 연결한다.

예 일차함수 $y=-\frac{3}{2}x+1$의 그래프를 그려 보자.
y절편은 1이고, 기울기는 $-\frac{3}{2}$이므로 점 $(0,\ 1)$에서 x축의 방향으로 2만큼 증가하고, y축의 방향으로 3만큼 감소한 점 $(0+2,\ 1-3)$, 즉 점 $(2,\ -2)$를 지난다. 따라서 두 점 $(0,\ 1)$, $(2,\ -2)$를 직선으로 연결하면 된다.

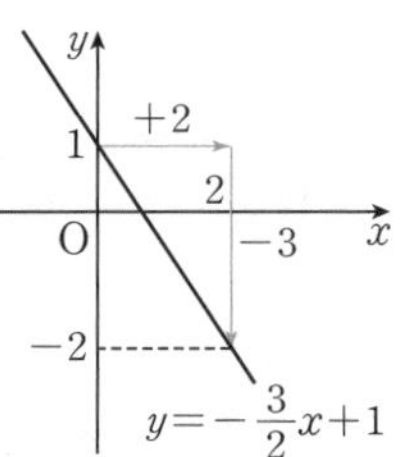

바빠 개념 확인 문제

❖ 다음 일차함수의 그래프의 x절편을 구하여라. (1~2)

1 $y=2x-8$

2 $y=\frac{3}{4}x+9$

❖ 다음 일차함수의 그래프의 y절편을 구하여라. (3~4)

3 $y=-2x+1$

4 $y=\frac{7}{3}x-\frac{1}{2}$

❖ 다음 일차함수의 그래프의 기울기를 구하여라. (5~6)

5 $y=4x-1$

6 $y=\frac{1}{2}x+3$

7 일차함수 $y=-2x+2$의 그래프의 x절편과 y절편을 각각 구하고, 이를 이용하여 그래프를 그려라.

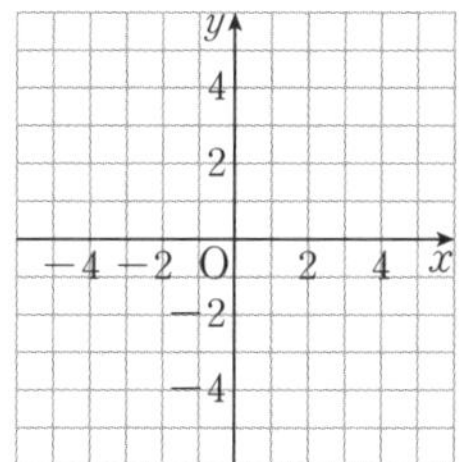

x절편: ____________
y절편: ____________

8 일차함수 $y=\frac{5}{2}x-4$의 그래프의 기울기와 y절편을 각각 구하고, 이를 이용하여 그래프를 그려라.

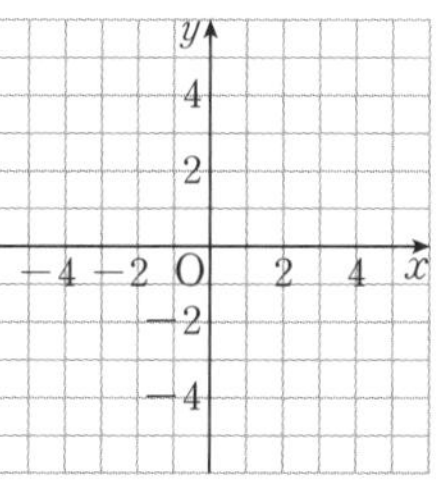
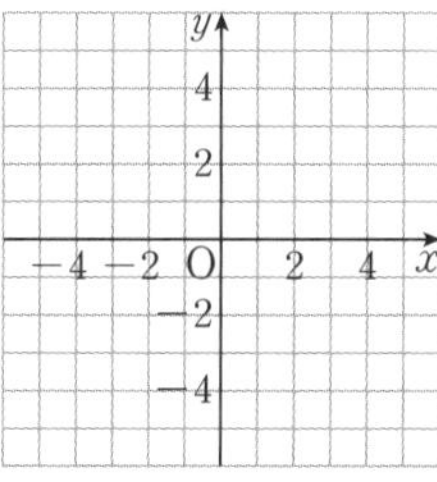

기울기: ____________
y절편: ____________

정답 * 정답과 해설 34쪽

1 4 $\quad$ 2 -12 $\quad$ 3 1 $\quad$ 4 $-\frac{1}{2}$ $\quad$ 5 4 $\quad$ 6 $\frac{1}{2}$
7 1, 2, 그래프는 해설 참조 $\quad$ 8 $\frac{5}{2}$, -4, 그래프는 해설 참조

중2

4. 일차함수 $y=ax+b$의 그래프

일차함수 $y=ax+b$의 그래프의 성질

① **기울기 a의 부호**: 그래프의 모양 결정

- $a>0$일 때: x의 값이 증가하면 y의 값도 증가
  ⇨ 오른쪽 위로 향하는 직선
- $a<0$일 때: x의 값이 증가하면 y의 값은 감소
  ⇨ 오른쪽 아래로 향하는 직선

② **y절편 b의 부호**: 그래프가 y축과 만나는 부분 결정

- $b>0$일 때: y축과 양의 부분에서 만난다.
  (y절편이 양수)
- $b<0$일 때: y축과 음의 부분에서 만난다.
  (y절편이 음수)

$a>0$, $b>0$	$a>0$, $b<0$	$a<0$, $b>0$	$a<0$, $b<0$
증가, 증가	증가, 증가	증가, 감소	증가, 감소
제4사분면을 지나지 않는다.	제2사분면을 지나지 않는다.	제3사분면을 지나지 않는다.	제1사분면을 지나지 않는다.

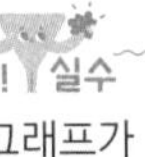

★ 일차함수 $y=-ax-b$의 그래프가 오른쪽 그림과 같다면 기울기는 양수이고, y절편은 음수이므로 $-a>0$, $-b<0$이 되어 $a<0$, $b>0$이 되는 거야.
시험에는 $y=ax+b$의 그래프를 묻는 문제보다는 이와 같이 변형된 일차함수의 부호를 묻는 문제가 출제되니 주의해야 해.

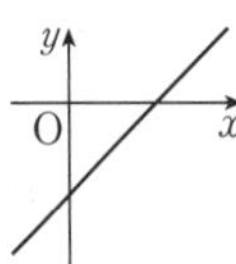

일차함수의 그래프의 평행, 일치

① 기울기가 같은 두 일차함수의 그래프는 서로 평행하거나 일치한다.
두 일차함수 $y=ax+b$와 $y=cx+d$에 대하여

- 기울기는 같지만 y절편이 다를 때, 두 그래프는 평행하다. ⇨ $a=c$, $b\neq d$
- 기울기가 같고 y절편도 같을 때, 두 그래프는 일치한다. ⇨ $a=c$, $b=d$

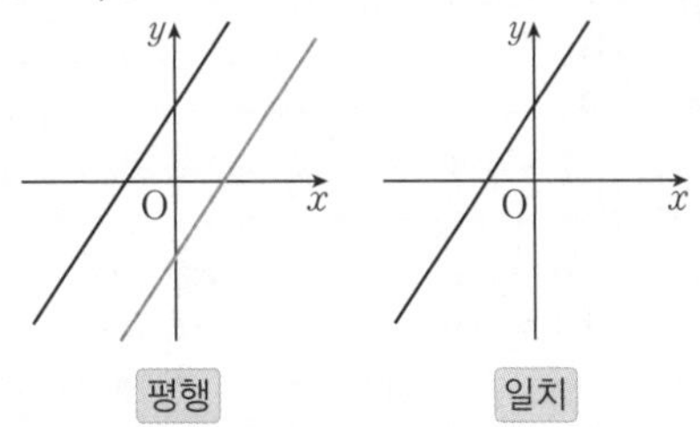

② 서로 평행한 두 일차함수의 그래프의 기울기는 서로 같다.

바빠 개념 확인 문제

❖ 다음 중 일차함수 $y=-x+4$의 그래프에 대한 설명으로 옳은 것은 ○표, 옳지 않은 것은 ×표를 하여라. (1~3)

1 x의 값이 증가하면 y의 값도 증가한다. ______

2 그래프가 제3사분면을 지나지 않는다. ______

3 그래프가 오른쪽 위로 향한다. ______

❖ 다음과 같이 a, b의 조건이 주어질 때, 일차함수 $y=ax+b$의 그래프가 지나지 않는 사분면을 구하여라. (4~7)

4 $a<0$, $b>0$

5 $a>0$, $b>0$

6 $a>0$, $b<0$

7 $a<0$, $b<0$

❖ 다음 두 일차함수의 그래프가 평행하기 위한 상수 a의 값을 구하여라. (8~9)

8 $y=-3x+5$, $y=ax-11$

9 $y=2x+\frac{1}{4}$, $y=\frac{a}{2}x-1$

❖ 다음 두 일차함수의 그래프가 일치하기 위한 상수 a, b의 값을 각각 구하여라. (10~11)

10 $y=ax-7$, $y=-5x+b$

11 $y=3x-2b$, $y=3ax+6$

정답 * 정답과 해설 34쪽

1 × 2 ○ 3 × 4 제3사분면 5 제4사분면 6 제2사분면 7 제1사분면 8 -3 9 4 10 $a=-5$, $b=-7$ 11 $a=1$, $b=-3$

개념 완성 문제

* 정답과 해설 35쪽

함숫값

1 일차함수 $f(x)=\frac{3}{4}x+a$에 대하여 $f(8)=7$, $f(b)=-1$일 때, $a-3b$의 값은? (단, a는 상수)

① 0　　② 3　　③ 6
④ 9　　⑤ 10

Hint $x=8$, $y=7$을 $f(x)=\frac{3}{4}x+a$에 대입하여 a의 값을 먼저 구한다.

일차함수의 그래프 위의 점

2 일차함수 $y=-6x+2$의 그래프를 y축의 방향으로 p만큼 평행이동하면 점 $(-2,\ 8)$을 지난다. 이때 p의 값은?

① -6　　② -3　　③ -1
④ 2　　⑤ 4

Hint $y=-6x+2$의 그래프를 y축의 방향으로 p만큼 평행이동하면 $y=-6x+2+p$

일차함수의 그래프의 x절편, y절편

3 일차함수 $y=\frac{5}{3}x+6$의 그래프를 y축의 방향으로 -1만큼 평행이동한 그래프의 x절편과 y절편을 각각 구하여라.

Hint $y=\frac{5}{3}x+6$의 그래프를 평행이동한 그래프의 식에 $y=0$을 대입하여 x절편을 구하고, $x=0$을 대입하여 y절편을 구한다.

일차함수의 그래프의 기울기

4 다음 일차함수의 그래프 중 x의 값이 4만큼 감소할 때, y의 값이 12만큼 감소하는 것은?

① $y=-3x+4$　　② $y=-\frac{1}{3}x-\frac{1}{2}$
③ $y=\frac{1}{3}x+6$　　④ $y=3x-2$
⑤ $y=6x-5$

Hint (기울기)$=\frac{(y\text{의 값의 증가량})}{(x\text{의 값의 증가량})}$

일차함수 $y=ax+b$의 그래프의 성질

5 다음 중 일차함수 $y=-\frac{5}{4}x-1$의 그래프에 대한 설명으로 옳지 않은 것을 모두 고르면? (정답 2개)

① x의 값이 4만큼 증가하면 y의 값은 5만큼 감소한다.
② 점 $\left(1,\ -\frac{9}{4}\right)$를 지난다.
③ x절편은 $\frac{4}{5}$, y절편은 1이다.
④ 오른쪽 아래로 향하는 직선이다.
⑤ 제2사분면을 지나지 않는다.

Hint $y=ax+b$에서 $a<0$, $b<0$이면 제1사분면을 지나지 않는다.

일차함수 $y=ax+b$의 그래프의 모양

6 일차함수 $y=ax-b$의 그래프가 오른쪽 그림과 같을 때, 상수 a, b의 부호는?

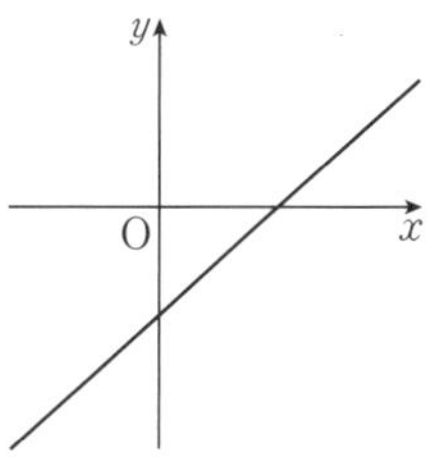

① $a>0$, $b>0$
② $a>0$, $b<0$
③ $a<0$, $b>0$
④ $a<0$, $b<0$
⑤ $a>0$, $b=0$

Hint 위의 그래프에서 (기울기)>0, (y절편)<0

21 일차함수 2

1. 일차함수의 식 구하기

✔ 기울기와 y절편이 주어질 때, 일차함수의 식

기울기가 a이고, y절편이 b인 직선을 그래프로 하는 일차함수의 식은 $y=ax+b$이다.

✔ 기울기와 한 점이 주어질 때, 일차함수의 식

기울기가 a이고, 한 점 (x_1, y_1)을 지나는 직선을 그래프로 하는 일차함수의 식은 다음과 같이 구한다.

① 기울기가 a이므로 $y=ax+b$로 놓는다.

② $y=ax+b$에 $x=x_1$, $y=y_1$을 대입하여 b의 값을 구한다.

✔ 서로 다른 두 점이 주어질 때, 일차함수의 식

서로 다른 두 점 (x_1, y_1), (x_2, y_2)를 지나는 직선을 그래프로 하는 일차함수의 식은 다음과 같이 구한다.

① 두 점을 지나는 직선의 기울기 a를 구한다.

⇨ $a=\frac{y_2-y_1}{x_2-x_1}=\frac{y_1-y_2}{x_1-x_2}$

② $y=ax+b$로 놓고, 두 점 중 계산이 쉬운 한 점의 좌표를 대입하여 b의 값을 구한다.

(예) 두 점 $(2, 4)$, $(5, 13)$을 지나는 직선을 그래프로 하는 일차함수의 식을 구해 보자.
두 점을 지나는 직선의 기울기가 $\frac{13-4}{5-2}=3$이므로 구하는 식을 $y=3x+b$로 놓는다.
이 직선이 점 $(2, 4)$를 지나므로 $x=2$, $y=4$를 대입하면 $4=3\times2+b$ $\quad\therefore b=-2$
따라서 구하는 일차함수의 식은 $y=3x-2$

✔ x절편과 y절편이 주어질 때, 일차함수의 식

x절편이 m, y절편이 n인 직선을 그래프로 하는 일차함수의 식은 다음과 같이 구한다.

① 두 점 $(m, 0)$, $(0, n)$을 지나는 직선의 기울기를 구한다.

⇨ $\frac{n-0}{0-m}=-\frac{n}{m}$

② y절편은 n이므로 구하는 일차함수의 식은

$y=-\frac{n}{m}x+n$

(예) x절편이 4, y절편이 8인 일차함수의 식을 구해 보자.
$y=-\frac{8}{4}x+8$ $\quad\therefore y=-2x+8$

고등수학 연계 ⋯→ 직선의 방정식 | 중요도 ★★★★★

바빠 개념 확인 문제

❖ 다음 직선을 그래프로 하는 일차함수의 식을 구하여라. (1~4)

1 기울기가 -3, y절편이 6인 직선

2 기울기가 $\frac{5}{2}$, y절편이 -5인 직선

3 x의 값이 2만큼 증가할 때, y의 값이 4만큼 감소하고 y절편이 2인 직선

4 x의 값이 4만큼 감소할 때, y의 값이 1만큼 증가하고 y절편이 -3인 직선

❖ 다음 직선을 그래프로 하는 일차함수의 식을 구하여라. (5~7)

5 기울기가 6이고 점 $(2, -1)$을 지나는 직선

6 기울기가 -4이고 점 $(-1, 9)$를 지나는 직선

7 일차함수 $y=-5x+3$의 그래프와 평행하고, 점 $(2, -2)$를 지나는 직선

❖ 다음 두 점을 지나는 직선을 그래프로 하는 일차함수의 식을 구하여라. (8~10)

8 $(-1, 2)$, $(2, 8)$

9 $(5, 1)$, $(1, 13)$

10 $(-4, -3)$, $(2, -1)$

정답 * 정답과 해설 35쪽

1 $y=-3x+6$ 2 $y=\frac{5}{2}x-5$ 3 $y=-2x+2$ 4 $y=-\frac{1}{4}x-3$
5 $y=6x-13$ 6 $y=-4x+5$ 7 $y=-5x+8$ 8 $y=2x+4$
9 $y=-3x+16$ 10 $y=\frac{1}{3}x-\frac{5}{3}$

2. 일차함수의 활용

일차함수를 활용하여 문제를 해결하는 순서

① 변하는 두 양을 x, y로 놓고 관계식을 세운다.

② 함숫값이나 그래프를 이용하여 주어진 조건에 맞는 값을 구한다.

③ 구한 값이 문제의 뜻에 맞는지 확인한다.

x, y 사이의 관계식 세우기 ⇩ 조건에 맞는 값 구하기 ⇩ 확인하기

여러 가지 일차함수의 활용

① **온도에 대한 일차함수의 활용**: 처음 온도가 a ℃, 1분 동안의 온도 변화가 b ℃일 때, x분 후의 온도를 y ℃라고 하면 $y=a+bx$

② **물의 양에 대한 일차함수의 활용**: 처음 물의 양이 a L, 1분 동안의 물의 양의 변화가 b L일 때, x분 후의 물의 양을 y L라고 하면 $y=a+bx$

길이에 대한 일차함수의 활용

예 길이가 20 cm인 양초에 불을 붙이면 1분에 2 cm씩 길이가 짧아진다고 한다. x분 후에 남은 양초의 길이를 y cm라고 할 때, x와 y 사이의 관계식을 구해 보자.

처음 양초의 길이 20 cm이고 1분에 2 cm씩 짧아지므로 x분 후에는 $2x$ cm가 짧아진다.
따라서 y를 x에 대한 식으로 나타내면 $y=20-2x$

도형에서의 일차함수의 활용

예 오른쪽 그림과 같은 직사각형 ABCD에서 점 P가 점 B를 출발하여 $\overline{BC}$를 따라 점 C까지 매분 5 cm의 속력으로 움직이고 있다. 점 P가 점 B를 출발한 지 x분 후의 삼각형 ABP의 넓이를 y cm²라고 할 때, x와 y 사이의 관계식을 구해 보자. (단, $0<x\le6$)

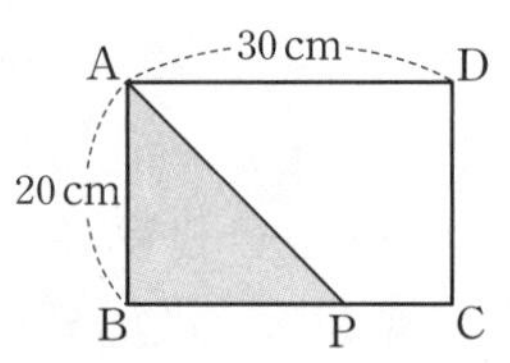

높이가 20 cm이고, 1분에 5 cm씩 움직이므로 x분 후에는 $5x$ cm 움직인다. 즉, $\overline{BP}=5x$ cm이므로 y를 x에 대한 식으로 나타내면 $y=\frac{1}{2}\times5x\times20$

$\therefore y=50x$

바빠 개념 확인 문제

❖ 지면으로부터 10 km까지는 1 km씩 높아질 때마다 기온이 6 ℃씩 내려간다고 한다. 지면의 기온이 10 ℃이고 지면으로부터의 높이가 x km인 지점의 기온을 y ℃라고 할 때, 다음 물음에 답하여라. (1~2)

1 지면으로부터의 높이가 x km일 때 내려가는 온도를 구하여라.

2 x와 y 사이의 관계식을 구하여라.

❖ 길이가 30 cm인 양초에 불을 붙이면 1분에 0.5 cm씩 길이가 짧아진다고 한다. 불을 붙인 지 x분 후에 남은 양초의 길이를 y cm라고 할 때, 다음 물음에 답하여라. (3~4)

3 x분 후에는 양초의 길이가 몇 cm 짧아지는지 구하여라.

4 x와 y 사이의 관계식을 구하여라.

❖ 오른쪽 그림과 같은 직사각형 ABCD에서 점 P가 점 B에서 출발하여 $\overline{BC}$를 따라 점 C까지 매초 2 cm의 속력으로 움직이고 있다. 점 P가 점 B를 출발한 지 x초 후의 삼각형 ABP의 넓이를 y cm²라고 할 때, 다음 물음에 답하여라. (단, $0<x\le5$) (5~7)

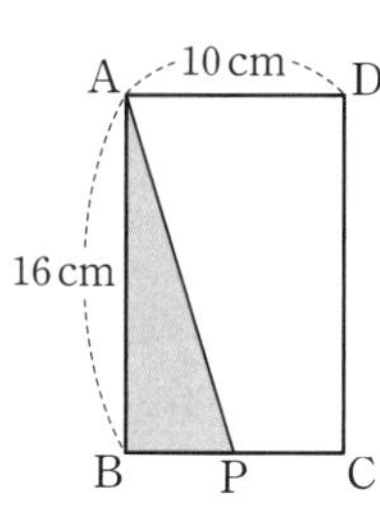

5 x초 후에는 점 P가 몇 cm를 움직였는지 구하여라.

6 x와 y 사이의 관계식을 구하여라.

7 점 P가 점 B를 출발한 지 4초 후의 삼각형 ABP의 넓이를 구하여라.

정답 * 정답과 해설 36쪽

1 $6x$ ℃ 2 $y=10-6x$ 3 $0.5x$ cm 4 $y=30-0.5x$ 5 $2x$ cm 6 $y=16x$ 7 64 cm²

3. 일차함수와 일차방정식

미지수가 2개인 일차방정식의 그래프

미지수가 2개인 일차방정식의 해의 순서쌍 (x, y)를 좌표평면 위에 나타낸 것이다.

① x, y의 값이 자연수 또는 정수로 주어질 때, 점으로 나타낸다.

② x, y의 값의 범위가 수 전체일 때, 직선이 된다.

예) 일차방정식 $x+y=4$에서 그래프는

• x, y의 값이 자연수

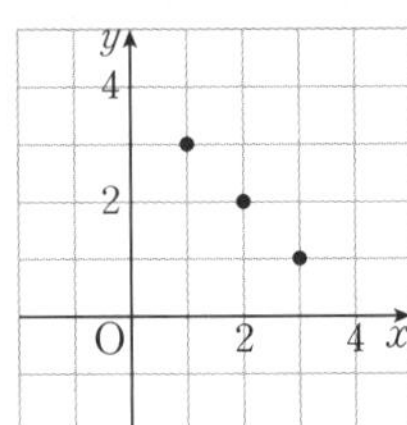

• x, y의 값의 범위가 수 전체

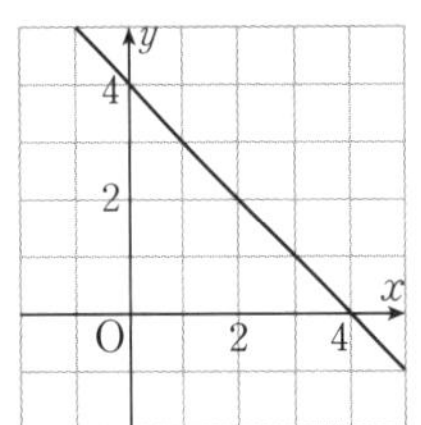

직선의 방정식

x, y의 범위가 수 전체일 때, 일차방정식

$ax+by+c=0$ (a, b, c는 상수, $a\neq0$ 또는 $b\neq0$)

을 직선의 방정식이라고 한다.

일차방정식과 일차함수의 그래프

미지수가 2개인 일차방정식 $ax+by+c=0$ (a, b, c는 상수, $a\neq0$, $b\neq0$)의 그래프는 일차함수

$y=-\frac{a}{b}x-\frac{c}{b}$ (a, b, c는 상수, $a\neq0$, $b\neq0$)

의 그래프와 같은 직선이다.

예) 일차방정식 $3x+y-7=0$의 그래프는 일차함수 $y=-3x+7$의 그래프와 같은 직선이다.

좌표축에 평행 또는 수직인 일차방정식의 그래프

① 일차방정식 $x=m$ $(m\neq0)$의 그래프

• 점 $(m, 0)$을 지나고 y축에 평행한 직선이다.

• 점 $(m, 0)$을 지나고 x축에 수직인 직선이다.

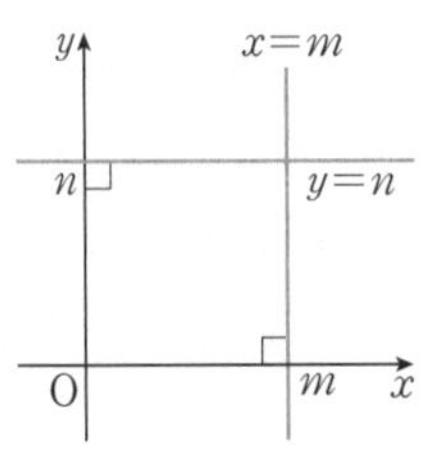

② 일차방정식 $y=n$ $(n\neq0)$의 그래프

• 점 $(0, n)$을 지나고 x축에 평행한 직선이다.

• 점 $(0, n)$을 지나고 y축에 수직인 직선이다.

바빠 개념 확인 문제

❖ 다음 일차방정식을 $y=ax+b$의 꼴로 나타내어라. (1~2)

1 $-5x+y-4=0$

2 $4x-2y+1=0$

❖ 다음 중 일차방정식 $7x-3y+21=0$의 그래프에 대한 설명으로 옳은 것은 ○표, 옳지 않은 것은 ×표를 하여라. (3~5)

3 $y=\frac{7}{3}x+1$의 그래프와 평행하다. ______

4 x의 값이 6만큼 증가할 때, y의 값이 14만큼 증가한다. ______

5 x절편은 $\frac{7}{3}$이고, y절편은 7이다. ______

❖ 다음 일차방정식의 그래프를 좌표평면 위에 그려라. (6~7)

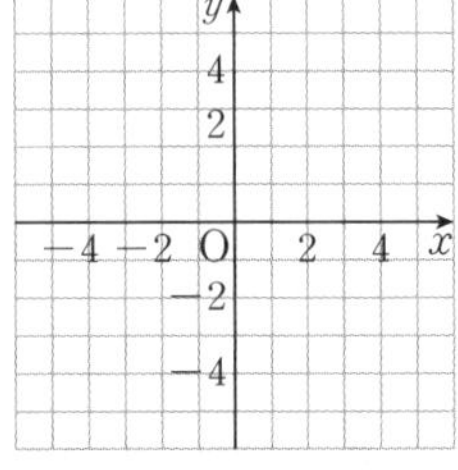

6 $x=3$

7 $y=-2$

❖ 다음을 만족하는 직선의 방정식을 구하여라. (8~9)

8 점 $(-4, 5)$를 지나고 x축에 평행한 직선의 방정식

9 점 $(6, 2)$를 지나고 y축에 평행한 직선의 방정식

정답 * 정답과 해설 36쪽

1 $y=5x+4$ 2 $y=2x+\frac{1}{2}$ 3 ○ 4 ○
5 × 6~7 해설 참조 8 $y=5$ 9 $x=6$

4. 연립방정식의 해와 그래프

연립방정식의 해와 그래프

연립방정식 $\begin{cases} ax+by+c=0 \\ a'x+b'y+c'=0 \end{cases}$의 해는 두 일차방정식 $ax+by+c=0$, $a'x+b'y+c'=0$의 그래프의 교점의 좌표와 같다.

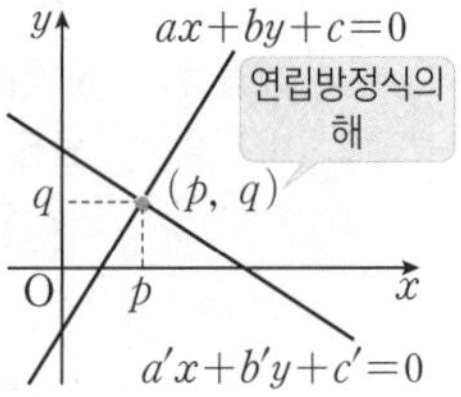

연립방정식의 해 $x=p, y=q$	⇄	두 그래프의 교점의 좌표 (p, q)

앗! 실수

★ 연립방정식 $\begin{cases} -x+y=-1 \\ 2x+y=5 \end{cases}$의 그래프가 오른쪽 그림과 같이 주어졌을 때도 해를 두 일차방정식을 연립하여 구하는 학생들이 많아.
하지만 연립방정식의 해는 두 일차방정식의 그래프의 교점의 좌표와 같으므로 그래프에 나와 있는 $x=2, y=1$이야.

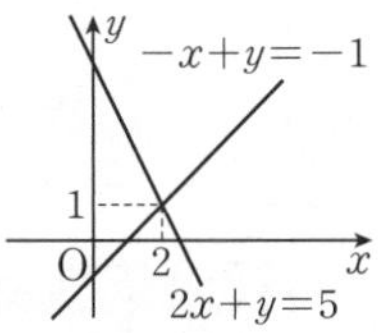

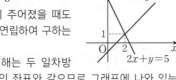

연립방정식의 해의 개수와 두 그래프의 위치 관계

연립방정식 $\begin{cases} ax+by+c=0 \\ a'x+b'y+c'=0 \end{cases}$의 해의 개수는 두 일차방정식의 그래프인 두 직선의 교점의 개수와 같다.

두 직선의 위치 관계	한 점에서 만난다.	평행하다.	일치한다.
두 직선의 모양	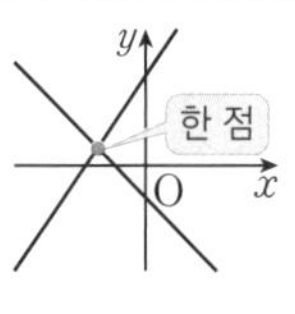	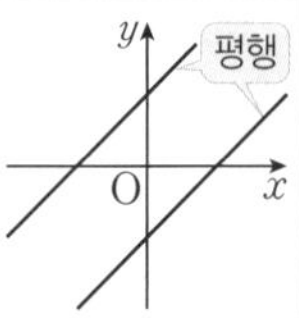	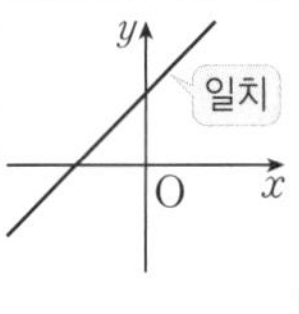
교점의 개수	1개	없다.	무수히 많다.
연립방정식의 해의 개수	한 쌍	해가 없다.	해가 무수히 많다.
기울기와 y절편	기울기가 다르다.	기울기는 같고 y절편은 다르다.	기울기와 y절편이 각각 같다.
계수, 상수항의 관계	$\frac{a}{a'} \neq \frac{b}{b'}$	$\frac{a}{a'} = \frac{b}{b'} \neq \frac{c}{c'}$	$\frac{a}{a'} = \frac{b}{b'} = \frac{c}{c'}$

바빠 꿀팁

• 두 직선은 곡선이 아니기 때문에 두 점에서 만나는 경우는 없어. 따라서 두 직선이 만났다면 한 점에서 만나거나 일치해.

바빠 개념 확인 문제

1 오른쪽은 연립방정식을 풀기 위해 두 일차방정식의 그래프를 그린 것이다. 이 연립방정식의 해를 순서쌍으로 나타내어라.

$\begin{cases} 2x-y=6 \\ x+y=6 \end{cases}$

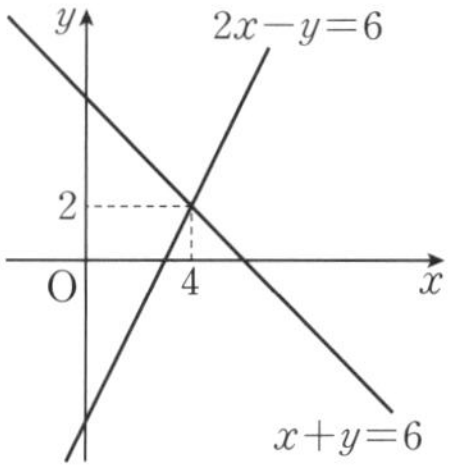

❖ 다음은 연립방정식의 두 일차방정식의 그래프를 나타낸 것이다. 상수 a, b의 값을 각각 구하여라. (2~3)

2 $\begin{cases} ax-y=5 \\ -x-3y=b \end{cases}$

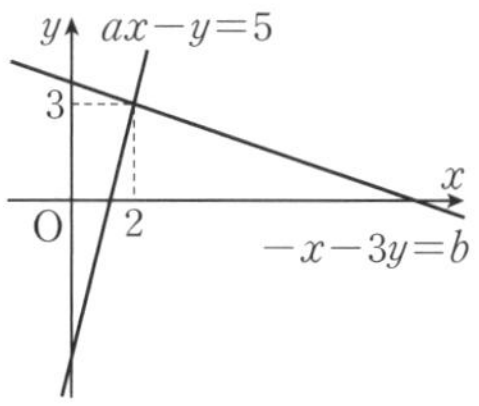

3 $\begin{cases} x+y=b \\ ax+y=2 \end{cases}$

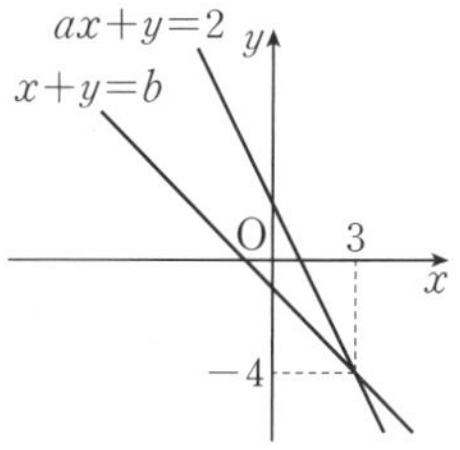

4 두 일차방정식 $x-3y-4=0$, $3x-5y-8=0$의 그래프의 교점의 좌표를 구하여라.

5 연립방정식 $\begin{cases} ax+3y=12 \\ -2x+by=-4 \end{cases}$의 해가 무수히 많을 때, 상수 a, b의 값을 각각 구하여라.

6 연립방정식 $\begin{cases} ax+2y=7 \\ -3x+6y=1 \end{cases}$의 해가 없을 때, 상수 a의 값을 구하여라.

정답 * 정답과 해설 36쪽

1 (4, 2) 2 $a=4, b=-11$ 3 $a=2, b=-1$
4 (1, −1) 5 $a=6, b=-1$ 6 −1

개념 완성 문제

＊정답과 해설 36쪽

일차함수의 식 구하기

1 두 점 $(-4,\ -6)$, $(1,\ 4)$를 지나는 직선과 평행하고, y절편이 5인 직선을 그래프로 하는 일차함수의 식을 구하여라.

Hint (기울기) $=\dfrac{(y\text{의 값의 증가량})}{(x\text{의 값의 증가량})}$

일차함수의 식 구하기

2 일차함수 $y=-3x+7$의 그래프와 평행하고 일차함수 $y=\dfrac{1}{8}x-4$의 그래프와 y축에서 만나는 직선을 그래프로 하는 일차함수의 식은?

① $y=-3x-4$　② $y=\dfrac{1}{8}x+7$
③ $y=-3x+\dfrac{1}{8}$　④ $y=3x-4$
⑤ $y=-\dfrac{1}{8}x-4$

Hint 어떤 일차함수의 그래프와 평행하다는 것은 기울기가 같은 것이고 y축에서 만난다는 것은 y절편이 같다는 뜻이다.

일차함수의 식 구하기

3 두 점 $(-4,\ 1)$, $(-2,\ 13)$을 지나는 직선을 그래프로 하는 일차함수의 식을 $y=ax+b$라고 할 때, 상수 a, b에 대하여 $b-4a$의 값은?

① -2　② -1　③ 0
④ 1　⑤ 2

Hint 두 점을 이용하여 먼저 기울기 a를 구하고, 두 점 중에 계산이 편리한 점을 대입하여 b의 값을 구한다.

일차함수의 활용

4 규성이는 10 km 단축마라톤 대회에 참가하여 분속 250 m로 달리고 있다. 출발한 지 x분 후에 규성이의 위치에서 결승점까지의 거리를 y m라고 할 때, x와 y 사이의 관계식은?

① $y=10-250x$　② $y=250x$
③ $y=10x-250$　④ $y=10000+250x$
⑤ $y=10000-250x$

Hint 10 km$=$10000 m, 분속 250 m로 달리고 있으므로 x분 동안 달린 거리는 $250x$ m

일차방정식의 그래프

5 일차방정식 $2x+ay-9=0$의 그래프가 오른쪽 그림과 같을 때, $a+2b$의 값은? (단, a는 상수)

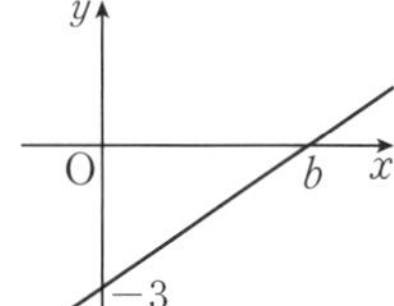

① 5　② 6
③ 7　④ 8
⑤ 9

Hint x절편은 $y=0$을 대입하여 구하고 y절편은 $x=0$을 대입하여 구한다.

연립방정식의 해와 그래프

6 오른쪽 그림은 연립방정식 $\begin{cases}2x+y=a\\bx+y=-1\end{cases}$의 두 일차방정식의 그래프를 나타낸 것이다. 상수 a, b의 값을 각각 구하여라.

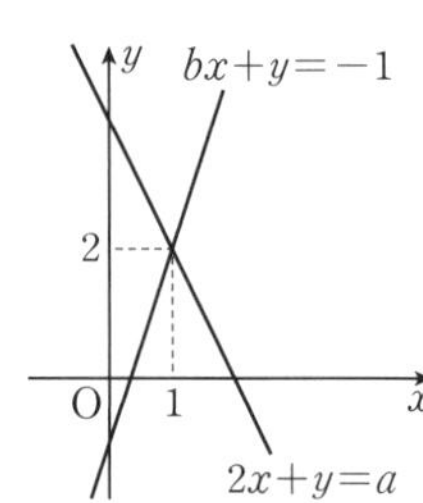

Hint $x=1$, $y=2$를 두 식에 대입하여 a, b의 값을 각각 구한다.

22 이차함수 1

중3

1. 이차함수 $y=ax^2$의 그래프

✔ 이차함수의 뜻

함수 $y=f(x)$에서 y가 x에 대한 이차식

$y=ax^2+bx+c$ (a, b, c는 상수, $a\neq0$)

로 나타날 때, 이 함수를 x에 대한 이차함수라고 한다.

✔ 이차함수 $y=x^2$의 그래프

① 아래로 볼록한 곡선이다.

② 원점 $(0,\ 0)$을 지난다.

③ y축에 대칭이다.

④ $x>0$일 때, x의 값이 증가하면 y의 값도 증가한다.
$x<0$일 때, x의 값이 증가하면 y의 값은 감소한다.

⑤ 이차함수 $y=-x^2$의 그래프와 x축에 서로 대칭이다.

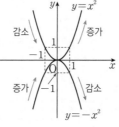

✔ 포물선의 축과 꼭짓점

① **포물선**: 이차함수 $y=ax^2$의 그래프와 같은 모양의 곡선

② **축**: 선대칭도형인 포물선의 대칭축

③ **꼭짓점**: 포물선과 축의 교점

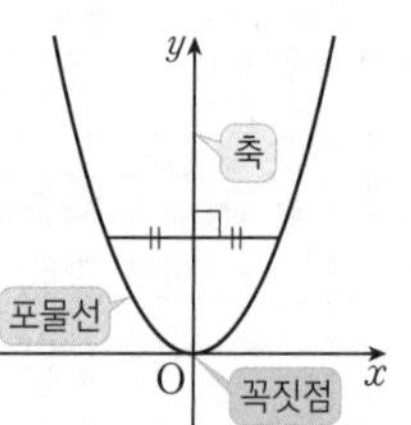

✔ 이차함수 $y=ax^2$ $(a\neq0)$의 그래프

① **꼭짓점의 좌표**: 원점 $(0,\ 0)$

② **축의 방정식**: $x=0$ (y축)

③ $a>0$이면 아래로 볼록하고, $a<0$이면 위로 볼록하다.

④ a의 절댓값이 클수록 그래프의 폭이 좁아진다.

⑤ 이차함수 $y=-ax^2$의 그래프와 x축에 서로 대칭이다.

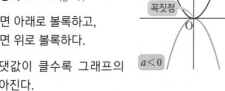

바빠 꿀팁

• $y=ax^2$의 그래프는 a의 부호에 따라 그래프의 모양이 결정되고 a의 절댓값이 클수록 폭이 좁아져.

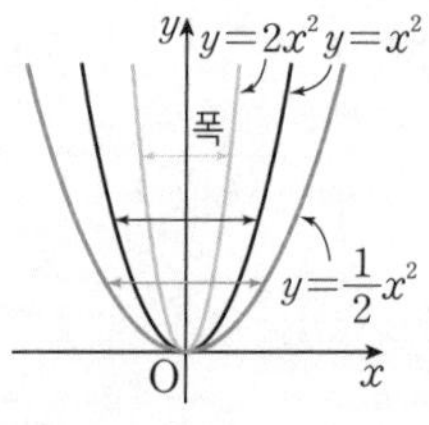

바빠 개념 확인 문제

❖ 다음 중 y가 x에 대한 이차함수인 것은 ○표, 이차함수가 아닌 것은 ×표를 하여라. (1~3)

1 $y=5x^2-2$ ________

2 $y=x^2-x(x-2)$ ________

3 $x^2-4x+7=0$ ________

❖ 아래 이차함수의 그래프 중 다음에 해당하는 것을 모두 골라라. (4~7)

ㄱ. $y=-3x^2$	ㄴ. $y=8x^2$
ㄷ. $y=\frac{1}{5}x^2$	ㄹ. $y=-\frac{1}{4}x^2$

4 아래로 볼록한 그래프

5 그래프의 폭이 가장 넓은 그래프

6 $x>0$일 때, x의 값이 증가하면 y의 값도 증가하는 그래프

7 $x>0$일 때, x의 값이 증가하면 y의 값은 감소하는 그래프

❖ 이차함수 $y=ax^2$의 그래프가 다음 두 점을 지날 때, a, b의 값을 각각 구하여라. (단, a는 상수) (8~9)

8 $(2,\ 12)$, $(-2,\ b)$

9 $(3,\ 6)$, $\left(\frac{3}{2},\ b\right)$

정답 ＊정답과 해설 37쪽

1 ○ 2 × 3 × 4 ㄴ, ㄷ 5 ㄷ 6 ㄴ, ㄷ
7 ㄱ, ㄹ 8 $a=3$, $b=12$ 9 $a=\frac{2}{3}$, $b=\frac{3}{2}$

2. 이차함수 $y=ax^2+q$, $y=a(x-p)^2$의 그래프

✔ 이차함수 $y=ax^2+q$ $(a\neq0)$의 그래프

① 이차함수 $y=ax^2$의 그래프를 y축의 방향으로 q만큼 평행이동한 것이다.

② **꼭짓점의 좌표**: $(0,\ q)$

③ **축의 방정식**: $x=0$ (y축)

$a>0,\ q>0$

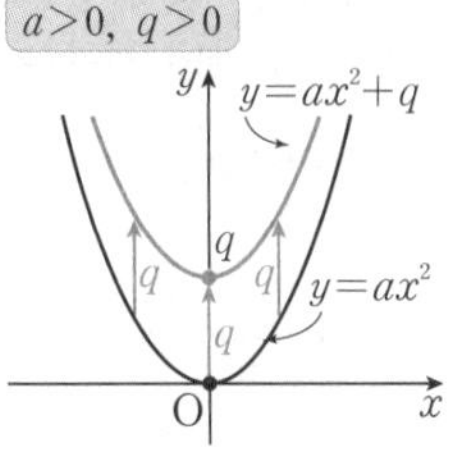

✔ 이차함수 $y=a(x-p)^2$ $(a\neq0)$의 그래프

① 이차함수 $y=ax^2$의 그래프를 x축의 방향으로 p만큼 평행이동한 것이다.

② **꼭짓점의 좌표**: $(p,\ 0)$

③ **축의 방정식**: $x=p$

$a>0,\ p>0$

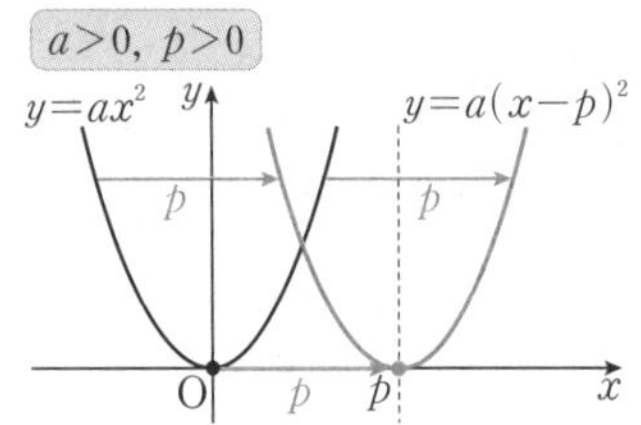

예

이차함수	$y=x^2-2$	$y=(x-3)^2$
그래프의 평행이동	$y=x^2$의 그래프를 y축의 방향으로 -2만큼 평행이동	$y=x^2$의 그래프를 x축의 방향으로 3만큼 평행이동
이차함수의 그래프	($y=x^2$, $y=x^2-2$, O, -2)	($y=x^2$, $y=(x-3)^2$, O, 3)
꼭짓점의 좌표	$(0,\ -2)$	$(3,\ 0)$
축의 방정식	$x=0$	$x=3$

★ 이차함수 $y=ax^2+q$ $(a\neq0)$의 그래프에서 꼭짓점의 좌표는 $(0,\ q)$이지만 $y=a(x-p)^2$ $(a\neq0)$의 그래프에서 꼭짓점의 좌표는 $(-p,\ 0)$이 아니고 부호가 바뀌어 $(p,\ 0)$이야.

바빠 꿀팁

- 이차함수 $y=ax^2$의 그래프를 y축의 방향으로 평행이동하면 꼭짓점은 y축 위에 있고, x축의 방향으로 평행이동하면 꼭짓점은 x축 위에 있어.
- $y=ax^2+q$ $(a\neq0)$, $y=a(x-p)^2$ $(a\neq0)$의 그래프의 모양과 폭을 결정하는 것은 a야. 따라서 평행이동하면 a의 값이 변하지 않으므로 그래프의 모양과 폭은 변하지 않고 위치만 바뀌어.

바빠 개념 확인 문제

❖ 다음 이차함수의 그래프를 y축의 방향으로 [ ] 안의 수만큼 평행이동한 그래프의 꼭짓점의 좌표와 축의 방정식을 각각 구하여라. (1~2)

1 $y=3x^2$ $[-2]$

꼭짓점의 좌표: ________

축의 방정식: ________

2 $y=-\frac{1}{4}x^2$ $[6]$

꼭짓점의 좌표: ________

축의 방정식: ________

❖ 이차함수 $y=ax^2$의 그래프를 y축의 방향으로 [ ] 안의 수만큼 평행이동한 그래프가 다음 점을 지날 때, 상수 a의 값을 구하여라. (3~4)

3 $[3]$, $(-2,\ 7)$

4 $[-4]$, $(1,\ -8)$

❖ 다음 이차함수의 그래프를 x축의 방향으로 [ ] 안의 수만큼 평행이동한 그래프의 꼭짓점의 좌표와 축의 방정식을 각각 구하여라. (5~6)

5 $y=-2x^2$ $[-5]$

꼭짓점의 좌표: ________

축의 방정식: ________

6 $y=\frac{1}{3}x^2$ $[1]$

꼭짓점의 좌표: ________

축의 방정식: ________

❖ 이차함수 $y=ax^2$의 그래프를 x축의 방향으로 [ ] 안의 수만큼 평행이동한 그래프가 다음 점을 지날 때, 상수 a의 값을 구하여라. (7~8)

7 $[-1]$, $(-2,\ 4)$

8 $[7]$, $(5,\ -8)$

정답 * 정답과 해설 37쪽

1 $(0,\ -2)$, $x=0$ 2 $(0,\ 6)$, $x=0$ 3 1 4 -4
5 $(-5,\ 0)$, $x=-5$ 6 $(1,\ 0)$, $x=1$ 7 4 8 -2

중 3

3. 이차함수 $y=a(x-p)^2+q$의 그래프

✔ 이차함수 $y=a(x-p)^2+q$ $(a\neq0)$의 그래프

① 이차함수 $y=ax^2$의 그래프를 x축의 방향으로 p만큼, y축의 방향으로 q만큼 평행이동한 것이다.

$y=ax^2$ —(x축의 방향으로 p만큼, y축의 방향으로 q만큼 평행이동)→ $y=a(x-p)^2+q$

$a>0,\ p>0,\ q>0$

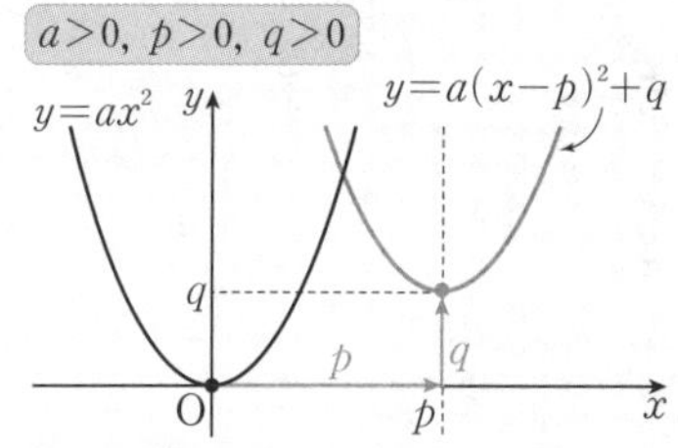

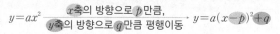

② **꼭짓점의 좌표**: $(p,\ q)$

③ **축의 방정식**: $x=p$

예

이차함수	$y=(x-1)^2+2$
그래프의 평행이동	$y=x^2$의 그래프를 x축의 방향으로 1만큼, y축의 방향으로 2만큼 평행이동
이차함수의 그래프	
꼭짓점의 좌표	$(1,\ 2)$
축의 방정식	$x=1$

• 모든 이차함수의 그래프는 $y=ax^2$의 그래프를 그리고 평행이동하여 구할 수 있어. 이때 그래프의 폭을 담당하는 a는 변하지 않으니 그래프 그대로 위아래좌우로 움직이면 돼.

하하하
y=a(x−p)²+q
네가 바로 어떤 모습이어도 꼭짓점이 어디에 있어도 다 표현할 수 있다는 이차함수 만능식?

앗! 실수

★ $y=ax^2$의 그래프를 x축의 방향으로 p만큼, y축의 방향으로 q만큼 평행이동하면 $y=a(x-p)^2+q$가 되지. 이 그래프를 다시 x축의 방향으로 m만큼, y축의 방향으로 n만큼 평행이동하면 $y=a(x-p-m)^2+q+n$이 돼. 이때 m이 괄호 안으로 들어갈 때는 부호를 바꾸는 것을 잊으면 안 돼!

바빠 개념 확인 문제

❖ 다음 이차함수의 그래프를 x축의 방향으로 p만큼, y축의 방향으로 q만큼 평행이동한 그래프를 나타내는 이차함수의 식을 구하여라. (1~3)

1 $y=4x^2$ $[p=2,\ q=1]$

2 $y=-5x^2$ $[p=-4,\ q=-3]$

3 $y=-\frac{1}{2}x^2$ $[p=-1,\ q=5]$

❖ 다음에 주어진 이차함수의 그래프를 x축의 방향으로 p만큼, y축의 방향으로 q만큼 평행이동한 그래프를 나타내는 이차함수의 식을 구하여라. (4~5)

4 $y=3(x-1)^2+1$ $[p=-4,\ q=1]$

5 $y=-\frac{1}{6}(x+4)^2+7$ $[p=6,\ q=-4]$

❖ 다음에 주어진 이차함수의 그래프를 x축의 방향으로 p만큼, y축의 방향으로 q만큼 평행이동한 그래프의 꼭짓점의 좌표와 축의 방정식을 차례로 구하여라. (6~7)

6 $y=-(x+2)^2-8$ $[p=5,\ q=4]$

꼭짓점의 좌표: ____________

축의 방정식: ____________

7 $y=\frac{5}{4}\left(x-\frac{1}{2}\right)^2+\frac{7}{2}$ $\left[p=-\frac{3}{4},\ q=-\frac{3}{2}\right]$

꼭짓점의 좌표: ____________

축의 방정식: ____________

정답 * 정답과 해설 37쪽

1 $y=4(x-2)^2+1$ 2 $y=-5(x+4)^2-3$ 3 $y=-\frac{1}{2}(x+1)^2+5$
4 $y=3(x+3)^2+2$ 5 $y=-\frac{1}{6}(x-2)^2+3$ 6 $(3,\ -4),\ x=3$
7 $\left(-\frac{1}{4},\ 2\right),\ x=-\frac{1}{4}$

* 정답과 해설 38쪽

이차함수 $y=ax^2$의 그래프

1 다음 중 이차함수 $y=-6x^2$의 그래프에 대한 설명으로 옳지 않은 것은?

① 위로 볼록한 포물선이다.
② 점 $(-2,\ -24)$를 지난다.
③ 꼭짓점의 좌표는 $(-6,\ 0)$이다.
④ $y=x^2$의 그래프보다 폭이 좁다.
⑤ 제3사분면, 제4사분면을 지난다.

Hint $y=ax^2$에서 a의 절댓값이 클수록 그래프의 폭이 좁다.

이차함수 $y=ax^2+q$의 그래프

2 이차함수 $y=\frac{5}{4}x^2$의 그래프를 y축의 방향으로 k만큼 평행이동하면 점 $(2,\ 6)$을 지난다. 이때 k의 값은?

① 1 ② 3 ③ 5
④ 7 ⑤ 8

Hint 이차함수 $y=\frac{5}{4}x^2$의 그래프를 y축의 방향으로 k만큼 평행이동한 그래프를 나타내는 이차함수의 식은 $y=\frac{5}{4}x^2+k$이다.

이차함수 $y=a(x-p)^2$의 그래프

3 다음 중 $y=3(x-1)^2$의 그래프에 대한 설명으로 옳지 않은 것은?

① 축의 방정식은 $x=1$이다.
② 꼭짓점의 좌표는 $(1,\ 0)$이다.
③ $y=-2x^2$의 그래프보다 폭이 좁다.
④ 그래프는 아래로 볼록한 포물선이다.
⑤ $y=3x^2$의 그래프를 x축의 방향으로 -1만큼 평행이동한 것이다.

Hint 이차함수 $y=a(x-p)^2$의 그래프는 $y=ax^2$의 그래프를 x축의 방향으로 p만큼 평행이동한 것이다.

이차함수 $y=a(x-p)^2$의 그래프

4 이차함수 $y=a(x-p)^2$의 그래프가 오른쪽 그림과 같을 때, $a+p$의 값은? (단, a, p는 상수)

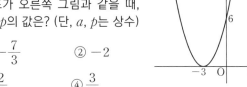

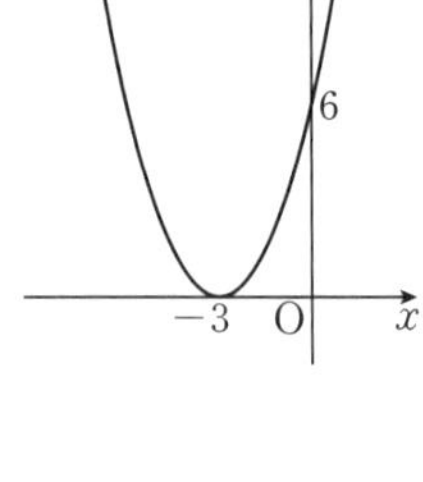

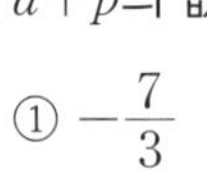
① $-\frac{7}{3}$ ② -2
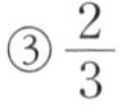
③ $\frac{2}{3}$ ④ $\frac{3}{2}$
⑤ $\frac{9}{2}$

Hint 꼭짓점의 좌표가 $(-3,\ 0)$이므로 이차함수의 그래프의 식은 $y=a(x+3)^2$이다.

이차함수 $y=a(x-p)^2+q$의 그래프

5 이차함수 $y=\frac{1}{3}(x-4)^2+9$의 그래프는 이차함수 $y=\frac{1}{3}x^2$의 그래프를 x축의 방향으로 p만큼, y축의 방향으로 q만큼 평행이동한 것이다. 이때 $p-q$의 값은?

① -6 ② -5 ③ -3
④ 2 ⑤ 5

Hint 이차함수 $y=a(x-p)^2+q$의 그래프는 $y=ax^2$의 그래프를 x축의 방향으로 p만큼, y축의 방향으로 q만큼 평행이동한 것이다.

이차함수 $y=a(x-p)^2+q$의 그래프

6 이차함수 $y=a(x-3)^2-5$의 그래프를 x축의 방향으로 -2만큼, y축의 방향으로 8만큼 평행이동하였더니 $y=-5(x+b)^2+c$의 그래프와 일치하였다. 이때 $a+b+c$의 값을 구하여라. (단, a, b, c는 상수)

Hint a의 값은 평행이동과 상관없이 일치한다.

23 이차함수 2

중3

1. 이차함수 $y=a(x-p)^2+q$의 그래프의 활용

✔ 이차함수 $y=a(x-p)^2+q$의 그래프에서 증가 또는 감소하는 범위

① $a>0$인 경우

$x<p$ ⇨ x의 값이 증가하면 y의 값은 감소한다.

$x>p$ ⇨ x의 값이 증가하면 y의 값도 증가한다.

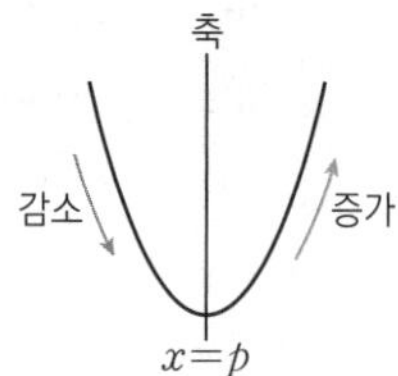

② $a<0$인 경우

$x<p$ ⇨ x의 값이 증가하면 y의 값도 증가한다.

$x>p$ ⇨ x의 값이 증가하면 y의 값은 감소한다.

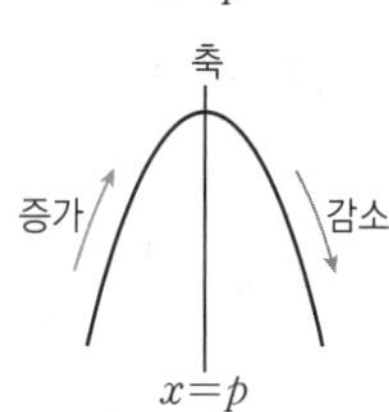

✔ 이차함수 $y=a(x-p)^2+q$의 식 구하기

예 꼭짓점의 좌표가 $(2,\ 3)$이고 점 $(0,\ 7)$을 지나는 포물선을 그래프로 하는 이차함수의 식을 구해 보자.
꼭짓점의 좌표가 $(2,\ 3)$이므로 이차함수의 식을 $y=a(x-2)^2+3$으로 놓을 수 있다.
이 이차함수의 그래프가 점 $(0,\ 7)$을 지나므로 $x=0$, $y=7$을 대입하면 $7=4a+3$ $\quad\therefore a=1$
따라서 구하는 이차함수의 식은 $y=(x-2)^2+3$

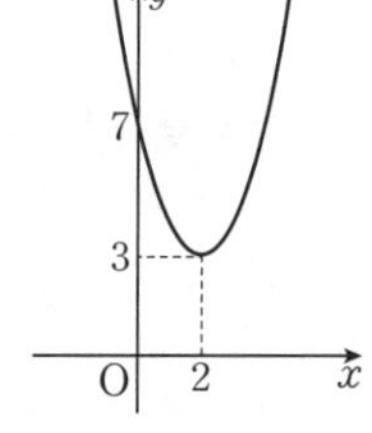

✔ 이차함수 $y=a(x-p)^2+q$의 그래프에서 a, p, q의 부호

① **a의 부호**: 그래프의 모양에 따라 결정된다.
아래로 볼록(∪) ⇨ $a>0$
위로 볼록(∩) ⇨ $a<0$

② **p, q의 부호**: 꼭짓점의 위치에 따라 결정된다.
- 제1사분면 ⇨ $p>0$, $q>0$
- 제2사분면 ⇨ $p<0$, $q>0$
- 제3사분면 ⇨ $p<0$, $q<0$
- 제4사분면 ⇨ $p>0$, $q<0$

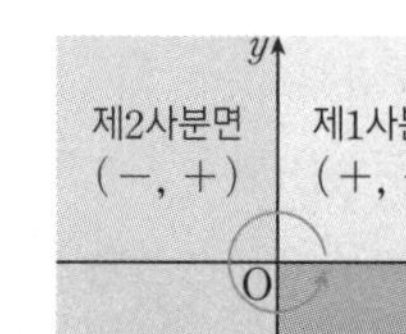
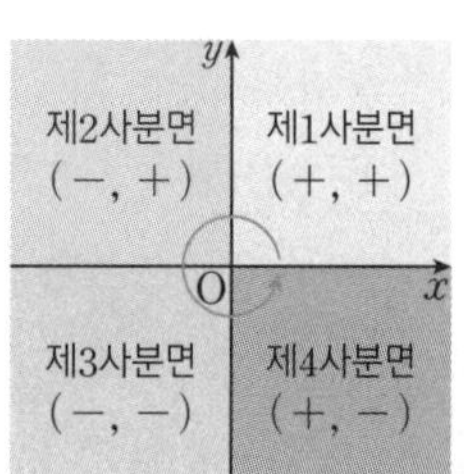

바빠 꿀팁

이차함수의 그래프가 주어질 때,
- 꼭짓점이 x축 위에 있으면 $y=a(x-p)^2$
- 꼭짓점이 y축 위에 있으면 $y=ax^2+q$
- 꼭짓점이 x축 또는 y축 위에 있지 않다면 $y=a(x-p)^2+q$

바빠 개념 확인 문제

❖ 이차함수 $y=-5(x+2)^2-1$의 그래프에 대하여 다음 ◯ 안에 > 또는 <를 써넣어라. (1~2)

1 x ◯ -2에서 x의 값이 증가할 때 y의 값은 감소한다.

2 x ◯ -2에서 x의 값이 증가할 때 y의 값이 증가한다.

❖ 이차함수 $y=a(x-p)^2+q$의 그래프가 다음과 같을 때, 이차함수의 식을 구하여라. (3~4)

3

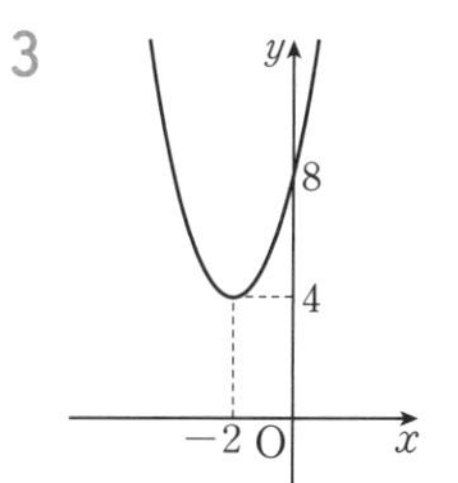

4

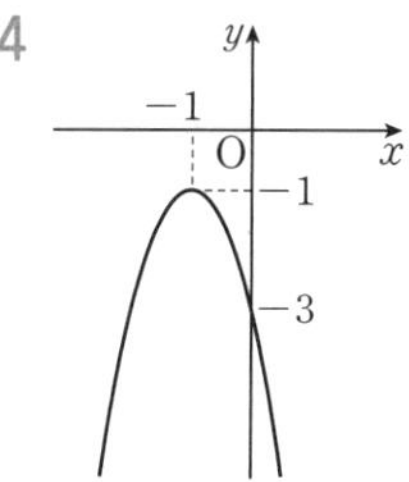

❖ 이차함수 $y=a(x-p)^2+q$의 그래프가 다음과 같을 때, ◯ 안에 > 또는 <를 써넣어라. (5~6)

5

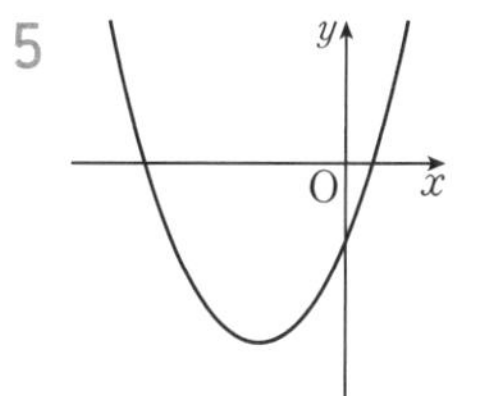

a◯0, p◯0, q◯0

6

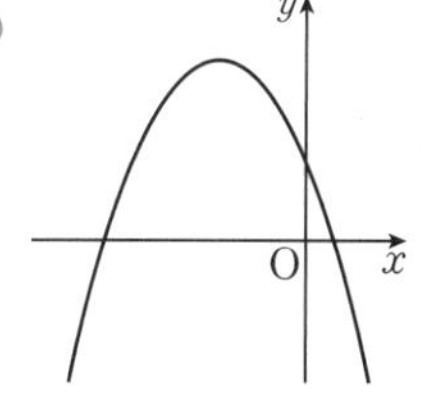

정답 *정답과 해설 38쪽

1 > 2 < 3 $y=(x+2)^2+4$ 4 $y=-2(x+1)^2-1$
5 >, <, < 6 <, <, >

중3

2. 이차함수 $y=ax^2+bx+c$의 그래프의 꼭짓점의 좌표

이차함수 $y=ax^2+bx+c$의 그래프의 꼭짓점의 좌표와 축의 방정식

이차함수 $y=ax^2+bx+c$의 그래프는 $y=a(x-p)^2+q$의 꼴로 고친 후 a의 부호, 꼭짓점의 좌표, 축의 방정식을 구한다.

$$y=ax^2+bx+c \Rightarrow y=a\left(x+\frac{b}{2a}\right)^2-\frac{b^2-4ac}{4a}$$

① **꼭짓점의 좌표**: $\left(-\frac{b}{2a},\ -\frac{b^2-4ac}{4a}\right)$

② **축의 방정식**: $x=-\frac{b}{2a}$

예 $y=3x^2-6x+2$의 꼭짓점의 좌표와 축의 방정식을 구해 보자.

$y=3x^2-6x+2$
$=3(x^2-2x)+2$) 이차항의 계수 3으로 일차항까지 묶기
$=3(x^2-2x+1-1)+2$) 괄호 안이 완전제곱식이 되도록 상수항을 더하고 빼기
$=3(x-1)^2-3+2$) 위의 식에서 -1을 3과 곱하여 괄호 밖으로 꺼내기
$=3(x-1)^2-1$

따라서 꼭짓점의 좌표는 $(1,\ -1)$, 축의 방정식은 $x=1$

예 $y=\frac{1}{4}x^2-2x+1$의 그래프의 꼭짓점의 좌표를 구해 보자.

이차항의 계수가 분수 $\frac{1}{4}$이므로 $\frac{1}{4}$로 묶으면 일차항의 계수는 분수의 분모, 분자를 바꾸어 일차항의 계수와 곱한다.

$\therefore y=\frac{1}{4}(x^2-8x)+1$
$=\frac{1}{4}(x^2-8x+16-16)+1$
$=\frac{1}{4}(x-4)^2-4+1=\frac{1}{4}(x-4)^2-3$

따라서 꼭짓점의 좌표는 $(4,\ -3)$이다.

이차함수 $y=ax^2+bx+c$의 그래프의 축의 방정식이 주어졌을 때, 상수 구하기

예 $y=2x^2+px+7$의 그래프의 축의 방정식이 $x=-3$일 때, 상수 p의 값을 구해 보자.

$y=2\left(x^2+\frac{p}{2}x\right)+7$
$=2\left(x^2+\frac{p}{2}x+\frac{p^2}{16}-\frac{p^2}{16}\right)+7$
$=2\left(x+\frac{p}{4}\right)^2-\frac{p^2}{8}+7$

축의 방정식이 $x=-3$이므로

$-\frac{p}{4}=-3 \quad \therefore p=12$

 개념 확인 문제 

❖ 다음 이차함수를 $y=a(x-p)^2+q$의 꼴로 나타내어라. (1~5)

1 $y=x^2-2x+5$

2 $y=-x^2+6x-7$

3 $y=4x^2-16x+9$

4 $y=\frac{1}{2}x^2-x+3$

5 $y=3x^2+2x+3$

❖ 다음 이차함수의 그래프의 꼭짓점의 좌표와 축의 방정식을 각각 구하여라. (6~7)

6 $y=-2x^2+20x-30$

꼭짓점의 좌표: ____________

축의 방정식: ____________

7 $y=-4x^2+2x-1$

꼭짓점의 좌표: ____________

축의 방정식: ____________

8 이차함수 $y=3x^2+6px+1$의 그래프의 축의 방정식이 $x=-2$일 때, 상수 p의 값을 구하여라.

정답 * 정답과 해설 38쪽

1 $y=(x-1)^2+4$ 2 $y=-(x-3)^2+2$ 3 $y=4(x-2)^2-7$
4 $y=\frac{1}{2}(x-1)^2+\frac{5}{2}$ 5 $y=3\left(x+\frac{1}{3}\right)^2+\frac{8}{3}$ 6 $(5,\ 20)$, $x=5$
7 $\left(\frac{1}{4},\ -\frac{3}{4}\right)$, $x=\frac{1}{4}$ 8 2

3. 이차함수 $y=ax^2+bx+c$의 그래프 그리기

✔ 이차함수 $y=ax^2+bx+c$의 그래프와 x축, y축과의 교점

① **x축과의 교점**: $y=0$일 때, x의 값을 구한다.

② **y축과의 교점**: $x=0$일 때, y의 값을 구한다.

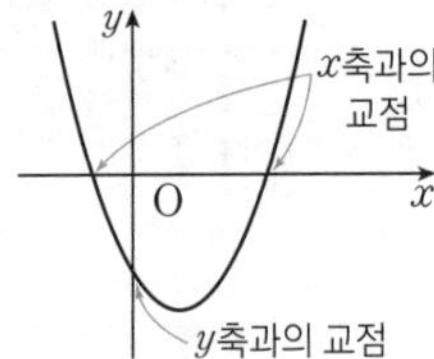

예 이차함수 $y=x^2-x-6$의 그래프와 x축, y축과의 교점의 좌표를 구해 보자.
$y=0$을 대입하면
$x^2-x-6=0$
$(x+2)(x-3)=0$
$\therefore x=-2$ 또는 $x=3$
따라서 x축과의 교점의 좌표는 $(-2,\ 0)$, $(3,\ 0)$이다.
$x=0$을 대입하면 $y=-6$
따라서 y축과의 교점의 좌표는 $(0,\ -6)$이다.

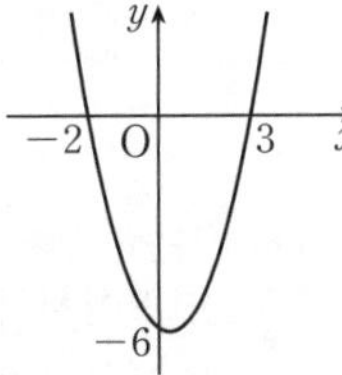

✔ 이차함수 $y=ax^2+bx+c$의 그래프 그리기

① $y=a(x-p)^2+q$의 꼴로 변형하여 꼭짓점의 좌표 $(p,\ q)$를 구한다.

② $a>0$이면 아래로 볼록, $a<0$이면 위로 볼록하다.

③ $x=0$을 대입하여 y축과의 교점을 구한다.

✔ 이차함수 $y=ax^2+bx+c$의 그래프에서 a, b, c의 부호

① **a의 부호**: 그래프의 모양에 따라 결정된다.
- 아래로 볼록(∨) ⇨ $a>0$
- 위로 볼록(∧) ⇨ $a<0$

② **b의 부호**: 축의 위치에 따라 결정된다.
- 축이 y축의 왼쪽 ⇨ a와 b의 부호는 같다.
- 축이 y축 ⇨ $b=0$
- 축이 y축의 오른쪽 ⇨ a와 b의 부호는 다르다.

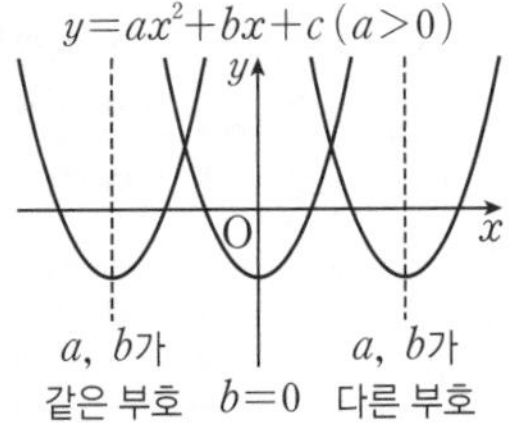

③ **c의 부호**: y축과의 교점의 위치에 따라 결정된다.
- y축과의 교점이 x축보다 위쪽 ⇨ $c>0$
- y축과의 교점이 원점 ⇨ $c=0$
- y축과의 교점이 x축보다 아래쪽 ⇨ $c<0$

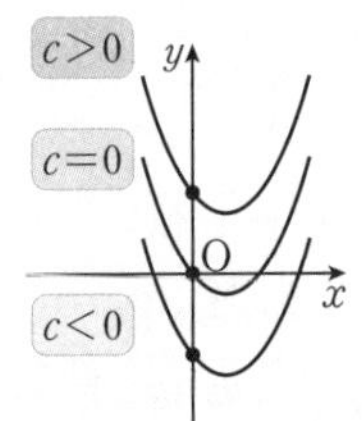

바빠 개념 확인 문제

❖ 다음 이차함수의 그래프가 y축과 만나는 점의 y좌표를 구하여라. (1~2)

1 $y=2x^2+3x-5$

2 $y=-3(x+2)^2+8$

❖ 다음 이차함수의 그래프가 x축과 만나는 두 점의 x좌표를 구하여라. (3~4)

3 $y=x^2-3x-18$

4 $y=6x^2+7x-3$

❖ 다음 이차함수의 그래프를 그려라. (5~6)

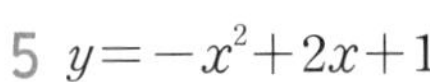

5 $y=-x^2+2x+1$

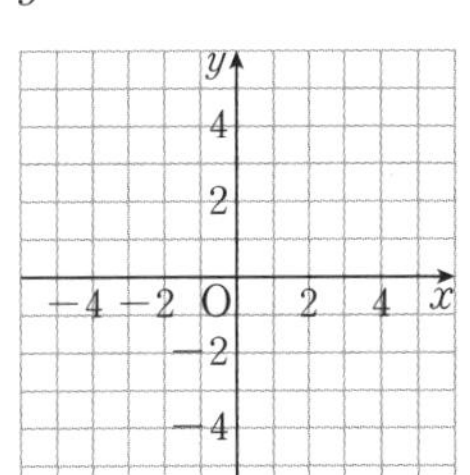

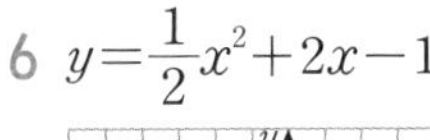

6 $y=\frac{1}{2}x^2+2x-1$

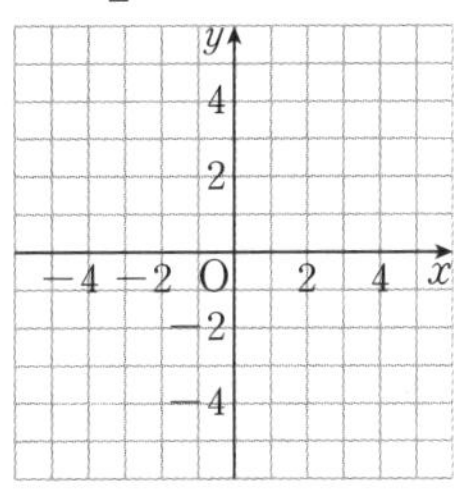

❖ 이차함수 $y=ax^2+bx+c$의 그래프가 다음과 같을 때, 상수 a, b, c의 부호를 각각 구하여라. (7~8)

7

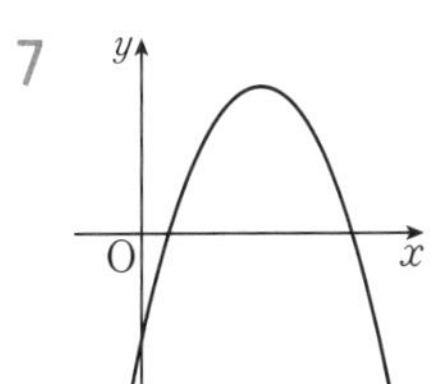

8

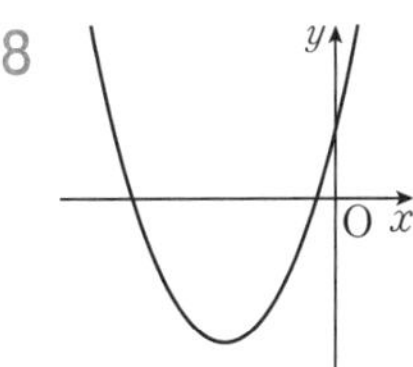

정답 * 정답과 해설 39쪽

1 -5 2 -4 3 -3, 6 4 $-\frac{3}{2}$, $\frac{1}{3}$ 5~6 해설 참조
7 $a<0$, $b>0$, $c<0$ 8 $a>0$, $b>0$, $c>0$

중 3

4. 이차함수의 식 구하기

이차함수의 식을 구할 때 주어진 값에 따라 여러 가지 방법으로 구할 수 있다.

✔ 꼭짓점과 그래프 위의 다른 한 점의 좌표가 주어지는 경우

이차함수의 그래프의 꼭짓점의 좌표가 $(p,\ q)$이고, 다른 한 점 $(m,\ n)$을 지날 때

- 꼭짓점의 좌표가 $(p,\ q)$이므로 이차함수의 식을 $y=a(x-p)^2+q$로 놓는다.
- $y=a(x-p)^2+q$에 $x=m$, $y=n$을 대입하여 a의 값을 구한다.

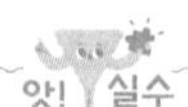

★ 이차함수의 식을 구할 때, 꼭짓점의 좌표가 $(5,\ 3)$이라면 식을 $y=(x-5)^2+3$으로 놓는 경우가 많아. 하지만 꼭짓점의 좌표가 같더라도 그래프의 폭은 다를 수 있으므로 반드시 $y=a(x-5)^2+3$으로 놓고 a의 값을 구해야 해.

✔ 축의 방정식과 그래프 위의 서로 다른 두 점의 좌표가 주어지는 경우

이차함수의 그래프의 축의 방정식이 $x=p$이고, 서로 다른 두 점을 지날 때

- 꼭짓점의 x좌표가 p이므로 $y=a(x-p)^2+q$로 놓는다.
- 두 점의 좌표를 대입하여 a, q의 값을 각각 구한다.

✔ x축과의 두 교점과 그래프 위의 다른 한 점의 좌표가 주어지는 경우

이차함수의 그래프가 x축과 두 점 $(\alpha,\ 0)$, $(\beta,\ 0)$에서 만나고 다른 한 점을 지날 때

- 이차함수의 식을 $y=a(x-\alpha)(x-\beta)$로 놓는다.
- 다른 한 점의 좌표를 대입하여 a의 값을 구한다.

✔ y축과의 교점과 두 점이 주어지는 경우

이차함수의 그래프가 y축과 점 $(0,\ k)$에서 만나고, 그래프 위의 서로 다른 두 점을 지날 때

- 이차함수의 식을 $y=ax^2+bx+k$로 놓는다.
- 두 점의 좌표를 대입하여 a, b의 값을 각각 구한다.

바빠 꿀팁

이차함수의 식을 구할 때, 다음과 같이 두 가지로 놓을 수 있어.

- 꼭짓점의 좌표를 알면 ⇨ $y=a(x-p)^2+q$
- 꼭짓점의 좌표를 모르면 ⇨ $y=ax^2+bx+c$

바빠 개념 확인 문제

❖ 다음과 같이 이차함수의 그래프의 꼭짓점과 다른 한 점이 주어졌을 때, 이차함수의 식을 $y=a(x-p)^2+q$의 꼴로 구하여라. (1~2)

1 꼭짓점: $(-1,\ 2)$, 다른 한 점: $(-2,\ 3)$

2 꼭짓점: $(2,\ 5)$, 다른 한 점: $(4,\ -7)$

❖ 다음과 같이 이차함수의 그래프의 축의 방정식과 두 점이 주어졌을 때, 이차함수의 식을 $y=a(x-p)^2+q$의 꼴로 구하여라. (3~4)

3 축의 방정식: $x=-1$, 두 점: $(0,\ 3)$, $(2,\ -5)$

4 축의 방정식: $x=2$, 두 점: $(0,\ 6)$, $(5,\ -4)$

❖ 다음과 같이 이차함수의 그래프가 x축과 만나는 두 점과 다른 한 점이 주어졌을 때, 이차함수의 식을 $y=ax^2+bx+c$의 꼴로 나타내어라. (5~6)

5 x축과 만나는 점: $(-2,\ 0)$, $(1,\ 0)$
다른 한 점: $(-1,\ 8)$

6 x축과 만나는 점: $(3,\ 0)$, $(7,\ 0)$
다른 한 점: $(4,\ -6)$

❖ 다음과 같이 이차함수의 그래프가 지나는 세 점이 주어졌을 때, 이차함수의 식을 $y=ax^2+bx+c$의 꼴로 나타내어라. (7~8)

7 $(0,\ -4)$, $(-1,\ -9)$, $(2,\ 12)$

8 $(0,\ 1)$, $(2,\ -5)$, $(-1,\ -2)$

정답 ＊정답과 해설 40쪽

1 $y=(x+1)^2+2$
2 $y=-3(x-2)^2+5$
3 $y=-(x+1)^2+4$
4 $y=-2(x-2)^2+14$
5 $y=-4x^2-4x+8$
6 $y=2x^2-20x+42$
7 $y=x^2+6x-4$
8 $y=-2x^2+x+1$

개념 완성 문제

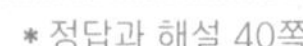

* 정답과 해설 40쪽

이차함수 $y=a(x-p)^2+q$의 그래프의 성질

1 다음 중 이차함수 $y=-2(x+5)^2-6$의 그래프에서 x의 값이 증가할 때 y의 값은 감소하는 x의 값의 범위는?

① $x<-5$　② $x>-5$　③ $x>0$
④ $x<5$　⑤ $x<5$

Hint 위로 볼록한 이차함수의 그래프는 $x>$(꼭짓점의 x좌표)인 범위에서 x의 값이 증가할 때 y의 값은 감소한다.

이차함수 $y=ax^2+bx+c$의 그래프의 꼭짓점의 좌표

2 이차함수 $y=x^2+ax+6$의 그래프가 점 $(1,\ 9)$를 지날 때, 이 그래프의 꼭짓점의 좌표는? (단, a는 상수)

① $(-2,\ -5)$　② $(-2,\ 5)$　③ $(-1,\ 5)$
④ $(2,\ 6)$　⑤ $(3,\ 8)$

Hint 이차함수 $y=x^2+ax-2$에 점 $(1,\ 9)$를 대입하여 a의 값을 먼저 구한다.

이차함수 $y=ax^2+bx+c$의 그래프의 성질

3 다음 중 이차함수 $y=2x^2-12x+10$의 그래프에 대한 설명으로 옳지 않은 것은?

① 꼭짓점의 좌표는 $(3,\ -8)$이다.
② y축과의 교점의 좌표는 $(0,\ 10)$이다.
③ x축과의 교점의 좌표는 $(1,\ 0)$, $(5,\ 0)$이다.
④ 축의 방정식은 $x=3$이다.
⑤ 모든 사분면을 지난다.

Hint 꼭짓점의 좌표와 y축과의 교점의 좌표를 구하여 그래프를 그려 본다.

이차함수 $y=ax^2+bx+c$의 그래프에서 a, b, c의 부호

4 이차함수 $y=ax^2+bx+c$의 그래프가 오른쪽 그림과 같을 때, 상수 a, b, c의 부호는?

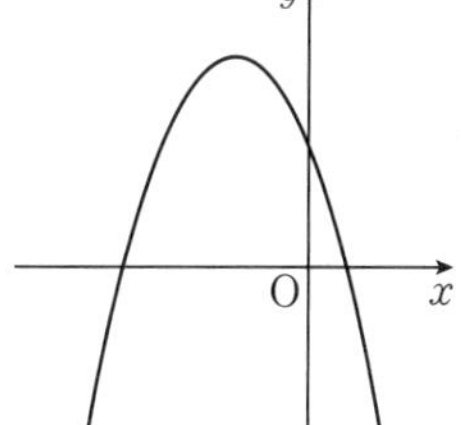

① $a<0$, $b>0$, $c>0$
② $a>0$, $b<0$, $c<0$
③ $a<0$, $b>0$, $c<0$
④ $a>0$, $b>0$, $c>0$
⑤ $a<0$, $b<0$, $c>0$

Hint 축이 y축의 왼쪽에 있으면 a와 b의 부호가 같다.

조건이 주어질 때 이차함수의 식 구하기

5 꼭짓점의 좌표가 $(2,\ -8)$이고, 점 $(4,\ 0)$을 지나는 포물선이 y축과 만나는 점의 y좌표는?

① -2　② -1　③ 0
④ 1　⑤ 2

Hint 꼭짓점의 좌표가 $(2,\ -8)$이므로 이차함수의 식을 $y=a(x-2)^2-8$로 놓고, 점 $(4,\ 0)$을 대입하여 a의 값을 구한다.

조건이 주어질 때 이차함수의 식 구하기

6 x축과 두 점 $(-3,\ 0)$, $(1,\ 0)$에서 만나고 점 $(0,\ 6)$을 지나는 포물선의 꼭짓점의 좌표는?

① $(-1,\ 8)$　② $(2,\ 6)$　③ $(2,\ 8)$
④ $(-1,\ 6)$　⑤ $(-2,\ -5)$

Hint 이차함수의 식을 $y=a(x+3)(x-1)$로 놓고, 점 $(0,\ 6)$을 대입하여 a의 값을 구한다.

고르고 고른 고등수학으로 연결되는 문제

1 다음 중 옳은 것은?

① 점 $(4,\ 0)$은 y축 위에 있다.

② x축 위의 점은 x좌표가 0이다.

③ 점 $(0,\ 7)$은 제1사분면 위의 점이다.

④ 점 $(-1,\ 3)$은 제4사분면 위의 점이다.

⑤ 점 $(a,\ b)$가 제4사분면 위의 점이면 $a>0$, $b<0$ 이다.

2 오른쪽 그림은 두 정비례 관계 $y=ax$, $y=bx$의 그래프이다. ab의 값을 구하여라. (단, a, b는 상수)

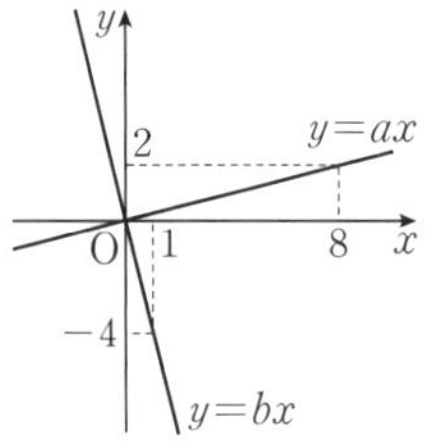

3 오른쪽 그림은 반비례 관계의 그래프이다. 다음 중 이 그래프 위에 있지 않은 점은?

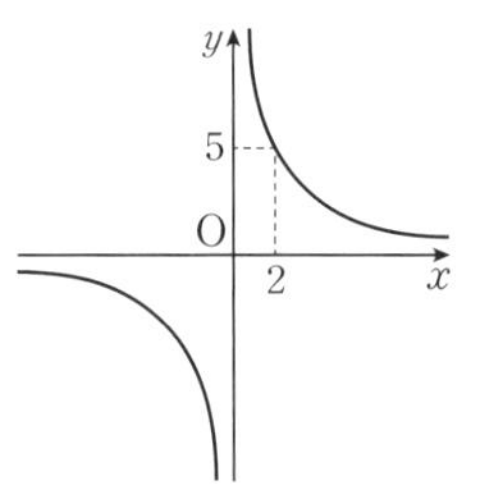

① $(-2,\ -5)$　② $(2,\ 5)$

③ $(5,\ -2)$　④ $\left(\frac{5}{2},\ 4\right)$

⑤ $\left(-\frac{5}{2},\ -4\right)$

4 다음 중 y가 x의 함수가 아닌 것은?

① 자연수 x의 약수의 개수 y

② 자연수 x보다 작은 짝수 y

③ 자연수 x와 6의 최소공배수 y

④ 한 개에 800원인 물건 x개의 값 y원

⑤ 한 변의 길이가 x cm인 정삼각형의 둘레의 길이 y cm

5 함수 $f(x)=ax-7$에 대하여 $f(5)=3$, $f(b)=-9$일 때, $a+b$의 값을 구하여라. (단, a는 상수)

6 일차함수 $y=-\frac{5}{2}x+3$의 그래프가 두 점 $(2,\ p)$, $(q,\ 5)$를 지날 때, $p-5q$의 값은?

① -2　② -1　③ 0

④ 1　⑤ 2

7 일차함수 $y=-5x+8$의 그래프의 y절편과 일차함수 $y=-\frac{3}{4}x+b$의 그래프의 x절편이 같을 때, 상수 b의 값은?

① 0　② 1　③ 4

④ 6　⑤ 8

8 일차함수 $y=-8x+3$의 그래프와 평행하고 점 $(-1,\ 7)$을 지나는 직선을 그래프로 하는 일차함수의 식은?

① $y=-8x-1$　② $y=-8x+5$

③ $y=-8x+7$　④ $y=-\frac{1}{8}x-1$

⑤ $y=-\frac{1}{8}x-4$

* 정답과 해설 41쪽

9 두 점 $(-3,\ 1)$, $(2,\ -14)$를 지나는 직선을 그래프로 하는 일차함수의 식을 구하여라.

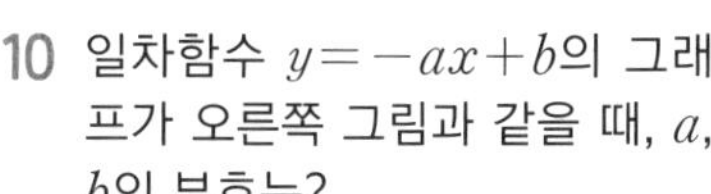

10 일차함수 $y=-ax+b$의 그래프가 오른쪽 그림과 같을 때, a, b의 부호는?

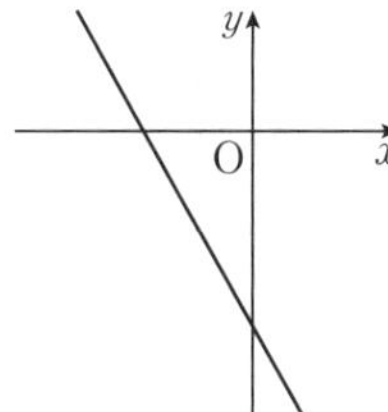

① $a>0$, $b>0$
② $a>0$, $b<0$
③ $a<0$, $b>0$
④ $a<0$, $b<0$
⑤ $a>0$, $b=0$

11 원점을 꼭짓점으로 하고 y축을 축으로 하는 포물선이 두 점 $(-3,\ -1)$, $(k,\ -9)$를 지날 때, k의 값은? (단, $k>0$)

① 1　② 3　③ 5
④ 7　⑤ 9

12 이차함수 $y=ax^2$의 그래프를 x축의 방향으로 -2만큼 평행이동하면 점 $(-4,\ -8)$을 지날 때, 상수 a의 값을 구하여라.

13 다음 중 이차함수 $y=-6(x+5)^2+2$의 그래프에 대한 설명으로 옳지 않은 것을 모두 고르면? (정답 2개)

① 축의 방정식은 $x=-5$이다.
② 꼭짓점의 좌표는 $(-5,\ 2)$이다.
③ 그래프의 폭이 $y=3x^2$의 그래프보다 넓다.
④ $x>-5$에서 x의 값이 증가할 때, y의 값은 감소한다.
⑤ $y=-6x^2$의 그래프를 x축의 방향으로 5만큼, y축의 방향으로 -2만큼 평행이동한 것이다.

14 이차함수 $y=-2x^2+16x-13$을 $y=a(x-p)^2+q$의 꼴로 나타낼 때, $a-p+q$의 값은? (단, a, p, q는 상수)

① 7　② 9　③ 10
④ 13　⑤ 15

15 이차함수 $y=4x^2+16x+5$의 그래프에서 x의 값이 증가할 때 y의 값은 감소하는 x의 값의 범위는?

① $x>-4$　② $x<-2$　③ $x>-2$
④ $x<2$　⑤ $x>2$

16 꼭짓점의 좌표가 $(-1,\ 8)$이고, 점 $(-3,\ 0)$을 지나는 포물선이 y축과 만나는 점의 y좌표는?

① 4　② 5　③ 6
④ 7　⑤ 8

IV 기하

'IV 기하' 의 도형 내용은 대부분 고등수학의 도형의 방정식의 기본이 돼요.

1학년 내용을 세 단원으로 구성했는데 실제 1학년 책에는 이 책에서 공부하는 것이 아닌 다른 개념도 많이 있어요. 예를 들면 작도라든지 직선과 평면의 위치 관계 등을 배워요. 하지만 우리는 고등수학에 도움이 되는 내용만을 압축해서 공부하기 때문에 덜 중요한 부분은 하지 않고 중요한 내용만 구성했어요. 이 단원들에서는 많은 공식들이 나오는데 이 공식들은 수능 시험에서도 가끔씩 나오니 꼭 암기해야 해요.

2학년 내용은 다섯 단원으로 구성했는데 이 단원들 중에서 가장 중요한 단원은 도형의 닮음이에요. 고등수학에서 도형 문제 중 어려운 문제를 풀다 보면 도형의 닮음 내용을 이용하여 푸는 문제가 많으므로 꼭 익혀야 해요. 삼각형의 성질에서 배우는 외심, 내심 등도 가끔씩 문제에 등장하니 잊지 말아야 하고, 여러 가지 사각형에서 배우는 사각형들의 특징도 기본으로 알고 있어야 해요. 특히 피타고라스 정리는 삼각형이 직각삼각형일 때 많이 이용되므로 절대로 잊으면 안 돼요.

3학년 내용은 세 단원으로 구성했는데 삼각비는 고등수학에서 삼각함수를 배울 때 그대로 다시 나오므로 개념은 물론 특수각의 삼각비는 반드시 암기해야 해요.

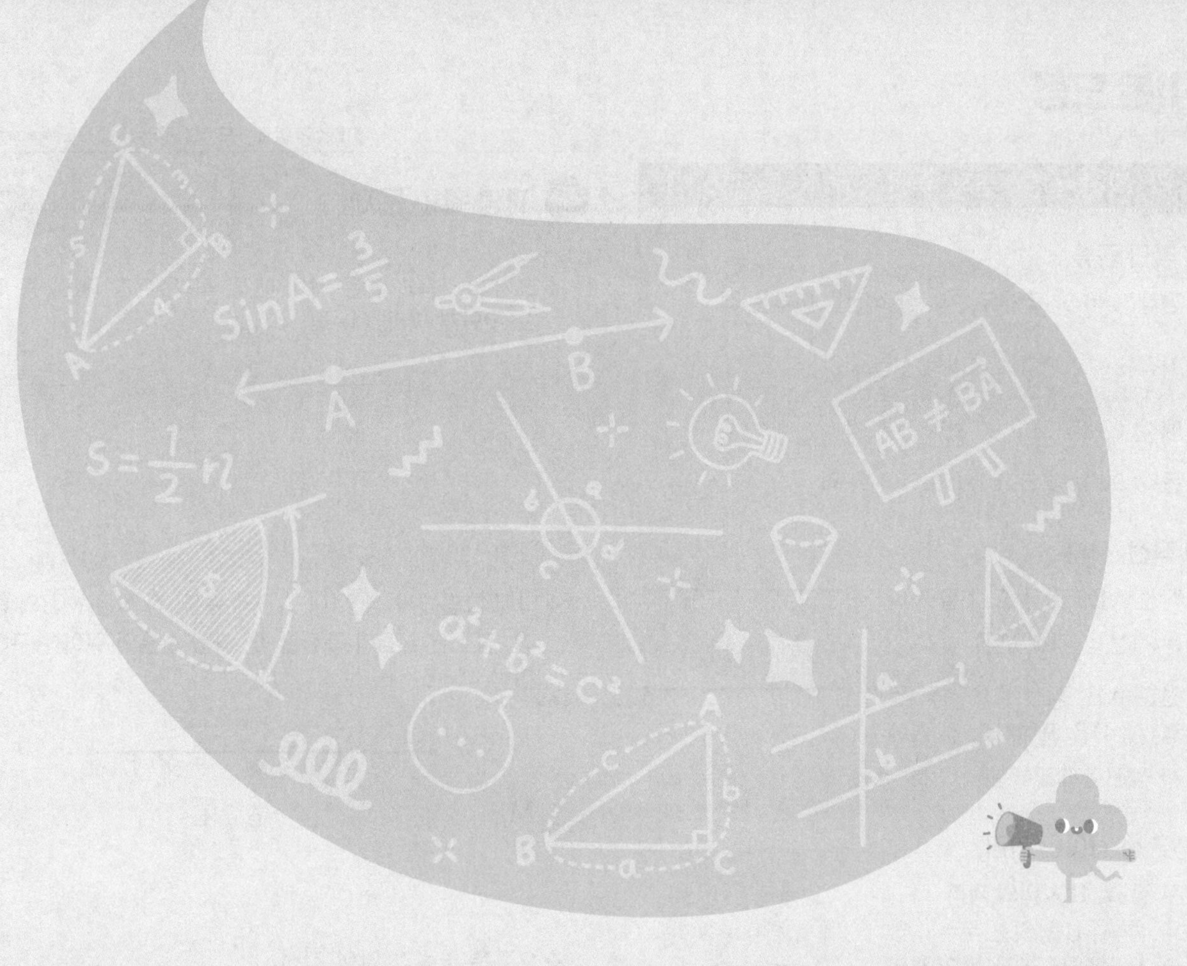

학년	단원명	고등수학 연계 단원	중요도
1학년	24 기본 도형	도형의 방정식	★★★☆☆
	25 평면도형	도형의 방정식	★★★☆☆
	26 입체도형	도형의 방정식	★★★☆☆
2학년	27 삼각형의 성질	도형의 방정식	★★★★☆
	28 여러 가지 사각형	도형의 방정식	★★★☆☆
	29 도형의 닮음 1	도형의 방정식	★★★★★
	30 도형의 닮음 2	도형의 방정식	★★★★☆
	31 피타고라스 정리	도형의 방정식	★★★★★
3학년	32 삼각비 1	삼각함수	★★★★★
	33 삼각비 2	삼각함수	★★★★★
	34 원의 성질	도형의 방정식	★★★☆☆

24 기본 도형

1. 각, 직선, 선분, 수직, 수선

✔ 각의 종류

① **평각(180°)**: 각의 두 변이 한 직선을 이루는 각

② **직각(90°)**: 평각의 크기의 $\frac{1}{2}$인 각

③ **예각**: 0°보다 크고 90°보다 작은 각

④ **둔각**: 90°보다 크고 180°보다 작은 각

✔ 직선, 선분

① **직선 AB**: 두 점 A, B를 지나는 직선 ⇨ 기호: $\overleftrightarrow{AB}$

② **선분 AB**: 직선 AB 위의 두 점 A, B를 포함하여 점 A에서 점 B까지의 부분 ⇨ 기호: $\overline{AB}$

✔ 두 점 사이의 거리

① **두 점 A, B 사이의 거리**

두 점 A, B를 잇는 무수히 많은 선 중에서 가장 짧은 선인 선분 AB의 길이

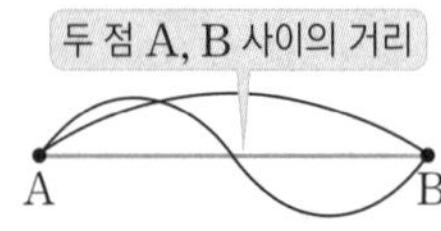

② **선분 AB의 중점**

선분 AB 위에 있는 점으로, 선분 AB를 이등분하는 점 M

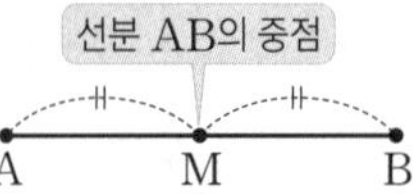

✔ 수직과 수선

① **직교**: 두 직선 AB와 CD의 교각이 직각일 때, 이 두 직선은 서로 직교한다고 한다.

⇨ 기호: $\overleftrightarrow{AB}\perp\overleftrightarrow{CD}$

② **수직과 수선**: 직교하는 두 직선은 서로 수직이라 하고, 한 직선은 다른 직선에 대한 수선이다.

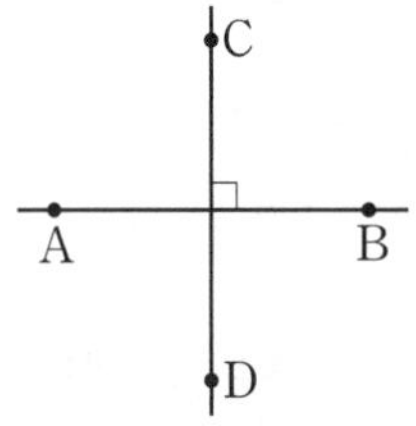

✔ 점과 직선 사이의 거리

① **수선의 발**: 직선 l 위에 있지 않은 점 P에서 직선 l에 수선을 내려 생기는 교점을 H라고 할 때, 이 점 H를 점 P에서 직선 l에 내린 수선의 발이라고 한다.

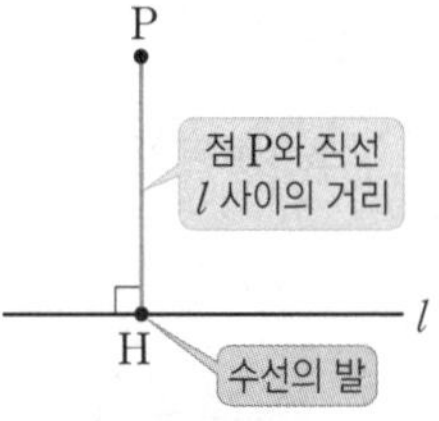

② **점과 직선 사이의 거리**: 직선 l 위에 있지 않은 점 P에서 직선 l에 내린 수선의 발 H까지의 거리 ⇨ $\overline{PH}$

바빠 개념 확인 문제

❖ 크기가 다음과 같은 각이 예각, 직각, 둔각, 평각 중 어느 것인지 써라. (1~4)

1 55° ________ 2 90° ________

3 172° ________ 4 180° ________

❖ 아래 그림에서 점 M이 $\overline{AB}$의 중점, 점 N은 $\overline{MB}$의 중점, 점 L은 $\overline{NB}$의 중점일 때, 다음 선분의 길이를 구하여라. (5~6)

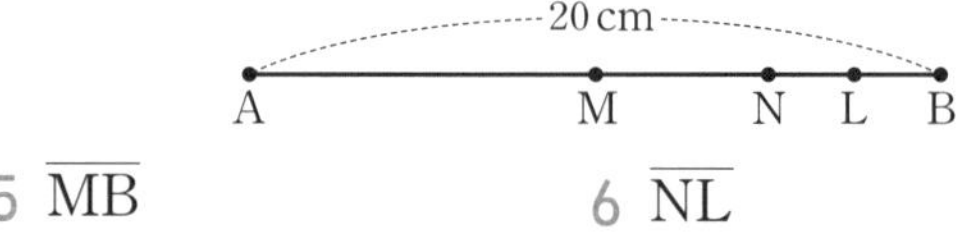

5 $\overline{MB}$ 6 $\overline{NL}$

❖ 오른쪽 그림과 같이 직선 l 위에 세 점 A, B, C가 있을 때, 다음을 구하여라. (7~8)

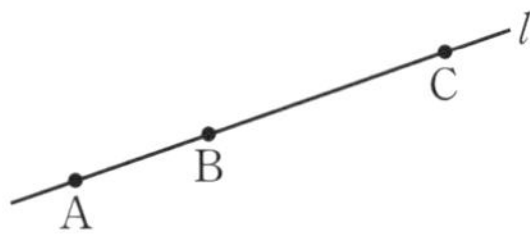

7 세 점을 이용하여 그을 수 있는 직선의 개수

8 세 점을 이용하여 그을 수 있는 선분의 개수

❖ 오른쪽 그림과 같은 사다리꼴 ABCD에 대하여 다음을 구하여라. (9~11)

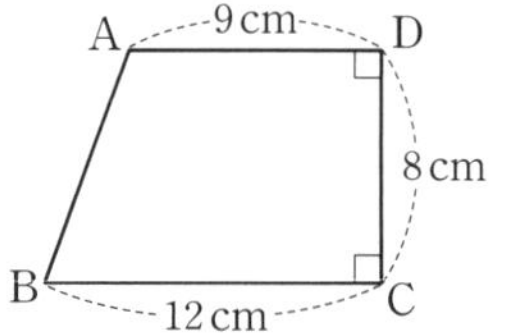

9 $\overline{AD}$와 직교하는 변

10 점 B에서 $\overline{CD}$에 내린 수선의 발

11 점 B와 $\overline{DC}$ 사이의 거리

정답 * 정답과 해설 42쪽

1 예각 2 직각 3 둔각 4 평각 5 10 cm 6 $\frac{5}{2}$ cm
7 1 8 3 9 $\overline{DC}$ 10 점 C 11 12 cm

중1

2. 맞꼭지각, 동위각, 엇각, 평행선

✔ 맞꼭지각

① **교각**: 두 직선이 한 점에서 만날 때 생기는 네 각
⇨ $\angle a$, $\angle b$, $\angle c$, $\angle d$

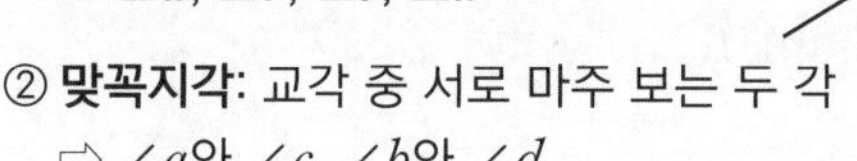

② **맞꼭지각**: 교각 중 서로 마주 보는 두 각
⇨ $\angle a$와 $\angle c$, $\angle b$와 $\angle d$

③ **맞꼭지각의 성질**: 맞꼭지각의 크기는 서로 같다.
⇨ $\angle a=\angle c$, $\angle b=\angle d$

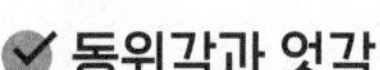

✔ 동위각과 엇각

오른쪽 그림과 같이 한 평면 위의 서로 다른 두 직선 l, m이 다른 한 직선 n과 만나서 생기는 8개의 각 중에서

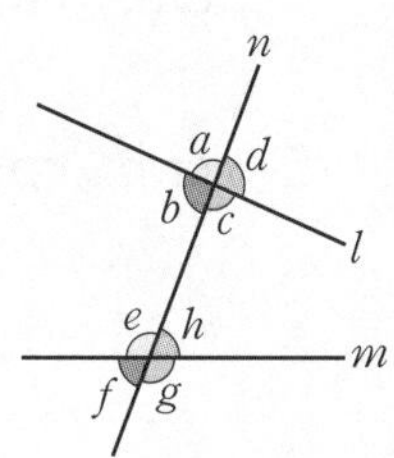

① **동위각**: 서로 같은 위치에 있는 각
⇨ $\angle a$와 $\angle e$, $\angle b$와 $\angle f$,
$\angle d$와 $\angle h$, $\angle c$와 $\angle g$

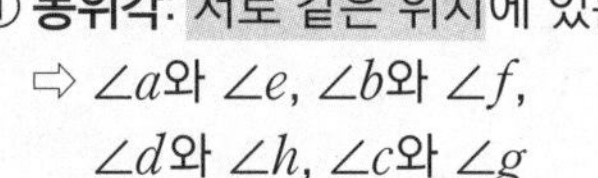

② **엇각**: 서로 엇갈린 위치에 있는 각
⇨ $\angle b$와 $\angle h$, $\angle c$와 $\angle e$

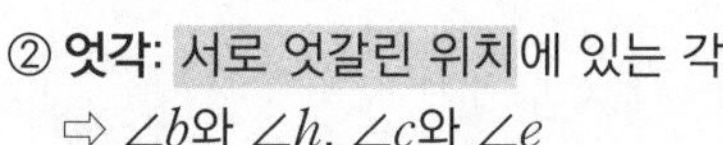

✔ 평행선의 성질

평행한 두 직선 l, m이 다른 한 직선과 만날 때,
① 동위각의 크기는 서로 같다. ⇨ $l /\!/ m$이면 $\angle a=\angle b$
② 엇각의 크기는 서로 같다. ⇨ $l /\!/ m$이면 $\angle c=\angle d$

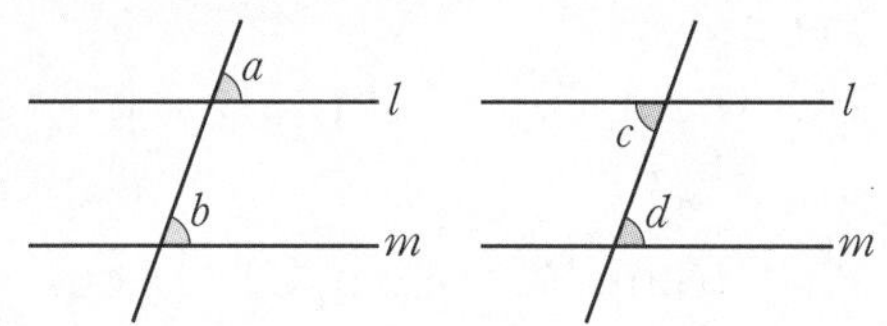

✔ 두 직선이 평행하기 위한 조건

서로 다른 두 직선 l, m이 다른 한 직선과 만날 때,
① 동위각의 크기가 같으면 두 직선 l, m은 평행하다.
② 엇각의 크기가 같으면 두 직선 l, m은 평행하다.

✔ 보조선을 그어 각의 크기 구하기

① 꺾인 점을 지나면서 주어진 평행선과 평행한 직선을 긋는다.
② 평행선에서 엇각의 크기가 같음을 이용하면
$\angle x=\angle a+\angle b$

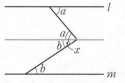

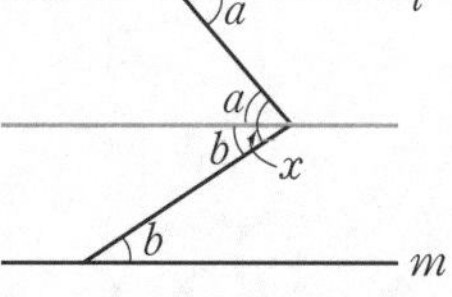

개념 확인 문제

❖ 다음 그림에서 $\angle x$의 크기를 구하여라. (1~2)

1

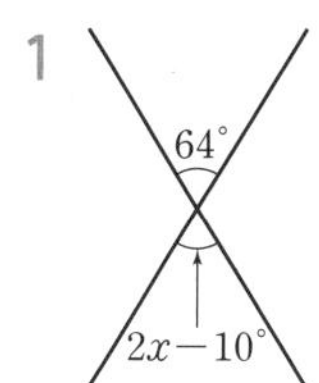

2

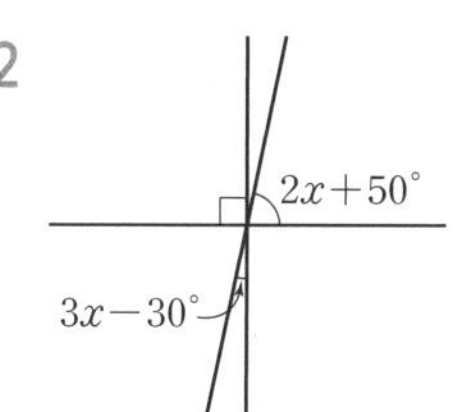

❖ 오른쪽 그림을 보고, 다음을 구하여라. (3~6)

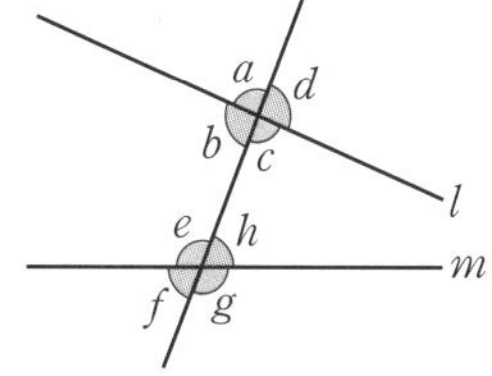

3 $\angle a$의 동위각

4 $\angle g$의 동위각

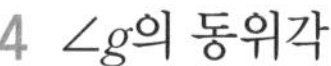

5 $\angle c$의 엇각

6 $\angle h$의 엇각

❖ 다음 그림에서 $l /\!/ m$일 때, $\angle x$, $\angle y$의 크기를 각각 구하여라. (7~8)

7

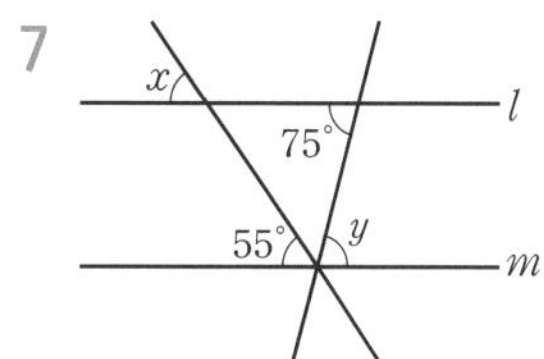

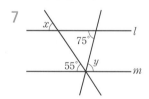

8

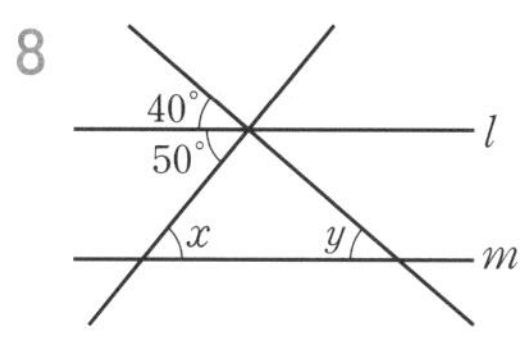

❖ 다음 그림에서 $l /\!/ m$일 때, $\angle x$의 크기를 구하여라. (9~10)

9

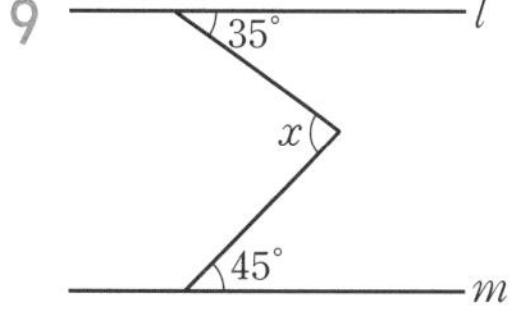

10

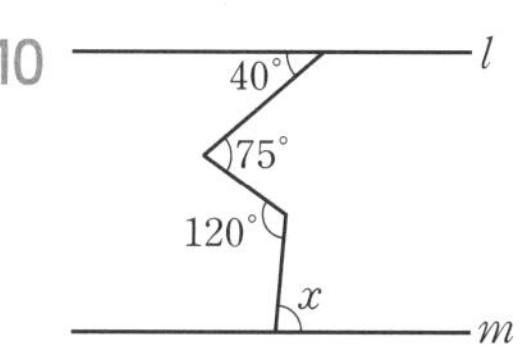

정답 * 정답과 해설 42쪽

1 $37°$ 2 $14°$ 3 $\angle e$ 4 $\angle c$ 5 $\angle e$ 6 $\angle b$
7 $\angle x=55°$, $\angle y=75°$ 8 $\angle x=50°$, $\angle y=40°$ 9 $80°$ 10 $85°$

3. 삼각형

✔ 삼각형

① **삼각형 ABC**: 세 선분 AB, BC, CA로 이루어진 도형
⇨ △ABC

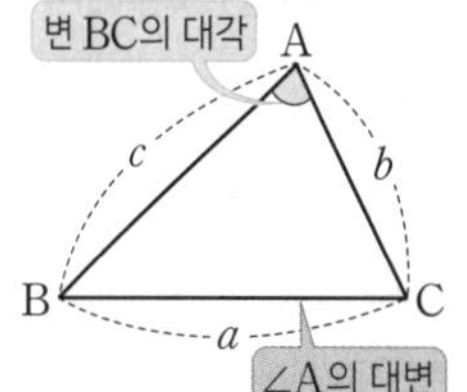

② **대변**: 한 각과 마주 보는 변
∠A의 대변은 $\overline{BC}$
∠B의 대변은 $\overline{CA}$
∠C의 대변은 $\overline{AB}$

③ **대각**: 한 변과 마주 보는 각
$\overline{BC}$의 대각은 ∠A, $\overline{CA}$의 대각은 ∠B
$\overline{AB}$의 대각은 ∠C

✔ 삼각형의 세 변의 길이 사이의 관계

① 삼각형에서 한 변의 길이는 나머지 두 변의 길이의 합보다 항상 작다.

② 삼각형의 세 변의 길이가 되는 조건
(가장 긴 변의 길이)<(나머지 두 변의 길이의 합)

✔ 삼각형이 하나로 정해지는 경우

① 세 변의 길이가 주어질 때

② 두 변의 길이와 그 끼인각의 크기가 주어질 때

③ 한 변의 길이와 그 양 끝 각의 크기가 주어질 때

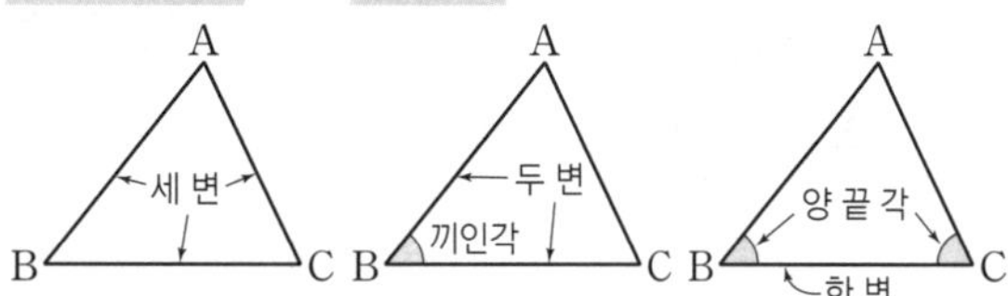

✔ 삼각형이 하나로 정해지지 않는 경우

① 두 변의 길이의 합이 나머지 한 변의 길이보다 작거나 같을 때
⇨ 삼각형이 그려지지 않는다.

② 두 변의 길이와 그 끼인각이 아닌 다른 한 각의 크기가 주어질 때
⇨ 삼각형이 그려지지 않거나 1개 또는 2개로 그려진다.

③ 세 각의 크기가 주어질 때
⇨ 모양이 같고 크기가 다른 무수히 많은 삼각형을 그릴 수 있다.

바빠 개념 확인 문제

❖ 세 선분의 길이가 다음과 같을 때, 삼각형을 만들 수 있는 것은 ○표, 삼각형을 만들 수 없는 것은 ×표를 하여라. (1~6)

1 4 cm, 4 cm, 6 cm ______

2 3 cm, 5 cm, 8 cm ______

3 6 cm, 7 cm, 10 cm ______

4 3 cm, 3 cm, 7 cm ______

5 5 cm, 5 cm, 5 cm ______

6 12 cm, 5 cm, 7 cm ______

❖ 다음 중 △ABC가 하나로 정해지는 것은 ○표, 정해지지 않는 것은 ×표를 하여라. (7~12)

7 $\overline{AC}=8$ cm, $\angle A=45°$, $\angle C=55°$ ______

8 $\overline{BC}=7$ cm, $\overline{CA}=6$ cm, $\angle B=50°$ ______

9 $\overline{AB}=5$ cm, $\overline{BC}=6$ cm, $\overline{CA}=8$ cm ______

10 $\angle A=40°$, $\angle B=60°$, $\angle C=80°$ ______

11 $\overline{AB}=7$ cm, $\overline{BC}=3$ cm, $\overline{CA}=10$ cm ______

12 $\overline{AB}=8$ cm, $\overline{BC}=9$ cm, $\angle B=60°$ ______

정답 * 정답과 해설 42쪽

1 ○ 2 × 3 ○ 4 × 5 ○ 6 ×
7 ○ 8 × 9 ○ 10 × 11 × 12 ○

4. 삼각형의 합동

✔ 도형의 합동

① **합동**: 한 도형을 크기와 모양을 바꾸지 않고 다른 도형에 완전히 포갤 수 있을 때, 이 두 도형을 서로 합동이라고 한다.

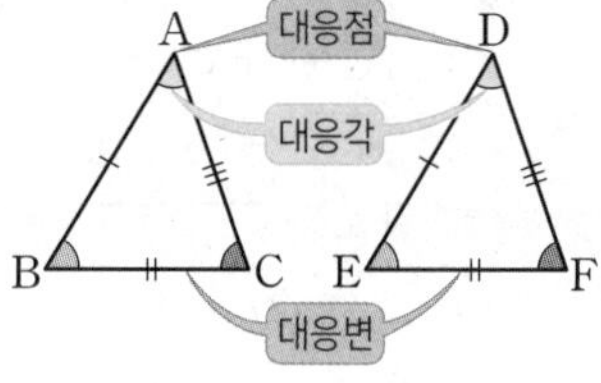

⇨ 기호: △ABC≡△DEF

② **대응**: 합동인 두 도형에서 서로 포개어지는 꼭짓점, 변, 각은 서로 대응한다고 한다.

- **대응점**: 점 A와 점 D, 점 B와 점 E, 점 C와 점 F
- **대응각**: ∠A와 ∠D, ∠B와 ∠E, ∠C와 ∠F
- **대응변**: $\overline{AB}$와 $\overline{DE}$, $\overline{BC}$와 $\overline{EF}$, $\overline{CA}$와 $\overline{FD}$

③ **합동인 도형의 성질**
대응변의 길이와 대응각의 크기는 같다.

✔ 삼각형의 합동 조건

두 삼각형은 다음의 각 경우에 합동이다.

① 세 쌍의 대응변의 길이가 각각 같을 때,
$\overline{AB}=\overline{DE}$, $\overline{BC}=\overline{EF}$, $\overline{CA}=\overline{FD}$
⇨ △ABC≡△DEF (SSS 합동)

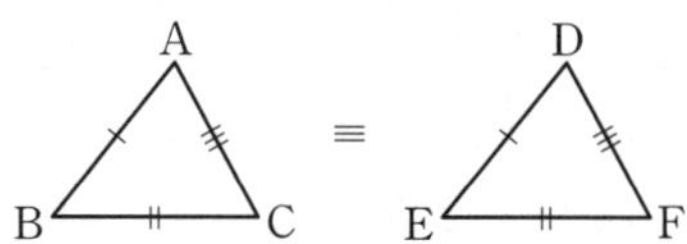

② 두 쌍의 대응변의 길이가 각각 같고, 그 끼인각의 크기가 같을 때,
$\overline{AB}=\overline{DE}$, $\overline{BC}=\overline{EF}$, ∠B=∠E
⇨ △ABC≡△DEF (SAS 합동)

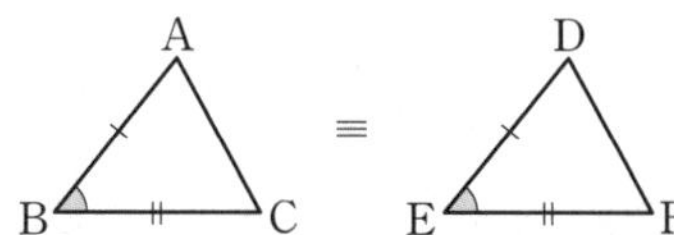

③ 한 쌍의 대응변의 길이가 같고, 그 양 끝 각의 크기가 각각 같을 때,
$\overline{BC}=\overline{EF}$, ∠B=∠E, ∠C=∠F
⇨ △ABC≡△DEF (ASA 합동)

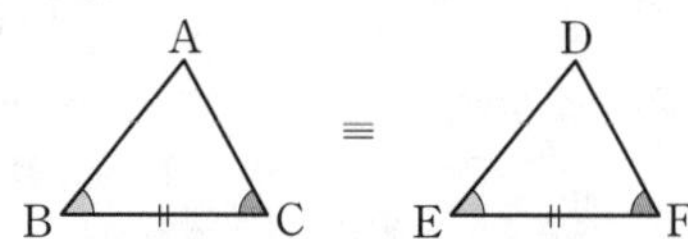

개념 확인 문제

❖ 다음 보기의 삼각형 중에서 아래 삼각형과 합동인 삼각형을 찾아서 기호로 써라. (1~4)

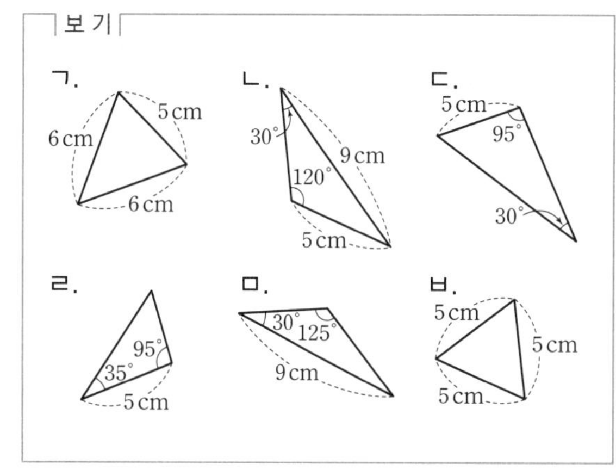

1
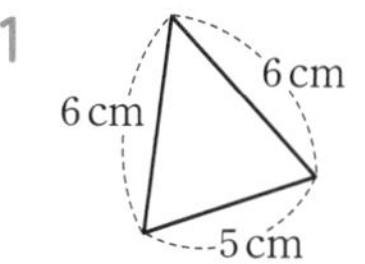

2
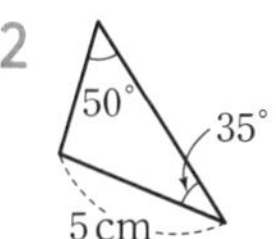

3
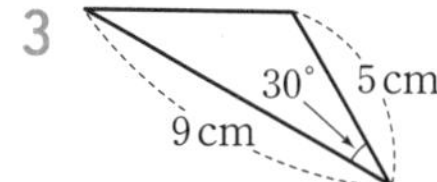

4
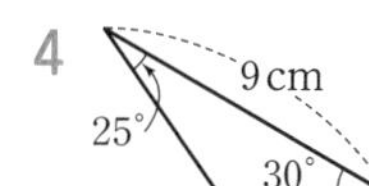

5 다음은 아래 그림을 보고 두 삼각형이 합동이 되는 과정을 설명한 것이다. □ 안에 알맞은 것을 써넣어라.

△ABC와 △ADE에서
$\overline{AB}$=□
∠ABC=□
□는 공통
∴ △ABC≡△ADE (□ 합동)

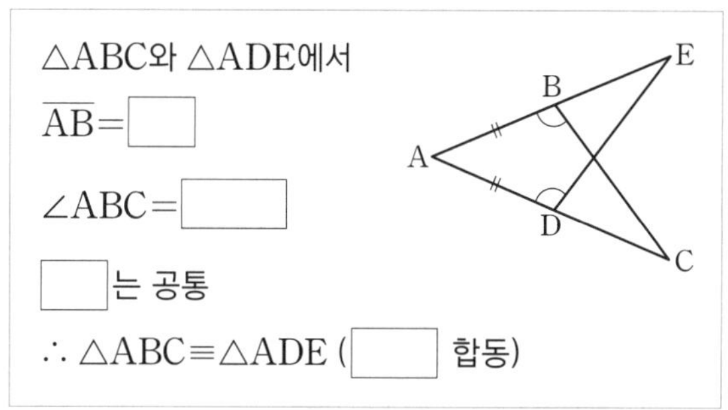

정답

*정답과 해설 42쪽

1 ㄱ 2 ㄹ 3 ㄴ 4 ㅁ
5 $\overline{AD}$, ∠ADE, ∠A, ASA

개념 완성 문제

*정답과 해설 43쪽

맞꼭지각

1 오른쪽 그림에서 $\angle a+\angle b+\angle c$의 크기는?

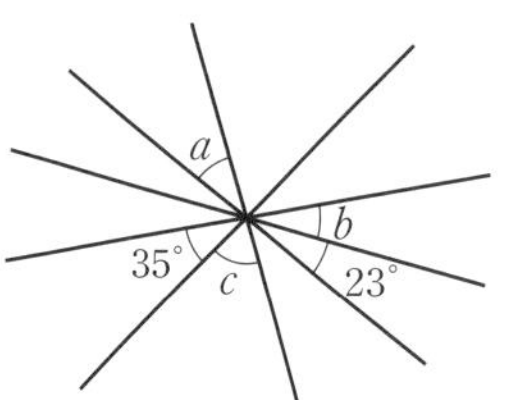

① 90°
② 105°
③ 112°
④ 115°
⑤ 122°

Hint $\angle a$의 맞꼭지각을 찾으면 맞꼭지각의 크기가 같으므로 $35^\circ+\angle c+\angle a+23^\circ+\angle b=180^\circ$

수직과 수선

2 다음 보기 중 오른쪽 그림에 대한 설명으로 옳은 것을 모두 고른 것은?

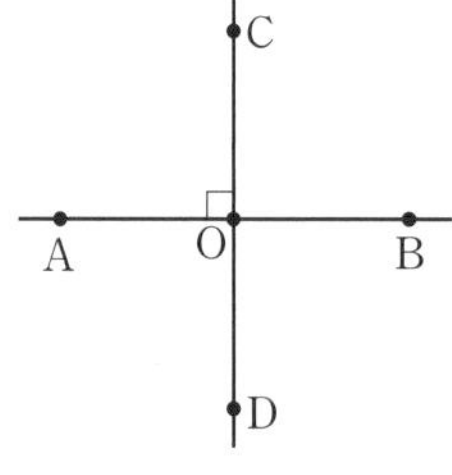

보기

ㄱ. $\overleftrightarrow{AB}$의 수선은 $\overleftrightarrow{CD}$이다.
ㄴ. $\angle AOD=\angle BOC=90^\circ$
ㄷ. 점 A와 $\overline{CD}$ 사이의 거리는 $\overline{CO}$이다.
ㄹ. 점 A에서 $\overline{CD}$에 내린 수선의 발은 점 B이다.
ㅁ. $\overline{AB}\perp\overline{CD}$

① ㄱ, ㄴ ② ㄱ, ㄷ ③ ㄱ, ㄴ, ㅁ
④ ㄴ, ㄷ, ㄹ ⑤ ㄴ, ㄷ, ㅁ

Hint 선분 위에 있지 않은 점과 선분 사이의 거리는 점에서 선분에 내린 수선의 발까지의 거리이다.

평행선에서 동위각과 엇각

3 오른쪽 그림에서 $l \,//\, m$일 때, $\angle x$, $\angle y$의 크기를 각각 구하여라.

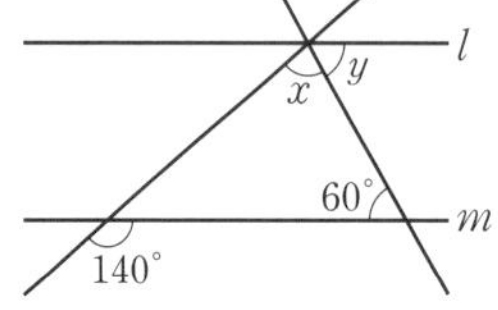

Hint 평행선에서 동위각의 크기는 같으므로 $\angle x+\angle y=140^\circ$

삼각형이 하나로 정해질 조건

4 $\triangle ABC$에서 $\overline{AC}$의 길이가 주어졌을 때, 다음 보기 중 $\triangle ABC$가 하나로 정해지기 위해 더 필요한 조건을 모두 고른 것은?

보기

ㄱ. $\overline{AB}$, $\angle B$　　ㄴ. $\overline{AB}$, $\angle A$
ㄷ. $\angle A$, $\angle C$　　ㄹ. $\angle B$, $\overline{BC}$

① ㄱ, ㄷ ② ㄱ, ㄹ ③ ㄴ, ㄷ
④ ㄴ, ㄹ ⑤ ㄷ, ㄹ

Hint 한 변의 길이가 주어졌으므로 다른 한 변의 길이와 끼인각의 크기가 주어지거나 양 끝 각의 크기가 주어진 것을 찾는다.

삼각형의 합동

5 다음은 평행사변형 ABCD에서 두 삼각형이 합동이 되는 과정을 설명한 것이다. □ 안에 알맞은 것을 써넣어라.

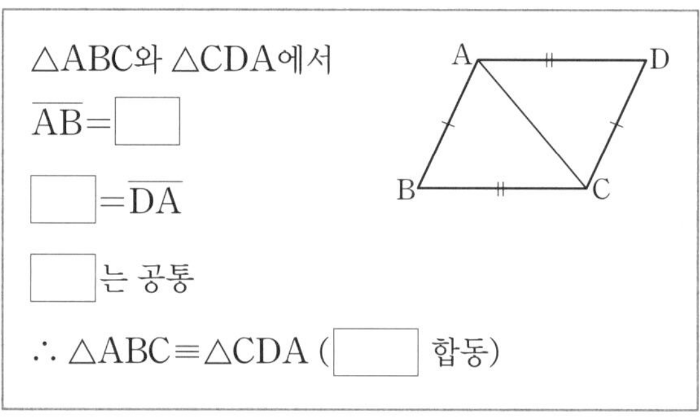

$\triangle ABC$와 $\triangle CDA$에서
$\overline{AB}=$□
□$=\overline{DA}$
□는 공통
$\therefore \triangle ABC\equiv\triangle CDA$ (□ 합동)

Hint $\triangle ABC$와 $\triangle CDA$에서 $\overline{AC}$는 공통이므로 세 변의 길이가 각각 같다.

삼각형의 합동

6 오른쪽 그림에서 사각형 ABCD, 사각형 GCEF가 정사각형일 때, $\overline{BG}$의 길이를 구하여라.

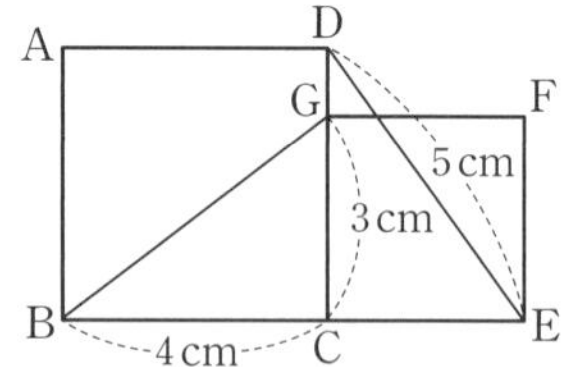

Hint 사각형 ABCD, 사각형 GCEF가 정사각형이므로 $\overline{DC}=\overline{BC}=4$ cm, $\overline{CE}=\overline{CG}=3$ cm, $\angle BCG=\angle DCE=90^\circ$
$\therefore \triangle BCG\equiv\triangle DCE$ (SAS 합동)

25 평면도형

중 1

1. 다각형

다각형

세 개 이상의 선분으로 둘러싸인 평면도형

① **변**: 다각형을 이루는 각 선분

② **꼭짓점**: 변과 변이 만나는 점

③ **내각**: 다각형에서 이웃하는 두 변이 이루는 각

④ **외각**: 다각형의 각 꼭짓점에 이웃하는 두 변 중에서 한 변과 다른 한 변의 연장선이 이루는 각

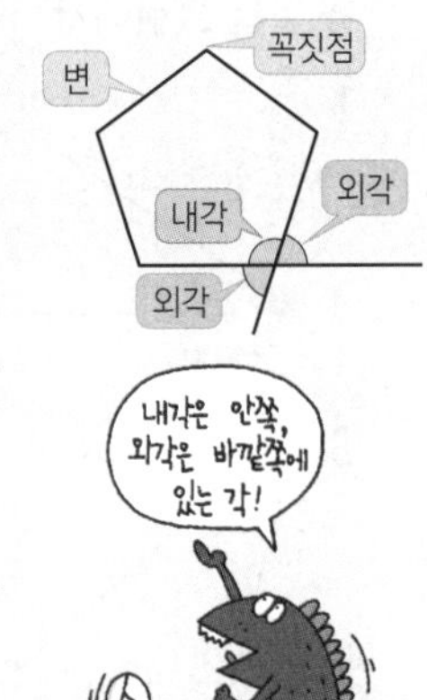

정다각형

모든 변의 길이가 같고, 모든 내각의 크기가 같은 다각형

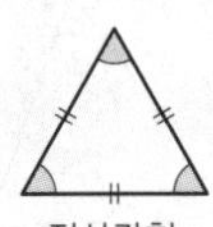
정삼각형

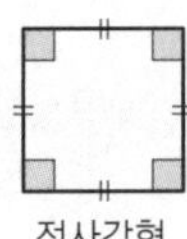
정사각형

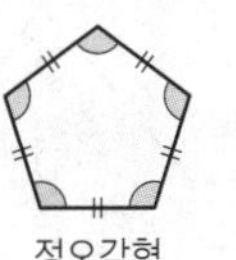
정오각형

…

다각형의 대각선의 개수

① **대각선**: 다각형에서 이웃하지 않는 두 꼭짓점을 이은 선분

② **대각선의 개수**

• n각형의 한 꼭짓점에서 그을 수 있는 대각선의 개수 ⇨ $n-3$

• n각형의 대각선의 개수

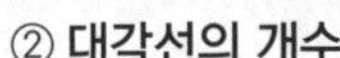

꼭짓점의 개수 ┌ 한 꼭짓점에서 그을 수 있는 대각선의 개수

⇨ $\dfrac{n(n-3)}{2}$ ← 한 대각선을 2번씩 센 것이므로 나누어야 함

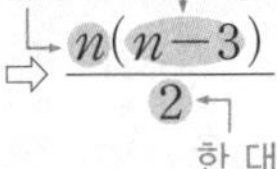

예 육각형의 대각선의 개수는

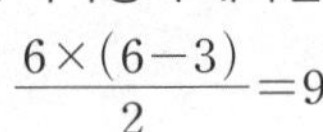

$\dfrac{6\times(6-3)}{2}=9$

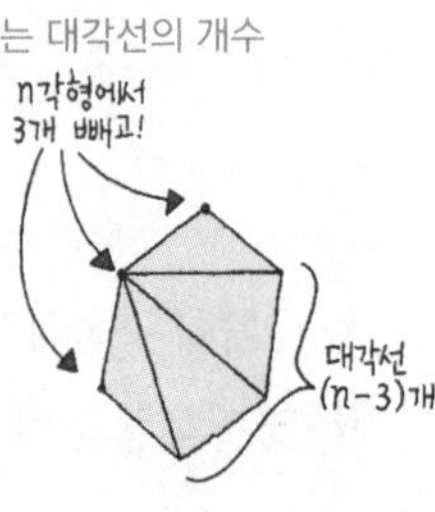

바빠 꿀팁

• 다각형을 n각형이라고 하는데 n에 3, 4, 5, …를 대입하면 삼각형, 사각형, 오각형이 되니까 정해지지 않은 다각형은 n각형이라고 해.

• n각형의 한 꼭짓점에서 자신과 이웃하는 2개의 꼭짓점에는 대각선을 그을 수 없으므로 자기 자신과 이웃하는 2개의 꼭짓점을 제외한 $(n-3)$개의 대각선을 그을 수 있어.

바빠 개념 확인 문제

❖ 오른쪽 그림의 사각형 ABCD에서 다음을 구하여라. (1~3)

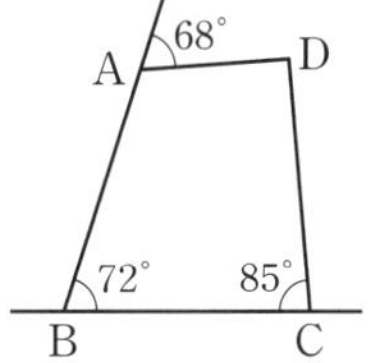

1 $\angle$A의 내각의 크기

2 $\angle$B의 외각의 크기

3 $\angle$C의 외각의 크기

❖ 다음 중 정다각형에 대한 설명으로 옳은 것은 ○표, 옳지 않은 것은 ×표를 하여라. (4~8)

4 세 변의 길이가 모두 같은 삼각형은 정삼각형이다. ______

5 네 변의 길이가 모두 같은 사각형은 정사각형이다. ______

6 모든 대각선의 길이가 같다. ______

7 모든 변의 길이가 같고 모든 내각의 크기가 같다. ______

8 한 꼭짓점에서 내각과 외각의 크기의 합은 180°이다. ______

❖ 다음 다각형의 대각선의 개수를 구하여라. (9~11)

9 오각형

10 팔각형

11 십각형

정답 *정답과 해설 43쪽

1 112° 2 108° 3 95° 4 ○ 5 × 6 ×
7 ○ 8 ○ 9 5 10 20 11 35

2. 다각형의 내각과 외각

삼각형에서 내각의 크기의 합

삼각형에서 세 내각의 크기의 합은 $180°$이다.

$\triangle ABC$에서 $\angle A+\angle B+\angle C=180°$

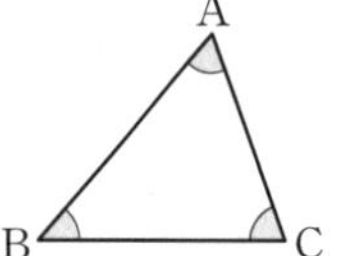

삼각형에서 내각과 외각 사이의 관계

삼각형에서 한 외각의 크기는 그와 이웃하지 않는 두 내각의 크기의 합과 같다.

$\triangle ABC$에서 $\angle ACD=\angle A+\angle B$

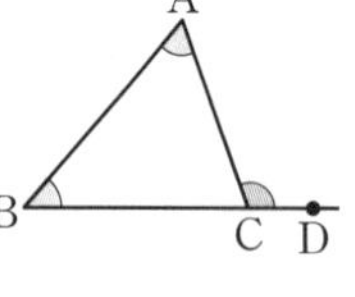

예) 오른쪽 그림의 삼각형에서 $\angle x$의 크기를 구해 보자.
삼각형에서 한 외각의 크기는 그와 이웃하지 않는 두 내각의 크기의 합과 같으므로 $\angle x=45°+65°=110°$

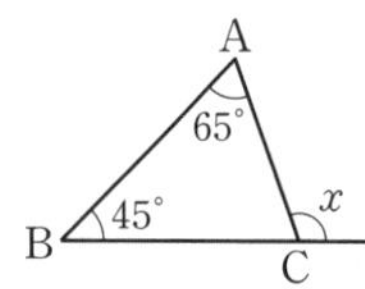

삼각형에서 내각의 응용

예) 오른쪽 그림에서 삼각형의 내각의 크기의 합을 이용하여 $\angle x$의 크기를 구해 보자.
$\overline{BC}$를 그으면 $\triangle ABC$에서

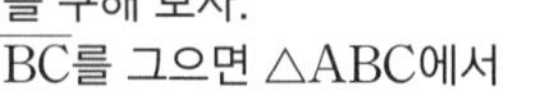

$85°+25°+35°+\angle DBC+\angle DCB=180°$
$\therefore \angle DBC+\angle DCB=180°-145°=35°$
$\triangle DBC$에서 $\angle x=180°-(\angle DBC+\angle DCB)=145°$

다각형에서 내각과 외각의 크기의 합

① n각형에서 내각의 크기의 합은 $180°\times(n-2)$

② n각형에서 외각의 크기의 합은 항상 $360°$이다.

예) 오각형의 내각의 크기의 합은 $180°\times(5-2)=540°$
오각형의 외각의 크기의 합은 $360°$

정다각형의 한 내각과 한 외각의 크기

① (정n각형에서 한 내각의 크기)$=\dfrac{180°\times(n-2)}{n}$

② (정n각형에서 한 외각의 크기)$=\dfrac{360°}{n}$

예) 정육각형의 한 내각의 크기는 $\dfrac{180°\times(6-2)}{6}=120°$

정육각형의 한 외각의 크기는 $\dfrac{360°}{6}=60°$

개념 확인 문제

❖ 다음 그림에서 x의 값을 구하여라. (1~4)

1
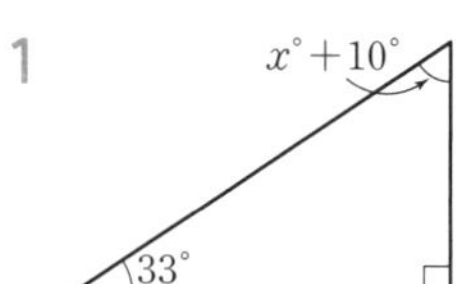

2
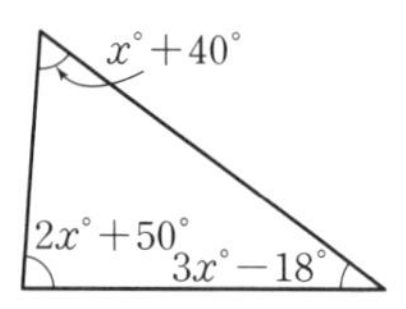

3
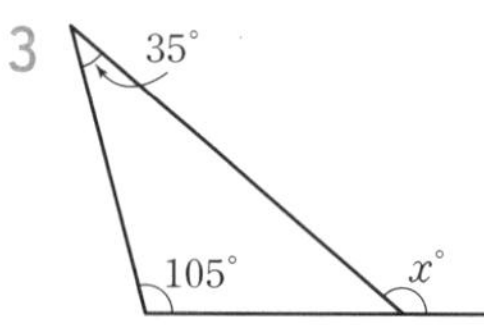

4
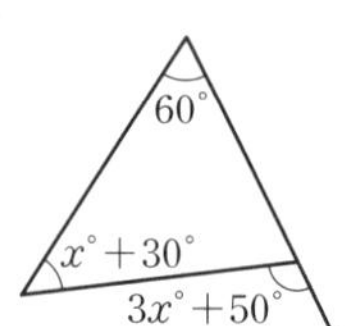

❖ 다음 그림에서 $\angle x$의 크기를 구하여라. (5~6)

5
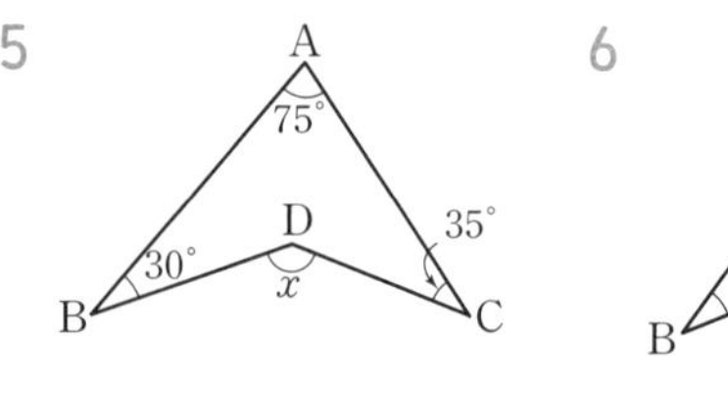

6

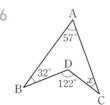

❖ 다음 다각형의 내각의 크기의 합을 구하여라. (7~8)

7 칠각형

8 구각형

❖ 다음을 구하여라. (9~10)

9 정팔각형의 한 내각의 크기

10 정십각형의 한 외각의 크기

정답 ＊정답과 해설 43쪽

1 47 2 18 3 140 4 20 5 140° 6 33°
7 900° 8 1260° 9 135° 10 36°

중1

3. 원과 부채꼴

✔ 원과 부채꼴

① **원 O**: 평면 위에서 한 점 O로부터 일정한 거리에 있는 점으로 이루어진 도형

호 AB=$\overset{\frown}{AB}$ 지름 현 CD=$\overline{CD}$

② **호 AB**: 원 위의 두 점을 양 끝 점으로 하는 원의 일부분 ⇨ $\overset{\frown}{AB}$

③ **현 CD**: 원 위의 두 점 C, D를 이은 선분 ⇨ $\overline{CD}$

④ **부채꼴 AOB**: 원 O에서 호 AB와 두 반지름 OA, OB로 이루어진 도형

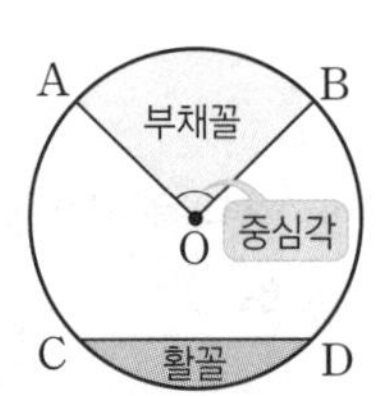

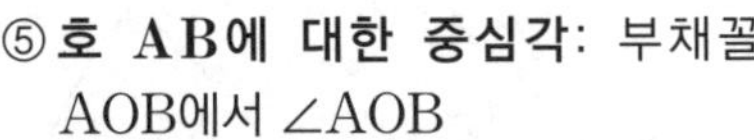

⑤ **호 AB에 대한 중심각**: 부채꼴 AOB에서 ∠AOB

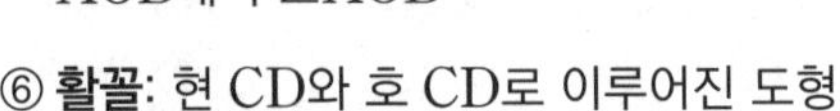

⑥ **활꼴**: 현 CD와 호 CD로 이루어진 도형

✔ 부채꼴의 호의 길이와 넓이

한 원 또는 합동인 두 원에서

① 중심각의 크기가 같은 두 부채꼴의 호의 길이와 넓이는 각각 같다.

② 부채꼴의 호의 길이와 넓이는 각각 중심각의 크기에 정비례한다.

✔ 부채꼴의 현의 길이

한 원 또는 합동인 두 원에서

① 중심각의 크기가 같은 두 현의 길이는 같다.

② 현의 길이는 중심각의 크기에 정비례하지 않는다.

✔ 원의 둘레의 길이와 넓이

① 원주율은 원의 지름의 길이에 대한 원의 둘레의 길이의 비

⇨ (원주율)$=\dfrac{(\text{원의 둘레의 길이})}{(\text{원의 지름의 길이})}=\pi$ ← 파이

② **원의 둘레의 길이와 넓이**

반지름의 길이가 r인 원의 둘레의 길이를 l, 넓이를 S라고 하면

$l=2\pi r$, $S=\pi r^2$

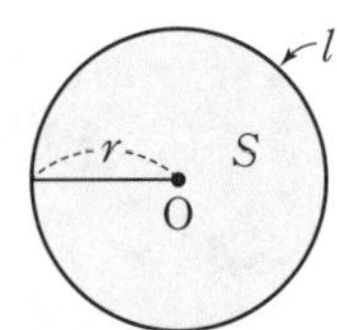

바빠 개념 확인 문제

❖ 다음 그림의 원 O에서 x의 값을 구하여라. (1~4)

1 2

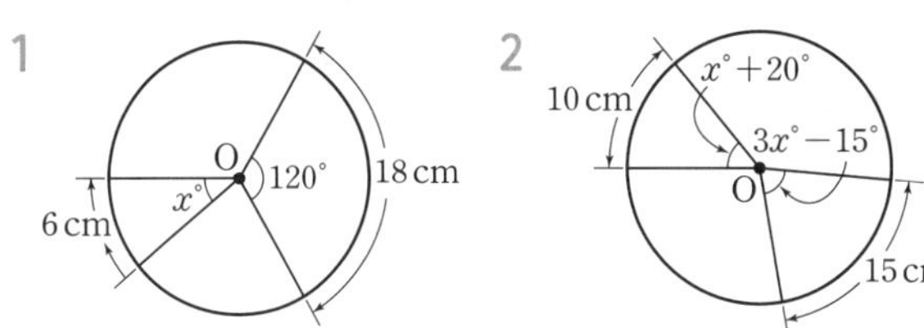

3 4

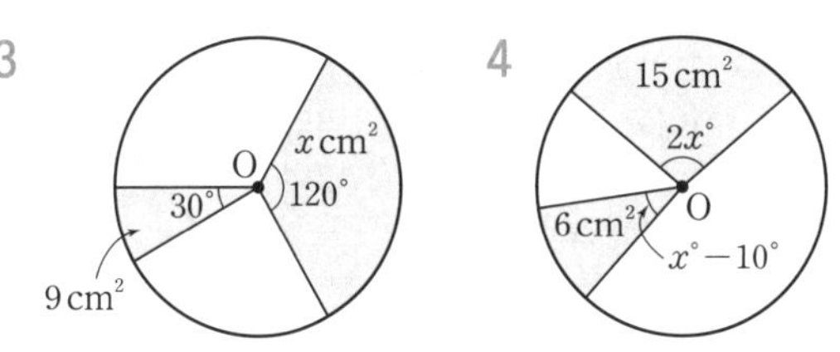

❖ 다음 설명 중 한 원 또는 합동인 두 원에서 옳은 것은 ○표, 옳지 않은 것은 ×표를 하여라. (5~8)

5 부채꼴에서 중심각의 크기가 2배가 되면 호의 길이도 2배가 된다. ______

6 중심각의 크기가 3배가 되면 현의 길이도 3배가 된다. ______

7 중심각의 크기가 같으면 현의 길이도 서로 같다. ______

8 부채꼴의 넓이는 중심각의 크기에 정비례한다. ______

9 오른쪽 그림의 원 O의 둘레의 길이와 넓이를 각각 구하여라.

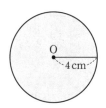

둘레의 길이: ______

넓이: ______

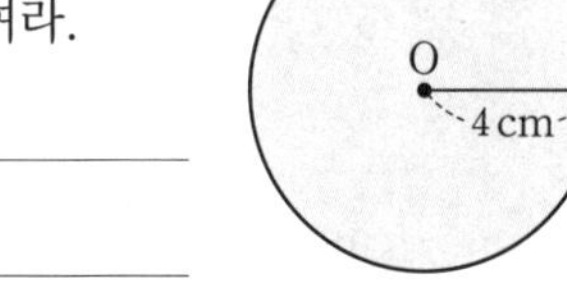

정답 * 정답과 해설 44쪽

1 40 2 30 3 36 4 50 5 ○ 6 ×
7 ○ 8 ○ 9 8π cm, 16π cm²

4. 부채꼴의 호의 길이와 넓이

✔ 부채꼴의 호의 길이와 넓이

반지름의 길이가 r, 중심각의 크기가 $x°$인 부채꼴의 호의 길이를 l, 넓이를 S라고 하면

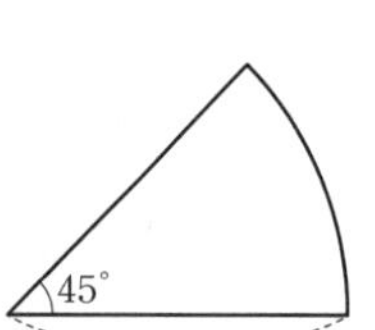

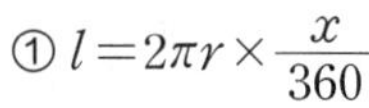
① $l=2\pi r\times\frac{x}{360}$

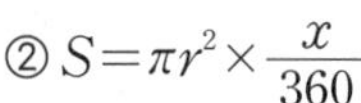
② $S=\pi r^2\times\frac{x}{360}$

③ (부채꼴의 둘레의 길이)$=l+2r$

예) 오른쪽 그림과 같이 반지름의 길이가 4 cm이고 중심각의 크기가 45°인 부채꼴의 둘레의 길이 l과 넓이 S를 각각 구해 보자.

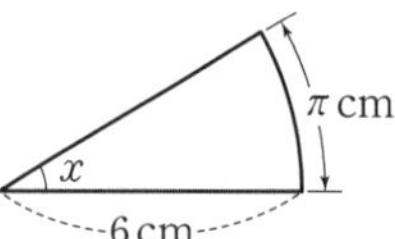

$l=2\pi\times4\times\frac{45}{360}+2\times4$
$=\pi+8(\text{cm})$

$S=\pi\times4^2\times\frac{45}{360}=2\pi(\text{cm}^2)$

✔ 부채꼴의 중심각의 크기 구하기

예) 오른쪽 그림과 같이 반지름의 길이가 6 cm이고 호의 길이가 π cm인 부채꼴에서 $\angle x$의 크기를 구해 보자.

$2\pi\times6\times\frac{x}{360°}=\pi$

$\therefore \angle x=\pi\times\frac{30°}{\pi}=30°$

✔ 부채꼴의 호의 길이와 반지름의 길이를 이용하여 넓이 구하기

반지름의 길이가 r, 호의 길이가 l인 부채꼴의 넓이를 S라고 하면

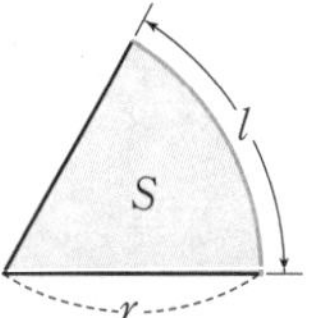

$S=\frac{1}{2}rl$

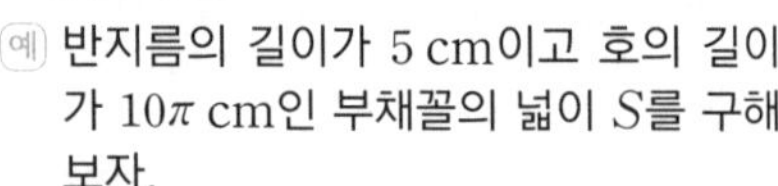
예) 반지름의 길이가 5 cm이고 호의 길이가 10π cm인 부채꼴의 넓이 S를 구해 보자.

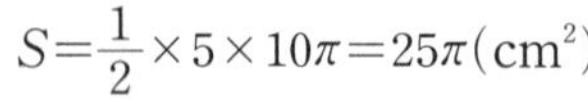
$S=\frac{1}{2}\times5\times10\pi=25\pi(\text{cm}^2)$

앗! 실수

★ 반지름의 길이가 5이고 호의 길이가 10일 때, 부채꼴의 넓이는 얼마일까?

위의 공식에 대입해서 풀어 보면 $\frac{1}{2}\times5\times10=25$야. 그런데 부채꼴의 넓이는 당연히 π가 붙는다고 생각해서 습관적으로 25π라고 답을 쓰는 학생이 아주 많아. 호의 길이에 π가 없으면 넓이에도 π가 없다는 것을 기억해 두자.

개념 확인 문제

❖ 다음 부채꼴의 호의 길이와 넓이를 차례로 구하여라. (1~2)

1

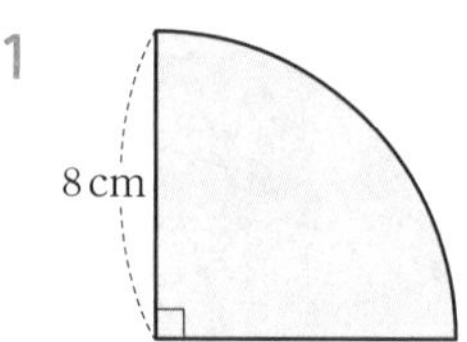

2

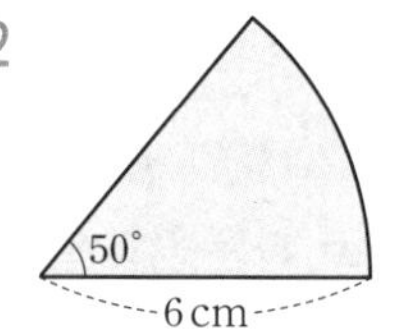

❖ 다음 부채꼴의 반지름의 길이를 구하여라. (3~4)

3

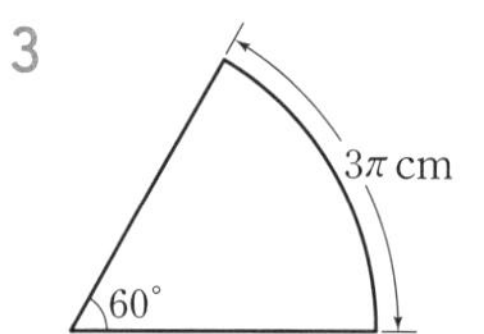

4

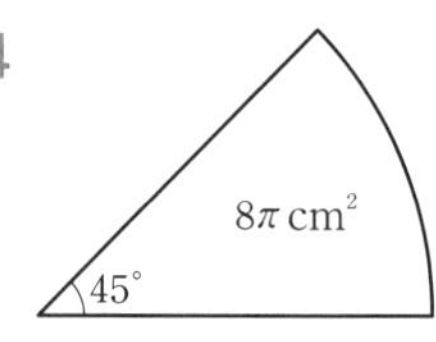

❖ 다음 부채꼴의 넓이를 구하여라. (5~6)

5

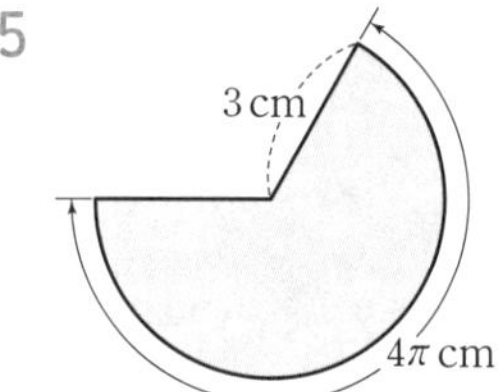

6

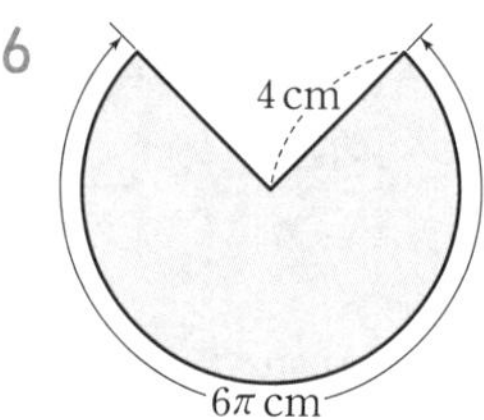

❖ 다음 부채꼴의 반지름의 길이를 구하여라. (7~8)

7

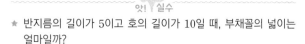

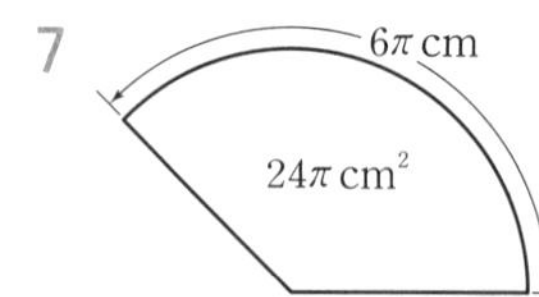

8

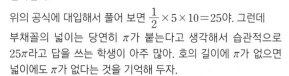

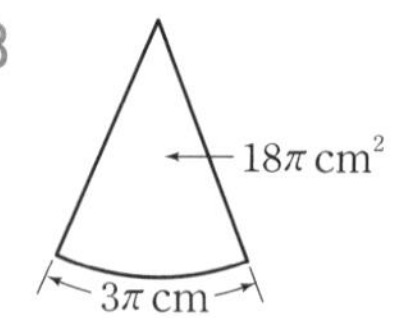

정답 * 정답과 해설 44쪽

1 4π cm, 16π cm²	2 $\frac{5}{3}\pi$ cm, 5π cm²	3 9 cm	4 8 cm
5 6π cm²	6 12π cm²	7 8 cm	8 12 cm

개념 완성 문제

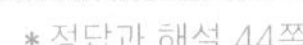

* 정답과 해설 44쪽

대각선의 개수

1 어떤 다각형의 한 꼭짓점에서 그을 수 있는 대각선의 개수가 9일 때, 이 다각형의 대각선의 개수는?

① 20 ② 35 ③ 40
④ 54 ⑤ 65

Hint n각형의 한 꼭짓점에서 그을 수 있는 대각선의 개수는 $n-3$이므로 $n-3=9$

삼각형의 외각

2 오른쪽 그림과 같이 $\overline{AD}$와 $\overline{BC}$의 교점을 E라고 할 때, $\angle x$의 크기는?

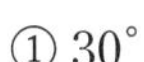

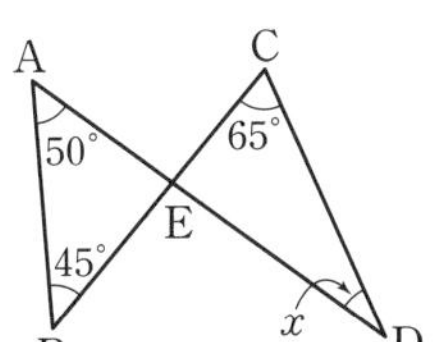

① 30° ② 38°
③ 42° ④ 45°
⑤ 53°

Hint $\triangle$ABE에서 $\angle$BAE$+\angle$ABE$=\angle$BED
$\triangle$CED에서$\angle$ECD$+\angle$CDE$=\angle$BED

다각형의 내각의 크기의 합

3 오른쪽 그림에서 x의 값은?

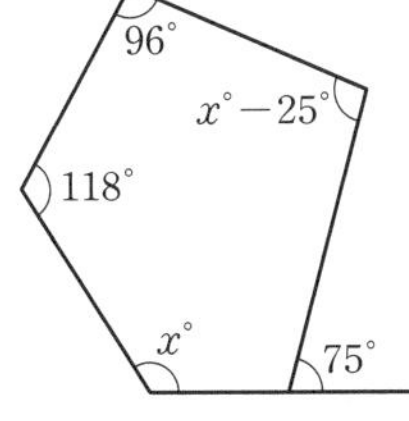

① 89 ② 95
③ 98 ④ 102
⑤ 123

Hint 오각형의 내각의 크기의 합은 $180° \times (5-2)$

정다각형의 내각의 크기

4 한 외각의 크기가 40°인 정다각형의 내각의 크기의 합은?

① 540° ② 720° ③ 1260°
④ 1440° ⑤ 1800°

Hint 정n각형의 한 외각의 크기는 $\frac{360°}{n}$이므로 $\frac{360°}{n}=40°$

부채꼴의 성질

5 오른쪽 그림의 원 O에서 $\angle$COD$=2\angle$AOB일 때, 다음 중 옳은 것을 모두 고르면? (정답 2개)

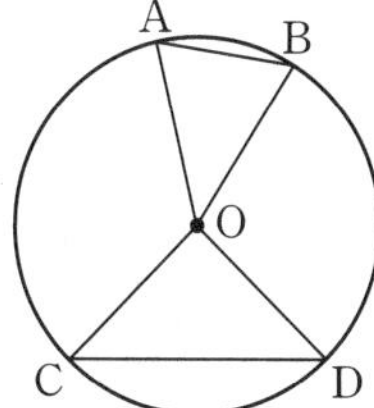

① $\overline{CD}=2\overline{AB}$
② $\overset{\frown}{AB}=\frac{1}{2}\overset{\frown}{CD}$
③ $\angle$OAB$=2\angle$OCD
④ $\triangle$OCD$=2\triangle$OAB
⑤ (부채꼴 OCD의 넓이)$=2\times$(부채꼴 OAB의 넓이)

Hint 한 원에서 현의 길이는 중심각의 크기에 정비례하지 않는다.

부채꼴의 둘레의 길이

6 오른쪽 그림과 같이 중심각의 크기가 270°이고 반지름의 길이가 8 cm인 부채꼴의 둘레의 길이를 구하여라.

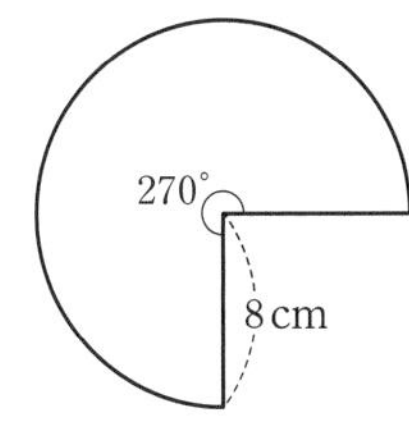

Hint 부채꼴의 둘레의 길이는 부채꼴의 호의 길이에 반지름의 길이를 2배한 값을 더하면 된다.

입체도형

중1

1. 다면체

✔ 다면체

다각형인 면으로만 둘러싸인 입체도형

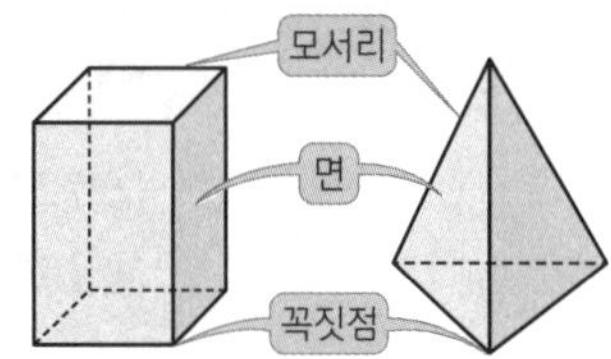

✔ 다면체의 종류

① **각기둥**: 두 밑면이 서로 평행하고 합동인 다각형이고 옆면은 모두 직사각형인 다면체

② **각뿔**: 밑면이 다각형이고 옆면은 모두 삼각형인 다면체

③ **각뿔대**: 각뿔을 밑면에 평행한 평면으로 잘라서 생기는 두 다면체 중에서 각뿔이 아닌 쪽의 다면체

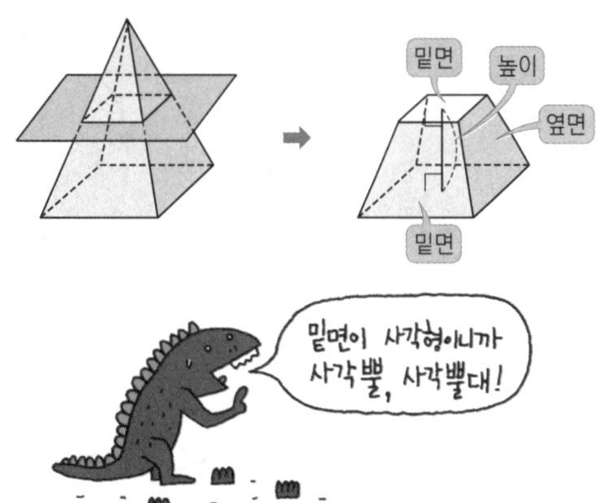

✔ 정다면체

① 각 면이 모두 합동인 정다각형이고, 각 꼭짓점에 모인 면의 개수가 같은 다면체

② 정사면체, 정육면체, 정팔면체, 정십이면체, 정이십면체의 다섯 가지뿐이다.

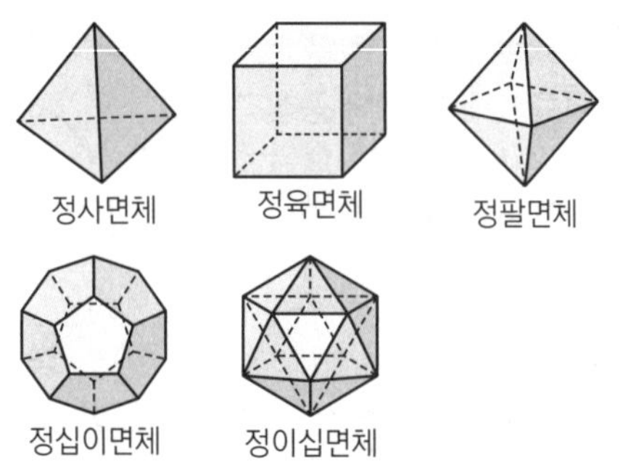

③ **정다면체의 면의 모양**
- 정삼각형: 정사면체, 정팔면체, 정이십면체
- 정사각형: 정육면체
- 정오각형: 정십이면체

바빠 개념 확인 문제

❖ 다음 조건을 모두 만족하는 입체도형을 써라. (1~2)

1 조건
(가) 밑면이 1개이다.
(나) 옆면의 모양은 삼각형이다.
(다) 꼭짓점의 개수는 6이다.

2 조건
(가) 두 밑면이 서로 평행하다.
(나) 옆면의 모양은 사다리꼴이다.
(다) 꼭짓점의 개수는 14이다.

❖ 다음 중 다면체에 대한 설명으로 옳은 것은 ○표, 옳지 않은 것은 ×표를 하여라. (3~7)

3 삼각뿔은 꼭짓점의 개수가 3이다. ______

4 각뿔대는 밑면이 1개이다. ______

5 각뿔의 종류는 밑면의 모양으로 결정된다. ______

6 육각뿔대의 옆면의 모양은 육각형이다. ______

7 사각뿔을 밑면에 평행하게 자른 단면의 경계는 사각형이다. ______

❖ 다음을 모두 구하여라. (8~9)

8 정다면체의 종류

9 면의 모양이 정삼각형인 정다면체

정답 * 정답과 해설 45쪽

1 오각뿔 2 칠각뿔대 3 × 4 × 5 ○ 6 × 7 ○ 8 정사면체, 정육면체, 정팔면체, 정십이면체, 정이십면체 9 정사면체, 정팔면체, 정이십면체

2. 회전체

✔ 회전체

① **회전체**: 평면도형을 한 직선 l을 축으로 하여 1회전 시킬 때 생기는 입체도형

② **회전축**: 회전시킬 때 축이 되는 직선

③ **모선**: 회전체에서 회전하여 옆면을 이루는 선분

④ **원뿔대**: 원뿔을 밑면에 평행한 평면으로 잘라서 생기는 두 입체도형 중에서 원뿔이 아닌 쪽의 입체도형

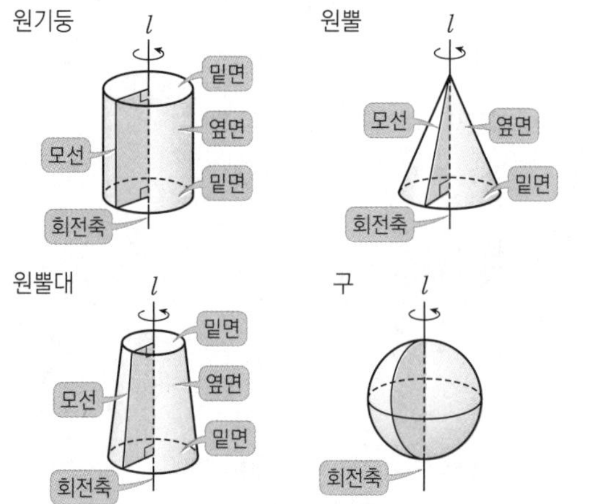

✔ 회전체의 성질

① 회전체를 회전축에 수직인 평면으로 자른 단면의 경계는 항상 원이다.

② 회전체를 회전축을 포함하는 평면으로 자른 단면은 모두 합동이고, 회전축에 대하여 선대칭도형이다.

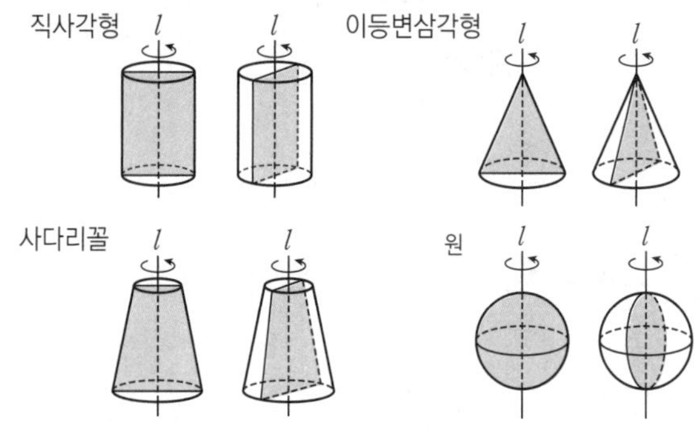

✔ 회전체의 전개도

① 원기둥　② 원뿔　③ 원뿔대

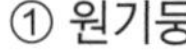

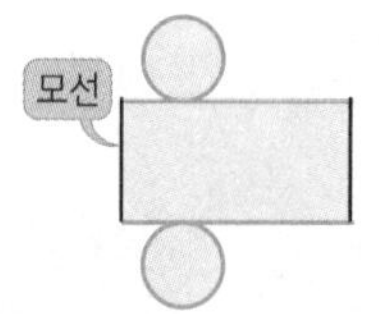

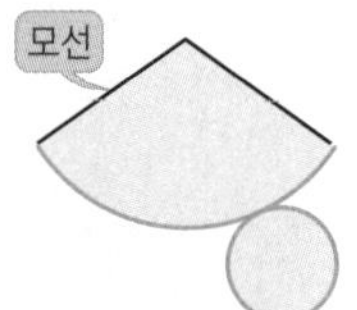

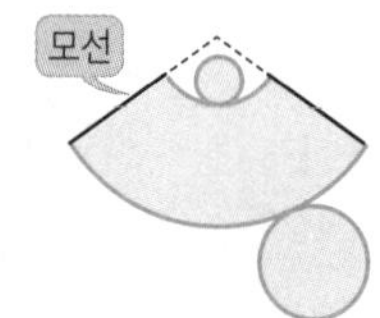

바빠 개념 확인 문제

❖ 다음 중 회전체에 대한 설명으로 옳은 것은 ○표, 옳지 않은 것은 ×표를 하여라. (1~6)

1 원뿔대를 회전축을 포함하는 평면으로 자른 단면의 경계는 항상 사다리꼴이다. ________

2 원뿔을 회전축을 포함하는 평면으로 자른 단면의 경계는 정삼각형이다. ________

3 회전체를 회전축에 수직인 평면으로 자른 단면의 경계는 원이다. ________

4 구를 회전축에 수직인 평면으로 자를 때와 회전축을 포함하는 평면으로 자를 때의 단면의 경계는 모두 원이다. ________

5 모든 회전체는 회전축이 항상 1개이다. ________

6 회전체를 회전축을 포함하는 평면으로 자를 때 생기는 단면은 모두 합동이다. ________

❖ 다음 입체도형과 전개도를 보고, x, y의 값을 각각 구하여라. (7~8)

7

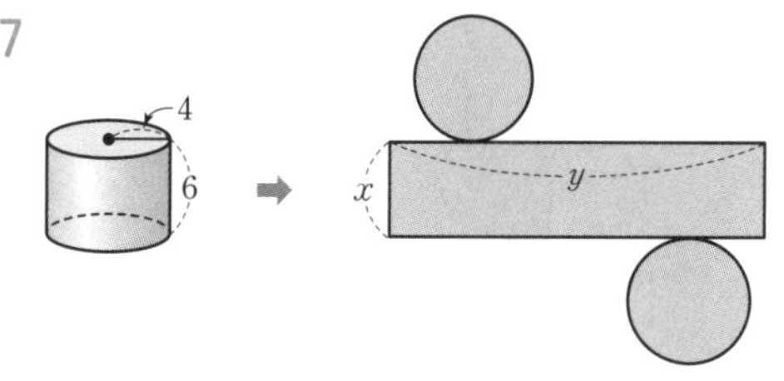

8

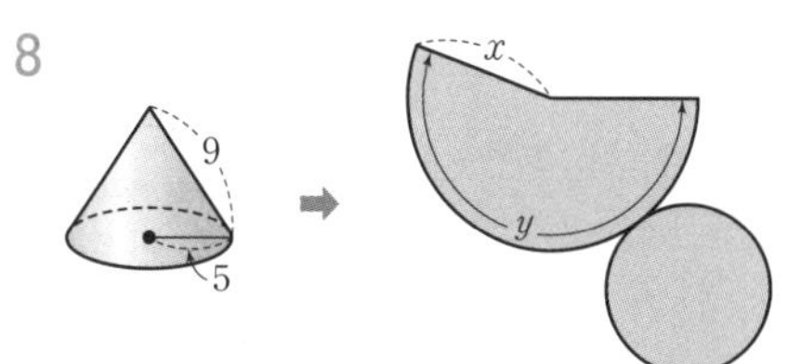

정답　* 정답과 해설 45쪽

1 ○　2 ×　3 ○　4 ○　5 ×　6 ○
7 $x=6,\ y=8\pi$　8 $x=9,\ y=10\pi$

3. 부피

각기둥, 원기둥의 부피

① **각기둥의 부피**

(각기둥의 부피)
=(밑넓이)×(높이)

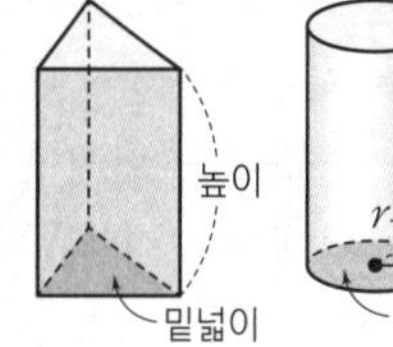

② **원기둥의 부피**

밑면의 반지름의 길이가 r, 높이가 h인 원기둥의 부피 V는

$V=$(밑넓이)×(높이)$=\pi r^2h$

각뿔, 원뿔의 부피

뿔에 물을 가득 채운 후 밑넓이와 높이가 각각 같은 기둥에 물을 부으면 기둥의 높이의 $\frac{1}{3}$이 된다.

① **각뿔의 부피**

밑넓이가 S, 높이가 h인 각뿔의 부피 V는

$$V=\frac{1}{3}Sh$$

② **원뿔의 부피**

밑면의 반지름의 길이가 r, 높이가 h인 원뿔의 부피 V는

$$V=\frac{1}{3}\pi r^2h$$

뿔대의 부피

(뿔대의 부피)=(큰 뿔의 부피)−(작은 뿔의 부피)

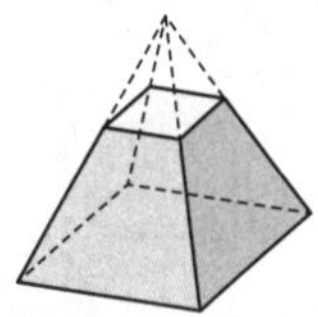

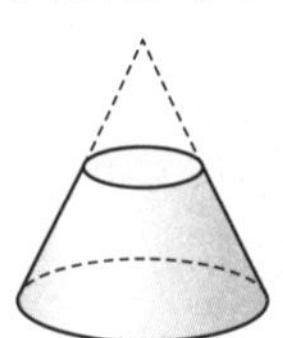

구의 부피

반지름의 길이가 r인 구의 부피 V는

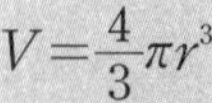

$$V=\frac{4}{3}\pi r^3$$

바빠 개념 확인 문제

❖ 다음 기둥의 부피를 구하여라. (1~2)

1
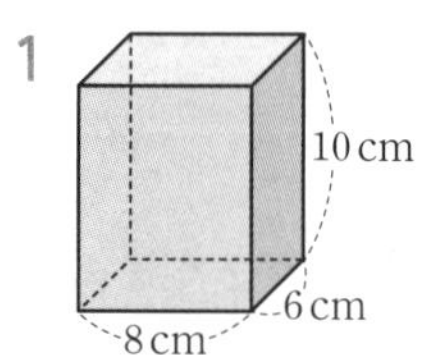

2
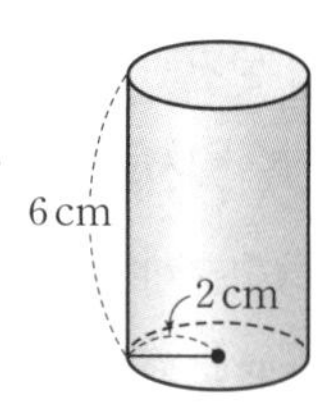

❖ 다음 뿔의 부피를 구하여라. (3~4)

3
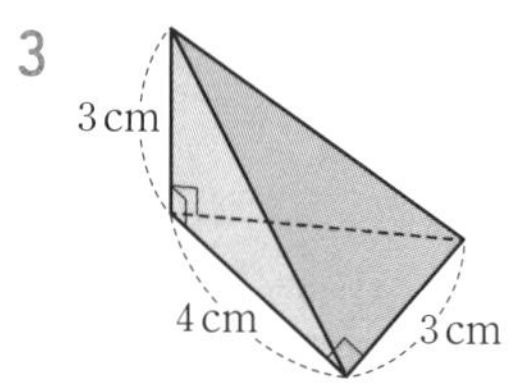

4
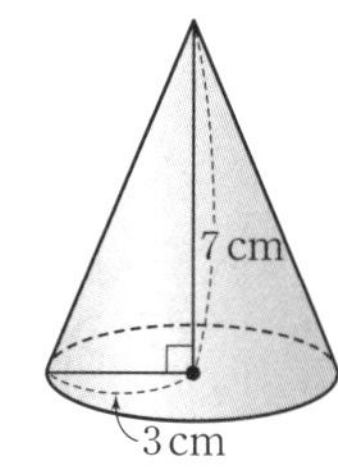

❖ 다음 뿔대의 부피를 구하여라. (5~6)

5
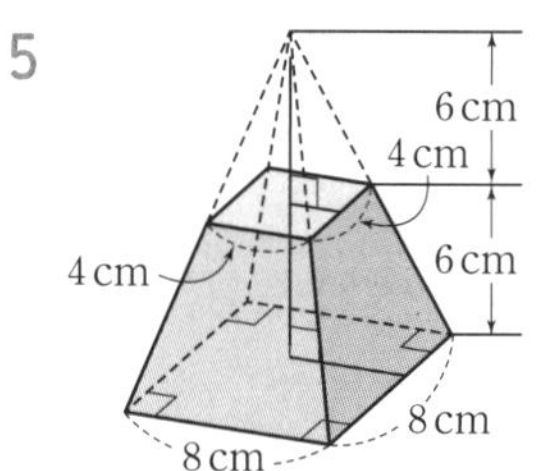

6
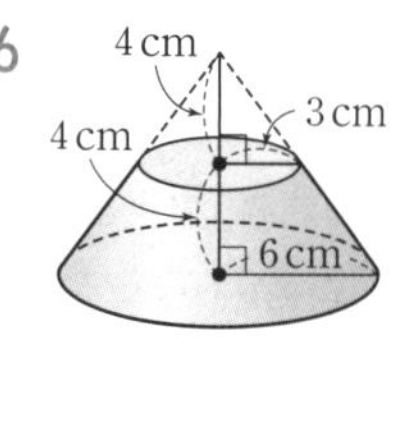

❖ 다음 구의 부피를 구하여라. (7~8)

7
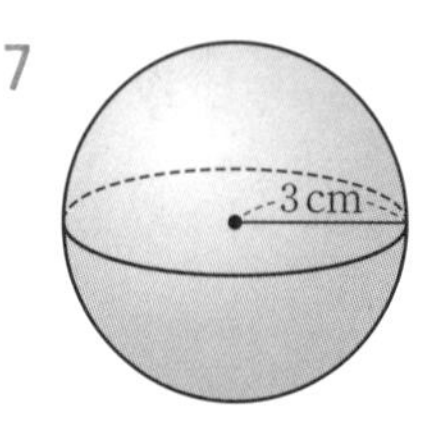

8
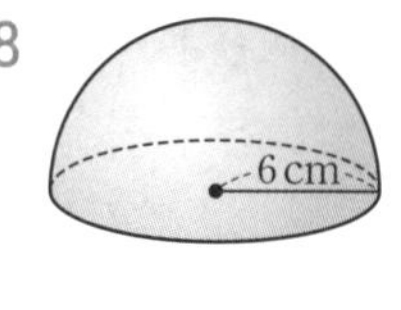

정답 * 정답과 해설 45쪽

1 480 cm³ 2 24π cm³ 3 6 cm³ 4 21π cm³ 5 224 cm³ 6 84π cm³ 7 36π cm³ 8 144π cm³

4. 겉넓이

✔ 기둥의 겉넓이

① 각기둥의 겉넓이

(각기둥의 겉넓이)=(밑넓이)×2+(옆넓이)

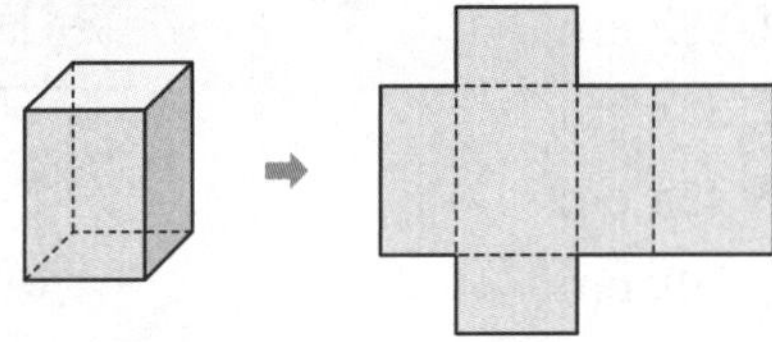

② 원기둥의 겉넓이

밑면의 반지름의 길이가 r, 높이가 h인 원기둥의 겉넓이 S는

S=(밑넓이)×2+(옆넓이)=$2\pi r^2+2\pi rh$

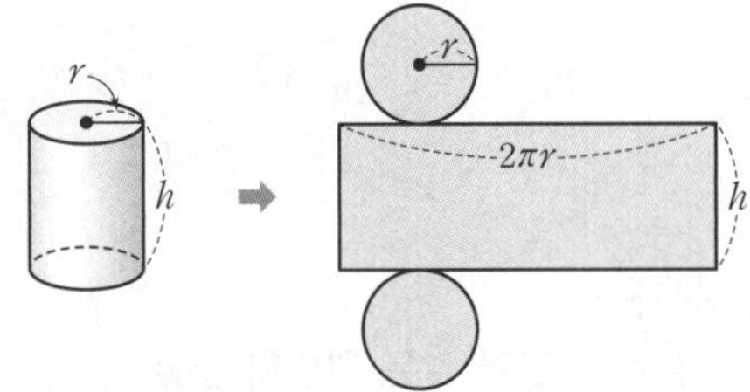

✔ 뿔의 겉넓이

밑면의 반지름의 길이가 r, 모선의 길이가 l인 원뿔의 겉넓이 S는

S=(밑넓이)+(옆넓이)

$=\pi r^2+\frac{1}{2}\times l\times 2\pi r=\pi r^2+\pi rl$

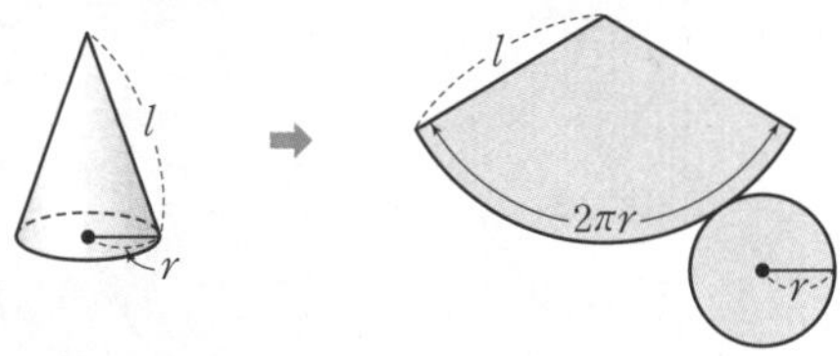

✔ 뿔대의 겉넓이

① (각뿔대의 겉넓이)=(두 밑면의 넓이)+(옆넓이)

② (원뿔대의 겉넓이)

=(두 밑면의 넓이의 합)

+{(큰 부채꼴의 넓이)−(작은 부채꼴의 넓이)}

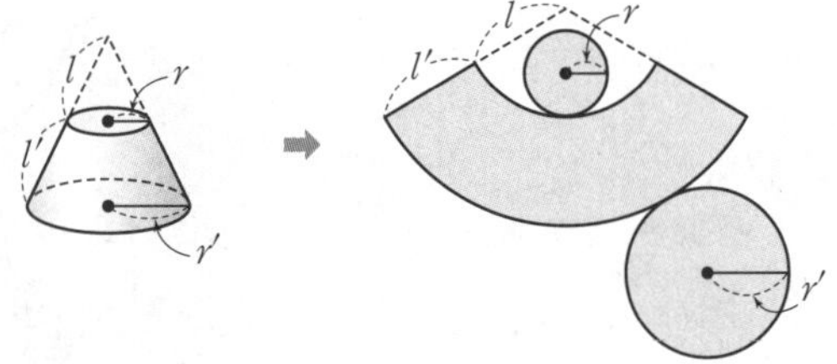

✔ 구의 겉넓이

반지름의 길이가 r인 구의 겉넓이 S는

$S=\pi\times(2r)^2=4\pi r^2$

바빠 개념 확인 문제

❖ 다음은 사각기둥의 전개도를 보고 겉넓이를 구하는 과정이다. □ 안에 알맞은 수를 써넣어라. (1~2)

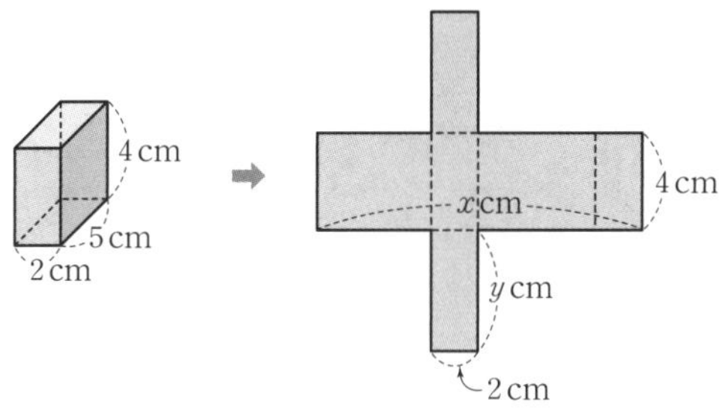

1 $x=$□, $y=$□

2 (겉넓이)=(밑넓이)×2+(옆넓이)=□(cm^2)

❖ 다음은 원기둥의 전개도를 보고 겉넓이를 구하는 과정이다. □ 안에 알맞은 수를 써넣어라. (3~4)

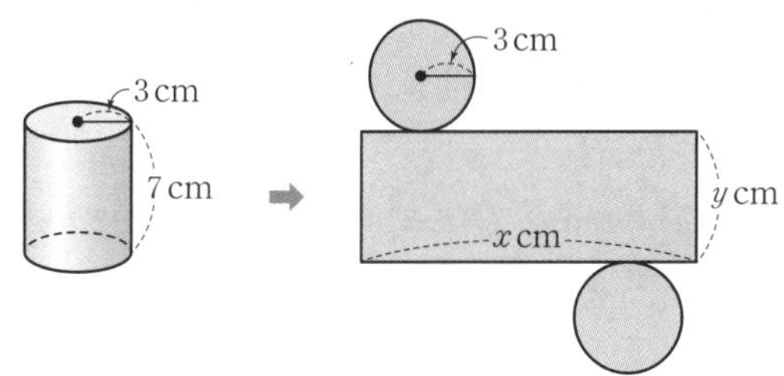

3 $x=$□, $y=$□

4 (겉넓이)=(밑넓이)×2+(옆넓이)=□(cm^2)

❖ 다음은 원뿔의 전개도를 보고 겉넓이를 구하는 과정이다. □ 안에 알맞은 수를 써넣어라. (5~6)

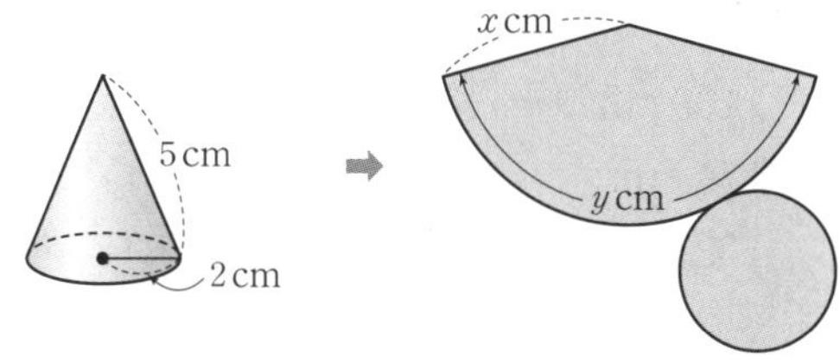

5 $x=$□, $y=$□

6 (겉넓이)=(밑넓이)+(부채꼴의 넓이)=□(cm^2)

정답 　＊정답과 해설 45쪽

1 14, 5　2 76　3 6π, 7　4 60π　5 5, 4π　6 14π

개념 완성 문제

* 정답과 해설 46쪽

정다면체

1 다음 중 정다면체가 아닌 것은?

① 정사면체 ② 정육면체 ③ 정팔면체
④ 정십이면체 ⑤ 정십팔면체

Hint 정다면체는 다섯 가지뿐이다.

회전체

2 다음 중 회전체와 그 회전체를 회전축을 포함하는 평면으로 자를 때 생기는 단면의 경계를 짝 지은 것으로 옳은 것을 모두 고르면? (정답 2개)

① 원뿔 - 직각삼각형 ② 원기둥 - 직사각형
③ 원뿔대 - 직사각형 ④ 반구 - 원
⑤ 구 - 원

Hint 회전체를 회전축을 포함하는 평면으로 자른 단면의 경계는 회전축에 대하여 선대칭도형이다.

각기둥의 부피

3 오른쪽 그림과 같은 삼각기둥의 부피는?

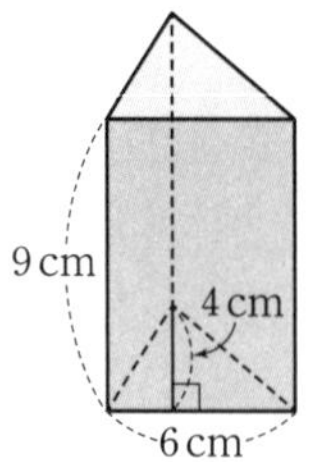

① $108\ \text{cm}^3$ ② $96\ \text{cm}^3$
③ $78\ \text{cm}^3$ ④ $55\ \text{cm}^3$
⑤ $32\ \text{cm}^3$

Hint (삼각기둥의 부피)=(밑넓이)×(높이)

원기둥의 부피

4 오른쪽 그림의 전개도로 만든 원기둥의 부피는?

5 cm, 6π cm

① $28\pi\ \text{cm}^3$
② $32\pi\ \text{cm}^3$
③ $45\pi\ \text{cm}^3$
④ $50\pi\ \text{cm}^3$
⑤ $56\pi\ \text{cm}^3$

Hint 원기둥의 전개도의 옆면의 가로의 길이가 6π cm이므로 밑면인 원의 반지름의 길이는 3 cm이다.

원뿔의 겉넓이

5 오른쪽 그림과 같은 원뿔의 겉넓이는?

7 cm, 3 cm

① $15\pi\ \text{cm}^2$ ② $27\pi\ \text{cm}^2$
③ $30\pi\ \text{cm}^2$ ④ $36\pi\ \text{cm}^2$
⑤ $42\pi\ \text{cm}^2$

Hint 밑면의 반지름의 길이가 r, 모선의 길이가 l인 원뿔의 옆넓이는 πrl

구의 겉넓이

6 오른쪽 그림과 같은 반원을 직선 l을 회전축으로 하여 1회전 시킬 때 생기는 회전체의 겉넓이를 구하여라.

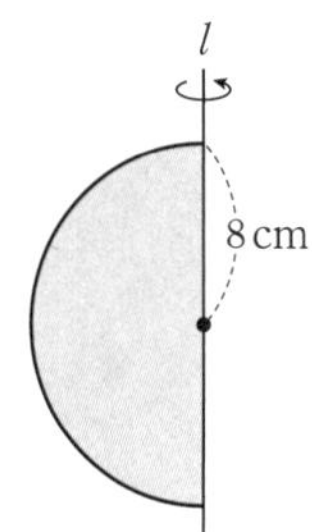

Hint 반원을 회전축을 중심으로 1회전 하면 구가 되므로 구의 겉넓이를 구한다.

27 삼각형의 성질

1. 이등변삼각형

이등변삼각형

두 변의 길이가 같은 삼각형

⇨ $\overline{AB}=\overline{AC}$

① **꼭지각**: 길이가 같은 두 변이 이루는 각 ⇨ $\angle A$

② **밑변**: 꼭지각의 대변 ⇨ $\overline{BC}$

③ **밑각**: 밑변의 양 끝 각 ⇨ $\angle B$, $\angle C$

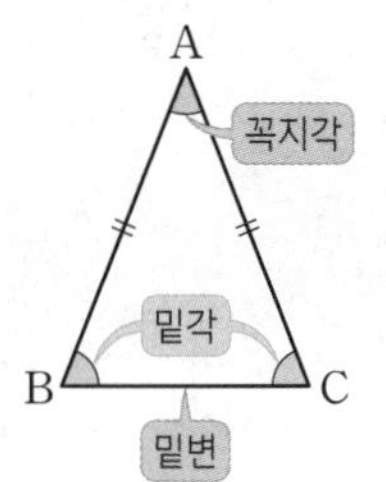

이등변삼각형의 성질

① 이등변삼각형의 두 밑각의 크기는 같다. ⇨ $\angle B=\angle C$

② 이등변삼각형의 꼭지각의 이등분선은 밑변을 수직이등분한다.
△ABC에서
$\overline{AB}=\overline{AC}$, $\angle BAD=\angle CAD$
⇨ $\overline{BD}=\overline{CD}$, $\overline{AD}\perp\overline{BC}$

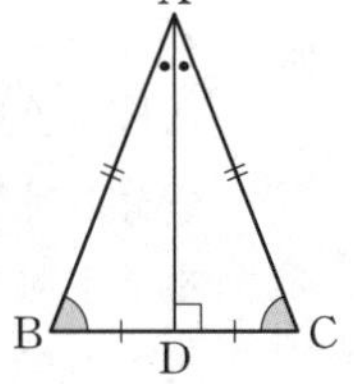

이등변삼각형의 성질을 이용하여 각의 크기 구하기

$\overline{BD}=\overline{CD}=\overline{AC}$일 때,
$\angle DBC=\angle DCB=\angle x$라고 하면 △DBC에서 삼각형의 외각의 성질에 의하여
$\angle ADC=\angle CAD=2\angle x$
△ABC에서 삼각형의 외각의 성질에 의하여
$\angle ACE=\angle ABC+\angle BAC=3\angle x$

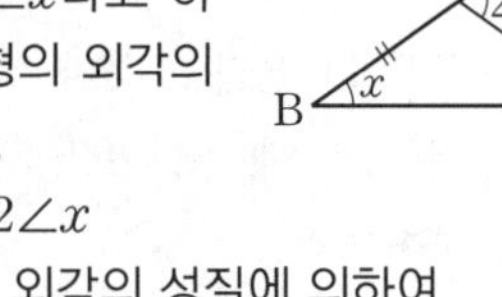

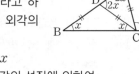

이등변삼각형이 되는 조건

두 내각의 크기가 같은 삼각형은 이등변삼각형이다.

⇨ △ABC에서 $\angle B=\angle C$이면 $\overline{AB}=\overline{AC}$

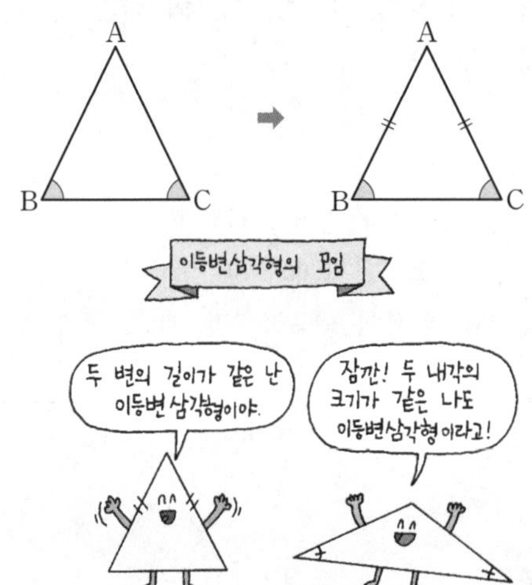

이등변삼각형의 모임
두 변의 길이가 같은 난 이등변 삼각형이야.
잠깐! 두 내각의 크기가 같은 나도 이등변삼각형이라고!

바빠 개념 확인 문제

1 오른쪽 그림과 같이 $\overline{AB}=\overline{AC}$인 이등변삼각형 ABC에서 $\angle x$의 크기를 구하여라.

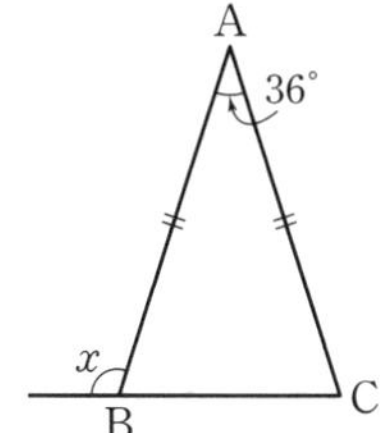

2 오른쪽 그림과 같이 $\overline{AB}=\overline{AC}$인 이등변삼각형 ABC에서 $\overline{BC}=\overline{BD}$일 때, $\angle x$의 크기를 구하여라.

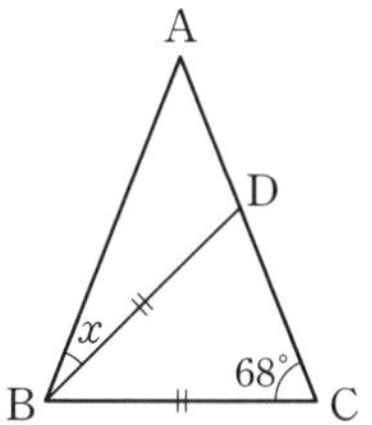

3 오른쪽 그림과 같이 $\overline{AB}=\overline{AC}$인 이등변삼각형 ABC에서 $\angle BAD=\angle CAD$일 때, $\angle x$의 크기와 y의 값을 각각 구하여라.

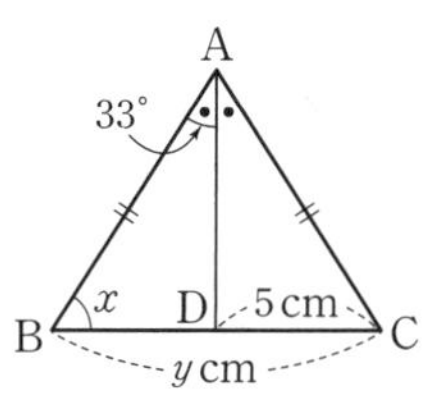

4 오른쪽 그림에서 $\overline{AB}=\overline{AC}=\overline{DC}$일 때, $\angle x$의 크기를 구하여라.

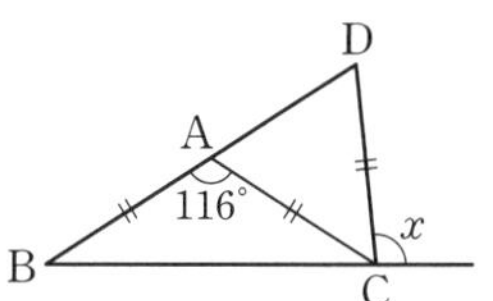

❖ 다음 그림에서 x의 값을 구하여라. (5~6)

5

6

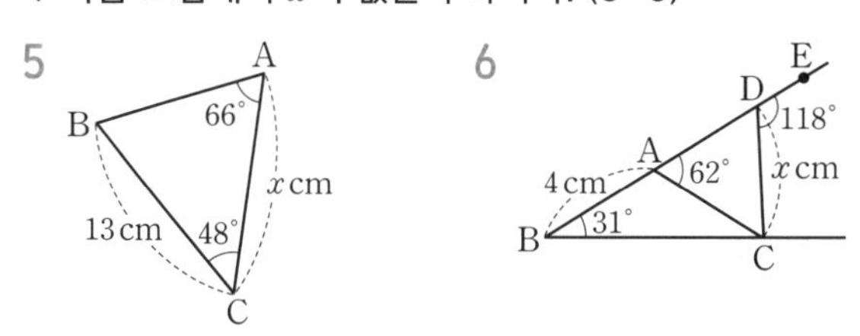

정답 ＊정답과 해설 46쪽

1 108° 2 24° 3 $\angle x=57°$, $y=10$ 4 96° 5 13 6 4

2. 직각삼각형의 합동 조건

직각삼각형의 합동 조건

두 직각삼각형은 다음의 각 경우에 서로 합동이다.

① 두 직각삼각형의 빗변의(R, H) 길이와 한 예각의(A) 크기가 각각 같을 때
$\angle C=\angle F=90°$,
$\overline{AB}=\overline{DE}$, $\angle B=\angle E$
⇨ $\triangle ABC\equiv\triangle DEF$ (RHA 합동)

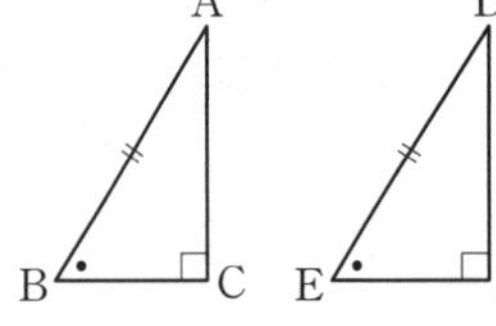

② 두 직각삼각형의 빗변의(R, H) 길이와 다른 한 변의(S) 길이가 각각 같을 때
$\angle C=\angle F=90°$,
$\overline{AB}=\overline{DE}$, $\overline{AC}=\overline{DF}$
⇨ $\triangle ABC\equiv\triangle DEF$ (RHS 합동)

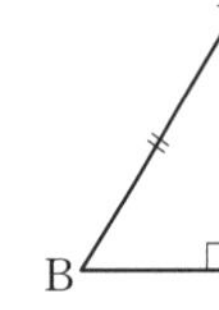
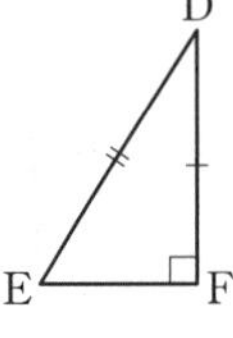

각의 이등분선의 성질

① 각의 이등분선 위의 임의의 점에서 그 각을 이루는 두 변까지의 거리는 같다.
⇨ $\angle AOP=\angle BOP$이면 $\overline{PC}=\overline{PD}$

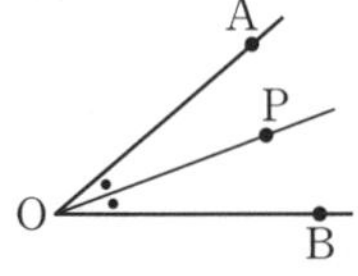
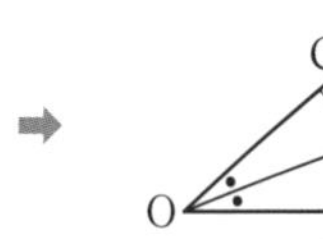

② 각을 이루는 두 변에서 같은 거리에 있는 점은 그 각의 이등분선 위에 있다.
⇨ $\overline{PC}=\overline{PD}$이면 $\angle AOP=\angle BOP$

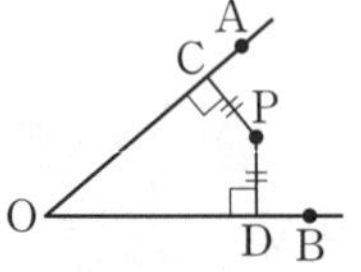

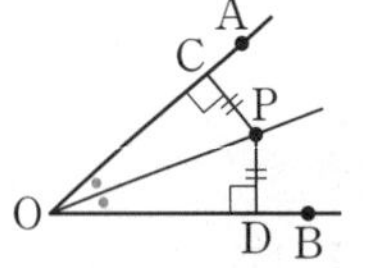

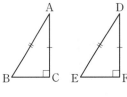

예) 오른쪽 그림과 같이 $\angle C=90°$인 직각삼각형 ABC에서 $\overline{AB}\perp\overline{DE}$, $\angle A$의 이등분선이 $\overline{BC}$와 만나는 점을 D라고 할 때, $\triangle ABD$의 넓이를 구해 보자.
두 직각삼각형 ADE와 ADC에서
빗변인 $\overline{AD}$는 공통, $\angle EAD=\angle CAD$
따라서 $\triangle AED\equiv\triangle ACD$ (RHA 합동)이므로
$\overline{DE}=\overline{DC}=3$
$\therefore \triangle ABD=\frac{1}{2}\times10\times3=15$

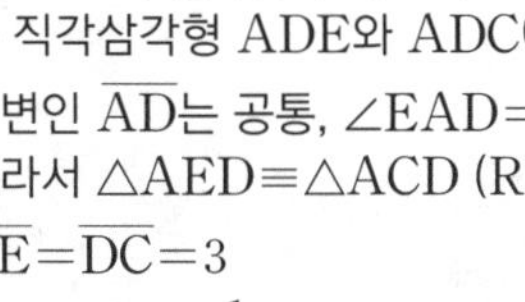
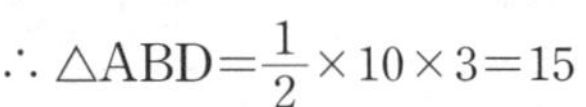

바빠 개념 확인 문제

1 다음 그림에서 $\overline{EF}$의 길이를 구하여라.

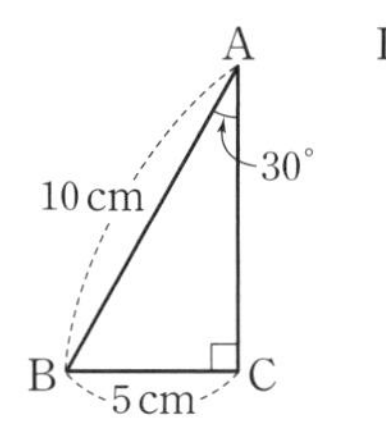

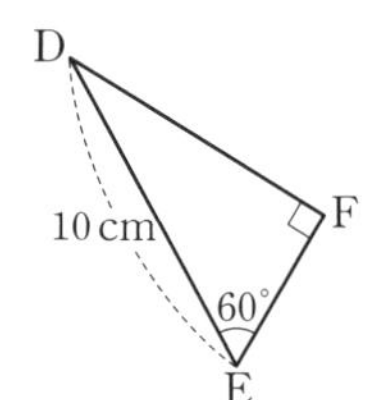

2 오른쪽 그림과 같이 $\angle A=90°$이고 $\overline{AB}=\overline{AC}$인 직각이등변삼각형 ABC의 두 꼭짓점 B, C에서 꼭짓점 A를 지나는 직선 l에 내린 수선의 발을 각각 D, E라고 할 때, $\overline{DE}$의 길이를 구하여라.

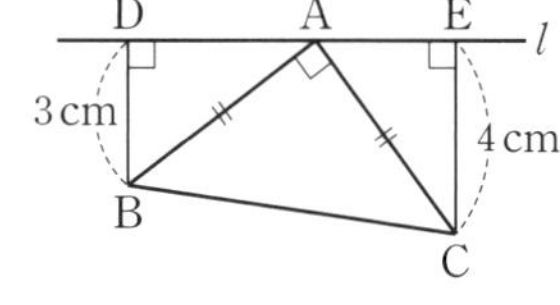

3 오른쪽 그림과 같이 $\overline{BC}$의 중점 F에서 $\overline{AB}$, $\overline{AC}$에 내린 수선의 발을 각각 D, E라고 하자. $\overline{DF}=\overline{FE}$일 때, $\angle DFB$의 크기를 구하여라.

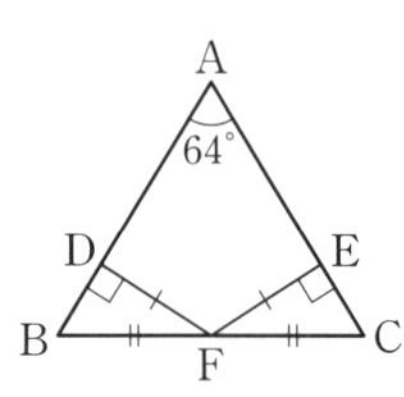

4 오른쪽 그림과 같이 $\angle B=90°$인 직각삼각형 ABC에서 $\overline{AD}$는 $\angle A$의 이등분선이고 $\overline{AC}\perp\overline{DE}$일 때, $\triangle ADC$의 넓이를 구하여라.

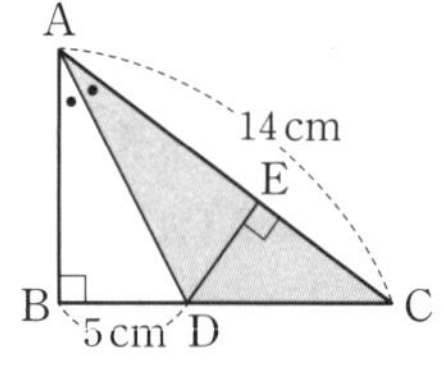

5 오른쪽 그림과 같이 $\angle B=90°$이고 $\triangle ADC$의 넓이가 $36\ cm^2$일 때, $\overline{BD}$의 길이를 구하여라.

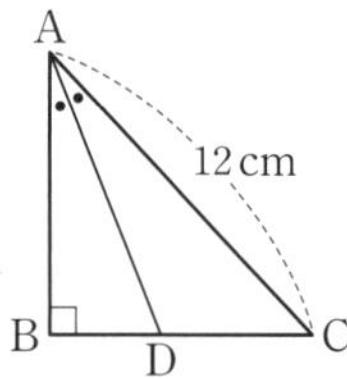

정답 * 정답과 해설 46쪽

1 5 cm　2 7 cm　3 32°　4 35 cm^2　5 6 cm

중2

3. 삼각형의 외심

삼각형의 외심

① 삼각형의 외접원과 외심

$\triangle ABC$의 세 꼭짓점이 원 O 위에 있을 때, 원 O는 $\triangle ABC$에 외접한다고 한다. 이때 원 O를 $\triangle ABC$의 외접원이라 하고, 외접원의 중심 O를 외심이라고 한다.

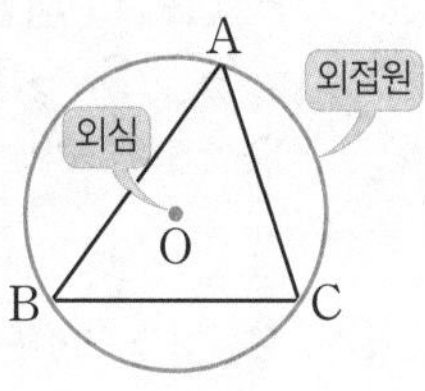

② 삼각형의 외심의 성질

- 삼각형의 세 변의 수직이등분선은 한 점(외심)에서 만난다.
- 외심에서 세 꼭짓점에 이르는 거리는 같다.

⇨ $\overline{OA}=\overline{OB}=\overline{OC}$=(외접원의 반지름의 길이)

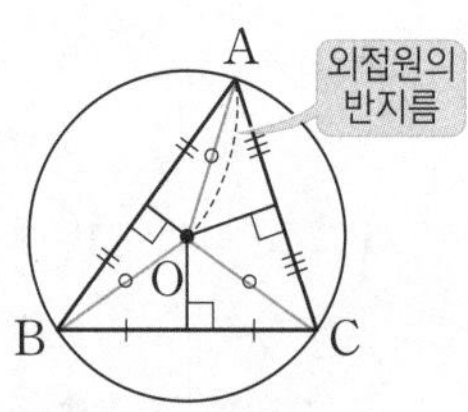

③ 삼각형의 외심의 위치

예각삼각형	둔각삼각형	직각삼각형
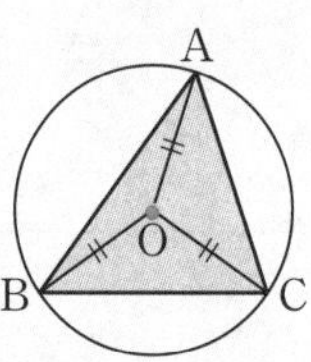	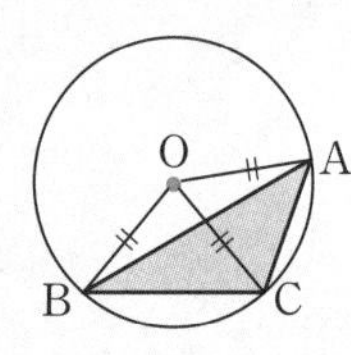	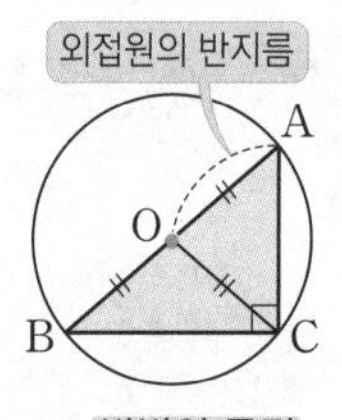
⇨ 삼각형의 내부	⇨ 삼각형의 외부	⇨ 빗변의 중점

삼각형의 외심의 응용

점 O가 $\triangle ABC$의 외심일 때, 다음이 성립한다.

① $\angle x+\angle y+\angle z=90°$

$\angle A+\angle B+\angle C=180°$에서

$2(\angle x+\angle y+\angle z)=180°$

$\therefore \angle x+\angle y+\angle z=90°$

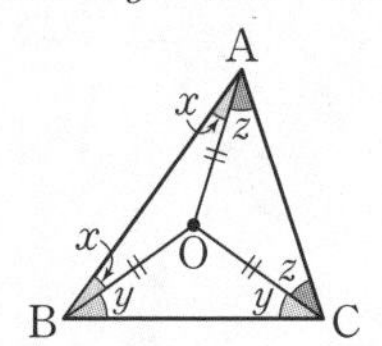

➡

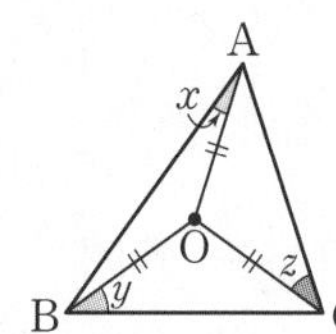

② $\angle BOC=2\angle A$

$\angle BOC=2\bullet+2\times=2(\bullet+\times)=2\angle A$

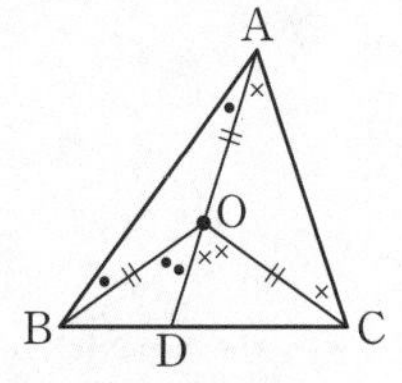

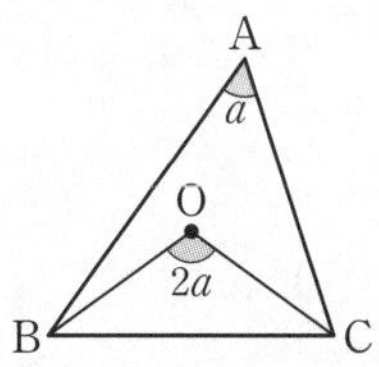

바빠 개념 확인 문제

❖ 오른쪽 그림에서 점 O가 $\triangle ABC$의 외심일 때, 다음 중 옳은 것은 ○표, 옳지 않은 것은 ×표를 하여라. (1~4)

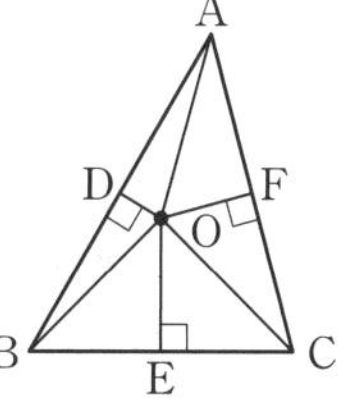

1 $\angle AOD=\angle AOF$ ______

2 $\overline{AD}=\overline{BD}$ ______

3 $\overline{OA}=\overline{OB}=\overline{OC}$ ______

4 $\overline{CE}=\overline{CF}$ ______

5 오른쪽 그림에서 점 O가 $\triangle ABC$의 외심일 때, $\angle x$의 크기를 구하여라.

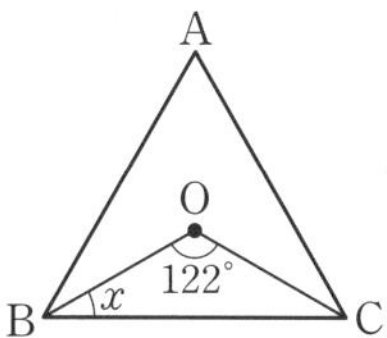

❖ 다음 직각삼각형 ABC에서 점 O가 외심일 때, x의 값을 구하여라. (6~7)

6

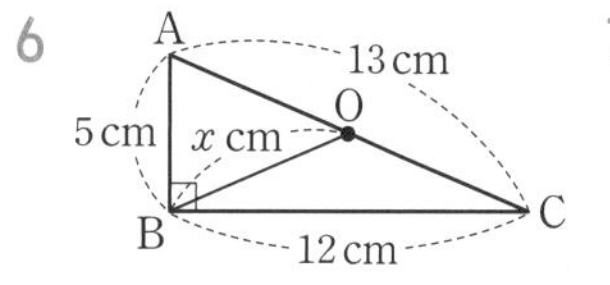

7

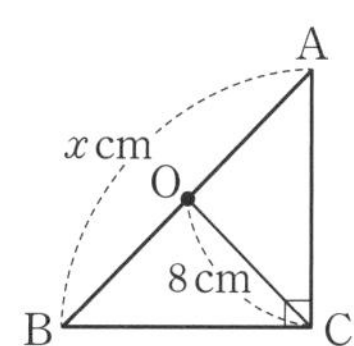

❖ 다음 그림에서 점 O가 $\triangle ABC$의 외심일 때, $\angle x$의 크기를 구하여라. (8~9)

8

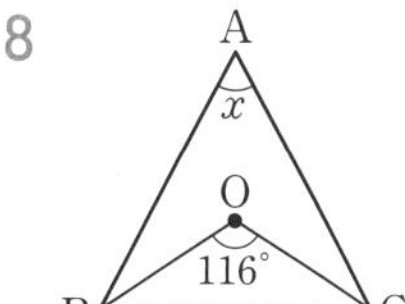

9

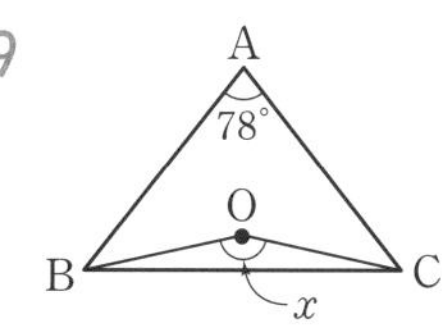

정답 ＊정답과 해설 47쪽

1 × 2 ○ 3 ○ 4 × 5 29° 6 $\frac{13}{2}$ 7 16 8 58° 9 156°

4. 삼각형의 내심

✔ 삼각형의 내심

① 삼각형의 내접원과 내심

△ABC의 세 변이 모두 원 I에 접할 때, 원 I는 △ABC에 **내접**한다고 한다. 이때 원 I를 △ABC의 **내접원**이라 하고, 내접원의 중심 I를 **내심**이라고 한다.

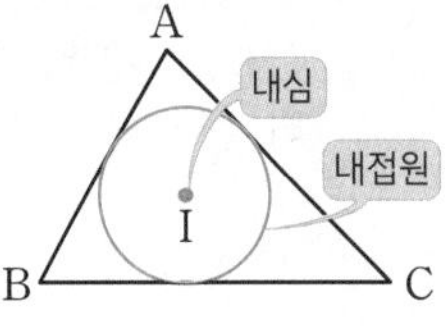

② 삼각형의 내심의 성질

- 삼각형의 세 내각의 이등분선은 한 점(내심)에서 만난다.
- 내심에서 세 변에 이르는 거리는 같다.

⇨ $\overline{ID}=\overline{IE}=\overline{IF}$
=(내접원의 반지름의 길이)

③ 삼각형의 내심의 위치

모든 삼각형의 내심은 삼각형의 내부에 있다.

$\overline{AB}=\overline{AC}$인 이등변삼각형

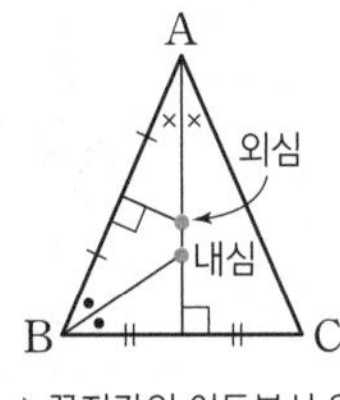

⇨ 꼭지각의 이등분선 위

정삼각형

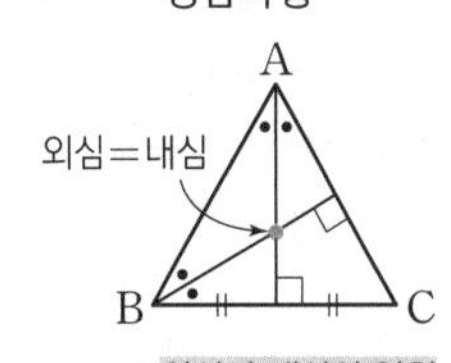

⇨ 외심과 내심이 일치

✔ 삼각형의 내심의 응용

점 I가 △ABC의 내심일 때, 다음이 성립한다.

① $\angle x+\angle y+\angle z=90°$

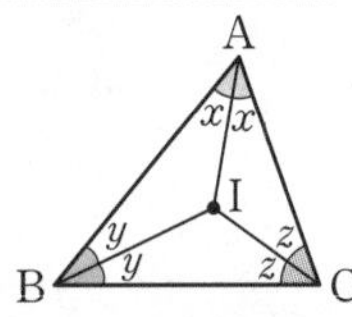

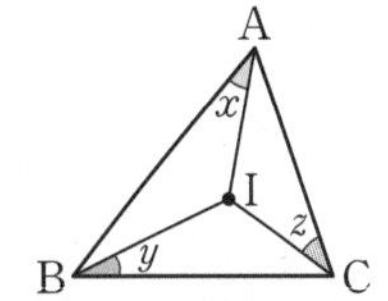

② $\angle BIC=90°+\frac{1}{2}\angle A$

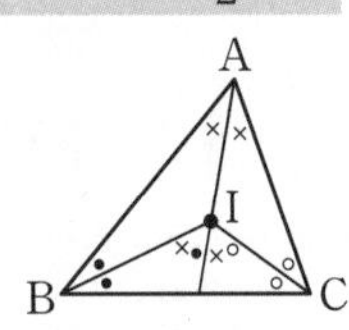
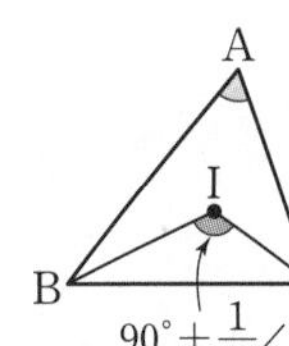

③ △ABC에서 세 변의 길이가 각각 a, b, c이고 내접원의 반지름의 길이가 r일 때,

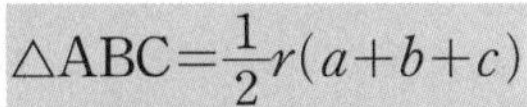
$\triangle ABC=\frac{1}{2}r(a+b+c)$

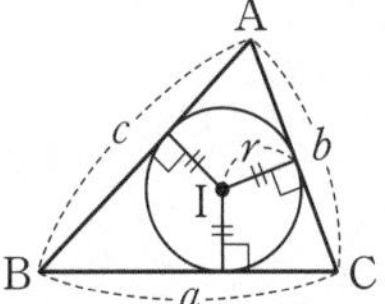

바빠 개념 확인 문제

❖ 오른쪽 그림에서 점 I가 △ABC의 내심일 때, 다음 중 옳은 것은 ○표, 옳지 않은 것은 ×표를 하여라. (1~4)

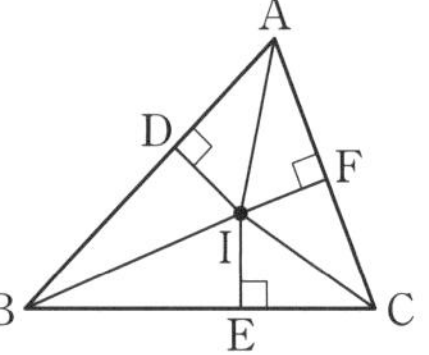
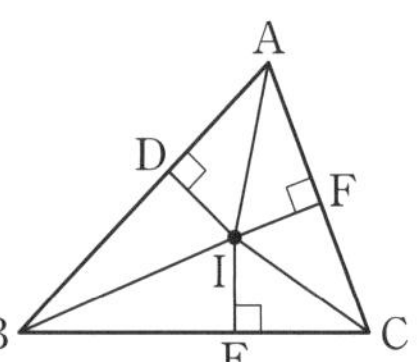

1 $\angle IBE=\angle ICE$ ______

2 $\overline{ID}=\overline{IE}=\overline{IF}$ ______

3 $\overline{IA}=\overline{IB}=\overline{IC}$ ______

4 $\angle DAI=\angle FAI$ ______

❖ 다음 그림에서 점 I가 △ABC의 내심일 때, $\angle x$의 크기를 구하여라. (5~6)

5
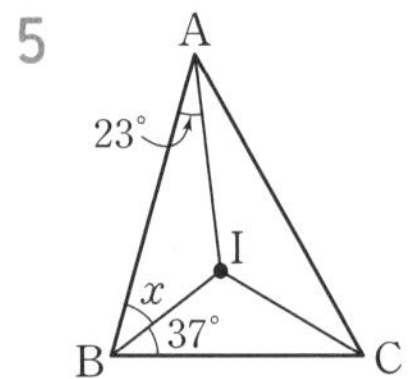

6
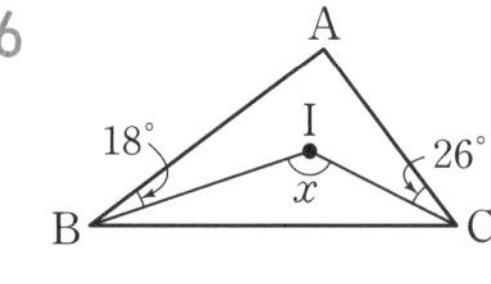

❖ 다음 그림에서 점 I가 △ABC의 내심일 때, $\angle x$의 크기를 구하여라. (7~8)

7
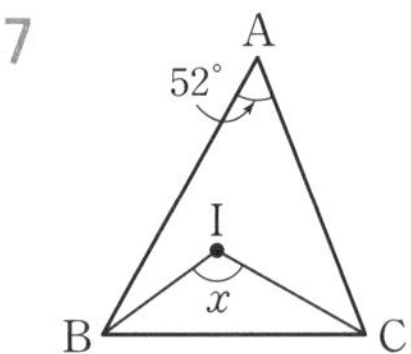

8
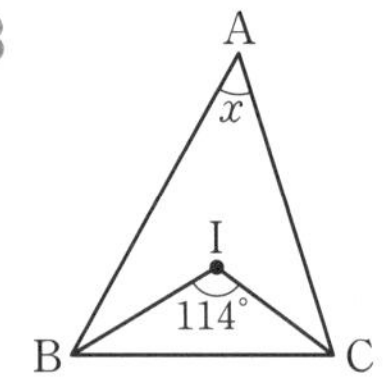

9 오른쪽 그림에서 점 I가 △ABC의 내심이다. △ABC의 넓이가 12 cm² 일 때, △ABC의 내접원의 반지름의 길이를 구하여라.

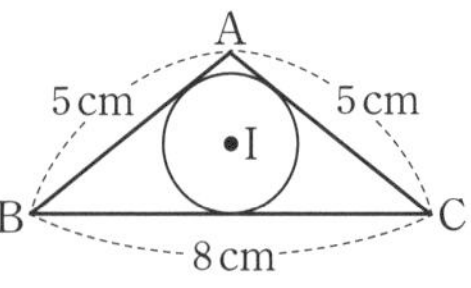

정답 ＊정답과 해설 47쪽

1 × 2 ○ 3 × 4 ○ 5 37° 6 136° 7 116° 8 48° 9 $\frac{4}{3}$ cm

개념 완성 문제

＊정답과 해설 47쪽

이등변삼각형

1 오른쪽 그림과 같이 $\overline{AB}=\overline{AC}$인 이등변삼각형 ABC에서 x의 값은?

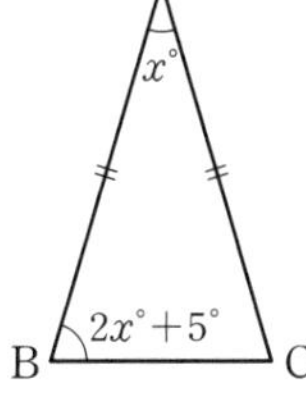

① 32 ② 34
③ 35 ④ 38
⑤ 40

 이등변삼각형의 두 밑각의 크기는 같고 삼각형의 세 내각의 크기의 합은 180°이다.

직각삼각형의 합동 조건

2 다음 중 그림과 같이 $\angle C=\angle F=90°$인 직각삼각형 ABC와 DEF가 합동이 되는 조건이 아닌 것은?

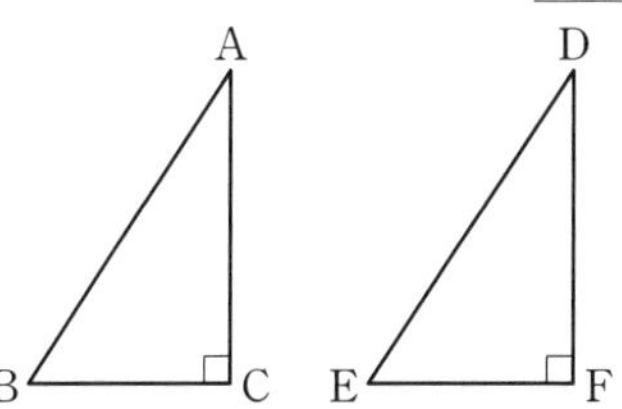

① $\overline{AB}=\overline{DE}$, $\angle B=\angle E$
② $\overline{BC}=\overline{EF}$, $\overline{AC}=\overline{DF}$
③ $\angle A=\angle D$, $\angle B=\angle E$
④ $\overline{AB}=\overline{DE}$, $\overline{AC}=\overline{DF}$
⑤ $\overline{AC}=\overline{DF}$, $\angle A=\angle D$

Hint 세 내각의 크기가 같은 삼각형은 모양은 같지만 합동이 아닐 수 있다.

직각삼각형의 외심

3 오른쪽 그림과 같이 $\angle B=90°$인 직각삼각형 ABC에서 $\overline{AB}=6$ cm, $\overline{BC}=8$ cm, $\overline{CA}=10$ cm일 때, △ABC의 외접원의 넓이를 구하여라.

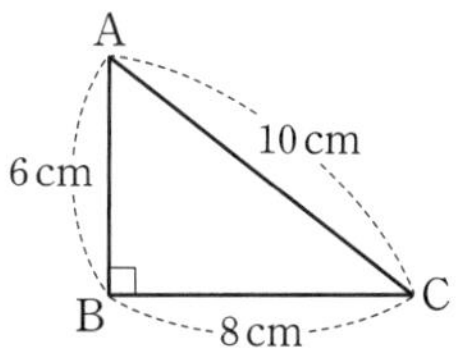

Hint 직각삼각형의 외심은 빗변의 중점이다. 외심에서 세 꼭짓점에 이르는 거리는 같다.

삼각형의 외심

4 오른쪽 그림에서 원 O는 △ABC의 외접원이다. $\angle A=52°$일 때, $\angle x$의 크기는?

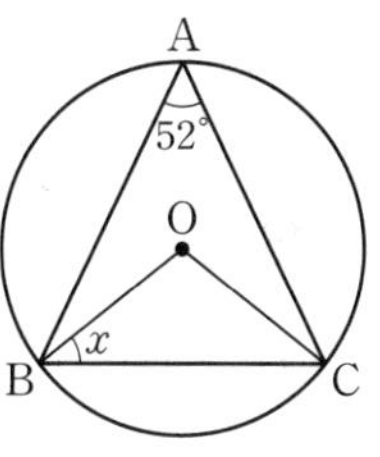

① 23° ② 26°
③ 33° ④ 38°
⑤ 42°

Hint $\angle BOC=2\angle A$, $\overline{OB}=\overline{OC}$

삼각형의 내심

5 오른쪽 그림에서 점 I는 △ABC의 내심이다. $\angle C=74°$일 때, $\angle x+\angle y$의 크기는?

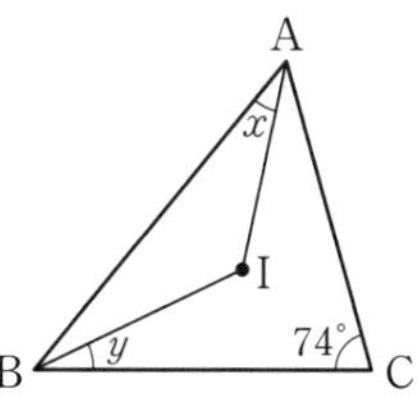

① 38° ② 42°
③ 49° ④ 50°
⑤ 53°

 $\angle CAI=\angle x$, $\angle ABI=\angle y$

삼각형의 내심의 응용

6 오른쪽 그림과 같은 △ABC의 내접원 I의 반지름의 길이는 2 cm이다. $\overline{AB}=13$ cm, $\overline{AC}=12$ cm이고 $\triangle ABC=30\text{ cm}^2$일 때, $\overline{BC}$의 길이를 구하여라.

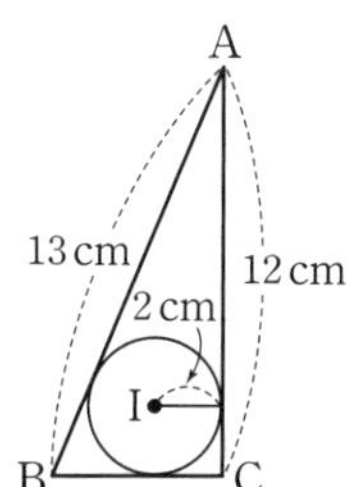

Hint $\frac{1}{2}\times2\times(13+12+\overline{BC})=30$

28 여러 가지 사각형

1. 평행사변형

사각형의 기호

사각형 ABCD를 기호로 □ABCD와 같이 나타낸다.

평행사변형의 뜻

평행사변형은 두 쌍의 대변이 각각 평행한 사각형이다.

⇨ $\overline{AB} /\!/ \overline{DC}$, $\overline{AD} /\!/ \overline{BC}$

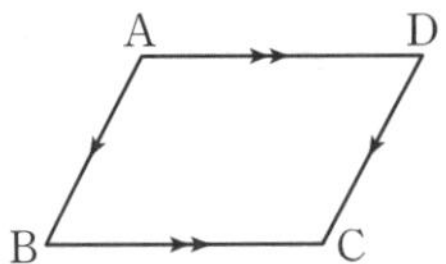

평행사변형의 성질

평행사변형에서

① 두 쌍의 대변의 길이는 각각 같다.

⇨ $\overline{AB}=\overline{DC}$, $\overline{AD}=\overline{BC}$

② 두 쌍의 대각의 크기는 각각 같다.

⇨ $\angle A=\angle C$, $\angle B=\angle D$

③ 두 대각선은 서로 다른 것을 이등분한다.

⇨ $\overline{OA}=\overline{OC}$, $\overline{OB}=\overline{OD}$

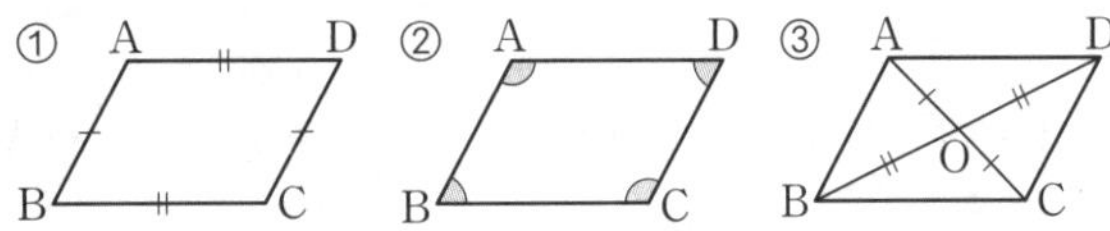

평행사변형에서 이웃하는 두 내각의 크기의 합

평행사변형에서 이웃하는 두 내각의 크기의 합은 180°이다.

$\angle A+\angle B=180^\circ$

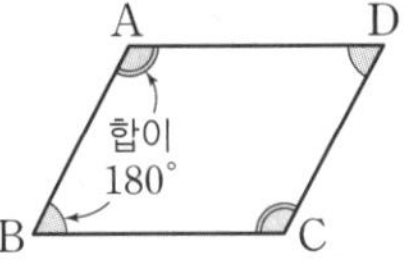

평행사변형이 되는 조건

□ABCD가 다음의 어느 한 조건을 만족하면 평행사변형이다.

① 두 쌍의 대변이 각각 평행하다.

⇨ $\overline{AB} /\!/ \overline{DC}$, $\overline{AD} /\!/ \overline{BC}$

② 두 쌍의 대변의 길이는 각각 같다.

⇨ $\overline{AB}=\overline{DC}$, $\overline{AD}=\overline{BC}$

③ 두 쌍의 대각의 크기는 각각 같다.

⇨ $\angle A=\angle C$, $\angle B=\angle D$

④ 두 대각선은 서로 다른 것을 이등분한다.

⇨ $\overline{OA}=\overline{OC}$, $\overline{OB}=\overline{OD}$

⑤ 한 쌍의 대변이 평행하고 그 길이가 같다.

⇨ $\overline{AD} /\!/ \overline{BC}$, $\overline{AD}=\overline{BC}$

고등수학 연계 ⋯→ 도형의 방정식 | 중요도 ★★★☆☆

개념 확인 문제

❖ 다음 그림과 같은 평행사변형 ABCD에서 두 대각선의 교점을 O라고 할 때, $\angle x$, $\angle y$의 크기를 각각 구하여라. (1~2)

1 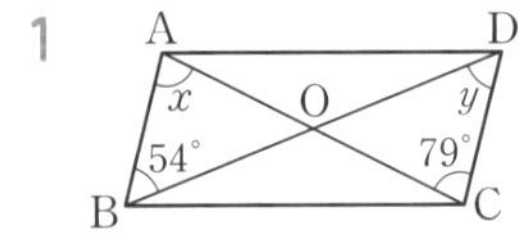

2 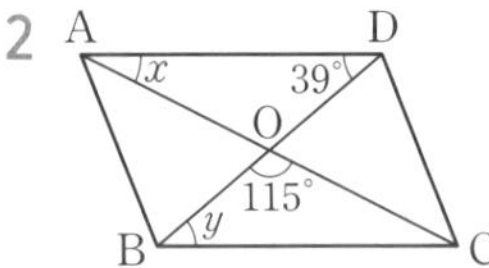

❖ 다음 그림과 같은 평행사변형 ABCD에서 두 대각선의 교점을 O라고 할 때, x, y의 값을 각각 구하여라. (3~6)

3 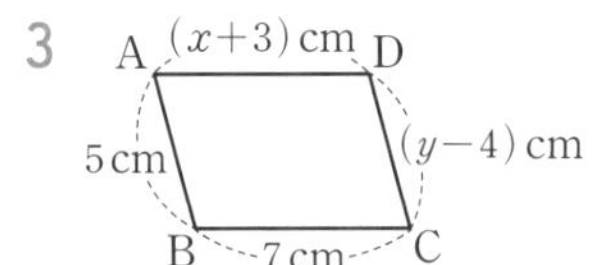

4 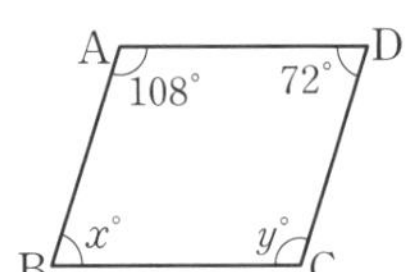

5 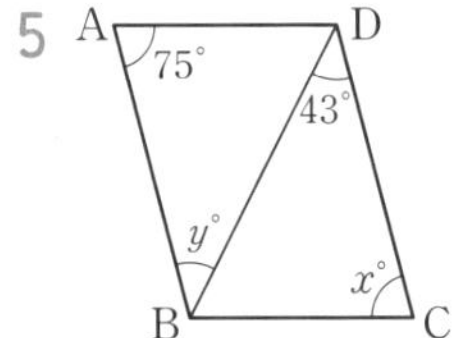

6 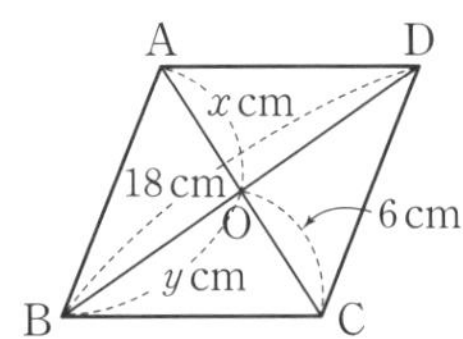

❖ 오른쪽 그림과 같은 □ABCD에서 두 대각선의 교점을 O라고 하자. □ABCD가 평행사변형이 되는 조건으로 옳은 것은 ○표, 옳지 않은 것은 ×표를 하여라. (7~10)

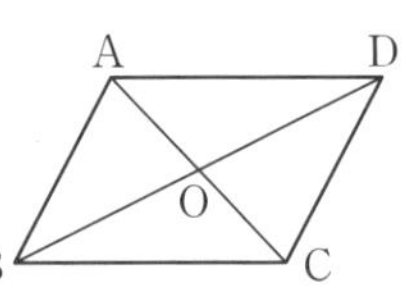

7 $\angle A=120^\circ$, $\angle B=60^\circ$ ______

8 $\overline{OA}=\overline{OB}$, $\overline{OC}=\overline{OD}$ ______

9 $\overline{AB} /\!/ \overline{DC}$, $\overline{AD} /\!/ \overline{BC}$ ______

10 $\overline{AD} /\!/ \overline{BC}$, $\overline{AB}=\overline{DC}$ ______

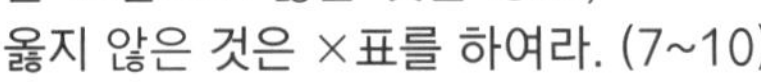

정답

* 정답과 해설 47쪽

1 $\angle x=79^\circ$, $\angle y=54^\circ$ 2 $\angle x=26^\circ$, $\angle y=39^\circ$ 3 $x=4$, $y=9$
4 $x=72$, $y=108$ 5 $x=75$, $y=43$ 6 $x=6$, $y=9$
7 × 8 × 9 ○ 10 ×

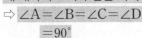

중2

2. 직사각형, 마름모

✔ 직사각형

① 직사각형의 뜻

네 내각의 크기가 같은 사각형

⇨ $\angle A=\angle B=\angle C=\angle D$
$=90^\circ$

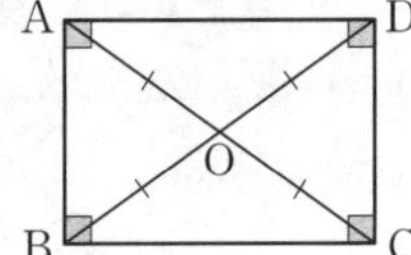

② 직사각형의 성질

두 대각선은 길이가 같고 서로 다른 것을 이등분한다.

⇨ $\overline{AC}=\overline{BD}$, $\overline{AO}=\overline{BO}=\overline{CO}=\overline{DO}$

③ 평행사변형이 직사각형이 되는 조건

평행사변형이 다음 중 어느 한 조건을 만족하면 직사각형이 된다.

• 한 내각이 직각이다.
• 두 대각선의 길이가 같다.

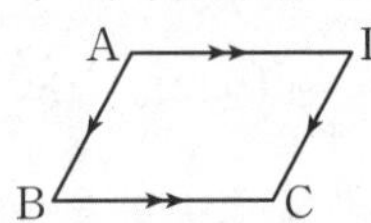
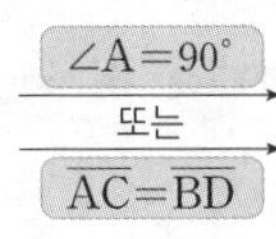

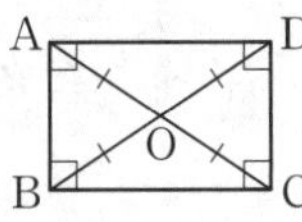

✔ 마름모

① 마름모의 뜻

네 변의 길이가 같은 사각형

⇨ $\overline{AB}=\overline{BC}=\overline{CD}=\overline{DA}$

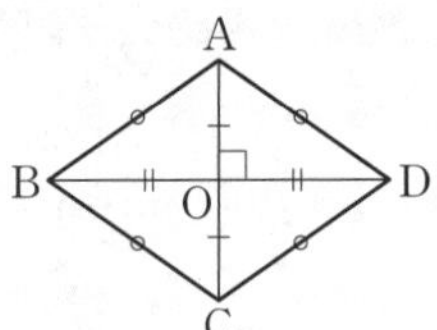

② 마름모의 성질

두 대각선은 서로 다른 것을 수직이등분한다.

⇨ $\overline{AC}\perp\overline{BD}$, $\overline{AO}=\overline{CO}$, $\overline{BO}=\overline{DO}$

③ 평행사변형이 마름모가 되는 조건

평행사변형이 다음 중 어느 한 조건을 만족하면 마름모가 된다.

• 이웃하는 두 변의 길이가 같다.
• 두 대각선이 서로 수직이다.

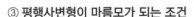

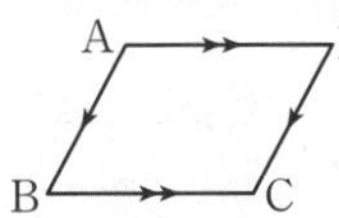
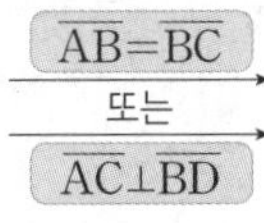

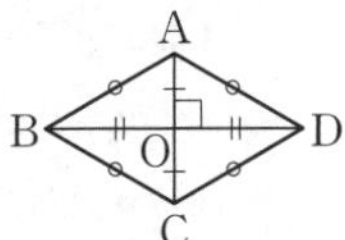

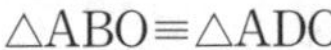

• 오른쪽 그림과 같은 마름모에서 $\overline{AB}=\overline{AD}$, $\overline{BO}=\overline{DO}$, $\overline{AO}$는 공통이므로
$\triangle ABO\equiv\triangle ADO$
$\therefore \angle BAO=\angle DAO$
즉, 마름모의 대각선은 각을 이등분해.

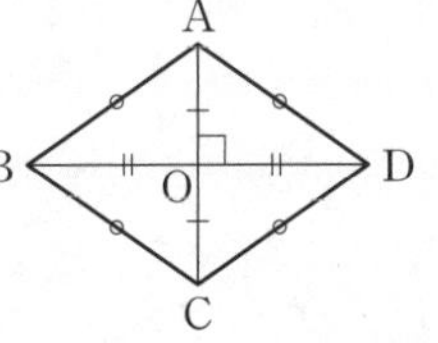

바빠 개념 확인 문제

❖ 다음 그림과 같은 직사각형 ABCD에서 두 대각선 교점을 O라고 할 때, □ 안에 알맞은 것을 써넣어라. (1~2)

1

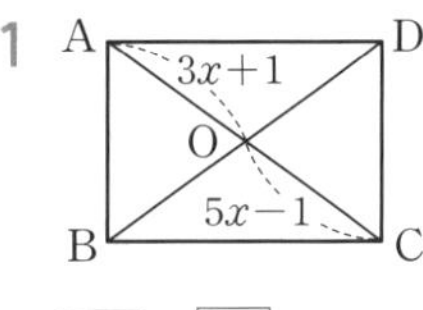

$\overline{BD}=$□

2

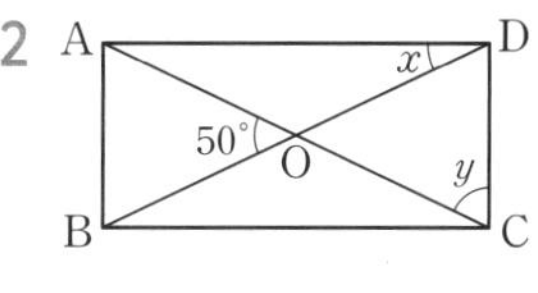

$\angle x=$□, $\angle y=$□

❖ 오른쪽 그림에서 두 대각선 교점을 O라고 할 때, 평행사변형 ABCD가 직사각형이 되는 조건으로 옳은 것은 ○표, 옳지 않은 것은 ×표를 하여라. (3~4)

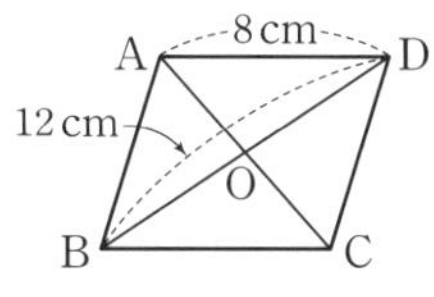

3 $\angle AOB=90^\circ$ ______

4 $\angle A=90^\circ$ ______

❖ 다음 그림과 같은 마름모 ABCD에서 두 대각선 교점을 O라고 할 때, $\angle x$, $\angle y$의 크기를 각각 구하여라. (5~6)

5

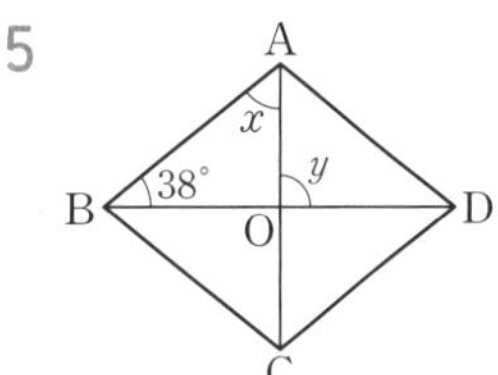

6

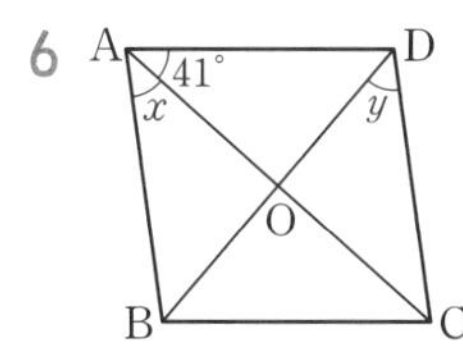

❖ 오른쪽 그림에서 두 대각선 교점을 O라고 할 때, 평행사변형 ABCD가 마름모가 되는 조건으로 옳은 것은 ○표, 옳지 않은 것은 ×표를 하여라. (7~9)

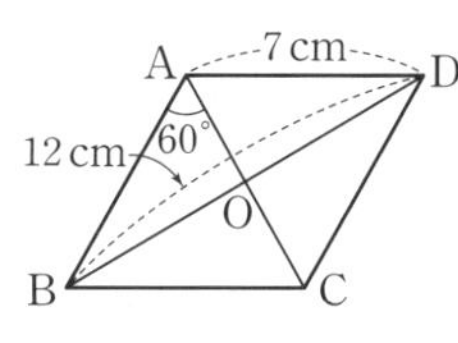

7 $\angle ACB=60^\circ$ ______

8 $\overline{AC}=12\text{ cm}$ ______

9 $\angle ABO=30^\circ$ ______

정답 ＊정답과 해설 48쪽

1 8　2 25°, 65°　3 ×　4 ○　5 $\angle x=52^\circ$, $\angle y=90^\circ$
6 $\angle x=41^\circ$, $\angle y=49^\circ$　7 ○　8 ×　9 ○

3. 정사각형, 등변사다리꼴

✔ 정사각형

① 정사각형의 뜻

네 변의 길이가 같고 네 내각의 크기가 같은 사각형

⇨ $\overline{AB}=\overline{BC}=\overline{CD}=\overline{DA}$, $\angle A=\angle B=\angle C=\angle D=90^\circ$

② 정사각형의 성질

두 대각선은 길이가 같고, 서로 다른 것을 수직이등분한다.

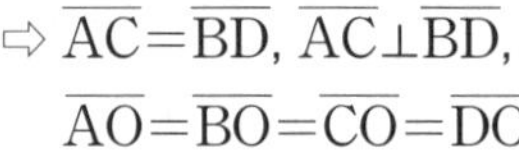

⇨ $\overline{AC}=\overline{BD}$, $\overline{AC}\perp\overline{BD}$, $\overline{AO}=\overline{BO}=\overline{CO}=\overline{DO}$

③ 직사각형이 정사각형이 되는 조건

이웃하는 두 변의 길이가 같거나 두 대각선이 서로 수직이다.

④ 마름모가 정사각형이 되는 조건

한 내각이 직각이거나 두 대각선의 길이가 같다.

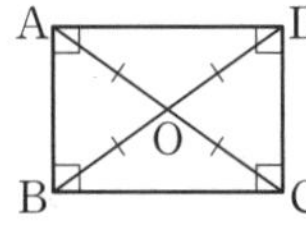

$\overline{AB}=\overline{BC}$ 또는 $\overline{AC}\perp\overline{BD}$

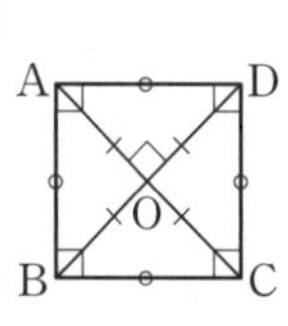

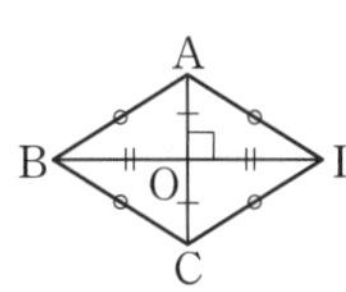

$\angle A=90^\circ$ 또는 $\overline{AC}=\overline{BD}$

✔ 사다리꼴과 등변사다리꼴

① 사다리꼴의 뜻

한 쌍의 대변이 평행한 사각형

⇨ $\overline{AD}/\!/\overline{BC}$

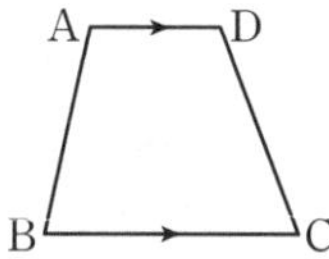

② 등변사다리꼴의 뜻

밑변의 양 끝 각의 크기가 같은 사다리꼴

⇨ $\overline{AD}/\!/\overline{BC}$, $\angle B=\angle C$

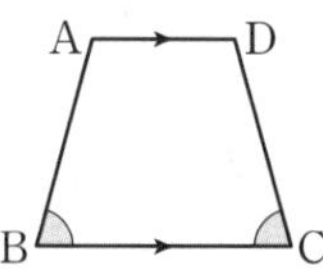

③ 등변사다리꼴의 성질

- 평행하지 않은 한 쌍의 대변의 길이가 같다.
  ⇨ $\overline{AB}=\overline{DC}$
- 두 대각선의 길이가 같다.
  ⇨ $\overline{AC}=\overline{BD}$

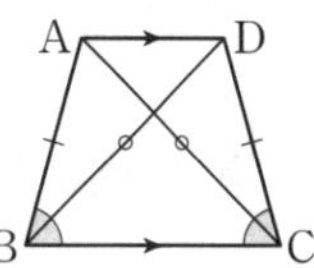

바빠 개념 확인 문제

❖ 다음 그림과 같은 정사각형 ABCD에서 두 대각선의 교점을 O라고 할 때, x, y의 값을 각각 구하여라. (1~2)

1

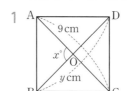

2

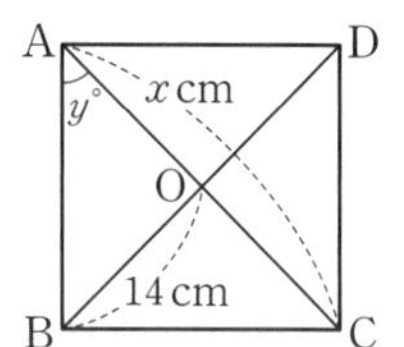

❖ 다음 중 정사각형이 되는 조건으로 옳은 것은 ○표, 옳지 않은 것은 ×표를 하여라. (3~7)

3 네 변의 길이가 같고 두 대각선의 길이가 같은 사각형 ______

4 두 대각선의 길이가 같고 한 각의 크기가 90°인 평행사변형 ______

5 두 대각선이 수직으로 만나는 직사각형 ______

6 두 대각선의 길이가 같은 마름모 ______

7 두 대각선이 서로 다른 것을 수직이등분하는 평행사변형 ______

❖ 다음 그림과 같이 $\overline{AD}/\!/\overline{BC}$인 등변사다리꼴 ABCD에서 x의 값을 구하여라. (8~9)

8

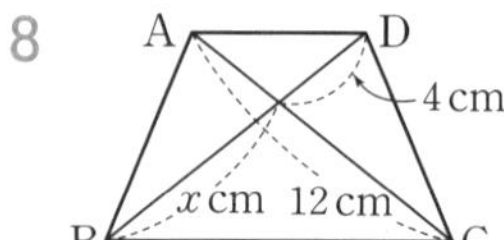

9

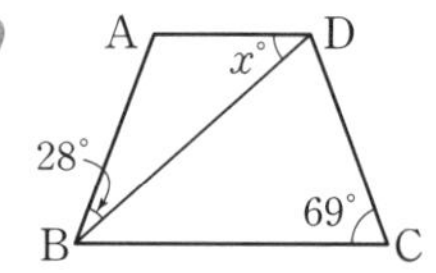

정답 *정답과 해설 48쪽

1 $x=90$, $y=9$ 2 $x=28$, $y=45$ 3 ○ 4 ×
5 ○ 6 ○ 7 × 8 8 9 41

중2

4. 여러 가지 사각형 사이의 관계

✔ 여러 가지 사각형 사이의 관계

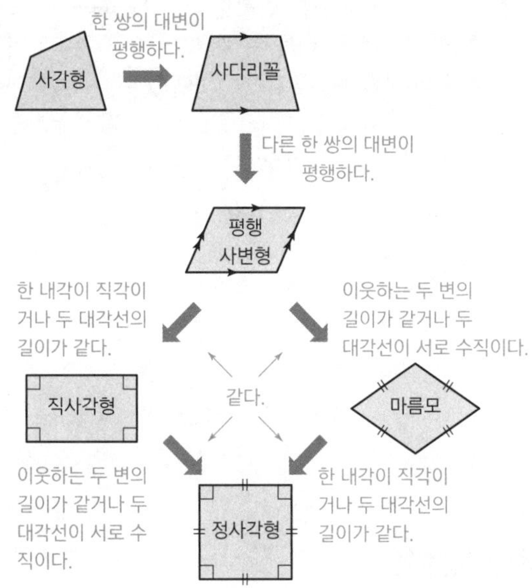

✔ 평행선과 넓이

① 평행선과 삼각형의 넓이

두 직선 l과 m이 평행할 때, $\triangle ABC$와 $\triangle DBC$는 밑변 BC가 공통이고 높이는 h로 같으므로 넓이가 같다.

⇨ $l \,/\!/\, m$이면 $\triangle ABC = \triangle DBC$

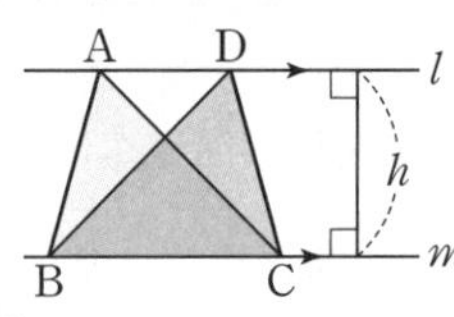

② 높이가 같은 삼각형의 넓이의 비

높이가 같은 두 삼각형의 넓이의 비는 밑변의 길이의 비와 같다.

⇨ $\triangle ABD : \triangle ADC = a : b$

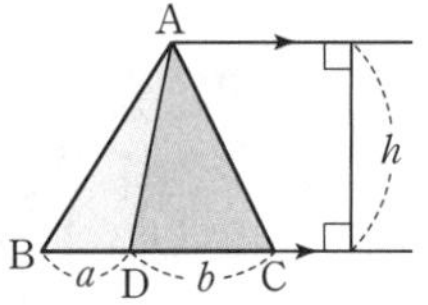

바빠 꿀팁

• $\overline{AC} \,/\!/\, \overline{DE}$일 때, □ABCD와 $\triangle ABE$는 보기에는 넓이가 같아 보이지 않지만 넓이가 같아. 평행선에서 밑변의 길이가 같은 두 삼각형의 넓이가 같으므로 $\triangle ACD = \triangle ACE$야.
양변에 $\triangle ABC$를 더하면
$\triangle ACD + \triangle ABC = \triangle ACE + \triangle ABC$
∴ □ABCD $= \triangle ABE$

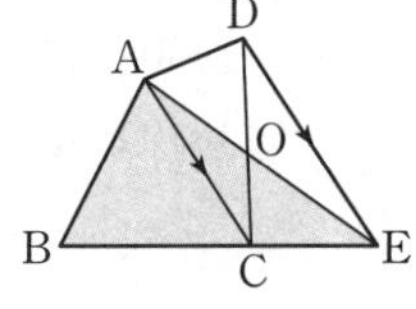

바빠 개념 확인 문제

❖ 오른쪽 그림의 □ABCD는 평행사변형이다. 다음 조건을 만족하면 어떤 사각형이 되는지 구하여라. (1~3)

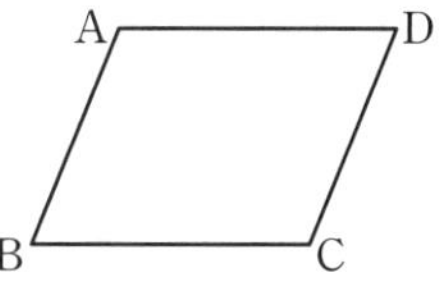

1 $\overline{AC} \perp \overline{BD}$

2 $\overline{AC} = \overline{BD}$

3 $\angle A = 90^\circ$, $\overline{AB} = \overline{AD}$

❖ 오른쪽 그림에서 $l \,/\!/\, m$이고, $\overline{AH} \perp \overline{BC}$일 때, □ 안에 알맞은 것을 써넣어라. (4~5)

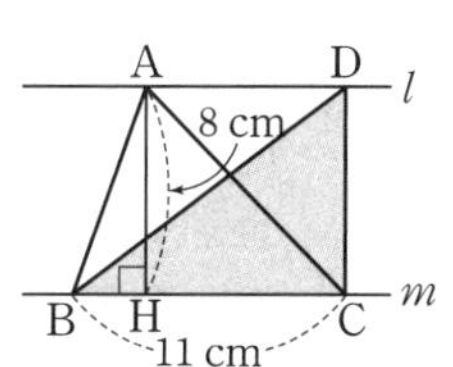

4 $\triangle DBC$와 넓이가 같은 삼각형은 □이다.

5 $\triangle DBC$의 넓이는 □이다.

❖ 오른쪽 그림에서 $\overline{AC} \,/\!/\, \overline{DE}$일 때, □ 안에 알맞은 것을 써넣어라. (6~7)

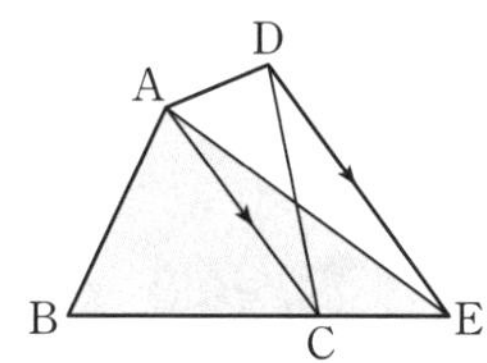

6 $\triangle ACE$와 넓이가 같은 삼각형은 □이다.

7 $\triangle ABE = \triangle ABC + \triangle ACE = \triangle ABC +$ □
따라서 $\triangle ABE$와 넓이가 같은 사각형은 □이다.

정답 * 정답과 해설 48쪽

1 마름모 2 직사각형 3 정사각형 4 $\triangle ABC$ 5 $44\ cm^2$ 6 $\triangle ACD$
7 $\triangle ACD$, □ABCD

* 정답과 해설 49쪽

평행사변형의 성질

1 오른쪽 그림과 같은 평행사변형 ABCD에서 $\angle A : \angle B = 3 : 2$일 때, $\angle A$의 크기는?

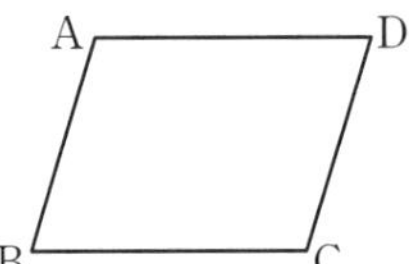

① $95°$ ② $108°$
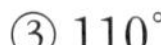
③ $110°$ ④ $114°$
⑤ $118°$

Hint $\angle A + \angle B = 180°$

평행사변형이 되는 조건

2 점 O는 두 대각선의 교점일 때, 다음 중 □ABCD가 항상 평행사변형이라고 할 수 없는 것을 모두 고르면? (정답 2개)

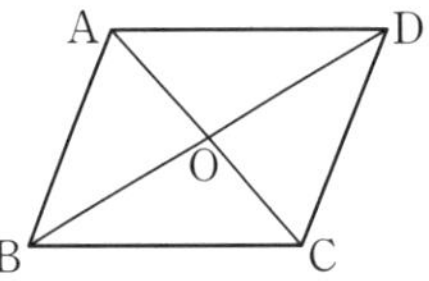

① $\overline{AB} = \overline{DC} = 12$ cm, $\overline{AD} = \overline{BC} = 15$ cm
② $\angle A + \angle B = 180°$, $\angle B + \angle C = 180°$
③ $\overline{OA} = \overline{OB} = 7$ cm, $\overline{OC} = \overline{OD} = 5$ cm
④ $\overline{AD} /\!/ \overline{BC}$, $\overline{AB} = \overline{DC} = 8$ cm
⑤ $\angle A = \angle C = 100°$, $\angle B = 80°$

Hint $\overline{AD} /\!/ \overline{BC}$일 때는 $\overline{AB} = \overline{DC}$가 아닌 $\overline{AD} = \overline{BC}$이어야 평행사변형이다.

직사각형의 성질

3 오른쪽 그림과 같은 직사각형 ABCD에서 두 대각선의 교점을 O라고 하자. $\overline{AB} = 3$ cm, $\overline{BC} = 4$ cm, $\overline{AC} = 5$ cm일 때, △ABO의 둘레의 길이는?

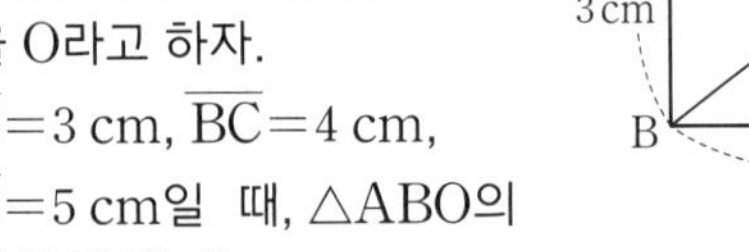

A D 5 cm 3 cm O B C 4 cm

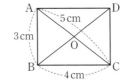

① 8 cm ② 9 cm ③ 10 cm
④ 11 cm ⑤ 12 cm

Hint □ABCD가 직사각형이므로 대각선의 길이가 같고 서로 다른 것을 이등분한다.

마름모의 성질

4 오른쪽 그림과 같은 마름모 ABCD에서 점 O는 두 대각선의 교점일 때, $\angle x + \angle y$의 크기는?

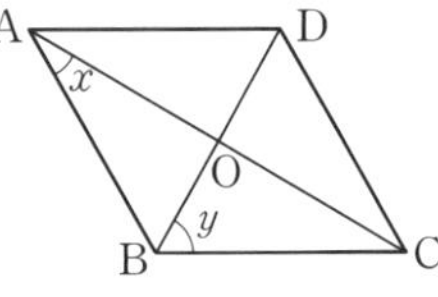

① $71°$ ② $75°$ ③ $80°$
④ $90°$ ⑤ $100°$

Hint □ABCD가 마름모이므로 $\angle AOB = 90°$, $\angle ABO = \angle CBO = \angle y$

정사각형의 성질

5 오른쪽 그림과 같은 정사각형 ABCD에서 $\angle x$의 크기는?

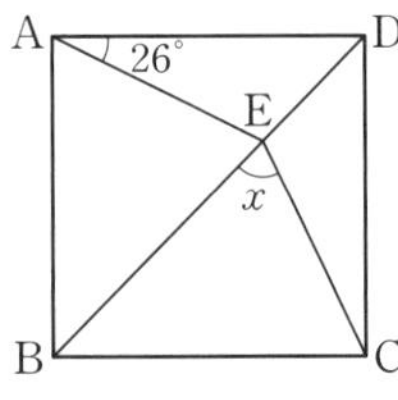

① $71°$ ② $75°$
③ $80°$ ④ $90°$
⑤ $100°$

Hint $\angle ABE = 45°$, $\angle AEB = \angle CEB = \angle x$

높이가 같은 삼각형의 넓이

6 오른쪽 그림과 같은 △ABC의 넓이가 $72\ cm^2$이다. $\overline{BD} : \overline{DC} = 5 : 4$일 때, △ADC의 넓이는?

A B D C

① $30\ cm^2$ ② $32\ cm^2$
③ $40\ cm^2$ ④ $45\ cm^2$
⑤ $52\ cm^2$

Hint △ABD와 △ADC의 높이는 같으므로 $\triangle ABD : \triangle ADC = \overline{BD} : \overline{DC} = 5 : 4$

29 도형의 닮음 1

중2

1. 닮은 도형

✔ 도형의 닮음

한 도형을 일정한 비율로 확대 또는 축소한 도형이 다른 도형과 합동일 때, 이 두 도형은 서로 닮음인 관계가 있다고 하고, 닮음인 관계가 있는 두 도형을 닮은 도형이라고 한다.

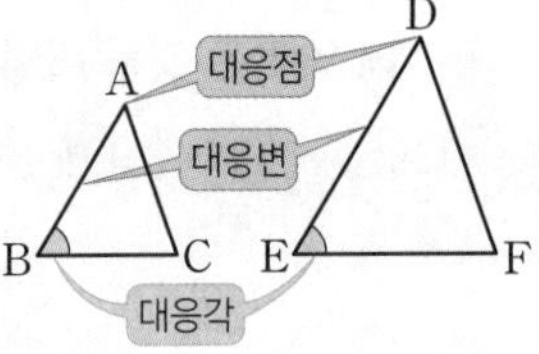

△ABC와 △DEF가 서로 닮은 도형일 때, 이것을 기호 ∽를 사용하여 나타낸다.

△ABC∽△DEF

바빠 꿀팁

- 기호 ∽는 영어 Similar의 첫글자 S를 옆으로 뉘어서 쓴 거야.
  △ABC∽△DEF (닮음)
  △ABC≡△DEF (합동)
  △ABC=△DEF (넓이가 같음)

✔ 평면도형에서의 닮음의 성질

① 평면도형에서의 닮음의 성질

서로 닮은 두 평면도형에서

- 대응변의 길이의 비는 일정하다.
  ⇨ $\overline{AB} : \overline{DE} = \overline{BC} : \overline{EF} = \overline{CA} : \overline{FD}$
- 대응각의 크기는 각각 같다.
  ⇨ ∠A=∠D, ∠B=∠E, ∠C=∠F

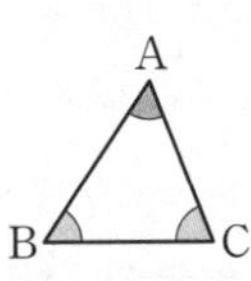

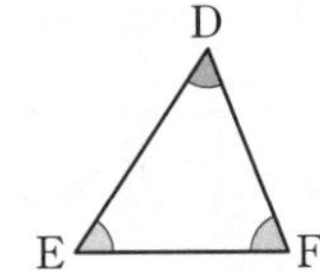

② 닮음비: 대응변의 길이의 비

✔ 입체도형에서의 닮음의 성질

① 입체도형에서의 닮음의 성질

- 서로 닮은 두 입체도형에서 대응하는 모서리의 길이의 비는 일정하다.
  ⇨ $\overline{AB} : \overline{A'B'} = \overline{BF} : \overline{B'F'} = \overline{FG} : \overline{F'G'} = \cdots$
- 대응하는 면은 닮은 도형이다.
  ⇨ □ABCD∽□A′B′C′D′,
  □BFGC∽□B′F′G′C′, ⋯

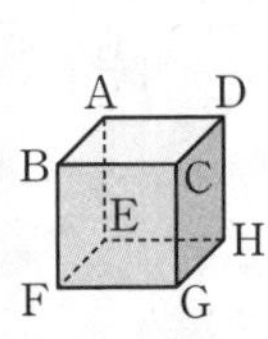

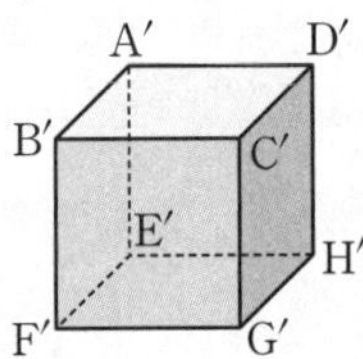

② 닮음비: 대응하는 모서리의 길이의 비

바빠 개념 확인 문제

❖ 아래 그림에서 △ABC∽△DEF일 때, 다음을 구하여라. (1~3)

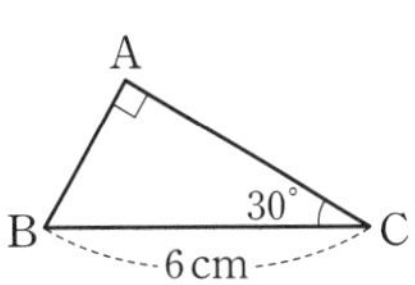

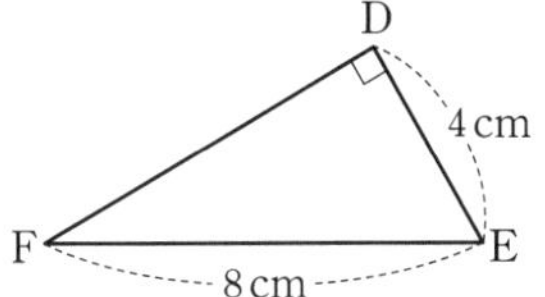

1 △ABC와 △DEF의 닮음비

2 ∠E의 크기

3 $\overline{AB}$의 길이

❖ 아래 그림에서 □ABCD∽□EFGH일 때, 다음을 구하여라. (4~6)

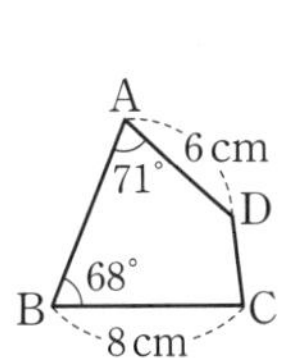

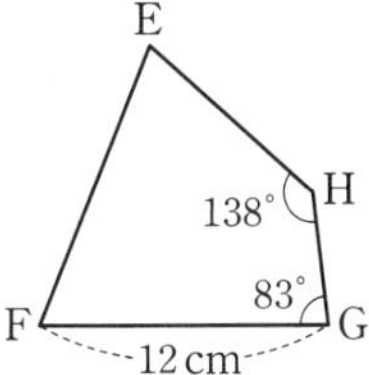

4 $\overline{EH}$의 길이

5 ∠E의 크기

6 ∠D의 크기

7 다음 그림의 두 입체도형이 닮은 도형이고, $\overline{AB}$에 대응하는 모서리가 $\overline{A'B'}$일 때, □ 안에 알맞은 것을 써넣어라.

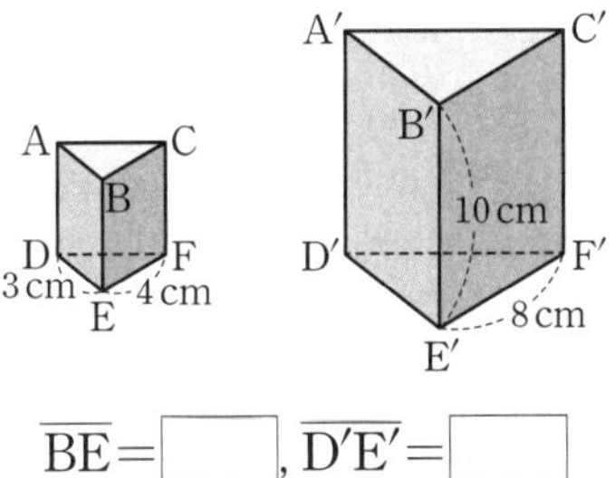

$\overline{BE}$=□, $\overline{D'E'}$=□

정답 ＊정답과 해설 49쪽

1 3 : 4　2 60°　3 3 cm　4 9 cm　5 71°　6 138°
7 5 cm, 6 cm

2. 삼각형의 닮음 조건

✔ 삼각형의 닮음 조건

두 삼각형이 다음의 세 경우 중 어느 하나를 만족하면 서로 닮음이다.

① 세 쌍의 대응변의 길이의 비가 같다. (SSS 닮음)

$a : a' = b : b' = c : c'$

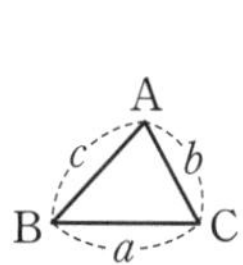
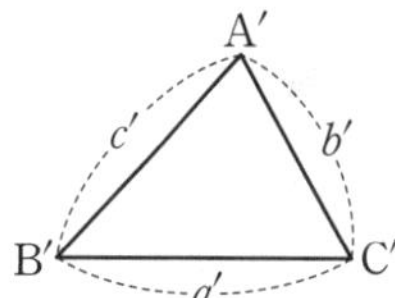

② 두 쌍의 대응변의 길이의 비가 같고, 그 끼인각의 크기가 같다. (SAS 닮음)

$a : a' = b : b'$, $\angle C = \angle C'$

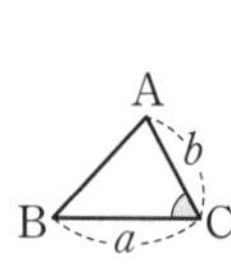
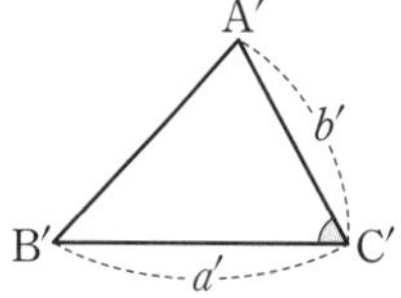

③ 두 쌍의 대응각의 크기가 각각 같다. (AA 닮음)

$\angle A = \angle A'$, $\angle B = \angle B'$

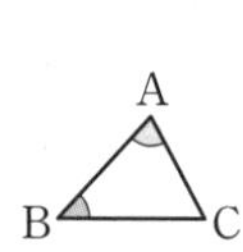
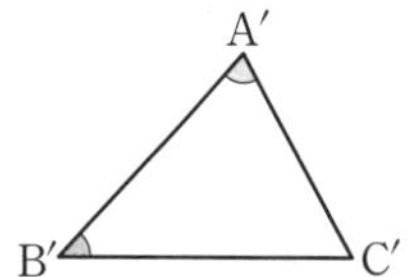

예 다음 그림의 △ABC와 △DEF가 닮은 도형임을 알아보자.

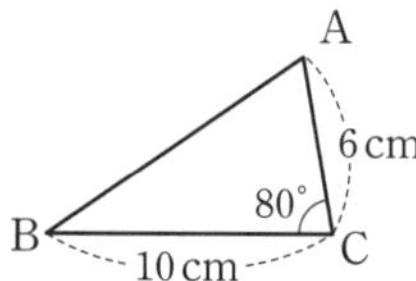
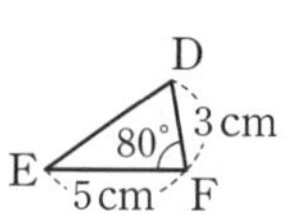

$\overline{AC} : \overline{DF} = \overline{BC} : \overline{EF} = 2 : 1$

$\angle C = \angle F = 80^\circ$

∴ △ABC∽△DEF (SAS 닮음)

바빠 꿀팁

삼각형의 합동 조건	삼각형의 닮음 조건
세 쌍의 대응변의 길이가 각각 같다. (SSS 합동)	세 쌍의 대응변의 길이의 비가 같다. (SSS 닮음)
두 쌍의 대응변의 길이가 각각 같고 그 끼인각의 크기가 같다. (SAS 합동)	두 쌍의 대응변의 길이의 비가 같고 그 끼인각의 크기가 같다. (SAS 닮음)
한 쌍의 대응변의 길이가 같고 그 양 끝 각의 크기가 각각 같다. (ASA 합동)	두 쌍의 대응각의 크기가 각각 같다. (AA 닮음)

바빠 개념 확인 문제

❖ 다음은 두 삼각형의 닮음 조건을 나타낸 것이다. □ 안에 알맞은 것을 써넣어라. (1~3)

1 △ABC와 △DEF에서

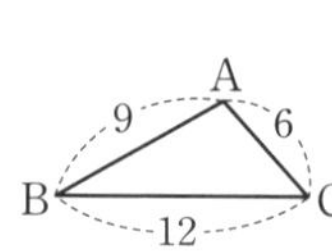
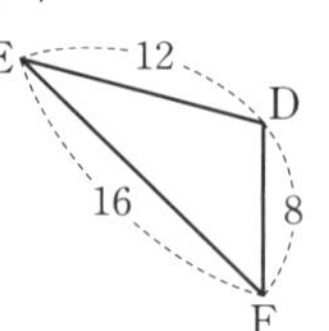

$\overline{AB}$: □ $= 9 : 12 = 3 : 4$

$\overline{BC}$: □ $= 12 : 16 = 3 : 4$

$\overline{CA}$: □ $= 6 : 8 = 3 : 4$

∴ △ABC∽△DEF (□ 닮음)

2 △ABC와 △DEF에서

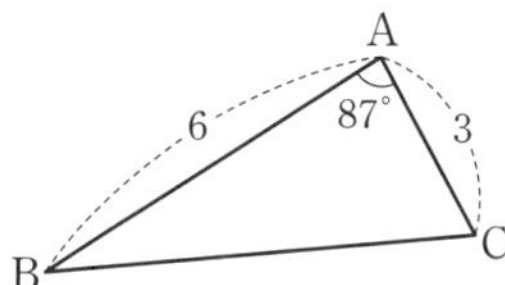
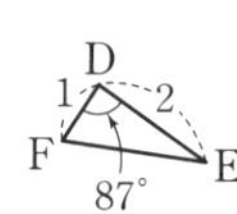

$\angle A =$ □ $= 87^\circ$

$\overline{AB}$: □ $= 6 : 2 = 3 : 1$

$\overline{AC}$: □ $= 3 : 1$

∴ △ABC∽△DEF (□ 닮음)

3 △ABC와 △DEF에서

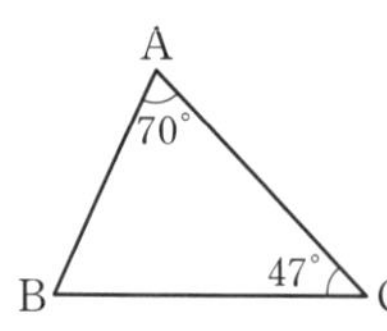
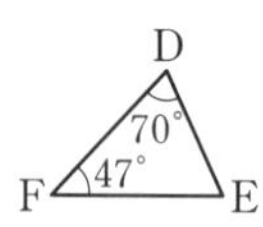

$\angle A =$ □ $= 70^\circ$

□ $= \angle F = 47^\circ$

∴ △ABC∽△DEF (□ 닮음)

정답   * 정답과 해설 49쪽

1 $\overline{DE}$, $\overline{EF}$, $\overline{FD}$, SSS   2 ∠D, $\overline{DE}$, $\overline{DF}$, SAS   3 ∠D, ∠C, AA

중2

3. 삼각형의 닮음 조건의 응용

✔ 삼각형의 닮음 조건의 응용

두 삼각형이 겹쳐진 도형에서 닮음인 삼각형은 다음과 같이 찾는다.

① **SAS 닮음의 응용**

공통인 각을 기준으로 대응변의 길이의 비가 같은 삼각형을 찾는다.

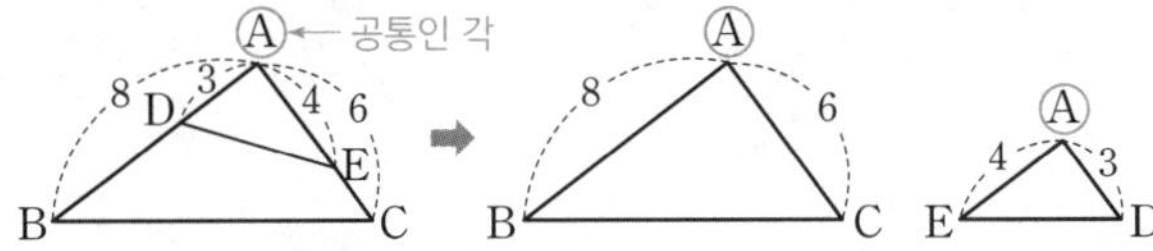

② **AA 닮음의 응용**

공통인 각을 기준으로 다른 한 각의 크기가 같은 삼각형을 찾는다.

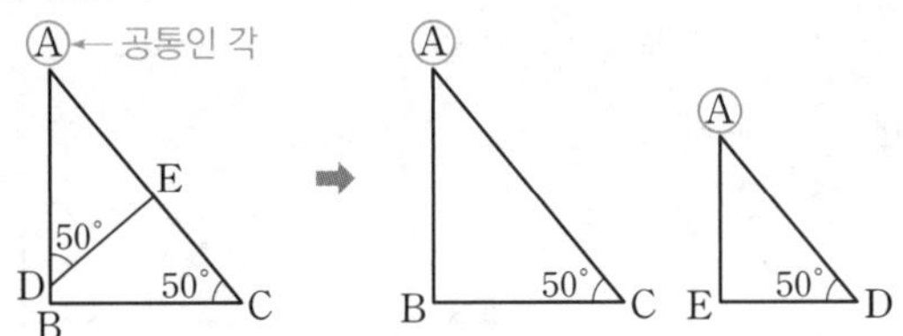

✔ 평행선을 이용한 삼각형의 닮음

평행한 두 직선과 평행하지 않은 다른 한 직선이 만날 때 엇각과 동위각의 크기가 같음을 이용하여 각을 구한 후 닮은 삼각형을 찾는다.

예) 오른쪽 그림에서 x의 값을 구해 보자.

(단, $\overline{AD}/\!/\overline{BC}$, $\overline{AB}/\!/\overline{DE}$)

A 8 cm D, 8 cm, x cm, E 3 cm, B 10 cm C

$\overline{AB}/\!/\overline{DE}$이므로
$\angle BAC=\angle DEA$
$\overline{AD}/\!/\overline{BC}$이므로
$\angle BCA=\angle DAE$
따라서 $\triangle ABC \backsim \triangle EDA$ (AA 닮음)이므로
$\overline{BC}:\overline{DA}=\overline{AC}:\overline{EA}$
$10:8=(x+3):x \qquad \therefore x=12$

바빠 꿀팁

- 겹쳐진 도형에서 닮음을 찾을 때는 큰 삼각형과 작은 삼각형을 따로 떼낸 것으로 생각하면 돼.
공통으로 겹쳐진 각을 먼저 찾아내고,
① 변의 길이의 비가 같으면 ⇨ SAS 닮음
② 다른 한 각의 크기가 같으면 ⇨ AA 닮음

바빠 개념 확인 문제

❖ 다음 그림에서 x의 값을 구하여라. (1~4)

1

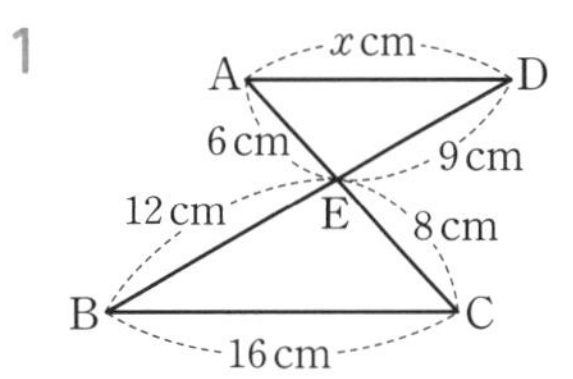

2

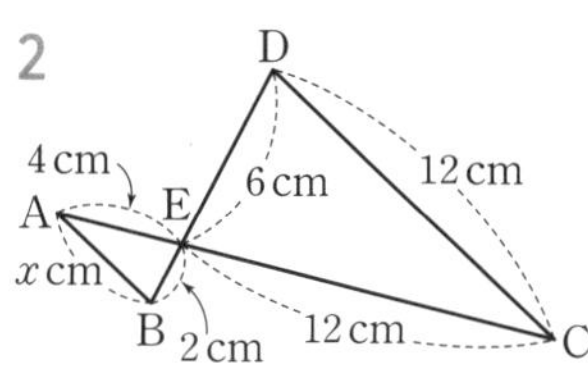

3

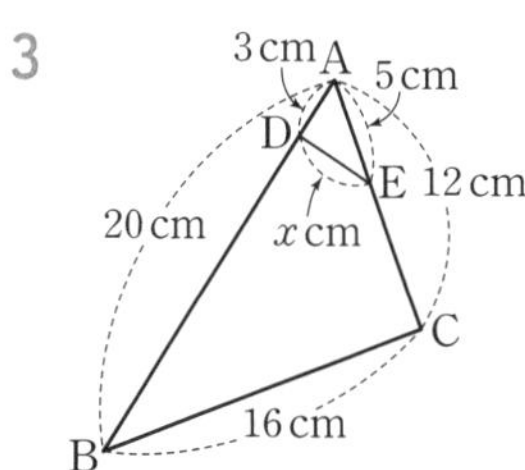

4

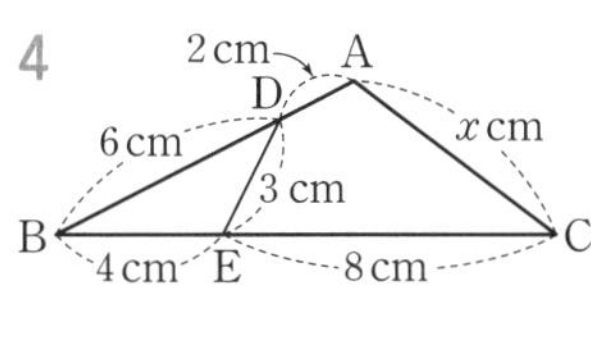

❖ 다음 그림에서 x의 값을 구하여라. (5~6)

5 $\angle AED=\angle ABC$

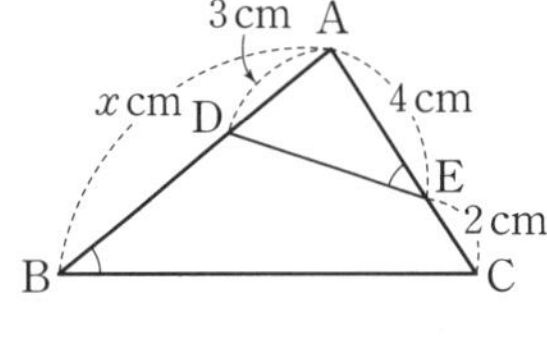

6 $\angle ACD=\angle ABC$

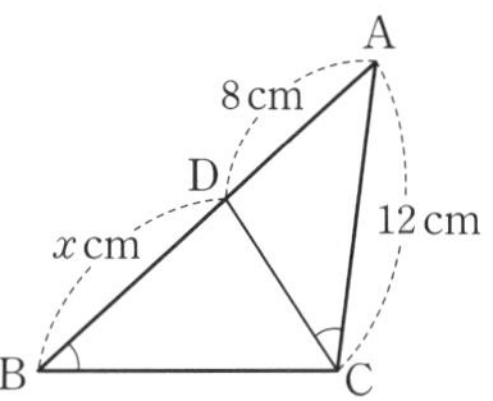

❖ 다음 그림에서 x의 값을 구하여라. (7~8)

7 $\overline{AC}/\!/\overline{DE}$

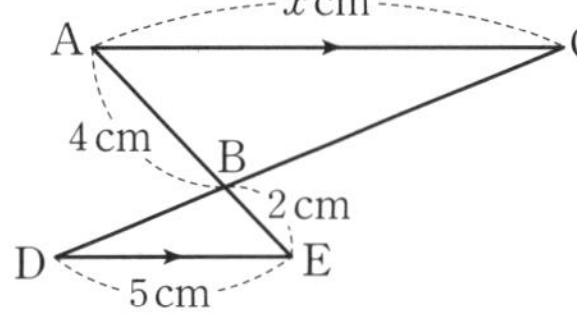

8 $\overline{AB}/\!/\overline{DE}$, $\overline{AD}/\!/\overline{BC}$

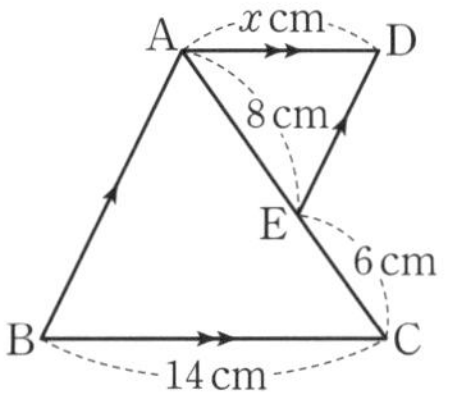

정답 ＊정답과 해설 49쪽

1 12　2 4　3 4　4 6　5 8　6 10
7 10　8 8

중2

4. 직각삼각형에서 닮은 삼각형, 삼각형과 평행선

직각삼각형의 닮음

두 직각삼각형에서 한 예각의 크기가 같으면 서로 닮은 도형이다.

직각삼각형의 닮음의 응용

$\angle A=90^\circ$인 직각삼각형 ABC에서 $\overline{AD}\perp\overline{BC}$일 때, $\triangle ABC \backsim \triangle DBA \backsim \triangle DAC$ (AA 닮음)이고, 이때 다음이 성립한다.

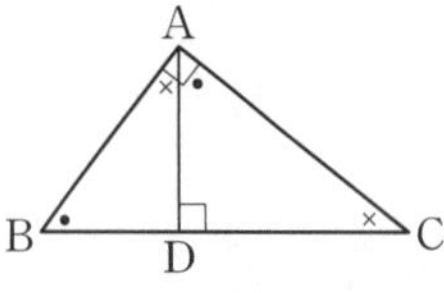

① $\triangle ABC \backsim \triangle DBA$ (AA 닮음)

$\overline{AB} : \overline{DB} = \overline{BC} : \overline{BA}$

$\therefore \overline{AB}^2 = \overline{BD} \times \overline{BC}$

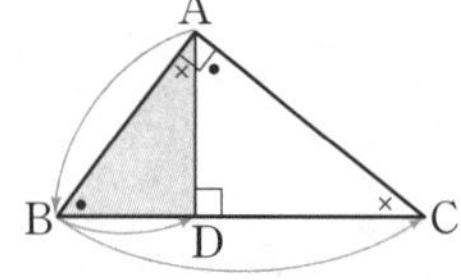

② $\triangle ABC \backsim \triangle DAC$ (AA 닮음)

$\overline{AC} : \overline{DC} = \overline{BC} : \overline{AC}$

$\therefore \overline{AC}^2 = \overline{CD} \times \overline{CB}$

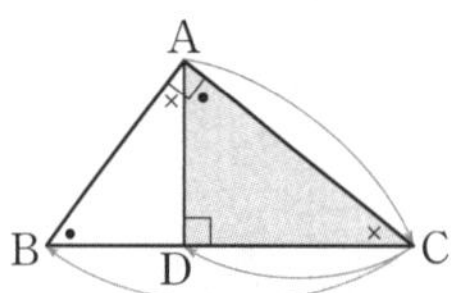

③ $\triangle DBA \backsim \triangle DAC$ (AA 닮음)

$\overline{DA} : \overline{DC} = \overline{DB} : \overline{DA}$

$\therefore \overline{AD}^2 = \overline{DB} \times \overline{DC}$

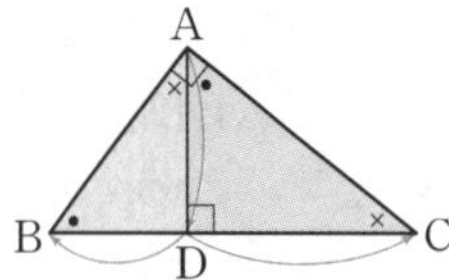

삼각형에서 평행선과 선분의 길이의 비

$\triangle ABC$에서 $\overline{AB}$, $\overline{AC}$ 또는 그 연장선 위에 각각 점 D, E가 있을 때

① $\overline{BC} /\!/ \overline{DE}$이면 $a : a' = b : b' = c : c'$

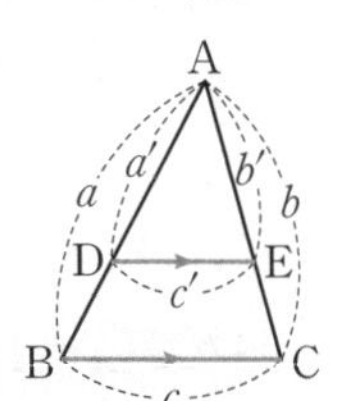
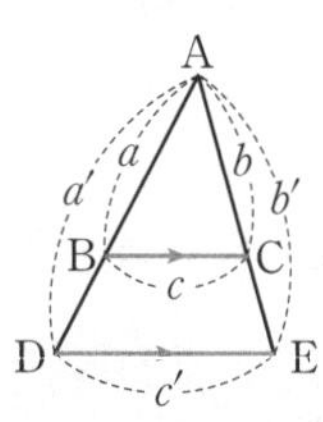
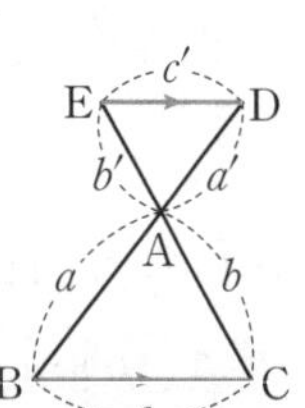

② $\overline{BC} /\!/ \overline{DE}$이면 $a : a' = b : b'$

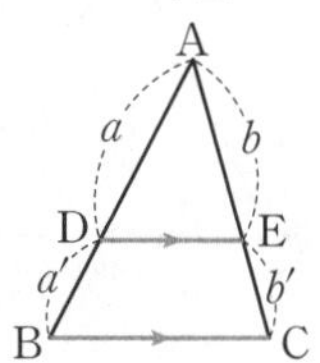
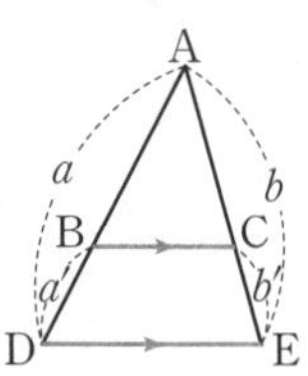
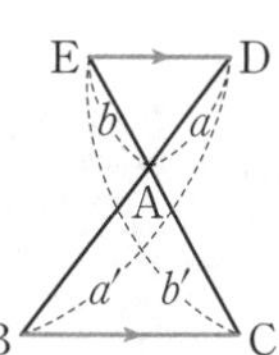

③ $\overline{BC} /\!/ \overline{DE}$이면

$a : a' = b : b'$

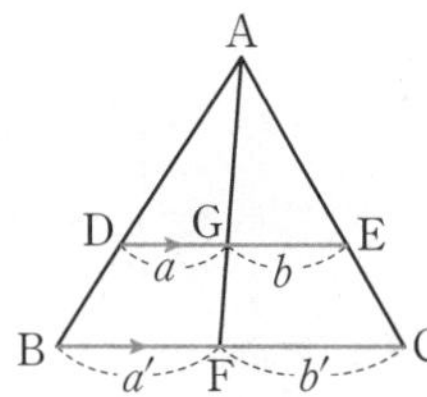

바빠 개념 확인 문제

❖ 다음 그림에서 x의 값을 구하여라. (1~2)

1 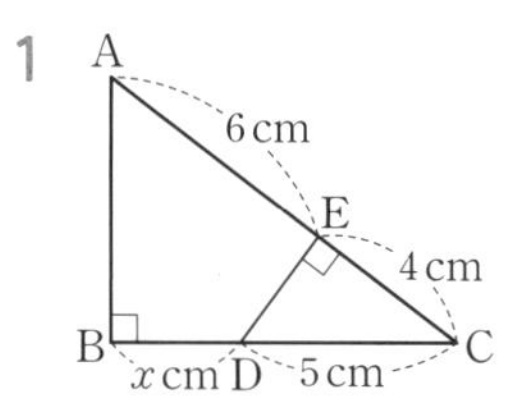

2 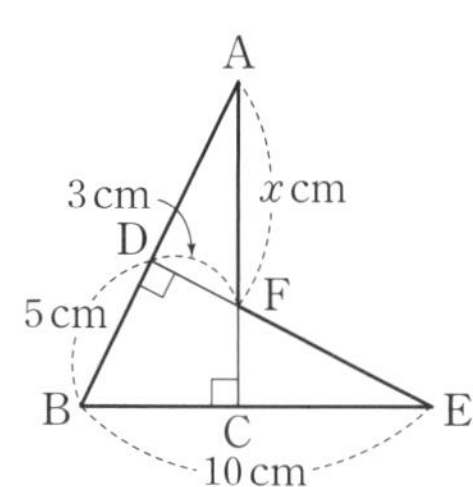

❖ 다음 그림에서 x의 값을 구하여라. (3~4)

3 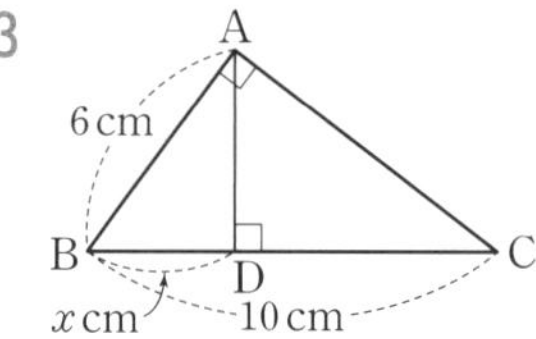

4 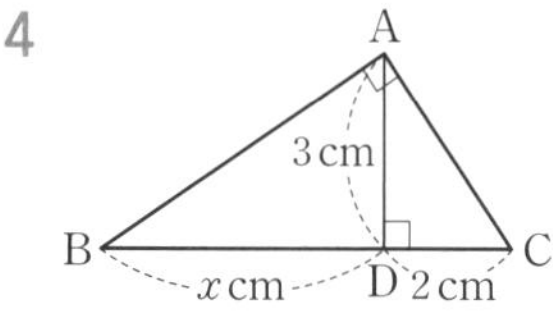

❖ 다음 그림에서 $\overline{BC} /\!/ \overline{DE}$일 때, x의 값을 구하여라. (5~8)

5 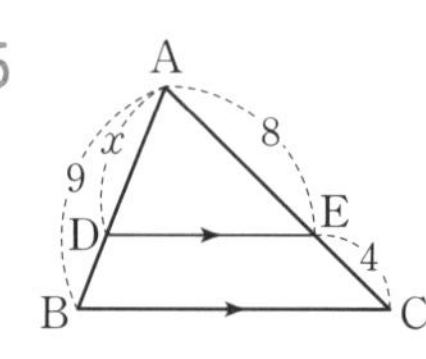

6 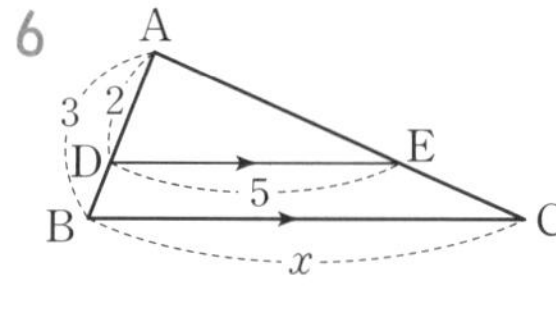

7 B C A E D 8 x 4 14

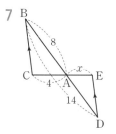

8 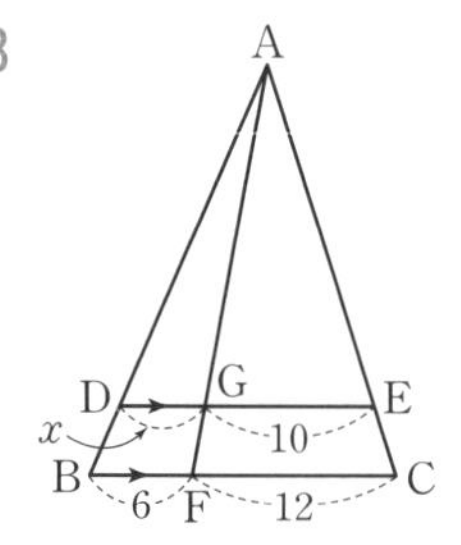

정답 * 정답과 해설 50쪽

1 3 2 6 3 $\frac{18}{5}$ 4 $\frac{9}{2}$ 5 6 6 $\frac{15}{2}$ 7 3 8 5

* 정답과 해설 50쪽

닮은 도형

1 다음 그림에서 □ABCD와 □EFGH는 평행사변형이고 서로 닮음이다. 닮음비가 3 : 5일 때, □EFGH의 둘레의 길이를 구하여라.

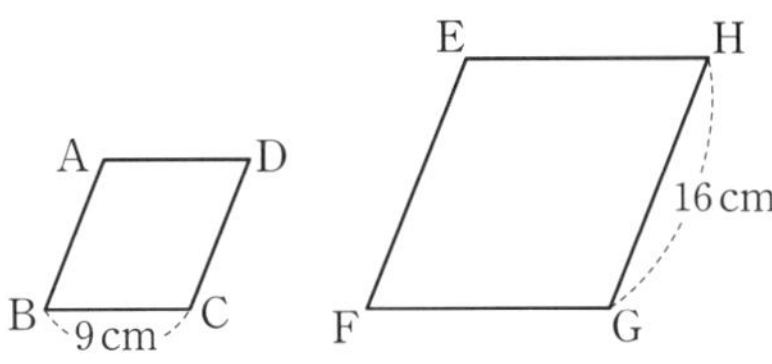

Hint $\overline{BC} : \overline{FG} = 3 : 5$

닮은 삼각형

2 다음 중 오른쪽 삼각형과 닮은 도형인 것은?

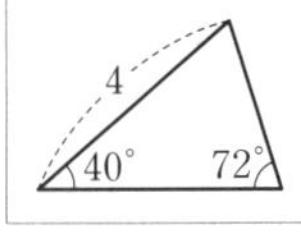

①
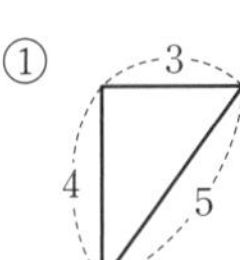

②
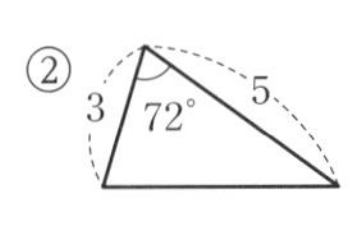

③ (5, 72°, 4, 6)

④
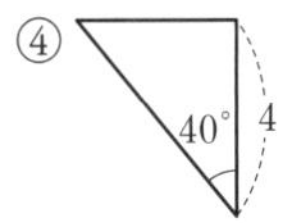

⑤
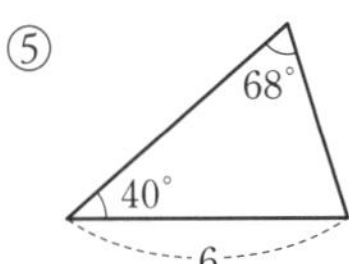

Hint 두 각의 크기가 같은 삼각형은 닮은 삼각형이다.

삼각형의 닮음 조건의 응용

3 오른쪽 그림과 같은 △ABC에서 x의 값은?

① 17 ② 18
③ 20 ④ 22
⑤ 24

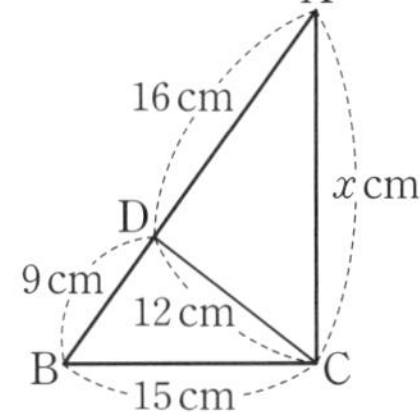

Hint $\overline{BC} : \overline{BA} = \overline{BD} : \overline{BC} = 3 : 5$, ∠B는 공통이므로
△BCD∽△BAC

직각삼각형의 닮음의 응용

4 오른쪽 그림과 같은 직각삼각형 ABC에서 $\overline{AD} \perp \overline{BC}$일 때, $x+y$의 값은?

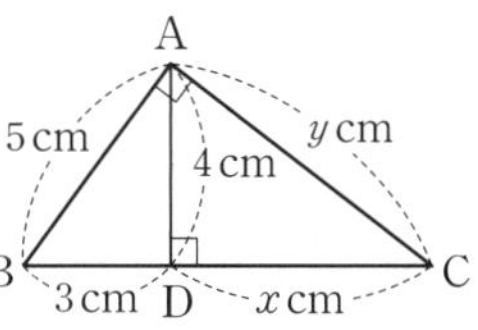

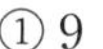

① 9 ② 10
③ 11 ④ 12
⑤ 13

Hint $4^2 = 3 \times x$, $y^2 = x(x+3)$

삼각형에서 평행선과 선분의 길이의 비

5 오른쪽 그림과 같은 △ABC에서 두 점 D, E는 각각 $\overline{AB}$, $\overline{AC}$의 연장선 위의 점이고 $\overline{BC} /\!/ \overline{DE}$일 때, △ABC의 둘레의 길이는?

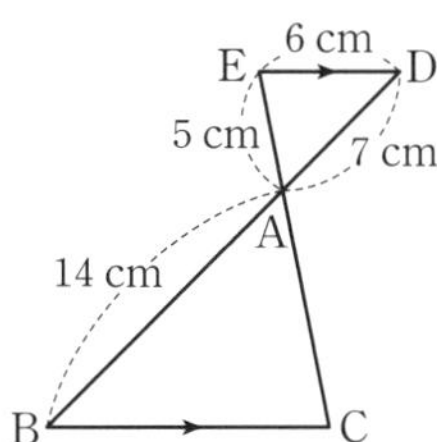

① 22 cm ② 25 cm
③ 30 cm ④ 36 cm
⑤ 40 cm

Hint △EAD∽△CAB (AA 닮음)이므로
$\overline{EA} : \overline{CA} = \overline{DA} : \overline{BA} = 7 : 14 = 1 : 2$

삼각형에서 평행선과 선분의 길이의 비

6 오른쪽 그림과 같은 △ABC에서 $\overline{DE} /\!/ \overline{BC}$일 때, x, y의 값을 각각 구하여라.

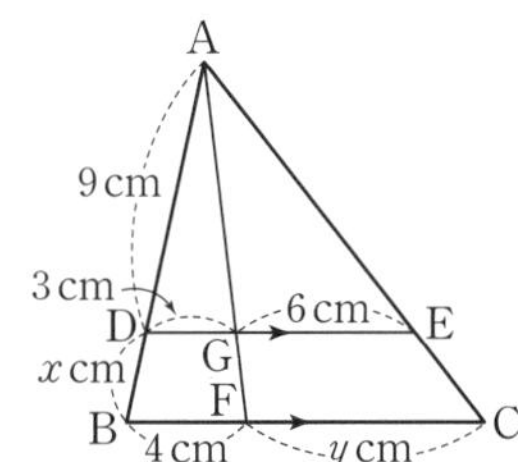

Hint $9 : (9+x) = 3 : 4$, $3 : 4 = 6 : y$

30 도형의 닮음 2

1. 삼각형의 내각과 외각의 이등분선

삼각형의 내각의 이등분선의 성질

$\triangle ABC$에서 $\angle A$의 이등분선이 $\overline{BC}$와 만나는 점을 D라고 하면

$\overline{AB} : \overline{AC} = \overline{BD} : \overline{CD}$

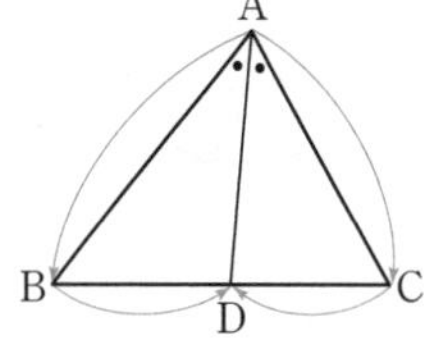

예 오른쪽 그림에서 $\overline{AD}$가 $\angle A$의 이등분선일 때, x의 값을 구해 보자.
$6 : 4 = 3 : x$, $6x = 12$
$\therefore x = 2$

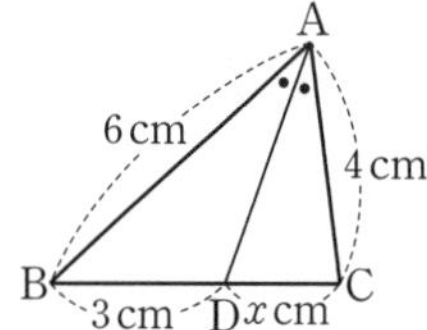

삼각형의 내각의 이등분선의 성질의 응용

$\triangle ABC$에서 $\angle BAD = \angle CAD$이면

$\triangle ABD : \triangle ADC = \overline{BD} : \overline{CD}$
$= \overline{AB} : \overline{AC}$
$= a : b$

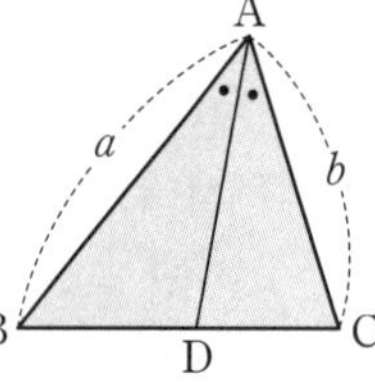

삼각형의 외각의 이등분선의 성질

$\triangle ABC$에서 $\angle A$의 외각의 이등분선이 $\overline{BC}$의 연장선과 만나는 점을 D라고 하면

$\overline{AB} : \overline{AC} = \overline{BD} : \overline{CD}$

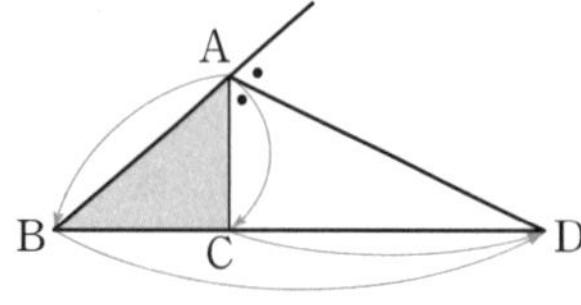

평행선 사이의 선분의 길이의 비

세 개 이상의 평행선이 다른 두 직선과 만나서 생긴 선분의 길이의 비는 같다.
즉, 다음 그림에서 $l // m // n$일 때,
$a : b = a' : b'$ 또는 $a : a' = b : b'$

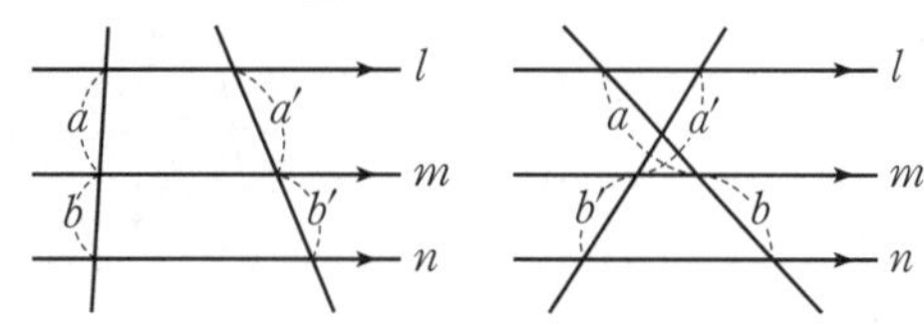

예 오른쪽 그림에서 $l // m // n$일 때, x의 값을 구해 보자.
$4 : 6 = x : 9$, $6x = 36$
$\therefore x = 6$

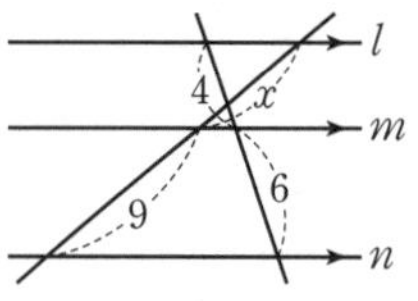

바빠 개념 확인 문제

❖ 다음 $\triangle ABC$에서 $\overline{AD}$가 $\angle A$의 이등분선일 때, x의 값을 구하여라. (1~2)

1

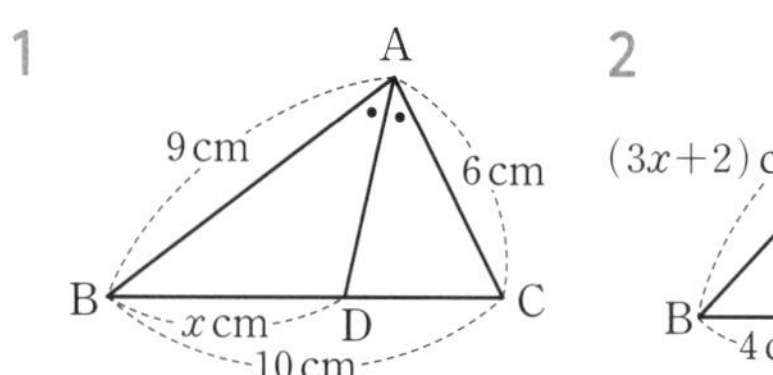

2

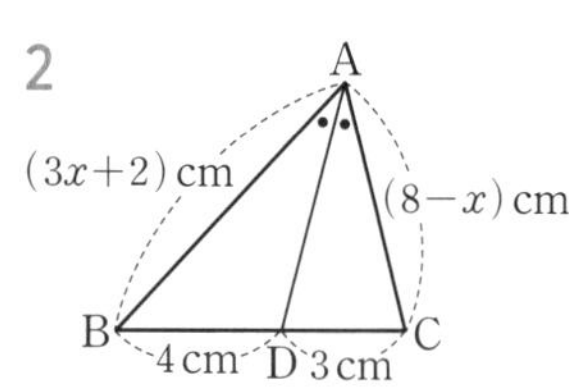

❖ 다음 $\triangle ABC$에서 $\overline{AD}$가 $\angle A$의 외각의 이등분선일 때, x의 값을 구하여라. (3~4)

3 4

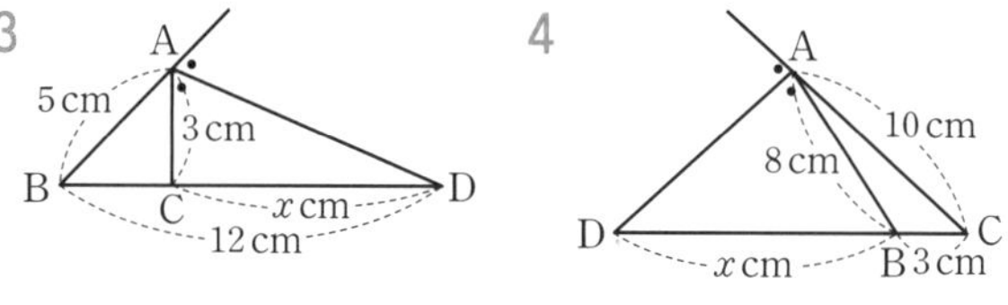

❖ 다음 그림에서 $l // m // n$일 때, x의 값을 구하여라. (5~6)

5

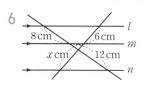

6

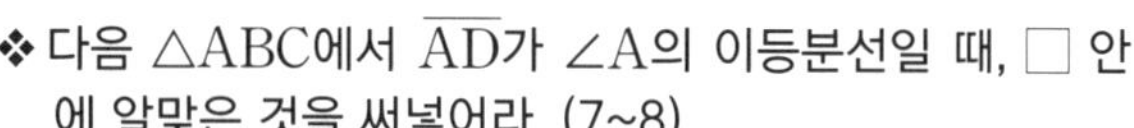

❖ 다음 $\triangle ABC$에서 $\overline{AD}$가 $\angle A$의 이등분선일 때, □ 안에 알맞은 것을 써넣어라. (7~8)

7 8

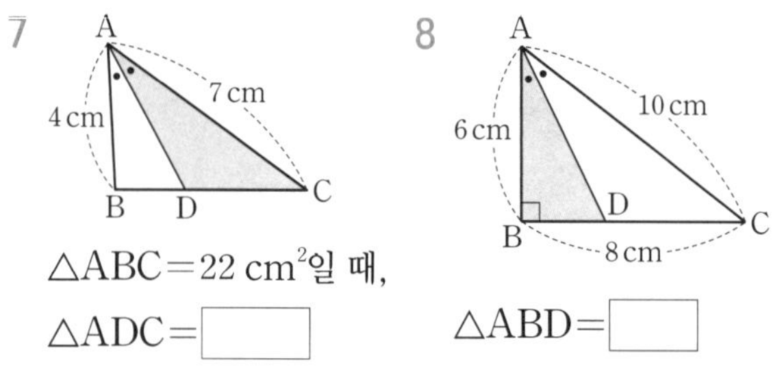

$\triangle ABC = 22\ cm^2$일 때, $\triangle ADC =$ □

$\triangle ABD =$ □

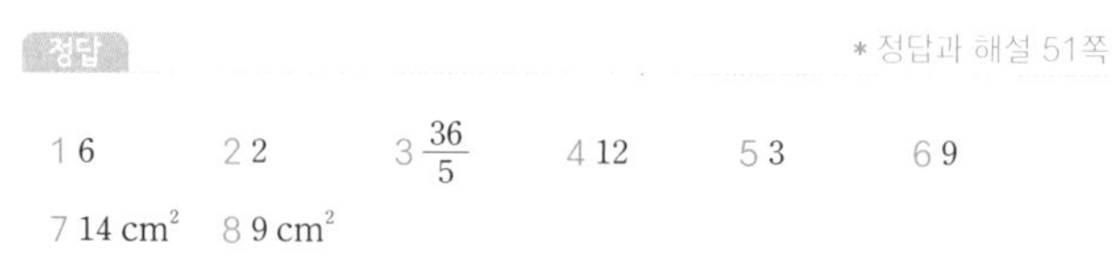

정답 * 정답과 해설 51쪽

1 6 2 2 3 $\frac{36}{5}$ 4 12 5 3 6 9
7 $14\ cm^2$ 8 $9\ cm^2$

중2

2. 삼각형의 두 변의 중점을 연결한 선분의 성질

✔ 삼각형의 두 변의 중점을 연결한 선분의 성질

① 삼각형의 두 변의 중점을 연결한 선분은 나머지 한 변과 평행하고 그 길이는 나머지 한 변의 길이의 $\frac{1}{2}$이다.

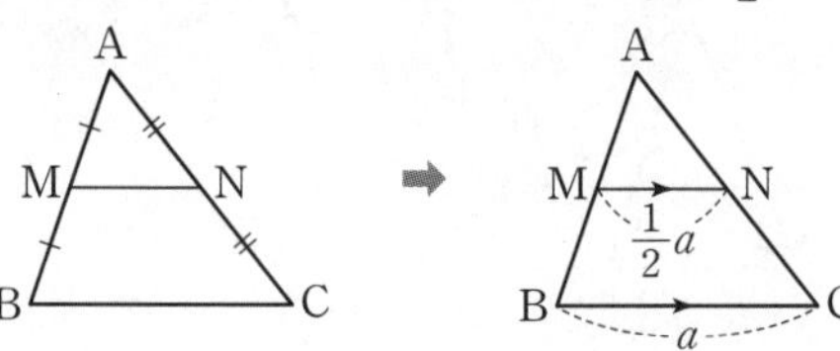

$\overline{AM}=\overline{MB}$, $\overline{AN}=\overline{NC}$ ⇨ $\overline{MN} /\!/ \overline{BC}$, $\overline{MN}=\frac{1}{2}\overline{BC}$

② 삼각형의 한 변의 중점을 지나고 다른 한 변에 평행한 직선은 나머지 한 변의 중점을 지난다.

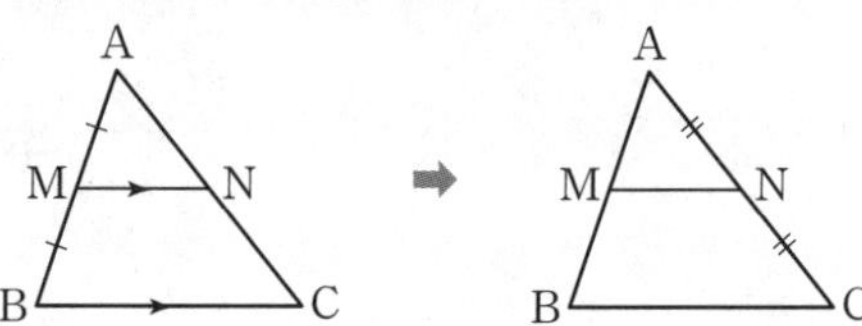

$\overline{AM}=\overline{MB}$, $\overline{MN} /\!/ \overline{BC}$ ⇨ $\overline{AN}=\overline{NC}$

✔ 삼각형의 두 변의 중점을 연결한 선분의 성질의 응용

① 사각형의 네 변의 중점을 연결한 사각형

□ABCD에서 $\overline{AB}$, $\overline{BC}$, $\overline{CD}$, $\overline{DA}$의 중점을 각각 E, F, G, H라고 하면

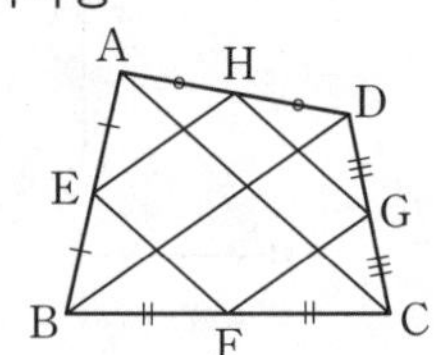

- $\overline{AC} /\!/ \overline{EF} /\!/ \overline{HG}$
  $\overline{EF}=\overline{HG}=\frac{1}{2}\overline{AC}$
- $\overline{BD} /\!/ \overline{EH} /\!/ \overline{FG}$, $\overline{EH}=\overline{FG}=\frac{1}{2}\overline{BD}$
- (□EFGH의 둘레의 길이)$=\overline{AC}+\overline{BD}$

② 사다리꼴에서 두 변의 중점을 연결한 선분의 성질

$\overline{AD} /\!/ \overline{BC}$인 사다리꼴 ABCD에서 $\overline{AB}$, $\overline{CD}$의 중점을 각각 M, N이라고 하면

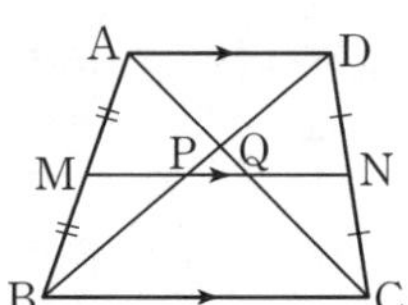

- $\overline{AD} /\!/ \overline{MN} /\!/ \overline{BC}$
- $\overline{MP}=\overline{NQ}=\frac{1}{2}\overline{AD}$
- $\overline{MQ}=\overline{NP}=\frac{1}{2}\overline{BC}$

∴ $\overline{MN}=\frac{1}{2}(\overline{AD}+\overline{BC})$

바빠 개념 확인 문제

❖ 다음 △ABC에서 두 점 M, N은 각각 $\overline{AB}$, $\overline{AC}$의 중점일 때, x의 값을 구하여라. (1~2)

1

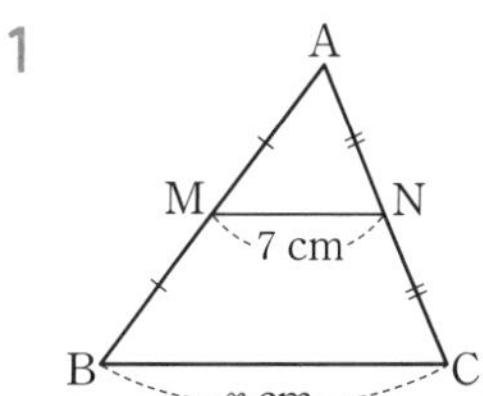

2

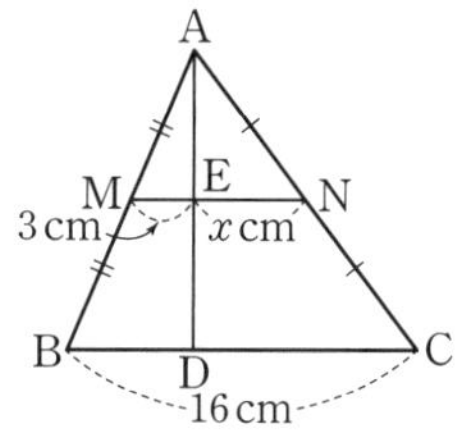

3 오른쪽 그림과 같은 △ABC에서 점 M은 $\overline{AB}$의 중점이고 $\overline{MN} /\!/ \overline{BC}$일 때, x의 값을 구하여라.

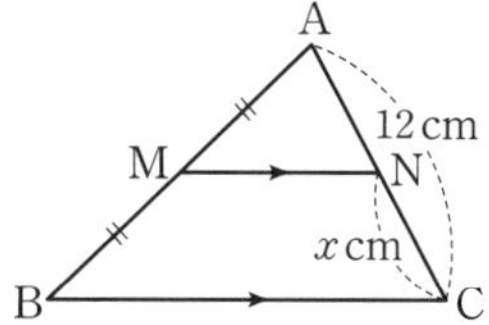

4 오른쪽 그림과 같은 △ABC에서 세 점 D, E, F는 각각 $\overline{AB}$, $\overline{BC}$, $\overline{CA}$의 중점일 때, △DEF의 둘레의 길이를 구하여라.

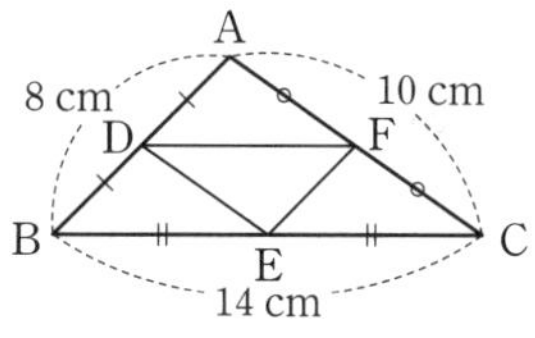

5 오른쪽 그림과 같은 □ABCD에서 네 점 E, F, G, H는 각각 $\overline{AB}$, $\overline{BC}$, $\overline{CD}$, $\overline{DA}$의 중점일 때, □EFGH의 둘레의 길이를 구하여라.

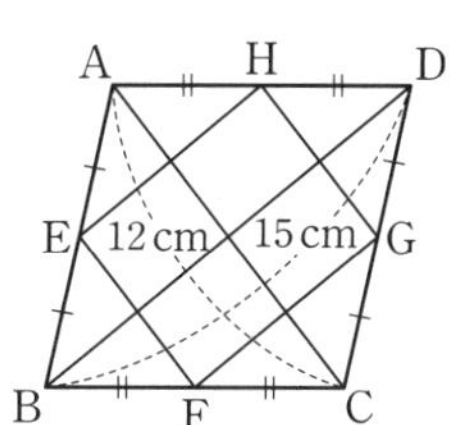

6 오른쪽 그림과 같은 □ABCD에서 두 점 M, N은 각각 $\overline{AB}$, $\overline{DC}$의 중점이고 $\overline{AD} /\!/ \overline{BC}$일 때, x의 값을 구하여라.

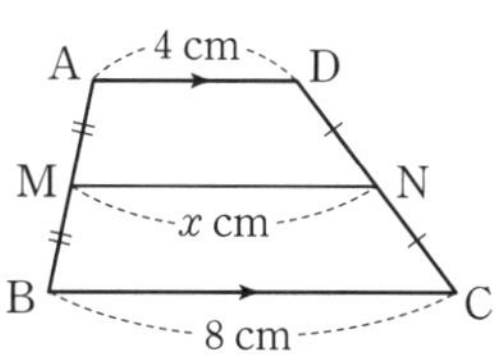

정답

* 정답과 해설 51쪽

1 14　2 5　3 6　4 16 cm　5 27 cm　6 6

3. 삼각형의 무게중심

삼각형의 중선과 무게중심

① 삼각형의 중선

- 삼각형에서 한 꼭짓점과 그 대변의 중점을 연결한 선분을 중선이라고 한다.
- 삼각형의 중선은 그 삼각형의 넓이를 이등분한다.

⇨ $\overline{AD}$가 $\triangle ABC$의 중선일 때, $\triangle ABD = \triangle ADC$

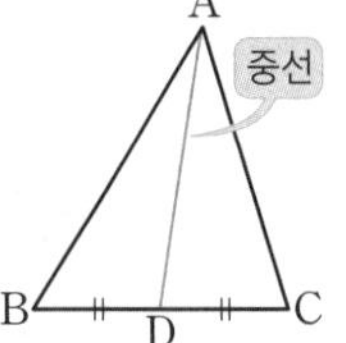

② 삼각형의 무게중심

- 삼각형의 세 중선은 한 점에서 만나고, 이 교점을 무게중심이라고 한다.
- 삼각형의 무게중심은 세 중선의 길이를 꼭짓점으로부터 각각 2 : 1로 나눈다.

⇨ $\triangle ABC$의 무게중심이 G일 때,

$\overline{AG}:\overline{GD}=\overline{BG}:\overline{GE}=\overline{CG}:\overline{GF}=2:1$

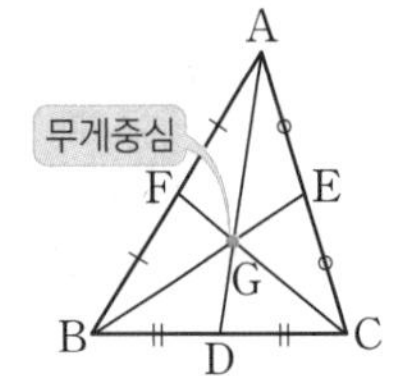

삼각형의 무게중심과 넓이

① 삼각형의 세 중선에 의해 나누어지는 여섯 개의 삼각형의 넓이는 모두 같다.

$\triangle GAF = \triangle GFB = \triangle GBD$
$= \triangle GDC = \triangle GCE$
$= \triangle GEA = \frac{1}{6}\triangle ABC$

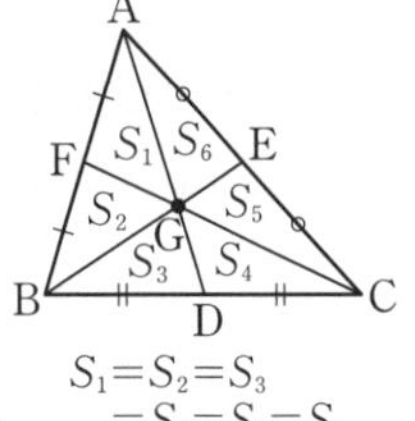

$S_1=S_2=S_3=S_4=S_5=S_6$

② 삼각형의 무게중심과 세 꼭짓점을 이어서 생기는 세 개의 삼각형의 넓이는 모두 같다.

$\triangle GAB = \triangle GBC = \triangle GCA = \frac{1}{3}\triangle ABC$

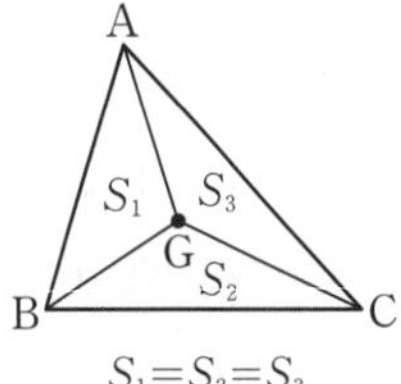

$S_1=S_2=S_3$

평행사변형에서 삼각형의 무게중심의 응용

평행사변형 ABCD에서 두 대각선의 교점을 O, $\overline{BC}$, $\overline{CD}$의 중점을 각각 M, N이라고 하면

① 점 P는 $\triangle ABC$의 무게중심이다.

② 점 Q는 $\triangle ACD$의 무게중심이다.

③ $\overline{BP}=\overline{PQ}=\overline{QD}$

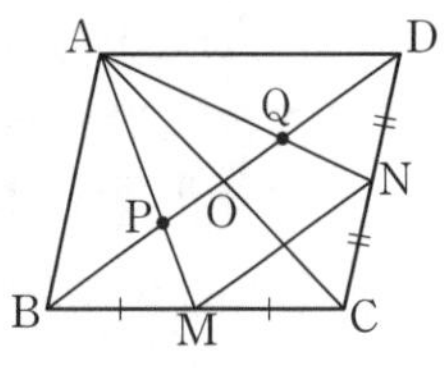

바빠 개념 확인 문제

❖ 다음 그림에서 점 G는 $\triangle ABC$의 무게중심, 점 G′은 $\triangle GBC$의 무게중심일 때, x의 값을 구하여라. (1~4)

1
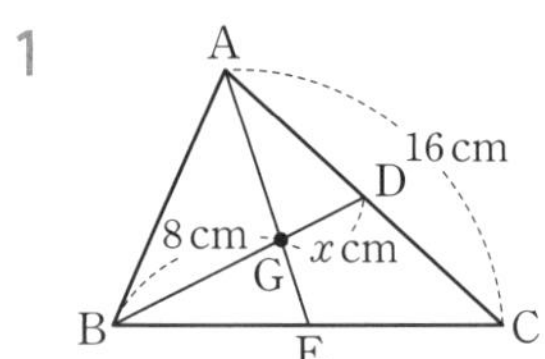

2
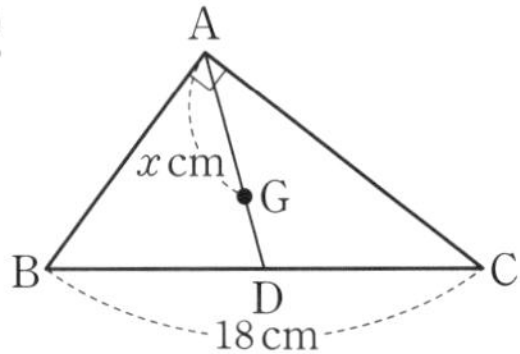

3
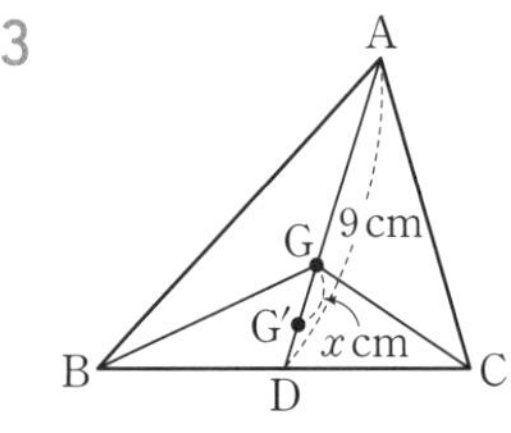

4
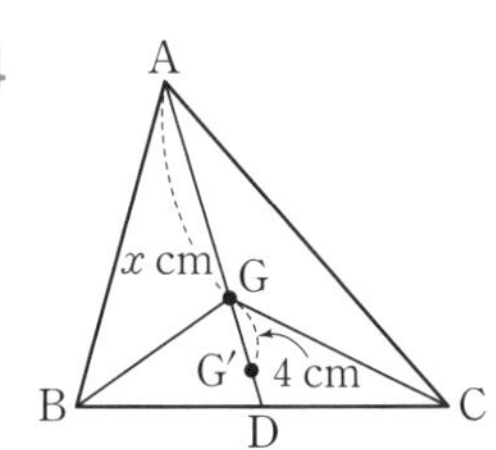

❖ 다음 그림에서 점 G가 $\triangle ABC$의 무게중심이고 $\triangle ABC = 30\ cm^2$일 때, □ 안에 알맞은 넓이를 써넣어라. (5~6)

5
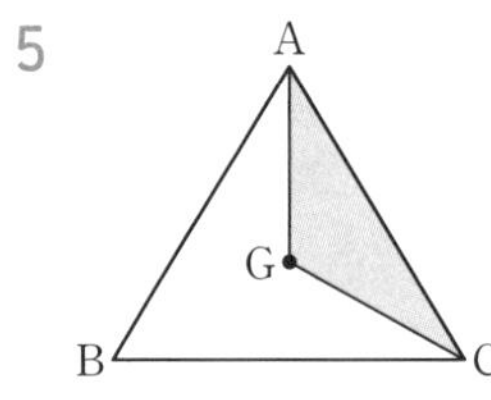

$\triangle AGC =$ □

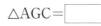

6
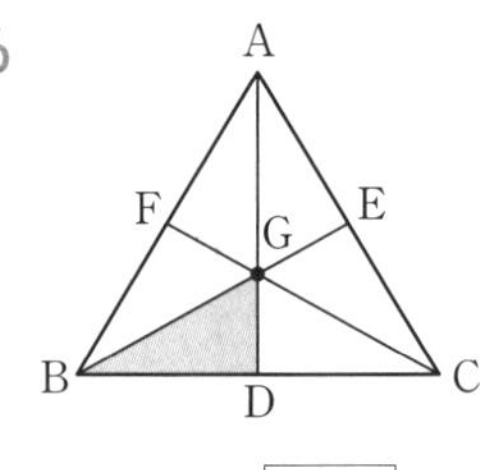

$\triangle GBD =$ □

❖ 다음 평행사변형 ABCD에서 x의 값을 구하여라. (7~8)

7
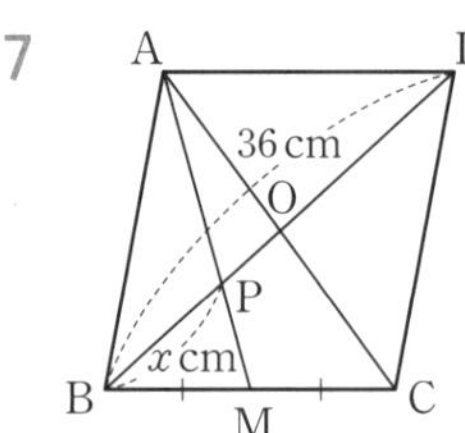

8
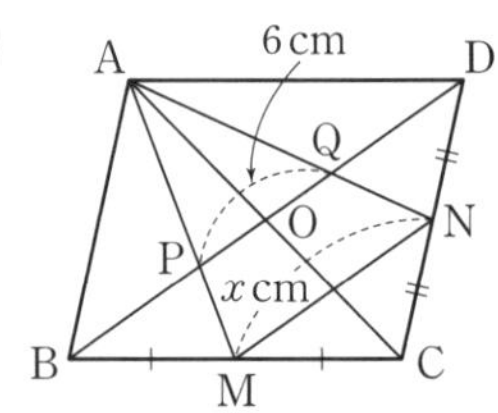

정답

* 정답과 해설 51쪽

1 4　2 6　3 2　4 12　5 10 cm^2
6 5 cm^2　7 12　8 9

4. 닮은 도형의 넓이와 부피, 축도과 축척

✔ 닮은 두 평면도형에서의 둘레의 길이의 비와 넓이의 비

닮음비가 $m:n$인 두 평면도형에서
① 둘레의 길이의 비 ⇨ $m:n$
② 넓이의 비는 ⇨ $m^2:n^2$

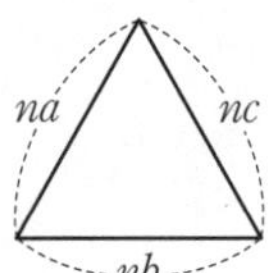

✔ 닮은 두 입체도형에서의 겉넓이의 비와 부피의 비

닮음비가 $m:n$인 두 입체도형에서
① 겉넓이의 비 ⇨ $m^2:n^2$
② 부피의 비 ⇨ $m^3:n^3$

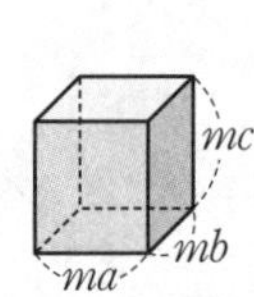

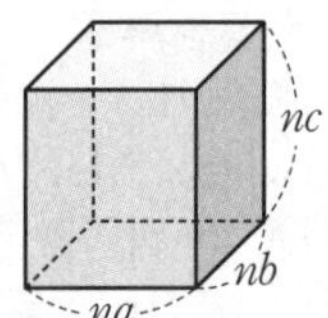

✔ 축도와 축척

직접 측정하기 어려운 실제 높이나 거리, 넓이 등은 도형의 닮음을 이용하여 축도를 그려서 간접적으로 측정할 수 있다.
① **축도**: 실제 높이나 거리를 일정한 비율로 줄여서 나타낸 그림
② **축척**: 축도에서 실제 높이나 거리를 줄인 비율

예) 지도에서 축척을 $\frac{1}{5000}$ 또는 1 : 5000과 같이 나타내고 이것은 지도에서의 거리와 실제 거리의 닮음비가 1 : 5000임을 뜻한다.
따라서 지도에서 1 cm는 실제 거리가 5000 cm이다.

③ **축도, 축척, 실제 길이 사이의 관계**

- (축척)$=\frac{\text{(축도에서의 길이)}}{\text{(실제 길이)}}$
- (축도에서의 길이)=(실제 길이)×(축척)
- (실제 길이)$=\frac{\text{(축도에서의 길이)}}{\text{(축척)}}$

예) 실제 거리가 0.2 km인 거리를 축척이 $\frac{1}{10000}$인 지도에 나타낼 때, 0.2 km=20000 cm이므로
$20000\times\frac{1}{10000}=2$(cm)로 나타내어야 한다.

바빠 개념 확인 문제

❖ 아래 그림에서 □ABCD∽□A′B′C′D′일 때, 다음을 구하여라. (1~2)

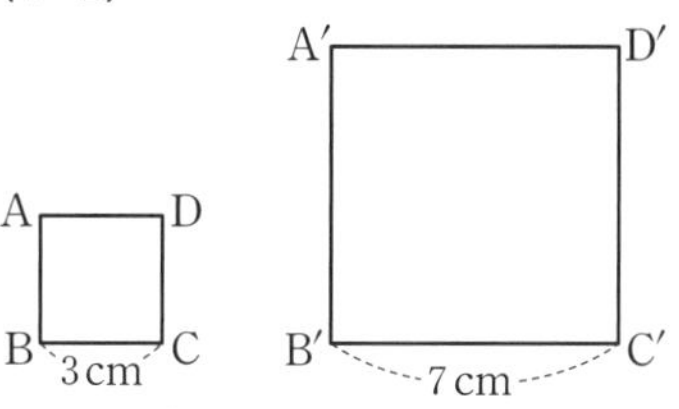

1 □ABCD와 □A′B′C′D′의 둘레의 길이의 비

2 □ABCD와 □A′B′C′D′의 넓이의 비

❖ 오른쪽 그림에서 다음을 구하여라. (3~5)

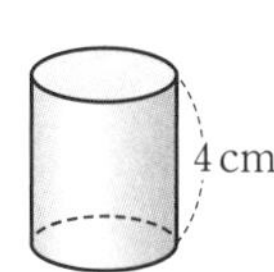

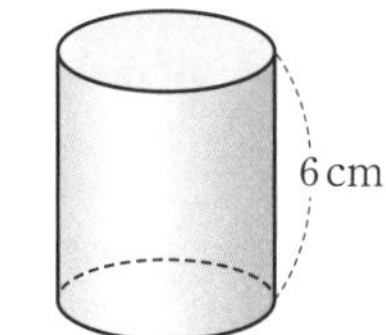

3 겉넓이의 비

4 옆넓이의 비

5 부피의 비

6 오른쪽 그림은 강의 폭을 구하기 위해 축도를 그린 것이다. 실제의 강의 폭을 구하여라.

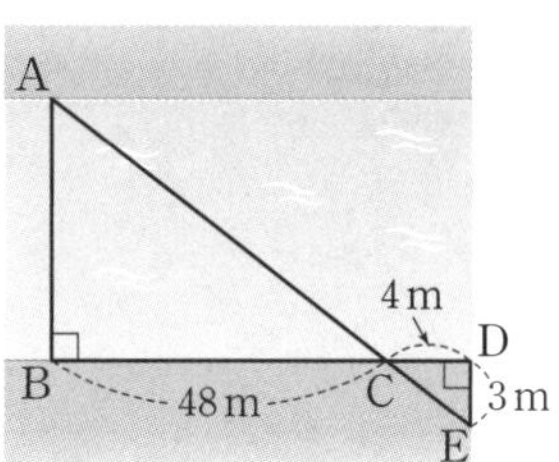

❖ 다음을 구하여라. (7~8)

7 축척이 $\frac{1}{5000}$인 축도에서 실제 거리가 0.1 km일 때, 축도에서의 길이

8 지도에서 길이가 2 cm일 때, 실제 거리가 8 km이다. 지도에서 길이가 6 cm일 때, 실제 거리

정답 * 정답과 해설 52쪽

1 3 : 7　2 9 : 49　3 4 : 9　4 4 : 9　5 8 : 27　6 36 m
7 2 cm　8 24 km

삼각형의 내각의 이등분선의 성질

1 오른쪽 그림에서 $\angle BAD = \angle CAD$이고 $\overline{AD} /\!/ \overline{EC}$일 때, 다음 중 옳지 않은 것을 모두 고르면? (정답 2개)

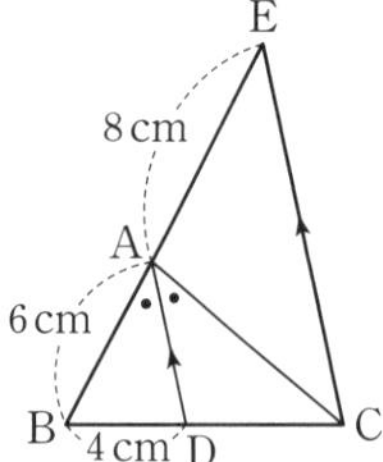

① $\angle DAC = \angle ACE$
② $\angle BAD = \angle AEC$
③ $\overline{AC} = 6\text{ cm}$
④ $\overline{AB} : \overline{AC} = 3 : 4$
⑤ $\overline{DC} = 6\text{ cm}$

Hint $\overline{AD} /\!/ \overline{EC}$에서 엇각과 동위각의 크기가 같으므로 $\triangle ACE$는 이등변삼각형이다.

평행선 사이의 선분의 길이의 비

2 오른쪽 그림에서 $l /\!/ m /\!/ n /\!/ o$일 때, $x+2y$의 값은?

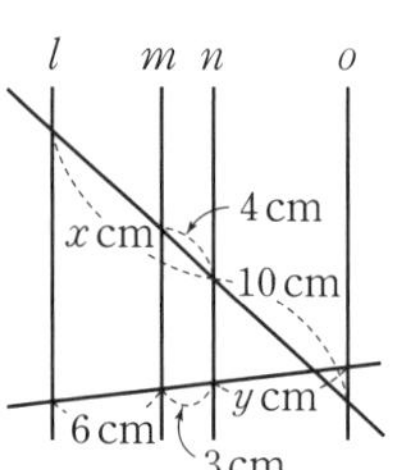

① 27 ② 29
③ 32 ④ 34
⑤ 38

Hint $10 : 4 = y : 3$, $4 : x = 3 : 9$

삼각형의 두 변의 중점을 연결한 선분

3 오른쪽 그림과 같은 $\triangle ABC$에서 점 D, E는 각각 $\overline{AB}$, $\overline{AC}$의 중점이고, $\overline{DE} /\!/ \overline{BC}$, $\overline{AB} /\!/ \overline{EF}$이다. $\overline{AB} = 16\text{ cm}$, $\overline{DE} = 6\text{ cm}$일 때, $\overline{CF} + \overline{EF}$의 길이를 구하여라.

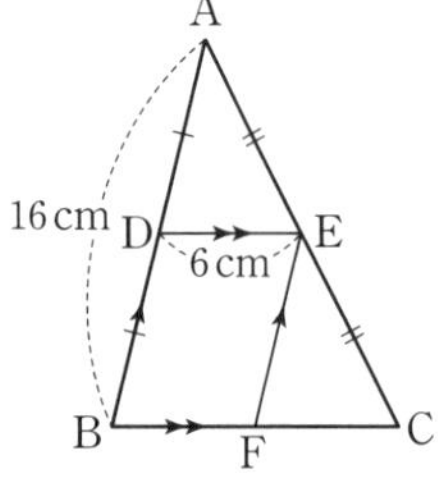

Hint □DBFE는 평행사변형이므로 $\overline{BF} = 6\text{ cm}$
$\overline{BC} = 2\overline{DE} = 12(\text{cm})$

삼각형의 무게중심

4 오른쪽 그림에서 점 G는 $\triangle ABC$의 무게중심이고, 점 G′은 $\triangle AGC$의 무게중심이다. $\overline{G'D} = 3\text{ cm}$일 때, $\overline{BD}$의 길이를 구하여라.

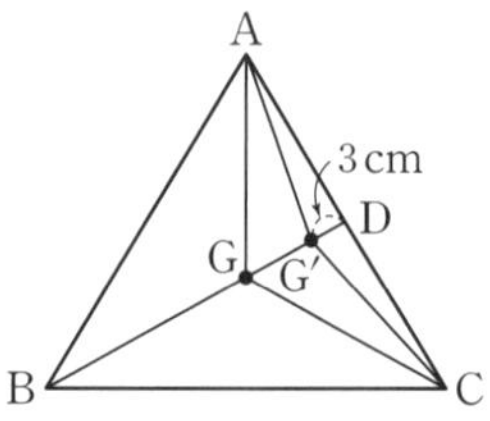

Hint $\overline{GG'} : \overline{G'D} = 2 : 1$, $\overline{BG} : \overline{GD} = 2 : 1$

닮은 두 삼각형의 넓이의 비

5 오른쪽 그림과 같은 $\triangle ABC$에서 $\angle ABC = \angle ADE$이고 $\triangle ABC$의 넓이가 75 cm^2일 때, $\triangle ADE$의 넓이는?

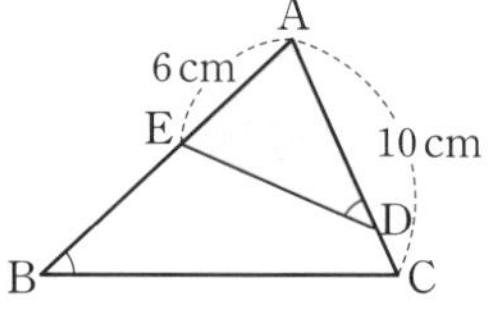

① 20 cm^2 ② 22 cm^2
③ 25 cm^2 ④ 27 cm^2
⑤ 30 cm^2

Hint $\triangle ABC \backsim \triangle ADE$ (AA닮음)이고, 닮음비는 $10 : 6 = 5 : 3$

닮은 두 입체도형의 부피의 비

6 서로 닮음인 두 원뿔 A와 B의 옆넓이의 비가 $9 : 16$이다. 원뿔 A의 부피가 54 cm^3일 때, 원뿔 B의 부피는?

① 98 cm^3 ② 104 cm^3 ③ 112 cm^3
④ 120 cm^3 ⑤ 128 cm^3

Hint 두 원뿔의 옆넓이의 비가 $9 : 16$이므로 닮음비는 $3 : 4$이고, 부피의 비는 $3^3 : 4^3$이다.

31 피타고라스 정리

중2

1. 피타고라스 정리

피타고라스 정리

직각삼각형에서 직각을 낀 두 변의 길이를 a, b라 하고, 빗변의 길이를 c라고 하면

$a^2+b^2=c^2$

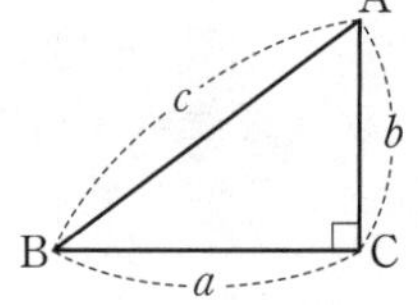

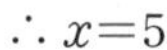 오른쪽 직각삼각형 ABC에서 x의 값을 구해 보자.

$x^2=3^2+4^2=5^2$

$\therefore x=5$

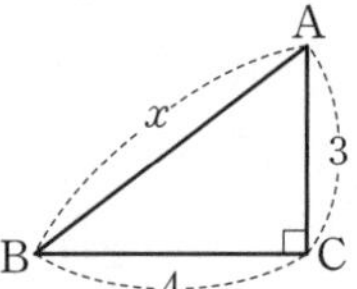

직각삼각형에서 변의 길이 구하기

피타고라스 정리를 이용하면 직각삼각형에서 두 변의 길이를 알 때, 나머지 한 변의 길이를 구할 수 있다.

오른쪽 그림과 같이 $\angle C=90°$인 직각삼각형 ABC에서

① b, c의 길이를 알 때, $a^2=c^2-b^2$

② a, c의 길이를 알 때, $b^2=c^2-a^2$

③ a, b의 길이를 알 때, $c^2=a^2+b^2$

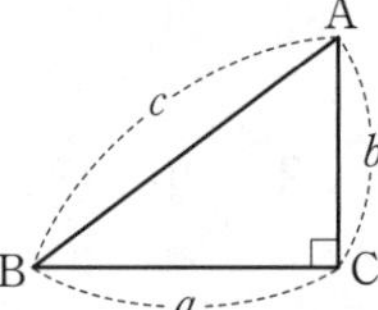

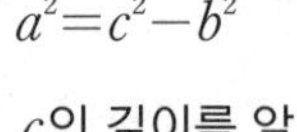

외워 외워!

문제에 주로 이용되는 직각삼각형의 세 변의 길이를 외워 두면 계산하지 않고 편하게 사용할 수 있어.

3, 4, 5　6, 8, 10　5, 12, 13　9, 12, 15　8, 15, 17

피타고라스 정리를 이용하여 변의 길이 구하기

예) 오른쪽 그림과 같은 직각삼각형 ABC에서 x, y의 값을 각각 구해 보자.

$x^2=10^2-8^2=36$

$\therefore x=6$

$y^2=8^2+(6+9)^2=289$

$\therefore y=17$

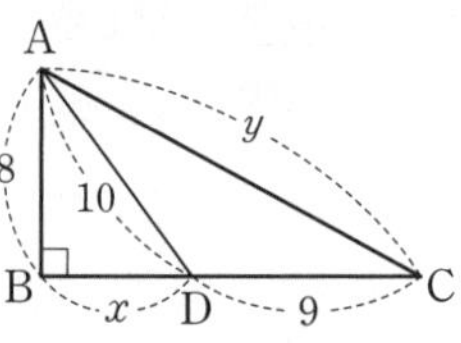

예) 오른쪽과 같은 사다리꼴 ABCD에서 x의 값을 구해 보자.

점 D에서 $\overline{BC}$에 내린 수선의 발을 E라고 하면

$\overline{DE}=\overline{AB}=12$

$\overline{EC}^2=13^2-12^2=25$

$\therefore \overline{EC}=5$

$\triangle ABC$에서 $\overline{BC}=4+5=9$이므로

$x^2=12^2+9^2=225$

$\therefore x=15$

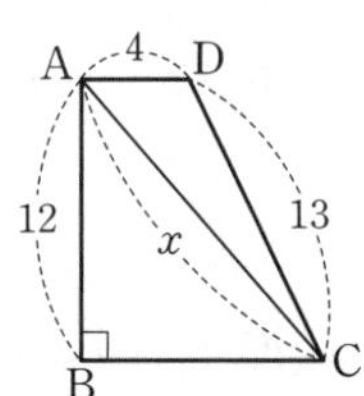

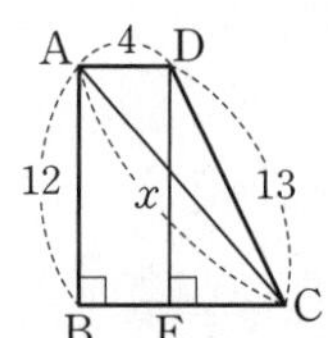

바빠 개념 확인 문제

❖ 다음 그림의 직각삼각형에서 x의 값을 구하여라. (1~2)

1
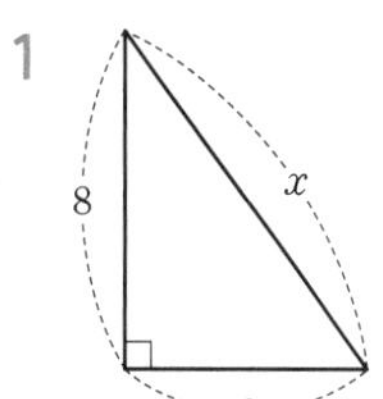

2
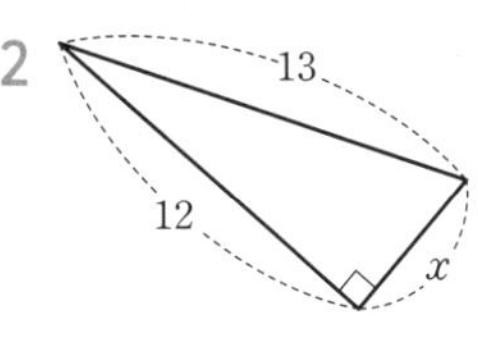

❖ 다음 그림의 $\triangle ABC$에서 x, y의 값을 각각 구하여라. (3~4)

3
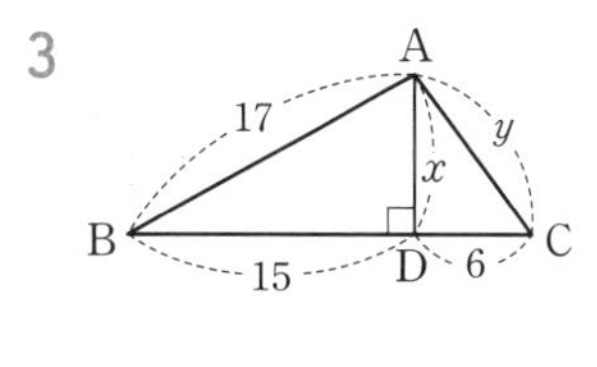

4
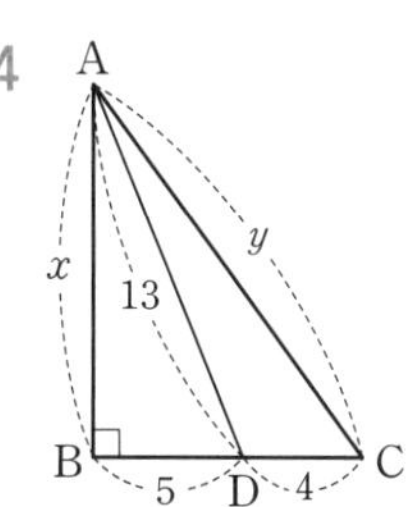

❖ 다음 그림의 이등변삼각형 ABC에서 x의 값을 구하여라. (5~6)

5
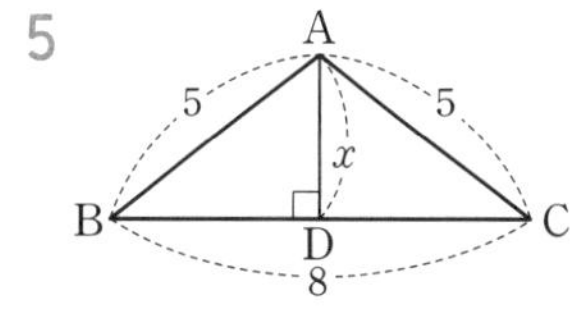

6
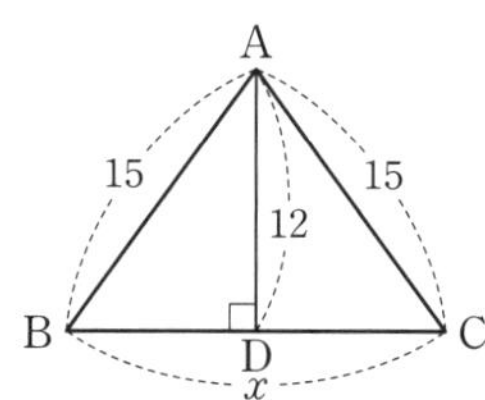

❖ 다음 그림의 □ABCD에서 x, y의 값을 각각 구하여라. (7~8)

7
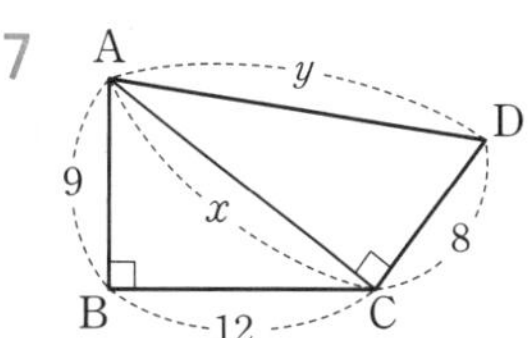

8
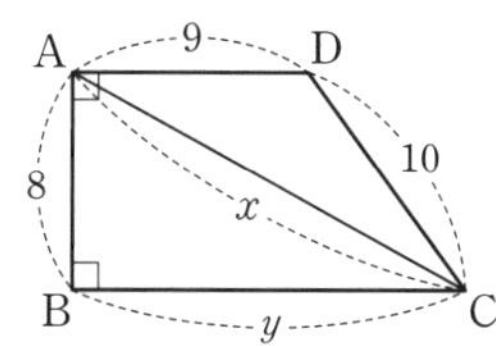

정답　* 정답과 해설 52쪽

1 10　2 5　3 $x=8$, $y=10$　4 $x=12$, $y=15$

5 3　6 18　7 $x=15$, $y=17$　8 $x=17$, $y=15$

2. 직각삼각형이 되기 위한 조건

피타고라스 정리의 설명 - 유클리드의 방법

직각삼각형 ABC의 각 변을 한 변으로 하는 정사각형 ADEB, BFGC, ACHI를 그리고 꼭짓점 A에서 $\overline{BC}$에 내린 수선의 발을 L, 그 연장선과 $\overline{FG}$가 만나는 점을 M이라고 하면

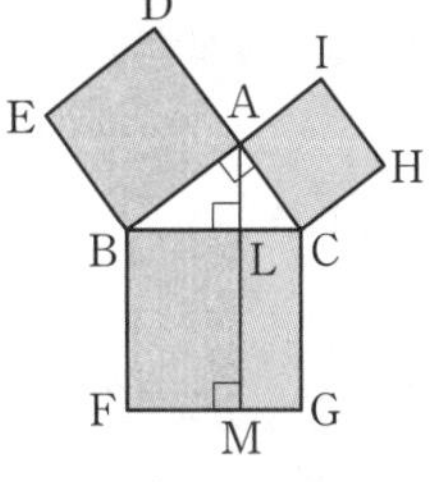

① □ADEB=□BFML, □ACHI=□LMGC

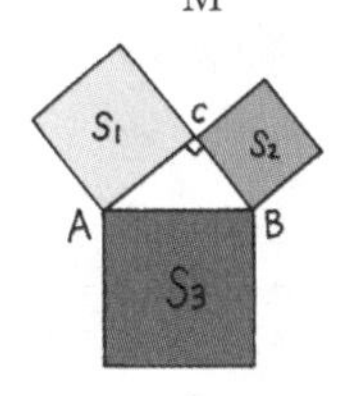

② □ADEB+□ACHI =□BFGC이므로 $\overline{AB}^2+\overline{AC}^2=\overline{BC}^2$

직각삼각형이 되기 위한 조건

△ABC의 세 변의 길이를 각각 a, b, c라고 할 때,

$a^2+b^2=c^2$

이면 이 삼각형은 빗변의 길이가 c인 직각삼각형이다.

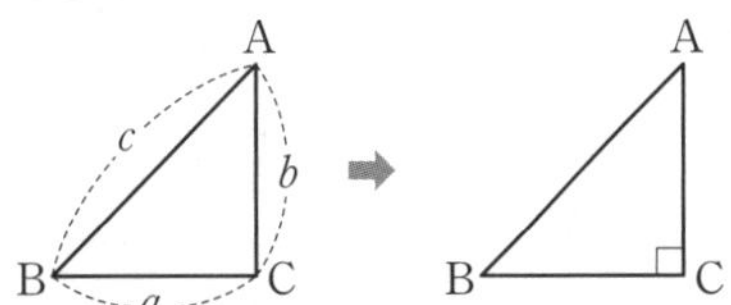

삼각형의 변의 길이에 대한 각의 크기

△ABC에서 $\overline{AB}=c$, $\overline{BC}=a$, $\overline{CA}=b$이고, c가 가장 긴 변의 길이일 때,

① $c^2<a^2+b^2$이면 ∠C<90° ⇨ △ABC는 예각삼각형

② $c^2=a^2+b^2$이면 ∠C=90° ⇨ △ABC는 직각삼각형

③ $c^2>a^2+b^2$이면 ∠C>90° ⇨ △ABC는 둔각삼각형

예

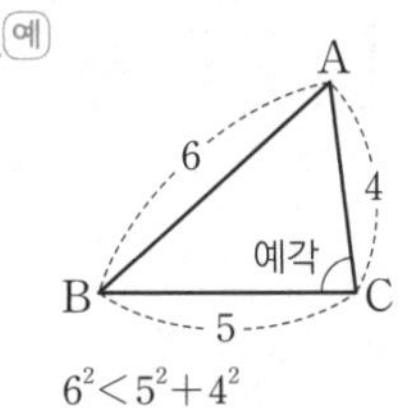

$6^2<5^2+4^2$
⇨ 예각삼각형

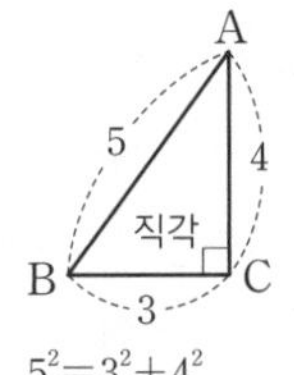

$5^2=3^2+4^2$
⇨ 직각삼각형

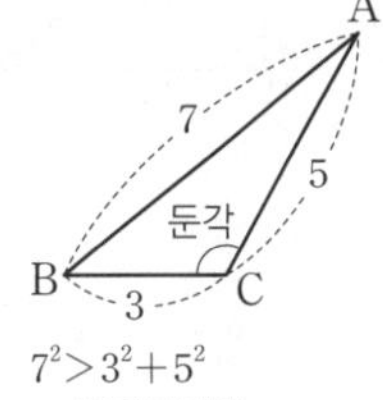
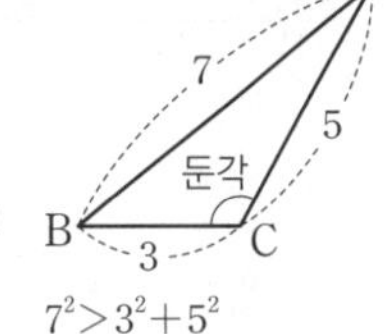

$7^2>3^2+5^2$
⇨ 둔각삼각형

바빠 개념 확인 문제

❖ 다음 그림은 ∠A=90°인 직각삼각형 ABC의 세 변을 각각 한 변으로 하는 정사각형을 그린 것이다. 색칠한 부분의 넓이를 구하여라. (1~2)

1

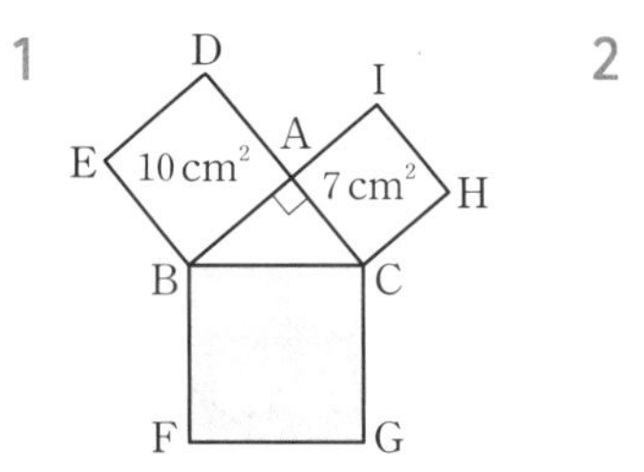

2

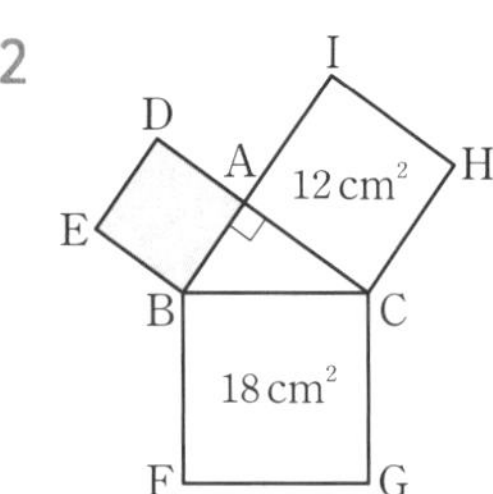

❖ 삼각형의 세 변의 길이가 다음과 같을 때, 예각삼각형은 예각, 직각삼각형은 직각, 둔각삼각형은 둔각이라고 써넣어라. (3~6)

3 9 cm, 12 cm, 15 cm ________

4 4 cm, 5 cm, 8 cm ________

5 5 cm, 12 cm, 13 cm ________

6 7 cm, 8 cm, 10 cm ________

❖ △ABC에서 $\overline{AB}=c$, $\overline{BC}=a$, $\overline{CA}=b$일 때, 다음 중 옳은 것은 ○표, 옳지 않은 것은 ×표를 하여라. (7~10)

7 ∠C>90°이면 $c^2>a^2+b^2$이다. ________

8 ∠A=90°이면 $b^2=a^2+c^2$이다. ________

9 $c^2<a^2+b^2$이면 △ABC는 예각삼각형이다. ________

10 $c^2>a^2+b^2$이면 △ABC는 둔각삼각형이다. ________

정답 * 정답과 해설 53쪽

1 17 cm² 2 6 cm² 3 직각 4 둔각 5 직각 6 예각
7 ○ 8 × 9 × 10 ○

3. 피타고라스 정리의 활용

✔ 피타고라스 정리를 이용한 직각삼각형의 성질

△ABC에서 ∠A=90°이고 두 점 D, E가 각각 $\overline{AB}$, $\overline{AC}$ 위에 있을 때,

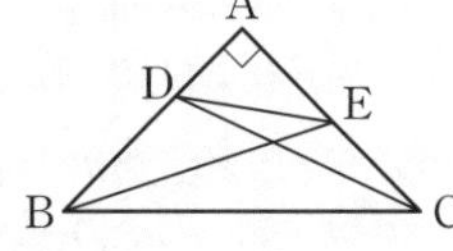

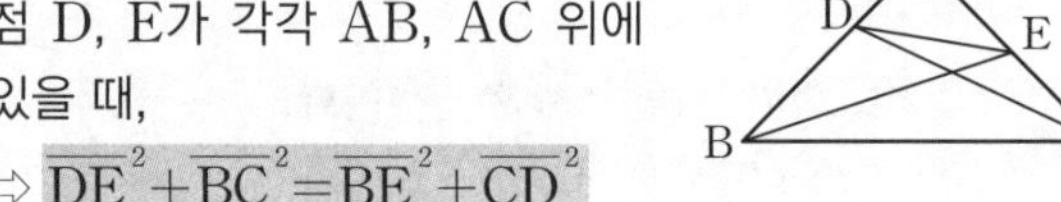

⇨ $\overline{DE}^2+\overline{BC}^2=\overline{BE}^2+\overline{CD}^2$

✔ 두 대각선이 직교하는 사각형의 성질

□ABCD에서 두 대각선이 직교할 때

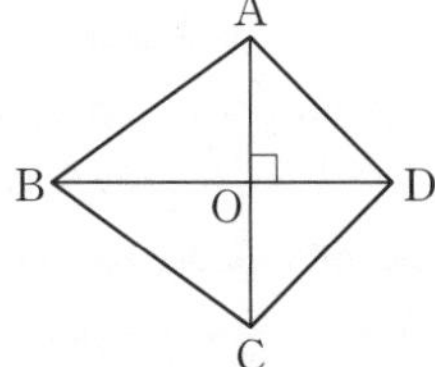

⇨ $\overline{AB}^2+\overline{CD}^2=\overline{BC}^2+\overline{AD}^2$

✔ 피타고라스 정리를 이용한 직사각형의 성질

직사각형 ABCD의 내부에 있는 임의의 점 P에 대하여

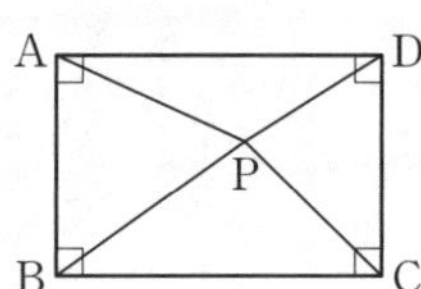

⇨ $\overline{AP}^2+\overline{CP}^2=\overline{BP}^2+\overline{DP}^2$

✔ 직각삼각형의 세 반원 사이의 관계

직각삼각형 ABC에서 직각을 낀 두 변을 각각 지름으로 하는 반원의 넓이를 S_1, S_2, 빗변을 지름으로 하는 반원의 넓이를 S_3이라고 할 때,

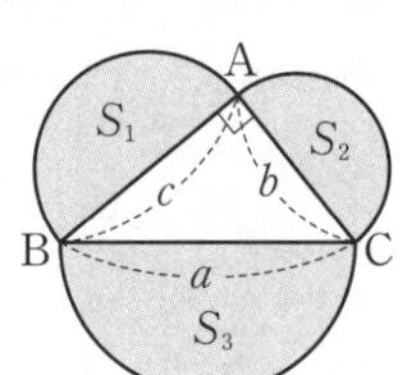

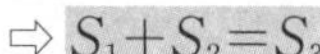

⇨ $S_1+S_2=S_3$

✔ 히포크라테스의 원의 넓이

직각삼각형 ABC의 세 변을 각각 지름으로 하는 반원을 그릴 때,

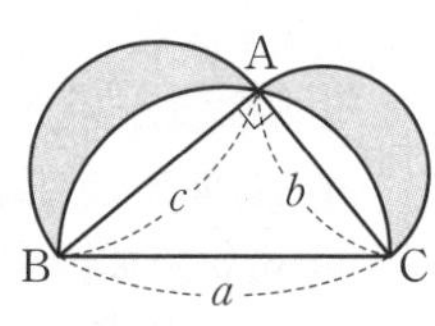

⇨ (색칠한 부분의 넓이)

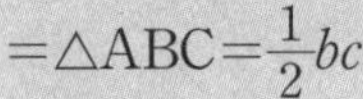

$=\triangle ABC=\frac{1}{2}bc$

바빠 꿀팁

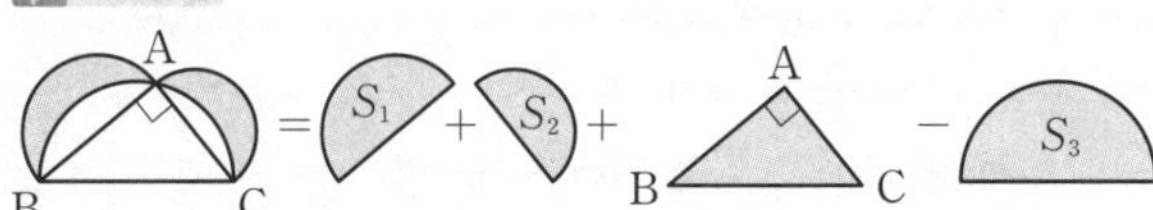

• (색칠한 부분의 넓이)$=S_1+S_2+\triangle ABC-S_3$

$=S_3+\triangle ABC-S_3=\triangle ABC$

따라서 초생달 모양의 넓이는 △ABC의 넓이와 같아.

바빠 개념 확인 문제

❖ 다음 그림의 직각삼각형 ABC에서 x^2의 값을 구하여라. (1~2)

1

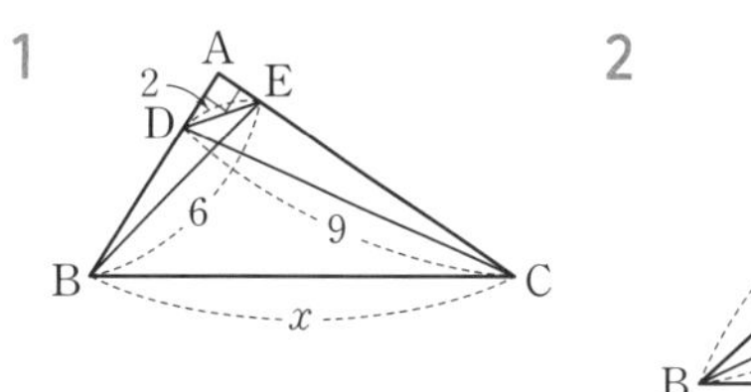

2

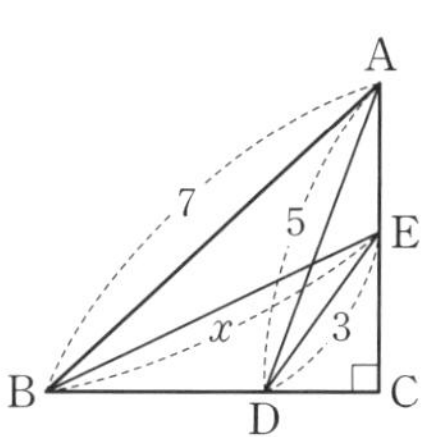

❖ 다음 그림의 □ABCD에서 x^2의 값을 구하여라. (3~4)

3

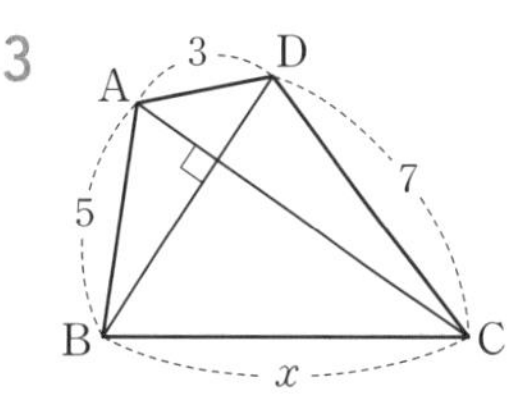

4

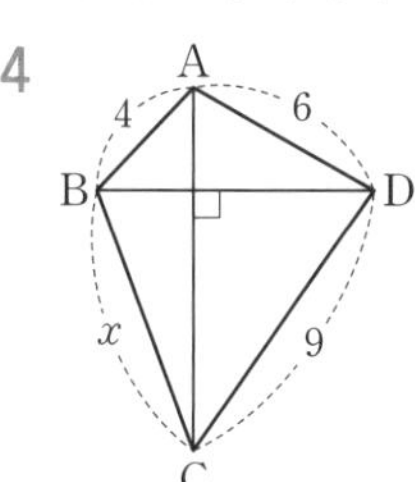

❖ 다음 그림과 같이 직사각형 ABCD의 내부에 한 점 P가 있다. x^2의 값을 구하여라. (5~6)

5

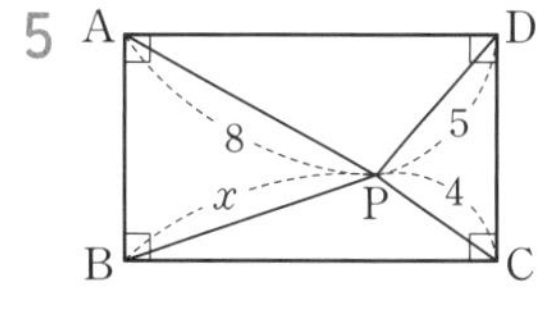

6

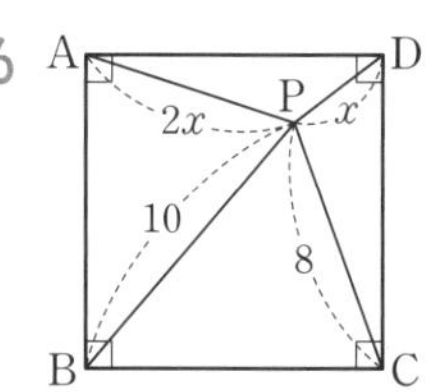

❖ 다음 그림은 ∠A=90°인 직각삼각형 ABC의 각 변을 지름으로 하는 반원을 그린 것이다. 색칠한 부분의 넓이를 구하여라. (7~8)

7

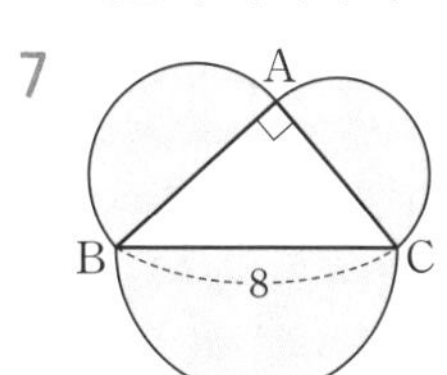

8

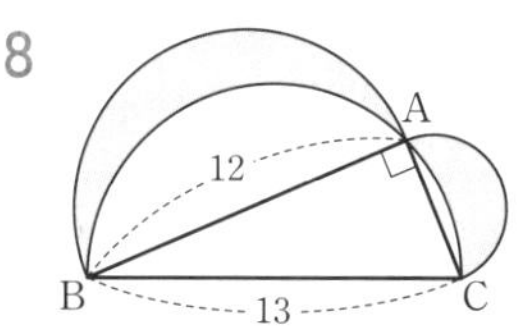

정답 | * 정답과 해설 53쪽

1 113　2 33　3 65　4 61　5 55　6 12
7 16π　8 30

* 정답과 해설 53쪽

삼각형에서 피타고라스 정리의 이용

1 오른쪽 그림의 △ABC에서 x, y의 값을 각각 구하여라.

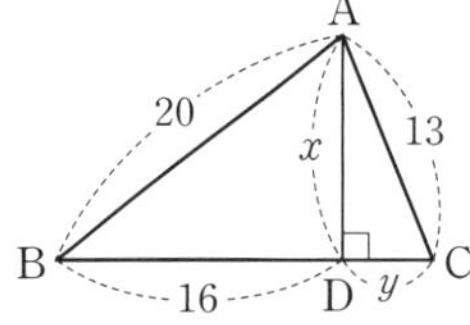

Hint $16^2+x^2=20^2$에서 먼저 x의 값을 구한다.

사각형에서 피타고라스 정리의 이용

2 오른쪽 그림과 같은 사다리꼴 ABCD의 넓이는?

① 66 cm^2　② 86 cm^2
③ 90 cm^2　④ 102 cm^2
⑤ 120 cm^2

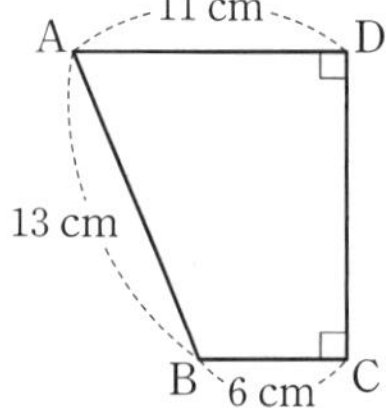

Hint 점 B에서 $\overline{AD}$에 내린 수선의 발을 E라고 하면 $\overline{AE}=5\text{ cm}$

피타고라스 정리의 설명

3 오른쪽 그림은 직각삼각형 ABC의 각 변을 한 변으로 하는 세 정사각형을 그린 것이다. □BADE의 넓이는?

① 85 cm^2
② 89 cm^2
③ 92 cm^2
④ 94 cm^2
⑤ 98 cm^2

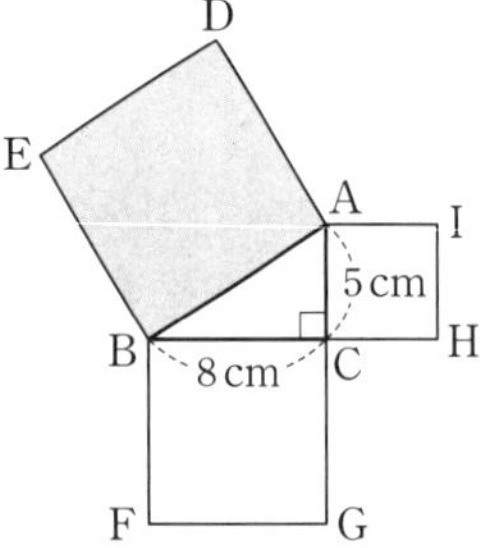

Hint □BADE=□BFGC+□ACHI

변의 길이에 따른 삼각형의 종류

4 △ABC에서 $\overline{AB}=c$, $\overline{BC}=a$, $\overline{CA}=b$일 때, 다음 중 옳지 않은 것은?

① $\angle C<90^\circ$이면 $c^2<a^2+b^2$이다.
② $\angle C>90^\circ$이면 $c^2>a^2+b^2$이다.
③ $a^2<b^2+c^2$이면 △ABC는 예각삼각형이다.
④ $a^2>b^2+c^2$이면 △ABC는 둔각삼각형이다.
⑤ $a^2=b^2+c^2$이면 △ABC는 $\angle A=90^\circ$인 직각삼각형이다.

Hint △ABC에서 가장 긴 변을 a라고 할 때, $a^2<b^2+c^2$이 성립해야 예각삼각형이다.

피타고라스 정리의 활용

5 오른쪽 그림의 직각삼각형 ABC에서 $\overline{AB}$, $\overline{BC}$의 중점을 각각 D, E라고 하자. $\overline{DE}=5$일 때, $\overline{AE}^2+\overline{CD}^2$의 값은?

① 104　② 121
③ 125　④ 169
⑤ 225

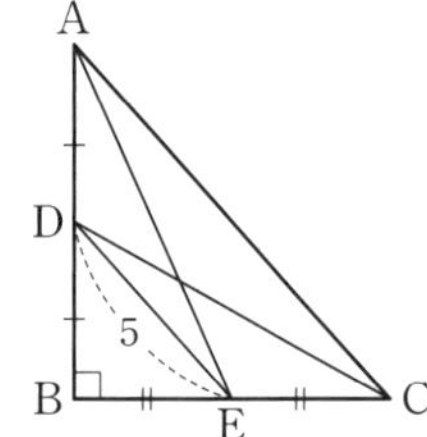

Hint $\overline{AC}=2\overline{DE}=10$

직각삼각형의 반원 사이의 관계

6 오른쪽 그림과 같이 $\overline{BC}=12$인 직각삼각형 ABC에서 $\overline{AB}$, $\overline{AC}$를 지름으로 하는 두 반원의 넓이를 각각 S_1, S_2라고 할 때, S_1+S_2의 값을 구하여라.

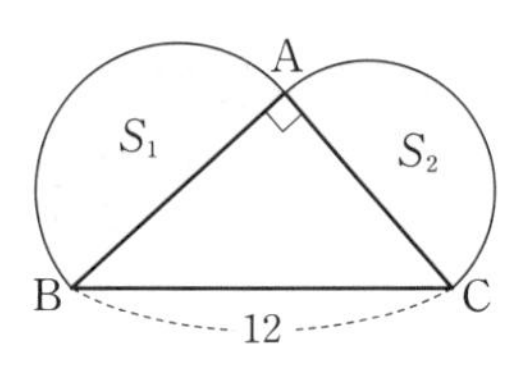

Hint S_1+S_2는 $\overline{BC}$를 지름으로 하는 반원의 넓이와 같다.

32 삼각비 1

중3

1. 삼각비의 값

✔ 삼각비의 뜻

① **삼각비**: 직각삼각형에서 두 변의 길이의 비

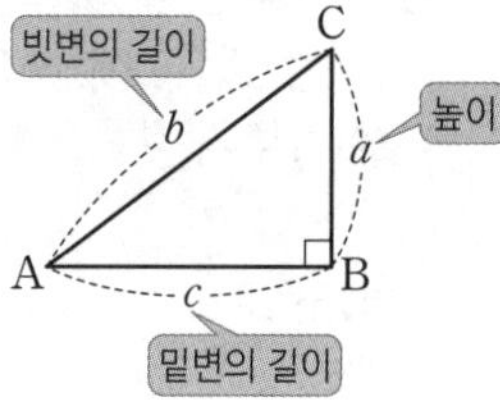

② $\angle B=90^\circ$인 직각삼각형 ABC에서 $\angle A$, $\angle B$, $\angle C$의 대변의 길이를 각각 a, b, c라고 하면

$\angle A$에 대하여

• ($\angle A$의 사인) $=\dfrac{(\text{높이})}{(\text{빗변의 길이})}$

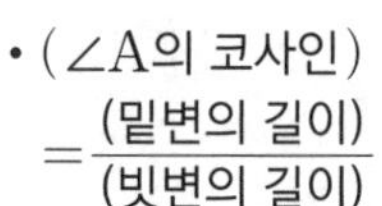

⇨ $\sin A=\dfrac{\overline{BC}}{\overline{AC}}=\dfrac{a}{b}$

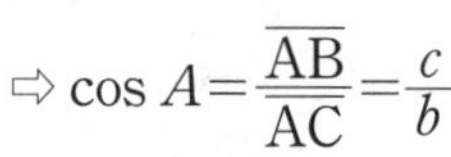

• ($\angle A$의 코사인) $=\dfrac{(\text{밑변의 길이})}{(\text{빗변의 길이})}$

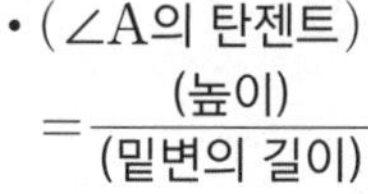
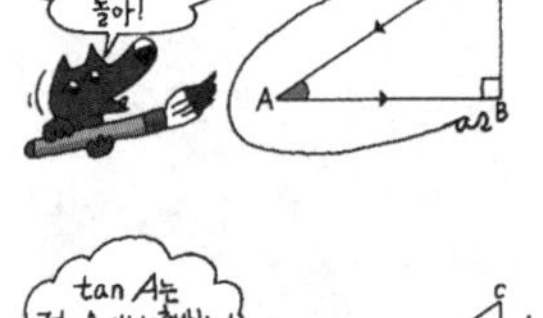

⇨ $\cos A=\dfrac{\overline{AB}}{\overline{AC}}=\dfrac{c}{b}$

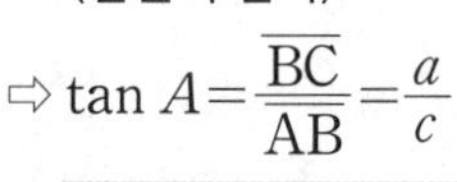

• ($\angle A$의 탄젠트) $=\dfrac{(\text{높이})}{(\text{밑변의 길이})}$

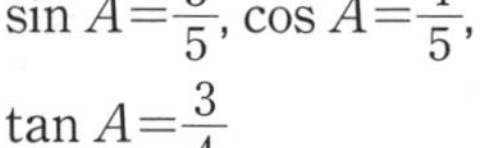
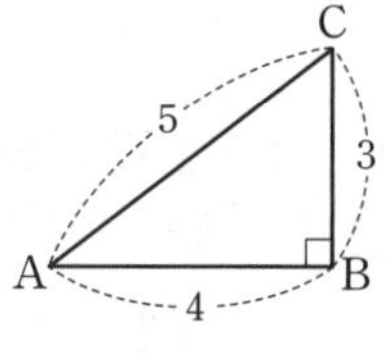

⇨ $\tan A=\dfrac{\overline{BC}}{\overline{AB}}=\dfrac{a}{c}$

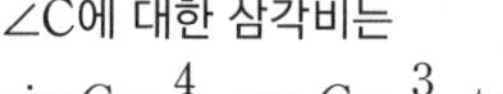

이때 $\sin A$, $\cos A$, $\tan A$를 통틀어 $\angle A$의 삼각비라고 한다.

예 오른쪽 그림의 직각삼각형 ABC에서 $\angle A$에 대한 삼각비는

$\sin A=\dfrac{3}{5}$, $\cos A=\dfrac{4}{5}$, $\tan A=\dfrac{3}{4}$

$\angle C$에 대한 삼각비는

$\sin C=\dfrac{4}{5}$, $\cos C=\dfrac{3}{5}$, $\tan C=\dfrac{4}{3}$

바빠 꿀팁

• 삼각비는 한 직각삼각형에서도 구하는 기준각에 따라 높이와 밑변을 바꾸어 생각해야 해. 이때 기준각의 대변을 높이로 놓으면 돼.

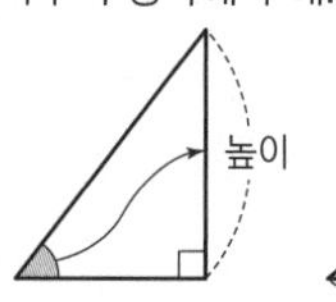

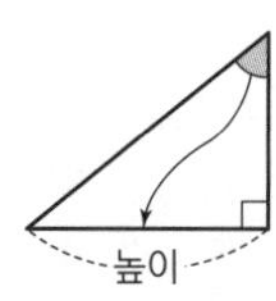

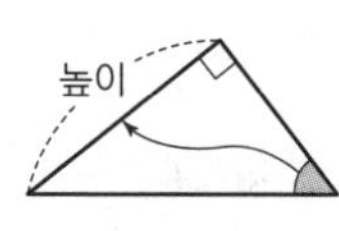

• sin, cos, tan는 각각 sine, cosine, tangent를 줄여서 쓴 것이고 각각 사인, 코사인, 탄젠트라고 읽어.

비비 개념 확인 문제

❖ 오른쪽 그림과 같은 직각삼각형 ABC에서 다음 삼각비의 값을 구하여라. (1~6)

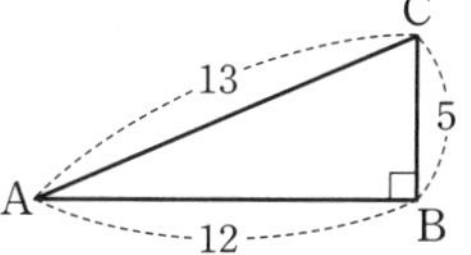

1 $\sin A$

2 $\cos A$

3 $\tan A$

4 $\sin C$

5 $\cos C$

6 $\tan C$

❖ 오른쪽 그림과 같은 직각삼각형 ABC에서 다음 삼각비의 값을 구하여라. (7~12)

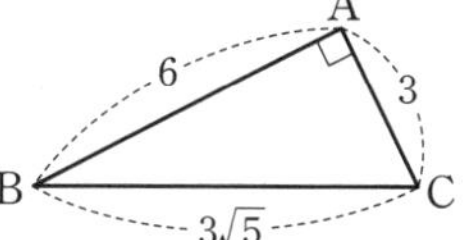

7 $\sin B$

8 $\cos B$

9 $\tan B$

10 $\sin C$

11 $\cos C$

12 $\tan C$

정답

* 정답과 해설 53쪽

1 $\dfrac{5}{13}$ 2 $\dfrac{12}{13}$ 3 $\dfrac{5}{12}$ 4 $\dfrac{12}{13}$ 5 $\dfrac{5}{13}$ 6 $\dfrac{12}{5}$

7 $\dfrac{\sqrt{5}}{5}$ 8 $\dfrac{2\sqrt{5}}{5}$ 9 $\dfrac{1}{2}$ 10 $\dfrac{2\sqrt{5}}{5}$ 11 $\dfrac{\sqrt{5}}{5}$ 12 2

2. 삼각형의 변의 길이 구하기

✔ 직각삼각형에서 변의 길이 구하기

피타고라스 정리를 이용하면 직각삼각형에서 두 변의 길이를 알 때, 나머지 한 변의 길이를 구할 수 있다.
$\angle C=90°$인 직각삼각형 ABC에서

① 밑변의 길이 a와 높이 b를 알 때
$\overline{AB}^2=a^2+b^2$
⇨ $\overline{AB}=\sqrt{a^2+b^2}$

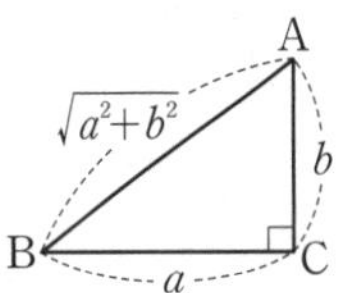

② 밑변의 길이 a와 빗변의 길이 c를 알 때
$\overline{AC}^2=c^2-a^2$
⇨ $\overline{AC}=\sqrt{c^2-a^2}$

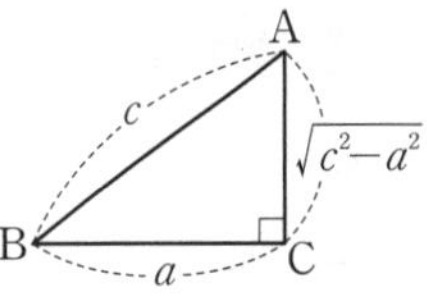

③ 높이 b와 빗변의 길이 c를 알 때
$\overline{BC}^2=c^2-b^2$
⇨ $\overline{BC}=\sqrt{c^2-b^2}$

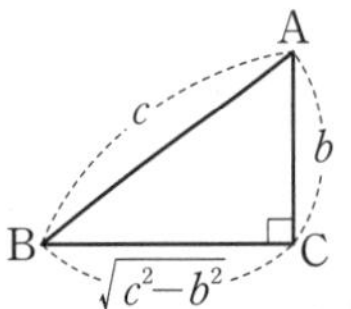

✔ 삼각비의 값이 주어질 때, 삼각형의 변의 길이 구하기

예) 오른쪽 그림과 같은 직각삼각형 ABC에서 $\sin B=\frac{5}{13}$일 때, $\overline{AC}$, $\overline{BC}$의 길이를 각각 구해 보자.

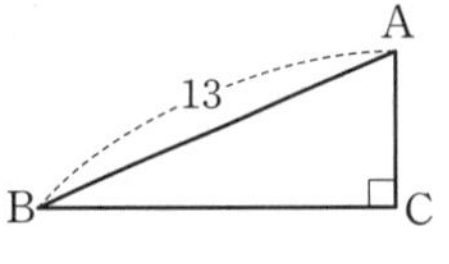

$\sin B=\frac{\overline{AC}}{\overline{AB}}$이므로 $\frac{5}{13}=\frac{\overline{AC}}{13}$ $\quad\therefore \overline{AC}=5$
$\overline{BC}=\sqrt{\overline{AB}^2-\overline{AC}^2}$이므로
$\overline{BC}=\sqrt{13^2-5^2}=\sqrt{144}=12$

✔ 한 삼각비의 값을 알 때 다른 삼각비의 값 구하기

예) 직각삼각형 ABC에서 $2\sin B-\sqrt{3}=0$일 때, $\cos B$, $\tan B$의 값을 각각 구해 보자.

$\sin B=\frac{\sqrt{3}}{2}$이므로 오른쪽 그림과 같이
$\overline{AB}=2$로 놓으면 $\overline{AC}=\sqrt{3}$
$\overline{BC}=\sqrt{2^2-(\sqrt{3})^2}=1$

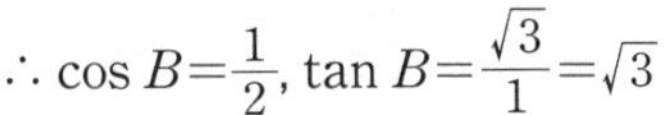
$\therefore \cos B=\frac{1}{2}$, $\tan B=\frac{\sqrt{3}}{1}=\sqrt{3}$

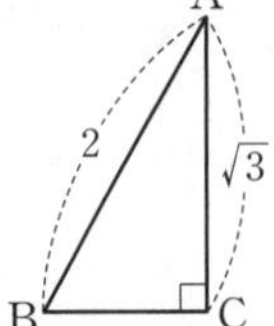

바빠 개념 확인 문제

❖ 오른쪽 그림과 같은 직각삼각형 ABC에 대하여 다음 삼각비의 값을 구하여라. (1~4)

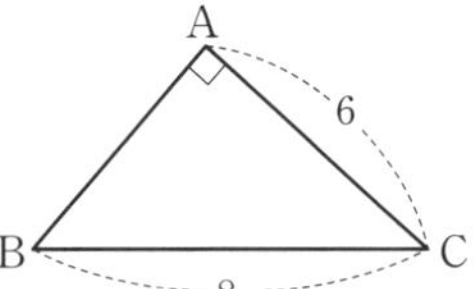

1 $\tan C$

2 $\sin B$

3 $\cos C$

4 $\tan B$

❖ 오른쪽 그림과 같은 직각삼각형 ABC에서 $\sin A=\frac{1}{2}$이다. $\overline{BC}=3$일 때, 다음을 구하여라. (5~6)

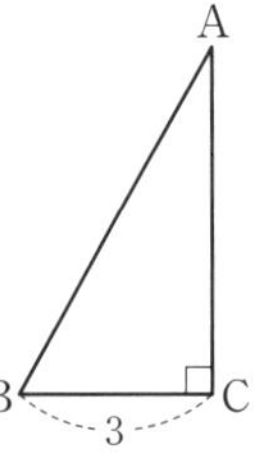

5 $\overline{AB}$의 길이

6 $\overline{AC}$의 길이

❖ 오른쪽 그림과 같은 직각삼각형 ABC에서 $\sin B=\frac{2\sqrt{5}}{5}$이다. $\overline{AC}=8$

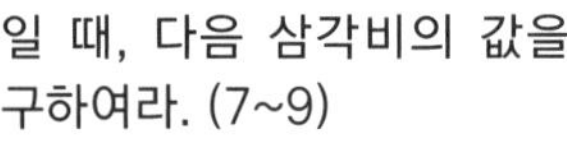
일 때, 다음 삼각비의 값을 구하여라. (7~9)

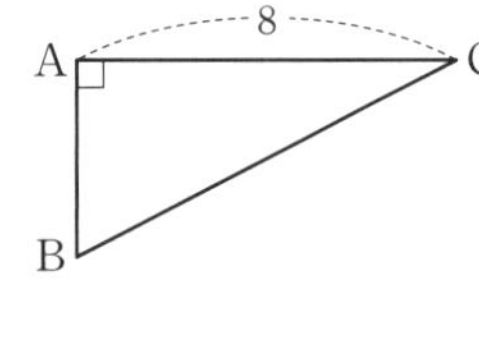

7 $\tan C$

8 $\cos B$

9 $\sin C$

정답 * 정답과 해설 54쪽

1 $\frac{\sqrt{7}}{3}$ 2 $\frac{3}{4}$ 3 $\frac{3}{4}$ 4 $\frac{3\sqrt{7}}{7}$ 5 6 6 $3\sqrt{3}$
7 $\frac{1}{2}$ 8 $\frac{\sqrt{5}}{5}$ 9 $\frac{\sqrt{5}}{5}$

3. 삼각비의 값의 활용

✔ 직각삼각형의 닮음을 이용하여 삼각비의 값 구하기 1

직각삼각형 ABC에서 $\overline{AD}\perp\overline{BC}$일 때, 닮음을 이용하여 삼각비의 값을 다음과 같이 구한다.

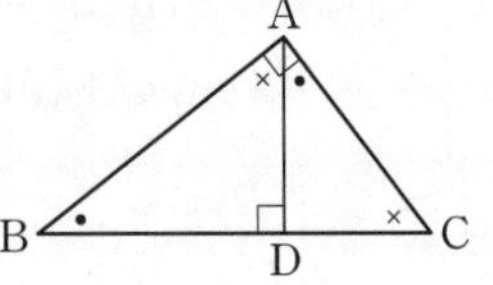

① 닮음인 삼각형을 찾는다.

$\triangle ABC \backsim \triangle DBA \backsim \triangle DAC$ (AA 닮음)

② 크기가 같은 대응각을 찾는다.

$\angle ABC = \angle DAC$, $\angle BCA = \angle BAD$

③ 삼각비의 값을 구한다.

예 오른쪽 그림에서 $\sin x$, $\cos y$의 값을 각각 구해 보자.

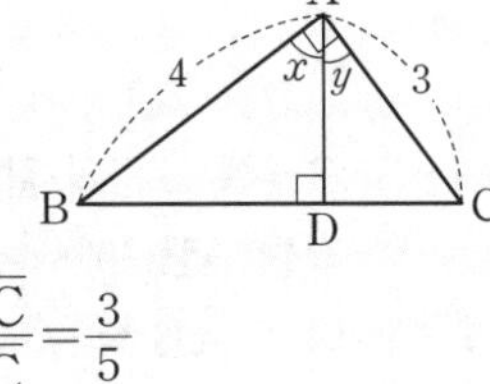

$\overline{BC}=\sqrt{4^2+3^2}=5$이고

$\angle ACB = x$, $\angle ABC = y$이므로

$\sin x = \dfrac{\overline{AB}}{\overline{BC}} = \dfrac{4}{5}$, $\sin y = \dfrac{\overline{AC}}{\overline{BC}} = \dfrac{3}{5}$

✔ 직각삼각형의 닮음을 이용하여 삼각비의 값 구하기 2

직각삼각형 ABC에서

① $\overline{DE}\perp\overline{BC}$일 때,

$\triangle ABC \backsim \triangle EBD$

(AA 닮음)

⇨ $\angle ACB = \angle EDB$

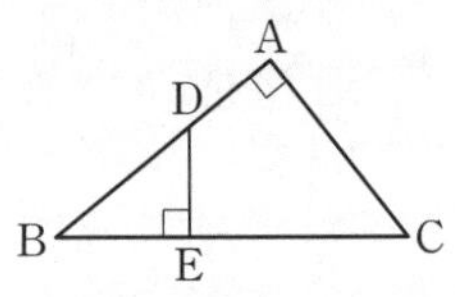

② $\angle ACB = \angle ADE$일 때,

$\triangle ABC \backsim \triangle AED$

(AA 닮음)

⇨ $\angle ABC = \angle AED$

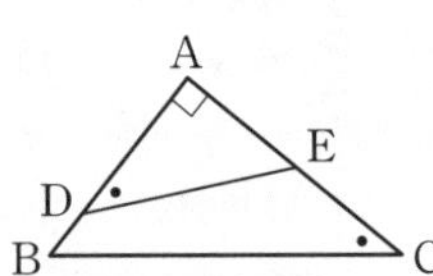

✔ 직선의 방정식이 주어질 때, 삼각비의 값 구하기

직선 l이 x축과 이루는 예각의 크기를 a라고 할 때,

① 직선 l과 x축, y축의 교점 A, B의 좌표를 구한다.

② 직각삼각형 AOB에서 삼각비의 값을 구한다.

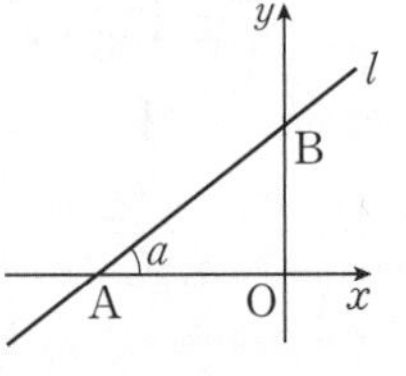

$\sin a = \dfrac{\overline{BO}}{\overline{AB}}$, $\cos a = \dfrac{\overline{AO}}{\overline{AB}}$, $\tan a = \dfrac{\overline{BO}}{\overline{AO}}$

(단, 좌표가 음수이어도 삼각비의 값은 길이로 구하는 것이므로 절댓값으로 생각한다.)

바빠 개념 확인 문제

❖ 오른쪽 그림과 같은 직각삼각형 ABC에서 다음을 구하여라. (1~2)

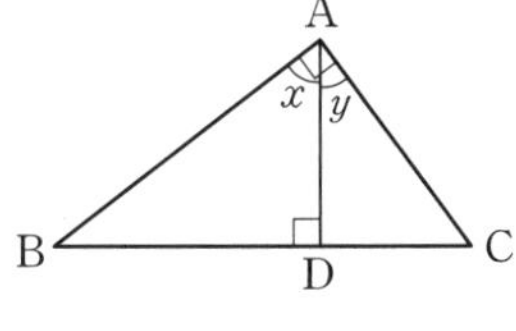

1 $\triangle ADC$에서 $\angle x$와 크기가 같은 각

2 $\triangle ABD$에서 $\angle y$와 크기가 같은 각

❖ 오른쪽 그림과 같은 직각삼각형 ABC에서 다음 삼각비의 값을 구하여라. (3~5)

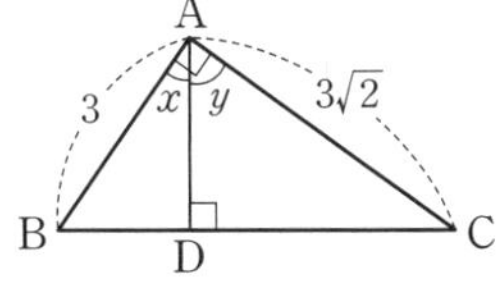

3 $\sin x$

4 $\tan y$

5 $\cos y$

❖ 오른쪽 그림과 같은 직각삼각형 ABC에서 $\overline{DE}\perp\overline{BC}$ 다음을 구하여라. (6~7)

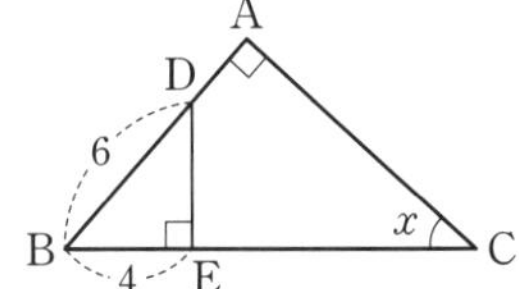

6 $\sin x \div \cos x$

7 $\tan x \times \cos x$

8 오른쪽 그림과 같이 주어진 일차방정식 $3x-5y+15=0$의 그래프에서 $\tan a$의 값을 구하여라.

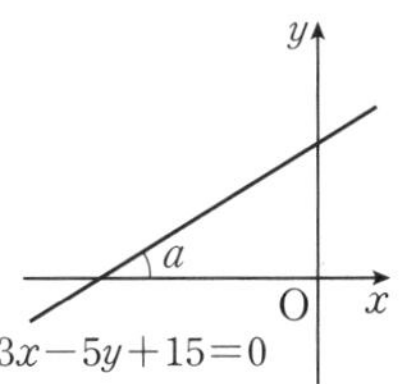

정답 * 정답과 해설 54쪽

1 $\angle ACD$ 2 $\angle ABD$ 3 $\dfrac{\sqrt{3}}{3}$ 4 $\sqrt{2}$ 5 $\dfrac{\sqrt{3}}{3}$  6 $\dfrac{2\sqrt{5}}{5}$ 7 $\dfrac{2}{3}$ 8 $\dfrac{3}{5}$

withHint

개념 완성 문제

＊정답과 해설 54쪽

삼각비의 값

1 오른쪽 그림과 같은 직각삼각형 ABC에서 $\sin A \div \cos A$의 값은?

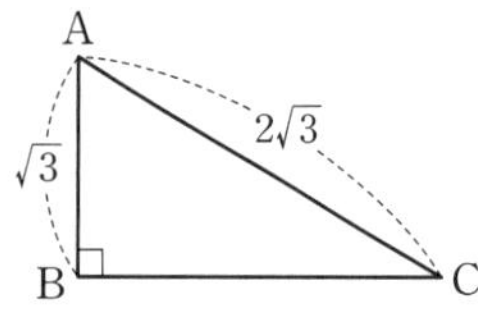

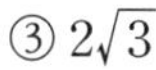

① $\sqrt{3}$　② 3　③ $2\sqrt{3}$　④ 4　⑤ $3\sqrt{3}$

Hint $\overline{BC}=\sqrt{(2\sqrt{3})^2-(\sqrt{3})^2}=\sqrt{9}=3$

삼각비의 값

2 오른쪽 그림과 같은 직각삼각형 ABC에서 $\overline{AB}=17$, $\overline{AD}=10$, $\overline{DC}=6$일 때, $\cos B$의 값을 구하여라.

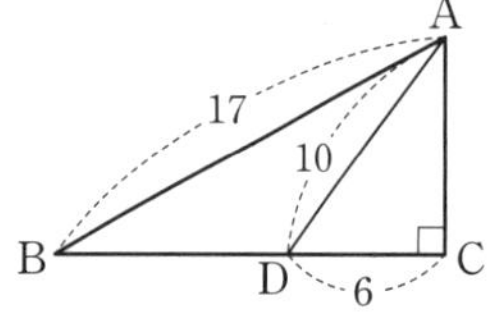

Hint $\overline{AC}=\sqrt{10^2-6^2}$, $\overline{BC}=\sqrt{17^2-\overline{AC}^2}$

삼각형의 변의 길이 구하기

3 오른쪽 그림과 같은 직각삼각형 ABC에서 $\overline{AB}=8$, $\tan C=2$일 때, $\overline{AC}$의 길이는?

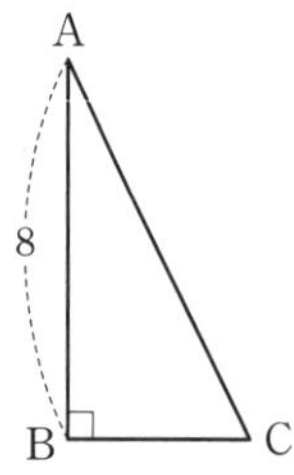

① 4　② $4\sqrt{5}$　③ $4\sqrt{6}$　④ $5\sqrt{4}$　⑤ $5\sqrt{6}$

Hint $\tan C=\dfrac{\overline{AB}}{\overline{BC}}=\dfrac{8}{\overline{BC}}=2$

삼각비의 값의 활용

4 $\angle B=90°$인 직각삼각형 ABC에서 $\cos C=\dfrac{3}{4}$일 때, $12(\sin C+\tan C)$의 값은?

① 6　② $4\sqrt{3}$　③ $5\sqrt{5}$　④ $5\sqrt{7}$　⑤ $7\sqrt{7}$

Hint $\angle B=90°$인 삼각형을 그리고 $\cos C=\dfrac{3}{4}$이 되도록 두 변의 길이를 놓은 후 나머지 한 변의 길이를 구한다.

삼각비의 값의 활용

5 오른쪽 그림과 같은 직각삼각형 ABC에서 $\overline{AD}\perp\overline{BC}$이고 $\overline{AB}=2\sqrt{5}$, $\overline{AC}=5$일 때, $\sin x+\cos y$의 값은?

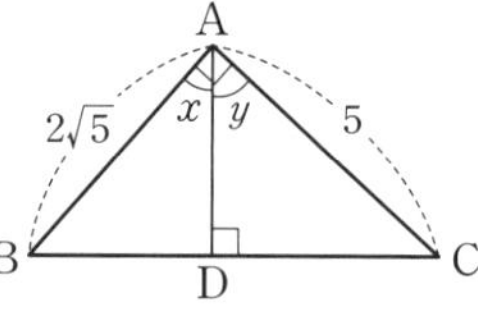

① $\dfrac{1}{3}$　② $\dfrac{2}{3}$　③ $\dfrac{2\sqrt{3}}{3}$　④ $\dfrac{4}{3}$　⑤ $\dfrac{2\sqrt{5}}{3}$

Hint $\angle BCA=\angle BAD=\angle x$, $\angle ABC=\angle DAC=\angle y$

삼각비의 값의 활용

6 오른쪽 그림과 같은 직각삼각형 ABC에서 $\overline{AC}\perp\overline{DE}$, $\overline{DC}=3\sqrt{2}$, $\overline{DE}=2$일 때, $\tan x$의 값은?

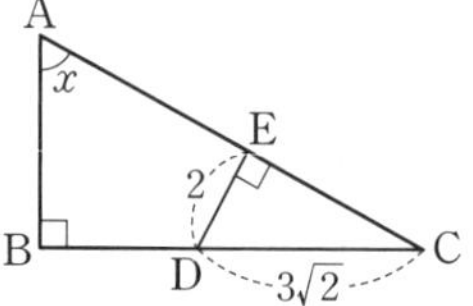

① $\dfrac{1}{4}$　② $\dfrac{1}{2}$　③ $\dfrac{\sqrt{14}}{2}$　④ $\dfrac{4\sqrt{2}}{3}$　⑤ $2\sqrt{2}$

Hint $\angle CDE=\angle CAB=\angle x$

33 삼각비 2

중3

1. 30°, 45°, 60°의 삼각비의 값

✔ 45°의 삼각비의 값

$\angle A=\angle C=45^\circ$이고 $\angle B=90^\circ$인 직각이등변삼각형 ABC의 세 변의 길이의 비는

$\overline{CA}:\overline{AB}:\overline{BC}=\sqrt{2}:1:1$

이므로 45°의 삼각비의 값은 다음과 같다.

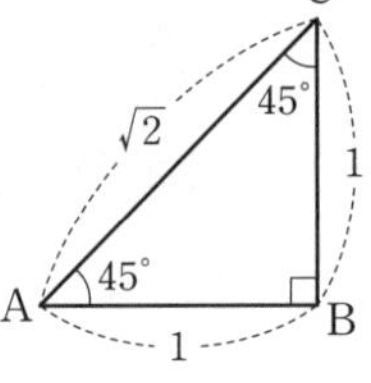

$$\sin 45^\circ=\frac{1}{\sqrt{2}}=\frac{\sqrt{2}}{2},\ \cos 45^\circ=\frac{1}{\sqrt{2}}=\frac{\sqrt{2}}{2}$$

$$\tan 45^\circ=\frac{1}{1}=1$$

✔ 30°, 60°의 삼각비의 값

$\angle A=60^\circ$, $\angle C=30^\circ$이고 $\angle B=90^\circ$인 직각삼각형 ABC의 세 변의 길이의 비는

$\overline{CA}:\overline{AB}:\overline{BC}=2:1:\sqrt{3}$

이므로 30°, 60°의 삼각비의 값은 각각 다음과 같다.

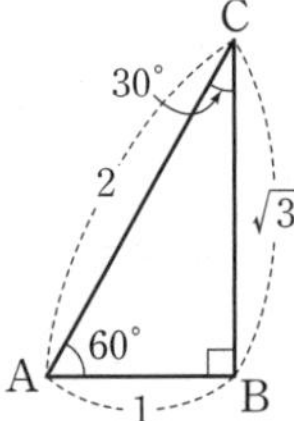

$$\sin 60^\circ=\frac{\sqrt{3}}{2},\ \cos 60^\circ=\frac{1}{2}$$

$$\tan 60^\circ=\frac{\sqrt{3}}{1}=\sqrt{3}$$

$$\sin 30^\circ=\frac{1}{2},\ \cos 30^\circ=\frac{\sqrt{3}}{2},\ \tan 30^\circ=\frac{1}{\sqrt{3}}=\frac{\sqrt{3}}{3}$$

따라서 30°, 45°, 60°의 삼각비의 값은 다음 표와 같다.

삼각비 \ A	30°	45°	60°
$\sin A$	$\frac{1}{2}$	$\frac{\sqrt{2}}{2}$	$\frac{\sqrt{3}}{2}$
$\cos A$	$\frac{\sqrt{3}}{2}$	$\frac{\sqrt{2}}{2}$	$\frac{1}{2}$
$\tan A$	$\frac{\sqrt{3}}{3}$	1	$\sqrt{3}$

바빠 꿀팁

- $\sin 30^\circ=\cos 60^\circ$, $\sin 45^\circ=\cos 45^\circ$, $\tan 30^\circ=\frac{1}{\tan 60^\circ}$

개념 확인 문제

❖ 다음 삼각비의 값을 구하여라. (1~6)

1 $\sin 30^\circ$

2 $\tan 45^\circ$

3 $\cos 60^\circ$

4 $\tan 60^\circ$

5 $\sin 45^\circ$

6 $\cos 30^\circ$

❖ 다음을 계산하여라. (7~9)

7 $\sin 60^\circ+\cos 30^\circ$

8 $\sin 45^\circ-\cos 45^\circ$

9 $\cos 60^\circ\times\tan 30^\circ$

10 오른쪽 그림과 같은 삼각형 ABC에서 $\overline{AD}\perp\overline{BC}$일 때, x의 값을 구하여라.

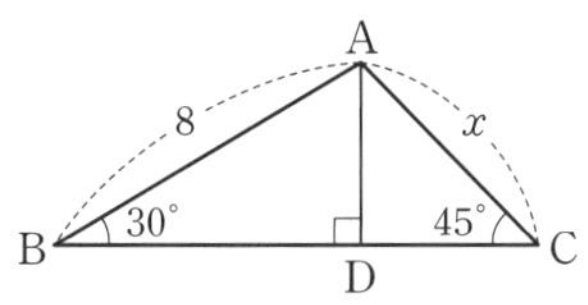

11 오른쪽 그림과 같은 두 직각삼각형 ABC, DAC에서 x의 값을 구하여라.

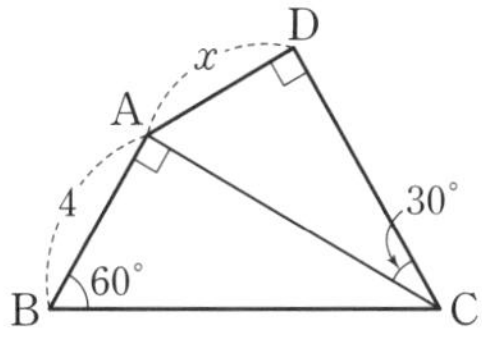

정답

* 정답과 해설 55쪽

1 $\frac{1}{2}$ 2 1 3 $\frac{1}{2}$ 4 $\sqrt{3}$ 5 $\frac{\sqrt{2}}{2}$ 6 $\frac{\sqrt{3}}{2}$
7 $\sqrt{3}$ 8 0 9 $\frac{\sqrt{3}}{6}$ 10 $4\sqrt{2}$ 11 $2\sqrt{3}$

2. 여러 가지 삼각비의 값

✔ 예각의 삼각비의 값

반지름의 길이가 1인 사분원에서 예각 x에 대하여

① $\sin x=\dfrac{\overline{AB}}{\overline{OA}}=\dfrac{\overline{AB}}{1}=\overline{AB}$

② $\cos x=\dfrac{\overline{OB}}{\overline{OA}}=\dfrac{\overline{OB}}{1}=\overline{OB}$

③ $\tan x=\dfrac{\overline{CD}}{\overline{OD}}=\dfrac{\overline{CD}}{1}=\overline{CD}$

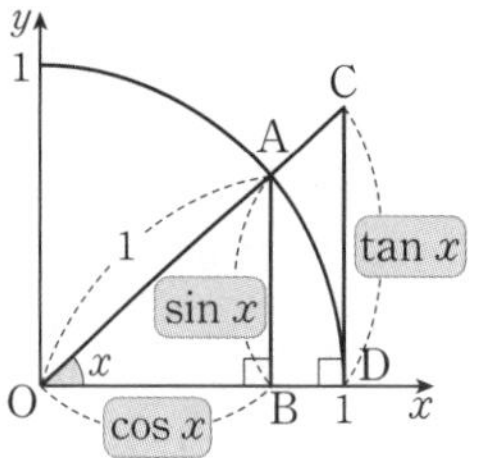

✔ 0°, 90°의 삼각비의 값

① 0°의 삼각비의 값

$\sin 0°=0$, $\cos 0°=1$, $\tan 0°=0$

② 90°의 삼각비의 값

$\sin 90°=1$, $\cos 90°=0$, $\tan 90°$의 값은 정할 수 없다.

✔ $0°\leq x\leq 90°$인 범위에서 삼각비의 값의 증가, 감소

① $\sin x$의 값은 0에서 1까지 증가

② $\cos x$의 값은 1에서 0까지 감소

③ $\tan x$의 값은 0에서 무한히 증가 (단, $x\neq 90°$)

바빠 꿀팁

- $0°\leq x<45°$이면 $\sin x<\cos x$
- $x=45°$이면 $\sin x=\cos x<\tan x$
- $45°<x<90°$이면 $\cos x<\sin x<\tan x$

예 $x=20°$이면 $\sin 20°<\cos 20°$
$x=50°$이면 $\cos 50°<\sin 50°<\tan 50°$

✔ 삼각비의 표를 이용한 삼각비의 값

① 삼각비의 표

0°에서 90°까지 1° 단위로 삼각비의 값을 반올림하여 소수점 아래 넷째 자리까지 나타낸 표

② 삼각비의 표 보는 방법

삼각비의 표에서 각도의 가로줄과 삼각비의 세로줄이 만나는 곳의 수가 삼각비의 값이다.

예 $\sin 21°=0.3584$, $\cos 22°=0.9272$

각도	사인(sin)	코사인(cos)	탄젠트(tan)
⋮	⋮	⋮	⋮
21°	0.3584	0.9336	0.3839
22°	0.3746	0.9272	0.4040
⋮	⋮	⋮	⋮

바빠 개념 확인 문제

❖ 오른쪽 그림과 같이 반지름의 길이가 1인 사분원에서 다음 삼각비의 값과 같은 선분을 □ 안에 써넣어라. (1~5)

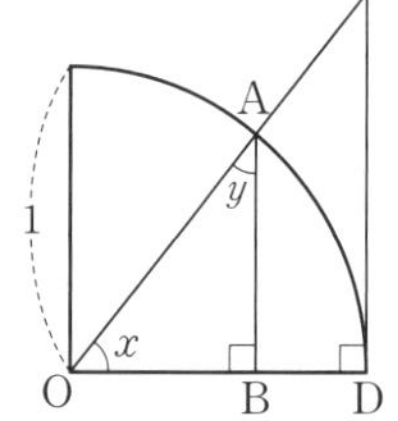

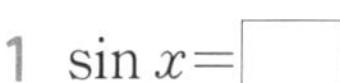

1 $\sin x=$ □

2 $\cos x=$ □

3 $\tan x=$ □

4 $\cos y=$ □

5 $\sin y=$ □

❖ 다음 삼각비의 값을 구하여라. (6~10)

6 $\sin 0°$

7 $\tan 0°$

8 $\cos 0°$

9 $\sin 90°$

10 $\cos 90°$

❖ 아래 삼각비의 표를 보고, 다음 삼각비의 값을 구하여라. (11~12)

각도	사인(sin)	코사인(cos)	탄젠트(tan)
42°	0.6691	0.7431	0.9004
43°	0.6820	0.7314	0.9325
44°	0.6947	0.7193	0.9657

11 $\sin 43°$

12 $\cos 42°$

정답 * 정답과 해설 55쪽

1 $\overline{AB}$ 2 $\overline{OB}$ 3 $\overline{CD}$ 4 $\overline{AB}$ 5 $\overline{OB}$ 6 0
7 0 8 1 9 1 10 0 11 0.6820 12 0.7431

3. 삼각비를 이용하여 변의 길이 구하기

✔ 직각삼각형의 변의 길이

직각삼각형 ABC에서

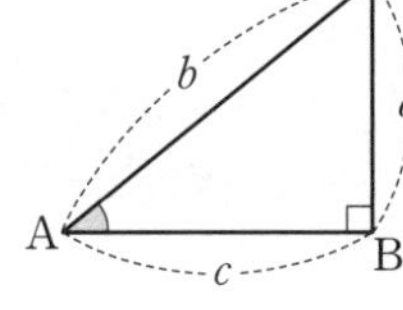

① ∠A의 크기와 빗변의 길이 b를 알 때

⇨ $a=b\sin A,\ c=b\cos A$

② ∠A의 크기와 밑변의 길이 c를 알 때

⇨ $a=c\tan A,\ b=\dfrac{c}{\cos A}$

③ ∠A의 크기와 높이 a를 알 때

⇨ $b=\dfrac{a}{\sin A},\ c=\dfrac{a}{\tan A}$

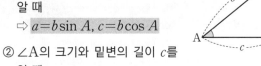

✔ 일반 삼각형의 변의 길이와 높이

① 두 변의 길이와 그 끼인각의 크기를 알 때

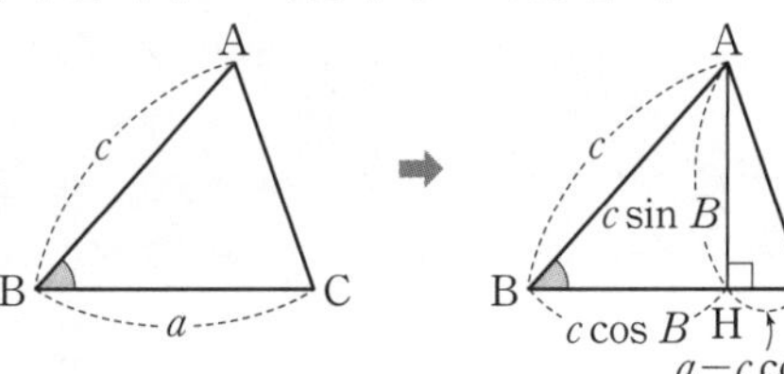

$\overline{AC}=\sqrt{\overline{AH}^2+\overline{CH}^2}$

$=\sqrt{(c\sin B)^2+(a-c\cos B)^2}$

② 한 변의 길이와 그 양 끝 각의 크기를 알 때

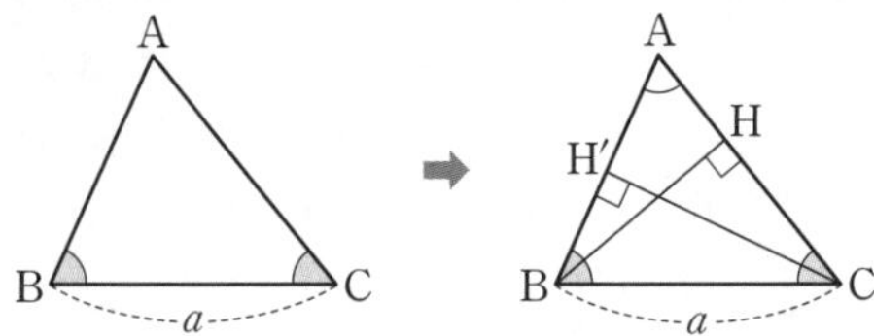

$\overline{CH'}=a\sin B=\overline{AC}\sin A$ $\therefore \overline{AC}=\dfrac{a\sin B}{\sin A}$

$\overline{BH}=a\sin C=\overline{AB}\sin A$ $\therefore \overline{AB}=\dfrac{a\sin C}{\sin A}$

③ 예각삼각형과 둔각삼각형의 높이

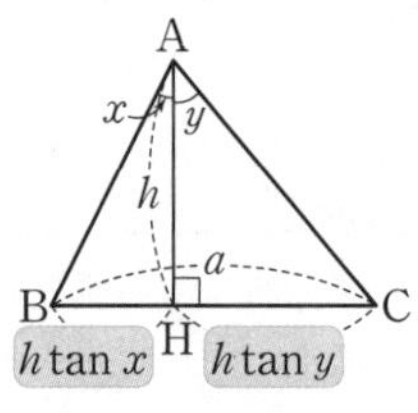

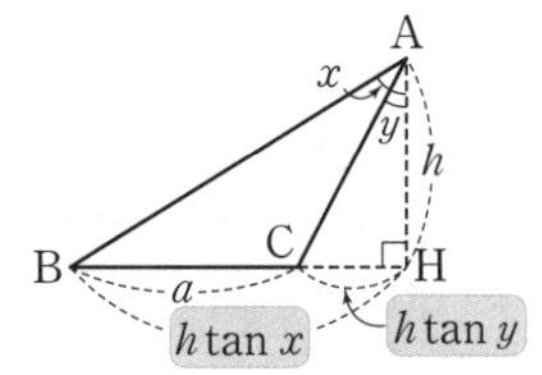

$a=h\tan x+h\tan y$ $a=h\tan x-h\tan y$

$\therefore h=\dfrac{a}{\tan x+\tan y}$ $\therefore h=\dfrac{a}{\tan x-\tan y}$

바빠 개념 확인 문제

❖ 오른쪽 그림과 같은 직각삼각형 ABC에서 다음을 구하여라. (단, $\sin 38°=0.62$, $\cos 38°=0.79$로 계산한다.) (1~2)

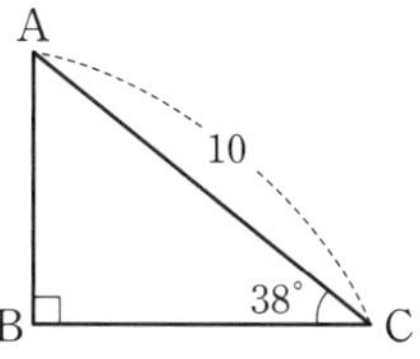

1 $\overline{AB}$의 길이

2 $\overline{BC}$의 길이

❖ 아래 그림과 같이 점 A에서 $\overline{BC}$에 내린 수선의 발을 H라고 할 때, 다음을 구하여라. (3~4)

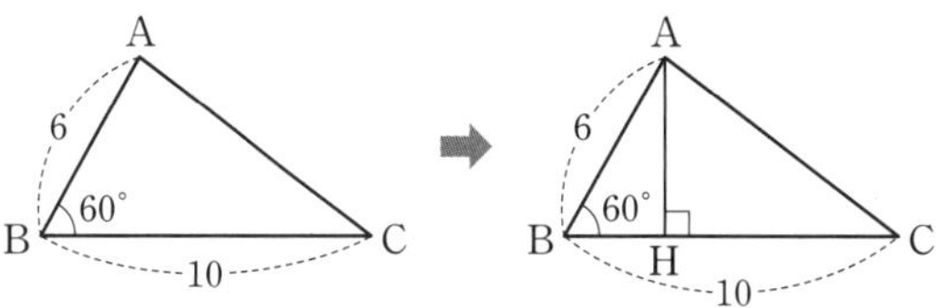

3 $\overline{AH}$, $\overline{BH}$의 길이

4 $\overline{AC}$의 길이

❖ 다음 그림에서 $\overline{AC}$의 길이를 구하여라. (5~6)

5

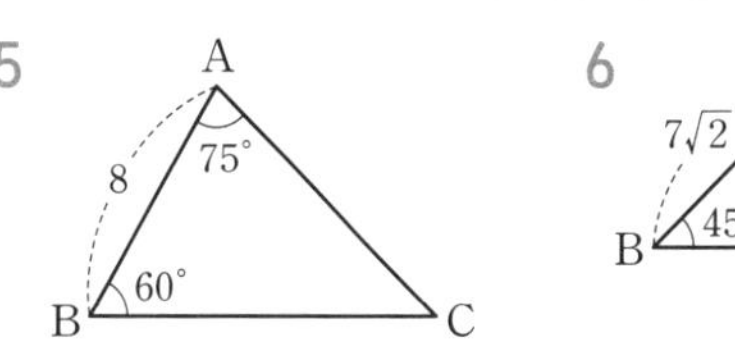

6

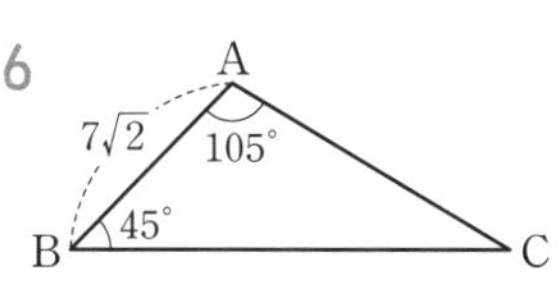

❖ 다음 그림에서 h의 값을 구하여라. (7~8)

7

8

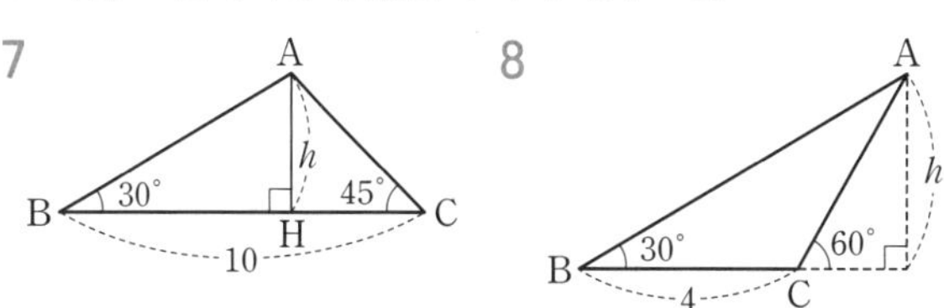

정답 * 정답과 해설 55쪽

1 6.2 2 7.9 3 $\overline{AH}=3\sqrt{3}$, $\overline{BH}=3$ 4 $2\sqrt{19}$ 5 $4\sqrt{6}$
6 14 7 $5\sqrt{3}-5$ 8 $2\sqrt{3}$

중3

4 삼각비를 이용하여 도형의 넓이 구하기

✔ 삼각형의 넓이

삼각형의 두 변의 길이와 그 끼인각의 크기를 알 때, 삼각형의 넓이를 S라고 하면

① $\angle B$가 예각인 경우 ② $\angle B$가 둔각인 경우

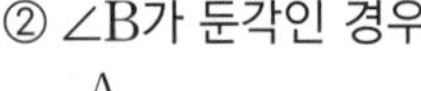

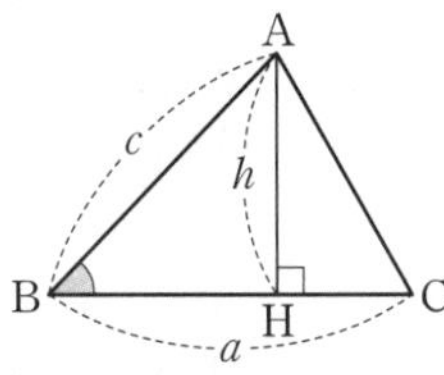

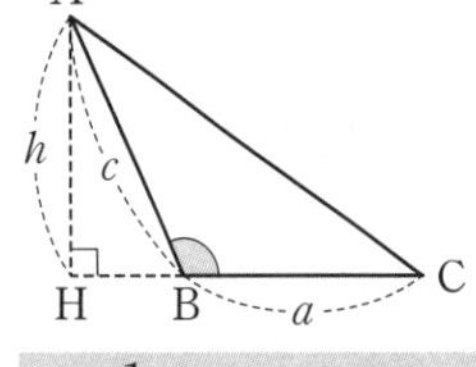

$S=\frac{1}{2}ac\sin B$ $S=\frac{1}{2}ac\sin(180^\circ-B)$

예 다음 그림에서 $\triangle ABC$의 넓이 S를 구해 보자.

① 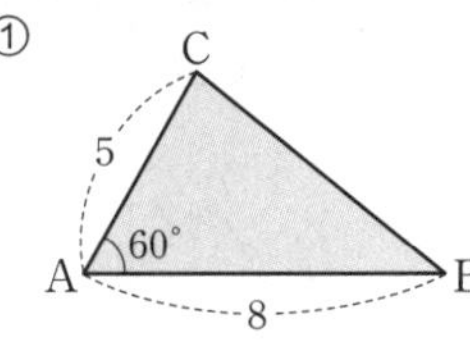

② 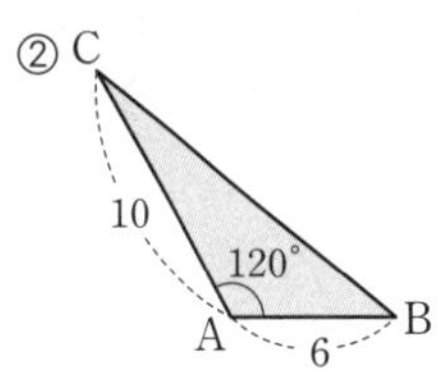

① $S=\frac{1}{2}\times5\times8\times\sin60^\circ=10\sqrt{3}$

② $S=\frac{1}{2}\times10\times6\times\sin(180^\circ-120^\circ)=15\sqrt{3}$

✔ 평행사변형의 넓이

이웃하는 두 변의 길이와 그 끼인각의 크기를 알 때, 평행사변형의 넓이를 S라고 하면

① $\angle x$가 예각인 경우 ② $\angle x$가 둔각인 경우

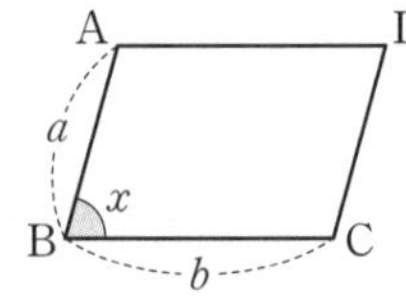

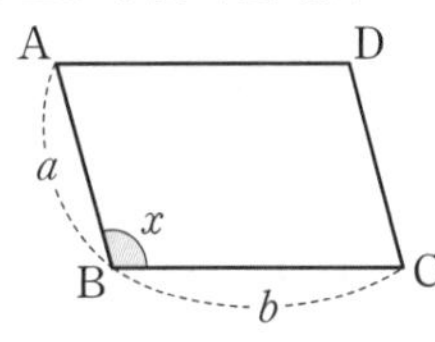

$S=ab\sin x$ $S=ab\sin(180^\circ-x)$

✔ 사각형의 넓이

두 대각선의 길이와 두 대각선이 이루는 각의 크기를 알 때, 사각형의 넓이를 S라고 하면

① $\angle x$가 예각인 경우 ② $\angle x$가 둔각인 경우

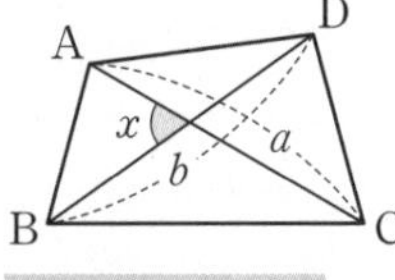

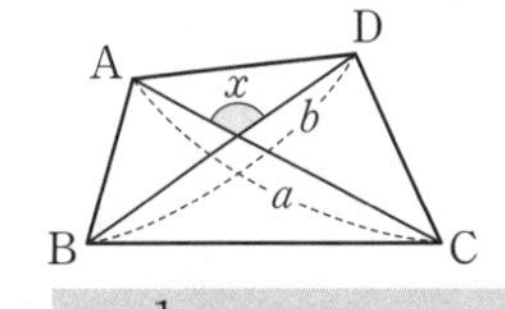

$S=\frac{1}{2}ab\sin x$ $S=\frac{1}{2}ab\sin(180^\circ-x)$

바빠 개념 확인 문제

❖ 다음 그림과 같은 $\triangle ABC$의 넓이를 구하여라. (1~2)

1 2

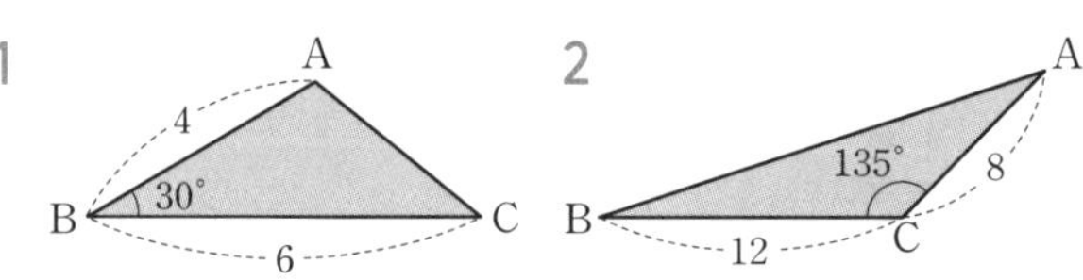

❖ 다음 그림과 같은 $\square ABCD$의 넓이를 구하여라. (3~4)

3 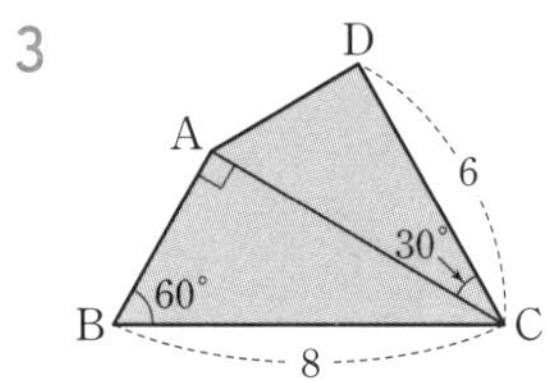

4 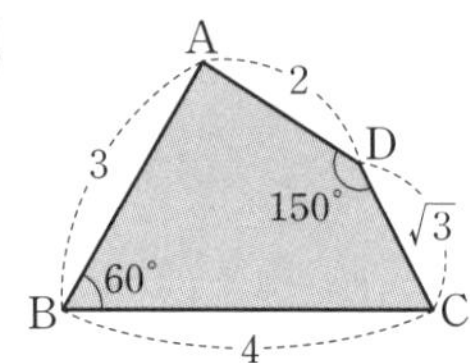

5 오른쪽 그림과 같은 평행사변형 ABCD의 넓이를 구하여라.

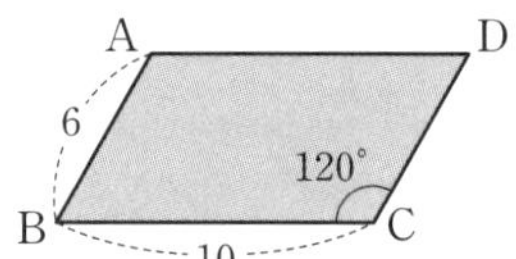

6 오른쪽 그림과 같은 마름모 ABCD의 넓이를 구하여라.

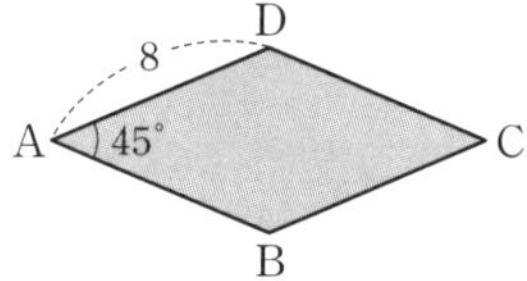

7 오른쪽 그림과 같은 $\square ABCD$의 넓이를 구하여라.

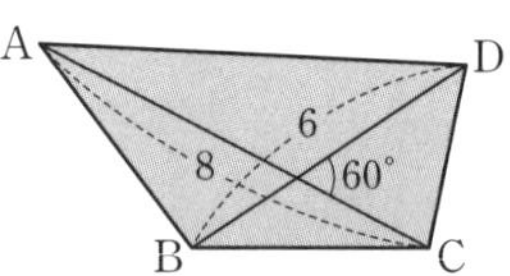

8 오른쪽 그림에서 $\square ABCD$의 넓이가 52일 때, $\overline{BD}$의 길이를 구하여라.

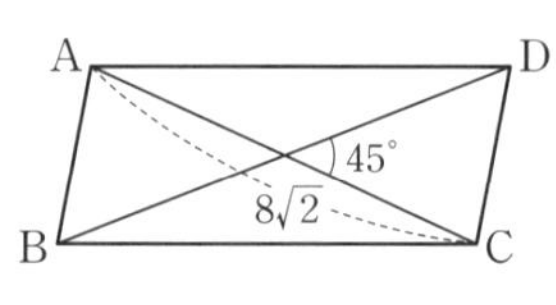

정답 * 정답과 해설 56쪽

1 6 2 $24\sqrt{2}$ 3 $14\sqrt{3}$ 4 $\frac{7\sqrt{3}}{2}$ 5 $30\sqrt{3}$ 6 $32\sqrt{2}$ 7 $12\sqrt{3}$ 8 13

삼각비의 값

1 $\tan(2x-30^\circ)=\frac{\sqrt{3}}{3}$일 때, $6\sin x-4\sqrt{3}\cos x$의 값은? (단, $\angle x<90^\circ$)

① $-2\sqrt{2}$ ② -3 ③ 0
④ $\sqrt{3}$ ⑤ $3\sqrt{2}$

Hint $\tan x=\frac{\sqrt{3}}{3}$일 때, $\angle x=30^\circ$

삼각형의 변의 길이 구하기

2 오른쪽 그림의 $\triangle ABC$와 $\triangle DBC$는 직각삼각형이다. $\angle DBC=30^\circ$, $\angle ACB=45^\circ$, $\overline{CD}=6$일 때, $\overline{AC}$의 길이는?

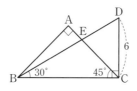

① $2\sqrt{3}$ ② $2\sqrt{6}$ ③ $3\sqrt{3}$
④ $4\sqrt{2}$ ⑤ $3\sqrt{6}$

Hint $\overline{AC}=\overline{BC}\cos 45^\circ$

여러 가지 삼각비의 값

3 다음을 계산하여라.

$\sqrt{3}\cos 0^\circ\times\tan 30^\circ+\cos 60^\circ\times\sin 90^\circ$

Hint $\cos 0^\circ=\sin 90^\circ$

삼각비의 값을 이용하여 변의 길이 구하기

4 오른쪽 그림과 같은 $\triangle ABC$에서 $\overline{BC}=12$ cm, $\angle B=105^\circ$, $\angle C=30^\circ$일 때, $\overline{AB}$의 길이는?

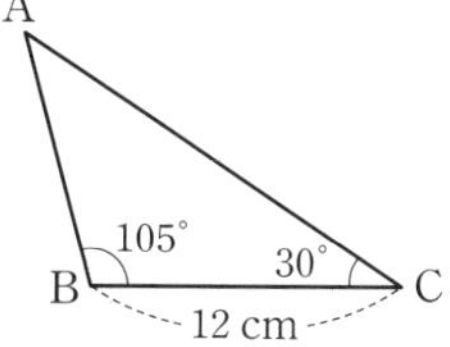

① $2\sqrt{2}$ ② $2\sqrt{3}$
③ $3\sqrt{6}$ ④ $6\sqrt{2}$
⑤ $5\sqrt{3}$

Hint 점 B에서 $\overline{AC}$에 내린 수선의 발을 H라 하고 먼저 $\overline{BH}$의 길이를 구한 후 $\overline{AB}$의 길이를 구한다.

삼각형의 넓이 구하기

5 오른쪽 그림과 같이 $\overline{AC}=8$ cm, $\overline{BC}=6$ cm인 $\triangle ABC$의 넓이가 12 cm^2일 때, $\angle C$의 크기를 구하여라. (단, $\angle C$는 둔각)

Hint $\triangle ABC=\frac{1}{2}\times\overline{BC}\times\overline{AC}\times\sin(180^\circ-\angle C)$

사각형의 넓이 구하기

6 오른쪽 그림에서 $\overline{AB}=3$, $\overline{BC}=3\sqrt{2}$, $\overline{BD}=8$, $\angle ABC=90^\circ$, $\angle BOC=120^\circ$일 때, $\square ABCD$의 넓이는?

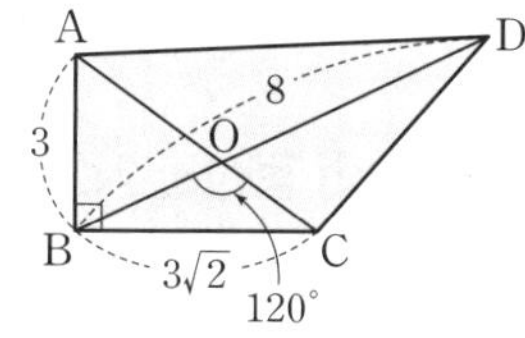

(단, O는 두 대각선의 교점)

① 18 ② 21 ③ 25
④ 30 ⑤ 32

Hint $\triangle ABC$에서 피타고라스 정리를 이용하여 먼저 $\overline{AC}$의 길이를 구한다.

34 원의 성질

중3

1. 원의 중심과 현, 원의 접선의 성질

✔ 원의 중심과 현의 수직이등분선

① 원에서 현의 수직이등분선은 그 원의 중심을 지난다.

② 원의 중심에서 현에 내린 수선은 그 현을 수직이등분한다.

⇨ $\overline{AB}\perp\overline{OM}$이면 $\overline{AM}=\overline{BM}$

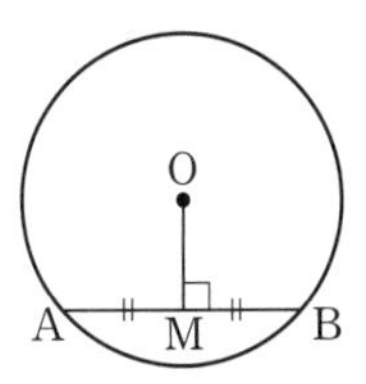

✔ 원의 중심과 현의 길이

한 원에서

① 원의 중심으로부터 같은 거리에 있는 두 현의 길이는 같다.

⇨ $\overline{OM}=\overline{ON}$이면 $\overline{AB}=\overline{CD}$

② 길이가 같은 두 현은 원의 중심으로부터 같은 거리에 있다.

⇨ $\overline{AB}=\overline{CD}$이면 $\overline{OM}=\overline{ON}$

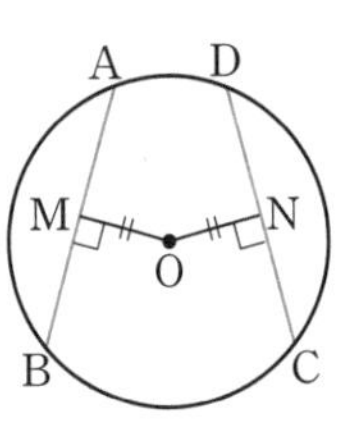

✔ 원의 접선

① **원의 접선의 길이:** 원 O 밖의 한 점 P에서 이 원에 그을 수 있는 접선은 2개뿐이다. 이때 두 접점을 각각 A, B라고 하면 $\overline{PA}$, $\overline{PB}$의 길이를 점 P에서 원 O에 그은 접선의 길이라고 한다.

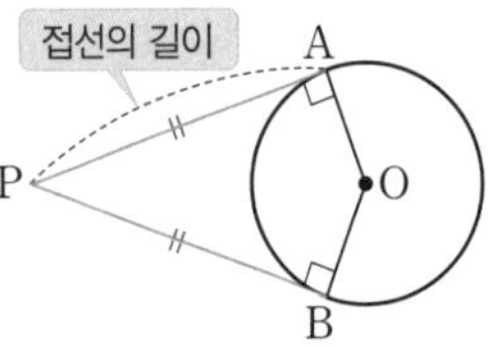

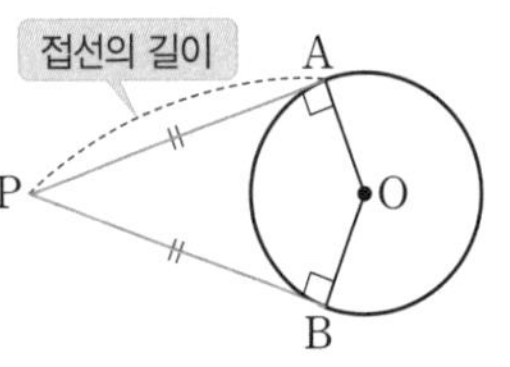

② **원의 접선의 성질**

- 원 밖의 한 점에서 그 원에 그은 두 접선의 길이는 같다.
  ⇨ $\overline{PA}=\overline{PB}$
- 원의 접선은 그 접점을 지나는 반지름에 수직이다.
  ⇨ $\angle PAO=\angle PBO=90^\circ$

✔ 원의 접선과 각의 크기

원 O 밖의 한 점 P에 대하여 $\overline{PA}$, $\overline{PB}$는 원 O의 접선이고 두 점 A, B는 접점일 때,

① □APBO의 내각의 크기의 합은 360°이므로

$\angle APB+\angle AOB=180^\circ$

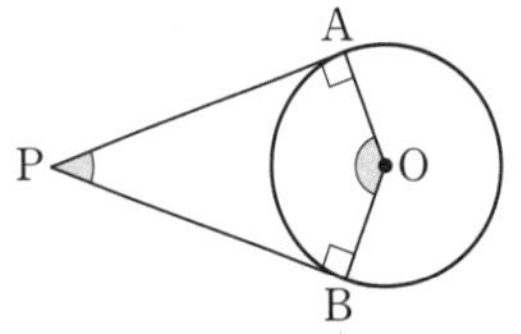

② △PBA는 $\overline{PA}=\overline{PB}$인 이등변삼각형이므로

$\angle PAB=\angle PBA$

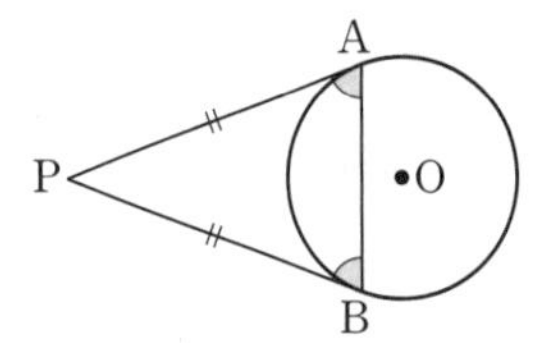

바빠 개념 확인 문제

❖ 다음 그림에서 x의 값을 구하여라. (1~2)

1

2

3 오른쪽 그림은 원의 일부분이고 $\overline{AB}$의 중점이 M일 때, 원의 반지름의 길이를 구하여라.

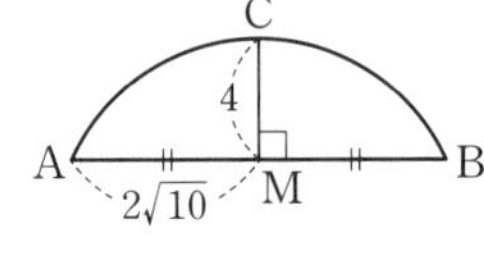

4 오른쪽 그림에서 원 O가 △ABC의 외접원이고 $\overline{OM}=\overline{ON}$일 때, $\angle x$의 크기를 구하여라.

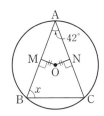

5 오른쪽 그림에서 두 점 A, B는 점 P에서 원 O에 그은 두 접선의 접점일 때, $\angle x$의 크기를 구하여라.

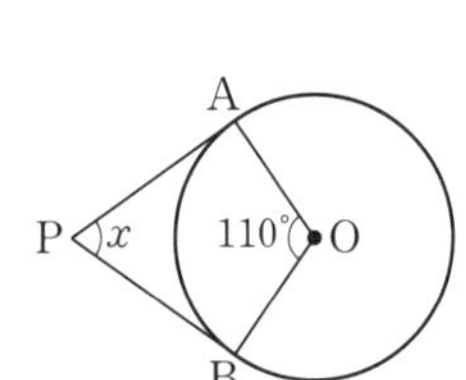

6 오른쪽 그림에서 점 A는 점 P에서 원 O에 그은 접선의 접점일 때, x의 값을 구하여라.

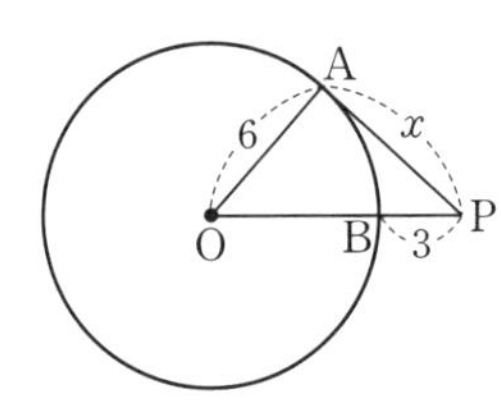

정답

＊정답과 해설 56쪽

1 10　2 5　3 7　4 69°　5 70°　6 $3\sqrt{5}$

중3

2. 원의 접선의 길이의 활용

✔ 원의 접선의 활용

$\overline{BC}$, $\overrightarrow{AE}$, $\overrightarrow{AF}$가 원 O의 접선이고 접점을 각각 D, E, F라고 할 때,

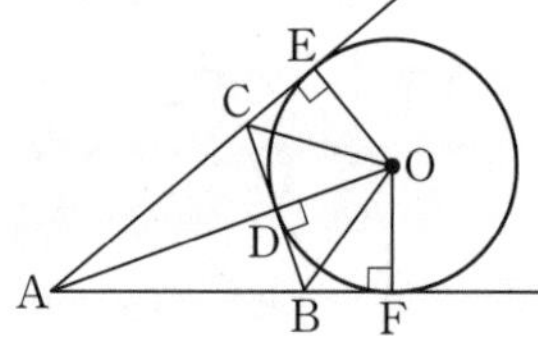

① $\overline{AE}=\overline{AF}$, $\overline{BD}=\overline{BF}$, $\overline{CE}=\overline{CD}$

② (△ABC의 둘레의 길이)
$=\overline{AB}+\overline{BC}+\overline{CA}=\overline{AB}+(\overline{BD}+\overline{CD})+\overline{CA}$
$=(\overline{AB}+\overline{BF})+(\overline{CE}+\overline{CA})$
$=\overline{AF}+\overline{AE}=2\overline{AE}$

✔ 반원에서의 접선의 길이

$\overline{AD}$, $\overline{BC}$, $\overline{CD}$가 반원 O의 접선이고, 세 점 A, B, E는 접점일 때,

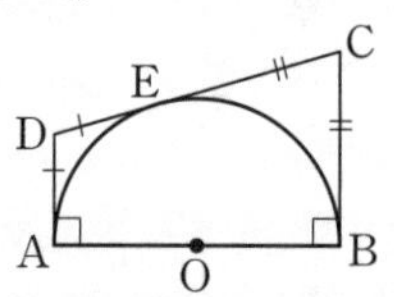
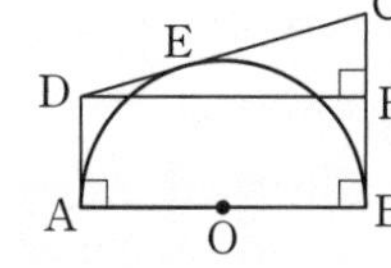

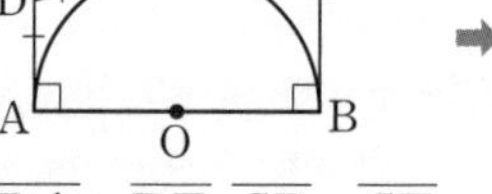

$\overline{DA}=\overline{DE}$, $\overline{CB}=\overline{CE}$ 이므로

$\overline{CD}=\overline{AD}+\overline{BC}$

직각삼각형 DHC에서
$\overline{DH}^2+\overline{CH}^2=\overline{CD}^2$

✔ 삼각형의 내접원

△ABC의 내접원 O가 세 변 AB, BC, CA와 접하는 점을 각각 D, E, F라 하고 원 O의 반지름의 길이를 r라고 하면

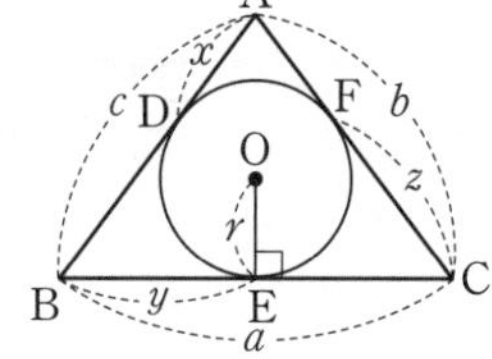

① $\overline{AD}=\overline{AF}$, $\overline{BD}=\overline{BE}$, $\overline{CE}=\overline{CF}$

② (△ABC의 둘레의 길이)$=a+b+c=2(x+y+z)$

③ $\triangle ABC=\frac{1}{2}r(a+b+c)=r(x+y+z)$

✔ 원에 외접하는 사각형의 성질

① 원에 외접하는 사각형에서 두 쌍의 대변의 길이의 합은 같다.

$\overline{AB}+\overline{CD}=\overline{AD}+\overline{BC}$

② 두 쌍의 대변의 길이의 합이 같은 사각형은 원에 외접한다.

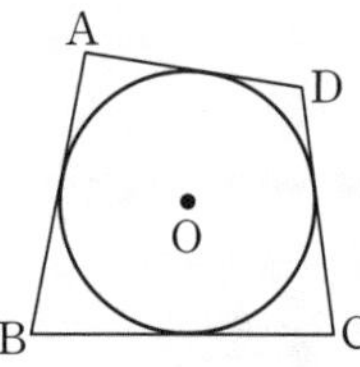

바빠 개념 확인 문제

❖ 아래 그림에서 $\overline{BC}$, $\overrightarrow{AE}$, $\overrightarrow{AF}$가 원 O의 접선이고 접점을 각각 D, E, F라고 할 때, 다음을 구하여라. (1~2)

1 $\overline{AE}$의 길이

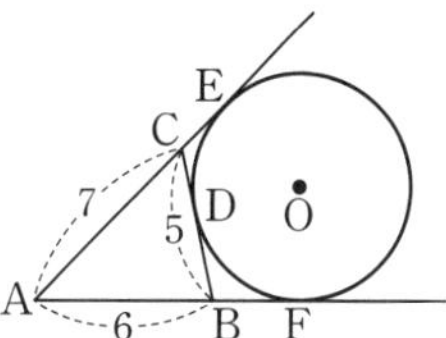

2 $\overline{BC}$의 길이

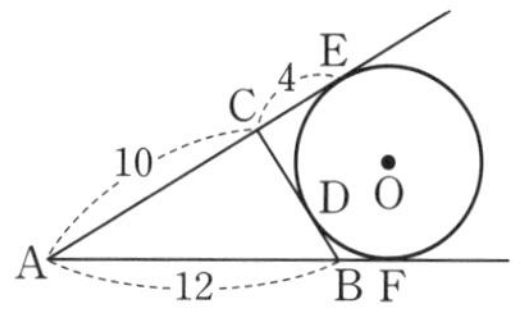

❖ 아래 그림에서 $\overline{AD}$, $\overline{BC}$, $\overline{DC}$는 반원 O의 접선이고, 세 점을 A, B, E는 접점일 때, 다음을 구하여라. (3~4)

3 $\overline{AB}$의 길이

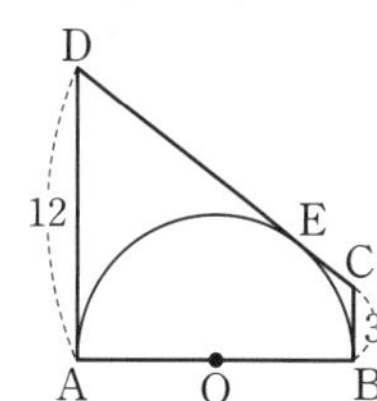

4 □ABCD의 넓이

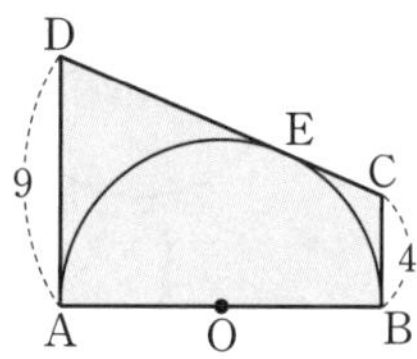

❖ 다음 그림에서 원 O는 △ABC의 내접원이고 세 점 D, E, F는 접점이다. x의 값을 구하여라. (5~6)

5

6

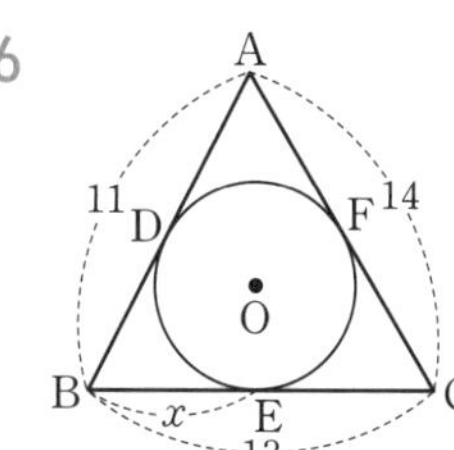

❖ 다음 그림에서 □ABCD는 원 O에 외접하고, 네 점 E, F, G, H는 그 접점이다. x의 값을 구하여라. (7~8)

7

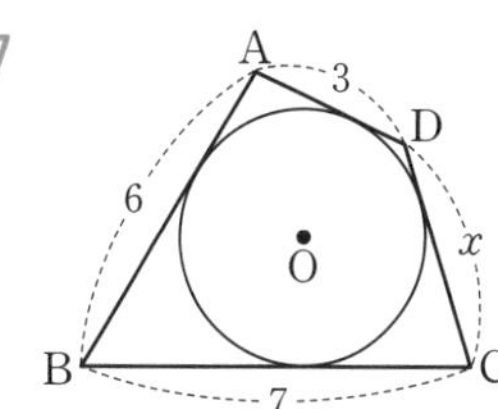

8

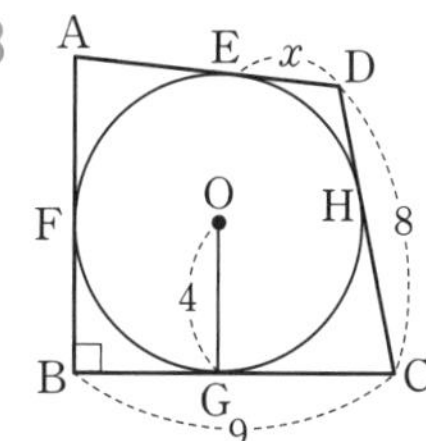

정답 * 정답과 해설 57쪽

1 9 2 6 3 12 4 78 5 8 6 5
7 4 8 3

3. 원주각의 크기

원주각과 중심각의 크기

① **원주각**: 원 O에서 $\widehat{AB}$ 위에 있지 않은 점 P에 대하여 $\angle APB$를 $\widehat{AB}$에 대한 원주각이라 하고 $\widehat{AB}$를 원주각 $\angle APB$에 대한 호라고 한다.

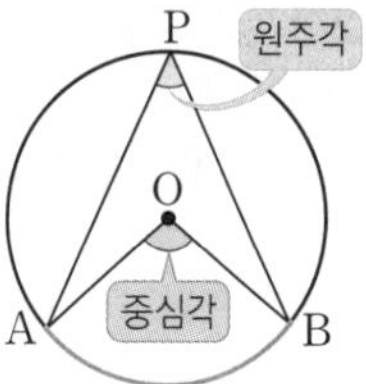

② **원주각과 중심각의 크기**
원에서 한 호에 대한 원주각의 크기는 그 호에 대한 중심각의 크기의 $\frac{1}{2}$이다.

⇨ $\angle APB=\frac{1}{2}\angle AOB$

예

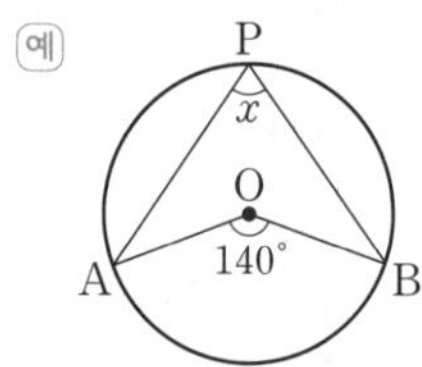

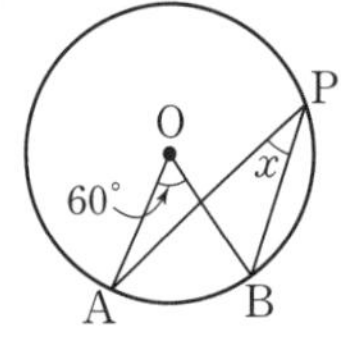

$\angle x=\frac{1}{2}\times 140°=70°$ $\angle x=\frac{1}{2}\times 60°=30°$

원주각의 성질

① 원에서 한 호에 대한 원주각의 크기는 모두 같다.
⇨ $\angle APB=\angle AQB=\angle ARB$

② 원에서 호가 반원일 때, 그 호에 대한 원주각의 크기는 90°이다.
⇨ $\overline{AB}$가 원 O의 지름이면 $\angle APB=90°$

①

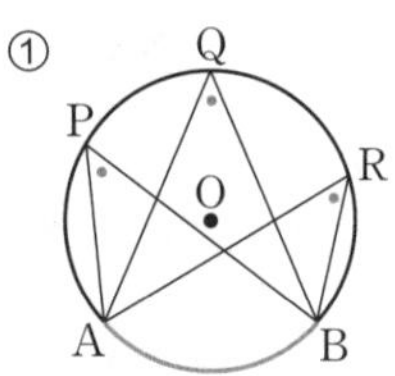

②

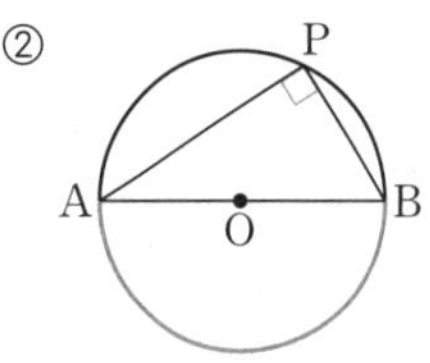

원주각의 크기와 호의 길이 1

한 원에서
① $\widehat{AB}=\widehat{CD}$이면
$\angle APB=\angle CQD$

② $\angle APB=\angle CQD$이면
$\widehat{AB}=\widehat{CD}$

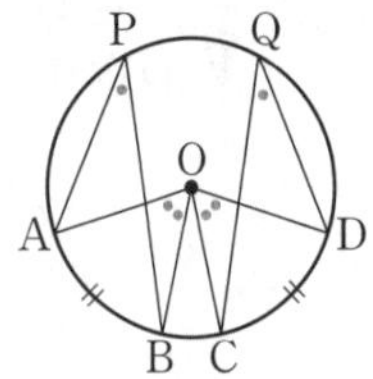

원주각의 크기와 호의 길이 2

한 원에서 호의 길이는 그 호에 대한 원주각의 크기에 정비례한다.
⇨ $\widehat{AB}:\widehat{BC}=\angle x:\angle y$

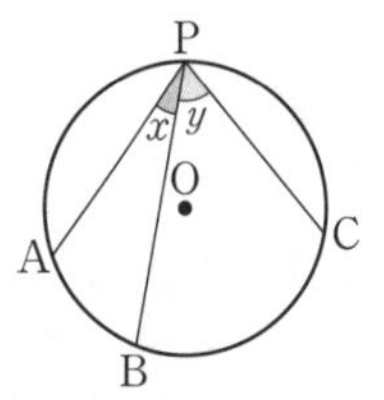

바빠 개념 확인 문제

❖ 다음 그림에서 $\angle x$의 크기를 구하여라. (1~8)

1

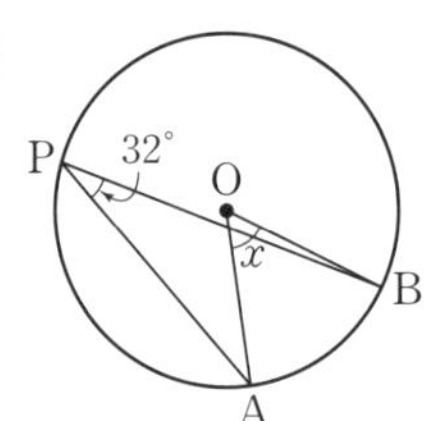

2

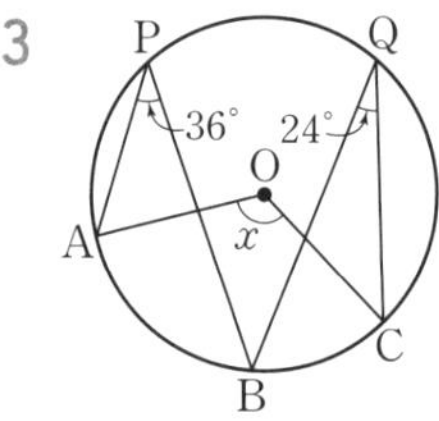

3

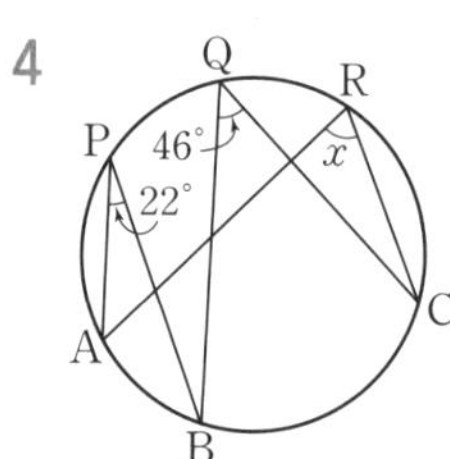

4

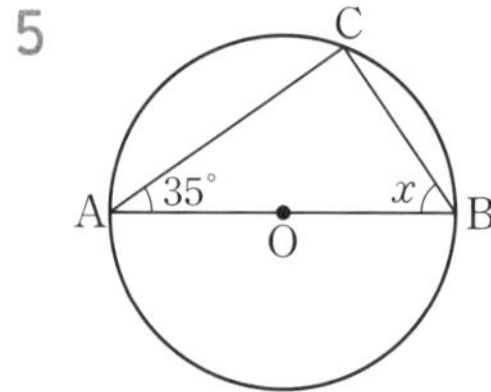

5

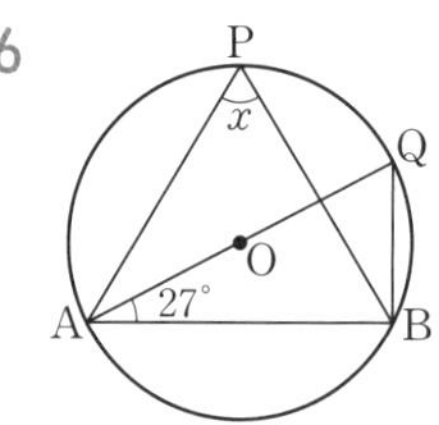

6

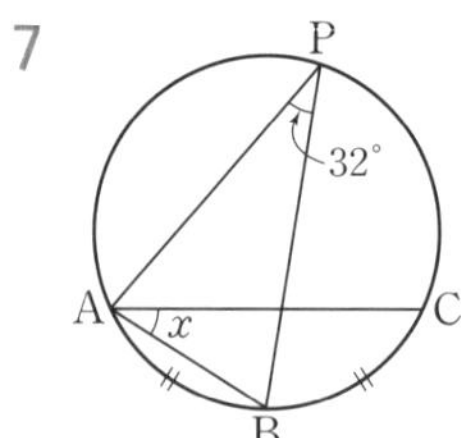

7

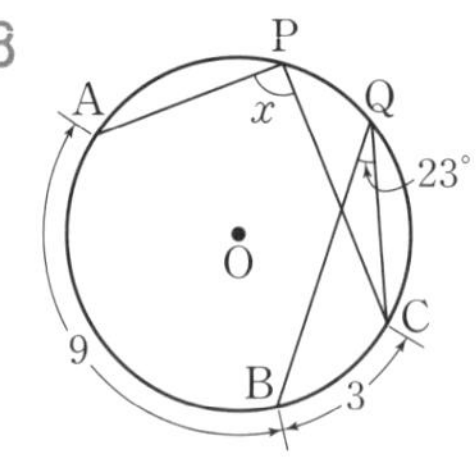

8
A, P, Q, x, 23°, O, C, B, 9, 3

정답 * 정답과 해설 57쪽

1 60° 2 64° 3 120° 4 68° 5 55° 6 63°
7 32° 8 92°

4. 원에 내접하는 다각형

✔ 원에 내접하는 사각형의 성질

원에 내접하는 사각형에서

① 마주 보는 두 각의 크기의 합은 $180°$이다.
⇨ $\angle A+\angle C=180°$, $\angle B+\angle D=180°$

② 한 외각의 크기는 그 외각과 이웃한 내각에 대한 대각의 크기와 같다.
⇨ $\angle DCE=\angle A$

① 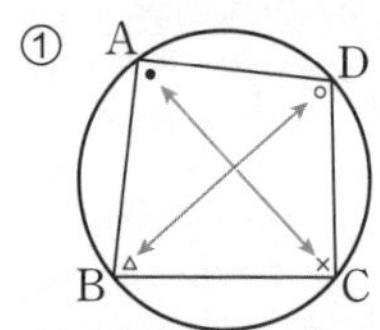

② 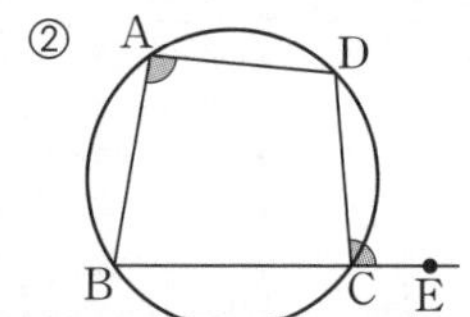

✔ 원에 내접하는 다각형

원에 내접하는 다각형이 있을 때, 보조선을 그어 사각형을 만든다.
원 O에 내접하는 오각형 ABCDE에서 $\overline{BD}$를 그으면

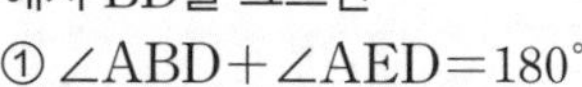
① $\angle ABD+\angle AED=180°$

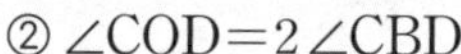
② $\angle COD=2\angle CBD$

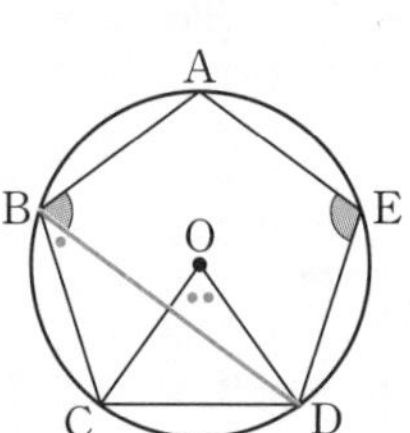

✔ 네 점이 한 원 위에 있을 조건

두 점 C, D가 직선 AB에 대하여 같은 쪽에 있을 때,
$\angle ACB=\angle ADB$
이면 네 점 A, B, C, D는 한 원 위에 있다.

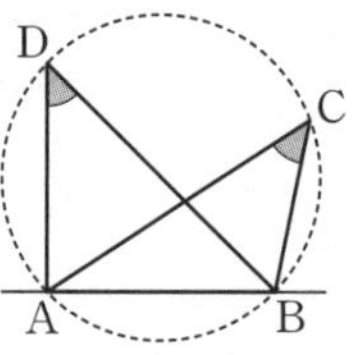

✔ 사각형이 원에 내접하기 위한 조건

① 사각형에서 마주 보는 두 각의 크기의 합이 $180°$이면 이 사각형은 원에 내접한다.
$\angle A+\angle C=180°$ 또는
$\angle B+\angle D=180°$이면
□ABCD는 원에 내접한다.

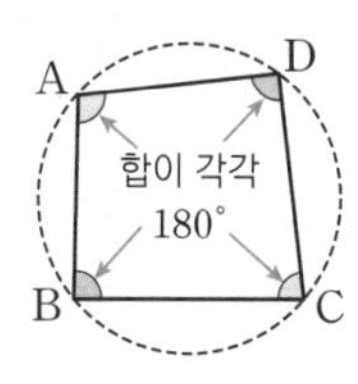

② 한 외각의 크기가 그 외각과 이웃한 내각에 대한 대각의 크기와 같으면 이 사각형은 원에 내접한다.

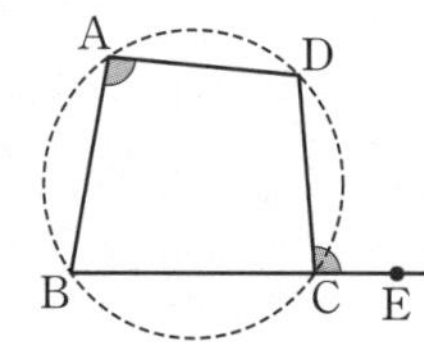

바빠 꿀팁

- 모든 삼각형은 원에 내접해. 하지만 모든 사각형이 원에 내접하는 것은 아니고 내접하는 조건을 만족해야 하지. 그런데 정사각형, 직사각형, 등변사다리꼴은 마주 보는 두 각의 크기의 합이 $180°$이므로 항상 원에 내접해.

개념 확인 문제

❖ 다음 그림에서 $\angle x$의 크기를 구하여라. (1~2)

1 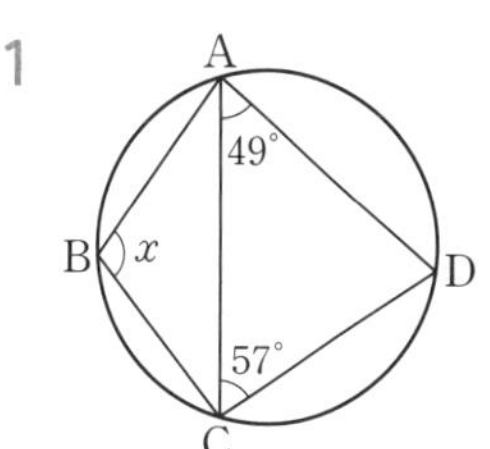

2 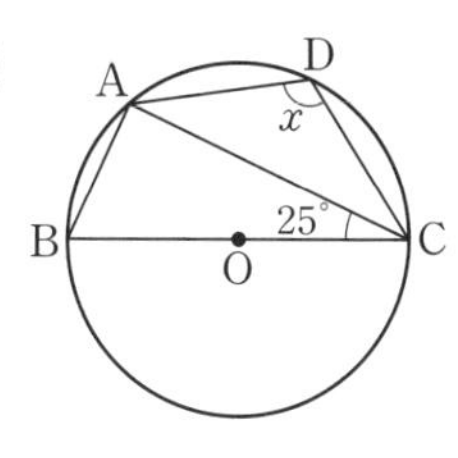

❖ 다음 그림에서 $\angle x$, $\angle y$의 크기를 각각 구하여라. (3~4)

3 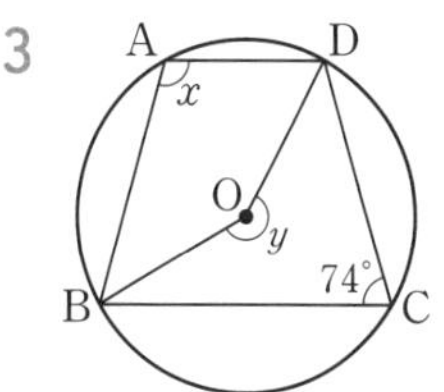

4 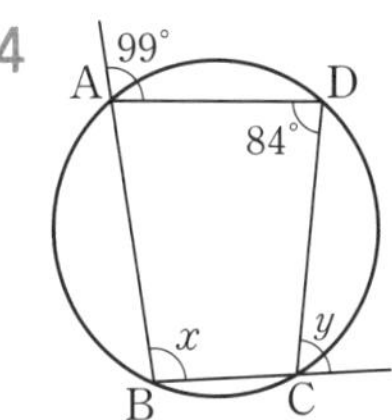

❖ 다음 그림에서 네 점 A, B, C, D가 한 원 위에 있을 때, $\angle x$의 크기를 구하여라. (5~6)

5 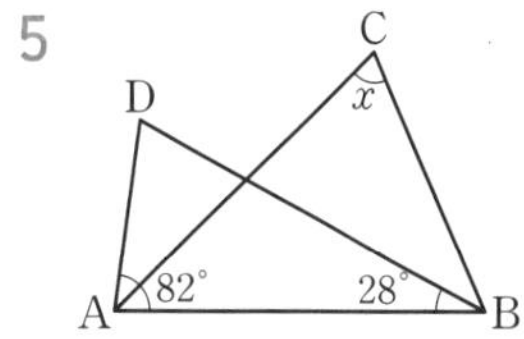

6 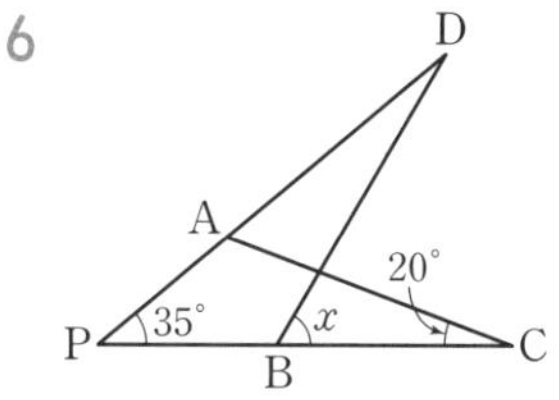

❖ 다음 그림에서 □ABCD가 원에 내접할 때, $\angle x$의 크기를 구하여라. (7~8)

7 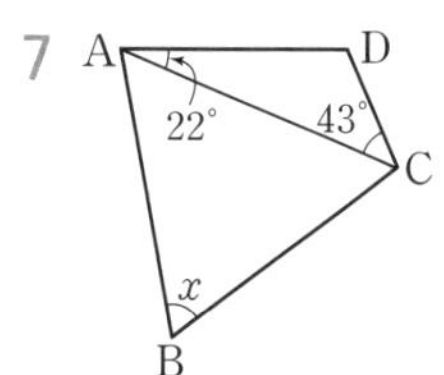

8 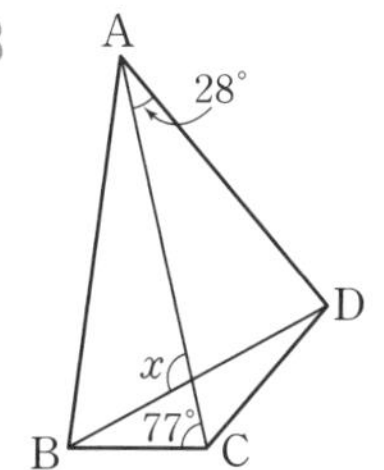

정답 *정답과 해설 58쪽

1 $106°$ 2 $115°$ 3 $\angle x=106°$, $\angle y=212°$ 4 $\angle x=96°$, $\angle y=81°$
5 $70°$ 6 $55°$ 7 $65°$ 8 $105°$

5. 접선과 현이 이루는 각

✔ 접선과 현이 이루는 각

원의 접선과 그 접점을 지나는 현이 이루는 각의 크기는 그 각의 내부에 있는 호에 대한 원주각의 크기와 같다.

⇨ 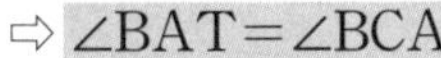 $\angle BAT = \angle BCA$

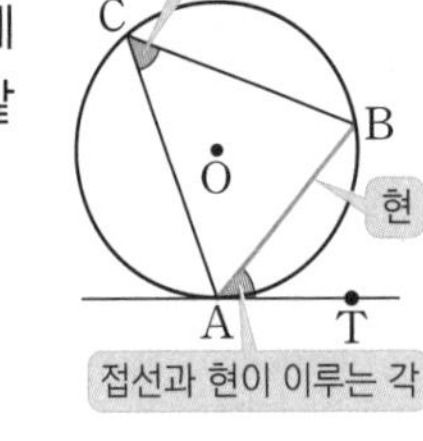

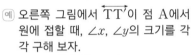

예 오른쪽 그림에서 $\overleftrightarrow{TT'}$이 점 A에서 원에 접할 때, $\angle x$, $\angle y$의 크기를 각각 구해 보자.
$\angle x = \angle BAT' = 57°$
$\angle y = \angle CAT = 63°$

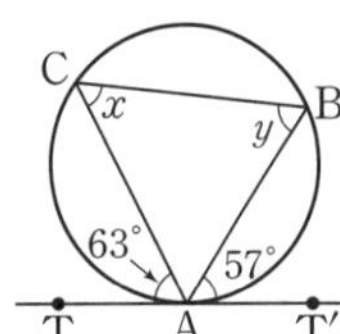

✔ 접선과 원의 중심을 지나는 현

$\overline{PT}$가 원의 접선일 때, $\overline{AT}$를 그으면

① $\angle ATB = 90°$

② $\angle ATP = \angle ABT$

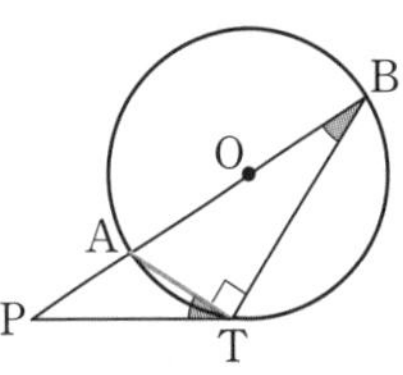

✔ 접선과 현이 이루는 각의 활용

$\overrightarrow{PA}$, $\overrightarrow{PB}$가 원의 접선일 때

① 삼각형 APB는 $\overline{PA} = \overline{PB}$인 이등변삼각형

②  $\angle PAB = \angle PBA = \angle ACB$

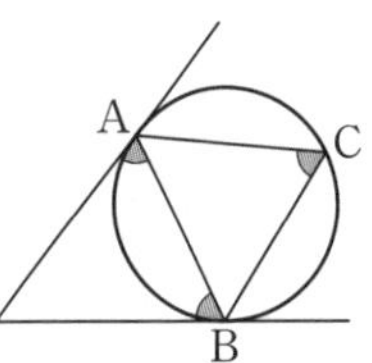

✔ 두 원의 공통인 접선과 현이 이루는 각

다음 그림에서 $\overleftrightarrow{PQ}$가 두 원의 공통인 접선이고 점 T가 그 접점이다. 점 T를 지나는 두 직선이 원과 만나는 점을 각각 A, B, C, D라고 할 때, $\overline{AB} /\!/ \overline{CD}$가 성립한다.

① $\angle BAT = \angle BTQ = \angle DTP$
맞꼭지각의 크기는 같다.
$= \angle DCT$
엇각의 크기가 같으므로
$\overline{AB} /\!/ \overline{CD}$

② $\angle BAT = \angle BTQ = \angle CDT$
동위각의 크기가 같으므로
$\overline{AB} /\!/ \overline{CD}$

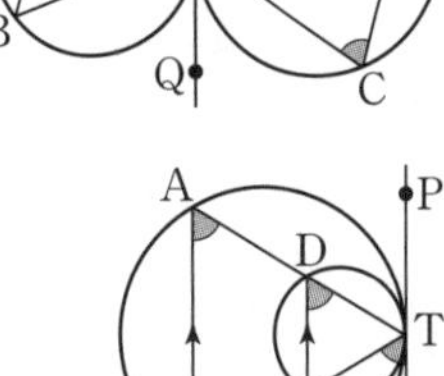

바빠 개념 확인 문제

❖ 다음 그림에서 직선 AT가 원 O의 접선이고 점 A는 접점일 때, $\angle x$, $\angle y$의 크기를 각각 구하여라. (1~2)

1

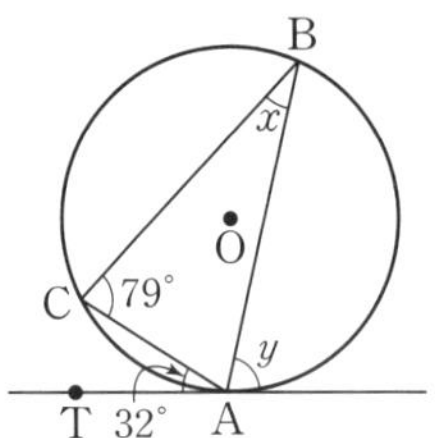

2

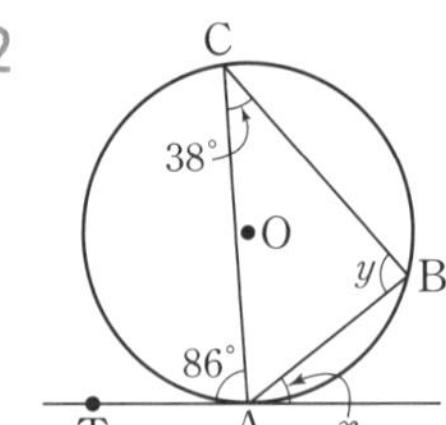

3 오른쪽 그림에서 직선 CT가 원 O의 접선이고 점 C가 접점일 때, $\angle x$의 크기를 구하여라.

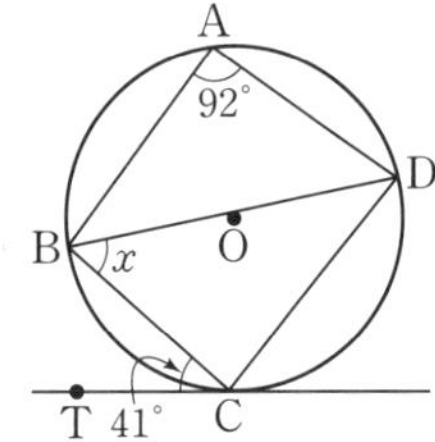

4 오른쪽 그림에서 $\overline{PC}$가 원 O의 접선이고 점 C가 접점일 때, $\angle x$의 크기를 구하여라.

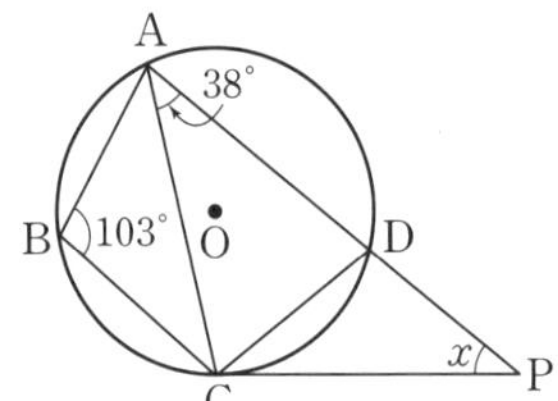

5 오른쪽 그림에서 직선 PA, PB가 원 O의 접선이고 두 점 A, B가 접점일 때, $\angle x$의 크기를 구하여라.

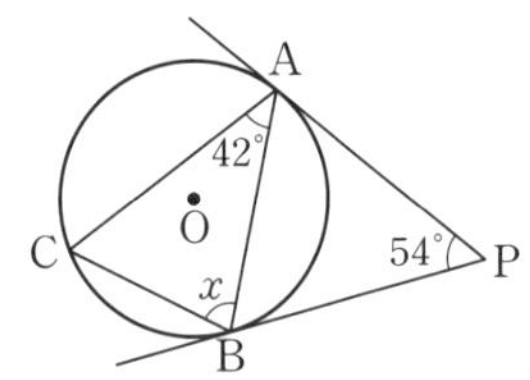

6 오른쪽 그림에서 직선 PQ가 두 원의 공통인 접선일 때, $\angle x$, $\angle y$의 크기를 각각 구하여라.

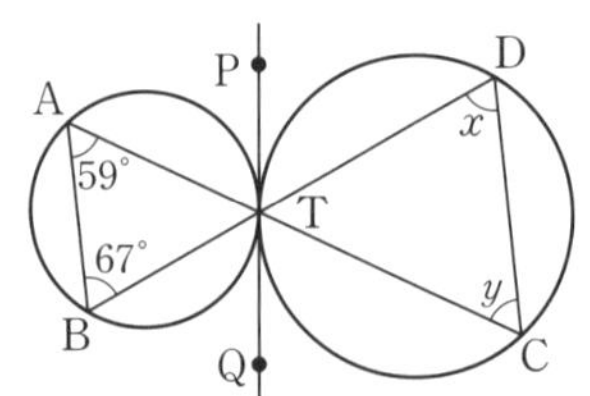

정답 ＊정답과 해설 58쪽

1 $\angle x = 32°$, $\angle y = 79°$ 2 $\angle x = 38°$, $\angle y = 86°$ 3 51° 4 39°
5 75° 6 $\angle x = 67°$, $\angle y = 59°$

개념 완성 문제

* 정답과 해설 58쪽

원의 접선의 성질

1 오른쪽 그림에서 $\overrightarrow{PA}$, $\overrightarrow{PB}$는 원 O의 접선이고 두 점 A, B는 접점이다. $\angle APB=60^\circ$, $\overline{AO}=6\text{ cm}$일 때, 색칠한 부분의 넓이를 구하여라.

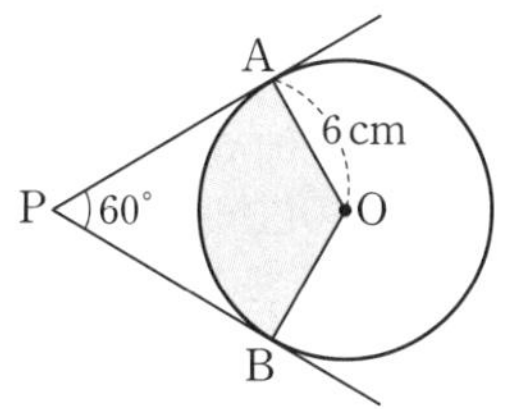

Hint $\angle PAO=\angle PBO=90^\circ$이므로 $\angle APB+\angle AOB=180^\circ$

삼각형의 내접원

2 오른쪽 그림에서 원 O는 삼각형 ABC의 내접원이고 세 점 D, E, F는 접점이다. △ABC의 둘레의 길이가 36 cm일 때, $\overline{AD}$의 길이는?

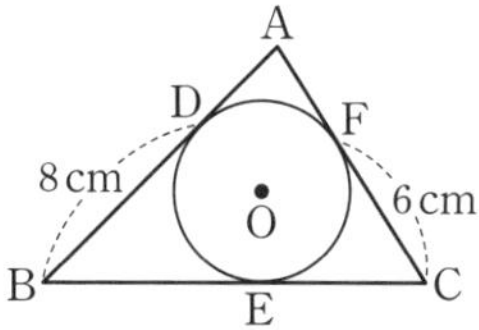

① 2 cm ② 2.5 cm ③ 3 cm
④ 3.5 cm ⑤ 4 cm

Hint $\overline{BE}=\overline{BD}=8\text{ cm}$, $\overline{CE}=\overline{CF}=6\text{ cm}$, $\overline{AD}=\overline{AF}$

원주각의 크기

3 오른쪽 그림과 같은 원 O에서 $\angle BAC=63^\circ$일 때, $\angle x$의 크기는?

① 23° ② 27°
③ 30° ④ 33°
⑤ 38°

Hint $\angle BOC=2\angle ABC$, △OBC는 이등변삼각형

원주각의 크기와 호의 길이

4 오른쪽 그림에서 $\overline{AB}$는 원 O의 지름이고 $\widehat{AC}=4$, $\widehat{AD}=12$, $\angle ABC=21^\circ$일 때, $\angle x+\angle y$의 크기는?

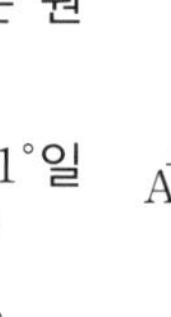

① 95° ② 98°
③ 102° ④ 105°
⑤ 126°

Hint $\angle x=2\angle CBA$, $\angle y=3\angle CBA$

원에 내접하는 사각형

5 오른쪽 그림과 같이 원에 내접하는 □ABCD에서 $\overline{AB}=\overline{AC}$이고 $\angle ADC=112^\circ$일 때, $\angle x$의 크기는?

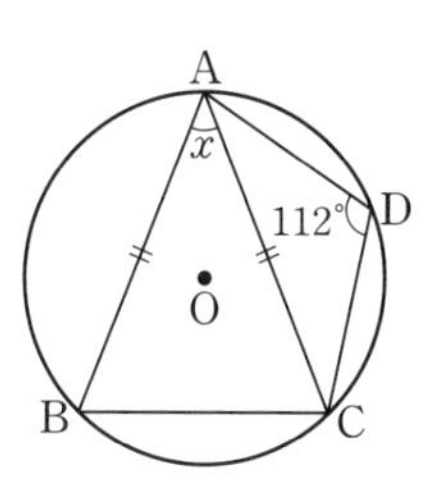

① 44° ② 52°
③ 55° ④ 60°
⑤ 64°

Hint $\angle ABC=180^\circ-\angle ADC$

접선과 현이 이루는 각

6 오른쪽 그림에서 직선 TT′은 원 O 위의 점 B에서의 접선이고 $\overline{AD}$는 원 O의 중심을 지난다. $\angle BCD=128^\circ$일 때, $\angle x$의 크기를 구하여라.

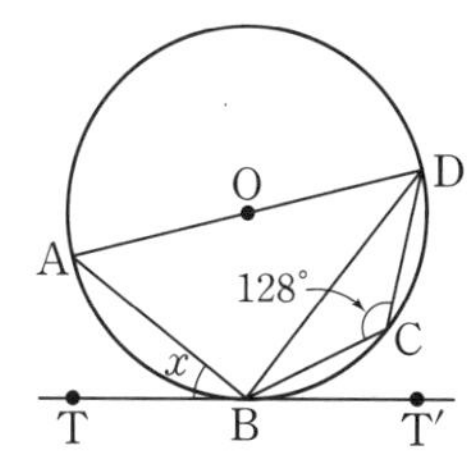

Hint $\angle DAB=180^\circ-\angle BCD$, $\angle ABD=90^\circ$, $\angle ADB=\angle x$

고르고 고른 고등수학으로 연결되는 문제

1 오른쪽 그림에서 $l /\!/ m$일 때, $\angle x$의 크기는?

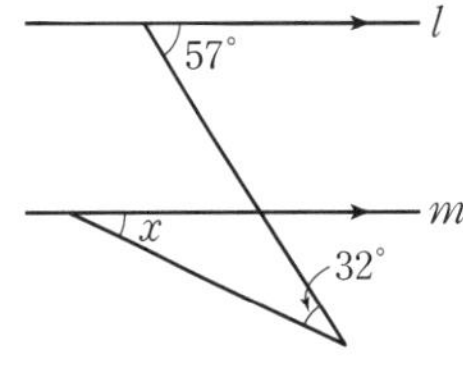

① 25° ② 27° ③ 35° ④ 38° ⑤ 43°

2 오른쪽 그림과 같은 부채꼴의 중심각의 크기는?

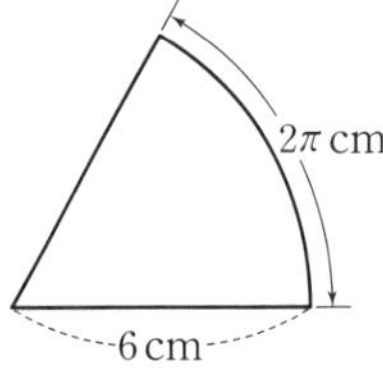

① 50° ② 60° ③ 70° ④ 75° ⑤ 80°

3 오른쪽 그림과 같이 밑면의 반지름의 길이가 5 cm인 원기둥의 겉넓이가 $120\pi\ \text{cm}^2$일 때, 이 원기둥의 높이는?

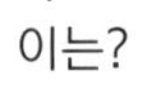

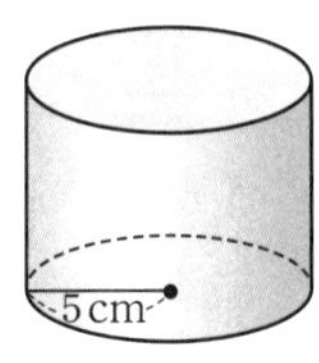

① 7 cm ② 8 cm ③ 9 cm ④ 10 cm ⑤ 11 cm

4 오른쪽 그림과 같은 평면도형을 직선 l을 축으로 하여 1회전 시킬 때 생기는 입체도형의 부피는?

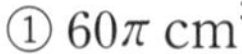

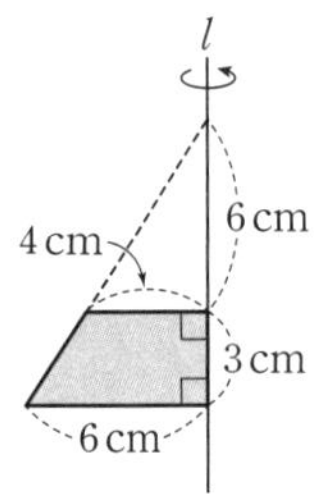

① $60\pi\ \text{cm}^3$ ② $68\pi\ \text{cm}^3$ ③ $76\pi\ \text{cm}^3$ ④ $80\pi\ \text{cm}^3$ ⑤ $82\pi\ \text{cm}^3$

5 오른쪽 그림과 같이 $\angle A=90°$인 직각삼각형 ABC에서 점 O가 $\overline{BC}$의 중점이고 $\angle B=38°$일 때, $\angle x$의 크기는?

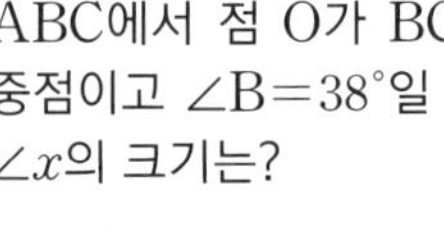

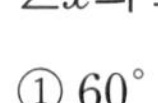

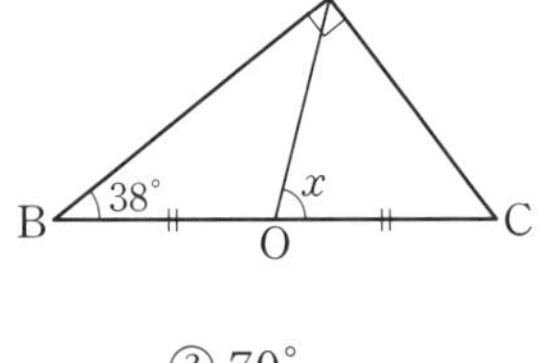

① 60° ② 66° ③ 70° ④ 76° ⑤ 82°

6 오른쪽 그림과 같은 평행사변형 ABCD에서 대각선 BD 위의 점 P에 대하여 $\overline{BP} : \overline{PD}=2 : 3$이고 $\triangle ABP=12\ \text{cm}^2$일 때, □APCD의 넓이는?

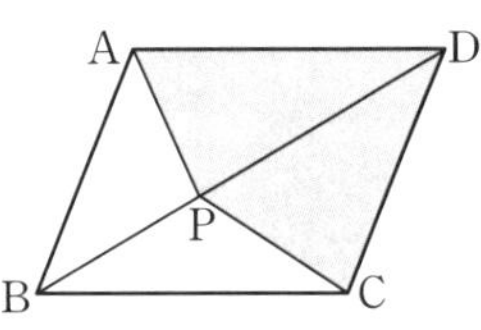

① $24\ \text{cm}^2$ ② $36\ \text{cm}^2$ ③ $48\ \text{cm}^2$ ④ $60\ \text{cm}^2$ ⑤ $72\ \text{cm}^2$

7 오른쪽 그림과 같은 $\triangle ABC$에서 $\angle ABC=\angle CAD$일 때, x의 값은?

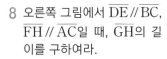

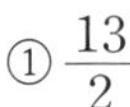

① $\frac{13}{2}$ ② 7 ③ $\frac{15}{2}$ ④ 8 ⑤ 9

8 오른쪽 그림에서 $\overline{DE} /\!/ \overline{BC}$, $\overline{FH} /\!/ \overline{AC}$일 때, $\overline{GH}$의 길이를 구하여라.

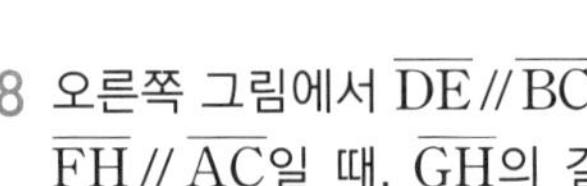

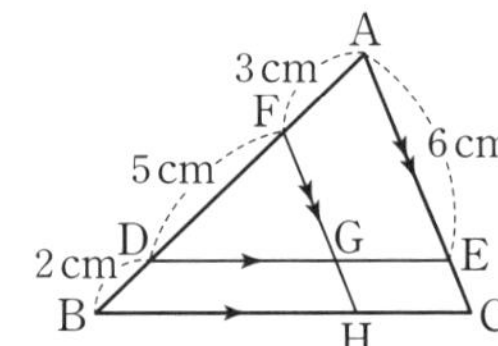

* 정답과 해설 59쪽

9 오른쪽 그림과 같은 $\triangle ABC$에서 두 점 E, F는 $\overline{AC}$의 삼등분점이고, 점 D는 $\overline{AB}$의 중점이다. $\overline{BF}$와 $\overline{CD}$가 만나는 점을 G라고 할 때, x의 값은?

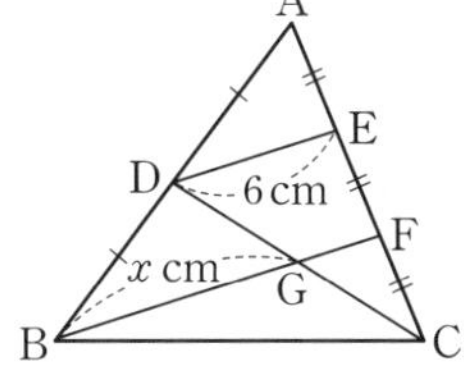

① 6　② 7　③ 8　④ 9　⑤ 10

10 서로 닮음인 두 각뿔 A와 B의 겉넓이의 비가 4 : 9이다. 각뿔 A의 부피가 32 cm^3일 때, 각뿔 B의 부피는?

① 96 cm^3　② 108 cm^3　③ 115 cm^3　④ 128 cm^3　⑤ 135 cm^3

11 오른쪽 그림과 같은 직각삼각형 ABC에서 $\overline{AB}=4\sqrt{3}\text{ cm}$, $\tan C=\sqrt{3}$일 때, $\overline{AC}$의 길이는?

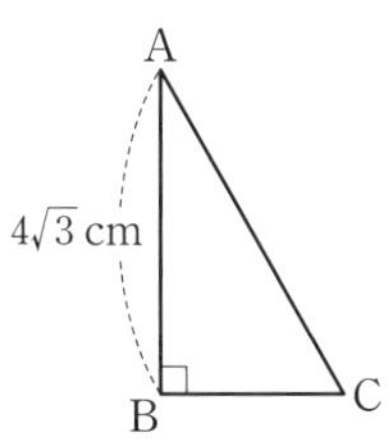

① 8 cm　② 10 cm　③ $6\sqrt{3}$ cm　④ $4\sqrt{7}$ cm　⑤ $5\sqrt{5}$ cm

12 오른쪽 그림에서 $\triangle ABC$와 $\triangle DBC$는 직각삼각형이다. $\angle DBC=30^\circ$, $\angle ACB=45^\circ$, $\overline{CD}=10$일 때, $\overline{AC}$의 길이는?

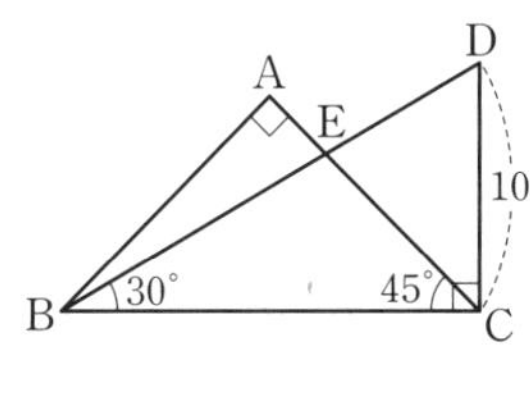

① $2\sqrt{3}$　② $2\sqrt{6}$　③ $3\sqrt{3}$　④ $3\sqrt{5}$　⑤ $5\sqrt{6}$

13 오른쪽 그림과 같은 $\triangle ABC$에서 $\overline{AB}=2\sqrt{2}\text{ cm}$, $\angle A=105^\circ$, $\angle B=30^\circ$일 때, $\overline{AC}$의 길이를 구하여라.

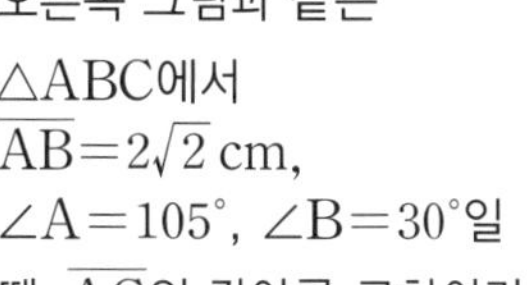

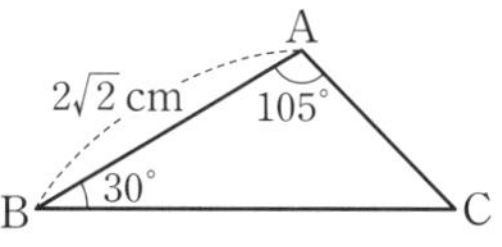

14 오른쪽 그림에서 $\overrightarrow{PA}$, $\overrightarrow{PB}$는 원 O의 접선이고 두 점 A, B는 접점이다. $\overline{BC}$는 원 O의 지름이고 $\angle ABC=24^\circ$일 때, $\angle x$의 크기는?

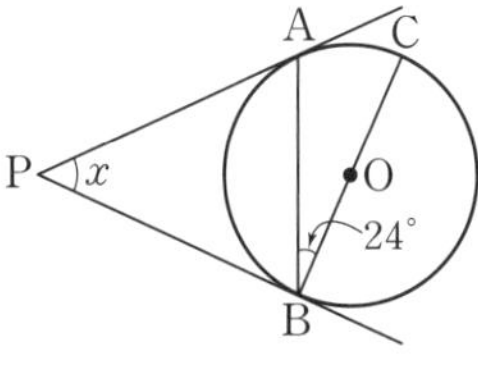

① 45°　② 48°　③ 50°　④ 52°　⑤ 56°

15 오른쪽 그림에서 $\overline{AD}$는 원 O의 지름이고 $\angle BCD=24^\circ$, $\angle ADC=38^\circ$일 때, $\angle x$의 크기는?

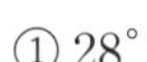

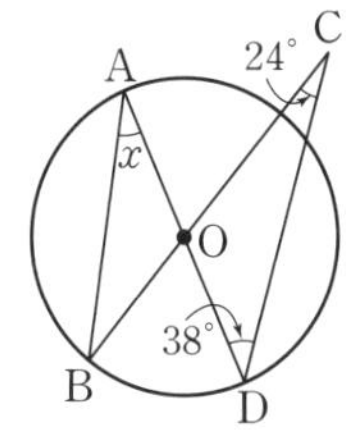

① 28°　② 31°　③ 36°　④ 40°　⑤ 42°

16 오른쪽 그림에서 선분 CB의 연장선과 점 T에서 원 O에 그은 접선 TA와 만나는 점을 P라고 하자. $\angle ACB=42^\circ$, $\angle APB=33^\circ$일 때, $\angle x$의 크기는?

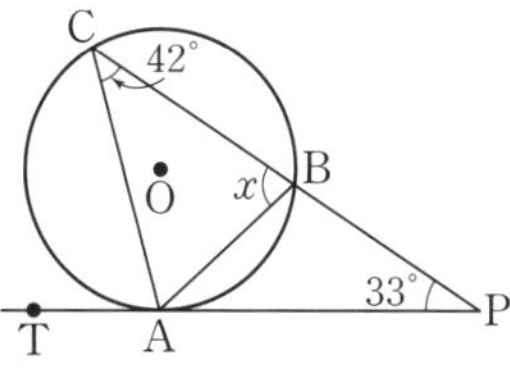

① 55°　② 60°　③ 65°　④ 70°　⑤ 75°

V 확률과 통계

드디어 마지막 **'V 확률과 통계'** 단원이에요. 단원이 두 개밖에 없으니 더 신나죠?

1학년 통계에서 나오는 내용인 줄기와 잎 그림과 도수분포표, 상대도수 등은 고등수학에는 거의 나오지 않으므로 생략했어요. 하지만 2학년, 3학년 과정의 경우의 수와 확률은 수능에서 따로 과목이 있을 정도로 중요해요.

2학년 내용은 한 단원으로 구성했는데 경우의 수와 확률이 고등수학에도 그대로 나오면서 좀 더 심화된 내용을 배우므로 중학수학에서 탄탄히 공부해야 해요. 경우의 수와 확률을 구할 때는 차분하게 경우의 수를 빼먹지 않고 나열하여 세는 것이 가장 중요해요. 한 개만 빠뜨려도 답이 완전히 달라지기 때문이에요.

3학년 내용 역시 한 단원으로 구성했는데 통계에서 배우는 평균, 분산, 표준편차 등도 고등수학에서 개념이 다시 반복해서 나올 정도로 중요해요. 분산과 표준편차는 중학수학에서는 적은 양의 변량과 간단한 숫자들로 주어지므로 구하는 방법과 개념을 확실히 알고 가세요. **'V 확률과 통계'** 는 각각 한 단원씩으로 압축했으니 즐거운 마음으로 중학교 수학 공부를 마무리 하세요.

학년	단원명	고등수학 연계 단원	중요도
2학년	35 경우의 수와 확률	경우의 수, 확률	★★★★★
3학년	36 통계	통계	★★★★★

35 경우의 수와 확률

1. 경우의 수 1

사건과 경우의 수

① **사건**: 같은 조건에서 여러 번 반복할 수 있는 실험이나 관찰에 의하여 나타나는 결과

② **경우의 수**: 어떤 사건이 일어나는 가짓수

예 동전 한 개를 던질 때 일어날 수 있는 경우의 수 ⇨ 2
주사위 한 개를 던질 때 일어날 수 있는 경우의 수 ⇨ 6

사건 A 또는 사건 B가 일어나는 경우의 수

두 사건 A, B가 동시에 일어나지 않을 때,
사건 A가 일어나는 경우의 수가 a, 사건 B가 일어나는 경우의 수가 b이면

(사건 A 또는 사건 B가 일어나는 경우의 수)$=a+b$

예 서로 다른 두 개의 주사위를 동시에 던질 때, 두 눈의 수의 합이 4 또는 10인 경우의 수를 구해 보자.
두 눈의 수의 합이 4인 경우는 $(1,\ 3)$, $(2,\ 2)$, $(3,\ 1)$로 3가지이고, 두 눈의 수의 합이 10인 경우는 $(4,\ 6)$, $(5,\ 5)$, $(6,\ 4)$로 3가지이므로 $3+3=6$

사건 A와 사건 B가 동시에 일어나는 경우의 수

사건 A가 일어나는 경우의 수가 a, 사건 B가 일어나는 경우의 수가 b이면

(두 사건 A와 B가 동시에 일어나는 경우의 수)$=a\times b$

① 동전을 여러 개 던질 때의 경우의 수

예 동전 2개를 동시에 던질 때 ⇨ $2\times2=4$
동전 3개를 동시에 던질 때 ⇨ $2\times2\times2=8$

② 주사위를 여러 개 던질 때의 경우의 수

예 주사위 2개를 동시에 던질 때 ⇨ $6\times6=36$
주사위 3개를 동시에 던질 때 ⇨ $6\times6\times6=216$

③ 동전과 주사위를 함께 던질 때의 경우의 수

예 동전 1개와 주사위 1개를 동시에 던질 때
⇨ $2\times6=12$
동전 1개와 주사위 2개를 동시에 던질 때
⇨ $2\times6\times6=72$

④ 길을 선택하는 경우

예 오른쪽 그림과 같이 A, B, C 세 지점 사이에 길이 있다. 한 번 지나간 지점은 다시 지나지 않을 때, A 지점에서 C 지점까지 가는 방법의 수는 $3\times2=6$

고등수학 연계 ⇢ 경우의 수 | 중요도 ★★★★★

바빠 개념 확인 문제

❖ 1부터 10까지의 자연수가 각각 하나씩 적힌 카드 10장 중에서 한 장의 카드를 뽑을 때, 다음을 구하여라. (1~2)

1 3의 배수가 적힌 카드가 나오는 경우의 수

2 홀수가 적힌 카드가 나오는 경우의 수

❖ 서로 다른 두 개의 주사위를 동시에 던질 때, 다음을 구하여라. (3~4)

3 두 눈의 수의 합이 2 또는 4인 경우의 수

4 두 눈의 수의 차가 0 또는 3인 경우의 수

5 집에서 공원을 갈 때 버스로 가는 방법은 4가지, 걸어서 가는 방법은 6가지이다. 버스를 타거나 걸어서 가는 경우의 수를 구하여라.

❖ 다음을 구하여라. (6~9)

6 동전 4개를 동시에 던질 때 나오는 경우의 수

7 동전 2개와 주사위 1개를 동시에 던질 때 나오는 경우의 수

8 부산과 제주도를 오고 가는 교통편으로 비행기는 하루 10가지, 배는 3가지가 있을 때, 부산에서 제주도까지 비행기를 타고 갔다가 배를 타고 돌아오는 경우의 수

9 오른쪽 그림과 같이 A, B, C 세 지점 사이에 길이 있을 때, A 지점에서 C 지점까지 가는 방법의 수 (단, 한 번 지나간 지점은 다시 지나지 않는다.)

정답

* 정답과 해설 60쪽

1 3　2 5　3 4　4 12　5 10　6 16
7 24　8 30　9 8

중2

2. 경우의 수 2

✔ 한 줄로 세우는 경우의 수

① n명을 한 줄로 세우는 경우의 수

예 5명을 한 줄로 세우는 경우의 수
⇨ $5\times4\times3\times2\times1=120$

② n명 중에서 2명을 뽑아 한 줄로 세우는 경우의 수

예 5명 중에서 2명을 뽑아 한 줄로 세우는 경우의 수
⇨ $5\times4=20$

③ n명 중에서 3명을 뽑아 한 줄로 세우는 경우의 수

예 5명 중에서 3명을 뽑아 한 줄로 세우는 경우의 수
⇨ $5\times4\times3=60$

✔ 한 줄로 세울 때 이웃하여 서는 경우의 수

① 이웃하는 것을 하나로 묶어 전체를 한 줄로 세우는 경우의 수를 구한다.

② 묶음 안에서 자리를 바꾸는 경우의 수를 구한다.

③ ①에서 구한 경우의 수와 ②에서 구한 경우의 수를 곱한다.

✔ 대표를 뽑는 경우의 수

① 2명을 뽑는 경우의 수

예 • 6명 중 회장 1명과 부회장 1명을 뽑는 경우의 수
⇨ $6\times5=30$

• 6명 중 대표 2명을 뽑는 경우의 수
⇨ $\frac{6\times5}{2}=15$ ← A, B 두 명이 뽑힌다면 (A, B), (B, A)가 같으므로 2로 나누어야 한다.

② 3명을 뽑는 경우의 수

예 • 6명 중 회장 1명과 부회장 1명, 총무 1명을 뽑는 경우의 수
⇨ $6\times5\times4=120$

• 6명 중 대표 3명을 뽑는 경우의 수
⇨ $\frac{6\times5\times4}{6}=20$ ← A, B, C 세 명이 뽑힌다면 (A, B, C), (A, C, B), (B, A, C) (B, C, A), (C, A, B), (C, B, A)가 같으므로 6으로 나누어야 한다.

✔ 자연수의 개수

① 0이 포함되지 않는 숫자로 만든 두 자리 자연수의 개수

예 1, 2, 3, 4, 5의 숫자가 각각 적힌 5장의 카드 중에서 2장을 뽑아 만들 수 있는 두 자리 자연수의 개수는
$5\times4=20$

② 0이 포함된 숫자로 만든 세 자리 자연수의 개수

예 0, 1, 2, 3, 4의 숫자가 각각 적힌 5장의 카드 중에서 3장을 뽑아 만들 수 있는 세 자리 자연수의 개수는
$4\times4\times3=48$
└ 맨 앞자리에는 0이 올 수 없다.

바빠 개념 확인 문제

❖ 다음을 구하여라. (1~4)

1 A, B, C, D 4명을 한 줄로 세우는 경우의 수

2 A, B, C, D, E, F 6명 중에서 2명을 뽑아 한 줄로 세우는 경우의 수

3 A, B, C, D, E, F 6명 중에서 3명을 뽑아 한 줄로 세우는 경우의 수

4 부모님, 형, 주승이로 이루어진 가족이 나란히 서서 가족사진을 찍을 때, 부모님이 이웃하여 사진을 찍는 경우의 수

❖ A, B, C, D, E 5명의 후보 중에서 대표를 뽑을 때, 다음을 구하여라. (5~8)

5 회장 1명, 부회장 1명을 뽑는 경우의 수

6 회장 1명, 부회장 1명, 총무 1명을 뽑는 경우의 수

7 대표 2명을 뽑는 경우의 수

8 대표 3명을 뽑는 경우의 수

❖ 다음을 구하여라. (9~10)

9 1부터 7까지의 자연수가 각각 하나씩 적힌 7장의 카드 중 3장을 뽑아 만들 수 있는 세 자리 자연수의 개수

10 0, 1, 2, 3, 4, 5의 숫자가 각각 적힌 6장의 카드 중 2장을 뽑아 만들 수 있는 두 자리 자연수의 개수

정답 * 정답과 해설 60쪽

1 24　2 30　3 120　4 12　5 20　6 60
7 10　8 10　9 210　10 25

3. 확률의 뜻과 성질

✔ 확률의 뜻

① **확률**: 같은 조건에서 실험이나 관찰을 여러 번 반복할 때, 어떤 사건이 일어나는 상대도수가 일정한 값에 가까워지면 이 일정한 값을 그 사건이 일어날 확률이라고 한다.

② **사건 A가 일어날 확률**: 어떤 실험이나 관찰에서 각 경우가 일어날 가능성이 같을 때, 일어날 수 있는 모든 경우의 수를 n, 사건 A가 일어나는 경우의 수를 a라고 하면 사건 A가 일어날 확률 p는 다음과 같다.

$$p=\frac{(\text{사건 } A\text{가 일어나는 경우의 수})}{(\text{모든 경우의 수})}=\frac{a}{n}$$

예 주사위 1개를 던질 때, 3 이상 4 이하의 눈이 나올 확률을 구해 보자.
모든 경우의 수 ⇨ 6
3 이상 4 이하의 눈이 나오는 경우의 수 ⇨ 2
따라서 구하는 확률은 $\frac{2}{6}=\frac{1}{3}$

✔ 확률의 성질

① 어떤 사건이 일어날 확률을 p라고 하면 $0\leq p\leq 1$이다.

② 반드시 일어나는 사건의 확률은 1이다.

③ 절대로 일어날 수 없는 사건의 확률은 0이다.

✔ 어떤 사건이 일어나지 않을 확률

① 사건 A가 일어날 확률을 p라고 하면
(사건 A가 일어나지 않을 확률)$=1-p$

② '적어도 하나는 ~일' 확률은 어떤 사건이 일어나지 않을 확률을 이용한다.
(적어도 하나는 A일 확률)$=1-$(모두 A가 아닐 확률)

예 서로 다른 동전 2개를 동시에 던질 때, 적어도 하나는 뒷면이 나올 확률을 구해 보자.
(적어도 하나는 뒷면이 나올 확률)
$=1-$(모두 앞면이 나올 확률)
$=1-\frac{1}{4}=\frac{3}{4}$

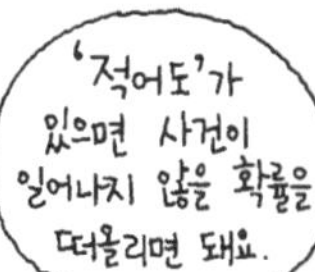

'적어도'가 있으면 사건이 일어나지 않을 확률을 떠올리면 돼요.

바빠 개념 확인 문제

❖ 다음을 구하여라. (1~3)

1 10원짜리 동전 1개, 100원짜리 동전 1개를 동시에 던질 때, 모두 뒷면이 나올 확률

2 1부터 20까지의 자연수가 각각 하나씩 적힌 20장의 카드 중에서 한 장을 뽑을 때, 20의 약수가 적힌 카드가 나올 확률

3 서로 다른 주사위 2개를 동시에 던질 때, 두 눈의 수의 합이 9일 확률

❖ 다음을 확률의 성질을 이용하여 구하여라. (4~5)

4 서로 다른 2개의 주사위를 동시에 던질 때, 두 눈의 수의 합이 12 이하일 확률

5 빨간 구슬 6개, 파란 구슬 8개가 들어 있는 상자에서 1개의 구슬을 꺼낼 때, 꺼낸 구슬이 노란 구슬일 확률

❖ 다음을 어떤 사건이 일어나지 않을 확률을 이용하여 구하여라. (6~8)

6 A, B가 게임을 하여 A가 이길 확률이 $\frac{5}{6}$일 때, B가 이길 확률 (단, 비기는 경우는 없다.)

7 서로 다른 동전 3개를 동시에 던질 때, 적어도 뒷면이 1개 나올 확률

8 남학생 4명과 여학생 3명 중에서 2명의 대표를 뽑을 때, 적어도 한 명은 남학생이 뽑힐 확률

정답 * 정답과 해설 60쪽

1 $\frac{1}{4}$ 2 $\frac{3}{10}$ 3 $\frac{1}{9}$ 4 1 5 0 6 $\frac{1}{6}$ 7 $\frac{7}{8}$ 8 $\frac{6}{7}$

중 2

4. 확률 1

✔ 사건 A 또는 사건 B가 일어날 확률 - 확률의 덧셈

두 사건 A, B가 동시에 일어나지 않을 때, 사건 A가 일어날 확률을 p, 사건 B가 일어날 확률을 q라고 하면

(사건 A 또는 사건 B가 일어날 확률)$=p+q$

예 1부터 10까지의 자연수가 각각 하나씩 적힌 10장의 카드 중에서 한 장을 뽑을 때, 4보다 작거나 8보다 큰 자연수가 적힌 카드가 나올 확률을 구해 보자.

4보다 작은 수는 1, 2, 3의 3가지이므로 확률은 $\frac{3}{10}$

8보다 큰 수는 9, 10의 2가지이므로 확률은 $\frac{2}{10}$

따라서 구하는 확률은 $\frac{3}{10}+\frac{2}{10}=\frac{1}{2}$

바빠꿀팁

• 일반적으로 문제에 '또는', '~이거나'라는 말이 있으면 확률의 덧셈을 이용한다.

✔ 두 사건 A, B가 동시에 일어날 확률 - 확률의 곱셈

두 사건 A, B가 서로 영향을 미치지 않을 때, 사건 A가 일어날 확률을 p, 사건 B가 일어날 확률을 q라고 하면

(두 사건 A와 B가 동시에 일어날 확률)$=p\times q$

바빠꿀팁

• 일반적으로 문제에 '동시에', '그리고', '~와', '~하고 나서'라는 말이 있으면 확률의 곱셈을 이용한다.

✔ 확률의 곱셈을 이용한 모두 일어나지 않을 확률

예 치료율이 $\frac{7}{8}$인 신약이 있다. A, B 두 환자에게 이 약을 투여했을 때, 두 환자 모두 치료되지 않을 확률을 구해 보자.

치료가 되지 않을 확률은 $1-\frac{7}{8}=\frac{1}{8}$이므로

$\frac{1}{8}\times\frac{1}{8}=\frac{1}{64}$

✔ 확률의 곱셈을 이용한 적어도 하나가 일어날 확률

예 민영이가 A, B 대학에 합격할 확률이 각각 $\frac{8}{9}$, $\frac{7}{10}$일 때, 적어도 한 대학에 합격할 확률을 구해 보자.

(두 대학 모두 합격하지 못할 확률)$=\left(1-\frac{8}{9}\right)\left(1-\frac{7}{10}\right)$

$=\frac{1}{9}\times\frac{3}{10}=\frac{1}{30}$

따라서 적어도 한 대학에 합격할 확률은

$1-\frac{1}{30}=\frac{29}{30}$

바빠 개념 확인 문제

❖ 다음을 구하여라. (1~2)

1 1부터 10까지의 자연수가 각각 하나씩 적힌 10장의 카드 중에서 1장을 뽑을 때, 3보다 작거나 7보다 큰 자연수가 적힌 카드가 나올 확률

2 주머니 속에 크기와 모양이 같은 빨간 공 3개, 파란 공 4개, 노란 공 5개가 들어 있다. 이 주머니에서 1개의 공을 꺼낼 때, 빨간 공 또는 노란 공이 나올 확률

❖ 다음을 구하여라. (3~4)

3 1개의 동전과 1개의 주사위를 동시에 던질 때, 동전은 앞면이 나오고 주사위는 3의 배수의 눈이 나올 확률

4 어떤 문제를 A가 맞힐 확률은 $\frac{1}{2}$, B가 맞힐 확률이 $\frac{3}{5}$일 때, 이 문제를 A, B가 모두 맞힐 확률

❖ 다음을 구하여라. (5~7)

5 경서와 혜민이가 약속 장소에 나올 확률이 각각 $\frac{4}{5}$, $\frac{5}{7}$일 때, 두 사람 모두 약속 장소에 나오지 않을 확률

6 10발을 쏘면 평균 8발을 과녁에 명중시키는 사격수가 2발을 쏠 때, 모두 과녁에 명중시키지 못할 확률

7 농구 경기에서 자유투를 성공시킬 확률이 각각 $\frac{5}{6}$, $\frac{7}{9}$인 두 선수 A, B가 각각 한 번씩 자유투를 던질 때, 적어도 한 명이 자유투를 성공시킬 확률

정답 * 정답과 해설 61쪽

1 $\frac{1}{2}$ 2 $\frac{2}{3}$ 3 $\frac{1}{6}$ 4 $\frac{3}{10}$ 5 $\frac{2}{35}$ 6 $\frac{1}{25}$ 7 $\frac{26}{27}$

5. 확률 2

확률의 덧셈과 곱셈

예 오늘 비가 올 확률을 0.4, 내일 비가 올 확률을 0.9라고 예보했을 때, 오늘과 내일 중 하루만 비가 올 확률을 구해 보자.
오늘 비가 오고 내일 오지 않을 확률은
$0.4\times(1-0.9)=0.04$
오늘 비가 오지 않고 내일 올 확률은
$(1-0.4)\times0.9=0.54$
따라서 오늘과 내일 중 하루만 비가 올 확률은
$0.04+0.54=0.58$

연속하여 뽑는 경우의 확률

① 꺼낸 것을 다시 넣고 연속하여 뽑는 경우의 확률
처음에 뽑은 것을 다시 뽑을 수 있으므로 처음과 나중의 조건이 같다.
⇨ 처음에 일어난 사건이 나중에 일어나는 사건에 영향을 주지 않는다.

② 꺼낸 것을 다시 넣지 않고 연속하여 뽑는 경우의 확률
처음에 뽑은 것을 다시 뽑을 수 없으므로 처음과 나중의 조건이 다르다.
⇨ 처음에 일어난 사건이 나중에 일어나는 사건에 영향을 준다.

예 모양과 크기가 같은 흰 공 4개와 검은 공 3개가 들어 있는 주머니에서 연속하여 2개의 공을 꺼낼 때, 2개 모두 흰 공을 꺼낼 확률을 구해 보자. (단, 꺼낸 공은 다시 넣지 않는다.)
첫 번째 흰 공을 꺼낼 확률은 $\frac{4}{7}$이지만 두 번째 흰 공을 꺼낼 확률은 흰 공이 1개 없으므로 $\frac{3}{6}$이다.
따라서 구하는 확률은 $\frac{4}{7}\times\frac{3}{6}=\frac{2}{7}$

바빠 꿀팁
• 공이나 구슬을 꺼낼 때는 처음 꺼낸 것을 다시 넣는지 아닌지 주목해야 해. 꺼낸 공을 다시 넣으면 몇 번을 꺼내도 한 번 꺼낼 때의 확률이 같지만 다시 넣지 않으면 꺼낼 때마다 확률이 달라지기 때문이야.

도형에서의 확률

도형에서의 확률은 일어날 수 있는 모든 경우의 수는 전체 넓이로, 어떤 사건이 일어날 수 있는 경우의 수는 해당하는 부분의 넓이로 생각하여 확률을 구한다.

$$(\text{도형에서의 확률})=\frac{(\text{사건에 해당하는 부분의 넓이})}{(\text{도형의 전체 넓이})}$$

바빠 개념 확인 문제

❖ 다음을 구하여라. (1~2)

1 기상청에서 오늘 비가 올 확률을 $\frac{3}{4}$, 내일 비가 올 확률을 $\frac{7}{8}$이라고 예보했을 때, 오늘과 내일 중 하루만 비가 올 확률

2 A 상자에는 단팥빵 4개, 크림빵 5개가 들어 있고, B 상자에는 단팥빵 6개, 크림빵 3개가 들어 있다. A, B 두 상자에서 각각 빵을 한 개씩 꺼낼 때, 같은 종류의 빵을 꺼낼 확률

❖ 다음을 구하여라. (3~5)

3 10개의 제비 중 당첨 제비가 2개 들어 있는 상자에서 제비 1개를 뽑아 확인하고 다시 넣은 후 1개를 더 뽑을 때, 첫 번째는 당첨 제비를 뽑고 두 번째는 당첨 제비가 아닌 제비를 뽑을 확률

4 상자 안에 들어 있는 9개의 제품 중 불량품이 3개 들어 있다. 이 상자에서 2개의 제품을 연속하여 꺼낼 때, 2개 모두 불량품일 확률 (단, 꺼낸 제품은 다시 넣지 않는다.)

5 주머니 안에 16개의 제비 중 당첨 제비가 4개 들어 있다. A, B 두 사람이 차례대로 한 개씩 제비를 뽑을 때, A만 당첨 제비를 뽑을 확률 (단, 뽑은 제비는 다시 넣지 않는다.)

6 다음 그림과 같이 각각 3등분, 5등분된 두 원판에 차례대로 화살을 쏠 때, 두 원판 모두 C에 꽂힐 확률을 구하여라. (단, 화살은 원판을 벗어나지 않고 경계선에 꽂히지 않는다.)

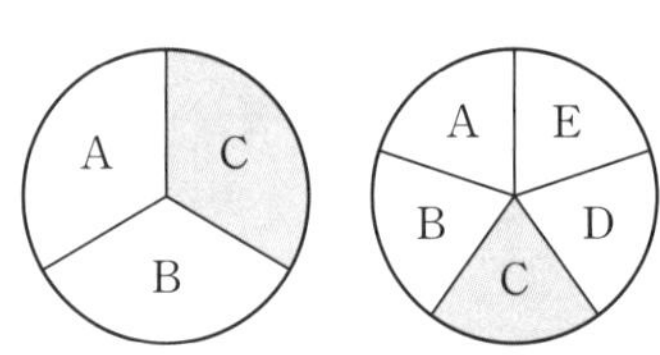

정답 * 정답과 해설 61쪽

1 $\frac{5}{16}$ 2 $\frac{13}{27}$ 3 $\frac{4}{25}$ 4 $\frac{1}{12}$ 5 $\frac{1}{5}$ 6 $\frac{1}{15}$

* 정답과 해설 62쪽

자연수를 뽑는 경우의 수

1 1에서 16까지의 자연수가 각각 하나씩 적힌 16장의 카드가 있다. 이 카드 중에서 임의로 한 장을 뽑을 때, 짝수 또는 9의 약수가 적힌 카드가 나오는 경우의 수는?

① 6 ② 7 ③ 8
④ 9 ⑤ 11

Hint 두 가지 경우의 수를 각각 구하여 더한다.

한 줄로 세우는 경우의 수

2 정은이는 주민센터, 어린이집, 우체국, 도서관에 봉사활동을 하러 가려고 한다. 4곳에 가는 순서를 정하는 경우의 수는?

① 24 ② 30 ③ 36
④ 48 ⑤ 60

Hint 네 곳을 한 줄로 세우는 방법을 생각한다.

대표를 뽑는 경우의 수

3 올림픽에 출전하기 위하여 12명의 선수 중에서 2명을 국가 대표로 선발하는 경우의 수는?

① 47 ② 58 ③ 66
④ 72 ⑤ 81

Hint 특정한 임무가 아닌 2명 모두 국가 대표로 선발하는 것이므로 12명 중에 2명을 뽑아 2로 나눈다.

적어도 ~일 확률

4 흰 바둑돌이 4개, 검은 바둑돌이 6개 들어 있는 주머니에서 2개의 바둑돌을 꺼낼 때, 적어도 한 개는 검은 바둑돌이 나올 확률은? (단, 꺼낸 바둑돌은 다시 넣지 않는다.)

① $\frac{3}{8}$ ② $\frac{7}{12}$ ③ $\frac{4}{5}$
④ $\frac{13}{15}$ ⑤ $\frac{14}{15}$

Hint 2개 모두 흰 바둑돌을 꺼낼 확률을 구하여 1에서 뺀다.

모두 일어나지 않을 확률

5 명중률이 각각 $\frac{8}{9}$, $\frac{7}{10}$인 두 양궁 선수가 화살을 한 번씩 쏘았을 때, 두 사람 모두 과녁에 명중시키지 못할 확률을 구하여라.

Hint 1에서 각각의 명중률을 뺀 다음 곱한다.

연속하여 뽑는 확률

6 20개의 제비 중 당첨 제비가 4개 들어 있는 상자가 있다. 항준이가 제비 1개를 확인하고 다시 상자에 넣은 후 은기가 제비 1개를 뽑았을 때, 항준이는 당첨 제비를 뽑고 은기는 당첨 제비가 아닌 제비를 뽑을 확률은?

① $\frac{1}{12}$ ② $\frac{3}{20}$ ③ $\frac{4}{25}$
④ $\frac{3}{16}$ ⑤ $\frac{5}{24}$

Hint 꺼낸 공을 다시 넣으므로 항준이와 은기가 당첨 제비를 뽑을 확률은 같다.

통계

1. 대푯값

✔ 대푯값

자료의 중심 경향을 하나의 수로 나타내어 전체 자료를 대표하는 값이다. 대푯값에는 평균, 중앙값, 최빈값 등이 있다.

① **평균**: $(\text{평균})=\dfrac{(\text{전체 자료의 합})}{(\text{자료의 개수})}$

② **중앙값**: 자료를 작은 값부터 크기순으로 나열할 때, 중앙에 위치한 값

- 자료의 개수가 홀수이면 가운데 위치한 값이 중앙값

  예) 자료가 $5, 9, 3, 2, 8, 1, 6$일 때, 작은 값부터 크기순으로 나열하면 $1, 2, 3, 5, 6, 8, 9$
  ↳ 중앙에 있는 5가 중앙값

- 자료의 개수가 짝수이면 가운데 위치한 두 값의 평균이 중앙값

  예) 자료가 $3, 1, 5, 9, 2, 7, 1, 6$일 때, 작은 값부터 크기순으로 나열하면 $1, 1, 2, 3, 5, 6, 7, 9$
  ↳ 중앙에 있는 3, 5의 평균인 $\dfrac{3+5}{2}=4$가 중앙값

③ **최빈값**: 자료의 값 중에서 가장 많이 나타난 값, 즉 도수가 가장 큰 값

- **장점**: 자료의 개수가 많거나 자료가 수치로 표현되지 못하는 경우, 즉 문자, 기호인 경우에도 자료의 중심 경향을 잘 나타낼 수 있다.
- **단점**: 자료의 개수가 적은 경우에는 자료의 중심 경향을 잘 나타내지 못할 수 있다.

예)
- 자료가 $5, 4, 4, 4, 5, 7, 6$일 때, 4의 도수가 3으로 가장 크므로 최빈값은 4이다.
- 자료가 $5, 4, 8, 5, 7, 6, 4$일 때, 4의 도수가 2, 5의 도수가 2이므로 최빈값은 4, 5이다.
- 자료가 $5, 5, 4, 4, 6, 6, 7, 7$일 때, 자료의 도수가 모두 2이므로 최빈값은 없다.

✔ 대푯값이 주어질 때, 자료의 값 구하기

미지수 x를 포함한 자료와 그 대푯값이 주어질 때, 다음과 같이 x의 값을 구한다.

① 평균이 주어진 경우

⇨ $(\text{평균})=\dfrac{(\text{전체 자료의 합})}{(\text{자료의 개수})}$임을 이용하여 x의 값을 구한다.

② 중앙값이 주어진 경우

⇨ 자료를 작은 값부터 크기순으로 나열한다.

⇨ 주어진 중앙값을 이용하여 x가 몇 번째 위치에 놓이는지 파악하여 x의 값을 구한다.

③ 평균과 최빈값이 같은 경우

⇨ 주어진 최빈값을 이용하여 평균을 구한다.

⇨ 구한 평균을 이용하여 x의 값을 구한다.

바빠 개념 확인 문제

❖ 다음 자료의 평균을 구하여라. (1~3)

1 $1, 3, 4, 5, 2$

2 $4, 7, 6, 10, 8$

3 $9, 6, 4, 8, 11, 10$

❖ 다음 자료의 중앙값과 최빈값을 각각 구하여라. (4~6)

4 $6, 5, 4, 3, 2, 1, 3$

5 $3, 6, 7, 7, 5, 1, 7$

6 $2, 2, 5, 7, 8, 3, 3, 6$

❖ 다음 자료에서 x의 값을 구하여라. (7~10)

7 $7, x, 11, 9$의 평균이 8

8 $8, 17, x, 10$의 중앙값이 12

9 $17, 25, 14, x$의 중앙값이 18

10 $5, 6, 5, x, 5, 1, 2, 9$의 평균과 최빈값이 같다.

❖ 다음 자료에서 중앙값을 구하여라. (11~12)

11 $15, 16, 13, x, 10, 11$의 평균이 13일 때, 중앙값

12 $12, 31, 24, x, 18, 20$의 평균이 22일 때, 중앙값

정답

* 정답과 해설 62쪽

1 3　2 7　3 8　4 중앙값: 3, 최빈값: 3
5 중앙값: 6, 최빈값: 7　6 중앙값: 4, 최빈값: 2, 3
7 5　8 14　9 19　10 7　11 13　12 22

2. 분산과 표준편차

산포도

자료가 흩어져 있는 정도를 하나의 수로 나타낸 값

① **편차**: 어떤 자료의 각 변량에서 평균을 뺀 값 (변량: 자료를 수량으로 나타낸 값)

(편차)=(변량)−(평균)

- 편차의 합은 항상 0이다.
- 변량이 평균보다 크면 편차는 양수이고, 평균보다 작으면 편차는 음수이다.
- 편차의 절댓값이 클수록 변량은 평균에서 멀리 떨어져 있고, 편차의 절댓값이 작을수록 변량은 평균 가까이에 있다.

② **분산**: 편차의 제곱의 평균

$$(\text{분산})=\frac{\{(\text{편차})^2\text{의 총합}\}}{(\text{변량의 개수})}$$

③ **표준편차**: 분산의 음이 아닌 제곱근

$(\text{표준편차})=\sqrt{(\text{분산})}$

예 어떤 자료의 편차가 다음과 같이 주어졌을 때, 표준편차를 구해 보자.

$-3,\ 1,\ 0,\ -1,\ 3$

$\{(\text{편차})^2\text{의 총합}\}=(-3)^2+1^2+0^2+(-1)^2+3^2=20$

$(\text{분산})=\frac{20}{5}=4$, $(\text{표준편차})=\sqrt{4}=2$

예 다음은 5명의 학생이 일주일 동안 게임을 한 시간이다. 게임을 한 시간의 분산과 표준편차를 각각 구해 보자.

$8,\ 7,\ 6,\ 5,\ 9$

$(\text{평균})=\frac{8+7+6+5+9}{5}=\frac{35}{5}=7(\text{시간})$

각 변량에 대한 편차는
$1,\ 0,\ -1,\ -2,\ 2$

$\{(\text{편차})^2\text{의 총합}\}$
$=1^2+(-1)^2+(-2)^2+2^2$
$=10$

$(\text{분산})=\frac{10}{5}=2$

$(\text{표준편차})=\sqrt{2}(\text{시간})$

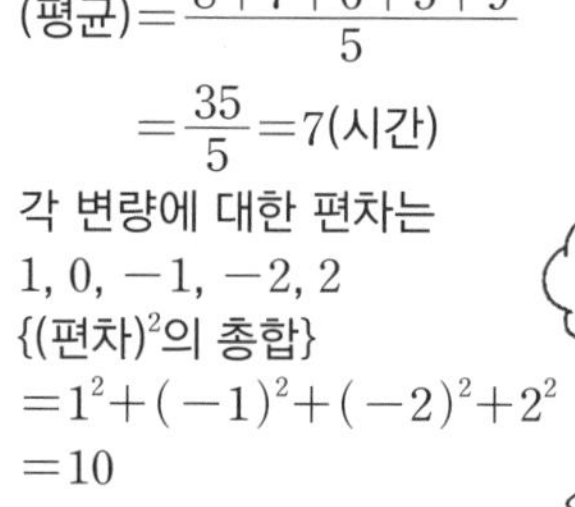

너무 복잡해~
순서대로 외워 봐. 평균 → 편차 → (편차)²의 총합 → 분산 → 표준편차

바빠 꿀팁

- 분산 또는 표준편차가 작다.
  ⇨ 변량들 간의 격차가 작다.
  ⇨ 변량들이 평균 가까이에 모여 있다.
  ⇨ 자료의 분포 상태가 고르다.
- 분산 또는 표준편차가 크다.
  ⇨ 변량들 간의 격차가 크다.
  ⇨ 변량들이 평균에서 멀리 흩어져 있다.
  ⇨ 자료의 분포 상태가 고르지 않다.

바빠 개념 확인 문제

1 다음 표는 편차를 나타낸 것이다. 주어진 자료의 평균이 9일 때, 표의 빈칸을 알맞게 채워라.

변량	3	7	10	11	14
편차	−6		1		

2 다음 표는 5명의 학생이 방학 동안 한 봉사 활동 시간의 편차를 나타낸 것이다. 봉사 활동 시간의 평균이 24시간일 때, E의 봉사 활동 시간을 구하여라.

학생	A	B	C	D	E
편차(시간)	−3	2	−1	0	

❖ 어떤 자료의 편차가 아래와 같을 때, 다음을 구하여라. (3~5)

$-1,\ 4,\ -2,\ -1,\ -1,\ 1$

3 $(\text{편차})^2$의 총합

4 분산

5 표준편차

❖ 아래 자료는 남자 중학생 6명이 일주일 동안 운동한 시간을 조사한 것이다. 다음을 구하여라. (6~10)

$12,\ 10,\ 7,\ 12,\ 9,\ 10$

6 평균

7 각 변량에 대한 편차 (차례대로 써라.)

8 $(\text{편차})^2$의 총합

9 분산

10 표준편차

정답 * 정답과 해설 62쪽

1 −2, 2, 5 2 26시간 3 24 4 4 5 2 6 10시간
7 2, 0, −3, 2, −1, 0 8 18 9 3 10 $\sqrt{3}$시간

개념 완성 문제

* 정답과 해설 63쪽

자료의 평균

1 2개의 변량 a, b의 평균이 8일 때, 3개의 변량 a, b, 5의 평균은?

① 4 ② 5 ③ 6
④ 7 ⑤ 8

Hint 2개의 변량 a, b의 평균이 8이므로 $a+b=16$

대표값이 주어질 때, 자료의 값 구하기

2 지선이는 네 번의 수학 시험에서 각각 82점, 94점, 88점, x점을 받았다. 시험 점수의 중앙값이 90점일 때, x의 값은?

① 88 ② 89 ③ 90
④ 91 ⑤ 92

Hint 네 번의 수학 점수를 작은 점수부터 차례대로 나열하면 82, 88, x, 94가 된다. 이때 88과 x의 평균이 90이 되어야 한다.

대표값이 주어질 때, 자료의 값 구하기

3 다음 자료의 평균과 최빈값이 같을 때, x의 값을 구하여라.

8, 3, 8, x, 5, 8, 10, 9, 11

Hint 최빈값은 자료 중 가장 많이 나온 8이므로 이 자료의 평균이 8이다.

산포도

4 다음 중 옳지 않은 것을 모두 고르면? (정답 2개)

① 편차의 제곱의 평균이 분산이다.
② 편차의 합은 항상 0이다.
③ 평균이 같은 두 자료의 표준편차는 같다.
④ 표준편차가 작을수록 자료는 고르게 분포되어 있다.
⑤ 편차의 평균으로 변량들이 흩어져 있는 정도를 알 수 있다.

Hint 편차의 합은 0이므로 편차의 평균은 항상 0이다.

분산과 표준편차

5 다음 표는 경서의 5회에 걸친 윗몸 일으키기 횟수의 편차를 나타낸 것이다. 이때 분산은?

회	1	2	3	4	5
편차(개)	-2	-1	3	-1	1

① 3 ② 3.2 ③ 4
④ 4.6 ⑤ 5.2

Hint 편차의 제곱의 합을 5로 나누면 분산이다.

자료의 분석

6 다음 5개의 반 중 영어 성적이 가장 고른 반을 골라라.

반	A	B	C	D	E
평균(점)	78	80	79	75	76
표준편차(점)	2	1.4	2.2	1	0.9

Hint 표준편차가 작을수록 성적이 고른 반이다.

고르고 고른 고등수학으로 연결되는 문제

1 서로 다른 두 개의 주사위를 동시에 던질 때, 나오는 두 눈의 수의 차가 2 또는 4인 경우의 수는?

① 6　② 8　③ 9
④ 10　⑤ 12

2 1부터 12까지의 자연수가 각각 적혀 있는 정십이면체 모양의 주사위가 있다. 이 주사위를 두 번 던져 바닥에 닿은 면이 첫 번째는 소수가 나오고 두 번째는 4의 배수가 나오는 경우의 수를 구하여라.

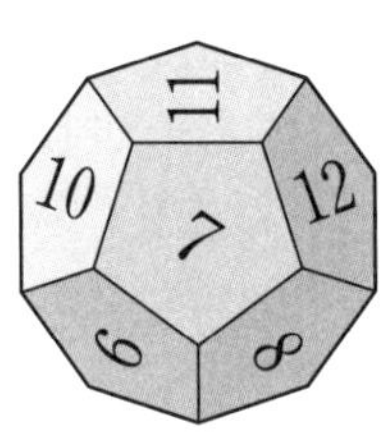

3 농구 대회에 출전한 10개국 중에서 금메달, 은메달, 동메달을 받게 될 국가를 1개국씩 뽑는 경우의 수는?

① 120　② 180　③ 360
④ 540　⑤ 720

4 0부터 5까지의 숫자가 각각 하나씩 적힌 6장의 카드 중 3장을 뽑아 만들 수 있는 세 자리 자연수의 개수는?

① 78　② 80　③ 100
④ 108　⑤ 120

5 어떤 사건 A가 일어날 확률을 p, 일어나지 않을 확률을 q라고 할 때, 다음 중 옳지 않은 것은?

① $0 \le p \le 1$
② $p = q - 1$
③ 절대로 일어나지 않는 사건의 확률은 0이다.
④ 반드시 일어나는 사건의 확률은 1이다.
⑤ $0 \le q \le 1$

6 A, B, C, D 네 명의 학생을 한 줄로 세울 때, B가 맨 앞에 서지 않을 확률은?

① $\frac{9}{20}$　② $\frac{1}{2}$　③ $\frac{7}{12}$
④ $\frac{11}{15}$　⑤ $\frac{3}{4}$

7 어느 야구 선수가 타석에 한 번 설 때, 안타를 칠 확률은 $\frac{2}{5}$이다. 이 선수가 타석에 두 번 설 때, 적어도 한 번은 안타를 칠 확률을 구하여라.

8 오른쪽 그림과 같이 1부터 8까지의 숫자가 각각 적힌 8등분된 원판이 있다. 이 원판을 한 번 돌릴 때, 바늘이 가리키는 숫자가 3 이하 또는 5 초과일 확률은? (단, 바늘이 경계선을 가리키는 경우는 생각하지 않는다.)

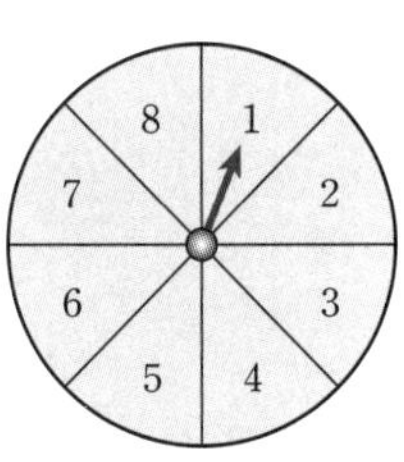

① $\frac{1}{8}$　② $\frac{1}{4}$　③ $\frac{1}{2}$
④ $\frac{3}{4}$　⑤ $\frac{7}{8}$

* 정답과 해설 63쪽

9 다음 표는 일주일 동안 서희의 SNS에 방문한 사람의 수를 조사하여 나타낸 것이다. 방문한 사람 수의 평균이 18명일 때, x의 값은?

요일	월	화	수	목	금	토	일
방문자 수(명)	13	12	x	11	20	25	26

① 19 ② 20 ③ 21
④ 22 ⑤ 23

10 오른쪽 표는 A, B 두 모둠의 학생 수와 국어 성적의 평균을 각각 나타낸 것이다. 이 두 모둠 전체의 국어 성적의 평균을 구하여라.

모둠	A	B
학생 수(명)	8	12
평균(점)	75	80

11 변량 5, 8, a의 중앙값이 8이고, 변량 13, 18, a의 중앙값이 13일 때, 다음 중 a의 값이 될 수 없는 것은?

① 8 ② 10 ③ 11
④ 13 ⑤ 14

12 아래 표는 두 학생 A, B의 5회에 걸친 수학 쪽지 시험 점수를 나타낸 것이다. 다음 설명 중 옳지 않은 것은?

(단위: 점)

	1회	2회	3회	4회	5회
A	7	8	9	10	7
B	8	6	9	9	7

① B의 중앙값은 최빈값보다 작다.
② A의 중앙값과 최빈값은 같다.
③ A의 중앙값과 B의 중앙값은 같다.
④ A의 평균이 B의 평균보다 크다.
⑤ B의 최빈값은 A의 최빈값보다 크다.

13 다음 중 옳은 것을 모두 고르면? (정답 2개)

① 편차의 제곱의 합은 항상 0이다.
② 편차는 항상 양수이다.
③ 평균보다 작은 변량의 편차는 음수이다.
④ 편차의 절댓값이 작을수록 평균에 가깝다.
⑤ (편차)=(평균)−(변량)

14 다음 표는 규호의 6회에 걸친 팔 굽혀 펴기 횟수의 편차를 나타낸 것이다. 이때 x의 값과 팔 굽혀 펴기 횟수의 표준편차를 각각 구하여라.

회	1	2	3	4	5	6
편차(개)	−3	0	x	3	−2	1

15 아래 표는 5개 지역의 학생들의 과학 성적의 평균과 표준편차를 나타낸 것이다. 다음 중 이 자료에 대한 설명으로 옳은 것을 모두 고르면? (정답 2개)

지역	A	B	C	D	E
평균(점)	77	68	73	75	79
표준편차(점)	4.1	5	3.2	7	6.5

① 성적이 가장 고른 지역은 C 지역이다.
② B 지역에 과학 성적이 가장 낮은 학생이 있다.
③ 성적이 가장 고르지 않은 지역은 E 지역이다.
④ 성적이 가장 높은 학생은 A 지역에 있다.
⑤ 과학 성적에 대한 분산이 가장 큰 지역은 D 지역이다.

16 다음 자료들 중에서 표준편차가 가장 큰 것은?

① 4, 5, 6, 4, 5, 6, 4, 5, 6, 4
② 7, 7, 7, 7, 7, 7, 7, 7, 7, 7
③ 2, 8, 2, 8, 2, 8, 2, 8, 2, 8
④ 7, 5, 7, 5, 7, 5, 7, 5, 7, 5
⑤ 4, 2, 4, 2, 3, 3, 3, 3, 4, 2

2학기, 제일 먼저 풀어야 할 문제집!

'바쁜 중3을 위한 빠른 중학도형'

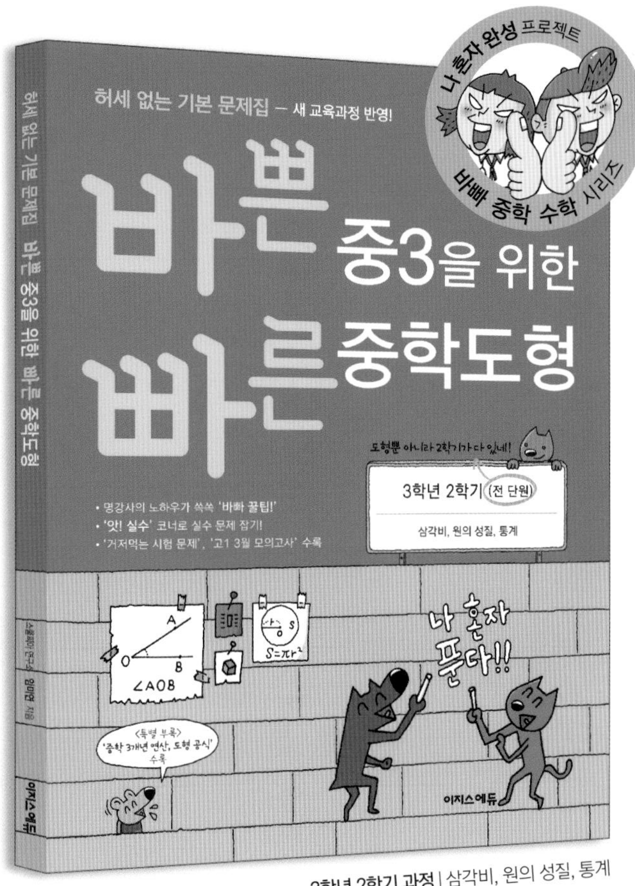

3학년 2학기 과정 | 삼각비, 원의 성질, 통계

★ ★ ★

2학기 수학 기초 완성!

기초부터
시험 대비까지!
바빠로 끝낸다!

중학교 2학기 첫 수학은 '바빠 중학도형' 이다!

★ 2학기, 제일 먼저 풀어야 할 문제집!
도형뿐만 아니라 확률과 통계까지 기본 문제를 한 권에 모아, 기초가 탄탄해져요.

★ 대치동 명강사의 노하우가 쏙쏙 '바빠 꿀팁'
책에는 없던, 말로만 듣던 꿀팁을 그대로 담아 더욱 쉽게 이해돼요.

★ '앗! 실수' 코너로 실수 문제 잡기!
중학생 70%가 틀린 문제를 짚어 주어, 실수를 확~ 줄여 줘요.

★ 내신 대비 '거저먹는 시험 문제' 수록
이 문제들만 풀어도 2학기 학교 시험은 문제없어요.

★ 선생님들도 박수 치며 좋아하는 책!
자습용이나 학원 선생님들이 숙제로 내주기 딱 좋은 책이에요.

바쁜 중학생을 위한 빠른 학습법! – 바빠 시리즈

진도 빼다 체한 영문법, 사이다처럼 뻥 뚫린다!
문단열의 중학 영문법 소화제

문단열의 중학 영문법 소화제 ①, ② | 각 권 값 12,000원

★ ★ ★ ★

꼭 알아야 할 문법 용어 해결!

중학 영문법이 그림 24장으로 끝난다!

※ Mbest 유료 강의는 종료되었습니다.
강의 없이 책으로 혼자 공부하기 좋은 책입니다.

바쁘게 공부하다 체한 영문법, 문단열 쌤의 소화제 처방!

영문법 정복은 문법 용어와의 싸움!
이제 영어 소화 효소가 생긴다! 영어 공부 speed up!

크크크~ 유머 있는 그림으로 감 잡는다!
문법 하나에 그림 하나! 사진 찍듯 기억이 고정된다!

우리말로 비교하며 설명하니 느낌이 확 온다!
이렇게 알아듣게 설명해 주는 책은 오랜만이야.

공부가 소화되는 방법 총동원 – '평생 기억하기' 꿀팁까지!
무책임한 책이 아니야. 외우는 방법까지 생각했어. 혼자 공부해도 OK!

바쁜 친구들이 즐거워지는 빠른 학습법 — 바빠 중학수학 시리즈

바빠

고등수학으로 연결되는

중학수학 총정리

정답과 해설

고등학교에서 써먹는 중학수학만

대치동 명강사가

고르고 골랐다!

다 필요 없고!

고등수학에서 필요한 것만 콕!

이지스에듀

바쁜 예비 고1이라면
고등수학에서
필요한 것만
빠르게 끝내자~!

Ⅰ 수와 연산

01 소인수분해

1. 소수와 합성수, 거듭제곱 12쪽

1 × 2 ○ 3 × 4 ○
5 2, 3, 5, 7 6 11, 13, 17, 19 7 7^5
8 $\left(\frac{3}{4}\right)^4$ 9 16 10 $\frac{8}{27}$

1 소수에 짝수인 2가 있으므로 모든 소수가 홀수인 것은 아니다.

3 자연수는 1, 소수, 합성수로 이루어져 있다.

8 $\frac{3}{4}\times\frac{3}{4}\times\frac{3}{4}\times\frac{3}{4}$은 반드시 괄호를 사용하여 $\left(\frac{3}{4}\right)^4$으로 나타내야 한다.

9 $2^4=2\times2\times2\times2=16$

10 $\left(\frac{2}{3}\right)^3=\frac{2^3}{3^3}=\frac{8}{27}$

2. 소인수분해 13쪽

1 2, 2, 3, 2, 2, 3, 2, 3 2 2, 3, 5, 2, 3, 5, 2, 3, 5
3 2^3, 2 4 3×5, 3, 5 5 $2^2\times7$, 2, 7 6 $3^2\times5$, 3, 5
7 $2^2\times13$, 2, 13 8 $2^2\times3\times5$, 2, 3, 5 9 3×5^2, 3, 5

3 2) 8
2) 4
2
$\therefore 8=2^3$
소인수: 2

4 3) 15
5
$\therefore 15=3\times5$
소인수: 3, 5

5 2) 28
2) 14
7
$\therefore 28=2^2\times7$
소인수: 2, 7

6 3) 45
3) 15
5
$\therefore 45=3^2\times5$
소인수: 3, 5

7 2) 52
2) 26
13
$\therefore 52=2^2\times13$
소인수: 2, 13

8 2) 60
2) 30
3) 15
5
$\therefore 60=2^2\times3\times5$
소인수: 2, 3, 5

9 3) 75
5) 25
5
$\therefore 75=3\times5^2$
소인수: 3, 5

3. 소인수분해를 이용하여 약수와 약수의 개수 구하기 14쪽

1 표: 해설 참조, 약수: 1, 2, 4, 5, 10, 20
2 표: 해설 참조, 약수: 1, 2, 5, 10, 25, 50
3 8 4 12 5 24 6 $2^3\times3$, 8
7 $2\times3\times5$, 8

1

×	1	2	2^2
1	1	2	4
5	5	10	20

약수: 1, 2, 4, 5, 10, 20

2

×	1	5	5^2
1	1	5	25
2	2	10	50

약수: 1, 2, 5, 10, 25, 50

3 2×7^3의 약수의 개수는 $(1+1)\times(3+1)=8$

4 $3^3\times5^2$의 약수의 개수는 $(3+1)\times(2+1)=12$

5 $2^2\times3^3\times5$의 약수의 개수는 $(2+1)\times(3+1)\times(1+1)=24$

6 $24=2^3\times3$이므로 약수의 개수는 $(3+1)\times(1+1)=8$

7 $30=2\times3\times5$이므로 약수의 개수는 $(1+1)\times(1+1)\times(1+1)=8$

개념 완성 문제 15쪽

1 ⑤ 2 17, 19, 23 3 ② 4 $a=2$, $b=2$, $c=1$
5 2, 3, 5 6 ④ 7 ③

1 ⑤ 합성수는 약수가 3개 이상인 수이다.

2 약수가 1과 자기 자신인 수를 찾으면 17, 19, 23이다.

3 $2^4=16$, $5^2=25$이므로 $a=4$, $b=25$이다.
$\therefore b-a=25-4=21$

4 $180=2^2\times3^2\times5$ $\quad\therefore a=2, b=2, c=1$

5 $120=2^3\times3\times5$이므로 소인수는 2, 3, 5이다.

6 $96=2^5\times3$이므로 96의 약수는 2의 지수가 최대 5, 3의 지수가 최대 1이어야 한다. 따라서 약수에 3^2이 올 수 없다.

7 $72=2^3\times3^2$이므로 약수의 개수는 $(3+1)\times(2+1)=12$
따라서 $2^a\times5^2$의 약수가 12개이어야 하므로
$(a+1)\times3=12$ $\quad\therefore a=3$

02 최대공약수와 최소공배수

1. 최대공약수 16쪽

1 1, 2, 4, 8 2 1, 2, 4, 7, 14, 28 3 1, 2, 4
4 4 5 ○ 6 × 7 ○
8 × 9 2×3^2 10 $3^2\times5$ 11 $2\times3\times5$
12 8 13 6

5 5와 6은 공통으로 나눌 수 있는 수가 1밖에 없으므로 서로소이다.

6 6과 8은 2로 나눌 수 있으므로 서로소가 아니다.

7 3과 10은 공통으로 나눌 수 있는 수가 1밖에 없으므로 서로소이다.

8 8과 12는 2로 나눌 수 있으므로 서로소가 아니다.

9 밑이 2인 수의 지수 중 작은 지수는 1, 밑이 3인 수의 지수 중 작은 지수는 2이므로 최대공약수는 2×3^2이다.

10 밑이 3인 수의 지수 중 작은 지수는 2, 밑이 5인 수의 지수 중 작은 지수는 1, 7은 공통으로 있지 않으므로 제외하면 최대공약수는 $3^2\times5$이다.

11 밑이 2인 수의 지수 중 작은 지수는 1, 밑이 3인 수의 지수 중 작은 지수는 1, 밑이 5인 수의 지수 중 작은 지수는 1이므로 최대공약수는 $2\times3\times5$이다.

12
2) 16 24
2) 8 12
2) 4 6
2 3

최대공약수: $2\times2\times2=8$

13
2) 12 18 36
3) 6 9 18
2 3 6

최대공약수: $2\times3=6$

2. 최소공배수 17쪽

1 10, 20, 30, 40, 50, ⋯ 2 15, 30, 45, 60, 75, ⋯
3 30, 60, 90, ⋯ 4 30 5 $2^2\times3^3$ 6 $2\times3\times5^3$
7 $2^2\times3^2\times5\times7$ 8 72 9 160 10 240
11 252

5 밑이 2인 수의 지수 중 큰 지수는 2, 밑이 3인 수의 지수 중 큰 지수는 3이므로 최소공배수는 $2^2\times3^3$이다.

6 밑이 2인 수의 지수는 공통인 지수 1, 밑이 5인 수의 지수 중 큰 지수는 3, 3은 공통으로 있지 않아도 포함해야 하므로 최소공배수는 $2\times3\times5^3$이다.

7 밑이 2인 수의 지수 중 큰 지수는 2, 밑이 3인 수의 지수 중 큰 지수는 2, 5와 7은 공통으로 있지 않아도 포함해야 하므로 최소공배수는 $2^2\times3^2\times5\times7$이다.

8
2) 18 24
3) 9 12
3 4

최소공배수:
$2\times3\times3\times4=72$

9
2) 20 32
2) 10 16
5 8

최소공배수:
$2\times2\times5\times8=160$

10
2) 16 20 24
2) 8 10 12
2) 4 5 6
2 5 3

최소공배수:
$2\times2\times2\times2\times5\times3=240$

11
3) 18 21 36
2) 6 7 12
3) 3 7 6
1 7 2

최소공배수:
$3\times2\times3\times1\times7\times2=252$

3. 최대공약수와 최소공배수의 활용 18쪽

1 12명 2 15 cm 3 10 4 오전 8시
5 18 cm 6 6

1 60과 48의 최대공약수를 구하면 $2\times2\times3=12$이므로 12명의 학생들에게 똑같이 나누어 줄 수 있다.

2) 60 48
2) 30 24
3) 15 12
5 4

2 75와 30의 최대공약수를 구하면 $3\times5=15$이므로 색종이의 한 변의 길이는 15 cm이다.

3) 75 30
5) 25 10
5 2

3 가로, 세로에 필요한 색종이의 개수는 각각 $75\div15=5$, $30\div15=2$이므로 필요한 색종이의 개수는 $5\times2=10$

4 두 열차가 처음으로 다시 동시에 출발할 때까지 걸리는 시간은 24와 30의 최소공배수인 $2\times3\times4\times5=120$(분)이다. 따라서 두 열차는 120분, 즉 2시간 후인 오전 8시에 처음으로 다시 동시에 출발한다.

2) 24 30
3) 12 15
4 5

5 6과 9의 최소공배수를 구하면 $3\times2\times3=18$이므로 가장 작은 정사각형의 한 변의 길이는 18 cm이다.

3) 6 9
2 3

6 가로, 세로에 필요한 직사각형의 개수는 각각 $18\div6=3$, $18\div9=2$이므로 필요한 직사각형의 개수는 $3\times2=6$

개념 완성 문제 19쪽

1 1, 2, 3, 6, 9, 18 2 ④ 3 ③
4 96 5 ⑤ 6 60 cm

1 두 수 A, B의 최대공약수가 18이므로 A, B의 공약수는 최대공약수 18의 약수이다. 따라서 18의 약수는 1, 2, 3, 6, 9, 18이다.

2 밑이 2인 수의 지수 중 작은 지수는 2, 밑이 3인 수의 지수 중 작은 지수는 2, 밑이 5인 수의 지수는 공통으로 1, 7은 공통으로 있지 않으므로 최대공약수는 $2^2\times3^2\times5$이다.

3 어떤 자연수로 78을 나누면 3이 남으므로 $78-3=75$는 나누어떨어지고, 85를 나누면 5가 부족하므로 $85+5=90$은 나누어떨어진다.
따라서 75와 90의 최대공약수를 구하면 $3\times5=15$

3) 75 90
5) 25 30
5 6

4 어떤 두 수의 최소공배수가 24이므로 어떤 두 수의 공배수는 24의 배수이다.
즉, 24, 48, 72, 96, 120, ⋯이므로 100에 가장 가까운 수는 96이다.

5 밑이 2인 수의 지수 중 큰 지수는 3, 밑이 각각 3, 5인 수는 세 수에 공통으로 있지 않지만 두 수 중 지수가 큰 지수는 각각 2이다. 7은 공통으로 있지 않아도 포함해야 하므로 최소공배수는 $2^3\times3^2\times5^2\times7$이다.

6 12, 20, 6의 최소공배수가 정육면체의 한 모서리의 길이이다.
따라서 최소공배수는 $2\times2\times3\times1\times5\times1=60$이므로 정육면체의 한 모서리의 길이는 60 cm이다.

2) 12 20 6
2) 6 10 3
3) 3 5 3
1 5 1

03 정수와 유리수

1. 정수와 유리수 20쪽

1 $\frac{12}{4}$, 100　2 -6, $-\frac{6}{3}$　3 -6, $-\frac{6}{3}$, 0, $\frac{12}{4}$, 100

4 $\frac{1}{2}$, $+4.2$, $\frac{12}{4}$, 100　5 -6, $-\frac{6}{3}$, $-\frac{11}{7}$

6 $\frac{1}{2}$, $+4.2$, $-\frac{11}{7}$　7 ×　8 ○

9 ○　10 ○　11 ×

1 $\frac{12}{4}=3$이므로 양의 정수는 $\frac{12}{4}$, 100이다.

2 $-\frac{6}{3}=-2$이므로 음의 정수는 -6, $-\frac{6}{3}$이다.

3 정수는 양의 정수, 0, 음의 정수로 이루어져 있으므로 -6, $-\frac{6}{3}$, 0, $\frac{12}{4}$, 100이다.

6 -6, $-\frac{6}{3}$, 0, $\frac{12}{4}$, 100은 정수이므로 제외하면 정수가 아닌 유리수는 $\frac{1}{2}$, $+4.2$, $-\frac{11}{7}$이다.

7 정수는 양의 정수, 0, 음의 정수로 이루어져 있다.

11 모든 정수는 유리수이지만 모든 유리수가 정수인 것은 아니다.

2. 절댓값 21쪽

1 -1　2 $+3$　3 8　4 10

5 0　6 $\frac{7}{5}$　7 -1.5, $+1.5$　8 $-\frac{2}{5}$, $+\frac{2}{5}$

9 -1, 0, 1　10 -3, -2, -1, 0, 1, 2, 3　11 4.6

12 -4, $+4$

1 $-\frac{2}{3}=-0.666\cdots$이므로 가장 가까운 정수는 -1이다.

2 $+\frac{11}{4}=+2.75$이므로 가장 가까운 정수는 $+3$이다.

11 절댓값이 2.3인 수는 -2.3, $+2.3$이므로 이 두 수를 나타내는 두 점 사이의 거리는 4.6이다.

12 절댓값이 같고 부호가 반대인 두 수를 나타내는 두 점 사이의 거리가 8이므로 $8\div2=4$에서 절댓값이 4인 두 수는 -4, $+4$이다.

3. 수의 대소 관계 22쪽

1 <　2 <　3 >　4 >

5 <　6 >　7 <　8 >

9 $x>-7$　10 $x\le15$　11 $x\ge3$　12 $x\le-\frac{5}{2}$

13 $3\le x<8.9$　14 $-\frac{1}{8}\le x\le3.5$　15 $-3.7\le x\le-\frac{4}{5}$

1 양수끼리는 절댓값이 큰 수가 크다.　$\therefore +4<+12$

2 양수는 0보다 크다.　$\therefore 0<+7$

3 양수는 음수보다 크다.　$\therefore +1>-6$

4 음수끼리는 절댓값이 작은 수가 크다.　$\therefore -3>-9$

7 $\frac{5}{4}>\frac{2}{3}$이므로 $-\frac{5}{4}<-\frac{2}{3}$이다.

8 $\frac{2}{5}<\frac{1}{2}$이므로 $-\frac{2}{5}>-\frac{1}{2}$이다.

11 '작지 않다.'는 '크거나 같다.'이다.　$\therefore x\ge3$

12 '크지 않다.'는 '작거나 같다.'이다.　$\therefore x\le-\frac{5}{2}$

14 x는 $-\frac{1}{8}$보다 크거나 같다. ⇨ $-\frac{1}{8}\le x$
x는 3.5보다 크지 않다. ⇨ $x\le3.5$
$\therefore -\frac{1}{8}\le x\le3.5$

15 x는 -3.7보다 작지 않다. ⇨ $-3.7\le x$
x는 $-\frac{4}{5}$ 이하이다. ⇨ $x\le-\frac{4}{5}$
$\therefore -3.7\le x\le-\frac{4}{5}$

개념 완성 문제 23쪽

1 ③　2 ②　3 ④

4 -6.2, 5.8, $-\frac{7}{2}$, $\frac{10}{3}$, $-\frac{9}{4}$, 0　5 5　6 ⑤

1 ① 정수는 $-\frac{15}{3}=-5$, 0, 8, $-\frac{6}{2}=-3$으로 4개이다.
② 양의 유리수는 $\frac{11}{4}$, 8로 2개이다.
③ 정수가 아닌 유리수는 -2.8, $\frac{11}{4}$로 2개이다.
④ 음의 유리수는 -2.8, $-\frac{15}{3}$, $-\frac{6}{2}$으로 3개이다.
⑤ 음의 정수는 $-\frac{15}{3}=-5$, $-\frac{6}{2}=-3$으로 2개이다.

2 ② 유리수는 양의 유리수, 0, 음의 유리수로 이루어져 있다.

3 $-\frac{16}{4}=-4$의 절댓값은 4, $+4.2$의 절댓값은 4.2이므로 수직선 위에 나타내었을 때, 원점에서 가장 멀리 떨어져 있는 수는 ④ $+4.2$이다.

4 $\left|-\frac{7}{2}\right|=\frac{7}{2}=3.5$, $\left|-\frac{9}{4}\right|=\frac{9}{4}=2.25$, $|-6.2|=6.2$, $\frac{10}{3}=3.333\cdots$이므로 절댓값이 큰 수부터 차례로 나열하면
-6.2, 5.8, $-\frac{7}{2}$, $\frac{10}{3}$, $-\frac{9}{4}$, 0

5 절댓값이 $\frac{5}{2}$ 이하인 정수는 -2, -1, 0, 1, 2로 5개이다.

6 ⑤ $\frac{3}{5}<\frac{3}{4}$이므로 $-\frac{3}{5}>-\frac{3}{4}$

04 유리수의 덧셈과 뺄셈

1. 유리수의 덧셈 24쪽

1 $+19$	2 $+\frac{17}{20}$	3 -24	4 $-\frac{9}{8}$
5 -3	6 -4	7 $-\frac{4}{9}$	8 $-\frac{2}{3}$
9 0	10 -0.5	11 $+\frac{25}{21}$	12 $+\frac{1}{6}$

2 $\left(+\frac{3}{5}\right)+\left(+\frac{1}{4}\right)=\left(+\frac{12}{20}\right)+\left(+\frac{5}{20}\right)=+\frac{17}{20}$

4 $\left(-\frac{7}{8}\right)+\left(-\frac{1}{4}\right)=\left(-\frac{7}{8}\right)+\left(-\frac{2}{8}\right)=-\frac{9}{8}$

7 $\left(+\frac{1}{3}\right)+\left(-\frac{7}{9}\right)=\left(+\frac{3}{9}\right)+\left(-\frac{7}{9}\right)=-\frac{4}{9}$

8 $(-2)+\left(+\frac{4}{3}\right)=\left(-\frac{6}{3}\right)+\left(+\frac{4}{3}\right)=-\frac{2}{3}$

9 $(+5)+(-12)+(+7)=\{(+5)+(+7)\}+(-12)$
$=(+12)+(-12)=0$

10 $(+5)+(-2.3)+(-3.2)=(+5)+\{(-2.3)+(-3.2)\}$
$=(+5)+(-5.5)=-0.5$

11 $\left(-\frac{3}{7}\right)+\left(+\frac{7}{3}\right)+\left(-\frac{5}{7}\right)=\left\{\left(-\frac{3}{7}\right)+\left(-\frac{5}{7}\right)\right\}+\left(+\frac{7}{3}\right)$
$=\left(-\frac{8}{7}\right)+\left(+\frac{7}{3}\right)$
$=\left(-\frac{24}{21}\right)+\left(+\frac{49}{21}\right)=+\frac{25}{21}$

12 $(+1.3)+\left(-\frac{11}{6}\right)+(+0.7)=\{(+1.3)+(+0.7)\}+\left(-\frac{11}{6}\right)$
$=(+2)+\left(-\frac{11}{6}\right)$
$=\left(+\frac{12}{6}\right)+\left(-\frac{11}{6}\right)=+\frac{1}{6}$

2. 유리수의 뺄셈 25쪽

1 -14	2 $+7$	3 $+26$	4 -13
5 $+0.8$	6 $+4.6$	7 $+\frac{7}{6}$	8 $-\frac{34}{21}$
9 $-\frac{5}{18}$	10 $+\frac{19}{24}$	11 $-\frac{1}{5}$	12 $+\frac{2}{15}$

1 $(-5)-(+9)=(-5)+(-9)=-14$

2 $(+12)-(+5)=(+12)+(-5)=+7$

3 $(+18)-(-8)=(+18)+(+8)=+26$

4 $(-25)-(-12)=(-25)+(+12)=-13$

5 $(+2.5)-(+1.7)=(+2.5)+(-1.7)=+0.8$

6 $(-4.5)-(-9.1)=(-4.5)+(+9.1)=+4.6$

7 $\left(+\frac{5}{12}\right)-\left(-\frac{3}{4}\right)=\left(+\frac{5}{12}\right)+\left(+\frac{9}{12}\right)=+\frac{14}{12}=+\frac{7}{6}$

8 $\left(-\frac{9}{7}\right)-\left(+\frac{7}{21}\right)=\left(-\frac{27}{21}\right)+\left(-\frac{7}{21}\right)=-\frac{34}{21}$

9 $\left(+\frac{5}{6}\right)-\left(+\frac{10}{9}\right)=\left(+\frac{15}{18}\right)+\left(-\frac{20}{18}\right)=-\frac{5}{18}$

10 $\left(-\frac{7}{8}\right)-\left(-\frac{5}{3}\right)=\left(-\frac{21}{24}\right)+\left(+\frac{40}{24}\right)=+\frac{19}{24}$

11 $\left(+\frac{3}{5}\right)-(+0.8)=\left(+\frac{3}{5}\right)+\left(-\frac{4}{5}\right)=-\frac{1}{5}$

12 $(-0.7)-\left(-\frac{5}{6}\right)=\left(-\frac{7}{10}\right)+\left(+\frac{5}{6}\right)$
$=\left(-\frac{21}{30}\right)+\left(+\frac{25}{30}\right)$
$=+\frac{4}{30}=+\frac{2}{15}$

3. 덧셈과 뺄셈의 혼합 계산 26쪽

1 -6	2 -3	3 $+2$	4 $+\frac{12}{7}$
5 $-\frac{7}{12}$	6 $+\frac{2}{5}$	7 -24	8 -14
9 2	10 $\frac{3}{20}$	11 $-\frac{21}{40}$	12 $-\frac{3}{20}$

1 $(-9)+(-1)-(-4)=(-9)+(-1)+(+4)$
$=\{(-9)+(-1)\}+(+4)$
$=(-10)+(+4)=-6$

2 $(+18)-(+12)-(+9)=(+18)+(-12)+(-9)$
$=(+18)+\{(-12)+(-9)\}$
$=(+18)+(-21)=-3$

3 $(+7)+(-18)-(-13)=(+7)+(-18)+(+13)$
$=\{(+7)+(+13)\}+(-18)$
$=(+20)+(-18)=+2$

4 $\left(-\frac{2}{7}\right)-\left(+\frac{1}{3}\right)-\left(-\frac{7}{3}\right)=\left(-\frac{2}{7}\right)+\left(-\frac{1}{3}\right)+\left(+\frac{7}{3}\right)$
$=\left(-\frac{2}{7}\right)+\left\{\left(-\frac{1}{3}\right)+\left(+\frac{7}{3}\right)\right\}$
$=\left(-\frac{2}{7}\right)+(+2)$
$=\left(-\frac{2}{7}\right)+\left(+\frac{14}{7}\right)=+\frac{12}{7}$

5 $\left(-\frac{7}{8}\right)-\left(-\frac{2}{3}\right)+\left(-\frac{3}{8}\right)=\left(-\frac{7}{8}\right)+\left(+\frac{2}{3}\right)+\left(-\frac{3}{8}\right)$
$=\left\{\left(-\frac{7}{8}\right)+\left(-\frac{3}{8}\right)\right\}+\left(+\frac{2}{3}\right)$
$=\left(-\frac{5}{4}\right)+\left(+\frac{2}{3}\right)$
$=\left(-\frac{15}{12}\right)+\left(+\frac{8}{12}\right)=-\frac{7}{12}$

6 $\left(+\frac{13}{40}\right)-\left(+\frac{9}{8}\right)+\left(+\frac{6}{5}\right)=\left(+\frac{13}{40}\right)+\left(-\frac{9}{8}\right)+\left(+\frac{6}{5}\right)$

$=\left(+\frac{13}{40}\right)+\left(-\frac{45}{40}\right)+\left(+\frac{48}{40}\right)$

$=\left\{\left(+\frac{13}{40}\right)+\left(+\frac{48}{40}\right)\right\}+\left(-\frac{45}{40}\right)$

$=\left(+\frac{61}{40}\right)+\left(-\frac{45}{40}\right)=+\frac{16}{40}$

$=+\frac{2}{5}$

8 $-12+7-9=-12-9+7=-21+7=-14$

9 $7-11-6+12=7+12-11-6=19-17=2$

10 $\frac{5}{12}-\frac{4}{15}=\frac{25}{60}-\frac{16}{60}=\frac{9}{60}=\frac{3}{20}$

11 $-\frac{8}{5}+\frac{3}{8}+\frac{7}{10}=-\frac{64}{40}+\frac{15}{40}+\frac{28}{40}=-\frac{64}{40}+\frac{43}{40}=-\frac{21}{40}$

12 $\frac{3}{5}+2+\frac{9}{4}-5=\frac{3}{5}+\frac{9}{4}+2-5=\frac{12}{20}+\frac{45}{20}-3$

$=\frac{57}{20}-\frac{60}{20}=-\frac{3}{20}$

개념 완성 문제 27쪽

1 ② 2 $-\frac{1}{2}$ 3 ① 4 ③

5 $\frac{37}{30}$ 6 ④

1 ①, ③, ④, ⑤ $+4$

② -4

2 $+\frac{5}{2}=+\frac{15}{6}$, $+\frac{7}{3}=+\frac{14}{6}$에서 $+\frac{5}{2}$가 가장 큰 수이고, 가장 작은 수는 -3이므로 $\left(+\frac{5}{2}\right)+(-3)=\left(+\frac{5}{2}\right)+\left(-\frac{6}{2}\right)=-\frac{1}{2}$

3 ① $(+7)-(+13)=(+7)+(-13)=-6$

② $(-5)-(-4)=(-5)+(+4)=-1$

③ $(+15)-(+12)=(+15)+(-12)=+3$

④ $(+11)-(+4)=(+11)+(-4)=+7$

⑤ $(-12)-(-9)=(-12)+(+9)=-3$

따라서 계산 결과가 가장 작은 것은 ①이다.

4 $a=(-17)-(-8)=(-17)+(+8)=-9$

$b=(+12)-(+5)=(+12)+(-5)=+7$

$\therefore a-b=(-9)-(+7)=(-9)+(-7)=-16$

5 $\frac{2}{3}-\frac{4}{5}-\frac{5}{6}+\frac{11}{5}=\frac{2}{3}-\frac{5}{6}-\frac{4}{5}+\frac{11}{5}$

$=\frac{4}{6}-\frac{5}{6}-\frac{4}{5}+\frac{11}{5}=-\frac{1}{6}+\frac{7}{5}$

$=-\frac{5}{30}+\frac{42}{30}=\frac{37}{30}$

6 $a=-2-3=-5$, $b=4+\left(-\frac{20}{3}\right)=\frac{12}{3}+\left(-\frac{20}{3}\right)=-\frac{8}{3}$

$\therefore a-b=-5-\left(-\frac{8}{3}\right)=-\frac{15}{3}+\frac{8}{3}=-\frac{7}{3}$

05 유리수의 곱셈과 나눗셈

1. 유리수의 곱셈 28쪽

1 $+15$ 2 $-\frac{9}{2}$ 3 $-\frac{1}{6}$ 4 -30

5 $+\frac{3}{2}$ 6 $+1$ 7 $+9$ 8 -27

9 -1 10 368 11 4300

10 $(100-8)\times4=100\times4-8\times4=368$

11 $103\times43+(-3)\times43=(103-3)\times43=4300$

2. 유리수의 나눗셈 29쪽

1 $+0.8$ 2 -17 3 $\frac{1}{4}$ 4 $-\frac{4}{7}$

5 $-\frac{10}{23}$ 6 $-\frac{3}{2}$ 7 $+\frac{5}{12}$ 8 $-\frac{3}{16}$

9 -140 10 $\frac{1}{10}$

3 $4=\frac{4}{1}$의 역수는 분모, 분자를 바꾸면 되므로 $\frac{1}{4}$

4 $-\frac{7}{4}$의 역수는 부호가 $-$이고 분모, 분자를 바꾸면 되므로 $-\frac{4}{7}$

5 $-2.3=-\frac{23}{10}$의 역수는 부호가 $-$이고 분모, 분자를 바꾸면 되므로 $-\frac{10}{23}$

6 $\left(-\frac{9}{8}\right)\div\frac{3}{4}=\left(-\frac{9}{8}\right)\times\frac{4}{3}=-\frac{3}{2}$

7 $\left(-\frac{7}{18}\right)\div\left(-\frac{14}{15}\right)=\left(-\frac{7}{18}\right)\times\left(-\frac{15}{14}\right)=+\frac{5}{12}$

8 $\left(-\frac{9}{8}\right)\times\left(-\frac{2}{27}\right)\div\left(-\frac{4}{9}\right)=\left(-\frac{9}{8}\right)\times\left(-\frac{2}{27}\right)\times\left(-\frac{9}{4}\right)$

$=-\frac{3}{16}$

9 $20\div\left(-\frac{4}{7}\right)\times(-2)^2=20\times\left(-\frac{7}{4}\right)\times4=-140$

10 $(-1)^{100}\div\left(\frac{5}{3}\right)^2\times\frac{5}{18}=1\times\frac{9}{25}\times\frac{5}{18}=\frac{1}{10}$

3. 덧셈, 뺄셈, 곱셈, 나눗셈의 혼합 계산 30쪽

1 14 2 -5 3 2 4 $-\frac{1}{2}$

5 -17 6 -9 7 3 8 $\frac{7}{4}$

1 $-6\div(5-8)+12=-6\div(-3)+12=2+12=14$

2 $16\div4-(12-9)\times3=4-3\times3=4-9=-5$

3 $-\frac{12}{5}+\left(\frac{3}{2}\times6-\frac{23}{5}\right)=-\frac{12}{5}+\left(9-\frac{23}{5}\right)$

$=-\frac{12}{5}+\left(\frac{45}{5}-\frac{23}{5}\right)$

$=-\frac{12}{5}+\frac{22}{5}=\frac{10}{5}=2$

4 $\frac{5}{16}\div\left(-8+\frac{7}{12}\times3\right)-\frac{9}{20}=\frac{5}{16}\div\left(-8+\frac{7}{4}\right)-\frac{9}{20}$
$=\frac{5}{16}\div\left(-\frac{25}{4}\right)-\frac{9}{20}$
$=\frac{5}{16}\times\left(-\frac{4}{25}\right)-\frac{9}{20}$
$=-\frac{1}{20}-\frac{9}{20}=-\frac{10}{20}=-\frac{1}{2}$

5 $-9-\{(-2)^4+4\times(1-3)\}=-9-\{16+4\times(-2)\}$
$=-9-\{16+(-8)\}$
$=-9-8=-17$

6 $\left\{(3^2-10)\times\left(-\frac{4}{5}\right)-2\right\}\div\frac{3}{5}-7$
$=\left\{(9-10)\times\left(-\frac{4}{5}\right)-2\right\}\div\frac{3}{5}-7$
$=\left(\frac{4}{5}-2\right)\div\frac{3}{5}-7$
$=\left(\frac{4}{5}-\frac{10}{5}\right)\div\frac{3}{5}-7$
$=-\frac{6}{5}\times\frac{5}{3}-7$
$=-2-7=-9$

7 $2[(-4)^2-\{(7-3)\div2+8\}]-9=2\{16-(4\div2+8)\}-9$
$=2\{16-(2+8)\}-9$
$=2(16-10)-9$
$=12-9=3$

8 $-\left[(-2)^3+\left\{(10-2)\div\frac{4}{5}-7\right\}\right]-\frac{13}{4}$
$=-\left\{(-8)+\left(8\div\frac{4}{5}-7\right)\right\}-\frac{13}{4}$
$=-\left\{(-8)+\left(8\times\frac{5}{4}-7\right)\right\}-\frac{13}{4}$
$=-\{(-8)+3\}-\frac{13}{4}$
$=5-\frac{13}{4}=\frac{20}{4}-\frac{13}{4}=\frac{7}{4}$

개념 완성 문제 31쪽

1 ④	2 3	3 ③	4 ②
5 ⑤	6 $\frac{7}{2}$		

1 ④ $(-3)\times(-2)\times\left(-\frac{5}{9}\right)=-\frac{10}{3}$

2 세 개의 음수 중에서 절댓값이 큰 수 2개와 양수 1개를 선택해야 세 수의 곱이 양수이면서 가장 큰 수가 된다. $-\frac{5}{3}$, -2, $-\frac{1}{2}$ 중 절댓값이 큰 두 수는 $-\frac{5}{3}$와 -2이므로 세 수의 곱 중에 가장 큰 수는
$\left(-\frac{5}{3}\right)\times(-2)\times\frac{9}{10}=3$

3 분배법칙을 이용하면 $a\times(b+c)=a\times b+a\times c=28$
$a\times b=12$이므로 $12+a\times c=28$
$\therefore a\times c=16$

4 $-\frac{7}{3}$의 역수는 부호가 $-$이고 분모, 분자를 바꾼 수이므로 $a=-\frac{3}{7}$
$0.6=\frac{6}{10}=\frac{3}{5}$의 역수는 분모, 분자를 바꾼 수이므로 $b=\frac{5}{3}$
$\therefore a\times b=\left(-\frac{3}{7}\right)\times\frac{5}{3}=-\frac{5}{7}$

5 $a=(-2)^2\times\frac{3}{8}\div\left(-\frac{3}{4}\right)^2=4\times\frac{3}{8}\times\frac{16}{9}=\frac{8}{3}$
$b=\left(-\frac{7}{6}\right)\times\frac{3}{14}\div\left(-\frac{9}{8}\right)=\left(-\frac{7}{6}\right)\times\frac{3}{14}\times\left(-\frac{8}{9}\right)=\frac{2}{9}$
$\therefore a\div b=\frac{8}{3}\div\frac{2}{9}=\frac{8}{3}\times\frac{9}{2}=12$

6 $(-4)^2\times\frac{3}{8}-\left\{(-2^3+7)\times2+\frac{9}{2}\right\}$
$=16\times\frac{3}{8}-\left\{(-8+7)\times2+\frac{9}{2}\right\}$
$=6-\left(-2+\frac{9}{2}\right)$
$=6-\left(-\frac{4}{2}+\frac{9}{2}\right)$
$=\frac{12}{2}-\frac{5}{2}=\frac{7}{2}$

06 유리수와 순환소수

1. 유한소수와 순환소수 32쪽

1 순환	2 유한	3 유한	4 순환
5 0.6	6 0.05	7 0.28	8 0.075
9 $0.\dot{6}$	10 $2.6\dot{8}$	11 $1.\dot{4}3\dot{8}$	12 $4.1\dot{7}8\dot{5}$

1 $\frac{5}{2\times7}$의 분모에 2나 5 이외의 소인수인 7이 있으므로 순환소수이다.

2 $\frac{3}{2\times3\times5}=\frac{1}{2\times5}$이므로 유한소수이다.

3 $\frac{3}{24}=\frac{1}{8}=\frac{1}{2^3}$이므로 유한소수이다.

4 $\frac{2}{30}=\frac{1}{15}=\frac{1}{3\times5}$이고, 분모에 2나 5 이외의 소인수인 3이 있으므로 순환소수이다.

5 $\frac{3}{5}=\frac{3\times2}{5\times2}=\frac{6}{10}=0.6$

6 $\frac{1}{20}=\frac{1}{2^2\times5}=\frac{5}{2^2\times5\times5}=\frac{5}{100}=0.05$

7 $\frac{14}{50}=\frac{7}{25}=\frac{7}{5^2}=\frac{7\times2^2}{5^2\times2^2}=\frac{28}{100}=0.28$

8 $\frac{9}{120}=\frac{3}{40}=\frac{3}{2^3\times5}=\frac{3\times5^2}{2^3\times5\times5^2}=\frac{75}{1000}=0.075$

2. 순환소수를 분수로 나타내기 33쪽

1 100, 99, $\frac{8}{33}$ 2 990, 108, $\frac{6}{55}$ 3 $\frac{2}{9}$ 4 $\frac{5}{33}$

5 $\frac{4}{111}$ 6 $\frac{53}{90}$ 7 $\frac{11}{75}$ 8 $\frac{31}{30}$

1 $x=0.\dot{2}\dot{4}=0.2424\cdots$로 놓으면

$$\begin{array}{rl} 100x=&24.2424\cdots \\ -)\quad x=&0.2424\cdots \\ \hline 99x=&24 \end{array}$$

$\therefore x=\frac{24}{99}=\frac{8}{33}$

2 $x=0.1\dot{0}\dot{9}=0.10909\cdots$로 놓으면

$$\begin{array}{rl} 1000x=&109.0909\cdots \\ -)\quad 10x=&1.0909\cdots \\ \hline 990x=&108 \end{array}$$

$\therefore x=\frac{108}{990}=\frac{12}{110}=\frac{6}{55}$

4 $0.\dot{1}\dot{5}=\frac{15}{99}=\frac{5}{33}$

5 $0.\dot{0}3\dot{6}=\frac{36}{999}=\frac{4}{111}$

6 $0.5\dot{8}=\frac{58-5}{90}=\frac{53}{90}$

7 $0.14\dot{6}=\frac{146-14}{900}=\frac{132}{900}=\frac{44}{300}=\frac{11}{75}$

8 $1.0\dot{3}=\frac{103-10}{90}=\frac{93}{90}=\frac{31}{30}$

개념 완성 문제 34쪽

1 ③ 2 ⑤ 3 ④, ⑤ 4 1

5 ③ 6 $\frac{27}{110}$

1 기약분수로 만들었을 때 분모에 2나 5 이외의 소인수가 있으면 유한소수로 나타낼 수 없다.

① $\frac{9}{2\times3\times5}=\frac{3}{2\times5}$

② $\frac{55}{2\times11}=\frac{5}{2}$

③ $\frac{35}{2^2\times3\times7}=\frac{5}{2^2\times3}$

④ $\frac{27}{2\times3^2\times5}=\frac{3}{2\times5}$

⑤ $\frac{26}{2^3\times5^2\times13}=\frac{1}{2^2\times5^2}$

따라서 유한소수를 나타낼 수 없는 것은 ③이다.

2 분자인 a는 약분하여 분모에 있는 7^2을 없애는 숫자 중 가장 작은 값이므로 49가 된다.

3 ④ $3.145145\cdots=3.\dot{1}4\dot{5}$

⑤ $7.357357\cdots=7.\dot{3}5\dot{7}$

4 $7\div33=0.212121\cdots=0.\dot{2}\dot{1}$이므로 순환마디의 숫자는 2, 1이 2개이고, $40=2\times20$이므로 소숫점 아래 40번째 자리의 숫자는 순환마디의 2번째 숫자와 같은 1이다.

5 $x=2.0\dot{7}=2.0777\cdots$

순환마디까지 소수점 위에 오도록 하려면 $x\times100$

순환마디 전까지 소수점 위에 오도록 하려면 $x\times10$

따라서 $100x-10x$로 구한다.

6 $0.2\dot{4}\dot{5}=\frac{245-2}{990}=\frac{243}{990}=\frac{27}{110}$

07 제곱근과 실수

1. 제곱근의 뜻과 이해 35쪽

1 1, −1	2 3, −3	3 8, −8	4 9, −9
5 2, −2	6 6, −6	7 7, −7	8 10, −10
9 $\sqrt{7}, -\sqrt{7}$	10 $\sqrt{5}, -\sqrt{5}$	11 $\sqrt{8}, -\sqrt{8}$	12 $\sqrt{17}, -\sqrt{17}$

2. 제곱근의 성질 36쪽

1 6	2 −5	3 0.1	4 12
5 −6	6 $-\frac{6}{5}$	7 $\frac{3}{10}$	8 $-2a$
9 $-5a$	10 $a-3$	11 $-2a-12$	

4 $\sqrt{100}+\sqrt{(-2)^2}=10+2=12$

5 $-(\sqrt{7})^2+\sqrt{(-1)^2}=-7+1=-6$

6 $\sqrt{\frac{4}{25}}-\left(\sqrt{\frac{8}{5}}\right)^2=\frac{2}{5}-\frac{8}{5}=-\frac{6}{5}$

7 $-\left(\sqrt{\frac{3}{10}}\right)^2+\sqrt{0.09}\times\sqrt{(-2)^2}=-\frac{3}{10}+0.3\times2=\frac{3}{10}$

8 $\sqrt{(2a)^2}$에서 $a<0$이므로 $2a<0$

$\therefore \sqrt{(2a)^2}=-2a$

9 $\sqrt{(-5a)^2}$에서 $a<0$이므로 $-5a>0$

$\therefore \sqrt{(-5a)^2}=-5a$

10 $a>3$이므로 $a-3>0$

$\therefore \sqrt{(a-3)^2}=a-3$

11 $a<-6$이므로 $a+6<0$

$\therefore \sqrt{4(a+6)^2}=\sqrt{\{2(a+6)\}^2}=-2(a+6)=-2a-12$

3. 무리수와 실수 37쪽

1 무	2 유	3 무	4 유
5 ○	6 ×	7 ×	8 ○
9 ×	10 ○	11 ○	

2 $\sqrt{0.09}=0.3$이므로 유리수이다.

4 $\sqrt{\frac{25}{36}}=\sqrt{\left(\frac{5}{6}\right)^2}=\frac{5}{6}$이므로 유리수이다.

6 정수가 아닌 유리수는 유한소수 또는 순환소수로 나타낼 수 있다.

7 $\sqrt{9}=3$과 같이 근호를 사용하여 나타낸 수도 유리수일 수 있다.

8 무한소수 중에 순환소수는 유리수이다.

9 수직선은 실수에 대응하는 점으로 완전히 메울 수 있다.

11 서로 다른 어떠한 두 수 사이에도 무수히 많은 유리수와 무리수가 있다.

4. 실수의 대소 관계 38쪽

1 >	2 >	3 <	4 <
5 1, $\sqrt{2}-1$	6 3, $\sqrt{10}-3$	7 >	8 <
9 >	10 <		

1 $6>5$이므로 $\sqrt{6}>\sqrt{5}$

2 $4=\sqrt{16}$이고 $\sqrt{16}<\sqrt{17}$이므로 $-\sqrt{16}>-\sqrt{17}$
$\therefore -4>-\sqrt{17}$

3 $1.2=\sqrt{1.44}$이고 $\sqrt{1.2}<\sqrt{1.44}$이므로 $\sqrt{1.2}<1.2$

4 $\frac{1}{6}=\sqrt{\frac{1}{36}}$, $\sqrt{\frac{5}{12}}=\sqrt{\frac{15}{36}}$에서 $\sqrt{\frac{1}{36}}<\sqrt{\frac{15}{36}}$이므로
$\frac{1}{6}<\sqrt{\frac{5}{12}}$

5 $\sqrt{1}<\sqrt{2}<\sqrt{4}$이므로 $1<\sqrt{2}<2$
따라서 $\sqrt{2}$의 정수 부분은 1, 소수 부분은 $\sqrt{2}-1$이다.

6 $\sqrt{9}<\sqrt{10}<\sqrt{16}$이므로 $3<\sqrt{10}<4$
따라서 $\sqrt{10}$의 정수 부분은 3, 소수 부분은 $\sqrt{10}-3$이다.

7 $-10-(-8-\sqrt{7})=-10+8+\sqrt{7}=-2+\sqrt{7}$
$\sqrt{4}<\sqrt{7}<\sqrt{9}$이므로 $2<\sqrt{7}<3$
따라서 $-2+\sqrt{7}>0$이므로 $-10>-8-\sqrt{7}$

8 $\sqrt{12}+10$과 $\sqrt{15}+10$에서 각각 10을 빼면 $\sqrt{12}<\sqrt{15}$이므로
$\sqrt{12}+10<\sqrt{15}+10$

9 $9-\sqrt{8}-5=4-\sqrt{8}=\sqrt{16}-\sqrt{8}>0$이므로 $9-\sqrt{8}>5$

10 $\sqrt{9}<\sqrt{11}<\sqrt{16}$이므로 $3<\sqrt{11}<4$
따라서 $\sqrt{11}+2=5.\times\times\times$이므로 $5<\sqrt{11}+2$

개념 완성 문제 39쪽

1 ②	2 ⑤	3 ①	4 $-a-b$
5 ②, ④	6 ⑤		

1 ② 제곱하여 0.5가 되는 수는 $\pm\sqrt{0.5}$이다.

2 근호를 사용하지 않고 제곱근을 나타낼 수 있는 수는 제곱수를 찾으면 된다.
⑤ $\frac{36}{49}=\left(\frac{6}{7}\right)^2$이므로 $\sqrt{\frac{36}{49}}=\frac{6}{7}$

3 $\sqrt{(-3)^2}\times\sqrt{5^2}-(-\sqrt{8})^2=3\times5-8=7$

4 $a<0$이므로 $\sqrt{a^2}=-a$
$b<0$이므로 $-b>0$에서 $\sqrt{(-b)^2}=-b$
$\therefore \sqrt{a^2}+\sqrt{(-b)^2}=-a-b$

5 ② 모든 무리수는 수직선에 나타낼 수 있다.
④ 1에 가장 가까운 무리수는 정할 수 없다. 아무리 가까운 무리수를 찾더라도 더 가까운 무리수가 존재한다.

6 ㄱ. $3+\sqrt{2}$, $\sqrt{10}+\sqrt{2}$에서 각각 $\sqrt{2}$를 빼면 3, $\sqrt{10}$
이때 $\sqrt{9}<\sqrt{10}$이므로 $3<\sqrt{10}$
$\therefore 3+\sqrt{2}<\sqrt{10}+\sqrt{2}$
ㄴ. $-5-\sqrt{12}$, $-5-\sqrt{11}$에서 각각 -5를 빼면 $-\sqrt{12}$, $-\sqrt{11}$
이때 $\sqrt{12}>\sqrt{11}$이므로 $-\sqrt{12}<-\sqrt{11}$
$\therefore -5-\sqrt{12}<-5-\sqrt{11}$
ㄷ. $6-2\sqrt{5}-(-\sqrt{5}+3)=6-2\sqrt{5}+\sqrt{5}-3=3-\sqrt{5}=\sqrt{9}-\sqrt{5}>0$
$\therefore 6-2\sqrt{5}>-\sqrt{5}+3$
ㄹ. $\sqrt{14}+1-4=\sqrt{14}-3=\sqrt{14}-\sqrt{9}>0$
$\therefore \sqrt{14}+1>4$
따라서 옳은 것은 ㄴ, ㄷ, ㄹ이다.

08 근호를 포함한 식의 계산

1. 제곱근의 곱셈과 나눗셈 40쪽

1 $\sqrt{30}$	2 $-\sqrt{5}$	3 $-8\sqrt{2}$	4 $3\sqrt{\frac{3}{2}}$
5 $-\sqrt{\frac{1}{2}}$	6 $10\sqrt{\frac{3}{10}}$	7 $\sqrt{3}$	8 $\sqrt{23}$
9 $-3\sqrt{7}$	10 $-2\sqrt{13}$	11 $\sqrt{\frac{3}{5}}$	

1 $\sqrt{5}\times\sqrt{6}=\sqrt{5\times6}=\sqrt{30}$

2 $(-\sqrt{35})\times\sqrt{\frac{1}{7}}=-\sqrt{35\times\frac{1}{7}}=-\sqrt{5}$

3 $(-2\sqrt{10})\times4\sqrt{\frac{1}{5}}=(-2)\times4\sqrt{10\times\frac{1}{5}}=-8\sqrt{2}$

4 $\left(-9\sqrt{\frac{5}{9}}\right)\times\left(-\frac{1}{3}\sqrt{\frac{27}{10}}\right)=(-9)\times\left(-\frac{1}{3}\right)\sqrt{\frac{5}{9}\times\frac{27}{10}}$
$=3\sqrt{\frac{3}{2}}$

5 $\left(-\sqrt{\frac{3}{14}}\right)\times\sqrt{3}\times\sqrt{\frac{7}{9}}=-\sqrt{\frac{3}{14}\times3\times\frac{7}{9}}$
$=-\sqrt{\frac{1}{2}}$

6 $(-5\sqrt{5})\times\left(-2\sqrt{\frac{3}{22}}\right)\times\sqrt{\frac{11}{25}}=(-5)\times(-2)\sqrt{5\times\frac{3}{22}\times\frac{11}{25}}$
$=10\sqrt{\frac{3}{10}}$

7 $-\sqrt{15}\div(-\sqrt{5})=\frac{\sqrt{15}}{\sqrt{5}}=\sqrt{\frac{15}{5}}=\sqrt{3}$

8 $\frac{\sqrt{69}}{\sqrt{3}}=\sqrt{\frac{69}{3}}=\sqrt{23}$

9 $6\sqrt{35}\div(-2\sqrt{5})=6\sqrt{35}\times\left(-\frac{1}{2\sqrt{5}}\right)$
$=6\times\left(-\frac{1}{2}\right)\sqrt{\frac{35}{5}}=-3\sqrt{7}$

10 $(-10\sqrt{26})\div5\sqrt{2}=(-10\sqrt{26})\times\frac{1}{5\sqrt{2}}$
$=(-10)\times\frac{1}{5}\sqrt{\frac{26}{2}}=-2\sqrt{13}$

11 $\frac{\sqrt{5}}{\sqrt{7}}\div\frac{\sqrt{25}}{\sqrt{21}}=\frac{\sqrt{5}}{\sqrt{7}}\times\frac{\sqrt{21}}{\sqrt{25}}=\sqrt{\frac{5}{7}\times\frac{21}{25}}=\sqrt{\frac{3}{5}}$

2. 근호가 있는 식의 변형 41쪽

1 $2\sqrt{3}$	2 $2\sqrt{5}$	3 $3\sqrt{3}$	4 $5\sqrt{6}$
5 $\frac{2\sqrt{2}}{5}$	6 $\frac{5\sqrt{2}}{3}$	7 $\frac{3\sqrt{3}}{7}$	8 $\sqrt{18}$
9 $\sqrt{112}$	10 $-\sqrt{75}$		

1 $\sqrt{12}=\sqrt{2^2\times3}=2\sqrt{3}$

2 $\sqrt{20}=\sqrt{2^2\times5}=2\sqrt{5}$

3 $\sqrt{27}=\sqrt{3^2\times3}=3\sqrt{3}$

4 $\sqrt{150}=\sqrt{5^2\times6}=5\sqrt{6}$

5 $\sqrt{\frac{8}{25}}=\frac{\sqrt{8}}{\sqrt{25}}=\frac{\sqrt{2^2\times2}}{\sqrt{5^2}}=\frac{2\sqrt{2}}{5}$

6 $\sqrt{\frac{50}{9}}=\frac{\sqrt{50}}{\sqrt{9}}=\frac{\sqrt{2\times5^2}}{\sqrt{3^2}}=\frac{5\sqrt{2}}{3}$

7 $\sqrt{\frac{27}{49}}=\frac{\sqrt{27}}{\sqrt{49}}=\frac{\sqrt{3^2\times3}}{\sqrt{7^2}}=\frac{3\sqrt{3}}{7}$

8 $3\sqrt{2}=\sqrt{3^2\times2}=\sqrt{18}$

9 $4\sqrt{7}=\sqrt{4^2\times7}=\sqrt{112}$

10 $-5\sqrt{3}=-\sqrt{5^2\times3}=-\sqrt{75}$

3. 분모의 유리화 42쪽

1 $\frac{3\sqrt{2}}{2}$	2 $\frac{4\sqrt{5}}{5}$	3 $\frac{\sqrt{42}}{7}$	4 $\frac{2\sqrt{3}}{3}$
5 $\frac{\sqrt{10}}{2}$	6 $\frac{\sqrt{35}}{5}$	7 $\frac{\sqrt{6}}{3}$	8 $\frac{\sqrt{21}}{3}$
9 $\frac{\sqrt{35}}{7}$	10 $\frac{\sqrt{6}}{2}$		

1 $\frac{3}{\sqrt{2}}=\frac{3\times\sqrt{2}}{\sqrt{2}\times\sqrt{2}}=\frac{3\sqrt{2}}{2}$

2 $\frac{4}{\sqrt{5}}=\frac{4\times\sqrt{5}}{\sqrt{5}\times\sqrt{5}}=\frac{4\sqrt{5}}{5}$

3 $\sqrt{\frac{6}{7}}=\frac{\sqrt{6}}{\sqrt{7}}=\frac{\sqrt{6}\times\sqrt{7}}{\sqrt{7}\times\sqrt{7}}=\frac{\sqrt{42}}{7}$

4 $\frac{4}{\sqrt{12}}=\frac{4}{\sqrt{2^2\times3}}=\frac{4}{2\sqrt{3}}=\frac{2\times\sqrt{3}}{\sqrt{3}\times\sqrt{3}}=\frac{2\sqrt{3}}{3}$

5 $\frac{3\sqrt{5}}{\sqrt{18}}=\frac{3\sqrt{5}}{\sqrt{2\times3^2}}=\frac{3\sqrt{5}}{3\sqrt{2}}=\frac{\sqrt{5}\times\sqrt{2}}{\sqrt{2}\times\sqrt{2}}=\frac{\sqrt{10}}{2}$

6 $\frac{\sqrt{14}}{\sqrt{2}\times\sqrt{5}}=\frac{\sqrt{2}\times\sqrt{7}}{\sqrt{2}\times\sqrt{5}}=\frac{\sqrt{7}}{\sqrt{5}}=\frac{\sqrt{7}\times\sqrt{5}}{\sqrt{5}\times\sqrt{5}}=\frac{\sqrt{35}}{5}$

7 $\frac{\sqrt{10}}{\sqrt{3}\times\sqrt{5}}=\frac{\sqrt{2}\times\sqrt{5}}{\sqrt{3}\times\sqrt{5}}=\frac{\sqrt{2}}{\sqrt{3}}=\frac{\sqrt{2}\times\sqrt{3}}{\sqrt{3}\times\sqrt{3}}=\frac{\sqrt{6}}{3}$

8 $\sqrt{7}\div\sqrt{6}\times\sqrt{2}=\sqrt{7}\times\frac{1}{\sqrt{6}}\times\sqrt{2}$
$=\sqrt{7}\times\frac{1}{\sqrt{2}\times\sqrt{3}}\times\sqrt{2}=\frac{\sqrt{7}}{\sqrt{3}}$
$=\frac{\sqrt{7}\times\sqrt{3}}{\sqrt{3}\times\sqrt{3}}=\frac{\sqrt{21}}{3}$

9 $\sqrt{5}\times\sqrt{3}\div\sqrt{21}=\sqrt{5}\times\sqrt{3}\times\frac{1}{\sqrt{21}}$
$=\sqrt{5}\times\sqrt{3}\times\frac{1}{\sqrt{3}\times\sqrt{7}}=\frac{\sqrt{5}}{\sqrt{7}}$
$=\frac{\sqrt{5}\times\sqrt{7}}{\sqrt{7}\times\sqrt{7}}=\frac{\sqrt{35}}{7}$

10 $\frac{\sqrt{24}}{\sqrt{10}}\div\frac{\sqrt{12}}{\sqrt{5}}\times\frac{\sqrt{3}}{\sqrt{2}}=\frac{\sqrt{24}}{\sqrt{10}}\times\frac{\sqrt{5}}{\sqrt{12}}\times\frac{\sqrt{3}}{\sqrt{2}}$
$=\frac{2\sqrt{6}}{\sqrt{10}}\times\frac{\sqrt{5}}{2\sqrt{3}}\times\frac{\sqrt{3}}{\sqrt{2}}=\frac{\sqrt{3}}{\sqrt{2}}$
$=\frac{\sqrt{3}\times\sqrt{2}}{\sqrt{2}\times\sqrt{2}}=\frac{\sqrt{6}}{2}$

4. 제곱근의 덧셈과 뺄셈 43쪽

1 $8\sqrt{3}$	2 $3\sqrt{2}$	3 $4\sqrt{7}-\sqrt{11}$	4 $-\sqrt{3}$
5 $-3\sqrt{2}$	6 $9\sqrt{2}+6\sqrt{5}$	7 $\frac{8\sqrt{2}}{5}$	8 $\frac{2\sqrt{3}}{9}$
9 $-6\sqrt{6}$	10 $2\sqrt{10}$		

1 $5\sqrt{3}+3\sqrt{3}=(5+3)\sqrt{3}=8\sqrt{3}$

2 $9\sqrt{2}-6\sqrt{2}=(9-6)\sqrt{2}=3\sqrt{2}$

3 $2\sqrt{11}-\sqrt{7}+5\sqrt{7}-3\sqrt{11}=(-1+5)\sqrt{7}+(2-3)\sqrt{11}$
$=4\sqrt{7}-\sqrt{11}$

4 $\sqrt{12}-\sqrt{27}=\sqrt{2^2\times3}-\sqrt{3^2\times3}=2\sqrt{3}-3\sqrt{3}=-\sqrt{3}$

5 $-\sqrt{50}+\sqrt{8}=-\sqrt{2\times5^2}+\sqrt{2^2\times2}=-5\sqrt{2}+2\sqrt{2}=-3\sqrt{2}$

6 $\sqrt{32}-2\sqrt{45}+\sqrt{50}+12\sqrt{5}=\sqrt{2^4\times2}-2\sqrt{3^2\times5}+\sqrt{2\times5^2}+12\sqrt{5}$
$=4\sqrt{2}-6\sqrt{5}+5\sqrt{2}+12\sqrt{5}$
$=9\sqrt{2}+6\sqrt{5}$

7 $\frac{1}{5\sqrt{2}}+\frac{3}{\sqrt{2}}=\frac{1\times\sqrt{2}}{5\sqrt{2}\times\sqrt{2}}+\frac{3\times\sqrt{2}}{\sqrt{2}\times\sqrt{2}}$
$=\frac{\sqrt{2}}{10}+\frac{3\sqrt{2}}{2}=\frac{\sqrt{2}}{10}+\frac{15\sqrt{2}}{10}$
$=\frac{16\sqrt{2}}{10}=\frac{8\sqrt{2}}{5}$

8 $\frac{2}{\sqrt{3}}-\frac{4}{\sqrt{27}}=\frac{2}{\sqrt{3}}-\frac{4}{\sqrt{3^2\times3}}$
$=\frac{2}{\sqrt{3}}-\frac{4}{3\sqrt{3}}=\frac{2\times\sqrt{3}}{\sqrt{3}\times\sqrt{3}}-\frac{4\times\sqrt{3}}{3\sqrt{3}\times\sqrt{3}}$
$=\frac{2\sqrt{3}}{3}-\frac{4\sqrt{3}}{9}=\frac{6\sqrt{3}}{9}-\frac{4\sqrt{3}}{9}=\frac{2\sqrt{3}}{9}$

9 $\frac{4\sqrt{3}-8\sqrt{12}}{\sqrt{2}}=\frac{(4\sqrt{3}-16\sqrt{3})\times\sqrt{2}}{\sqrt{2}\times\sqrt{2}}$
$=\frac{4\sqrt{6}-16\sqrt{6}}{2}$
$=\frac{-12\sqrt{6}}{2}=-6\sqrt{6}$

10 $\frac{3\sqrt{8}+4\sqrt{2}}{\sqrt{5}}=\frac{(6\sqrt{2}+4\sqrt{2})\times\sqrt{5}}{\sqrt{5}\times\sqrt{5}}$
$=\frac{6\sqrt{10}+4\sqrt{10}}{5}$
$=\frac{10\sqrt{10}}{5}=2\sqrt{10}$

5. 제곱근표 44쪽

1 2.105　　2 2.124　　3 100, 10, 22.36

4 $\frac{1}{100}$, $\frac{1}{10}$, 0.2236　　5 100, 10, 70.71

6 $\frac{1}{10000}$, $\frac{1}{100}$, 0.07071　　7 84.85　　8 0.08485

9 26.83　　10 0.2683

1 4.43은 4.4의 가로줄과 3의 세로줄이 만나는 칸에 적혀 있는 수인 2.105이다.

2 4.51은 4.5의 가로줄과 1의 세로줄이 만나는 칸에 적혀 있는 수인 2.124이다.

3 $\sqrt{500}=\sqrt{5\times100}=10\sqrt{5}=10\times2.236=22.36$

4 $\sqrt{0.05}=\sqrt{5\times\frac{1}{100}}=\frac{1}{10}\sqrt{5}=\frac{1}{10}\times2.236=0.2236$

5 $\sqrt{5000}=\sqrt{50\times100}=10\sqrt{50}=10\times7.071=70.71$

6 $\sqrt{0.005}=\sqrt{50\times\frac{1}{10000}}=\frac{1}{100}\sqrt{50}$
$=\frac{1}{100}\times7.071=0.07071$

7 $\sqrt{7200}=\sqrt{72\times100}=10\sqrt{72}=10\times8.485=84.85$

8 $\sqrt{0.0072}=\sqrt{72\times\frac{1}{10000}}=\frac{1}{100}\sqrt{72}$
$=\frac{1}{100}\times8.485=0.08485$

9 $\sqrt{720}=\sqrt{7.2\times100}=10\sqrt{7.2}=10\times2.683=26.83$

10 $\sqrt{0.072}=\sqrt{7.2\times\frac{1}{100}}=\frac{1}{10}\sqrt{7.2}$
$=\frac{1}{10}\times2.683=0.2683$

개념 완성 문제 45쪽

1 ④　　2 ⑤　　3 1　　4 $6\sqrt{3}-2$

5 ①　　6 ③

1 ① $4\sqrt{\frac{7}{6}}\times(-2\sqrt{3})=4\times(-2)\sqrt{\frac{7}{6}\times3}=-8\sqrt{\frac{7}{2}}$

② $\frac{\sqrt{5}}{\sqrt{2}}\div\frac{\sqrt{15}}{\sqrt{6}}=\frac{\sqrt{5}}{\sqrt{2}}\times\frac{\sqrt{6}}{\sqrt{15}}=1$

③ $3\sqrt{\frac{4}{15}}\times\left(-5\sqrt{\frac{25}{8}}\right)=3\times(-5)\sqrt{\frac{4}{15}\times\frac{25}{8}}=-15\sqrt{\frac{5}{6}}$

④ $5\sqrt{108}\div(-6\sqrt{3})=5\sqrt{108}\times\frac{1}{-6\sqrt{3}}$
$=30\sqrt{3}\times\frac{1}{-6\sqrt{3}}=-5$

⑤ $\frac{-16\sqrt{5}}{2\sqrt{45}}=\frac{-8\sqrt{5}}{\sqrt{3^2\times5}}=-\frac{8}{3}$

2 ① $\sqrt{48}=\sqrt{3\times4^2}=4\sqrt{3}$
② $\sqrt{18}=\sqrt{2\times3^2}=3\sqrt{2}$
③ $-\sqrt{200}=-\sqrt{2\times10^2}=-10\sqrt{2}$
④ $\sqrt{150}=\sqrt{5^2\times6}=5\sqrt{6}$
⑤ $-\sqrt{88}=-\sqrt{2^2\times22}=-2\sqrt{22}$

3 $\frac{3}{\sqrt{5}}\times\frac{2}{\sqrt{8}}\div\frac{\sqrt{18}}{2\sqrt{5}}=\frac{3}{\sqrt{5}}\times\frac{2}{2\sqrt{2}}\times\frac{2\sqrt{5}}{3\sqrt{2}}=1$

4 $\sqrt{75}-\frac{\sqrt{12}-3}{\sqrt{3}}=5\sqrt{3}-\frac{(2\sqrt{3}-3)\times\sqrt{3}}{\sqrt{3}\times\sqrt{3}}$
$=5\sqrt{3}-\frac{6-3\sqrt{3}}{3}$
$=5\sqrt{3}-2+\sqrt{3}=6\sqrt{3}-2$

5 $\sqrt{3}(3\sqrt{2}-1)+\frac{\sqrt{12}-2\sqrt{6}}{\sqrt{2}}=3\sqrt{6}-\sqrt{3}+\frac{(2\sqrt{3}-2\sqrt{6})\times\sqrt{2}}{\sqrt{2}\times\sqrt{2}}$
$=3\sqrt{6}-\sqrt{3}+\frac{2\sqrt{6}-4\sqrt{3}}{2}$
$=3\sqrt{6}-\sqrt{3}+\sqrt{6}-2\sqrt{3}=4\sqrt{6}-3\sqrt{3}$

6 ① $\sqrt{456}=\sqrt{4.56\times100}=10\sqrt{4.56}=10\times2.135=21.35$
② $\sqrt{4560}=\sqrt{45.6\times100}=10\sqrt{45.6}=10\times6.753=67.53$
③ $\sqrt{0.456}=\sqrt{45.6\times\frac{1}{100}}=\frac{1}{10}\times\sqrt{45.6}=\frac{1}{10}\times6.753=0.6753$
④ $\sqrt{0.0456}=\sqrt{4.56\times\frac{1}{100}}=\frac{1}{10}\times\sqrt{4.56}=\frac{1}{10}\times2.135=0.2135$
⑤ $\sqrt{45600}=\sqrt{4.56\times10000}=100\sqrt{4.56}=100\times2.135=213.5$

고르고 고른 고등수학으로 연결되는 문제

I 단원 총정리 46~47쪽

1 ③	2 ⑤	3 5	4 ④
5 ⑤	6 ①	7 1	8 ②, ⑤
9 ②	10 ①, ④	11 ⑤	12 8
13 ③	14 ⑤	15 ④	16 ②

1 ① 소수가 아닌 자연수는 1 또는 합성수이다.
② 가장 작은 소수는 2이다.
④ 합성수는 약수가 3개 이상이다.
⑤ 소수 중 가장 작은 홀수는 3이다.

2 ① $54=2\times3^3$이므로 약수의 개수는 $(1+1)\times(3+1)=8$
② $2^3\times5^2$의 약수의 개수는 $(3+1)\times(2+1)=12$
③ $120=2^3\times3\times5$이므로 약수의 개수는
$(3+1)\times(1+1)\times(1+1)=16$
④ $2^2\times3^2\times7$의 약수의 개수는 $(2+1)\times(2+1)\times(1+1)=18$
⑤ $2\times3^4\times5$의 약수의 개수는 $(1+1)\times(4+1)\times(1+1)=20$
따라서 약수가 가장 많은 것은 ⑤ $2\times3^4\times5$이다.

3 두 수 $2^a\times3^2\times5$, $2^3\times3^b\times7$의 최대공약수는 $2^3\times3$인데 최대공약수는 밑이 같은 소인수의 지수 중 작은 지수이므로 $b=1$이다.
최소공배수는 $2^4\times3^2\times5\times7$인데 최소공배수는 밑이 같은 소인수의 지수 중 큰 지수이므로 $a=4$이다.
$\therefore a+b=4+1=5$

4 ① $|-5|=5$, $|+5|=5$이므로 $|-5|=|+5|$
② $|-2|=2$, $\left|+\frac{5}{3}\right|=\frac{5}{3}$이므로 $|-2|>\left|+\frac{5}{3}\right|$
③ $\left|-\frac{7}{6}\right|=\frac{7}{6}$, $+\frac{3}{2}=\frac{9}{6}$이므로 $\left|-\frac{7}{6}\right|<+\frac{3}{2}$
④ $\frac{7}{2}=\frac{21}{6}$, $\frac{14}{3}=\frac{28}{6}$이므로 $\frac{7}{2}<\frac{14}{3}$
$\therefore -\frac{7}{2}>-\frac{14}{3}$
⑤ $\frac{4}{7}=\frac{20}{35}$, $\frac{4}{5}=\frac{28}{35}$이므로 $\frac{4}{7}<\frac{4}{5}$
$\therefore -\frac{4}{7}>-\frac{4}{5}$

5 절댓값이 $\frac{11}{3}$보다 작은 정수는 $-3, -2, -1, 0, +1, +2, +3$으로 7개이다.

6 ① $-(-2)^3=-(-8)=8$
② $-3^2=-9$
③ $(-2)^3=-8$
④ $-(-3)^2=-(+9)=-9$
⑤ $(-2)^2=4$
따라서 계산 결과가 가장 큰 것은 ① $-(-2)^3$이다.

7 $\left\{(3-2^2)\times\left(-\frac{3}{4}\right)-2\right\}\div\frac{5}{8}+3=\left\{(3-4)\times\left(-\frac{3}{4}\right)-2\right\}\div\frac{5}{8}+3$
$=\left(\frac{3}{4}-2\right)\div\frac{5}{8}+3$
$=-\frac{5}{4}\times\frac{8}{5}+3$
$=-2+3=1$

8 ① 순환소수는 모두 유리수이다.
③ 무한소수 중에서 순환소수는 유리수이다.
④ 모든 유리수는 유한소수 또는 순환소수로 나타낼 수 있다.
따라서 옳은 것은 ②, ⑤이다.

9 ② $\sqrt{49}=7$이므로 $\sqrt{49}$의 음의 제곱근은 $-\sqrt{7}$이다.

10 ② $\sqrt{5}$와 $\sqrt{6}$ 사이에는 무수히 많은 유리수와 무리수가 있다.
③ $1<\sqrt{2}<2$, $3<\sqrt{15}<4$이므로 $\sqrt{2}$와 $\sqrt{15}$ 사이에는 2, 3의 2개의 정수가 있다.
⑤ 3과 4 사이에는 무수히 많은 무리수가 있다.
따라서 옳은 것은 ①, ④이다.

11 ① $\sqrt{9^2}=9$
② $\sqrt{(-8)^2}=8$
③ $-\sqrt{\left(\frac{1}{4}\right)^2}=-\frac{1}{4}$
④ $(-\sqrt{0.4})^2=0.4$

12 $-4<a<4$일 때, $a-4<0$, $a+4>0$이므로
$\sqrt{(a-4)^2}+\sqrt{(a+4)^2}=-(a-4)+(a+4)$
$=-a+4+a+4$
$=8$

13 ① $3+\sqrt{5}$, $\sqrt{11}+\sqrt{5}$에서 각각 $\sqrt{5}$를 빼면 3, $\sqrt{11}$
이때 $\sqrt{9}<\sqrt{11}$이므로 $3+\sqrt{5}<\sqrt{11}+\sqrt{5}$
② $\sqrt{12}+1-\sqrt{27}=2\sqrt{3}+1-3\sqrt{3}=1-\sqrt{3}<0$
$\therefore \sqrt{12}+1<\sqrt{27}$
③ $3<\sqrt{10}<4$이므로 $-\sqrt{10}=-3.\times\times\times$
$1<\sqrt{2}<2$이므로 $\sqrt{2}=1.\times\times\times$, $-3+\sqrt{2}=-1.\times\times\times$
$\therefore -\sqrt{10}<-3+\sqrt{2}$
④ $-6-\sqrt{12}$, $-6-\sqrt{10}$에서 각각 -6을 빼면 $-\sqrt{12}$, $-\sqrt{10}$
이때 $\sqrt{12}>\sqrt{10}$이므로 $-\sqrt{12}<-\sqrt{10}$
$\therefore -6-\sqrt{12}<-6-\sqrt{10}$
⑤ $\sqrt{24}-3-(-5+\sqrt{54})=2\sqrt{6}-3+5-3\sqrt{6}=2-\sqrt{6}<0$
$\therefore \sqrt{24}-3<-5+\sqrt{54}$

14 $\sqrt{\frac{5}{11}}\div\frac{\sqrt{3}}{\sqrt{2}}\times\frac{4\sqrt{33}}{\sqrt{2}}=4\sqrt{\frac{5}{11}\times\frac{2}{3}\times\frac{33}{2}}=4\sqrt{5}$
$\therefore a=4$

15 $\sqrt{45}-\sqrt{72}+\sqrt{32}-3\sqrt{20}=3\sqrt{5}-6\sqrt{2}+4\sqrt{2}-6\sqrt{5}$
$=-2\sqrt{2}-3\sqrt{5}$
$\therefore a=-2, b=-3$
$\therefore ab=6$

16 $\sqrt{3}(\sqrt{8}-2\sqrt{6})+\frac{\sqrt{6}+3\sqrt{2}}{\sqrt{3}}$
$=\sqrt{3}(2\sqrt{2}-2\sqrt{6})+\frac{(\sqrt{6}+3\sqrt{2})\times\sqrt{3}}{\sqrt{3}\times\sqrt{3}}$
$=2\sqrt{6}-6\sqrt{2}+\frac{3\sqrt{2}+3\sqrt{6}}{3}$
$=2\sqrt{6}-6\sqrt{2}+\sqrt{2}+\sqrt{6}$
$=-5\sqrt{2}+3\sqrt{6}$

Ⅱ 문자와 식

09 문자와 식

1. 곱셈, 나눗셈 기호의 생략과 식의 값 50쪽

1 $-3a$	2 $\frac{1}{3}x^2y$	3 $\frac{2}{ab}$	4 $\frac{a(b+c)}{3}$
5 $\frac{a^3}{4b}$	6 $\frac{x}{5}+\frac{3y}{7}$	7 10	8 1
9 0	10 30	11 9	12 -8

3 $2\div a\div b=2\times\frac{1}{a}\times\frac{1}{b}=\frac{2}{ab}$

4 $a\times(b+c)\div3=a\times(b+c)\times\frac{1}{3}=\frac{a(b+c)}{3}$

5 $a\times a\div4b\times a=a\times a\times\frac{1}{4b}\times a=\frac{a^3}{4b}$

6 $x\div5+y\div7\times3=x\times\frac{1}{5}+y\times\frac{1}{7}\times3=\frac{x}{5}+\frac{3y}{7}$

7 $x=2$일 때, $3x+4=3\times2+4=6+4=10$

8 $a=-2$일 때, $-a-1=-(-2)-1=2-1=1$

9 $x=-1$일 때, $-x^2+1=-(-1)^2+1=-1+1=0$

10 $a=\frac{1}{5}$일 때, $\frac{6}{a}=6\div a=6\div\frac{1}{5}=6\times5=30$

11 $x=5$, $y=\frac{1}{3}$일 때,

$2x-3y=2\times5-3\times\frac{1}{3}=10-1=9$

12 $x=-\frac{1}{4}$, $y=\frac{1}{2}$일 때,

$\frac{1}{x}-\frac{2}{y}=1\div x-2\div y=1\div\left(-\frac{1}{4}\right)-2\div\frac{1}{2}$
$=1\times(-4)-2\times2=-4-4=-8$

2. 문자를 사용한 식 51쪽

1 ○	2 ×	3 ○	4 ○
5 ×	6 $1200a$원	7 $4x$ cm	8 $10x+y$
9 시속 $\frac{5}{t}$ km	10 $\frac{7}{10}x$원		

2 시속 3 km의 속력으로 t시간 동안 이동한 거리는 (거리)=(시간)×(속력)이므로 $3t$ km이다.

3 소금물 300 g에 소금 x g이 들어 있을 때, 소금물의 농도는 (농도)$=\frac{(\text{소금의 양})}{(\text{소금물의 양})}\times100(\%)$이므로 $\frac{x}{300}\times100=\frac{x}{3}(\%)$

4 800원짜리 볼펜 x자루의 가격은 $800x$원이고 1500원짜리 파일 y개의 가격은 $1500y$원이므로 둘을 합한 가격은 $(800x+1500y)$원이다.

5 500원짜리 물건 a개를 사고 10000원을 냈을 때, 거스름돈은 $(10000-500a)$원이다.

7 한 변의 길이가 x cm인 정사각형은 네 변의 길이가 모두 같으므로 둘레의 길이는 $4x$ cm이다.

8 십의 자리의 숫자가 x, 일의 자리의 숫자가 y인 두 자리의 자연수는 십의 자리의 숫자에 10을 곱하고 일의 자리의 숫자를 더하면 된다.
$\therefore 10x+y$

9 (속력)$=\frac{(\text{거리})}{(\text{시간})}$이므로 5 km의 거리를 t시간 동안 이동할 때의 속력은 시속 $\frac{5}{t}$ km이다.

10 정가가 x원인 물건을 30 % 할인한 금액은
$x-\frac{30}{100}\times x=\frac{70}{100}x=\frac{7}{10}x$(원)

3. 다항식과 단항식 52쪽

1 ○	2 ×	3 ×	4 ○
5 ○	6 ○	7 ×	8 1
9 2	10 1	11 2	12 3

2 $\frac{1}{x}$은 분모에 x가 있으므로 일차식이 아니다.

3 $3x-5y$에서 y의 계수는 -5이다.

7 $3x^2-2x-5$에서 x^2의 계수는 3이다.

9 다항식의 차수는 차수가 가장 큰 항의 차수이므로 $5x^2-2x+1$의 차수는 2이다.

10 $\frac{x}{2}=\frac{1}{2}x$이므로 차수는 1이다.

11 다항식의 차수는 문자에 상관없이 차수가 가장 큰 항의 차수이므로 $\frac{1}{3}x+\frac{1}{2}y^2+5$의 차수는 2이다.

12 다항식의 차수는 문자에 상관없이 차수가 가장 큰 항의 차수이므로 x^3-4y^2-y+3의 차수는 3이다.

4. 일차식의 계산 53쪽

1 ×	2 ○	3 ×	4 ○
5 $7a$	6 $6a-8b-4$	7 $-9a+b+2$	8 15
9 $5x-6$	10 $8x-2$	11 $\frac{a+3}{4}$	12 $\frac{5a-7}{6}$

1 x와 $2y$는 문자가 달라서 동류항이 아니다.

2 3과 5는 둘 다 상수항이므로 동류항이다.

3 x와 $2x^2$은 문자가 x로 같지만 차수가 달라서 동류항이 아니다.

4 ab와 $-2ab$는 문자와 차수가 각각 같아서 동류항이다.

5 $5a-a+3a=(5-1+3)a=7a$

6 $6a+1-b-7b-5=6a+(-1-7)b+1-5$
$=6a-8b-4$

7 $-2b-a+3b-8a+2=(-1-8)a+(-2+3)b+2$
$=-9a+b+2$

8 $6(x+2)-3(2x-1)=6x+12-6x+3=15$

9 $x-(x+1)+5(x-1)=x-x-1+5x-5=5x-6$

10 $\frac{5}{4}(8x-4)-\frac{1}{2}(4x-6)=10x-5-2x+3=8x-2$

11 $\frac{3a+1}{2}-\frac{5a-1}{4}=\frac{2(3a+1)-(5a-1)}{4}$
$=\frac{6a+2-5a+1}{4}=\frac{a+3}{4}$

12 $\frac{4a-2}{3}-\frac{a+1}{2}=\frac{2(4a-2)-3(a+1)}{6}$
$=\frac{8a-4-3a-3}{6}=\frac{5a-7}{6}$

개념 완성 문제 54쪽

1 ④	2 ①, ⑤	3 ⑤	4 ②
5 1	6 ③		

1 ① $3\times(x+y)=3x+3y$
② $0.1\times x\times y=0.1xy$
③ $a\times a\div b\times(-1)=a\times a\times\frac{1}{b}\times(-1)=-\frac{a^2}{b}$
④ $a\div(b\div c\times5)=a\div\left(b\times\frac{1}{c}\times5\right)=a\times\frac{c}{5b}=\frac{ac}{5b}$
⑤ $a\div b\div c\times a=a\times\frac{1}{b}\times\frac{1}{c}\times a=\frac{a^2}{bc}$

2 ① $a\div(b\times c)=a\times\frac{1}{b\times c}=\frac{a}{bc}$
② $a\times b\div c=a\times b\times\frac{1}{c}=\frac{ab}{c}$
③ $a\div b\times c=a\times\frac{1}{b}\times c=\frac{ac}{b}$
④ $a\div(b\div c)=a\div\left(b\times\frac{1}{c}\right)=a\times\frac{c}{b}=\frac{ac}{b}$
⑤ $a\div b\div c=a\times\frac{1}{b}\times\frac{1}{c}=\frac{a}{bc}$

3 ③ (지불해야 하는 금액)$=5000-5000\times\frac{x}{100}=5000-50x$(원)
④ (소금물의 농도)$=\frac{a}{100}\times100=a(\%)$
⑤ (사다리꼴의 넓이)$=\frac{1}{2}\times(x+5)\times h=\frac{h}{2}(x+5)(\text{cm}^2)$

4 ① $3a=3\times\left(-\frac{1}{3}\right)=-1$
② $6a+3=6\times\left(-\frac{1}{3}\right)+3=-2+3=1$
③ $\frac{1}{a}=1\div a=1\div\left(-\frac{1}{3}\right)=1\times(-3)=-3$
④ $\frac{2}{a}+4=2\div a+4=2\div\left(-\frac{1}{3}\right)+4=2\times(-3)+4=-2$
⑤ $a^2=\left(-\frac{1}{3}\right)^2=\frac{1}{9}$
따라서 식의 값이 가장 큰 것은 ②이다.

5 $-5(2x-3y)-(-4x+20y)\div4$
$=-5(2x-3y)-(-4x+20y)\times\frac{1}{4}$
$=-10x+15y+x-5y$
$=-9x+10y$
따라서 $a=-9$, $b=10$이므로 $a+b=1$

6 ① $2(x+5y)-(x+7y)=2x+10y-x-7y=x+3y$
② $-(3x+y)+2(4x+y)=-3x-y+8x+2y$
$=5x+y$
③ $3(5x+3y)-4(2x+2y)=15x+9y-8x-8y$
$=7x+y$
④ $-(2x-3y)-(3x-5y)=-2x+3y-3x+5y$
$=-5x+8y$
⑤ $3x-2y-5(x+2y)=3x-2y-5x-10y=-2x-12y$

10 일차방정식

1. 방정식과 항등식 55쪽

1 ×	2 ×	3 ○	4 ○
5 방	6 항	7 항	8 방
9 항	10 ○	11 ×	12 ○

1 등호가 아닌 부등호가 있으므로 등식이 아니다.

2 등호가 없으므로 등식이 아니다.

5 x의 값에 따라 참이 되기도 하고 거짓이 되기도 하므로 방정식이다.

6 $7x-3x=4x$는 좌변과 우변의 식이 같으므로 항등식이다.

7 $5x-2=-2+5x$는 좌변과 우변의 식이 같으므로 항등식이다.

9 (우변)$=-2(-3+x)=6-2x$, 즉 좌변이 우변의 식이 같으므로 항등식이다.

10 $x=4$를 $-3x+5=-7$에 대입하면 $-3\times4+5=-7$
따라서 $x=4$가 이 방정식의 해가 된다.

11 $x=-2$를 $-4x+9=1$에 대입하면 $-4\times(-2)+9=17\neq1$
따라서 $x=-2$는 해가 아니다.

12 $x=9$를 $\frac{1}{3}x-2=1$에 대입하면 $\frac{1}{3}\times9-2=1$
따라서 $x=9$가 이 방정식의 해가 된다.

2. 일차방정식의 풀이 56쪽

1 5	2 $-a$	3 7	4 3
5 4	6 $\frac{1}{3}$	7 $x=13$	8 $x=12$
9 $x=5$	10 $x=6$	11 $x=4$	12 $x=2$
13 $x=-2$			

1 $-2a=b$의 양변에 5를 더하면 $-2a+5=b+5$

2 $a=-4b$의 양변에 -1을 곱하면 $-a=4b$

3 $8a=9b$의 양변을 7로 나누면 $\frac{8a}{7}=\frac{9b}{7}$

4 $\frac{a}{4}=\frac{b}{3}$의 양변에 12를 곱하면 $\frac{a}{4}\times12=\frac{b}{3}\times12$
$\therefore 3a=4b$

5 $4a+8=2b$의 양변을 2로 나누면 $2a+4=b$

6 $-3x-1=9y$의 양변을 -3으로 나누면 $x+\frac{1}{3}=-3y$

7 $-8+x=5$에서 $x=5+8=13$

8 $-\frac{1}{3}x=-4$에서 $x=-4\times(-3)=12$

9 $5x-12=13$에서 $5x=13+12$, $5x=25$
$\therefore x=5$

10 $2x+6=18$에서 $2x=18-6$, $2x=12$
$\therefore x=6$

11 $2x-5=-2x+11$에서 $2x+2x=11+5$, $4x=16$
$\therefore x=4$

12 $-9x+7=-6x+1$에서 $-9x+6x=1-7$, $-3x=-6$
$\therefore x=2$

13 $7x+6=2x-4$에서 $7x-2x=-4-6$, $5x=-10$
$\therefore x=-2$

3. 복잡한 일차방정식의 풀이 57쪽

1 $x=-1$	2 $x=2$	3 $x=-3$	4 $x=-8$
5 $x=4$	6 $x=\frac{1}{2}$	7 $x=10$	8 $x=11$
9 $x=23$	10 $x=7$	11 $x=5$	

1 $-(x+13)=7x-5$에서
$-x-13=7x-5$, $-x-7x=-5+13$
$-8x=8$ $\therefore x=-1$

2 $-3x-12=-2(4x+1)$에서
$-3x-12=-8x-2$, $-3x+8x=-2+12$
$5x=10$ $\therefore x=2$

3 $-5-2(x-4)=3(x+6)$에서
$-5-2x+8=3x+18$, $-2x-3x=18-3$
$-5x=15$ $\therefore x=-3$

4 $0.1x+0.5=-0.3$의 양변에 10을 곱하면
$x+5=-3$ $\therefore x=-8$

5 $0.5+0.08x=0.2x+0.02$의 양변에 100을 곱하면
$50+8x=20x+2$, $8x-20x=2-50$
$-12x=-48$ $\therefore x=4$

6 $\frac{1}{2}x+1=\frac{5}{4}$의 양변에 2와 4의 최소공배수 4를 곱하면
$2x+4=5$, $2x=1$ $\therefore x=\frac{1}{2}$

7 $\frac{3}{2}x-3=\frac{6}{5}x$의 양변에 2와 5의 최소공배수 10을 곱하면
$15x-30=12x$, $15x-12x=30$
$3x=30$ $\therefore x=10$

8 $-\frac{7-x}{3}=\frac{x+1}{9}$의 양변에 3과 9의 최소공배수 9를 곱하면
$-3(7-x)=x+1$, $-21+3x=x+1$
$3x-x=1+21$, $2x=22$
$\therefore x=11$

9 $\frac{2x-1}{3}-1=\frac{x+5}{2}$의 양변에 3과 2의 최소공배수 6을 곱하면
$2(2x-1)-6=3(x+5)$, $4x-2-6=3x+15$
$4x-3x=15+8$ $\therefore x=23$

10 $(x-1):2=(2x+1):5$에서 외항의 곱은 내항의 곱과 같으므로
$5(x-1)=2(2x+1)$, $5x-5=4x+2$
$5x-4x=2+5$
$\therefore x=7$

11 $\frac{1}{7}x:5=(x-2):21$에서 외항의 곱은 내항의 곱과 같으므로
$\frac{1}{7}x\times21=5(x-2)$, $3x=5x-10$
$3x-5x=-10$, $-2x=-10$ $\therefore x=5$

4. 일차방정식의 활용 1 58쪽

1 $x+23$, $4x+2$, $x+23$, $4x+2$, 7

2 2, 2, 2, 2, 42, 12, 14, 16

3 10, 10, 10, 10, 18, 53

4 10, 10, 198, 180명

1 어떤 수를 x라고 하면 어떤 수와 23의 합은 $x+23$, 어떤 수의 4배보다 2만큼 큰 수는 $4x+2$이므로
$x+23=4x+2$, $x-4x=2-23$, $-3x=-21$
$\therefore x=7$
따라서 어떤 수는 7이다.

2 세 짝수를 $x-2$, x, $x+2$라고 하면
$(x-2)+x+(x+2)=42$, $3x=42$
$\therefore x=14$
따라서 세 짝수는 12, 14, 16이다.

3 십의 자리의 숫자를 x라고 하면 처음 수는 $10\times x+3$, 십의 자리의 숫자와 일의 자리의 숫자를 바꾼 수는 $3\times10+x$이다.
이 자연수의 십의 자리의 숫자와 일의 자리의 숫자를 바꾼 수는 처음 수보다 18만큼 작으므로
$3\times10+x=10\times x+3-18$
$x-10x=-15-30$, $-9x=-45$
$\therefore x=5$
따라서 처음 수는 53이다.

4 작년의 동호회 회원 수를 x명이라고 하면 작년보다 10 %가 증가한 올해의 회원 수는 $x+x\times\frac{10}{100}$이므로
$x+x\times\frac{10}{100}=198$, $\frac{11}{10}x=198$
$\therefore x=180$
따라서 작년의 동호회 회원 수는 180명이다.

5. 일차방정식의 활용 2 59쪽

1 20, 30, 20, 30, 12시간

2 80, 100, 9, 80, 100, 9, 400 km

3 400, $400+x$, $400+x$, 400, $400+x$, 240 g

1 전체 일의 양을 1이라고 하면 규호가 1시간 동안 하는 일의 양은 $\frac{1}{20}$, 지윤이가 1시간 동안 하는 일의 양은 $\frac{1}{30}$이다.
둘이 함께 x시간 동안 일을 하여 완성한다고 하면
$\frac{1}{20}x+\frac{1}{30}x=1$, $3x+2x=60$, $5x=60$ $\therefore x=12$
따라서 함께 일을 하면 12시간이 걸린다.

2 두 지점 A, B 사이의 거리를 x km라고 하면 갈 때 걸린 시간은 $\frac{x}{80}$ 시간, 올 때 걸린 시간은 $\frac{x}{100}$시간이다.
(갈 때 걸린 시간)+(올 때 걸린 시간)=9(시간)이므로
$\frac{x}{80}+\frac{x}{100}=9$, $5x+4x=3600$, $9x=3600$
$\therefore x=400$
따라서 두 지점 A, B 사이의 거리는 400 km이다.

3 8 %의 소금물에 들어 있는 소금의 양은 $\frac{8}{100}\times 400$ g, 물을 x g 더 넣으면 소금물의 양은 $(400+x)$ g이고 이 소금물에 들어 있는 소금의 양은 $\frac{5}{100}\times(400+x)$ g이다.
물을 더 넣어도 소금의 양은 변하지 않으므로
$\frac{8}{100}\times 400=\frac{5}{100}\times(400+x)$
$3200=5(400+x)$, $3200=2000+5x$
$-5x=2000-3200$, $-5x=-1200$ $\therefore x=240$
따라서 더 넣은 물의 양은 240 g이다.

4 등산로의 길이를 x km라고 하면 20분은 $\frac{20}{60}$시간이고,
(올라갈 때 걸린 시간)−(내려올 때 걸린 시간)$=\frac{20}{60}$(시간)이므로
$\frac{x}{4}-\frac{x}{6}=\frac{20}{60}$, $\frac{x}{4}-\frac{x}{6}=\frac{1}{3}$
$3x-2x=4$ $\therefore x=4$
따라서 등산로의 길이는 4 km이다.

5 형이 출발한 지 x분 후에 동생을 만난다고 하면 동생이 걸린 시간은 $(x+10)$분이고 (형이 걸은 거리)=(동생이 걸은 거리)이므로
$80x=60(x+10)$, $80x=60x+600$
$80x-60x=600$, $20x=600$ $\therefore x=30$
따라서 형이 집에서 출발한 지 30분 후에 동생을 만난다.

6 증발시킨 물의 양을 x g이라고 하면 9 %의 소금물 200 g에 들어 있는 소금의 양은 $\frac{9}{100}\times 200$ g, 12 %의 소금물에 들어 있는 소금의 양은 $\frac{12}{100}\times(200-x)$ g이다.
물을 증발시켜도 소금의 양은 변하지 않으므로
$\frac{9}{100}\times 200=\frac{12}{100}\times(200-x)$
$1800=12(200-x)$, $1800=2400-12x$
$12x=600$ $\therefore x=50$
따라서 증발시킨 물의 양은 50 g이다.

개념 완성 문제 60쪽

1 $x=-\frac{1}{6}$ 2 ① 3 ③ 4 4 km
5 ② 6 ⑤

1 $\frac{5}{2}x-\frac{2}{3}=0.5(x-2)$에서 $\frac{5}{2}x-\frac{2}{3}=\frac{1}{2}(x-2)$의 양변에 2, 3, 2의 최소공배수인 6을 곱하면
$15x-4=3(x-2)$, $15x-4=3x-6$, $15x-3x=-6+4$
$12x=-2$ $\therefore x=-\frac{1}{6}$

2 $-2x-1=4x-13$에서 $-2x-4x=-13+1$
$-6x=-12$ $\therefore x=2$
$3ax+11=-5x-a$의 해도 $x=2$이므로 이 식에 대입하면
$3a\times 2+11=-5\times 2-a$, $6a+11=-10-a$
$6a+a=-10-11$, $7a=-21$
$\therefore a=-3$

3 $0.3(x+1)-0.24(x+2)=-0.42$의 양변에 100을 곱하면
$30(x+1)-24(x+2)=-42$, $30x+30-24x-48=-42$
$6x=-24$ $\therefore x=-4$
$\therefore a=-4$
$\frac{3}{4}x-1=\frac{2(x-1)}{3}$의 양변에 4와 3의 최소공배수인 12를 곱하면
$9x-12=8(x-1)$, $9x-12=8x-8$
$9x-8x=-8+12$ $\therefore x=4$ $\therefore b=4$
$\therefore a+b=-4+4=0$

11 단항식과 다항식의 계산

1. 지수법칙 61쪽

1 a^7 2 a^5b^8 3 x^{12} 4 x^{21}
5 3^2 6 1 7 $\frac{1}{a^6}$ 8 $27x^{15}y^6$
9 $4a^2b^4$ 10 6 11 5 12 3
13 5

1 $a^3\times a^4=a^{3+4}=a^7$

2 $a^3\times b^3\times a^2\times b^5=a^3\times a^2\times b^3\times b^5=a^{3+2}\times b^{3+5}=a^5b^8$

3 $(x^3)^4=x^{3\times 4}=x^{12}$

4 $(x^2)^3\times(x^3)^5=x^{2\times 3}\times x^{3\times 5}=x^6\times x^{15}=x^{6+15}=x^{21}$

5 $3^4\div 3^2=3^{4-2}=3^2$

6 $a^2\div a^2=\frac{a\times a}{a\times a}=1$

7 $a^2\div a^8=\frac{1}{a^{8-2}}=\frac{1}{a^6}$

8 $(3x^5y^2)^3=3^3\times(x^5)^3\times(y^2)^3=27x^{15}y^6$

9 $(-2ab^2)^2=(-2)^2\times a^2\times(b^2)^2=4a^2b^4$

10 $5^4\times 25=5^4\times 5^2=5^{4+2}=5^6$ $\therefore \square=6$

11 $(x^2)^{\square}\times x^3=x^{13}$에서 지수를 비교하면
$2\times\square+3=13$, $2\times\square=10$ $\therefore \square=5$

12 $x^4 \div (x^3)^{\square} = \frac{1}{x^5}$에서 $x^4 \times \frac{1}{x^{3\times\square}} = \frac{1}{x^5}$
지수를 비교하면 $3\times\square-4=5$, $3\times\square=9$ $\therefore \square=3$

13 $(2a^{\square}b^3)^3=8a^{15}b^9$에서 $2^3a^{3\times\square}b^{3\times3}=8a^{15}b^9$이므로
$3\times\square=15$ $\therefore \square=5$

2. 단항식의 곱셈과 나눗셈 62쪽

1 $15b^5$ 2 $-24x^5y^4$ 3 $-2x^3y^4$ 4 $-3ab$
5 $2a^3b^2$ 6 -8 7 $6x^4y^7$ 8 $9a^4b^9$
9 $-3x^2y^2$ 10 $5x^3y$ 11 $-10x^4$ 12 $2x^6y^3$

1 $5b^2\times3b^3=(5\times3)b^{2+3}=15b^5$

2 $(-2xy)^3\times3x^2y=-8x^3y^3\times3x^2y=-24x^5y^4$

3 $\frac{y}{2x^2}\times(-xy)\times(2x^2y)^2=\frac{y}{2x^2}\times(-xy)\times4x^4y^2$
$=\frac{-4x^5y^4}{2x^2}=-2x^3y^4$

4 $-9a^2b^4\div3ab^3=\frac{-9a^2b^4}{3ab^3}=-3ab$

5 $6a^4b\div\frac{3a}{b}=6a^4b\times\frac{b}{3a}=2a^3b^2$

6 $16x^8\div(-2x^5)\div x^3=16x^8\times\frac{1}{-2x^5}\times\frac{1}{x^3}=-8$

7 $4x^6y^5\div6x^4y\times9x^2y^3=4x^6y^5\times\frac{1}{6x^4y}\times9x^2y^3=6x^4y^7$

8 $(-3ab^4)^2\times a^3b^3\div ab^2=9a^2b^8\times a^3b^3\times\frac{1}{ab^2}=9a^4b^9$

9 $\square\times(-8x^2y^3)\div xy=24x^3y^4$에서
$\square=24x^3y^4\div(-8x^2y^3)\times xy$
$=24x^3y^4\times\frac{1}{-8x^2y^3}\times xy$
$=-3x^2y^2$

10 $15x^3y^4\div(5xy)^2\times\square=3x^4y^3$에서
$\square=3x^4y^3\div15x^3y^4\times(5xy)^2$
$=3x^4y^3\times\frac{1}{15x^3y^4}\times25x^2y^2$
$=5x^3y$

11 $-3x^2y^3\times\square\div6x^2y=5x^4y^2$에서
$\square=5x^4y^2\times6x^2y\div(-3x^2y^3)$
$=5x^4y^2\times6x^2y\times\frac{1}{-3x^2y^3}$
$=-10x^4$

12 $16x^5y^3\div\square\times4x^4y=32x^3y$에서
$\square=16x^5y^3\times4x^4y\div32x^3y$
$=16x^5y^3\times4x^4y\times\frac{1}{32x^3y}$
$=2x^6y^3$

3. 다항식의 계산 1 63쪽

1 $a+2b$ 2 $-a-5b+3$ 3 $a+4b-8$ 4 $\frac{3x+11y}{12}$
5 $-\frac{11y}{8}$ 6 $\frac{x-5y}{6}$ 7 $\frac{-8a^2+13a+1}{20}$
8 $\frac{-13x^2-3x+7}{10}$ 9 $2a$ 10 $5x-y$
11 $-3x^2+16x$

1 $3(a-2b)+2(-a+4b)=3a-6b-2a+8b=a+2b$

2 $(b-4a)-3(2b-a-1)=b-4a-6b+3a+3=-a-5b+3$

3 $6(a-b-3)+5(-a+2b+2)=6a-6b-18-5a+10b+10$
$=a+4b-8$

4 $\frac{3x-2y}{6}+\frac{-x+5y}{4}=\frac{2(3x-2y)+3(-x+5y)}{12}$
$=\frac{6x-4y-3x+15y}{12}=\frac{3x+11y}{12}$

5 $\frac{2x+y}{8}-\frac{x+6y}{4}=\frac{2x+y-2(x+6y)}{8}$
$=\frac{2x+y-2x-12y}{8}=-\frac{11y}{8}$

6 $\frac{3x-5y}{2}-\frac{4x-2y}{3}+y=\frac{3(3x-5y)-2(4x-2y)+6y}{6}$
$=\frac{9x-15y-8x+4y+6y}{6}$
$=\frac{x-5y}{6}$

7 $\frac{-2a^2+3a-3}{4}+\frac{a^2-a+8}{10}$
$=\frac{5(-2a^2+3a-3)+2(a^2-a+8)}{20}$
$=\frac{-10a^2+15a-15+2a^2-2a+16}{20}$
$=\frac{-8a^2+13a+1}{20}$

8 $\frac{x^2-4x+1}{5}-\frac{3x^2-x-1}{2}$
$=\frac{2(x^2-4x+1)-5(3x^2-x-1)}{10}$
$=\frac{2x^2-8x+2-15x^2+5x+5}{10}$
$=\frac{-13x^2-3x+7}{10}$

9 $(3a-b)-\{2a-(a+b)\}=(3a-b)-(2a-a-b)$
$=3a-b-(a-b)$
$=3a-b-a+b=2a$

10 $(2x+y)-\{x-(4x-2y)\}=(2x+y)-(x-4x+2y)$
$=2x+y-(-3x+2y)$
$=2x+y+3x-2y=5x-y$

11 $-[(2x^2-3x)-\{8x-(x^2-5x)\}]$
$=-\{(2x^2-3x)-(8x-x^2+5x)\}$
$=-\{2x^2-3x-(13x-x^2)\}$
$=-(2x^2-3x-13x+x^2)$
$=-(3x^2-16x)=-3x^2+16x$

4. 다항식의 계산 2 (64쪽)

1 $4x^2+6xy$ 2 $12x^2-4x^2y+32x$ 3 $5x-2$
4 $-xy+8y-2$ 5 $5x-2y-1$ 6 $-7x-y+2$ 7 $5a-5b+3$
8 -15 9 16 10 0 11 2

1 $\frac{2}{3}x(6x+9y)=\frac{2}{3}x\times 6x+\frac{2}{3}x\times 9y=4x^2+6xy$

2 $(3x-xy+8)\times 4x=3x\times 4x-xy\times 4x+8\times 4x$
$=12x^2-4x^2y+32x$

3 $(4x-10x^2)\div(-2x)=(4x-10x^2)\times\frac{1}{-2x}$
$=4x\times\frac{1}{-2x}-10x^2\times\frac{1}{-2x}$
$=-2+5x=5x-2$

4 $(-2x^2y^2+16xy^2-4xy)\div 2xy$
$=(-2x^2y^2+16xy^2-4xy)\times\frac{1}{2xy}$
$=-2x^2y^2\times\frac{1}{2xy}+16xy^2\times\frac{1}{2xy}-4xy\times\frac{1}{2xy}$
$=-xy+8y-2$

5 $(3x-6y)\div 3-(y-4xy)\div y$
$=(3x-6y)\times\frac{1}{3}-(y-4xy)\times\frac{1}{y}$
$=3x\times\frac{1}{3}-6y\times\frac{1}{3}-y\times\frac{1}{y}+4xy\times\frac{1}{y}$
$=x-2y-1+4x=5x-2y-1$

6 $(4x-7x^2)\div x-(y^2+2y)\div y$
$=(4x-7x^2)\times\frac{1}{x}-(y^2+2y)\times\frac{1}{y}$
$=4x\times\frac{1}{x}-7x^2\times\frac{1}{x}-y^2\times\frac{1}{y}-2y\times\frac{1}{y}$
$=4-7x-y-2=-7x-y+2$

7 $\frac{16a^2b+12ab}{4ab}-\frac{25b^2-5ab}{5b}=\frac{16a^2b}{4ab}+\frac{12ab}{4ab}-\frac{25b^2}{5b}+\frac{5ab}{5b}$
$=4a+3-5b+a$
$=5a-5b+3$

8 $-x(4x-7)=-4x^2+7x=-4\times 3^2+7\times 3$
$=-36+21$
$=-15$

9 $2x(x^2+4x)=2x^3+8x^2=2\times(-2)^3+8\times(-2)^2$
$=-16+32$
$=16$

10 $(4a+8a^2)\div(-2a)+9(b^2+a)$
$=(4a+8a^2)\times\frac{1}{-2a}+9(b^2+a)$
$=-2-4a+9b^2+9a=5a+9b^2-2$
$=5\times\frac{1}{5}+9\times\left(\frac{1}{3}\right)^2-2$
$=1+1-2=0$

11 $\frac{10ab^2+8a^2b}{2ab}=5b+4a$
$=5\times\frac{4}{5}+4\times\left(-\frac{1}{2}\right)$
$=4-2=2$

개념 완성 문제 (65쪽)

1 ① 2 2 3 ③ 4 ①
5 ② 6 5

1 $16^{x+1}=2^8$에서 $(2^4)^{x+1}=2^8$, $2^{4x+4}=2^8$
양변의 지수를 비교하면 $4x+4=8$ $\therefore x=1$

2 $\left(-\frac{2x^a}{3y^3}\right)^4=\frac{16x^{4a}}{81y^{12}}=\frac{bx^8}{81y^c}$
계수와 지수를 비교하면
$4a=8$에서 $a=2$, $b=16$, $c=12$
$\therefore b-a-c=16-2-12=2$

3 $9xy^2\div(2x^2y)^3\div(-3xy)^2=9xy^2\times\frac{1}{8x^6y^3}\times\frac{1}{9x^2y^2}$
$=\frac{1}{8x^7y^3}$

4 $18x^3y\div(4x^5y)^2\times\square=\frac{3}{16x^2y^2}$에서
$\square=\frac{3}{16x^2y^2}\div 18x^3y\times(4x^5y)^2$
$=\frac{3}{16x^2y^2}\times\frac{1}{18x^3y}\times 16x^{10}y^2$
$=\frac{x^5}{6y}$

5 $3x(3y-5)+(18x^2y-24xy+6x^2)\div 6x$
$=3x(3y-5)+(18x^2y-24xy+6x^2)\times\frac{1}{6x}$
$=9xy-15x+3xy-4y+x$
$=12xy-14x-4y$
따라서 x의 계수는 -14이고, y의 계수는 -4이므로
$a=-14$, $b=-4$
$\therefore a-b=-14-(-4)=-10$

6 $(-2xy)^2\div xy-(21x^2y-7xy)\div\frac{7}{2}x$
$=4x^2y^2\times\frac{1}{xy}-(21x^2y-7xy)\times\frac{2}{7x}$
$=4xy-6xy+2y$
$=-2xy+2y$
$=-2\times 6\times\left(-\frac{1}{2}\right)+2\times\left(-\frac{1}{2}\right)=6-1=5$

12 일차부등식

1. 부등식의 기본 성질 (66쪽)

1 $4x+5>12$ 2 $10x\geq 8000$
3 $3x+9\leq 5x-2$ 4 $700x+1000y>20000$
5 $\leq$ 6 $\geq$ 7 $\geq$ 8 $\leq$
9 $<$ 10 $\leq$ 11 $>$

2 '작지 않다.'는 '크거나 같다.'의 뜻이므로
$10x\geq 8000$

3 '크지 않다.'는 '작거나 같다.'의 뜻이므로
$3x+9\leq 5x-2$

5 $a \geq b$의 양변에 -10을 곱하면 부등호의 방향이 바뀌므로
$-10a \leq -10b$

6 $a \geq b$의 양변을 4로 나누면 부등호의 방향이 바뀌지 않으므로
$\frac{a}{4} \geq \frac{b}{4}$

7 $a \geq b$의 양변에서 -3을 빼면 부등호의 방향이 바뀌지 않으므로
$a-(-3) \geq b-(-3)$

8 $a \geq b$의 양변에 -3을 곱하면 부등호의 방향이 바뀌므로
$-3a \leq -3b$
양변에 1을 더하면 부등호의 방향이 바뀌지 않으므로
$-3a+1 \leq -3b+1$

9 $a-5<b-5$의 양변에 5를 더하면
$a-5+5<b-5+5 \quad \therefore a<b$

10 $-6a \geq -6b$의 양변을 -6으로 나누면
$\frac{-6a}{-6} \leq \frac{-6b}{-6} \quad \therefore a \leq b$

11 $-\frac{1}{2}a+4<-\frac{1}{2}b+4$의 양변에서 4를 빼면
$-\frac{1}{2}a+4-4<-\frac{1}{2}b+4-4,\ -\frac{1}{2}a<-\frac{1}{2}b$
양변에 -2를 곱하면
$-\frac{1}{2}a\times(-2)>-\frac{1}{2}b\times(-2) \quad \therefore a>b$

2. 일차부등식 67쪽

1 $x \geq 6$ 2 $x>9$ 3 $x \geq -5$ 4 $x \leq -2$

5 $x \geq -4$, 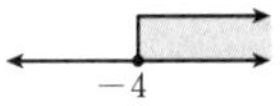 6 $x<5$, 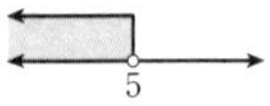

7 $x \leq 2$ 8 $x>-1$ 9 $x>-7$ 10 $x \leq \frac{5}{3}$

2 $2x-5>13$에서 $2x>13+5$
$2x>18 \quad \therefore x>9$

3 $3x-9 \leq 8x+16$에서 $3x-8x \leq 16+9$
$-5x \leq 25 \quad \therefore x \geq -5$

4 $-15-2x \geq 4x-3$에서 $-2x-4x \geq -3+15$
$-6x \geq 12 \quad \therefore x \leq -2$

5 $10x-1 \geq 6x-17$에서 $10x-6x \geq -17+1$
$4x \geq -16 \quad \therefore x \geq -4$

6 $2x+8>5x-7$에서 $2x-5x>-7-8$
$-3x>-15 \quad \therefore x<5$

7 $5(x-2)+4 \leq -(x-6)$에서 $5x-10+4 \leq -x+6$
$5x+x \leq 6+6,\ 6x \leq 12 \quad \therefore x \leq 2$

8 $-0.18-0.1x<0.8x+0.72$에서
$-18-10x<80x+72,\ -10x-80x<72+18$
$-90x<90 \quad \therefore x>-1$

9 $2-\frac{2x+5}{3}>-\frac{3x+1}{4}$에서
$24-4(2x+5)>-3(3x+1)$
$24-8x-20>-9x-3,\ -8x+9x>-3-4 \quad \therefore x>-7$

10 $3(1-0.2x) \geq 0.1x+\frac{11}{6}$에서
$90(1-0.2x) \geq 3x+55,\ 90-18x \geq 3x+55$
$-18x-3x \geq 55-90,\ -21x \geq -35$
$\therefore x \leq \frac{5}{3}$

3. 일차부등식의 활용 1 68쪽

1 $x+1,\ x+2,\ x+1,\ x+2,\ 16$

2 2000, 20000, 7개

3 $5000x,\ 3000x,\ 5000x,\ 3000x$, 16개월

1 연속하는 세 자연수를 $x,\ x+1,\ x+2$라고 하면 이 세 자연수의 합이 48보다 크므로
$x+(x+1)+(x+2)>48,\ 3x+3>48$
$3x>45 \quad \therefore x>15$
따라서 이 부등식을 만족하는 가장 작은 자연수는 16이다.

2 찹쌀떡을 x개 산다고 하면 한 개에 2000원 하는 찹쌀떡을 x개 사고 5000원짜리 상자에 포장하여 전체 가격이 20000원 이하가 되어야 하므로
$2000x+5000 \leq 20000,\ 2000x \leq 15000$
$\therefore x \leq \frac{15}{2}$
따라서 찹쌀떡을 최대 7개까지 살 수 있다.

3 x개월 후의 예나의 저축액은 $(15000+5000x)$원, 채은이의 저축액은 $(45000+3000x)$원이다.
예나의 저축액이 채은이의 저축액보다 많아져야 하므로
$15000+5000x>45000+3000x$
$5000x-3000x>45000-15000$
$2000x>30000 \quad \therefore x>15$
따라서 예나의 저축액이 채은이의 저축액보다 많아지는 것은 16개월 후부터이다.

4. 일차부등식의 활용 2 69쪽

1 1200, 1000, 15권 2 4, 3, 5, 4, $\frac{15}{2}$ km

3 800, 15, 600 g

1 공책 x권을 산다고 하면 동네 문구점에서 사는 공책값이 더 비싸야 할인 매장에서 사는 것이 유리하므로
$1200x>1000x+2800,\ 200x>2800 \quad \therefore x>14$
따라서 15권 이상을 사야 할인 매장에서 사는 것이 유리하다.

2 x km 지점까지 올라갔다 내려온다고 하면
(올라갈 때 걸린 시간)+(내려올 때 걸린 시간)≤4(시간)이므로
$\frac{x}{3}+\frac{x}{5} \leq 4,\ 5x+3x \leq 60$
$8x \leq 60 \quad \therefore x \leq \frac{15}{2}$
따라서 최대 $\frac{15}{2}$ km 지점까지 올라갔다 내려올 수 있다.

3 8 %의 소금물에 들어 있는 소금의 양은 $\left(\frac{8}{100}\times 800\right)$ g, 15 %의 소금물을 x g 섞는다고 하면 소금의 양은 $\left(\frac{15}{100}\times x\right)$ g이다.

두 소금물을 합하여 11 % 이상의 소금물을 만들어야 하므로

$\frac{8}{100}\times 800+\frac{15}{100}\times x\geq\frac{11}{100}\times(800+x)$

$6400+15x\geq 8800+11x$, $4x\geq 2400$

$\therefore x\geq 600$

따라서 15 %의 소금물은 600 g 이상 섞어야 한다.

개념 완성 문제

70쪽

1 ⑤ 2 ④ 3 ① 4 ⑤

5 20분 6 ⑤

1 ⑤ $a\geq b$의 양변에 $-\frac{1}{2}$을 곱하면

$-\frac{1}{2}a\leq-\frac{1}{2}b$

양변에 3을 더하면 $-\frac{1}{2}a+3\leq-\frac{1}{2}b+3$

2 $\frac{2x+1}{3}-\frac{x+1}{2}\leq\frac{1}{4}$에서

$4(2x+1)-6(x+1)\leq 3$, $8x+4-6x-6\leq 3$

$2x\leq 5$ $\therefore x\leq\frac{5}{2}$

3 $0.3x-4>\frac{1}{2}(x-6)$에서

$3x-40>5(x-6)$, $3x-40>5x-30$, $3x-5x>-30+40$

$-2x>10$ $\therefore x<-5$

따라서 이 부등식의 해를 수직선 위에 나타내면 오른쪽과 같다.

-5

4 배를 x개 산다고 하면 전체 가격이 60000원 이하이므로

$2000(20-x)+5000x+5000\leq 60000$

$40000-2000x+5000x+5000\leq 60000$

$3000x\leq 15000$ $\therefore x\leq 5$

따라서 배는 최대 5개까지 살 수 있다.

5 다은이와 경진이가 x분 동안 걸었다고 하면

(다은이가 걸은 거리)+(경진이가 걸은 거리)$\geq$4400(m)이므로

$120x+100x\geq 4400$, $220x\geq 4400$

$\therefore x\geq 20$

따라서 20분 이상 걸어야 한다.

6 더 넣은 물의 양을 x g이라고 하면

$\frac{10}{100}\times 200\leq\frac{4}{100}\times(200+x)$

$2000\leq 800+4x$, $-4x\leq-1200$

$\therefore x\geq 300$

따라서 최소 300 g의 물을 더 넣어야 한다.

13 연립방정식

1. 연립방정식의 해

71쪽

1 $x+y=8$ 2 $4x+2y=36$

3 $4x=2y-1$ 4 $3x+4y=90$

5 표: 해설 참조, (1, 8), (2, 6), (3, 4), (4, 2)

6 × 7 ○ 8 ×

5

x	1	2	3	4
y	8	6	4	2

(1, 8), (2, 6), (3, 4), (4, 2)

6 $x=1$, $y=-3$을

$x+2y=-5$에 대입하면 $1-6=-5$

$5x-y=2$에 대입하면 $5+3\neq 2$

따라서 $x=1$, $y=-3$은 연립방정식의 해가 아니다.

7 $x=3$, $y=-4$를

$-x-3y=9$에 대입하면 $-3+12=9$

$x+2y=-5$에 대입하면 $3-8=-5$

따라서 $x=3$, $y=-4$는 연립방정식의 해이다.

8 $x=2$, $y=-2$를

$7x+5y=4$에 대입하면 $14-10=4$

$x-2y=-6$에 대입하면 $2+4\neq-6$

따라서 $x=2$, $y=-2$는 연립방정식의 해가 아니다.

2. 연립방정식의 풀이

72쪽

1 $x=-1$, $y=4$ 2 $x=3$, $y=1$

3 $x=4$, $y=3$ 4 $x=-7$, $y=-4$

5 $x=2$, $y=5$ 6 $x=-8$, $y=-2$

7 $x=-11$, $y=-5$ 8 $x=5$, $y=2$

9 $x=3$, $y=2$ 10 $x=1$, $y=3$

1 $\begin{cases}-x+y=5 & \cdots ㉠\\ x+y=3 & \cdots ㉡\end{cases}$

x항을 없애기 위해 ㉠+㉡을 하면

$2y=8$ $\therefore y=4$

$y=4$를 ㉡에 대입하면 $x+4=3$ $\therefore x=-1$

2 $\begin{cases}x+3y=6 & \cdots ㉠\\ x+y=4 & \cdots ㉡\end{cases}$

x항을 없애기 위해 ㉠−㉡을 하면

$2y=2$ $\therefore y=1$

$y=1$을 ㉡에 대입하면 $x+1=4$ $\therefore x=3$

3 $\begin{cases}-3x+y=-9 & \cdots ㉠\\ 5x-4y=8 & \cdots ㉡\end{cases}$

y항을 없애기 위해 ㉠×4를 하면

$\begin{cases}-12x+4y=-36 & \cdots ㉢\\ 5x-4y=8 & \cdots ㉣\end{cases}$

㉢+㉣을 하면

$-7x=-28$ $\therefore x=4$

$x=4$를 ㉠에 대입하면 $-12+y=-9$ $\therefore y=3$

4 $\begin{cases} -2x+y=10 & \cdots \text{㉠} \\ x-7y=21 & \cdots \text{㉡} \end{cases}$

x항을 없애기 위해 ㉡$\times 2$를 하면

$\begin{cases} -2x+y=10 & \cdots \text{㉢} \\ 2x-14y=42 & \cdots \text{㉣} \end{cases}$

㉢+㉣을 하면

$-13y=52 \quad \therefore y=-4$

$y=-4$를 ㉡에 대입하면 $x+28=21 \quad \therefore x=-7$

5 $\begin{cases} 7x-4y=-6 & \cdots \text{㉠} \\ 5x-3y=-5 & \cdots \text{㉡} \end{cases}$

y항을 없애기 위해 ㉠$\times 3$, ㉡$\times 4$를 하면

$\begin{cases} 21x-12y=-18 & \cdots \text{㉢} \\ 20x-12y=-20 & \cdots \text{㉣} \end{cases}$

㉢−㉣을 하면 $x=2$

$x=2$를 ㉠에 대입하면 $14-4y=-6$, $-4y=-20 \quad \therefore y=5$

6 $\begin{cases} -2x+3y=10 & \cdots \text{㉠} \\ 3x-5y=-14 & \cdots \text{㉡} \end{cases}$

x항을 없애기 위해 ㉠$\times 3$, ㉡$\times 2$를 하면

$\begin{cases} -6x+9y=30 & \cdots \text{㉢} \\ 6x-10y=-28 & \cdots \text{㉣} \end{cases}$

㉢+㉣을 하면 $-y=2 \quad \therefore y=-2$

$y=-2$를 ㉠에 대입하면 $-2x-6=10 \quad \therefore x=-8$

7 $\begin{cases} x=3y+4 & \cdots \text{㉠} \\ -3x+5y=8 & \cdots \text{㉡} \end{cases}$

㉠을 ㉡에 대입하면

$-3(3y+4)+5y=8$, $-9y-12+5y=8$

$-4y=20 \quad \therefore y=-5$

$y=-5$를 ㉠에 대입하면 $x=-15+4=-11$

8 $\begin{cases} y=-x+7 & \cdots \text{㉠} \\ 3x-2y=11 & \cdots \text{㉡} \end{cases}$

㉠을 ㉡에 대입하면

$3x-2(-x+7)=11$, $3x+2x-14=11$

$5x=25 \quad \therefore x=5$

$x=5$를 ㉠에 대입하면 $y=-5+7=2$

9 $\begin{cases} x=-2y+7 & \cdots \text{㉠} \\ x=-4y+11 & \cdots \text{㉡} \end{cases}$

㉠을 ㉡에 대입하면

$-2y+7=-4y+11$, $-2y+4y=11-7$

$2y=4 \quad \therefore y=2$

$y=2$를 ㉠에 대입하면 $x=-4+7=3$

10 $\begin{cases} 7x+y=10 & \cdots \text{㉠} \\ 5x+2y=11 & \cdots \text{㉡} \end{cases}$

㉠에서 $y=10-7x$

이 식을 ㉡에 대입하면

$5x+2(10-7x)=11$

$5x+20-14x=11$, $-9x=-9$

$\therefore x=1$

$x=1$을 ㉠에 대입하면

$7+y=10 \quad \therefore y=3$

3. 여러 가지 연립방정식의 풀이 73쪽

1 $x=1$, $y=-1$ 2 $x=5$, $y=5$

3 $x=\frac{1}{4}$, $y=2$ 4 $x=-1$, $y=-2$

5 $x=10$, $y=2$ 6 $x=-3$, $y=-1$

7 ○ 8 × 9 ×

1 $\begin{cases} x-(3x+4y)=2 \\ 2(4x+y)+5y=1 \end{cases}$ 을 정리하면 $\begin{cases} x+2y=-1 & \cdots \text{㉠} \\ 8x+7y=1 & \cdots \text{㉡} \end{cases}$

x항을 없애기 위해 ㉠$\times 8$−㉡을 하면 $9y=-9 \quad \therefore y=-1$

$y=-1$을 ㉠에 대입하면 $x-2=-1 \quad \therefore x=1$

2 $\begin{cases} -0.3x+0.5y=1 \\ 0.02x-0.01y=0.05 \end{cases}$ 를 정리하면 $\begin{cases} -3x+5y=10 & \cdots \text{㉠} \\ 2x-y=5 & \cdots \text{㉡} \end{cases}$

y항을 없애기 위해 ㉠+㉡$\times 5$를 하면 $7x=35 \quad \therefore x=5$

$x=5$를 ㉡에 대입하면 $10-y=5 \quad \therefore y=5$

3 $\begin{cases} x-\frac{7}{8}y=-\frac{3}{2} \\ \frac{8}{5}x-\frac{1}{2}y=-\frac{3}{5} \end{cases}$ 을 정리하면 $\begin{cases} 8x-7y=-12 & \cdots \text{㉠} \\ 16x-5y=-6 & \cdots \text{㉡} \end{cases}$

x항을 없애기 위해 ㉠$\times 2$−㉡을 하면 $-9y=-18 \quad \therefore y=2$

$y=2$를 ㉠에 대입하면 $8x-14=-12$, $8x=2 \quad \therefore x=\frac{1}{4}$

4 $x-2y-4=5x-2y=-1$에서

$\begin{cases} x-2y-4=-1 \\ 5x-2y=-1 \end{cases}$ 을 정리하면 $\begin{cases} x-2y=3 & \cdots \text{㉠} \\ 5x-2y=-1 & \cdots \text{㉡} \end{cases}$

y항을 없애기 위해 ㉠−㉡을 하면 $-4x=4 \quad \therefore x=-1$

$x=-1$을 ㉠에 대입하면 $-1-2y=3$, $-2y=4 \quad \therefore y=-2$

5 $2x-7y+3=-x+9y+1=x-1$에서

$\begin{cases} 2x-7y+3=x-1 \\ -x+9y+1=x-1 \end{cases}$ 을 정리하면 $\begin{cases} x-7y=-4 & \cdots \text{㉠} \\ -2x+9y=-2 & \cdots \text{㉡} \end{cases}$

x항을 없애기 위해 ㉠$\times 2$+㉡을 하면 $-5y=-10 \quad \therefore y=2$

$y=2$를 ㉠에 대입하면 $x-14=-4 \quad \therefore x=10$

6 $x-2y+3=-2x+5y+1=-x+3y+2$에서

$\begin{cases} x-2y+3=-2x+5y+1 \\ x-2y+3=-x+3y+2 \end{cases}$ 를 정리하면 $\begin{cases} 3x-7y=-2 & \cdots \text{㉠} \\ 2x-5y=-1 & \cdots \text{㉡} \end{cases}$

x항을 없애기 위해 ㉠$\times 2$−㉡$\times 3$을 하면 $y=-1$

$y=-1$을 ㉠에 대입하면 $3x+7=-2$, $3x=-9 \quad \therefore x=-3$

7 $\begin{cases} x-2y=-3 & \cdots \text{㉠} \\ 4x-8y=-12 & \cdots \text{㉡} \end{cases}$

㉠$\times 4$를 하면 $4x-8y=-12$

이 식은 ㉡과 일치하므로 해가 무수히 많다.

8 $\begin{cases} -3x+2y=-5 & \cdots \text{㉠} \\ 6x-4y=1 & \cdots \text{㉡} \end{cases}$

㉠$\times(-2)$를 하면 $6x-4y=10$

이 식은 ㉡과 x, y의 계수는 각각 같지만 상수항은 다르므로 해가 없다.

9 $\begin{cases} 3(x+3y)-7y=1 \\ -2y+6(x+y)=3 \end{cases}$ 을 정리하면 $\begin{cases} 3x+2y=1 & \cdots \text{㉠} \\ 6x+4y=3 & \cdots \text{㉡} \end{cases}$

㉠$\times 2$를 하면 $6x+4y=2$

이 식은 ㉡과 x, y의 계수는 각각 같지만 상수항은 다르므로 해가 없다.

4. 연립방정식의 활용 1 74쪽

1 13, 10, 10, 58

2 25, 14000, 9000, 어른의 수: 15명, 청소년의 수: 10명

3 3, 8, 6, 4, 9일

1 십의 자리의 숫자를 x, 일의 자리의 숫자를 y라고 하면
$x+y=13$ … ㉠
(바꾼 수)=(처음 수)+27이므로
$10y+x=10x+y+27$에서 $x-y=-3$ … ㉡
㉠+㉡을 하면 $2x=10$ $\therefore x=5$
$x=5$를 ㉠에 대입하면 $5+y=13$ $\therefore y=8$
따라서 처음 수는 58이다.

2 어른을 x명, 청소년을 y명이라고 하면
$x+y=25$ … ㉠
입장료는 $14000x+9000y=300000$에서
$14x+9y=300$ … ㉡
㉠×9−㉡을 하면 $-5x=-75$ $\therefore x=15$
$x=15$를 ㉠에 대입하면 $15+y=25$ $\therefore y=10$
따라서 어른의 수는 15명이고 청소년의 수는 10명이다.

3 전체 일의 양을 1로 놓고 수영이와 승원이가 하루 동안 할 수 있는 일의 양을 각각 x, y라고 하면
$\begin{cases} 3x+8y=1 & \cdots ㉠ \\ 6x+4y=1 & \cdots ㉡ \end{cases}$
㉠−㉡×2를 하면 $-9x=-1$ $\therefore x=\frac{1}{9}$
$x=\frac{1}{9}$을 ㉠에 대입하면 $\frac{1}{3}+8y=1$, $8y=\frac{2}{3}$ $\therefore y=\frac{1}{12}$
따라서 수영이가 이 일을 혼자 한다면 9일이 걸린다.

5. 연립방정식의 활용 2 75쪽

1 8, 20, 4, 20, 4, 5 km 2 6, 6, 3, 3, 분속 100 m

3 600, 18, 9, 400 g

1 자전거를 타고 간 거리를 x km, 걸은 거리를 y km라고 하면
$x+y=8$ … ㉠
시속 20 km, 시속 4 km로 간 시간은 각각 $\frac{x}{20}$시간, $\frac{y}{4}$시간이므로
$\frac{x}{20}+\frac{y}{4}=1$에서 $x+5y=20$ … ㉡
㉠, ㉡을 연립하여 풀면 $x=5$, $y=3$
따라서 자전거를 타고 간 거리는 5 km이다.

2 형의 속력을 분속 x m, 동생의 속력을 분속 y m라고 하자.
같은 방향으로 돌면
(형이 걸은 거리)−(동생이 걸은 거리)=1200(m)이므로
$6x-6y=1200$에서 $x-y=200$ … ㉠
반대 방향으로 돌면
(형이 걸은 거리)+(동생이 걸은 거리)=1200(m)이므로
$3x+3y=1200$에서 $x+y=400$ … ㉡
㉠, ㉡을 연립하여 풀면 $x=300$, $y=100$
따라서 동생의 속력은 분속 100 m이다.

3 18 %의 소금물의 양을 x g, 9 %의 소금물의 양을 y g이라고 하면
$x+y=600$ … ㉠
$\frac{18}{100}x+\frac{9}{100}y=\frac{12}{100}\times600$에서
$2x+y=800$ … ㉡
㉠, ㉡을 연립하여 풀면 $x=200$, $y=400$
따라서 9 %의 소금물은 400 g을 섞어야 한다.

개념 완성 문제 76쪽

1 ② 2 $x=1$, $y=\frac{1}{2}$ 3 $x=-8$, $y=-2$

4 ① 5 ② 6 ③

1 $\begin{cases} 5x-4y=3 & \cdots ㉠ \\ 4x-3y=8 & \cdots ㉡ \end{cases}$
㉠×3−㉡×4를 하면 $-x=-23$ $\therefore x=23$ $\therefore a=23$
$x=23$을 ㉡에 대입하면 $92-3y=8$ $\therefore y=28$ $\therefore b=28$
$\therefore a-b=23-28=-5$

2 $\begin{cases} \frac{1}{4}x-0.3y=0.1 \\ -0.6x+\frac{3}{5}y=-0.3 \end{cases}$ 을 정리하면 $\begin{cases} 5x-6y=2 & \cdots ㉠ \\ -6x+6y=-3 & \cdots ㉡ \end{cases}$
㉠+㉡을 하면 $-x=-1$ $\therefore x=1$
$x=1$을 ㉠에 대입하면 $5-6y=2$, $-6y=-3$ $\therefore y=\frac{1}{2}$

3 $\frac{x-4y}{2}=\frac{x+8}{5}=\frac{x-4y}{4}$에서
$\begin{cases} \frac{x-4y}{2}=\frac{x+8}{5} \\ \frac{x-4y}{2}=\frac{x-4y}{4} \end{cases}$ 를 정리하면 $\begin{cases} 3x-20y=16 & \cdots ㉠ \\ x=4y & \cdots ㉡ \end{cases}$
㉡을 ㉠에 대입하면 $12y-20y=16$ $\therefore y=-2$
$y=-2$를 ㉡에 대입하면 $x=-8$

4 $\begin{cases} ax-3y=5 & \cdots ㉠ \\ -4x+by=-10 & \cdots ㉡ \end{cases}$
㉠×(−2)를 하면 $-2ax+6y=-10$ … ㉢
㉡과 ㉢의 x의 계수가 같아야 하므로 $-2a=-4$ $\therefore a=2$
y의 계수가 같아야 하므로 $b=6$
$\therefore a-b=2-6=-4$

5 정은이가 달린 거리를 x km, 걸은 거리를 y km라고 하자.
$\begin{cases} x+y=8 \\ \frac{x}{6}+\frac{y}{2}=2 \end{cases}$ 를 정리하면 $\begin{cases} x+y=8 & \cdots ㉠ \\ x+3y=12 & \cdots ㉡ \end{cases}$
㉠, ㉡을 연립하여 풀면 $x=6$, $y=2$
따라서 정은이가 걸은 거리는 2 km이다.

6 12 %의 소금물의 양을 x g, 7 %의 소금물의 양을 y g이라고 하자.
$\begin{cases} x+y=800 \\ \frac{12}{100}x+\frac{7}{100}y=\frac{10}{100}\times800 \end{cases}$ 을 정리하면 $\begin{cases} x+y=800 & \cdots ㉠ \\ 12x+7y=8000 & \cdots ㉡ \end{cases}$
㉠, ㉡을 연립하여 풀면 $x=480$, $y=320$
따라서 7 %의 소금물은 320 g을 섞어야 한다.

14 곱셈 공식

1. 곱셈 공식 1 77쪽

1 $xy+4x-5y-20$ 2 $a^2-4ab-12b^2$

3 $2a^2-10ab+12b^2+a-3b$ 4 $3x^3-x^2+x+2$

5 a^2+4a+4 6 $4a^2+4ab+b^2$

7 $x^2-8x+16$ 8 $9x^2-6xy+y^2$

9 $\frac{1}{9}x^2-xy+\frac{9}{4}y^2$ 10 $25x^2+20x+4$

11 $49y^2-56y+16$

2 $(3a+6b)\left(\frac{1}{3}a-2b\right)=a^2-6ab+2ab-12b^2$
$=a^2-4ab-12b^2$

3 $(2a-4b+1)(a-3b)=2a^2-6ab-4ab+12b^2+a-3b$
$=2a^2-10ab+12b^2+a-3b$

4 $(3x+2)(x^2-x+1)=3x^3-3x^2+3x+2x^2-2x+2$
$=3x^3-x^2+x+2$

10 $(-5x-2)^2=\{-(5x+2)\}^2=(5x+2)^2$
$=25x^2+20x+4$

11 $(-7y+4)^2=\{-(7y-4)\}^2=(7y-4)^2$
$=49y^2-56y+16$

2. 곱셈 공식 2 78쪽

1 x^2-4 2 a^2-9 3 $25-y^2$ 4 $a^2+7a+12$

5 $y^2-5y-14$ 6 $a^2+4ab-32b^2$

7 $x^2+\frac{1}{4}xy-\frac{3}{8}y^2$ 8 $2a^2-3ab-2b^2$

9 $10a^2-7a-12$ 10 $6x^2+x-1$

11 $15x^2+2xy-\frac{1}{5}y^2$

3 $(-y+5)(y+5)=(5-y)(5+y)=5^2-y^2=25-y^2$

4 $(a+4)(a+3)=a^2+(4+3)a+4\times3=a^2+7a+12$

5 $(y+2)(y-7)=y^2+(2-7)y+2\times(-7)=y^2-5y-14$

6 $(a-4b)(a+8b)=a^2+(8-4)ab+(-4b)\times8b$
$=a^2+4ab-32b^2$

7 $\left(x+\frac{3}{4}y\right)\left(x-\frac{1}{2}y\right)=x^2+\left(-\frac{1}{2}+\frac{3}{4}\right)xy+\frac{3}{4}y\times\left(-\frac{1}{2}y\right)$
$=x^2+\frac{1}{4}xy-\frac{3}{8}y^2$

8 $(2a+b)(a-2b)=2a^2+(-4+1)ab-2b^2$
$=2a^2-3ab-2b^2$

9 $(5a+4)(2a-3)=5a\times2a+(-15+8)a+4\times(-3)$
$=10a^2-7a-12$

10 $(6x+3)\left(x-\frac{1}{3}\right)$
$=6x\times x+(-2+3)x+3\times\left(-\frac{1}{3}\right)$
$=6x^2+x-1$

11 $\left(3x+\frac{3}{5}y\right)\left(5x-\frac{1}{3}y\right)$
$=3x\times5x+(-1+3)xy+\frac{3}{5}y\times\left(-\frac{1}{3}y\right)$
$=15x^2+2xy-\frac{1}{5}y^2$

3. 곱셈 공식을 이용한 계산 79쪽

1 $x^2-2x+1+xy-y$ 2 $a^2-2ab+b^2-9$

3 $x^2+2xy+y^2+5x+5y-14$ 4 $10-4\sqrt{6}$ 5 6

6 $-1+\sqrt{5}$ 7 $2-7\sqrt{3}$ 8 $\sqrt{3}+1$

9 $\frac{11-4\sqrt{7}}{3}$ 10 $-\frac{1}{2}$ 11 $\frac{4\sqrt{5}-8\sqrt{2}}{3}$

1 $x-1=A$로 치환하면
$(x-1)(x-1+y)=A(A+y)=A^2+Ay$
$=(x-1)^2+(x-1)y$
$=x^2-2x+1+xy-y$

2 $a-b=A$로 치환하면
$(a-b-3)(a-b+3)=(A-3)(A+3)$
$=A^2-9$
$=(a-b)^2-9$
$=a^2-2ab+b^2-9$

3 $x+y=A$로 치환하면
$(x+y-2)(x+y+7)=(A-2)(A+7)=A^2+5A-14$
$=(x+y)^2+5(x+y)-14$
$=x^2+2xy+y^2+5x+5y-14$

4 $(\sqrt{6}-2)^2=(\sqrt{6})^2-2\times\sqrt{6}\times2+2^2$
$=6-4\sqrt{6}+4=10-4\sqrt{6}$

5 $(\sqrt{11}-\sqrt{5})(\sqrt{11}+\sqrt{5})=(\sqrt{11})^2-(\sqrt{5})^2$
$=11-5=6$

6 $(\sqrt{5}-2)(\sqrt{5}+3)=(\sqrt{5})^2+(-2+3)\sqrt{5}-6$
$=5+\sqrt{5}-6=-1+\sqrt{5}$

7 $(\sqrt{3}-4)(2\sqrt{3}+1)=2\times(\sqrt{3})^2+(1-8)\sqrt{3}-4$
$=6-7\sqrt{3}-4=2-7\sqrt{3}$

8 $\frac{2}{\sqrt{3}-1}=\frac{2(\sqrt{3}+1)}{(\sqrt{3}-1)(\sqrt{3}+1)}=\frac{2(\sqrt{3}+1)}{3-1}=\sqrt{3}+1$

9 $\frac{\sqrt{7}-2}{\sqrt{7}+2}=\frac{(\sqrt{7}-2)^2}{(\sqrt{7}+2)(\sqrt{7}-2)}=\frac{7-4\sqrt{7}+4}{7-4}$
$=\frac{11-4\sqrt{7}}{3}$

10 $\dfrac{\sqrt{3}-2}{4-2\sqrt{3}}=\dfrac{(\sqrt{3}-2)(4+2\sqrt{3})}{(4-2\sqrt{3})(4+2\sqrt{3})}$

$=\dfrac{4\sqrt{3}+6-8-4\sqrt{3}}{16-12}$

$=\dfrac{-2}{4}$

$=-\dfrac{1}{2}$

11 $\dfrac{6}{\sqrt{5}+\sqrt{2}}-\dfrac{2}{\sqrt{5}-\sqrt{2}}$

$=\dfrac{6(\sqrt{5}-\sqrt{2})}{(\sqrt{5}+2)(\sqrt{5}-\sqrt{2})}-\dfrac{2(\sqrt{5}+\sqrt{2})}{(\sqrt{5}-\sqrt{2})(\sqrt{5}+\sqrt{2})}$

$=\dfrac{6\sqrt{5}-6\sqrt{2}}{5-2}-\dfrac{2\sqrt{5}+2\sqrt{2}}{5-2}$

$=\dfrac{4\sqrt{5}-8\sqrt{2}}{3}$

4. 곱셈 공식을 변형하여 식의 값 구하기 80쪽

1 8	2 9	3 6	4 10
5 34	6 4	7 8	8 4
9 9	10 21	11 40	

1 $x^2+y^2=(x+y)^2-2xy=(2\sqrt{3})^2-4=8$

2 $x^2+y^2=(x-y)^2+2xy=(\sqrt{5})^2+4=9$

3 $x+y=4$, $xy=2$에서 $x^2+y^2=(x+y)^2-2xy=4^2-4=12$이므로

$\dfrac{x}{y}+\dfrac{y}{x}=\dfrac{x^2+y^2}{xy}=\dfrac{12}{2}=6$

4 $a+b=6$, $ab=3$에서 $a^2+b^2=(a+b)^2-2ab=6^2-6=30$이므로

$\dfrac{a}{b}+\dfrac{b}{a}=\dfrac{a^2+b^2}{ab}=\dfrac{30}{3}=10$

5 $a=\dfrac{1}{3-\sqrt{8}}=\dfrac{3+\sqrt{8}}{(3-\sqrt{8})(3+\sqrt{8})}=\dfrac{3+\sqrt{8}}{9-8}=3+\sqrt{8}$

$b=\dfrac{1}{3+\sqrt{8}}=\dfrac{3-\sqrt{8}}{(3+\sqrt{8})(3-\sqrt{8})}=\dfrac{3-\sqrt{8}}{9-8}=3-\sqrt{8}$

$a+b=6$, $ab=1$이므로

$a^2+b^2=(a+b)^2-2ab=6^2-2=34$

6 $(x-y)^2=(x+y)^2-4xy=(-2\sqrt{5})^2-4\times4=20-16=4$

7 $(x+y)^2=(x-y)^2+4xy=(4\sqrt{2})^2+4\times(-6)=32-24=8$

8 $x^2+\dfrac{1}{x^2}=\left(x+\dfrac{1}{x}\right)^2-2=(\sqrt{6})^2-2=4$

9 $x^2+\dfrac{1}{x^2}=\left(x-\dfrac{1}{x}\right)^2+2=(\sqrt{7})^2+2=9$

10 $\left(x-\dfrac{1}{x}\right)^2=\left(x+\dfrac{1}{x}\right)^2-4=5^2-4=21$

11 $\left(x+\dfrac{1}{x}\right)^2=\left(x-\dfrac{1}{x}\right)^2+4=6^2+4=40$

개념 완성 문제 81쪽

1 ① 2 ③ 3 ⑤

4 $x^2-10xy+25y^2+5x-25y-14$ 5 ②

6 ⑤

1 $(7x-2)^2=49x^2-28x+4=ax^2+bx+c$에서

$a=49$, $b=-28$, $c=4$

$\therefore a+b+c=49-28+4=25$

2 $(ax-4)(3x+b)=3ax^2+(ab-12)x-4b$

$=15x^2+cx-8$

$3a=15$이므로 $a=5$

$-4b=-8$이므로 $b=2$

$ab-12=c$이므로 $c=-2$

$\therefore a+b+c=5+2-2=5$

3 ① $(-a+b)^2=\{-(a-b)\}^2=(a-b)^2=a^2-2ab+b^2$

② $\left(\dfrac{2}{3}x+3\right)^2=\dfrac{4}{9}x^2+4x+9$

③ $(-x+y)(-x-y)=(-x)^2-y^2=x^2-y^2$

④ $(x+6)(x-4)=x^2+2x-24$

4 $x-5y=A$로 치환하면

$(x-5y+7)(x-5y-2)=(A+7)(A-2)=A^2+5A-14$

$=(x-5y)^2+5(x-5y)-14$

$=x^2-10xy+25y^2+5x-25y-14$

5 $\dfrac{3-\sqrt{7}}{3+\sqrt{7}}-\dfrac{3+\sqrt{7}}{3-\sqrt{7}}$

$=\dfrac{(3-\sqrt{7})^2}{(3+\sqrt{7})(3-\sqrt{7})}-\dfrac{(3+\sqrt{7})^2}{(3-\sqrt{7})(3+\sqrt{7})}$

$=\dfrac{9-6\sqrt{7}+7}{9-7}-\dfrac{9+6\sqrt{7}+7}{9-7}$

$=\dfrac{16-6\sqrt{7}}{2}-\dfrac{16+6\sqrt{7}}{2}$

$=-\dfrac{12\sqrt{7}}{2}$

$=-6\sqrt{7}=a+b\sqrt{7}$

따라서 $a=0$, $b=-6$이므로 $a+b=-6$

6 $x^2+y^2=(x+y)^2-2xy=(\sqrt{11})^2-2\times(-3)=17$

$\therefore \dfrac{y}{x}+\dfrac{x}{y}=\dfrac{x^2+y^2}{xy}=-\dfrac{17}{3}$

15 인수분해

1. 공통인수를 이용한 인수분해 82쪽

1 ○	2 ○	3 ×	4 x, $x(y+4)$
5 a^2, $a^2(bx+6y)$		6 $x-y$, $(x-y)(x+y)$	
7 $(x-y)(a+1)$		8 $a(3a-b)(b-2)$	
9 $(5a-2b)(9a-4b)$		10 $y^2(x-y)(x+1)$	

1 ab는 $a^2b(x-y)$에 포함되어 있으므로 인수이다.

2 $ab(x-y)$는 $a^2b(x-y)$에 포함되어 있으므로 인수이다.

3 ab^2은 $a^2b(x-y)$에 포함되어 있지 않으므로 인수가 아니다.

4 $xy+4x=x(y+4)$

5 $a^2bx+6a^2y=a^2(bx+6y)$

6 $x(x-y)+y(x-y)=(x-y)(x+y)$

7 $a(x-y)+(x-y)=(x-y)(a+1)$

8 $ab(3a-b)-2a(3a-b)=a(3a-b)(b-2)$

9 $2(5a-2b)^2+a(-5a+2b)=2(5a-2b)^2-a(5a-2b)$
$=(5a-2b)\{2(5a-2b)-a\}$
$=(5a-2b)(9a-4b)$

10 $xy^2(x-y)-y^2(-x+y)=xy^2(x-y)+y^2(x-y)$
$=y^2(x-y)(x+1)$

2. 인수분해 공식 1, 2 (83쪽)

1 $(a+1)^2$　2 $(a-2)^2$　3 $(3y-1)^2$　4 $(9x+1)^2$
5 $(2x+3)^2$　6 $(4x+7y)^2$　7 36　8 ±10
9 ±42　10 $(y+6)(y-6)$
11 $(2x+5y)(2x-5y)$　12 $\left(\frac{1}{3}x+\frac{1}{7}y\right)\left(\frac{1}{3}x-\frac{1}{7}y\right)$

1 $a^2+2a+1=a^2+2\times a\times1+1^2=(a+1)^2$

2 $a^2-4a+4=a^2-2\times a\times2+2^2=(a-2)^2$

3 $9y^2-6y+1=(3y)^2-2\times3y\times1+1^2=(3y-1)^2$

4 $81x^2+18x+1=(9x)^2+2\times9x\times1+1^2=(9x+1)^2$

5 $4x^2+12x+9=(2x)^2+2\times2x\times3+3^2=(2x+3)^2$

6 $16x^2+56xy+49y^2=(4x)^2+2\times4x\times7y+(7y)^2=(4x+7y)^2$

7 $\square=\left(\frac{12}{2}\right)^2=36$

8 $\square=\pm2\times5=\pm10$

9 $\square=\pm2\times3\times7=\pm42$

10 $y^2-36=(y+6)(y-6)$

11 $4x^2-25y^2=(2x)^2-(5y)^2=(2x+5y)(2x-5y)$

12 $\frac{1}{9}x^2-\frac{1}{49}y^2=\left(\frac{1}{3}x\right)^2-\left(\frac{1}{7}y\right)^2=\left(\frac{1}{3}x+\frac{1}{7}y\right)\left(\frac{1}{3}x-\frac{1}{7}y\right)$

3. 인수분해 공식 3 (84쪽)

1 1, 2　2 -1, -5　3 -5, 2　4 -2, 6
5 5, 5, 5, 5　6 $(x+7)(x-1)$
7 $(x+2)(x+3)$　8 $(x+2)(x-4)$
9 $(x+6y)(x-2y)$　10 $(x+2y)(x-7y)$

1 합과 곱이 모두 양수이므로 구하는 정수는 모두 양수이다. 따라서 합이 3이고 곱이 2인 두 정수는 1, 2이다.

2 합이 음수이고 곱이 양수이므로 구하는 정수는 모두 음수이다. 따라서 합이 -6이고 곱이 5인 두 정수는 -1, -5이다.

3 합이 음수이고 곱이 음수이므로 구하는 두 정수는 한 수는 양수이고 또 다른 수는 음수인데 음수의 절댓값이 양수의 절댓값보다 커야 한다. 따라서 합이 -3이고 곱이 -10인 두 수는 -5, 2이다.

4 합이 양수이고 곱이 음수이므로 구하는 두 정수는 한 수는 양수이고 또 다른 수는 음수인데 양수의 절댓값이 음수의 절댓값보다 커야 한다. 따라서 합이 4이고 곱이 -12인 두 수는 -2, 6이다.

5 합이 4이고 곱이 -5인 두수는 5, -1이므로

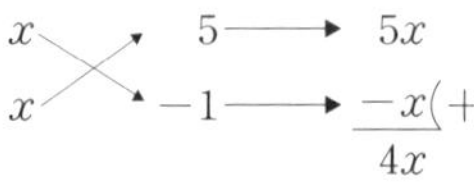

$\therefore x^2+4x-5=(x+5)(x-1)$

6 합이 6이고, 곱이 -7인 두 정수는 7, -1
$\therefore x^2+6x-7=(x+7)(x-1)$

7 합이 5이고, 곱이 6인 두 정수는 2, 3
$\therefore x^2+5x+6=(x+2)(x+3)$

8 합이 -2이고, 곱이 -8인 두 정수는 2, -4
$\therefore x^2-2x-8=(x+2)(x-4)$

9 합이 4이고, 곱이 -12인 두 정수는 6, -2
$\therefore x^2+4xy-12y^2=(x+6y)(x-2y)$

10 합이 -5이고, 곱이 -14인 두 정수는 2, -7
$\therefore x^2-5xy-14y^2=(x+2y)(x-7y)$

4. 인수분해 공식 4 (85쪽)

1 1, 3, 3, -4, 1, 3　2 -10, 5, 4, 4, 5, 4
3 $(x+3)(2x-1)$　4 $(x+2)(3x+4)$
5 $(x-3)(5x+3)$　6 $(2x+3)(3x+2)$
7 $(2x+y)(4x-y)$　8 $(x-2y)(6x+y)$

1 $3x^2-x-4$
x ╲╱ $1 \to 3x$
$3x$ ╱╲ $-4 \to -4x$ (+
$-x$
$\therefore 3x^2-x-4=(x+1)(3x-4)$

2 $5x^2-6xy-8y^2$
x ╲╱ $-2y \to -10xy$
$5x$ ╱╲ $4y \to 4xy$ (+
$-6xy$
$\therefore 5x^2-6xy-8y^2=(x-2y)(5x+4y)$

3 $2x^2+5x-3$
x ╲╱ $3 \to 6x$
$2x$ ╱╲ $-1 \to -x$ (+
$5x$
$\therefore 2x^2+5x-3=(x+3)(2x-1)$

4 $3x^2+10x+8$

$x \searrow\nearrow 2 \longrightarrow 6x$
$3x \nearrow\searrow 4 \longrightarrow \underline{4x}\,(+$
$10x$

$\therefore 3x^2+10x+8=(x+2)(3x+4)$

5 $5x^2-12x-9$

$x \searrow\nearrow -3 \longrightarrow -15x$
$5x \nearrow\searrow 3 \longrightarrow \underline{3x}\,(+$
$-12x$

$\therefore 5x^2-12x-9=(x-3)(5x+3)$

6 $6x^2+13x+6$

$2x \searrow\nearrow 3 \longrightarrow 9x$
$3x \nearrow\searrow 2 \longrightarrow \underline{4x}\,(+$
$13x$

$\therefore 6x^2+13x+6=(2x+3)(3x+2)$

7 $8x^2+2xy-y^2$

$2x \searrow\nearrow y \longrightarrow 4xy$
$4x \nearrow\searrow -y \longrightarrow \underline{-2xy}\,(+$
$2xy$

$\therefore 8x^2+2xy-y^2=(2x+y)(4x-y)$

8 $6x^2-11xy-2y^2$

$x \searrow\nearrow -2y \longrightarrow -12xy$
$6x \nearrow\searrow y \longrightarrow \underline{xy}\,(+$
$-11xy$

$\therefore 6x^2-11xy-2y^2=(x-2y)(6x+y)$

개념 완성 문제 86쪽

1 ①　2 ②　3 2　4 ②, ③
5 6　6 ⑤

1 $a(3x-y)-b(-3x+y)=a(3x-y)+b(3x-y)$
$=(3x-y)(a+b)$

2 ① $x^2-2x+1=(x-1)^2$
② x^2+4x-4는 상수항이 음수이므로 완전제곱식으로 인수분해할 수 없다.
③ $x^2-8xy+16y^2=(x-4y)^2$
④ $9x^2-6x+1=(3x-1)^2$
⑤ $25x^2+10xy+y^2=(5x+y)^2$

3 $64x^2-\frac{1}{16}=(8x)^2-\left(\frac{1}{4}\right)^2=\left(8x+\frac{1}{4}\right)\left(8x-\frac{1}{4}\right)$
따라서 $A=8$, $B=\frac{1}{4}$이므로 $AB=8\times\frac{1}{4}=2$

4 합이 -10이고 곱이 24인 두 정수는 -4, -6이므로
$x^2-10xy+24y^2=(x-4y)(x-6y)$

5 $6x^2+7xy-5y^2$에서

$2x \searrow\nearrow -y \longrightarrow -3xy$
$3x \nearrow\searrow 5y \longrightarrow \underline{10xy}\,(+$
$7xy$

$\therefore 6x^2+7xy-5y^2=(2x-y)(3x+5y)$
따라서 $a=2$, $b=1$, $c=3$이므로
$a+b+c=2+1+3=6$

6 ⑤ $3x^2+7x+2=(x+2)(3x+1)$

16 복잡한 인수분해

1. 치환을 이용한 인수분해 87쪽

1 $(x+1)^2$　2 $(x+y+4)(x+y-4)$
3 $(a-2b+2)(a-2b-6)$　4 $(x+8)(2x+9)$
5 $(x-2)(x-7)$　6 $(3x+4)^2$
7 $(2a-3)(4a-13)$　8 $(4x-21)^2$
9 $(a+b-2)(a+b-5)$　10 $(3a-b)(a+3b)$
11 $(5a+2)(7a+10)$

1 $x-1=A$로 치환하면
$(x-1)^2+4(x-1)+4=A^2+4A+4=(A+2)^2$
$=(x-1+2)^2=(x+1)^2$

2 $x+y=A$로 치환하면
$(x+y)^2-16=A^2-4^2=(A+4)(A-4)$
$=(x+y+4)(x+y-4)$

3 $a-2b=A$로 치환하면
$(a-2b)^2-4(a-2b)-12=A^2-4A-12=(A+2)(A-6)$
$=(a-2b+2)(a-2b-6)$

4 $x+7=A$로 치환하면
$2(x+7)^2-3(x+7)-5=2A^2-3A-5$
$=(A+1)(2A-5)$
$=(x+7+1)\{2(x+7)-5\}$
$=(x+8)(2x+9)$

5 $x-4=A$로 치환하면
$(x-4)^2+(4-x)-6=(x-4)^2-(x-4)-6$
$=A^2-A-6=(A+2)(A-3)$
$=(x-4+2)(x-4-3)$
$=(x-2)(x-7)$

6 $3x-1=A$로 치환하면
$(3x-1)^2-10(-3x+1)+25=(3x-1)^2+10(3x-1)+25$
$=A^2+10A+25=(A+5)^2$
$=(3x-1+5)^2$
$=(3x+4)^2$

7 $a-2=A$로 치환하면
$8(a-2)^2+6(2-a)-5=8(a-2)^2-6(a-2)-5$
$=8A^2-6A-5=(2A+1)(4A-5)$
$=\{2(a-2)+1\}\{4(a-2)-5\}$
$=(2a-3)(4a-13)$

8 $x-5=A$로 치환하면
$16(x-5)^2+8(5-x)+1=16(x-5)^2-8(x-5)+1$
$=16A^2-8A+1$
$=(4A-1)^2$
$=\{4(x-5)-1\}^2$
$=(4x-21)^2$

9 $a+b=A$로 치환하면
$(a+b)(a+b-7)+10=A(A-7)+10$
$=A^2-7A+10$
$=(A-2)(A-5)$
$=(a+b-2)(a+b-5)$

10 $2a+b=A$, $a-2b=B$로 치환하면

$(2a+b)^2-(a-2b)^2=A^2-B^2=(A+B)(A-B)$

$=(2a+b+a-2b)\{2a+b-(a-2b)\}$

$=(3a-b)(a+3b)$

11 $2a-1=A$, $a+4=B$로 치환하면

$4(2a-1)^2+8(2a-1)(a+4)+3(a+4)^2$

$=4A^2+8AB+3B^2=(2A+B)(2A+3B)$

$=\{2(2a-1)+a+4\}\{2(2a-1)+3(a+4)\}$

$=(5a+2)(7a+10)$

2. 여러 가지 인수분해 88쪽

1 $(a-b)(y+1)$ 2 $(5x+2)(y+2)$

3 $(xy+2)(y-3)$ 4 $(x+1)(x-1)(2y-1)$

5 $(x+4y+3)(x-4y+3)$ 6 $(a+b-10)(a-b-10)$

7 $(a+b+5c)(a-b-5c)$ 8 $(x+y-9)(x-y-9)$

9 120 10 400 11 48 12 130

1 $a-b+ay-by=(a-b)+y(a-b)=(a-b)(y+1)$

2 $5xy+10x+2y+4=5x(y+2)+2(y+2)$

$=(5x+2)(y+2)$

3 $xy^2-3xy+2y-6=xy(y-3)+2(y-3)$

$=(xy+2)(y-3)$

4 $2x^2y-x^2-2y+1=x^2(2y-1)-(2y-1)$

$=(2y-1)(x^2-1)$

$=(x+1)(x-1)(2y-1)$

5 $x^2+6x+9-16y^2=(x+3)^2-(4y)^2$

$=(x+3+4y)(x+3-4y)$

$=(x+4y+3)(x-4y+3)$

6 $a^2-b^2+100-20a=a^2-20a+100-b^2$

$=(a-10)^2-b^2$

$=(a-10+b)(a-10-b)$

$=(a+b-10)(a-b-10)$

7 $a^2-b^2-25c^2-10bc=a^2-b^2-10bc-25c^2$

$=a^2-(b^2+10bc+25c^2)$

$=a^2-(b+5c)^2$

$=(a+b+5c)(a-b-5c)$

8 $-y^2+81+x^2-18x=x^2-18x+81-y^2$

$=(x-9)^2-y^2=(x-9+y)(x-9-y)$

$=(x+y-9)(x-y-9)$

9 $89\times20-83\times20=(89-83)\times20=6\times20=120$

10 $17^2+2\times17\times3+3^2=(17+3)^2=20^2=400$

11 $7.4^2-2.6^2=(7.4+2.6)(7.4-2.6)=10\times4.8=48$

12 $15^2-7\times15+10=(15-2)(15-5)=13\times10=130$

3. 인수분해 공식을 이용하여 식의 값 구하기 89쪽

1 $-4\sqrt{2}$ 2 $3\sqrt{7}$ 3 $7\sqrt{2}+2$ 4 -16

5 100 6 15 7 -110 8 15

9 -10 10 1

1 $a=\dfrac{1}{\sqrt{2}+1}=\dfrac{\sqrt{2}-1}{(\sqrt{2}+1)(\sqrt{2}-1)}=\dfrac{\sqrt{2}-1}{2-1}=\sqrt{2}-1$

$b=\dfrac{1}{\sqrt{2}-1}=\dfrac{\sqrt{2}+1}{(\sqrt{2}-1)(\sqrt{2}+1)}=\dfrac{\sqrt{2}+1}{2-1}=\sqrt{2}+1$

$a+b=2\sqrt{2}$, $a-b=-2$이므로

$a^2-b^2=(a+b)(a-b)=2\sqrt{2}\times(-2)=-4\sqrt{2}$

2 $x=\dfrac{1}{3-\sqrt{7}}=\dfrac{3+\sqrt{7}}{(3-\sqrt{7})(3+\sqrt{7})}=\dfrac{3+\sqrt{7}}{9-7}=\dfrac{3+\sqrt{7}}{2}$

$y=\dfrac{1}{3+\sqrt{7}}=\dfrac{3-\sqrt{7}}{(3+\sqrt{7})(3-\sqrt{7})}=\dfrac{3-\sqrt{7}}{9-7}=\dfrac{3-\sqrt{7}}{2}$

$x+y=3$, $x-y=\sqrt{7}$이므로

$x^2-y^2=(x+y)(x-y)=3\times\sqrt{7}=3\sqrt{7}$

3 $x^2-5x-6=(x-6)(x+1)$

$=(6+\sqrt{2}-6)(6+\sqrt{2}+1)$

$=\sqrt{2}(7+\sqrt{2})=7\sqrt{2}+2$

4 $x^3y+2x^2y^2+xy^3=xy(x^2+2xy+y^2)=xy(x+y)^2$

$=-4\times2^2=-16$

5 $a=\dfrac{\sqrt{3}+\sqrt{2}}{\sqrt{3}-\sqrt{2}}=\dfrac{(\sqrt{3}+\sqrt{2})^2}{(\sqrt{3}-\sqrt{2})(\sqrt{3}+\sqrt{2})}$

$=\dfrac{3+2\sqrt{6}+2}{3-2}=5+2\sqrt{6}$

$b=\dfrac{\sqrt{3}-\sqrt{2}}{\sqrt{3}+\sqrt{2}}=\dfrac{(\sqrt{3}-\sqrt{2})^2}{(\sqrt{3}+\sqrt{2})(\sqrt{3}-\sqrt{2})}$

$=\dfrac{3-2\sqrt{6}+2}{3-2}=5-2\sqrt{6}$

$a+b=10$이므로

$a^2+2ab+b^2=(a+b)^2=10^2=100$

6 $a^2-b^2+5a+5b=a^2-b^2+5(a+b)$

$=(a+b)(a-b)+5(a+b)$

$=(a+b)(a-b+5)$

$=5\times(-2+5)=15$

7 $y^2+xz-yz-xy=y^2-yz+xz-xy$

$=y(y-z)-x(y-z)=(y-z)(y-x)$

$=10\times(-11)=-110$

8 $x^2-y^2+4x+4y=(x+y)(x-y)+4(x+y)$

$=(x+y)(x-y+4)$

$=3\times(1+4)=15$

9 $a^2-b^2+2a-2b=(a+b)(a-b)+2(a-b)$

$=(a-b)(a+b+2)$

즉, $(a-b)(a+b+2)=20$이므로

$(a-b)(-4+2)=20$ $\therefore a-b=-10$

10 $-y^2+x^2-14y-49=x^2-(y+7)^2=(x+y+7)(x-y-7)$

즉, $(x+y+7)(x-y-7)=32$이므로

$(x+y+7)\times(11-7)=32$

$x+y+7=8$ $\therefore x+y=1$

개념 완성 문제 90쪽

1 ②	2 ①, ④	3 ②	4 ⑤
5 ①	6 ①		

1 $a-b=A$로 치환하면

$(a-b)^2-64=A^2-8^2=(A+8)(A-8)$
$=(a-b+8)(a-b-8)$

2 $3x-2=A$, $x+1=B$로 치환하면

$(3x-2)^2+2(3x-2)(x+1)-8(x+1)^2$
$=A^2+2AB-8B^2=(A-2B)(A+4B)$
$=\{3x-2-2(x+1)\}\{3x-2+4(x+1)\}$
$=(x-4)(7x+2)$

3 $x^3-5x^2-3x+15=x^2(x-5)-3(x-5)$
$=(x-5)(x^2-3)$

4 $x^2-12x-y^2+36=x^2-12x+36-y^2$
$=(x-6)^2-y^2$
$=(x-6+y)(x-6-y)$
$=(x+y-6)(x-y-6)$

5 $x=\frac{\sqrt{3}+1}{\sqrt{3}-1}=\frac{(\sqrt{3}+1)^2}{(\sqrt{3}-1)(\sqrt{3}+1)}=\frac{4+2\sqrt{3}}{3-1}=2+\sqrt{3}$

$y=\frac{\sqrt{3}-1}{\sqrt{3}+1}=\frac{(\sqrt{3}-1)^2}{(\sqrt{3}+1)(\sqrt{3}-1)}=\frac{4-2\sqrt{3}}{3-1}=2-\sqrt{3}$

$x+y=4$이므로

$x^2+2xy+y^2=(x+y)^2=4^2=16$

6 $a(a+1)-b(b-1)=a^2+a-b^2+b=a^2-b^2+a+b$
$=(a+b)(a-b)+(a+b)$
$=(a+b)(a-b+1)$

즉, $(a+b)(a-b+1)=10$이므로

$5\times(a-b+1)=10$, $a-b+1=2$

$\therefore a-b=1$

⑰ 이차방정식 1

1. 이차방정식의 뜻과 해 91쪽

1 ×	2 ×	3 ○	4 ×
5 ×	6 ○	7 ○	8 ×
9 ○	10 -1	11 -4	12 -2

1 x^2-4x+1은 이차식이지만 등호가 없으므로 이차방정식이 아니다.

2 $7x-2=3x-5$, 즉 $4x+3=0$은 최고차항이 일차이므로 일차방정식이다.

3 $3x^2+5x+1=0$은 최고차항이 이차이므로 이차방정식이다.

4 $\frac{1}{x^2}+6x=2$는 x^2이 분모에 있으므로 이차방정식이 아니다.

5 $4x^2+2x-5=4x^2-6x+2$에서

$4x^2+2x-5-4x^2+6x-2=0$ $\therefore 8x-7=0$

위와 같이 양변에 이차항이 있어도 식을 정리하면 이차항이 없어지므로 이차방정식이 아니다.

6 $x^3+9x^2-1=x^3+4x^2$에서

$x^3+9x^2-1-x^3-4x^2=0$ $\therefore 5x^2-1=0$

위와 같이 양변에 삼차항이 있어도 식을 정리하면 삼차항이 없어져서 이차방정식이 된다.

7 $x=1$을 $x^2-1=0$에 대입하면 $1^2-1=0$이므로 $x=1$은 이 이차방정식의 해이다.

8 $x=-1$을 $3x^2-x+2=0$에 대입하면

$3\times(-1)^2-(-1)+2=6\neq0$이 되므로 $x=-1$은 이 이차방정식의 해가 아니다.

9 $x=-1$을 $(x-4)^2=25$에 대입하면 $(-1-4)^2=25$이므로 $x=-1$은 이 이차방정식의 해이다.

10 $x^2+5ax+4=0$의 한 근이 $x=1$이므로 이 이차방정식에 대입하면

$1^2+5a+4=0$, $5a=-5$ $\therefore a=-1$

11 $-3x^2+8x+a=0$의 한 근이 $x=2$이므로 이 이차방정식에 대입하면

$-3\times2^2+8\times2+a=0$, $-12+16+a=0$ $\therefore a=-4$

12 $2x^2+4ax-10=0$의 한 근이 $x=-1$이므로 이 이차방정식에 대입하면

$2\times(-1)^2+4\times a\times(-1)-10=0$, $-4a=8$

$\therefore a=-2$

2. 인수분해를 이용한 이차방정식의 풀이 92쪽

1 $x=0$ 또는 $x=5$	2 $x=-2$ 또는 $x=4$	
3 $x=\frac{1}{4}$ 또는 $x=3$	4 $x=0$ 또는 $x=7$	
5 $x=3$ 또는 $x=5$	6 $x=-\frac{5}{2}$ 또는 $x=\frac{5}{2}$	
7 $x=-\frac{1}{2}$ 또는 $x=4$	8 $x=\frac{9}{2}$	
9 $x=\frac{2}{3}$	10 36, 6	11 81, $-\frac{1}{9}$

4 $x^2-7x=0$에서 $x(x-7)=0$

$\therefore x=0$ 또는 $x=7$

5 $x^2-8x+15=0$에서 $(x-3)(x-5)=0$

$\therefore x=3$ 또는 $x=5$

6 $4x^2-25=0$에서 $(2x+5)(2x-5)=0$

$\therefore x=-\frac{5}{2}$ 또는 $x=\frac{5}{2}$

7 $2x^2-7x-4=0$에서 $(2x+1)(x-4)=0$

$\therefore x=-\frac{1}{2}$ 또는 $x=4$

9 $9x^2-12x+4=0$에서 $(3x-2)^2=0$ $\therefore x=\frac{2}{3}$

10 $x^2-12x+k=0$이 중근을 가지므로

$k=\left(-\frac{12}{2}\right)^2=36$ $\therefore x^2-12x+36=0$

따라서 $(x-6)^2=0$이므로 $x=6$

11 $kx^2+18x+1=0$이 중근을 가지므로

$k=\left(-\frac{18}{2}\right)^2=81$ $\therefore 81x^2+18x+1=0$

따라서 $(9x+1)^2=0$이므로 $x=-\frac{1}{9}$

3. 제곱근을 이용한 이차방정식의 풀이 93쪽

1 $x=\pm3$ 2 $x=\pm\frac{2\sqrt{3}}{3}$ 3 $x=-4$ 또는 $x=14$

4 4, 4, 4, 13, $\pm\sqrt{13}$, $-2\pm\sqrt{13}$

5 $\frac{9}{4}$, $\frac{9}{4}$, $\frac{9}{4}$, $\frac{15}{4}$, $\pm\frac{\sqrt{15}}{2}$, $\frac{-3\pm\sqrt{15}}{2}$

2 $3x^2-4=0$에서 $x^2=\frac{4}{3}$

$x=\pm\sqrt{\frac{4}{3}}=\pm\frac{2}{\sqrt{3}}=\pm\frac{2\times\sqrt{3}}{\sqrt{3}\times\sqrt{3}}=\pm\frac{2\sqrt{3}}{3}$

3 $(x-5)^2=81$에서 $x-5=\pm9$

$\therefore x=-4$ 또는 $x=14$

4 $x^2+4x-9=0$에서

-9를 우변으로 이항하면 $x^2+4x=9$

좌변을 완전제곱식으로 만들기 위해 양변에 4를 더하면

$x^2+4x+4=9+4$

좌변을 완전제곱식으로 고치면 $(x+2)^2=13$

제곱근을 구하면 $x+2=\pm\sqrt{13}$

$\therefore x=-2\pm\sqrt{13}$

5 $2x^2+6x-3=0$에서

양변을 이차항의 계수인 2로 나누면 $x^2+3x-\frac{3}{2}=0$

$-\frac{3}{2}$을 우변으로 이항하면 $x^2+3x=\frac{3}{2}$

좌변을 완전제곱식으로 만들기 위해 양변에 $\left(\frac{3}{2}\right)^2=\frac{9}{4}$를 더하면

$x^2+3x+\frac{9}{4}=\frac{3}{2}+\frac{9}{4}$

좌변을 완전제곱식으로 고치면 $\left(x+\frac{3}{2}\right)^2=\frac{15}{4}$

제곱근을 구하면 $x+\frac{3}{2}=\pm\sqrt{\frac{15}{4}}=\pm\frac{\sqrt{15}}{2}$

$\therefore x=\frac{-3\pm\sqrt{15}}{2}$

개념 완성 문제 94쪽

1 ⑤ 2 ④ 3 $x=4$ 4 ①

5 ⑤ 6 ③

1 $ax^2-3=(5x-2)(x+3)=5x^2+13x-6$

양변의 이차항의 계수가 같아지면 이항하여 이차항이 없어지므로 $a=5$이면 이차방정식이 될 수 없다.

2 $(x-8)(x-1)=-3x$의 식을 전개하여 정리하면

$x^2-9x+8+3x=0$, $x^2-6x+8=0$

$(x-2)(x-4)=0$

$\therefore x=2$ 또는 $x=4$

$a>b$이므로 $a=4$, $b=2$

$\therefore 5a-b=20-2=18$

3 $x^2-x-12=0$에서 $(x+3)(x-4)=0$

$\therefore x=-3$ 또는 $x=4$

$2x^2-9x+4=0$에서 $(x-4)(2x-1)=0$

$\therefore x=4$ 또는 $x=\frac{1}{2}$

따라서 두 이차방정식을 동시에 만족시키는 해는 $x=4$이다.

4 $x^2+8x+10-3k=0$이 중근을 가지려면

$\left(\frac{8}{2}\right)^2=10-3k$, $3k=10-16$

$\therefore k=-2$

5 $4(x+3)^2=28$의 양변을 4로 나누면 $(x+3)^2=7$

$x+3=\pm\sqrt{7}$이므로 $x=-3\pm\sqrt{7}$

따라서 $a=-3$, $b=7$이므로

$a+b=-3+7=4$

6 $2x^2-8x+5=0$에서

$x^2-4x+\frac{5}{2}=0$, $x^2-4x=-\frac{5}{2}$, $x^2-4x+4=-\frac{5}{2}+4$

$(x-2)^2=\frac{3}{2}$ $\therefore k=\frac{3}{2}$

18 이차방정식 2

1. 이차방정식의 근의 공식 95쪽

1 -5, -1, -5, -1, 2, $\frac{5\pm\sqrt{33}}{4}$

2 3, 3, 1, 3, 1, 3, $\frac{-3\pm\sqrt{6}}{3}$ 3 $x=\frac{-1\pm\sqrt{65}}{4}$

4 $x=3\pm\sqrt{6}$ 5 $x=\frac{7\pm\sqrt{17}}{8}$ 6 $x=-5$ 또는 $x=8$

7 $x=-2\pm\sqrt{7}$ 8 $x=-5\pm\sqrt{13}$ 9 $x=\frac{-4\pm\sqrt{10}}{3}$

1 $2x^2-5x-1=0$에서 $a=2$, $b=-5$, $c=-1$이므로

$x=\frac{5\pm\sqrt{(-5)^2-4\times2\times(-1)}}{2\times2}=\frac{5\pm\sqrt{33}}{4}$

2 $3x^2+6x+1=0$에서 일차항의 계수가 짝수이다.
$a=3$, $b=6$에서 $b'=3$, $c=1$이므로
$x=\frac{-3\pm\sqrt{3^2-3\times1}}{3}=\frac{-3\pm\sqrt{6}}{3}$

3 $2x^2+x-8=0$에서
$x=\frac{-1\pm\sqrt{1^2-4\times2\times(-8)}}{2\times2}=\frac{-1\pm\sqrt{65}}{4}$

4 $x^2-6x+3=0$에서 일차항의 계수가 짝수이므로
$x=\frac{3\pm\sqrt{(-3)^2-1\times3}}{1}=3\pm\sqrt{6}$

5 $4x^2-7x+2=0$에서
$x=\frac{7\pm\sqrt{(-7)^2-4\times4\times2}}{2\times4}=\frac{7\pm\sqrt{17}}{8}$

6 $x^2-3x-40=0$에서 $(x+5)(x-8)=0$
$\therefore x=-5$ 또는 $x=8$

7 $x^2+4x-3=0$은 일차항의 계수가 짝수이므로
$x=\frac{-2\pm\sqrt{2^2-1\times(-3)}}{1}=-2\pm\sqrt{7}$

8 $(x+5)^2=13$의 해를 제곱근을 이용하여 구하면
$x+5=\pm\sqrt{13}$ $\therefore x=-5\pm\sqrt{13}$

9 $3x^2+8x+2=0$은 일차항의 계수가 짝수이므로
$x=\frac{-4\pm\sqrt{4^2-3\times2}}{3}=\frac{-4\pm\sqrt{10}}{3}$

2. 복잡한 이차방정식의 풀이 96쪽

1 $x=-2$ 또는 $x=-6$
2 $x=2\pm\sqrt{10}$
3 $x=-1$ 또는 $x=-\frac{4}{5}$
4 $x=\frac{3\pm\sqrt{89}}{4}$
5 $x=2$ 또는 $x=8$
6 $x=\frac{-1\pm\sqrt{31}}{10}$
7 $x=1$ 또는 $x=7$
8 $x=4$
9 $x=\frac{3}{2}$ 또는 $x=\frac{4}{3}$
10 $x=-4$ 또는 $x=1$

1 $\frac{1}{6}x^2+\frac{4}{3}x+2=0$의 양변에 6을 곱하면
$x^2+8x+12=0$, $(x+2)(x+6)=0$
$\therefore x=-2$ 또는 $x=-6$

2 $\frac{1}{4}x^2-x-\frac{3}{2}=0$의 양변에 4를 곱하면
$x^2-4x-6=0$
$\therefore x=\frac{2\pm\sqrt{(-2)^2-1\times(-6)}}{1}=2\pm\sqrt{10}$

3 $\frac{5}{12}x^2+\frac{3}{4}x+\frac{1}{3}=0$의 양변에 12를 곱하면
$5x^2+9x+4=0$, $(x+1)(5x+4)=0$
$\therefore x=-1$ 또는 $x=-\frac{4}{5}$

4 $0.2x^2-0.3x-1=0$의 양변에 10을 곱하면
$2x^2-3x-10=0$
$\therefore x=\frac{3\pm\sqrt{(-3)^2-4\times2\times(-10)}}{2\times2}=\frac{3\pm\sqrt{89}}{4}$

5 $0.1x^2=x-1.6$의 양변에 10을 곱하면
$x^2=10x-16$, $x^2-10x+16=0$, $(x-2)(x-8)=0$
$\therefore x=2$ 또는 $x=8$

6 $x^2+0.2x-0.3=0$의 양변에 10을 곱하면
$10x^2+2x-3=0$
$\therefore x=\frac{-1\pm\sqrt{1^2-10\times(-3)}}{10}=\frac{-1\pm\sqrt{31}}{10}$

7 $(x-2)^2-4x+3=0$에서
$x^2-4x+4-4x+3=0$, $x^2-8x+7=0$
$(x-1)(x-7)=0$ $\therefore x=1$ 또는 $x=7$

8 $(2x-5)^2-6(2x-5)+9=0$에서 $2x-5=A$로 치환하면
$A^2-6A+9=0$, $(A-3)^2=0$
$\therefore A=3$
따라서 $2x-5=3$이므로 $x=4$

9 $6(x-2)^2+7(x-2)+2=0$에서 $x-2=A$로 치환하면
$6A^2+7A+2=0$, $(2A+1)(3A+2)=0$
$\therefore A=-\frac{1}{2}$ 또는 $A=-\frac{2}{3}$
따라서 $x-2=-\frac{1}{2}$ 또는 $x-2=-\frac{2}{3}$이므로
$x=\frac{3}{2}$ 또는 $x=\frac{4}{3}$

10 $2\left(\frac{1}{2}x+1\right)^2-3=\frac{1}{2}x+1$에서 $\frac{1}{2}x+1=A$로 치환하면
$2A^2-3=A$, $2A^2-A-3=0$
$(A+1)(2A-3)=0$
$\therefore A=-1$ 또는 $A=\frac{3}{2}$
따라서 $\frac{1}{2}x+1=-1$ 또는 $\frac{1}{2}x+1=\frac{3}{2}$이므로
$x=-4$ 또는 $x=1$

3. 이차방정식의 근의 개수 97쪽

1 2
2 0
3 1
4 $k=2$ 또는 $k=6$
5 $k<-\frac{15}{16}$
6 $x^2-2x-15=0$
7 $x^2+12x+36=0$
8 $4x^2-5x+1=0$
9 $6x^2+5x+1=0$

1 $x^2-2x-5=0$에서
$b^2-4ac=(-2)^2-4\times1\times(-5)=24>0$
따라서 서로 다른 두 근을 가진다.

2 $x^2+5x+7=0$에서
$b^2-4ac=5^2-4\times1\times7=-3<0$
따라서 근이 없다.

3 $9x^2-12x+4=0$에서
$b^2-4ac=(-12)^2-4\times9\times4=0$
따라서 중근을 가진다.

4 $x^2+(k-4)x+1=0$이 중근을 가지므로
$b^2-4ac=(k-4)^2-4=0$, $k^2-8k+12=0$
$(k-2)(k-6)=0$
$\therefore k=2$ 또는 $k=6$

5 $4x^2-x+k+1=0$이 서로 다른 두 근을 가지므로
$b^2-4ac=(-1)^2-4\times4\times(k+1)>0$
$1-16k-16>0$, $-16k>15$
$\therefore k<-\frac{15}{16}$

6 두 근이 -3, 5이고, 이차항의 계수가 1인 이차방정식은
$(x+3)(x-5)=0$ $\therefore x^2-2x-15=0$

7 근이 -6 (중근)이고, 이차항의 계수가 1인 이차방정식은
$(x+6)^2=0$ $\therefore x^2+12x+36=0$

8 두 근이 $\frac{1}{4}$, 1이고, 이차항의 계수가 4인 이차방정식은
$4\left(x-\frac{1}{4}\right)(x-1)=0$, $4\left(x^2-\frac{5}{4}x+\frac{1}{4}\right)=0$
$\therefore 4x^2-5x+1=0$

9 두 근이 $-\frac{1}{2}$, $-\frac{1}{3}$이고, 이차항의 계수가 6인 이차방정식은
$6\left(x+\frac{1}{2}\right)\left(x+\frac{1}{3}\right)=0$, $6\left(x^2+\frac{5}{6}x+\frac{1}{6}\right)=0$
$\therefore 6x^2+5x+1=0$

4. 이차방정식의 활용 98쪽

1 $x+4$, $x+4$, 2, 9살 2 10, 3, 10, 3, 2, 15 cm
3 20, 10, 20, 10, 2 m

1 수아의 나이를 x살이라고 하면 정민이의 나이는 $(x+4)$살이다. 정민이의 나이의 제곱이 수아의 나이의 제곱의 2배보다 7살이 더 많으므로
$(x+4)^2=2x^2+7$, $x^2+8x+16=2x^2+7$
$x^2-8x-9=0$, $(x+1)(x-9)=0$
$\therefore x=-1$ 또는 $x=9$
그런데 x는 자연수이므로 $x=9$
따라서 수아의 나이는 9살이다.

2 정사각형의 한 변의 길이를 x cm라고 하면, 가로의 길이는 10 cm만큼 늘였으므로 $(x+10)$ cm, 세로의 길이는 3 cm만큼 늘였으므로 $(x+3)$ cm이고 넓이는 처음 정사각형의 넓이의 2배가 되므로
$(x+10)(x+3)=2x^2$, $x^2+13x+30=2x^2$
$x^2-13x-30=0$, $(x+2)(x-15)=0$
$\therefore x=-2$ 또는 $x=15$
그런데 $x>0$이므로 $x=15$
따라서 정사각형의 한 변의 길이는 15 cm이다.

3 도로의 폭을 x m라고 하면 도로를 제외한 땅의 가로의 길이는 $(20-x)$ m, 세로의 길이는 $(10-x)$ m이다.
도로를 제외한 땅의 넓이가 144 m^2이므로
$(20-x)(10-x)=144$, $200-30x+x^2=144$
$x^2-30x+56=0$, $(x-2)(x-28)=0$
$\therefore x=2$ 또는 $x=28$
그런데 $0<x<10$이므로 $x=2$
따라서 도로의 폭은 2 m이다.

개념 완성 문제 99쪽

1 ① 2 $x=\frac{-5\pm\sqrt{41}}{2}$ 3 ④
4 ② 5 ① 6 2초

1 $5x^2-6x+a=0$에서
$x=\frac{3\pm\sqrt{9-5a}}{5}=\frac{b\pm\sqrt{19}}{5}$
따라서 $9-5a=19$에서 $a=-2$, $b=3$이므로
$ab=-2\times3=-6$

2 $0.1x^2=-\frac{1}{2}x+\frac{2}{5}$의 양변에 10을 곱하면
$x^2=-5x+4$, $x^2+5x-4=0$
$\therefore x=\frac{-5\pm\sqrt{25+16}}{2}=\frac{-5\pm\sqrt{41}}{2}$

3 ① $x^2-8x+5=0$에서
$b^2-4ac=(-8)^2-4\times1\times5=64-20=44>0$
따라서 서로 다른 두 근을 가진다.
② $3x^2-6x+1=0$에서
$b^2-4ac=(-6)^2-4\times3\times1=36-12=24>0$
따라서 서로 다른 두 근을 가진다.
③ $x^2+5x+3=0$에서
$b^2-4ac=5^2-4\times1\times3=25-12=13>0$
따라서 서로 다른 두 근을 가진다.
④ $2x^2-4x+5=0$에서
$b^2-4ac=(-4)^2-4\times2\times5=16-40=-24<0$
따라서 근이 없다.
⑤ $4x^2+9x-1=0$에서
$b^2-4ac=9^2-4\times4\times(-1)=81+16=97>0$
따라서 서로 다른 두 근을 가진다.

4 $x^2-2x+\frac{k-1}{2}=0$의 근이 존재하지 않으므로
$b^2-4ac=(-2)^2-4\times\frac{k-1}{2}<0$, $4-2k+2<0$
$-2k<-6$ $\therefore k>3$

5 두 근이 $\frac{4}{3}$, $-\frac{1}{2}$이고 이차항의 계수가 6인 이차방정식은
$6\left(x-\frac{4}{3}\right)\left(x+\frac{1}{2}\right)=0$, $6\left(x^2-\frac{5}{6}x-\frac{2}{3}\right)=0$
$\therefore 6x^2-5x-4=0$

6 로켓이 처음으로 지면으로부터의 높이가 100 m인 지점을 지나는 시간을 구하는 것이므로
$60x-5x^2=100$, $5x^2-60x+100=0$
$x^2-12x+20=0$, $(x-2)(x-10)=0$
$\therefore x=2$ 또는 $x=10$
따라서 로켓이 처음으로 지면으로부터의 높이가 100 m인 지점을 지나는 것은 발사한 지 2초 후이다.

고르고 고른 고등수학으로 연결되는 문제 Ⅱ단원 총정리 100~101쪽

1 ③, ④	2 ①	3 ①	4 ③
5 4	6 ③	7 ⑤	8 ③
9 ③	10 ②	11 $x=3$	12 ③
13 $x=-3$ 또는 $x=-8$		14 ②	15 ④
16 ⑤			

1 ① $x\div y\times z=x\times\frac{1}{y}\times z=\frac{xz}{y}$
② $x\div(y\times z)=x\times\frac{1}{y\times z}=\frac{x}{yz}$
③ $a\times b\div c\times 5=a\times b\times\frac{1}{c}\times 5=\frac{5ab}{c}$
④ $a\times a\div b\div c=a\times a\times\frac{1}{b}\times\frac{1}{c}=\frac{a^2}{bc}$
⑤ $a\div(a+b)\times(-1)=a\times\frac{1}{a+b}\times(-1)=-\frac{a}{a+b}$

2 $-2x+5=7x-13$에서 $-2x-7x=-13-5$
$-9x=-18$ $\quad\therefore x=2$
$-4ax+a=2x+10$의 해도 $x=2$이므로 식에 대입하면
$-4a\times 2+a=4+10$, $-7a=14$
$\therefore a=-2$

3 $(2x^3y^a)^2\div(-x^by)^3=cx^3y^3$에서
$4x^6y^{2a}=cx^3y^3\times(-x^{3b}y^3)$
$4x^6y^{2a}=-cx^{3+3b}y^6$
양변의 계수를 비교하면 $c=-4$
x의 지수를 비교하면 $6=3+3b$에서 $b=1$
y의 지수를 비교하면 $2a=6$에서 $a=3$
$\therefore a+b+c=3+1-4=0$

4 $-\frac{1}{2}(x-5)>-0.3x+1$의 양변에 -10을 곱하면
$5(x-5)<3x-10$, $5x-3x<25-10$
$2x<15$ $\quad\therefore x<\frac{15}{2}$
따라서 이 부등식을 만족하는 x의 값 중 가장 큰 정수는 7이다.

5 $\begin{cases}3x-2(x-y)=4\\4(x+y)-2y=1\end{cases}$을 정리하면 $\begin{cases}x+2y=4 & \cdots ㉠\\4x+2y=1 & \cdots ㉡\end{cases}$
㉠−㉡을 하면 $-3x=3$, $x=-1$ $\quad\therefore a=-1$
$x=-1$을 ㉠에 대입하면 $-1+2y=4$, $y=\frac{5}{2}$
$\therefore b=\frac{5}{2}$
$\therefore a+2b=-1+2\times\frac{5}{2}=4$

6 ① $(x-7)^2=x^2-14x+49$
② $(x-8)(x-6)=x^2-14x+48$
③ $(3x-1)(7x-2)=21x^2-13x+2$
④ $(x-2)(x-12)=x^2-14x+24$
⑤ $(2x-1)(4x-5)=8x^2-14x+5$
따라서 전개하였을 때, x의 계수가 나머지 넷과 다른 하나는 ③이다.

7 $a^2+b^2=(a+b)^2-2ab$에서
$20=6^2-2ab$, $2ab=36-20$ $\quad\therefore ab=8$

8 ③ $2x^2-5x-7=(x+1)(2x-7)$

9 ③ $\frac{1}{9}x^2-\frac{4}{3}x+4=\left(\frac{1}{3}x-2\right)^2$이 되어 완전제곱식이 된다.

10 $x^3+4x^2-5x-20=x^2(x+4)-5(x+4)$
$=(x+4)(x^2-5)$

11 $x^2-5x+6=0$에서 $(x-2)(x-3)=0$
$\therefore x=2$ 또는 $x=3$
$3x^2-13x+12=0$에서 $(x-3)(3x-4)=0$
$\therefore x=3$ 또는 $x=\frac{4}{3}$
따라서 두 이차방정식을 동시에 만족시키는 해는 $x=3$이다.

12 $x^2-7x+4k-3=0$에서
$x=\frac{7\pm\sqrt{7^2-4(4k-3)}}{2}=\frac{7\pm\sqrt{61-16k}}{2}=\frac{7\pm\sqrt{29}}{2}$이므로
$61-16k=29$ $\quad\therefore k=2$

13 $0.3(x+3)^2=\frac{(x+2)(x+3)}{4}$의 양변에 10과 4의 최소공배수인 20을 곱하면
$6(x+3)^2=5(x+2)(x+3)$, $6x^2+36x+54=5x^2+25x+30$
$x^2+11x+24=0$, $(x+3)(x+8)=0$
$\therefore x=-3$ 또는 $x=-8$

14 $-2\left(x+\frac{1}{4}\right)^2+6=x+\frac{1}{4}$에서 $x+\frac{1}{4}=A$로 치환하면
$-2A^2+6=A$, $2A^2+A-6=0$, $(A+2)(2A-3)=0$
따라서 $A=-2$ 또는 $A=\frac{3}{2}$이므로
$x+\frac{1}{4}=-2$ 또는 $x+\frac{1}{4}=\frac{3}{2}$
$\therefore x=-\frac{9}{4}$ 또는 $x=\frac{5}{4}$

15 $x^2+6(2x+1)+5a=0$에서 $x^2+12x+6+5a=0$
이 이차방정식이 중근을 가지려면
$b^2-4ac=12^2-4(6+5a)=0$
$144-24-20a=0$, $-20a=-120$
$\therefore a=6$
$a=6$을 $x^2+12x+6+5a=0$에 대입하면
$x^2+12x+36=0$, $(x+6)^2=0$
$\therefore x=-6$, $b=-6$
$\therefore a+b=6-6=0$

16 $2x^2-4x+m-3=0$이 서로 다른 두 근을 가지려면
$b^2-4ac=(-4)^2-8(m-3)>0$
$16-8m+24>0$
$-8m>-40$
$\therefore m<5$

Ⅲ 함수

19 정비례와 반비례

1. 순서쌍과 좌표 104쪽

1 A(3, 2), B(4, −5), C(−2, −2), D(−4, 3)

2 해설 참조　3 제2사분면　4 제4사분면　5 제3사분면

6 제3사분면　7 제1사분면　8 제2사분면

2

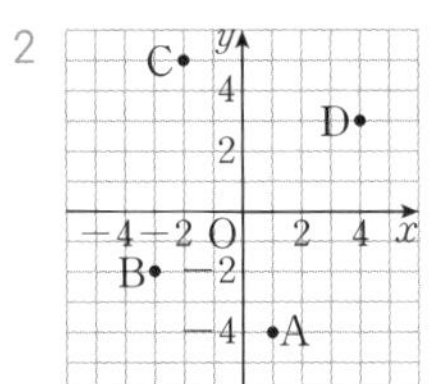

3 점 $(-5,\ 6)$의 x좌표는 음수, y좌표는 양수이므로 제2사분면 위의 점이다.

4 점 $(2,\ -7)$의 x좌표는 양수, y좌표는 음수이므로 제4사분면 위의 점이다.

5 점 $(-1,\ -3)$의 x좌표는 음수, y좌표는 음수이므로 제3사분면 위의 점이다.

6 $a>0$, $b<0$이므로 $-a<0$, $b<0$
따라서 점 $(-a,\ b)$는 제3사분면 위의 점이다.

7 $a>0$, $b<0$이므로 $a>0$, $-b>0$
따라서 점 $(a,\ -b)$는 제1사분면 위의 점이다.

8 $a>0$, $b<0$이므로 $-a<0$, $-b>0$
따라서 점 $(-a,\ -b)$는 제2사분면 위의 점이다.

2. 정비례 105쪽

1 0, 2, 그래프는 해설 참조　2 ○　3 ×

4 ○　5 ×　6 ×　7 ○

8 ×　9 ○

1 $y=\frac{1}{2}x$의 그래프는 두 점 $(0,\ 0)$, $(4,\ 2)$를 지난다.
따라서 그래프는 오른쪽 그림과 같다.

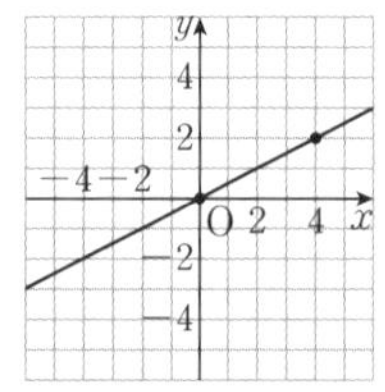

2 $y=ax$에서 $a<0$이면 제2사분면과 제4사분면을 지난다.

3 $y=-2x$에 $x=-3$을 대입하면 $y=6$이므로 점 $(-3,\ -6)$을 지나지 않는다.

4 정비례 관계의 그래프는 원점을 지난다.

5 $y=ax$에서 $a<0$이면 오른쪽 아래로 향하는 직선이다.

6 $y=ax$에서 $a<0$이므로 x의 값이 증가하면 y의 값은 감소한다.

7 $y=ax$에서 $|a|$의 값이 클수록 y축에 가까우므로 $y=-2x$의 그래프가 $y=-x$의 그래프보다 y축에 가깝다.

8 $y=4x$에 $x=-1$을 대입하면 $y=-4$이므로 이 그래프는 점 $(-1,\ 4)$를 지나지 않는다.

9 $y=4x$에 $x=2$를 대입하면 $y=8$이므로 이 그래프는 점 $(2,\ 8)$을 지난다.

3. 반비례 106쪽

1 5, 2, −5, −2, 그래프는 해설 참조　2 ○

3 ○　4 ×　5 ×　6 ○

7 ×　8 ○

1 $y=\frac{10}{x}$의 그래프는 네 점 $(2,\ 5)$, $(5,\ 2)$, $(-2,\ -5)$, $(-5,\ -2)$를 지난다.
따라서 x의 값의 수 전체이므로 그래프는 오른쪽 그림과 같다.

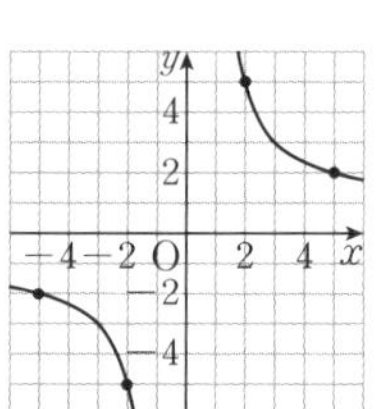

2 $y=\frac{a}{x}$에서 $a<0$이면 제2사분면과 제4사분면을 지난다.

3 $y=-\frac{2}{x}$에 $x=-2$를 대입하면 $y=1$이므로 이 그래프는 점 $(-2,\ 1)$을 지난다.

5 $y=\frac{a}{x}$에서 $|a|$의 값이 클수록 원점에서 멀어지므로 $y=-\frac{2}{x}$의 그래프가 $y=\frac{4}{x}$의 그래프보다 원점에 가깝다.

6 $y=\frac{6}{x}$에 $x=-1$을 대입하면 $y=-6$이므로 이 그래프는 점 $(-1,\ -6)$을 지난다.

7 $y=\frac{6}{x}$에 $x=3$을 대입하면 $y=2$이므로 이 그래프는 점 $(3,\ -2)$를 지나지 않는다.

8 $y=\frac{6}{x}$에 $x=-2$를 대입하면 $y=-3$이므로 이 그래프는 점 $(-2,\ -3)$을 지난다.

4. 정비례와 반비례의 관계식 구하기 107쪽

1 5　2 −6　3 $y=2x$　4 $y=-\frac{4}{3}x$

5 −8　6 6　7 $y=\frac{3}{x}$　8 $y=-\frac{4}{x}$

1 $x=1$, $y=5$를 $y=ax$에 대입하면 $a=5$

2 $x=-2$, $y=12$를 $y=ax$에 대입하면
$12=-2a$　$\therefore a=-6$

3 $y=ax$라 하고 점 $(1,\ 2)$를 지나므로 $x=1$, $y=2$를 $y=ax$에 대입하면 $a=2$

$\therefore y=2x$

4 $y=ax$라 하고 $x=3$, $y=-4$를 $y=ax$에 대입하면

$-4=3a \qquad \therefore a=-\frac{4}{3}$

$\therefore y=-\frac{4}{3}x$

5 $x=4$, $y=-2$를 $y=\frac{a}{x}$에 대입하면

$-2=\frac{a}{4} \qquad \therefore a=-8$

6 $x=-2$, $y=-3$을 $y=\frac{a}{x}$에 대입하면 $-3=\frac{a}{-2} \qquad \therefore a=6$

7 $y=\frac{a}{x}$라 하고 점 $(-3,\ -1)$을 지나므로 $x=-3$, $y=-1$을 $y=\frac{a}{x}$에 대입하면

$-1=\frac{a}{-3} \qquad \therefore a=3$

$\therefore y=\frac{3}{x}$

8 $y=\frac{a}{x}$라 하고 점 $(-4,\ 1)$을 지나므로 $x=-4$, $y=1$을 $y=\frac{a}{x}$에 대입하면

$1=\frac{a}{-4} \qquad \therefore a=-4$

$\therefore y=-\frac{4}{x}$

개념 완성 문제 108쪽

1 ⑤	2 ④	3 -1	4 ④
5 ⑤	6 $y=-\frac{6}{x}$		

1 ⑤ 정비례 관계 $y=-\frac{1}{4}x$와 $y=3x$의 그래프에서 $\left|-\frac{1}{4}\right|<|3|$이므로 정비례 관계 $y=-\frac{1}{4}x$의 그래프는 $y=3x$의 그래프보다 x축에 가깝다.

2 $x=2$, $y=10$을 $y=ax$에 대입하면 $10=2a \qquad \therefore a=5$

$\therefore y=5x$

① $x=-1$을 $y=5x$에 대입하면 $y=-5$이므로 점 $(-1,\ -5)$를 지난다.

② $x=-\frac{1}{2}$을 $y=5x$에 대입하면 $y=-\frac{5}{2}$이므로 점 $\left(-\frac{1}{2},\ -\frac{5}{2}\right)$를 지난다.

③ $x=0$을 $y=5x$에 대입하면 $y=0$이므로 점 $(0,\ 0)$을 지난다.

④ $x=\frac{3}{2}$을 $y=5x$에 대입하면 $y=\frac{15}{2}$이므로 점 $\left(\frac{3}{2},\ \frac{7}{2}\right)$을 지나지 않는다.

⑤ $x=2$를 $y=5x$에 대입하면 $y=10$이므로 점 $(2,\ 10)$을 지난다.

3 $x=-2$, $y=-6$을 $y=ax$에 대입하면 $-6=-2a$, $a=3$

$x=-6$, $y=2$를 $y=bx$에 대입하면 $2=-6b \qquad \therefore b=-\frac{1}{3}$

$\therefore ab=3\times\left(-\frac{1}{3}\right)=-1$

4 ④ $y=\frac{6}{x}$의 그래프는 $x<0$에서 x의 값이 증가하면 y의 값은 감소한다.

5 $x=-4$, $y=-3$을 $y=\frac{a}{x}$에 대입하면 $-3=\frac{a}{-4} \qquad \therefore a=12$

반비례 관계식은 $y=\frac{12}{x}$에서 $xy=12$이므로 보기 중에 x좌표와 y좌표를 곱해서 12가 아닌 것을 고르면 된다.

⑤ 점 $(6,\ -2)$는 $xy=-12$이므로 이 그래프 위에 있지 않은 점이다.

6 $y=\frac{a}{x}$라 하고 $x=-2$, $y=3$을 $y=\frac{a}{x}$에 대입하면

$3=\frac{a}{-2} \qquad \therefore a=-6$

$\therefore y=-\frac{6}{x}$

20 일차함수 1

1. 함수의 뜻과 함숫값 109쪽

1 ○	2 ×	3 ○	4 ×
5 ○	6 ○	7 -9	8 -5
9 -4	10 4	11 6	12 -6

1 한 변의 길이가 x cm인 정사각형의 둘레의 길이 y cm는 x의 값이 변함에 따라 y의 값이 하나씩 대응하므로 함수이다.

2 자연수 x보다 작은 홀수 y는 x의 값이 하나로 정해질 때, x보다 작은 홀수는 여러 개 있을 수 있으므로 함수가 아니다.

3 한 개에 10 g인 물건 x개의 무게 y g은 x의 값이 변함에 따라 y의 값이 하나씩 대응하므로 함수이다.

4 자연수 x의 배수 y는 x의 값이 하나로 정해질 때, x의 배수는 무수히 많으므로 함수가 아니다.

5

x	1	2	3	4	5	…
y	1	2	3	0	1	…

x의 값이 변함에 따라 y의 값이 하나씩 대응하므로 y는 x의 함수이다.

6

x	1	2	3	4	5	…
y	1	2	3	2	1	…

x의 값이 변함에 따라 y의 값이 하나씩 대응하므로 y는 x의 함수이다.

7 $f(-2)=2\times(-2)-5=-9$

8 $f(0)=2\times0-5=-5$

9 $f\left(\frac{1}{2}\right)=2\times\frac{1}{2}-5=-4$

10 $f(-4)=-\frac{8}{-4}+2=4$

11 $f(-2)=-\dfrac{8}{-2}+2=6$

12 $f(1)=-\dfrac{8}{1}+2=-6$

2. 일차함수의 뜻과 그래프 110쪽

1 ×	2 ○	3 ○	4 ○
5 ×	6 ×	7 $y=8x-1$	8 $y=-5x+3$
9 ○	10 ○	11 ×	

1 $y=5$는 x항이 없으므로 일차함수가 아니다.

2 $-3x+y=-x+1$에서 $y=2x+1$이므로 일차함수이다.

3 $x^2-y=6x+x^2+2$에서 $y=-6x-2$이므로 일차함수이다.

4 $x=-3$을 $y=-3x-2$에 대입하면 $y=7$이므로 점 $(-3,\ 7)$은 $y=-3x-2$의 그래프 위의 점이다.

5 $x=-2$를 $y=-3x-2$에 대입하면 $y=4$이므로 점 $(-2,\ -8)$은 $y=-3x-2$의 그래프 위의 점이 아니다.

6 $x=1$을 $y=-3x-2$에 대입하면 $y=-5$이므로 점 $(1,\ -1)$은 $y=-3x-2$의 그래프 위의 점이 아니다.

9 $y=3x-1$의 그래프는 $y=3x$의 그래프를 y축의 방향으로 -1만큼 평행이동한 그래프이다.

10 $y=2(x+2)+x$에서 $y=3x+4$
$y=3x+4$의 그래프는 $y=3x$의 그래프를 y축의 방향으로 4만큼 평행이동한 그래프이다.

11 $y=3(x+1)-x$에서 $y=2x+3$
$y=2x+3$의 그래프는 $y=3x$의 그래프를 평행이동한 그래프가 아니다.

3. 일차함수의 그래프의 x절편, y절편, 기울기 111쪽

1 4	2 -12	3 1	4 $-\dfrac{1}{2}$
5 4	6 $\dfrac{1}{2}$	7 1, 2, 그래프는 해설 참조	
8 $\dfrac{5}{2}$, -4, 그래프는 해설 참조			

1 $y=2x-8$에서 x절편은 $y=0$을 대입하면
$0=2x-8 \qquad \therefore x=4$
따라서 x절편은 4이다.

2 $y=\dfrac{3}{4}x+9$에서 x절편은 $y=0$을 대입하면
$0=\dfrac{3}{4}x+9 \qquad \therefore x=-12$
따라서 x절편은 -12이다.

3 $y=-2x+1$에서 y절편은 $x=0$을 대입하면
$y=1$
따라서 y절편은 1이다.

4 $y=\dfrac{7}{3}x-\dfrac{1}{2}$에서 y절편은 $x=0$을 대입하면
$y=-\dfrac{1}{2}$
따라서 y절편은 $-\dfrac{1}{2}$이다.

7 $y=-2x+2$에 $y=0$을 대입하면 x절편은 1, $x=0$을 대입하면 y절편은 2이다.
따라서 그래프는 오른쪽 그림과 같다.

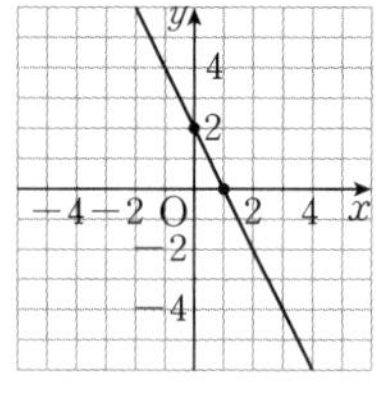

8 $y=\dfrac{5}{2}x-4$의 그래프의 기울기는 $\dfrac{5}{2}$이고 $x=0$을 대입하면 y절편은 -4이다.
따라서 그래프는 오른쪽 그림과 같다.

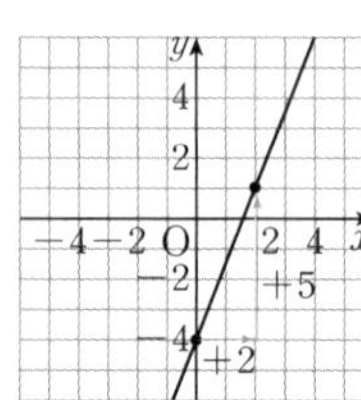

4. 일차함수 $y=ax+b$의 그래프 112쪽

1 ×	2 ○	3 ×	4 제3사분면
5 제4사분면	6 제2사분면	7 제1사분면	8 -3
9 4	10 $a=-5$, $b=-7$		
11 $a=1$, $b=-3$			

1 $y=-x+4$의 그래프는 기울기가 음수이므로 x의 값이 증가하면 y의 값은 감소한다.

2 $y=-x+4$의 그래프는 제1, 2, 4사분면을 지난다.

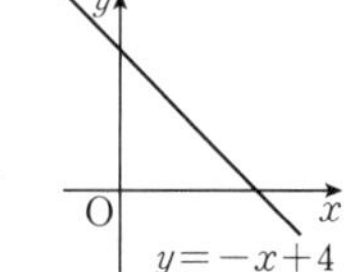

3 $y=-x+4$의 그래프는 기울기가 음수이므로 그래프는 오른쪽 아래로 향한다.

4 $a<0$, $b>0$

따라서 제3사분면을 지나지 않는다.

5 $a>0$, $b>0$

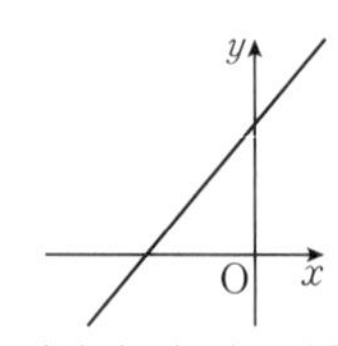

따라서 제4사분면을 지나지 않는다.

6 $a>0$, $b<0$

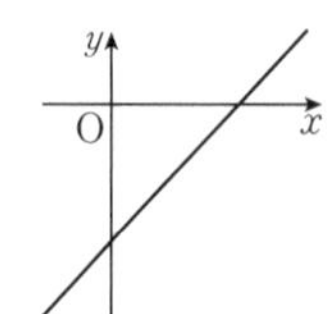

따라서 제2사분면을 지나지 않는다.

7 $a<0$, $b<0$

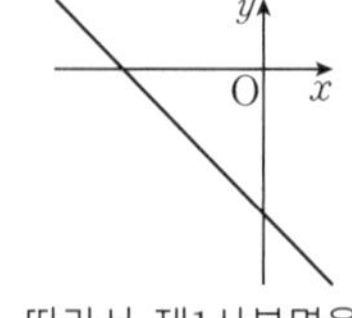

따라서 제1사분면을 지나지 않는다.

8 $y=-3x+5$와 $y=ax-11$의 그래프는 기울기가 같아야 평행하므로 $a=-3$

9 $y=2x+\frac{1}{4}$과 $y=\frac{a}{2}x-1$의 그래프는 기울기가 같아야 평행하므로

$2=\frac{a}{2}$ $\quad\therefore a=4$

10 $y=ax-7$과 $y=-5x+b$의 그래프가 일치하려면 기울기와 y절편이 각각 같아야 한다.
$\therefore a=-5, b=-7$

11 $y=3x-2b$, $y=3ax+6$의 그래프가 일치하려면 기울기와 y절편이 각각 같아야 한다. 즉,
$3=3a, -2b=6$ $\quad\therefore a=1, b=-3$

개념 완성 문제

113쪽

1 ④ 2 ① 3 x절편: -3, y절편: 5
4 ④ 5 ③, ⑤ 6 ①

1 $f(x)=\frac{3}{4}x+a$에서 $f(8)=7$이므로 $\frac{3}{4}\times8+a=7$
$\therefore a=1$
$f(x)=\frac{3}{4}x+1$이고, $f(b)=-1$이므로
$\frac{3}{4}\times b+1=-1$, $\frac{3}{4}b=-2$ $\quad\therefore b=-\frac{8}{3}$
$\therefore a-3b=1+8=9$

2 $y=-6x+2$의 그래프를 y축의 방향으로 p만큼 평행이동하면
$y=-6x+2+p$
이 그래프가 점 $(-2,\ 8)$을 지나므로 대입하면
$8=-6\times(-2)+2+p$ $\quad\therefore p=-6$

3 $y=\frac{5}{3}x+6$의 그래프를 y축의 방향으로 -1만큼 평행이동하면
$y=\frac{5}{3}x+6-1$ $\quad\therefore y=\frac{5}{3}x+5$
이 그래프의 x절편은 $y=0$을 대입하면 $0=\frac{5}{3}x+5$
$\therefore x=-3$
y절편은 $x=0$을 대입하면 $y=5$
따라서 x절편은 -3, y절편은 5이다.

4 x의 값이 4만큼 감소할 때, y의 값이 12만큼 감소하는 일차함수의 그래프의 기울기는 $\frac{-12}{-4}=3$
따라서 기울기가 3인 일차함수를 찾으면 ④ $y=3x-2$이다.

5 ③ $y=-\frac{5}{4}x-1$에
$y=0$을 대입하면 $x=-\frac{4}{5}$이므로 x절편은 $-\frac{4}{5}$이다.
$x=0$을 대입하면 $y=-1$이므로 y절편은 -1이다.
⑤ $y=-\frac{5}{4}x-1$의 그래프는 제1사분면을 지나지 않는다.

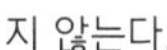

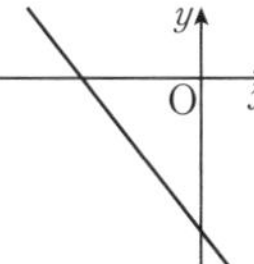

6 일차함수 $y=ax-b$의 그래프는 기울기가 양수이고 y절편이 음수이므로 $a>0$, $-b<0$
$\therefore a>0, b>0$

21 일차함수 2

1. 일차함수의 식 구하기

114쪽

1 $y=-3x+6$ 2 $y=\frac{5}{2}x-5$ 3 $y=-2x+2$ 4 $y=-\frac{1}{4}x-3$
5 $y=6x-13$ 6 $y=-4x+5$ 7 $y=-5x+8$ 8 $y=2x+4$
9 $y=-3x+16$ 10 $y=\frac{1}{3}x-\frac{5}{3}$

3 (기울기)$=\frac{-4}{2}=-2$, y절편은 2이므로 일차함수의 식은
$y=-2x+2$

4 (기울기)$=-\frac{1}{4}$, y절편은 -3이므로 일차함수의 식은
$y=-\frac{1}{4}x-3$

5 기울기가 6이므로 일차함수의 식을 $y=6x+b$로 놓고 점 $(2,\ -1)$을 대입하면
$-1=6\times2+b$
$\therefore\ b=-13$
따라서 구하는 일차함수의 식은 $y=6x-13$

6 기울기가 -4이므로 일차함수의 식을 $y=-4x+b$로 놓고
점 $(-1,\ 9)$를 대입하면
$9=-4\times(-1)+b$
$\therefore\ b=5$
따라서 구하는 일차함수의 식은 $y=-4x+5$

7 일차함수 $y=-5x+3$의 그래프와 평행하므로 기울기가 -5이다.
일차함수의 식을 $y=-5x+b$로 놓고 점 $(2,\ -2)$를 대입하면
$-2=-5\times2+b$
$\therefore\ b=8$
따라서 구하는 일차함수의 식은 $y=-5x+8$

8 두 점 $(-1,\ 2)$, $(2,\ 8)$을 지나는 일차함수의 그래프의 기울기는
$\frac{8-2}{2-(-1)}=\frac{6}{3}=2$
일차함수의 식을 $y=2x+b$로 놓고 점 $(-1,\ 2)$를 대입하면
$2=2\times(-1)+b$
$\therefore\ b=4$
따라서 구하는 일차함수의 식은 $y=2x+4$

9 두 점 $(5,\ 1)$, $(1,\ 13)$을 지나는 일차함수의 기울기는
$\frac{13-1}{1-5}=\frac{12}{-4}=-3$
일차함수의 식을 $y=-3x+b$로 놓고 점 $(5,\ 1)$을 대입하면
$1=-3\times5+b$
$\therefore\ b=16$
따라서 구하는 일차함수의 식은 $y=-3x+16$

10 두 점 $(-4,\ -3)$, $(2,\ -1)$을 지나는 일차함수의 기울기는
$\frac{-1-(-3)}{2-(-4)}=\frac{2}{6}=\frac{1}{3}$
일차함수의 식을 $y=\frac{1}{3}x+b$로 놓고 점 $(2,\ -1)$을 대입하면
$-1=\frac{1}{3}\times2+b$ $\quad\therefore b=-\frac{5}{3}$
따라서 구하는 일차함수의 식은 $y=\frac{1}{3}x-\frac{5}{3}$

2. 일차함수의 활용 115쪽

1 $6x$ ˚C　2 $y=10-6x$　3 $0.5x$ cm　4 $y=30-0.5x$
5 $2x$ cm　6 $y=16x$　7 64 cm^2

1 1 km씩 높아질 때마다 기온이 6 ˚C씩 내려가므로 x km 높아질 때는 $6x$ ˚C 내려간다.

2 지면의 기온이 10 ˚C이므로 x와 y 사이의 관계식은
$y=10-6x$

3 1분에 0.5 cm씩 길이가 짧아진다고 하므로 x분 후에는 $0.5x$ cm 짧아진다.

4 양초의 길이가 30 cm이므로 x와 y 사이의 관계식은
$y=30-0.5x$

5 매초 2 cm의 속력으로 움직이고 있으므로 x초 후에는 $2x$ cm 움직인다.

6 점 P가 점 B를 출발한 지 x초 후의 삼각형 ABP의 넓이가 $y\ \text{cm}^2$이므로
$y=\frac{1}{2}\times 2x\times 16 \quad \therefore y=16x$

7 4초 후의 넓이는 $y=16x$에 $x=4$를 대입하면
$y=16\times 4=64(\text{cm}^2)$

3. 일차함수와 일차방정식 116쪽

1 $y=5x+4$　2 $y=2x+\frac{1}{2}$　3 ○　4 ○
5 ×　6~7 해설 참조　8 $y=5$　9 $x=6$

3 일차방정식 $7x-3y+21=0$을 일차함수의 식으로 변형하면
$y=\frac{7}{3}x+7$
이 그래프는 $y=\frac{7}{3}x+1$의 그래프와 기울기가 같으므로 평행하다.

4 일차함수의 식에서 기울기는 $\frac{7}{3}$이므로 x의 값이 6만큼 증가할 때, y의 값이 14만큼 증가한다.

5 $y=\frac{7}{3}x+7$에 $y=0$을 대입하면 x절편은 -3이고, $x=0$을 대입하면 y절편은 7이다.

6~7
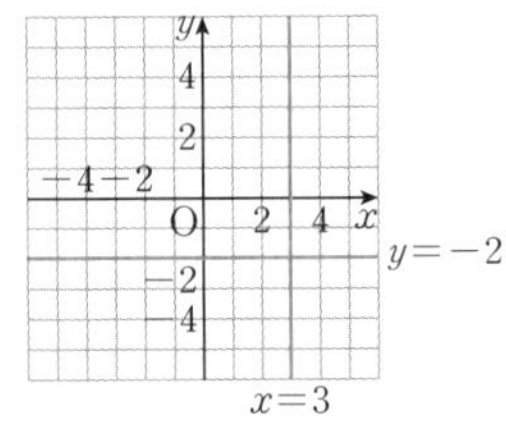

8 점 $(-4,\ 5)$를 지나고 x축에 평행한 직선의 방정식은 $y=5$

9 점 $(6,\ 2)$를 지나고 y축에 평행한 직선의 방정식은 $x=6$

4. 연립방정식의 해와 그래프 117쪽

1 $(4,\ 2)$　2 $a=4,\ b=-11$　3 $a=2,\ b=-1$
4 $(1,\ -1)$　5 $a=6,\ b=-1$　6 -1

1 연립방정식의 해는 두 그래프의 교점의 좌표이므로 $(4,\ 2)$이다.

2 $x=2,\ y=3$을 $ax-y=5$에 대입하면
$2a-3=5 \quad \therefore a=4$
$x=2,\ y=3$을 $-x-3y=b$에 대입하면
$-2-9=b \quad \therefore b=-11$

3 $x=3,\ y=-4$를 $x+y=b$에 대입하면
$3-4=b \quad \therefore b=-1$
$x=3,\ y=-4$를 $ax+y=2$에 대입하면
$3a-4=2 \quad \therefore a=2$

4 두 일차방정식 $x-3y-4=0,\ 3x-5y-8=0$의 그래프의 교점의 좌표는 두 일차방정식의 연립방정식의 해이므로
$\begin{cases} x-3y=4 & \cdots ㉠ \\ 3x-5y=8 & \cdots ㉡ \end{cases}$
㉠$\times 3-$㉡을 하면 $-4y=4 \quad \therefore y=-1$
$y=-1$을 ㉠에 대입하면 $x+3=4 \quad \therefore x=1$
따라서 교점의 좌표는 $(1,\ -1)$이다.

5 연립방정식 $\begin{cases} ax+3y=12 \\ -2x+by=-4 \end{cases}$에서 $\frac{a}{-2}=\frac{3}{b}=\frac{12}{-4}$이므로
$\frac{a}{-2}=-3,\ \frac{3}{b}=-3$
$\therefore a=6,\ b=-1$

6 연립방정식 $\begin{cases} ax+2y=7 \\ -3x+6y=1 \end{cases}$에서 $\frac{a}{-3}=\frac{2}{6}\neq\frac{7}{1}$이므로
$-\frac{a}{3}=\frac{1}{3} \quad \therefore a=-1$

개념 완성 문제 118쪽

1 $y=2x+5$　2 ①　3 ④　4 ⑤
5 ②　6 $a=4,\ b=-3$

1 두 점 $(-4,\ -6)$, $(1,\ 4)$를 지나는 직선과 평행한 일차함수의 그래프의 기울기는 $\frac{4-(-6)}{1-(-4)}=2$
따라서 기울기가 2이고 y절편이 5인 직선을 그래프로 하는 일차함수의 식은 $y=2x+5$

2 일차함수 $y=-3x+7$의 그래프와 평행하므로 기울기가 -3이고 일차함수 $y=\frac{1}{8}x-4$의 그래프와 y축에서 만나므로 y절편이 -4이다.
따라서 구하는 일차함수의 식은 $y=-3x-4$

3 두 점 $(-4,\ 1)$, $(-2,\ 13)$을 지나는 일차함수의 그래프의 기울기는
$\frac{13-1}{-2-(-4)}=\frac{12}{2}=6$ $\therefore a=6$
$y=6x+b$에 점 $(-4,\ 1)$을 대입하면
$1=6\times(-4)+b$ $\therefore b=25$
$\therefore b-4a=25-4\times6=1$

4 $10\ \text{km}=10000\ \text{m}$이고 출발한 지 x분 후에 규성이가 달린 거리는 $250x\ \text{m}$이므로 x와 y 사이의 관계식은
$y=10000-250x$

5 일차방정식 $2x+ay-9=0$의 그래프의 y절편이 -3이므로, $x=0$일 때 $y=-3$이다. 즉,
$2\times0+a\times(-3)-9=0$ $\therefore a=-3$
$\therefore 2x-3y-9=0$
이 일차방정식의 그래프의 x절편은 $y=0$을 대입하면
$2x-9=0$, $x=\frac{9}{2}$ $\therefore b=\frac{9}{2}$
$\therefore a+2b=-3+2\times\frac{9}{2}=6$

6 $2x+y=a$에 $x=1$, $y=2$를 대입하면
$2+2=a$ $\therefore a=4$
$bx+y=-1$에 $x=1$, $y=2$를 대입하면
$b+2=-1$ $\therefore b=-3$

22 이차함수 1

1. 이차함수 $y=ax^2$의 그래프 (119쪽)

1 ○ 2 × 3 × 4 ㄴ, ㄷ
5 ㄷ 6 ㄴ, ㄷ 7 ㄱ, ㄹ 8 $a=3$, $b=12$
9 $a=\frac{2}{3}$, $b=\frac{3}{2}$

1 $y=5x^2-2$는 이차항이 있으므로 이차함수이다.

2 $y=x^2-x(x-2)=x^2-x^2+2x$에서 $y=2x$이므로 이차항이 없기 때문에 이차함수가 아니다.

3 $x^2-4x+7=0$은 x에 대한 y의 식이 아니므로 이차함수가 아니다.

4 $y=ax^2$에서 $a>0$일 때 아래로 볼록한 그래프이므로 ㄴ, ㄷ이다.

5 $y=ax^2$에서 그래프의 폭이 가장 넓은 그래프는 $|a|$의 값이 가장 작은 그래프이므로 ㄷ이다.

6 $y=ax^2$에서 $x>0$일 때, x의 값이 증가하면 y의 값도 증가하는 그래프는 $a>0$이므로 ㄴ, ㄷ이다.

7 $y=ax^2$에서 $x>0$일 때, x의 값이 증가하면 y의 값은 감소하는 그래프는 $a<0$이므로 ㄱ, ㄹ이다.

8 $x=2$, $y=12$를 $y=ax^2$에 대입하면 $12=4a$ $\therefore a=3$
$x=-2$, $y=b$를 $y=3x^2$에 대입하면 $b=12$

9 $x=3$, $y=6$을 $y=ax^2$에 대입하면 $6=9a$ $\therefore a=\frac{2}{3}$
$x=\frac{3}{2}$, $y=b$를 $y=\frac{2}{3}x^2$에 대입하면 $b=\frac{3}{2}$

2. 이차함수 $y=ax^2+q$, $y=a(x-p)^2$의 그래프 (120쪽)

1 $(0,\ -2)$, $x=0$ 2 $(0,\ 6)$, $x=0$
3 1 4 -4 5 $(-5,\ 0)$, $x=-5$
6 $(1,\ 0)$, $x=1$ 7 4 8 -2

1 $y=3x^2$의 그래프를 y축의 방향으로 -2만큼 평행이동한 그래프를 나타내는 이차함수의 식은 $y=3x^2-2$
따라서 그래프의 꼭짓점의 좌표는 $(0,\ -2)$, 축의 방정식은 $x=0$

2 $y=-\frac{1}{4}x^2$의 그래프를 y축의 방향으로 6만큼 평행이동한 그래프를 나타내는 이차함수의 식은 $y=-\frac{1}{4}x^2+6$
따라서 그래프의 꼭짓점의 좌표는 $(0,\ 6)$, 축의 방정식은 $x=0$

3 $y=ax^2$의 그래프를 y축의 방향으로 3만큼 평행이동하면 $y=ax^2+3$
$x=-2$, $y=7$을 이 그래프의 식에 대입하면
$7=a\times(-2)^2+3$ $\therefore a=1$

4 $y=ax^2$의 그래프를 y축의 방향으로 -4만큼 평행이동하면
$y=ax^2-4$
$x=1$, $y=-8$을 이 그래프의 식에 대입하면
$-8=a\times1^2-4$ $\therefore a=-4$

5 $y=-2x^2$의 그래프를 x축의 방향으로 -5만큼 평행이동한 그래프를 나타내는 이차함수의 식은 $y=-2(x+5)^2$
이 그래프의 꼭짓점의 좌표는 $(-5,\ 0)$, 축의 방정식은 $x=-5$

6 $y=\frac{1}{3}x^2$의 그래프를 x축의 방향으로 1만큼 평행이동한 그래프를 나타내는 이차함수의 식은 $y=\frac{1}{3}(x-1)^2$
이 그래프의 꼭짓점의 좌표는 $(1,\ 0)$, 축의 방정식은 $x=1$

7 $y=ax^2$의 그래프를 x축의 방향으로 -1만큼 평행이동하면
$y=a(x+1)^2$
$x=-2$, $y=4$를 이 그래프의 식에 대입하면
$4=a\times(-2+1)^2$ $\therefore a=4$

8 $y=ax^2$의 그래프를 x축의 방향으로 7만큼 평행이동하면
$y=a(x-7)^2$
$x=5$, $y=-8$을 이 그래프의 식에 대입하면
$-8=a\times(5-7)^2$ $\therefore a=-2$

3. 이차함수 $y=a(x-p)^2+q$의 그래프 (121쪽)

1 $y=4(x-2)^2+1$ 2 $y=-5(x+4)^2-3$
3 $y=-\frac{1}{2}(x+1)^2+5$ 4 $y=3(x+3)^2+2$
5 $y=-\frac{1}{6}(x-2)^2+3$ 6 $(3,\ -4)$, $x=3$
7 $\left(-\frac{1}{4},\ 2\right)$, $x=-\frac{1}{4}$

4 $y=3(x-1)^2+1$의 그래프를 x축의 방향으로 -4만큼, y축의 방향으로 1만큼 평행이동한 그래프를 나타내는 이차함수의 식은
$y=3(x-1+4)^2+1+1$
$\therefore y=3(x+3)^2+2$

5 $y=-\frac{1}{6}(x+4)^2+7$의 그래프를 x축의 방향으로 6만큼, y축의 방향으로 -4만큼 평행이동한 그래프를 나타내는 이차함수의 식은
$y=-\frac{1}{6}(x+4-6)^2+7-4$ $\quad\therefore y=-\frac{1}{6}(x-2)^2+3$

6 $y=-(x+2)^2-8$의 그래프를 x축의 방향으로 5만큼, y축의 방향으로 4만큼 평행이동한 그래프를 나타내는 이차함수의 식은
$y=-(x+2-5)^2-8+4$ $\quad\therefore y=-(x-3)^2-4$
따라서 꼭짓점의 좌표는 $(3,\ -4)$, 축의 방정식은 $x=3$

7 $y=\frac{5}{4}\left(x-\frac{1}{2}\right)^2+\frac{7}{2}$의 그래프를 x축의 방향으로 $-\frac{3}{4}$만큼, y축의 방향으로 $-\frac{3}{2}$만큼 평행이동한 그래프를 나타내는 이차함수의 식은
$y=\frac{5}{4}\left(x-\frac{1}{2}+\frac{3}{4}\right)^2+\frac{7}{2}-\frac{3}{2}$
$\therefore y=\frac{5}{4}\left(x+\frac{1}{4}\right)^2+2$
따라서 꼭짓점의 좌표는 $\left(-\frac{1}{4},\ 2\right)$, 축의 방정식은 $x=-\frac{1}{4}$

개념 완성 문제 122쪽

1 ③ 2 ① 3 ⑤ 4 ①
5 ② 6 -3

1 ③ 이차함수 $y=-6x^2$의 그래프의 꼭짓점의 좌표는 $(0,\ 0)$이다.

2 이차함수 $y=\frac{5}{4}x^2$의 그래프를 y축의 방향으로 k만큼 평행이동하면
$y=\frac{5}{4}x^2+k$
이 그래프가 점 $(2,\ 6)$을 지나므로 대입하면
$6=\frac{5}{4}\times 4+k$ $\quad\therefore k=1$

3 ⑤ $y=3(x-1)^2$의 그래프는 $y=3x^2$의 그래프를 x축의 방향으로 1만큼 평행이동한 것이다.

4 이차함수 $y=a(x-p)^2$의 그래프는 꼭짓점의 좌표가 $(-3,\ 0)$이므로 이차함수의 식은 $y=a(x+3)^2$ $\quad\therefore p=-3$
또, 이 그래프는 점 $(0,\ 6)$을 지나므로 대입하면
$6=9a$ $\quad\therefore a=\frac{2}{3}$
$\therefore a+p=\frac{2}{3}-3=-\frac{7}{3}$

5 이차함수 $y=\frac{1}{3}(x-4)^2+9$의 그래프는 이차함수 $y=\frac{1}{3}x^2$의 그래프를 x축의 방향으로 4만큼, y축의 방향으로 9만큼 평행이동한 것이다.
$\therefore p=4,\ q=9$
$\therefore p-q=4-9=-5$

6 이차함수 $y=a(x-3)^2-5$의 그래프를 x축의 방향으로 -2만큼, y축의 방향으로 8만큼 평행이동하면
$y=a(x-3+2)^2-5+8$
$\therefore y=a(x-1)^2+3$
이 그래프가 $y=-5(x+b)^2+c$의 그래프와 일치하므로
$a=-5,\ b=-1,\ c=3$
$\therefore a+b+c=-5-1+3=-3$

23 이차함수 2

1. 이차함수 $y=a(x-p)^2+q$의 그래프의 활용 123쪽

1 $>$ 2 $<$ 3 $y=(x+2)^2+4$
4 $y=-2(x+1)^2-1$ 5 $>,\ <,\ <$ 6 $<,\ <,\ >$

1 $y=-5(x+2)^2-1$의 그래프는 위로 볼록하므로 $x>-2$에서 x의 값이 증가할 때 y의 값은 감소한다.

2 $y=-5(x+2)^2-1$의 그래프는 위로 볼록하므로 $x<-2$에서 x의 값이 증가할 때 y의 값도 증가한다.

3 꼭짓점의 좌표가 $(-2,\ 4)$이므로 이차함수의 식을 $y=a(x+2)^2+4$로 놓을 수 있다.
점 $(0,\ 8)$이 이 그래프 위에 있으므로 $x=0,\ y=8$을 대입하면
$8=4a+4$ $\quad\therefore a=1$
따라서 구하는 이차함수의 식은 $y=(x+2)^2+4$

4 꼭짓점의 좌표가 $(-1,\ -1)$이므로 이차함수의 식을 $y=a(x+1)^2-1$로 놓을 수 있다.
점 $(0,\ -3)$이 이 그래프 위에 있으므로 $x=0,\ y=-3$을 대입하면
$-3=a-1$ $\quad\therefore a=-2$
따라서 구하는 이차함수의 식은 $y=-2(x+1)^2-1$

5 이차함수의 그래프가 아래로 볼록하므로 $a>0$
꼭짓점의 x좌표는 음수이므로 $p<0$
꼭짓점의 y좌표도 음수이므로 $q<0$

6 이차함수의 그래프가 위로 볼록하므로 $a<0$
꼭짓점의 x좌표는 음수이므로 $p<0$
꼭짓점의 y좌표는 양수이므로 $q>0$

2. 이차함수 $y=ax^2+bx+c$의 그래프의 꼭짓점의 좌표 124쪽

1 $y=(x-1)^2+4$ 2 $y=-(x-3)^2+2$
3 $y=4(x-2)^2-7$ 4 $y=\frac{1}{2}(x-1)^2+\frac{5}{2}$
5 $y=3\left(x+\frac{1}{3}\right)^2+\frac{8}{3}$ 6 $(5,\ 20),\ x=5$
7 $\left(\frac{1}{4},\ -\frac{3}{4}\right),\ x=\frac{1}{4}$ 8 2

1 $y=x^2-2x+5$
$=(x^2-2x)+5$
$=(x^2-2x+1-1)+5$
$\therefore y=(x-1)^2+4$

2 $y=-x^2+6x-7$
$=-(x^2-6x)-7$
$=-(x^2-6x+9-9)-7$
$=-(x-3)^2+9-7$
$\therefore y=-(x-3)^2+2$

3 $y=4x^2-16x+9$
$=4(x^2-4x)+9$
$=4(x^2-4x+4-4)+9$
$=4(x-2)^2-16+9$
$\therefore y=4(x-2)^2-7$

4 $y=\frac{1}{2}x^2-x+3$
$=\frac{1}{2}(x^2-2x)+3$
$=\frac{1}{2}(x^2-2x+1-1)+3$
$=\frac{1}{2}(x-1)^2-\frac{1}{2}+3$
$\therefore y=\frac{1}{2}(x-1)^2+\frac{5}{2}$

5 $y=3x^2+2x+3$
$=3\left(x^2+\frac{2}{3}x\right)+3$
$=3\left(x^2+\frac{2}{3}x+\frac{1}{9}-\frac{1}{9}\right)+3$
$=3\left(x+\frac{1}{3}\right)^2-\frac{1}{3}+3$
$\therefore y=3\left(x+\frac{1}{3}\right)^2+\frac{8}{3}$

6 $y=-2x^2+20x-30$
$=-2(x^2-10x)-30$
$=-2(x^2-10x+25-25)-30$
$=-2(x-5)^2+20$
따라서 꼭짓점의 좌표는 $(5,\ 20)$, 축의 방정식은 $x=5$

7 $y=-4x^2+2x-1$
$=-4\left(x^2-\frac{1}{2}x\right)-1$
$=-4\left(x^2-\frac{1}{2}x+\frac{1}{16}-\frac{1}{16}\right)-1$
$=-4\left(x-\frac{1}{4}\right)^2+\frac{1}{4}-1$
$=-4\left(x-\frac{1}{4}\right)^2-\frac{3}{4}$
따라서 꼭짓점의 좌표는 $\left(\frac{1}{4},\ -\frac{3}{4}\right)$, 축의 방정식은 $x=\frac{1}{4}$

8 $y=3x^2+6px+1$
$=3(x^2+2px)+1$
$=3(x^2+2px+p^2-p^2)+1$
$=3(x+p)^2-3p^2+1$
이 그래프의 축의 방정식이 $x=-2$이므로 $-p=-2$
$\therefore p=2$

3. 이차함수 $y=ax^2+bx+c$의 그래프 그리기 125쪽

1 -5　2 -4　3 -3, 6　4 $-\frac{3}{2}$, $\frac{1}{3}$
5~6 해설 참조　7 $a<0$, $b>0$, $c<0$
8 $a>0$, $b>0$, $c>0$

1 $y=2x^2+3x-5$의 그래프가 y축과 만나는 점의 y좌표는 $x=0$을 대입하면
$y=-5$

2 $y=-3(x+2)^2+8$의 그래프가 y축과 만나는 점의 y좌표는 $x=0$을 대입하면
$y=-3\times4+8=-4$

3 $y=x^2-3x-18$의 그래프가 x축과 만나는 점의 x좌표는 $y=0$을 대입하면
$x^2-3x-18=0$, $(x+3)(x-6)=0$
$\therefore x=-3$ 또는 $x=6$
따라서 x축과 만나는 점의 x좌표는 -3, 6이다.

4 $y=6x^2+7x-3$의 그래프가 x축과 만나는 점의 x좌표는 $y=0$을 대입하면
$6x^2+7x-3=0$, $(2x+3)(3x-1)=0$
$\therefore x=-\frac{3}{2}$ 또는 $x=\frac{1}{3}$
따라서 x축과 만나는 점의 x좌표는 $-\frac{3}{2}$, $\frac{1}{3}$이다.

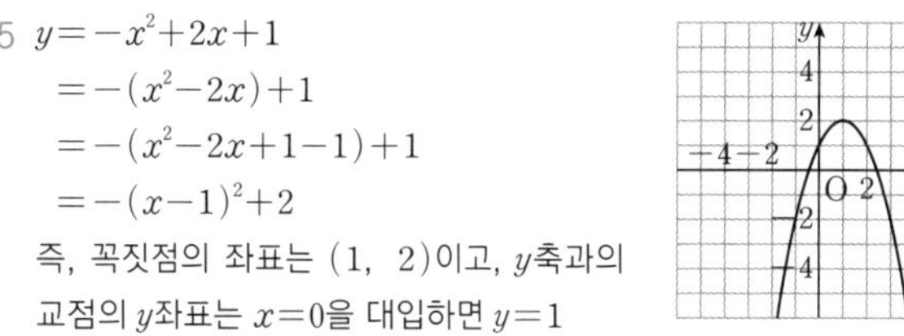

5 $y=-x^2+2x+1$
$=-(x^2-2x)+1$
$=-(x^2-2x+1-1)+1$
$=-(x-1)^2+2$
즉, 꼭짓점의 좌표는 $(1,\ 2)$이고, y축과의 교점의 y좌표는 $x=0$을 대입하면 $y=1$
따라서 $y=-x^2+2x+1$의 그래프는 위의 그림과 같다.

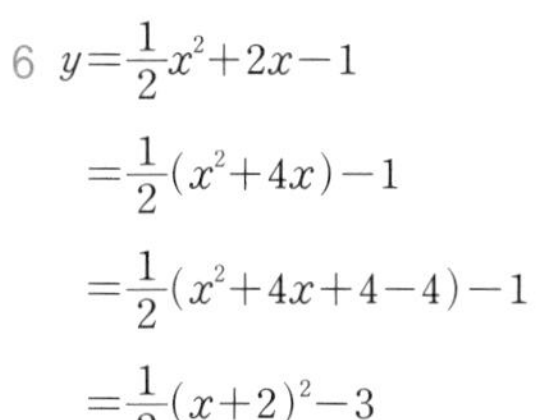

6 $y=\frac{1}{2}x^2+2x-1$
$=\frac{1}{2}(x^2+4x)-1$
$=\frac{1}{2}(x^2+4x+4-4)-1$
$=\frac{1}{2}(x+2)^2-3$

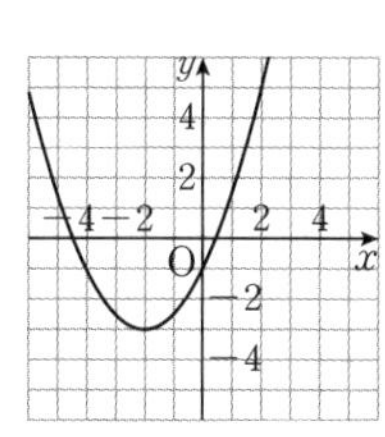

즉, 꼭짓점의 좌표는 $(-2,\ -3)$이고, y축과의 교점의 y좌표는 $x=0$을 대입하면 $y=-1$
따라서 $y=\frac{1}{2}x^2+2x-1$의 그래프는 위의 그림과 같다.

7 그래프의 모양이 위로 볼록하므로 $a<0$
축은 y축의 오른쪽에 있으므로 a와 b의 부호가 다르다.
$\therefore b>0$
y축과의 교점이 x축보다 아래쪽에 있으므로 $c<0$

8 그래프의 모양이 아래로 볼록하므로 $a>0$
축은 y축의 왼쪽에 있으므로 a와 b의 부호가 같다.
$\therefore b>0$
y축과의 교점이 x축보다 위쪽에 있으므로 $c>0$

4. 이차함수의 식 구하기 126쪽

1 $y=(x+1)^2+2$　　2 $y=-3(x-2)^2+5$
3 $y=-(x+1)^2+4$　　4 $y=-2(x-2)^2+14$
5 $y=-4x^2-4x+8$　　6 $y=2x^2-20x+42$
7 $y=x^2+6x-4$　　8 $y=-2x^2+x+1$

1 꼭짓점의 좌표가 $(-1,\ 2)$이므로 이차함수의 식을 $y=a(x+1)^2+2$로 놓고 점 $(-2,\ 3)$을 대입하면
$3=a(-2+1)^2+2$　　$\therefore a=1$
$\therefore y=(x+1)^2+2$

2 꼭짓점의 좌표가 $(2,\ 5)$이므로 이차함수의 식을 $y=a(x-2)^2+5$로 놓고 점 $(4,\ -7)$을 대입하면
$-7=a(4-2)^2+5,\ 4a+5=-7$　　$\therefore a=-3$
$\therefore y=-3(x-2)^2+5$

3 축의 방정식이 $x=-1$이므로 이차함수의 식을 $y=a(x+1)^2+q$로 놓고 두 점 $(0,\ 3)$, $(2,\ -5)$를 대입하면
$3=a(0+1)^2+q$　　$\therefore a+q=3$　　⋯ ㉠
$-5=a(2+1)^2+q$　　$\therefore 9a+q=-5$　⋯ ㉡
㉠, ㉡을 연립하여 풀면
$a=-1,\ q=4$
$\therefore y=-(x+1)^2+4$

4 축의 방정식이 $x=2$이므로 이차함수의 식을 $y=a(x-2)^2+q$로 놓고 두 점 $(0,\ 6)$, $(5,\ -4)$를 대입하면
$6=a(0-2)^2+q$　　$\therefore 4a+q=6$　　⋯ ㉠
$-4=a(5-2)^2+q$　　$\therefore 9a+q=-4$　⋯ ㉡
㉠, ㉡을 연립하여 풀면 $a=-2,\ q=14$
$\therefore y=-2(x-2)^2+14$

5 x축과 만나는 두 점이 $(-2,\ 0)$, $(1,\ 0)$이므로 이차함수의 식을 $y=a(x+2)(x-1)$로 놓고, 이 식에 다른 한 점 $(-1,\ 8)$을 대입하면
$8=a(-1+2)(-1-1),\ 8=-2a$　　$\therefore a=-4$
$\therefore y=-4(x+2)(x-1)=-4x^2-4x+8$

6 x축과 만나는 두 점이 $(3,\ 0)$, $(7,\ 0)$이므로 이차함수의 식을 $y=a(x-3)(x-7)$로 놓고, 이 식에 다른 한 점 $(4,\ -6)$을 대입하면
$-6=a(4-3)(4-7),\ -6=-3a$　　$\therefore a=2$
$\therefore y=2(x-3)(x-7)=2x^2-20x+42$

7 점 $(0,\ -4)$를 지나므로 y축과 만나는 점의 y좌표가 -4이다.
따라서 이차함수의 식을 $y=ax^2+bx-4$로 놓고, 이 식에 두 점 $(-1,\ -9)$, $(2,\ 12)$를 대입하면
$-9=a-b-4$에서 $a-b=-5$　⋯ ㉠
$12=4a+2b-4$에서 $2a+b=8$　⋯ ㉡
㉠, ㉡을 연립하여 풀면 $a=1,\ b=6$
$\therefore y=x^2+6x-4$

8 점 $(0,\ 1)$을 지나므로 y축과 만나는 점의 y좌표가 1이다.
따라서 이차함수의 식을 $y=ax^2+bx+1$로 놓고, 이 식에 두 점 $(2,\ -5)$, $(-1,\ -2)$를 대입하면
$-5=4a+2b+1$에서 $2a+b=-3$　⋯ ㉠
$-2=a-b+1$에서 $a-b=-3$　　⋯ ㉡
㉠, ㉡을 연립하여 풀면 $a=-2,\ b=1$
$\therefore y=-2x^2+x+1$

개념 완성 문제 127쪽

1 ②　2 ③　3 ⑤　4 ⑤
5 ③　6 ①

1 위로 볼록한 이차함수의 그래프는 $x>$(꼭짓점의 x좌표)인 범위에서 x의 값이 증가할 때 y의 값은 감소한다.
따라서 $x>-5$에서 x의 값이 증가할 때, y의 값은 감소한다.

2 $y=x^2+ax+6$의 그래프가 점 $(1,\ 9)$를 지나므로 대입하면
$9=1+a+6$　　$\therefore a=2$
$\therefore y=x^2+2x+6$
$=(x^2+2x)+6$
$=(x^2+2x+1-1)+6$
$=(x+1)^2+5$
따라서 꼭짓점의 좌표는 $(-1,\ 5)$이다.

3 ① $y=2x^2-12x+10$
$=2(x^2-6x)+10$
$=2(x^2-6x+9-9)+10$
$=2(x-3)^2-8$
따라서 꼭짓점의 좌표는 $(3,\ -8)$이다.
② $y=2x^2-12x+10$의 그래프의 y축과의 교점의 좌표는 $x=0$을 대입하면 $y=10$
따라서 y축과의 교점의 좌표는 $(0,\ 10)$이다.
③ $y=2x^2-12x+10$의 그래프의 x축과의 교점의 좌표는 $y=0$을 대입하면 $2x^2-12x+10=0$
$x^2-6x+5=0,\ (x-1)(x-5)=0$
$\therefore x=1$ 또는 $x=5$
따라서 x축과의 교점의 좌표는 $(1,\ 0)$, $(5,\ 0)$이다.
⑤ $y=2x^2-12x+10$의 그래프는 꼭짓점의 좌표가 $(3,\ -8)$이고 y축과의 교점의 좌표가 $(0,\ 10)$이므로 그래프는 오른쪽 그림과 같이 제3사분면을 지나지 않는다.

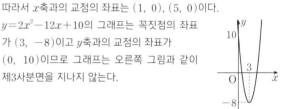

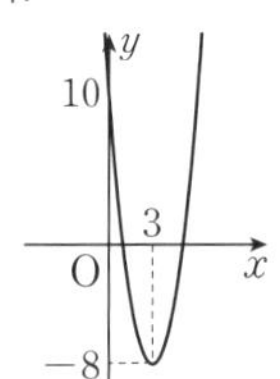

4 그래프의 모양이 위로 볼록하므로 $a<0$
축이 y축의 왼쪽에 있으므로 a와 b의 부호가 같다.　$\therefore b<0$
y축과의 교점이 x축보다 위쪽에 있으므로 $c>0$

5 꼭짓점의 좌표가 $(2,\ -8)$이므로 이차함수의 식을 $y=a(x-2)^2-8$로 놓고 점 $(4,\ 0)$을 대입하면
$0=a(4-2)^2-8$　　$\therefore a=2$
$\therefore y=2(x-2)^2-8$
y축과 만나는 점의 y좌표는 $x=0$을 대입하면
$y=2\times(0-2)^2-8=0$
따라서 y축과 만나는 점의 y좌표는 0이다.

6 x축과 만나는 두 점이 $(-3,\ 0)$, $(1,\ 0)$이므로 이차함수의 식을 $y=a(x+3)(x-1)$로 놓고, 이 식에 다른 한 점 $(0,\ 6)$을 대입하면
$6=a(0+3)(0-1)$　　$\therefore a=-2$
$\therefore y=-2(x+3)(x-1)$
$=-2x^2-4x+6$
$=-2(x^2+2x)+6$
$=-2(x^2+2x+1-1)+6$
$=-2(x+1)^2+8$
따라서 꼭짓점의 좌표는 $(-1,\ 8)$이다.

고르고 고른 고등수학으로 연결되는 문제 Ⅲ단원 총정리 128~129쪽

1 ⑤	2 -1	3 ③	4 ②
5 1	6 ⑤	7 ④	8 ①
9 $y=-3x-8$	10 ②	11 ⑤	12 -2
13 ③, ⑤	14 ④	15 ②	16 ③

1 ① 점 $(4,\ 0)$은 x축 위에 있다.
② x축 위의 점은 y좌표가 0이다.
③ 점 $(0,\ 7)$은 y축 위에 있다.
④ 점 $(-1,\ 3)$은 제2사분면 위의 점이다.

2 $x=8$, $y=2$를 $y=ax$에 대입하면 $2=8a$ $\quad\therefore a=\frac{1}{4}$
$x=1$, $y=-4$를 $y=bx$에 대입하면 $b=-4$
$\therefore ab=\frac{1}{4}\times(-4)=-1$

3 그래프의 식을 $y=\frac{a}{x}$라 하고 $x=2$, $y=5$를 대입하면
$5=\frac{a}{2}$ $\quad\therefore a=10$
반비례 관계는 $xy=a$를 만족하므로 보기 중에서 $xy=10$이 아닌 것을 고르면 된다.
③ 점 $(5,\ -2)$는 $xy=-10$이므로 이 그래프 위의 점이 아니다.

4 ② 자연수 x보다 작은 짝수는 없을 수도 있고 여러 개 있을 수도 있으므로 y의 값이 하나로 정해지지 않는다.
따라서 함수가 아니다.

5 $f(x)=ax-7$에 대하여 $f(5)=3$이므로
$5a-7=3$ $\quad\therefore a=2$
$\therefore f(x)=2x-7$
$f(b)=-9$이므로 $2b-7=-9$ $\quad\therefore b=-1$
$\therefore a+b=2-1=1$

6 $y=-\frac{5}{2}x+3$에 점 $(2,\ p)$를 대입하면
$p=-\frac{5}{2}\times2+3=-2$
점 $(q,\ 5)$를 대입하면
$5=-\frac{5}{2}q+3$, $\frac{5}{2}q=-2$ $\quad\therefore q=-\frac{4}{5}$
$\therefore p-5q=-2-5\times\left(-\frac{4}{5}\right)=2$

7 $y=-5x+8$의 그래프의 y절편은 $x=0$을 대입하면
$y=8$
$y=-\frac{3}{4}x+b$의 그래프의 x절편이 8이므로 $x=8$, $y=0$을 이 식에 대입하면
$0=-\frac{3}{4}\times8+b$ $\quad\therefore b=6$

8 $y=-8x+3$의 그래프와 평행한 일차함수의 그래프의 기울기는 -8이므로 그래프의 식을 $y=-8x+b$로 놓고 점 $(-1,\ 7)$을 대입하면
$7=-8\times(-1)+b$ $\quad\therefore b=-1$
$\therefore y=-8x-1$

9 두 점 $(-3,\ 1)$, $(2,\ -14)$를 지나는 직선의 그래프의 기울기는
$\frac{-14-1}{2-(-3)}=\frac{-15}{5}=-3$
따라서 일차함수의 식을 $y=-3x+b$로 놓고 점 $(-3,\ 1)$을 대입하면
$1=-3\times(-3)+b$ $\quad\therefore b=-8$
$\therefore y=-3x-8$

10 일차함수 $y=-ax+b$의 기울기는 $-a$이고, 직선이 오른쪽 아래로 향하므로 $-a<0$
$\therefore a>0$
y절편은 음수이므로 $b<0$

11 포물선의 식을 $y=ax^2$으로 놓고, 점 $(-3,\ -1)$을 지나므로 대입하면
$-1=a\times(-3)^2$ $\quad\therefore a=-\frac{1}{9}$
$\therefore y=-\frac{1}{9}x^2$
이 포물선이 점 $(k,\ -9)$를 지나므로 대입하면
$-9=-\frac{1}{9}k^2$, $k^2=81$
따라서 $k>0$이므로 $k=9$

12 $y=ax^2$의 그래프를 x축의 방향으로 -2만큼 평행이동하면
$y=a(x+2)^2$
이 식에 점 $(-4,\ -8)$을 대입하면 $-8=a(-4+2)^2$
$\therefore a=-2$

13 ③ $y=ax^2$의 그래프의 폭은 $|a|$의 값이 클수록 좁아지므로 $y=-6(x+5)^2+2$의 그래프의 폭은 $y=3x^2$의 그래프보다 좁다.
⑤ $y=-6(x+5)^2+2$의 그래프는 $y=-6x^2$의 그래프를 x축의 방향으로 -5만큼, y축의 방향으로 2만큼 평행이동한 것이다.

14 $y=-2x^2+16x-13$
$=-2(x^2-8x)-13$
$=-2(x^2-8x+16-16)-13$
$=-2(x-4)^2+19$
$\therefore a=-2$, $p=4$, $q=19$
$\therefore a-p+q=-2-4+19=13$

15 $y=4x^2+16x+5$
$=4(x^2+4x)+5$
$=4(x^2+4x+4-4)+5$
$=4(x+2)^2-11$
이 그래프는 아래로 볼록하므로 $x<-2$에서 x의 값이 증가할 때 y의 값은 감소한다.

16 꼭짓점의 좌표가 $(-1,\ 8)$이므로 포물선의 식을 $y=a(x+1)^2+8$로 놓을 수 있다.
점 $(-3,\ 0)$을 지나므로 대입하면 $0=a(-3+1)^2+8$
$\therefore a=-2$
$\therefore y=-2(x+1)^2+8$
이 포물선이 y축과 만나는 점의 y좌표는 $x=0$을 대입하면 $y=6$

IV 기하

24 기본 도형

1. 각, 직선, 선분, 수직, 수선 132쪽

1 예각	2 직각	3 둔각	4 평각
5 10 cm	6 $\frac{5}{2}$ cm	7 1	8 3
9 $\overline{DC}$	10 점 C	11 12 cm	

1 $0^\circ<55^\circ<90^\circ$이므로 예각이다.

3 $90^\circ<172^\circ<180^\circ$이므로 둔각이다.

4 180°는 평각이다.

5 $\overline{MB}=\frac{1}{2}\overline{AB}=\frac{1}{2}\times20=10(\text{cm})$

6 $\overline{NL}=\frac{1}{2}\overline{NB}=\frac{1}{2}\times\frac{1}{2}\overline{MB}=\frac{1}{4}\times10=\frac{5}{2}(\text{cm})$

7 세 점을 이용하여 그을 수 있는 직선은 $\overleftrightarrow{AB}=\overleftrightarrow{BC}=\overleftrightarrow{AC}$이므로 1개이다.

8 세 점을 이용하여 그을 수 있는 선분은 $\overline{AB}$, $\overline{BC}$, $\overline{AC}$이므로 3개이다.

10 점 B에서 $\overline{CD}$에 내린 수선과 $\overline{CD}$의 교점은 점 C이므로 점 C가 수선의 발이다.

2. 맞꼭지각, 동위각, 엇각, 평행선 133쪽

1 37°	2 14°	3 $\angle e$	4 $\angle c$
5 $\angle e$	6 $\angle b$	7 $\angle x=55^\circ$, $\angle y=75^\circ$	
8 $\angle x=50^\circ$, $\angle y=40^\circ$		9 80°	10 85°

1 맞꼭지각의 크기는 같으므로
$2\angle x-10^\circ=64^\circ$, $2\angle x=74^\circ$
$\therefore \angle x=37^\circ$

2 $2\angle x+50^\circ+90^\circ+3\angle x-30^\circ=180^\circ$
$5\angle x=180^\circ-110^\circ=70^\circ$
$\therefore \angle x=14^\circ$

3 $\angle a$의 동위각은 직선 n의 왼쪽에 있으면서 직선 m의 위쪽에 있는 각이므로 $\angle e$

4 $\angle g$의 동위각은 직선 n의 오른쪽에 있으면서 직선 l의 아래쪽에 있는 각이므로 $\angle c$

5 $\angle c$의 엇각은 엇갈린 위치에 있는 각이므로 $\angle e$

6 $\angle h$의 엇각은 엇갈린 위치에 있는 각이므로 $\angle b$

7 $l \mathbin{/\!/} m$일 때 동위각의 크기는 같으므로 $\angle x=55^\circ$
$l \mathbin{/\!/} m$일 때 엇각의 크기는 같으므로 $\angle y=75^\circ$

8 $l \mathbin{/\!/} m$일 때 엇각의 크기는 같으므로 $\angle x=50^\circ$
$l \mathbin{/\!/} m$일 때 동위각의 크기는 같으므로 $\angle y=40^\circ$

9 오른쪽 그림과 같이 꺾인 점을 지나면서 직선 l에 평행한 직선을 긋고, 엇각의 크기가 같음을 이용하면
$\angle x=35^\circ+45^\circ=80^\circ$

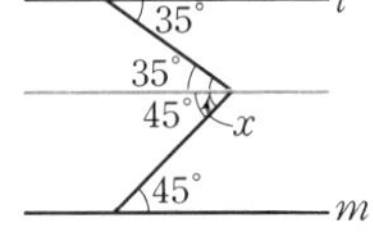

10 오른쪽 그림과 같이 꺾인 점을 지나면서 직선 l에 평행한 직선을 2개 긋고, 엇각의 크기가 같음을 이용하면
$\angle x=85^\circ$

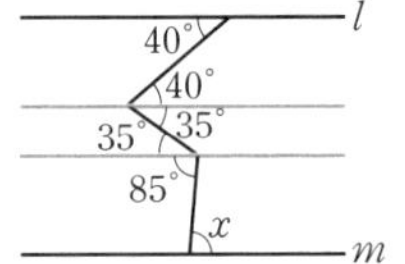

3. 삼각형 134쪽

1 ○	2 ×	3 ○	4 ×
5 ○	6 ×	7 ○	8 ×
9 ○	10 ×	11 ×	12 ○

1 $4+4>6$이므로 삼각형을 만들 수 있다.

2 $3+5=8$이므로 삼각형을 만들 수 없다.

3 $6+7>10$이므로 삼각형을 만들 수 있다.

4 $3+3<7$이므로 삼각형을 만들 수 없다.

5 $5+5>5$이므로 삼각형을 만들 수 있다.

6 $5+7=12$이므로 삼각형을 만들 수 없다.

7 $\overline{AC}=8$ cm, $\angle A=45^\circ$, $\angle C=55^\circ$는 한 변의 길이와 그 양 끝 각의 크기가 주어졌으므로 $\triangle ABC$가 하나로 정해진다.

8 $\overline{BC}=7$ cm, $\overline{CA}=6$ cm, $\angle B=50^\circ$는 두 변의 길이와 그 끼인각이 아닌 다른 각의 크기가 주어졌으므로 $\triangle ABC$가 하나로 정해지지 않는다.

9 $\overline{AB}=5$ cm, $\overline{BC}=6$ cm, $\overline{CA}=8$ cm에서 $\overline{AB}+\overline{BC}>\overline{CA}$이므로 $\triangle ABC$가 하나로 정해진다.

10 $\angle A=40^\circ$, $\angle B=60^\circ$, $\angle C=80^\circ$에서 세 각의 크기가 주어질 때 $\triangle ABC$가 하나로 정해지지 않는다.

11 $\overline{AB}=7$ cm, $\overline{BC}=3$ cm, $\overline{CA}=10$ cm에서 $\overline{AB}+\overline{BC}=\overline{CA}$이므로 $\triangle ABC$가 될 수 없다.

12 $\overline{AB}=8$ cm, $\overline{BC}=9$ cm, $\angle B=60^\circ$는 두 변의 길이와 그 끼인각의 크기가 주어졌으므로 $\triangle ABC$가 하나로 정해진다.

4. 삼각형의 합동 135쪽

1 ㄱ	2 ㄹ	3 ㄴ	4 ㅁ
5 $\overline{AD}$, $\angle ADE$, $\angle A$, ASA			

1 세 대응변의 길이가 각각 같은 삼각형은 ㄱ이다.

2 주어진 각을 이용하여 나머지 한 각의 크기를 구하면

$180^\circ-(50^\circ+35^\circ)=95^\circ$

따라서 한 변의 길이가 5 cm이고 그 양 끝 각의 크기가 95°, 35°인 삼각형은 ㄹ이다.

3 ㄴ에서 두 각의 크기는 120°, 30°이므로 나머지 한 각의 크기는

$180^\circ-(120^\circ+30^\circ)=30^\circ$

따라서 두 변의 길이가 9 cm, 5 cm이고 그 끼인각의 크기가 30°인 삼각형은 ㄴ이다.

4 ㅁ에서 두 각의 크기는 125°, 30°이므로 나머지 한 각의 크기는

$180^\circ-(125^\circ+30^\circ)=25^\circ$

따라서 한 변의 길이가 9 cm이고 그 양 끝 각의 크기가 25°, 30°인 삼각형은 ㅁ이다.

5 $\triangle ABC$와 $\triangle ADE$에서

$\overline{AB}=\overline{AD}$, $\angle ABC=\angle ADE$, $\angle A$는 공통

$\therefore \triangle ABC\equiv\triangle ADE$ (ASA 합동)

6 사각형 ABCD, 사각형 GCEF가 정사각형이므로

$\overline{DC}=\overline{BC}=4$ cm, $\overline{CE}=\overline{CG}=3$ cm, $\angle BCG=\angle DCE=90^\circ$

따라서 $\triangle BCG\equiv\triangle DCE$ (SAS 합동)이므로

$\overline{BG}=\overline{DE}=5$ cm

개념 완성 문제 136쪽

1 ⑤	2 ③	3 $\angle x=80^\circ$, $\angle y=60^\circ$
4 ③	5 $\overline{CD}$, $\overline{BC}$, $\overline{AC}$, SSS	6 5 cm

1 맞꼭지각의 크기는 같으므로

$35^\circ+\angle c+\angle a+23^\circ+\angle b=180^\circ$

$\therefore \angle a+\angle b+\angle c=180^\circ-58^\circ=122^\circ$

2 ㄷ. 점 A와 $\overline{CD}$ 사이의 거리는 $\overline{AO}$이다.

ㄹ. 점 A에서 $\overline{CD}$에 내린 수선의 발은 점 O이다.

따라서 옳은 것은 ㄱ, ㄴ, ㅁ이다.

3 $l /\!/ m$일 때 엇각의 크기가 같으므로 $\angle y=60^\circ$

$l /\!/ m$일 때 동위각의 크기가 같으므로 $\angle x+\angle y=140^\circ$

$\angle x+60^\circ=140^\circ$ $\quad\therefore \angle x=80^\circ$

4 ㄱ. $\overline{AC}$의 길이가 주어졌을 때, $\overline{AB}$의 길이, $\angle B$의 크기가 더 주어지면 두 변의 길이와 그 끼인각이 아닌 다른 각의 크기가 주어지는 것이므로 삼각형이 하나로 정해지지 않는다.

ㄴ. $\overline{AC}$의 길이가 주어졌을 때, $\overline{AB}$의 길이, $\angle A$의 크기가 더 주어지면 두 변의 길이와 그 끼인각의 크기가 주어져서 삼각형이 하나로 정해진다.

ㄷ. $\overline{AC}$의 길이가 주어졌을 때, $\angle A$, $\angle C$의 크기가 더 주어지면 한 변의 길이와 그 양 끝 각의 크기가 주어져서 삼각형이 하나로 정해진다.

ㄹ. $\overline{AC}$의 길이가 주어졌을 때, $\angle B$의 크기, $\overline{BC}$의 길이가 더 주어지면 두 변의 길이와 그 끼인각이 아닌 다른 각의 크기가 주어지는 것이므로 삼각형이 하나로 정해지지 않는다.

따라서 삼각형이 하나로 정해지는 것은 ㄴ, ㄷ이다.

5 $\triangle ABC$와 $\triangle CDA$에서

$\overline{AB}=\overline{CD}$, $\overline{BC}=\overline{DA}$, $\overline{AC}$는 공통

$\therefore \triangle ABC\equiv\triangle CDA$ (SSS 합동)

25 평면도형

1. 다각형 137쪽

1 112°	2 108°	3 95°	4 ○
5 ×	6 ×	7 ○	8 ○
9 5	10 20	11 35	

1 $\angle A$의 내각의 크기는 $180^\circ-68^\circ=112^\circ$

2 $\angle B$의 외각의 크기는 $180^\circ-72^\circ=108^\circ$

3 $\angle C$의 외각의 크기는 $180^\circ-85^\circ=95^\circ$

5 네 변의 길이가 같고 네 내각의 크기가 모두 같은 사각형은 정사각형이다.

6 대각선의 길이는 다를 수 있다.

9 오각형의 대각선의 개수는 $\dfrac{5\times(5-3)}{2}=5$

10 팔각형의 대각선의 개수는 $\dfrac{8\times(8-3)}{2}=20$

11 십각형의 대각선의 개수는 $\dfrac{10\times(10-3)}{2}=35$

2. 다각형의 내각과 외각 138쪽

1 47	2 18	3 140	4 20
5 140°	6 33°	7 900°	8 1260°
9 135°	10 36°		

1 삼각형의 세 내각의 크기의 합은 180°이므로

$33+x+10+90=180$ $\quad\therefore x=47$

2 $2x+50+x+40+3x-18=180$

$6x=180-72=108$

$\therefore x=18$

3 삼각형에서 한 외각의 크기는 그와 이웃하지 않는 두 내각의 크기의 합과 같으므로

$x=105+35=140$

4 $3x+50=x+30+60$

$2x=40$ $\quad\therefore x=20$

5 $\overline{BC}$를 그으면 $\triangle ABC$에서
$75^\circ+30^\circ+35^\circ+\angle DBC+\angle DCB=180^\circ$
$\therefore \angle DBC+\angle DCB=180^\circ-140^\circ=40^\circ$
$\triangle DBC$에서
$\angle x=180^\circ-(\angle DBC+\angle DCB)$
$=180^\circ-40^\circ=140^\circ$

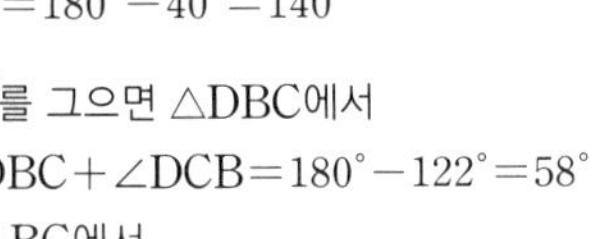

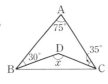

6 $\overline{BC}$를 그으면 $\triangle DBC$에서
$\angle DBC+\angle DCB=180^\circ-122^\circ=58^\circ$
$\triangle ABC$에서
$57^\circ+32^\circ+\angle x+\angle DBC+\angle DCB=180^\circ$
$\therefore \angle x=180^\circ-(89^\circ+58^\circ)=33^\circ$

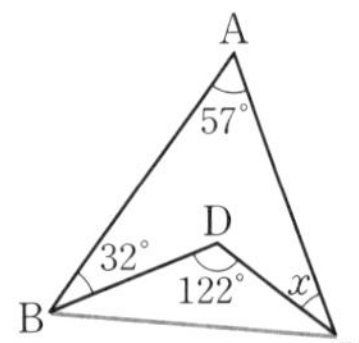

7 칠각형의 내각의 크기의 합은 $180^\circ\times(7-2)=900^\circ$

8 구각형의 내각의 크기의 합은 $180^\circ\times(9-2)=1260^\circ$

9 정팔각형의 한 내각의 크기는 $\dfrac{180^\circ\times(8-2)}{8}=135^\circ$

10 정십각형의 한 외각의 크기는 $\dfrac{360^\circ}{10}=36^\circ$

3. 원과 부채꼴

139쪽

1 40　2 30　3 36　4 50
5 ○　6 ×　7 ○　8 ○
9 8π cm, 16π cm^2

1 $x:120=6:18$, $x:120=1:3$
$3x=120$　$\therefore x=40$

2 $(x+20):(3x-15)=10:15$, $(x+20):(3x-15)=2:3$
$6x-30=3x+60$
$3x=90$　$\therefore x=30$

3 $x:9=120:30$, $x:9=4:1$
$\therefore x=36$

4 $(x-10):2x=6:15$, $(x-10):2x=2:5$
$5x-50=4x$　$\therefore x=50$

5 한 원 또는 합동인 두 원에서 부채꼴의 호의 길이는 중심각의 크기에 정비례하므로 중심각의 크기가 2배가 되면 호의 길이도 2배가 된다.

6 한 원 또는 합동인 두 원에서 현의 길이는 중심각의 크기에 정비례하지 않으므로 중심각의 크기가 3배가 될 때 현의 길이가 3배가 되지 않는다.

9 원의 둘레의 길이는 $2\pi\times4=8\pi$(cm), 넓이는 $\pi\times4^2=16\pi$(cm^2)

4. 부채꼴의 호의 길이와 넓이

140쪽

1 4π cm, 16π cm^2　2 $\dfrac{5}{3}\pi$ cm, 5π cm^2　3 9 cm
4 8 cm　5 6π cm^2　6 12π cm^2　7 8 cm
8 12 cm

1 (부채꼴의 호의 길이)$=2\pi\times8\times\dfrac{90}{360}=4\pi$(cm)
(부채꼴의 넓이)$=\pi\times8^2\times\dfrac{90}{360}=16\pi$(cm^2)

2 (부채꼴의 호의 길이)$=2\pi\times6\times\dfrac{50}{360}=\dfrac{5}{3}\pi$(cm)
(부채꼴의 넓이)$=\pi\times6^2\times\dfrac{50}{360}=5\pi$(cm^2)

3 반지름의 길이를 r cm라고 하면
$2\pi\times r\times\dfrac{60}{360}=3\pi$　$\therefore r=3\pi\times\dfrac{3}{\pi}=9$

4 반지름의 길이를 r cm라고 하면
$\pi\times r^2\times\dfrac{45}{360}=8\pi$　$\therefore r^2=8\pi\times\dfrac{8}{\pi}=64$
$\therefore r=8$

5 (부채꼴의 넓이)$=\dfrac{1}{2}\times3\times4\pi=6\pi$(cm^2)

6 (부채꼴의 넓이)$=\dfrac{1}{2}\times4\times6\pi=12\pi$(cm^2)

7 반지름의 길이를 r cm라고 하면
$\dfrac{1}{2}\times r\times6\pi=24\pi$　$\therefore r=8$

8 반지름의 길이를 r cm라고 하면
$\dfrac{1}{2}\times r\times3\pi=18\pi$　$\therefore r=12$

개념 완성 문제

141쪽

1 ④　2 ①　3 ⑤　4 ③
5 ②, ⑤　6 $(12\pi+16)$ cm

1 n각형의 한 꼭짓점에서 그을 수 있는 대각선의 개수는 $n-3$이므로
$n-3=9$　$\therefore n=12$
따라서 이 다각형은 십이각형이므로 대각선의 개수는
$\dfrac{12\times(12-3)}{2}=54$

2 $\triangle ABE$에서 $\angle BAE+\angle ABE=\angle BED$,
$\triangle CED$에서 $\angle ECD+\angle CDE=\angle BED$이므로
$50^\circ+45^\circ=65^\circ+\angle x$　$\therefore \angle x=95^\circ-65^\circ=30^\circ$

3 오각형의 내각의 크기의 합은 $180^\circ\times(5-2)=540^\circ$이므로
$96+118+x+(180-75)+x-25=540$
$2x+294=540$　$\therefore x=123$

4 한 외각의 크기가 40°인 정다각형을 정n각형이라고 하면 $\dfrac{360^\circ}{n}=40^\circ$
$\therefore n=9$
따라서 정구각형의 내각의 크기의 합은
$180^\circ\times(9-2)=1260^\circ$

5 ① 한 원에서 현의 길이는 중심각의 크기에 정비례하지 않는다.
②, ⑤ 한 원에서 부채꼴의 호의 길이와 넓이는 중심각의 크기에 정비례한다.
③ $\angle OAB \neq 2\angle OCD$
④ $\triangle OCD \neq 2\triangle OAB$

6 (부채꼴의 호의 길이)$=2\pi\times8\times\frac{270}{360}=12\pi(\text{cm})$
따라서 부채꼴의 둘레의 길이는 $(12\pi+16)$ cm

26 입체도형

1. 다면체 142쪽

1 오각뿔 2 칠각뿔대 3 × 4 ×
5 ○ 6 × 7 ○
8 정사면체, 정육면체, 정팔면체, 정십이면체, 정이십면체
9 정사면체, 정팔면체, 정이십면체

1 밑면이 1개이고 옆면의 모양이 삼각형인 입체도형은 각뿔이다. 이 각뿔의 꼭짓점의 개수가 6이므로 밑면은 오각형이다.
따라서 구하는 입체도형은 오각뿔이다.

2 두 밑면이 서로 평행하고 옆면의 모양은 사다리꼴이면 이 입체도형은 각뿔대이고, 꼭짓점의 개수가 14이므로 한 밑면의 꼭짓점의 개수가 7이다.
따라서 구하는 입체도형은 칠각뿔대이다.

3 삼각뿔의 꼭짓점은 밑면에 3개, 위에 1개 있으므로 4개이다.

4 각뿔대는 밑면이 2개이다.

6 모든 각뿔대의 옆면의 모양은 사다리꼴이다.

8 정다면체는 정사면체, 정육면체, 정팔면체, 정십이면체, 정이십면체로 다섯 가지뿐이다.

2. 회전체 143쪽

1 ○ 2 × 3 ○ 4 ○
5 × 6 ○ 7 $x=6$, $y=8\pi$ 8 $x=9$, $y=10\pi$

2 원뿔을 회전축을 포함하는 평면으로 자른 단면의 경계는 이등변삼각형이다.

5 구는 회전축이 여러 개이다.

7 x는 원기둥의 높이이므로 $x=6$
y는 밑면의 둘레의 길이이므로 $y=2\pi\times4=8\pi$

8 x는 원뿔의 모선이므로 $x=9$
y는 밑면의 둘레의 길이이므로 $y=2\pi\times5=10\pi$

3. 부피 144쪽

1 480 cm^3 2 24π cm^3 3 6 cm^3 4 21π cm^3
5 224 cm^3 6 84π cm^3 7 36π cm^3 8 144π cm^3

1 (각기둥의 부피)$=8\times6\times10=480(\text{cm}^3)$

2 (원기둥의 부피)$=\pi\times2^2\times6=24\pi(\text{cm}^3)$

3 (각뿔의 부피)$=\frac{1}{3}\times\frac{1}{2}\times4\times3\times3=6(\text{cm}^3)$

4 (원뿔의 부피)$=\frac{1}{3}\times\pi\times3^2\times7=21\pi(\text{cm}^3)$

5 (각뿔대의 부피)=(큰 각뿔의 부피)−(작은 각뿔의 부피)
$=\frac{1}{3}\times8\times8\times12-\frac{1}{3}\times4\times4\times6$
$=256-32$
$=224(\text{cm}^3)$

6 (원뿔대의 부피)=(큰 원뿔의 부피)−(작은 원뿔의 부피)
$=\frac{1}{3}\times\pi\times6^2\times8-\frac{1}{3}\times\pi\times3^2\times4$
$=96\pi-12\pi$
$=84\pi(\text{cm}^3)$

7 (구의 부피)$=\frac{4}{3}\times\pi\times3^3=36\pi(\text{cm}^3)$

8 (반구의 부피)$=\frac{1}{2}\times\frac{4}{3}\times\pi\times6^3=144\pi(\text{cm}^3)$

4. 겉넓이 145쪽

1 14, 5 2 76 3 6π, 7 4 60π
5 5, 4π 6 14π

1 x cm는 사각기둥의 밑면의 둘레의 길이이므로
$x=2+5+2+5=14$
y cm는 밑면의 세로의 길이이므로 $y=5$

2 (겉넓이)$=2\times5\times2+14\times4=20+56=76(\text{cm}^2)$

3 x cm는 원기둥의 밑면의 둘레의 길이이므로
$x=2\pi\times3=6\pi$
y cm는 원기둥의 높이이므로 $y=7$

4 (겉넓이)$=\pi\times3^2\times2+6\pi\times7=18\pi+42\pi=60\pi(\text{cm}^2)$

5 x cm는 원뿔의 모선의 길이이므로 $x=5$
y cm는 원뿔의 밑면의 둘레의 길이이므로
$y=2\pi\times2=4\pi$

6 (겉넓이)$=\pi\times2^2+\pi\times2\times5=4\pi+10\pi=14\pi(\text{cm}^2)$

개념 완성 문제 146쪽

1 ⑤ 2 ②, ⑤ 3 ① 4 ③
5 ③ 6 $256\pi\ \text{cm}^2$

1 정다면체는 정사면체, 정육면체, 정팔면체, 정십이면체, 정이십면체의 다섯 가지뿐이다.

2 ① 원뿔을 회전축을 포함하는 평면으로 자르면 단면의 경계는 이등변 삼각형이다.
③ 원뿔대를 회전축을 포함하는 평면으로 자르면 단면의 경계는 사다리꼴이다.
④ 반구를 회전축을 포함하는 평면으로 자르면 단면의 경계는 반원이다.

3 (삼각기둥의 부피)$=\frac{1}{2}\times6\times4\times9=108(\text{cm}^3)$

4 밑면인 원의 반지름의 길이를 r cm라고 하면 $2\pi r=6\pi$ $\quad\therefore r=3$
따라서 원기둥의 부피는 $\pi\times3^2\times5=45\pi(\text{cm}^3)$

5 (겉넓이)$=\pi\times3^2+\pi\times3\times7=9\pi+21\pi=30\pi(\text{cm}^2)$

6 반원을 회전축을 중심으로 1회전 하면 구가 되므로 구의 겉넓이를 구하면 된다.
$\therefore$ (겉넓이)$=4\pi\times8^2=256\pi(\text{cm}^2)$

27 삼각형의 성질

1. 이등변삼각형 147쪽

1 108° 2 24° 3 $\angle x=57^\circ$, $y=10$
4 96° 5 13 6 4

1 $\angle ABC=\frac{1}{2}\times(180^\circ-36^\circ)=72^\circ$
$\therefore \angle x=180^\circ-72^\circ=108^\circ$

2 $\angle BDC=\angle BCD=68^\circ$이므로
$\angle DBC=180^\circ-68^\circ\times2=44^\circ$
$\therefore \angle x=\angle ABC-\angle DBC=68^\circ-44^\circ=24^\circ$

3 $y=2\times5=10$
$\angle ADB=90^\circ$이므로
$\angle x=90^\circ-\angle BAD=90^\circ-33^\circ=57^\circ$

4 $\angle ABC=\angle ACB=\frac{1}{2}\times(180^\circ-116^\circ)=32^\circ$
$\angle CAD=180^\circ-116^\circ=64^\circ$
$\triangle CDA$는 $\overline{CA}=\overline{CD}$인 이등변삼각형이므로
$\angle CDA=\angle CAD=64^\circ$
$\triangle DBC$에서 삼각형의 외각의 성질을 이용하면
$\angle x=\angle DBC+\angle BDC=32^\circ+64^\circ=96^\circ$

5 $\angle ABC=180^\circ-(66^\circ+48^\circ)=66^\circ$
따라서 $\triangle CAB$는 $\overline{CA}=\overline{CB}$인 이등변삼각형이므로
$x=13$

6 $\triangle ABC$에서 삼각형의 외각의 성질을 이용하면
$\angle ACB=62^\circ-31^\circ=31^\circ$
$\triangle ABC$는 $\overline{AB}=\overline{AC}$인 이등변삼각형이므로
$\overline{AC}=\overline{AB}=4$ cm
$\angle CDA=180^\circ-118^\circ=62^\circ$
따라서 $\triangle CDA$는 $\overline{CA}=\overline{CD}$인 이등변삼각형이므로
$x=4$

2. 직각삼각형의 합동 조건 148쪽

1 5 cm 2 7 cm 3 32° 4 $35\ \text{cm}^2$
5 6 cm

1 $\triangle ABC$에서 $\angle ABC=180^\circ-(90^\circ+30^\circ)=60^\circ$
$\triangle ABC$와 $\triangle DEF$에서
$\angle C=\angle F=90^\circ$, $\overline{AB}=\overline{DE}$, $\angle B=\angle E$
$\therefore \triangle ABC\equiv\triangle DEF$ (RHA 합동)
$\therefore \overline{EF}=\overline{BC}=5$ cm

2 오른쪽 그림과 같이 $\triangle ADB$와 $\triangle CEA$에서

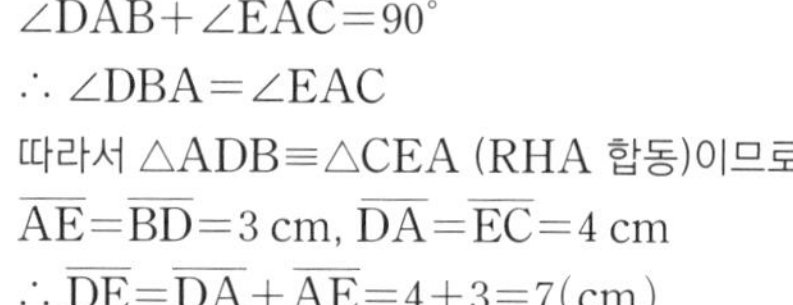

$\angle D=\angle E=90^\circ$, $\overline{AB}=\overline{CA}$
$\angle DAB+\angle DBA=90^\circ$
$\angle DAB+\angle EAC=90^\circ$
$\therefore \angle DBA=\angle EAC$
따라서 $\triangle ADB\equiv\triangle CEA$ (RHA 합동)이므로
$\overline{AE}=\overline{BD}=3$ cm, $\overline{DA}=\overline{EC}=4$ cm
$\therefore \overline{DE}=\overline{DA}+\overline{AE}=4+3=7(\text{cm})$

3 $\triangle FDB$와 $\triangle FEC$에서
$\angle D=\angle E=90^\circ$, $\overline{BF}=\overline{CF}$, $\overline{FD}=\overline{FE}$
따라서 $\triangle FDB\equiv\triangle FEC$ (RHS 합동)이므로
$\angle DBF=\angle ECF=\frac{1}{2}\times(180^\circ-64^\circ)=58^\circ$
$\therefore \angle DFB=180^\circ-(90^\circ+58^\circ)=32^\circ$

4 $\triangle ABD$와 $\triangle AED$에서
$\angle B=\angle E=90^\circ$, $\angle BAD=\angle EAD$, $\overline{AD}$는 공통
따라서 $\triangle ABD\equiv\triangle AED$ (RHA 합동)이므로
$\overline{DE}=\overline{DB}=5$ cm
$\therefore \triangle ADC=\frac{1}{2}\times14\times5=35(\text{cm}^2)$

5 오른쪽 그림과 같이 점 D에서 $\overline{AC}$에 내린 수선의 발을 E라고 하면

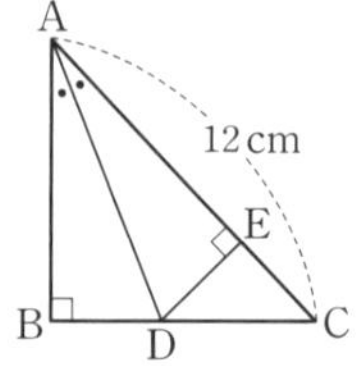

$\frac{1}{2}\times12\times\overline{DE}=36$ $\quad\therefore \overline{DE}=6(\text{cm})$
$\triangle ABD$와 $\triangle AED$에서
$\angle B=\angle E=90^\circ$, $\angle BAD=\angle EAD$,
$\overline{AD}$는 공통
따라서 $\triangle ABD\equiv\triangle AED$ (RHA 합동)이므로
$\overline{BD}=\overline{DE}=6$ cm

3. 삼각형의 외심 149쪽

1 × 2 ○ 3 ○ 4 ×

5 $29°$ 6 $\frac{13}{2}$ 7 16 8 $58°$

9 $156°$

1 외심에서 삼각형의 세 꼭짓점에 이르는 거리가 같으므로
$\overline{OA}=\overline{OB}$
$\triangle AOD$와 $\triangle BOD$에서
$\angle ADO=\angle BDO=90°$, $\overline{OA}=\overline{OB}$, $\overline{OD}$는 공통
따라서 $\triangle AOD\equiv\triangle BOD$ (RHS 합동)이므로
$\angle AOD=\angle BOD$

2 외심은 세 변의 수직이등분선의 교점이므로 $\overline{AD}=\overline{BD}$

3 외심에서 삼각형의 세 꼭짓점에 이르는 거리가 같으므로
$\overline{OA}=\overline{OB}=\overline{OC}$

4 $\overline{CE}=\overline{BE}$

5 점 O가 $\triangle ABC$의 외심이므로 $\overline{OB}=\overline{OC}$
$\therefore \angle x=\frac{1}{2}\times(180°-122°)=29°$

6 점 O가 $\triangle ABC$의 외심이므로 $\overline{OA}=\overline{OB}=\overline{OC}$
따라서 $\overline{OB}=\frac{1}{2}\overline{AC}=\frac{13}{2}(\text{cm})$이므로 $x=\frac{13}{2}$

7 $\overline{AB}=2\overline{OC}=16(\text{cm})$이므로 $x=16$

8 $\angle x=\frac{1}{2}\angle BOC=\frac{1}{2}\times116°=58°$

9 $\angle x=2\angle BAC=2\times78°=156°$

4. 삼각형의 내심 150쪽

1 × 2 ○ 3 × 4 ○

5 $37°$ 6 $136°$ 7 $116°$ 8 $48°$

9 $\frac{4}{3}$ cm

1 내심은 세 내각의 이등분선의 교점이므로
$\angle IBE=\angle IBD$

3 내심에서는 삼각형의 세 꼭짓점에 이르는 거리가 같지 않다.

5 내심은 세 내각의 이등분선의 교점이므로 $\angle x=\angle IBC=37°$

6 $\angle IBC=\angle ABI=18°$, $\angle ICB=\angle ACI=26°$
$\triangle IBC$에서
$\angle x=180°-(\angle IBC+\angle ICB)$
$=180°-(18°+26°)=136°$

7 $\angle x=90°+\frac{1}{2}\angle A=90°+\frac{1}{2}\times52°=116°$

8 $114°=90°+\frac{1}{2}\angle x$, $\frac{1}{2}\angle x=24°$ $\therefore \angle x=48°$

9 내접원의 반지름의 길이를 r cm라고 하면
$12=\frac{1}{2}\times r\times(5+5+8)$
$\therefore r=\frac{4}{3}$

개념 완성 문제 151쪽

1 ② 2 ③ 3 25π cm^2 4 ④

5 ⑤ 6 5 cm

1 이등변삼각형의 두 밑각의 크기는 같으므로
$x+2x+5+2x+5=180$
$5x=180-10=170$ $\therefore x=34$

2 ① $\overline{AB}=\overline{DE}$, $\angle B=\angle E$, $\angle C=\angle F=90°$이므로
$\triangle ABC\equiv\triangle DEF$ (RHA 합동)
② $\overline{BC}=\overline{EF}$, $\overline{AC}=\overline{DF}$, $\angle C=\angle F=90°$이므로
$\triangle ABC\equiv\triangle DEF$ (SAS 합동)
③ $\angle A=\angle D$, $\angle B=\angle E$, $\angle C=\angle F=90°$에서 세 내각의 크기가 같은 삼각형은 모양은 같지만 합동이 아닐 수 있다.
④ $\overline{AB}=\overline{DE}$, $\overline{AC}=\overline{DF}$, $\angle C=\angle F=90°$이므로
$\triangle ABC\equiv\triangle DEF$ (RHS 합동)
⑤ $\overline{AC}=\overline{DF}$, $\angle A=\angle D$, $\angle C=\angle F=90°$이므로
$\triangle ABC\equiv\triangle DEF$ (ASA 합동)

3 직각삼각형의 외접원의 반지름의 길이는 빗변의 길이의 $\frac{1}{2}$이므로
$\frac{1}{2}\times10=5(\text{cm})$
따라서 외접원의 넓이는 $\pi\times5^2=25\pi(\text{cm}^2)$

4 $\angle BOC=2\angle A=2\times52°=104°$
점 O가 $\triangle ABC$의 외심이므로 $\overline{OB}=\overline{OC}$
$\therefore \angle x=\frac{1}{2}\times(180°-104°)=38°$

5 내심은 세 내각의 이등분선의 교점이므로
$\angle CAI=\angle BAI=\angle x$, $\angle ABI=\angle CBI=\angle y$이다. 즉,
$74°+2\angle x+2\angle y=180°$
$2\angle x+2\angle y=106°$
$\therefore \angle x+\angle y=53°$

6 $\frac{1}{2}\times2\times(13+12+\overline{BC})=30$이므로 $25+\overline{BC}=30$
$\therefore \overline{BC}=5(\text{cm})$

28 여러 가지 사각형

1. 평행사변형 152쪽

1 $\angle x=79°$, $\angle y=54°$ 2 $\angle x=26°$, $\angle y=39°$

3 $x=4$, $y=9$ 4 $x=72$, $y=108$ 5 $x=75$, $y=43$

6 $x=6$, $y=9$ 7 × 8 × 9 ○

10 ×

1 $\overline{AB}/\!/\overline{DC}$이므로 엇각의 크기가 같음을 이용하면
$\angle x=79°$, $\angle y=54°$

2 $\overline{AD}/\!/\overline{BC}$이므로 엇각의 크기가 같음을 이용하면
$\angle y=39°$
$\angle ACB=\angle x$이므로 $\angle y+\angle x+115°=180°$
$39°+\angle x+115°=180°$ $\therefore \angle x=26°$

3 $\overline{AD}=\overline{BC}$이므로 $x+3=7$ $\therefore x=4$
$\overline{AB}=\overline{DC}$이므로 $y-4=5$ $\therefore y=9$

4 $\angle A=\angle C$, $\angle B=\angle D$이므로
$x=72$, $y=108$

5 $\angle A=\angle C$이므로 $x=75$
$\overline{AB}/\!/\overline{DC}$이므로 엇각의 크기가 같다. $\therefore y=43$

6 $x=6$, $y=\frac{1}{2}\times 18=9$

7 $\angle A+\angle B=120°+60°=180°$이므로 $\overline{AD}/\!/\overline{BC}$이지만 $\overline{AB}/\!/\overline{DC}$인지 알 수 없으므로 평행사변형이 아니다.

8 두 대각선이 서로 다른 것을 이등분하면 평행사변형이 되므로
$\overline{OA}=\overline{OC}$, $\overline{OB}=\overline{OD}$가 되어야 한다.

10 한 쌍의 대변이 평행하고 그 길이가 같으면 평행사변형이 된다.
따라서 $\overline{AD}/\!/\overline{BC}$가 주어지면 $\overline{AD}=\overline{BC}$이어야 평행사변형이 된다.

2. 직사각형, 마름모 153쪽

1 8	2 25°, 65°	3 ×	4 ○
5 $\angle x=52°$, $\angle y=90°$		6 $\angle x=41°$, $\angle y=49°$	
7 ○	8 ×	9 ○	

1 두 대각선은 길이가 같고 서로 다른 것을 이등분하므로
$3x+1=5x-1$ $\therefore x=1$
$\overline{OA}=\overline{OD}=4$이므로 $\overline{BD}=\overline{AC}=8$

2 $\overline{OA}=\overline{OD}$이므로 $2\angle x=50°$ $\therefore \angle x=25°$
$\therefore \angle y=\angle ODC=90°-\angle x=90°-25°=65°$

3 평행사변형에서 두 대각선이 서로 다른 것을 수직이등분하면 마름모이다.

4 평행사변형에서 한 내각의 크기가 90°이면 직사각형이 된다.

5 마름모의 두 대각선은 서로 다른 것을 수직이등분하므로 $\angle y=90°$
$\triangle ABO$에서 $\angle x=\angle y-38°=90°-38°=52°$

6 $\angle BAO=\angle DAO$이므로 $\angle x=41°$
$\angle ABD=\angle y$이므로 $\triangle ABO$에서 $41°+\angle y+90°=180°$
$\therefore \angle y=49°$

7 $\angle BAC=60°$일 때, $\angle ACB=60°$이면 $\overline{BA}=\overline{BC}$
평행사변형의 이웃하는 두 변의 길이가 같으면 마름모가 된다.

8 평행사변형의 두 대각선의 길이가 같으면 직사각형이 된다.

9 $\angle BAC=60°$일 때, $\angle ABO=30°$이면 $\angle AOB=90°$이므로 마름모가 된다.

3. 정사각형, 등변사다리꼴 154쪽

1 $x=90$, $y=9$	2 $x=28$, $y=45$		3 ○
4 ×	5 ○	6 ○	7 ×
8 8	9 41		

1 정사각형의 두 대각선의 길이는 같으므로 $y=9$
두 대각선은 서로 수직이므로 $x=90$

2 정사각형의 두 대각선의 길이는 같으므로
$x=2\times 14=28$
$\angle BAD=90°$이므로
$y=\frac{1}{2}\times 90=45$

3 네 변의 길이가 같은 사각형은 마름모이고 두 대각선의 길이가 같은 사각형은 직사각형이다.
마름모와 직사각형의 성질을 모두 가진 사각형은 정사각형이다.

4 두 대각선의 길이가 같고 한 각의 크기가 90°인 평행사변형은 직사각형이다.

5 두 대각선이 수직으로 만나는 직사각형은 마름모의 성질도 가지므로 정사각형이다.

6 두 대각선의 길이가 같은 마름모는 직사각형의 성질도 가지므로 정사각형이다.

7 두 대각선이 서로 다른 것을 수직이등분하는 평행사변형은 마름모이다.

8 $\overline{DB}=\overline{AC}=12$ cm이므로
$x+4=12$ $\therefore x=8$

9 $\angle ABC=\angle DCB=69°$이므로
$\angle DBC=69°-28°=41°$
따라서 $\angle ADB=\angle DBC=41°$이므로 $x=41$

4. 여러 가지 사각형 사이의 관계 155쪽

1 마름모	2 직사각형	3 정사각형	4 $\triangle ABC$
5 44 cm^2	6 $\triangle ACD$	7 $\triangle ACD$, $\square ABCD$	

1 평행사변형의 두 대각선이 직교하면 마름모이다.

2 평행사변형의 두 대각선의 길이가 같으면 직사각형이다.

3 평행사변형의 한 각의 크기가 90°이고 이웃하는 두 변의 길이가 같으면 정사각형이다.

4 $\triangle DBC$와 넓이가 같은 삼각형은 밑변의 길이와 높이가 같은 $\triangle ABC$이다.

5 $\triangle DBC=\triangle ABC=\frac{1}{2}\times 11\times 8=44(cm^2)$

6 $\triangle ACE$와 넓이가 같은 삼각형은 밑변의 길이와 높이가 같은 $\triangle ACD$이다.

7 $\triangle ABE=\triangle ABC+\triangle ACE$
$=\triangle ABC+\triangle ACD$
$=\square ABCD$

개념 완성 문제 156쪽

1 ② 2 ③, ④ 3 ① 4 ④
5 ① 6 ②

1 $\angle A=\frac{3}{5}\times 180^\circ=108^\circ$

2 ① $\overline{AB}=\overline{DC}=12\text{ cm}$, $\overline{AD}=\overline{BC}=15\text{ cm}$이므로 두 쌍의 대변의 길이가 각각 같아서 평행사변형이다.
② $\angle A+\angle B=180^\circ$이므로 $\overline{AD}/\!/\overline{BC}$
$\angle B+\angle C=180^\circ$이므로 $\overline{AB}/\!/\overline{DC}$
따라서 두 쌍의 대변이 각각 평행하므로 평행사변형이다.
③ $\overline{OA}=\overline{OC}$, $\overline{OB}=\overline{OD}$일 때, 평행사변형이다.
④ $\overline{AD}/\!/\overline{BC}$, $\overline{AD}=\overline{BC}$일 때, 평행사변형이다.
⑤ $\angle A=\angle C=100^\circ$, $\angle B=80^\circ$이므로 $\angle D=80^\circ$
따라서 두 쌍의 두 대각의 크기가 각각 같으므로 평행사변형이다.

3 직사각형의 두 대각선은 길이가 같고 서로 다른 것을 이등분하므로
$\overline{OA}=\overline{OC}=\overline{OB}=\overline{OD}=\frac{5}{2}(\text{cm})$
따라서 $\triangle ABO$의 둘레의 길이는 $3+2\times\frac{5}{2}=8(\text{cm})$

4 $\square ABCD$가 마름모이므로
$\angle ABO=\angle CBO=\angle y$, $\angle AOB=90^\circ$
$\therefore \angle x+\angle y=\angle BAO+\angle ABO=180^\circ-90^\circ=90^\circ$

5 $\angle ABE=\frac{1}{2}\times 90^\circ=45^\circ$
$\angle BAE=90^\circ-26^\circ=64^\circ$
$\triangle ABE$와 $\triangle CBE$에서
$\overline{AB}=\overline{CB}$, $\angle ABE=\angle CBE$, $\overline{BE}$는 공통이므로
$\triangle ABE\equiv\triangle CBE$ (SAS 합동)
$\angle AEB=\angle CEB=\angle x$이므로 $\triangle ABE$에서
$64^\circ+45^\circ+\angle x=180^\circ$
$\therefore \angle x=71^\circ$

6 $\triangle ABD$와 $\triangle ADC$의 높이는 같으므로
$\triangle ABD:\triangle ADC=\overline{BD}:\overline{DC}=5:4$
$\therefore \triangle ADC=\frac{4}{9}\times 72=32(\text{cm}^2)$

29 도형의 닮음 1

1. 닮은 도형 157쪽

1 $3:4$ 2 60° 3 3 cm 4 9 cm
5 71° 6 138° 7 5 cm, 6 cm

1 $\overline{BC}:\overline{EF}=6:8=3:4$

2 $\angle B=90^\circ-30^\circ=60^\circ$이므로 $\angle E=\angle B=60^\circ$

3 $\overline{AB}:\overline{DE}=3:4$에서 $\overline{AB}:4=3:4$
$\therefore \overline{AB}=3(\text{cm})$

4 $\overline{BC}:\overline{FG}=8:12=2:3$
따라서 $\overline{AD}:\overline{EH}=2:3$이므로
$6:\overline{EH}=2:3$, $2\overline{EH}=18$ $\therefore \overline{EH}=9(\text{cm})$

5 $\angle E=\angle A=71^\circ$

6 $\angle D=\angle H=138^\circ$

7 $\overline{EF}:\overline{E'F'}=4:8=1:2$
따라서 $\overline{BE}:\overline{B'E'}=1:2$이므로 $\overline{BE}:10=1:2$, $2\overline{BE}=10$
$\therefore \overline{BE}=5(\text{cm})$
$\overline{DE}:\overline{D'E'}=1:2$이므로 $3:\overline{D'E'}=1:2$
$\therefore \overline{D'E'}=6(\text{cm})$

2. 삼각형의 닮음 조건 158쪽

1 $\overline{DE}$, $\overline{EF}$, $\overline{FD}$, SSS 2 $\angle D$, $\overline{DE}$, $\overline{DF}$, SAS
3 $\angle D$, $\angle C$, AA

1 $\triangle ABC$와 $\triangle DEF$에서
$\overline{AB}:\overline{DE}=9:12=3:4$
$\overline{BC}:\overline{EF}=12:16=3:4$
$\overline{CA}:\overline{FD}=6:8=3:4$
$\therefore \triangle ABC\backsim\triangle DEF$ (SSS 닮음)

2 $\triangle ABC$와 $\triangle DEF$에서
$\angle A=\angle D=87^\circ$, $\overline{AB}:\overline{DE}=6:2=3:1$, $\overline{AC}:\overline{DF}=3:1$
$\therefore \triangle ABC\backsim\triangle DEF$ (SAS 닮음)

3 $\triangle ABC$와 $\triangle DEF$에서
$\angle A=\angle D=70^\circ$, $\angle C=\angle F=47^\circ$
$\therefore \triangle ABC\backsim\triangle DEF$ (AA 닮음)

3. 삼각형의 닮음 조건의 응용 159쪽

1 12 2 4 3 4 4 6
5 8 6 10 7 10 8 8

1 $\triangle AED$와 $\triangle CEB$에서
$\angle AED=\angle CEB$ (맞꼭지각)
$\overline{AE}:\overline{CE}=6:8=3:4$
$\overline{DE}:\overline{BE}=9:12=3:4$
따라서 $\triangle AED\backsim\triangle CEB$ (SAS 닮음)이므로
$\overline{AD}:\overline{CB}=3:4$, $x:16=3:4$ $\therefore x=12$

2 $\triangle ABE$와 $\triangle CDE$에서
$\angle AEB=\angle CED$ (맞꼭지각)
$\overline{AE}:\overline{CE}=4:12=1:3$
$\overline{BE}:\overline{DE}=2:6=1:3$
따라서 $\triangle ABE \backsim \triangle CDE$ (SAS 닮음)이므로
$\overline{AB}:\overline{CD}=1:3$, $x:12=1:3$ $\quad\therefore x=4$

3 $\triangle ADE$와 $\triangle ACB$에서
$\angle A$는 공통
$\overline{AD}:\overline{AC}=3:12=1:4$
$\overline{AE}:\overline{AB}=5:20=1:4$
따라서 $\triangle ADE \backsim \triangle ACB$ (SAS 닮음)이므로
$\overline{DE}:\overline{CB}=1:4$, $x:16=1:4$ $\quad\therefore x=4$

4 $\triangle BED$와 $\triangle BAC$에서
$\angle B$는 공통
$\overline{BE}:\overline{BA}=4:8=1:2$
$\overline{BD}:\overline{BC}=6:12=1:2$
따라서 $\triangle BED \backsim \triangle BAC$ (SAS 닮음)이므로
$\overline{DE}:\overline{CA}=1:2$, $3:x=1:2$ $\quad\therefore x=6$

5 $\triangle ADE$와 $\triangle ACB$에서
$\angle A$는 공통, $\angle AED=\angle ABC$
따라서 $\triangle ADE \backsim \triangle ACB$ (AA 닮음)이므로
$\overline{AD}:\overline{AC}=3:6=1:2$
$\overline{AE}:\overline{AB}=1:2$, $4:x=1:2$ $\quad\therefore x=8$

6 $\triangle ADC$와 $\triangle ACB$에서
$\angle A$는 공통, $\angle ACD=\angle ABC$
따라서 $\triangle ADC \backsim \triangle ACB$ (AA 닮음)이므로
$\overline{AD}:\overline{AC}=8:12=2:3$
$\overline{AC}:\overline{AB}=2:3$, $12:(x+8)=2:3$
$2(x+8)=12\times 3$, $x+8=18$ $\quad\therefore x=10$

7 $\triangle ABC$와 $\triangle EBD$에서
$\overline{AC}\,/\!/\,\overline{DE}$이므로 $\angle BAC=\angle BED$, $\angle BCA=\angle BDE$
따라서 $\triangle ABC \backsim \triangle EBD$ (AA 닮음)이므로
$\overline{AB}:\overline{EB}=4:2=2:1$
$\overline{AC}:\overline{ED}=2:1$, $x:5=2:1$ $\quad\therefore x=10$

8 $\triangle ABC$와 $\triangle EDA$에서
$\overline{AD}\,/\!/\,\overline{BC}$이므로 $\angle BCA=\angle DAE$
$\overline{AB}\,/\!/\,\overline{DE}$이므로 $\angle BAC=\angle DEA$
따라서 $\triangle ABC \backsim \triangle EDA$ (AA 닮음)이므로
$\overline{AC}:\overline{EA}=14:8=7:4$
$\overline{CB}:\overline{AD}=7:4$, $14:x=7:4$ $\quad\therefore x=8$

4. 직각삼각형에서 닮은 삼각형, 삼각형과 평행선 160쪽

1 3	2 6	3 $\frac{18}{5}$	4 $\frac{9}{2}$
5 6	6 $\frac{15}{2}$	7 3	8 5

1 $\triangle CED$와 $\triangle CBA$에서
$\angle C$는 공통, $\angle CED=\angle CBA=90^\circ$
따라서 $\triangle CED \backsim \triangle CBA$ (AA 닮음)이므로
$\overline{CD}:\overline{CA}=5:10=1:2$
$\overline{CE}:\overline{CB}=1:2$, $4:(5+x)=1:2$, $5+x=8$
$\therefore x=3$

2 $\triangle BED$와 $\triangle BAC$에서
$\angle B$는 공통, $\angle BDE=\angle BCA=90^\circ$
$\therefore \angle E=\angle A$, $\angle BDE=\angle FDA=90^\circ$
따라서 $\triangle BED \backsim \triangle FAD$ (AA 닮음)이므로
$\overline{BD}:\overline{FD}=5:3$
$\overline{EB}:\overline{AF}=5:3$, $10:x=5:3$
$\therefore x=6$

3 $6^2=x\times 10$ $\quad\therefore x=\frac{18}{5}$

4 $3^2=x\times 2$ $\quad\therefore x=\frac{9}{2}$

5 $x:9=8:12$, $12x=72$ $\quad\therefore x=6$

6 $2:3=5:x$, $2x=15$ $\quad\therefore x=\frac{15}{2}$

7 $4:x=8:6$, $8x=24$ $\quad\therefore x=3$

8 $x:6=10:12$, $12x=60$ $\quad\therefore x=5$

개념 완성 문제 161쪽

1 62 cm	2 ⑤	3 ③	4 ④
5 ④	6 $x=3$, $y=8$		

1 $\overline{BC}:\overline{FG}=3:5$, $9:\overline{FG}=3:5$ $\quad\therefore \overline{FG}=15(\text{cm})$
따라서 □EFGH의 둘레의 길이는
$16\times 2+15\times 2=62(\text{cm})$

2 주어진 삼각형의 나머지 한 각의 크기는
$180^\circ-(40^\circ+72^\circ)=68^\circ$
⑤의 삼각형이 보기의 삼각형과 두 각의 크기가 같으므로 닮은 삼각형이다.

3 $\triangle BCD$와 $\triangle BAC$에서
$\overline{BC}:\overline{BA}=15:25=3:5$
$\overline{BD}:\overline{BC}=9:15=3:5$, $\angle B$는 공통
따라서 $\triangle BCD \backsim \triangle BAC$ (SAS 닮음)이므로
$\overline{CD}:\overline{AC}=3:5$, $12:x=3:5$ $\quad\therefore x=20$

4 $4^2=3\times x$ $\quad\therefore x=\frac{16}{3}$
$y^2=x\times(x+3)$, $y^2=\frac{16}{3}\times\frac{25}{3}=\frac{400}{9}$ $\quad\therefore y=\frac{20}{3}$
$\therefore x+y=\frac{16}{3}+\frac{20}{3}=\frac{36}{3}=12$

5 △EAD와 △CAB에서 $\overline{ED}/\!/\overline{BC}$이므로
$\angle DEA=\angle BCA$, $\angle EDA=\angle CBA$
즉, △EAD∽△CAB (AA 닮음)이므로
$\overline{DA}:\overline{BA}=7:14=1:2$
$\overline{EA}:\overline{CA}=1:2$, $5:\overline{CA}=1:2$ $\therefore \overline{CA}=10(\text{cm})$
$\overline{DE}:\overline{BC}=1:2$, $6:\overline{BC}=1:2$ $\therefore \overline{BC}=12(\text{cm})$
따라서 △ABC의 둘레의 길이는 $14+10+12=36(\text{cm})$

6 $9:(9+x)=3:4$에서 $3(9+x)=9\times4$
$9+x=12$ $\therefore x=3$
$3:4=6:y$에서 $3y=24$ $\therefore y=8$

30 도형의 닮음 2

1. 삼각형의 내각과 외각의 이등분선 162쪽

1 6	2 2	3 $\frac{36}{5}$	4 12
5 3	6 9	7 14 cm²	8 9 cm²

1 $9:6=x:(10-x)$, $6x=9(10-x)$
$15x=90$ $\therefore x=6$

2 $(3x+2):(8-x)=4:3$, $4(8-x)=3(3x+2)$
$32-4x=9x+6$, $-13x=-26$ $\therefore x=2$

3 $5:3=12:x$, $5x=36$ $\therefore x=\frac{36}{5}$

4 $10:8=(3+x):x$, $8(3+x)=10x$
$24+8x=10x$ $\therefore x=12$

5 $2:4=x:6$, $4x=12$ $\therefore x=3$

6 $8:12=6:x$, $8x=72$ $\therefore x=9$

7 $\overline{BD}:\overline{CD}=\overline{AB}:\overline{AC}=4:7$이므로
$\triangle ABD:\triangle ADC=4:7$
$\therefore \triangle ADC=\frac{7}{11}\times22=14(\text{cm}^2)$

8 $\triangle ABC=\frac{1}{2}\times8\times6=24(\text{cm}^2)$
$\overline{BD}:\overline{CD}=\overline{AB}:\overline{AC}=6:10=3:5$이므로
$\triangle ABD:\triangle ADC=3:5$
$\therefore \triangle ABD=\frac{3}{8}\times24=9(\text{cm}^2)$

2. 삼각형의 두 변의 중점을 연결한 선분의 성질 163쪽

1 14	2 5	3 6	4 16 cm
5 27 cm	6 6		

1 $x=2\times7=14$

2 $\overline{BD}=2\times3=6(\text{cm})$, $\overline{CD}=16-6=10(\text{cm})$
$\therefore x=\frac{1}{2}\times10=5$

3 $x=\frac{1}{2}\times12=6$

4 $\overline{DE}=\frac{1}{2}\overline{AC}=\frac{1}{2}\times10=5(\text{cm})$
$\overline{FE}=\frac{1}{2}\overline{AB}=\frac{1}{2}\times8=4(\text{cm})$
$\overline{DF}=\frac{1}{2}\overline{BC}=\frac{1}{2}\times14=7(\text{cm})$
따라서 △DEF의 둘레의 길이는 $5+4+7=16(\text{cm})$

5 $\overline{EH}=\overline{FG}=\frac{1}{2}\times15=\frac{15}{2}(\text{cm})$
$\overline{EF}=\overline{HG}=\frac{1}{2}\times12=6(\text{cm})$
따라서 □EFGH의 둘레의 길이는 $2\left(\frac{15}{2}+6\right)=27(\text{cm})$

6 오른쪽 그림과 같이 $\overline{AC}$를 그으면
$\overline{MP}=\frac{1}{2}\overline{BC}=\frac{1}{2}\times8=4(\text{cm})$
$\overline{PN}=\frac{1}{2}\overline{AD}=\frac{1}{2}\times4=2(\text{cm})$
$\therefore x=4+2=6$

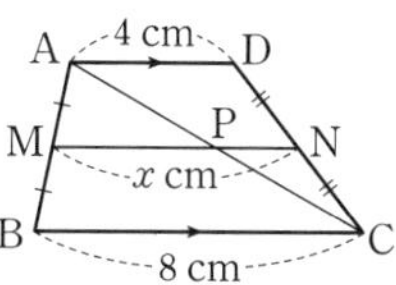

3. 삼각형의 무게중심 164쪽

1 4	2 6	3 2	4 12
5 10 cm²	6 5 cm²	7 12	8 9

1 $\overline{BG}:\overline{GD}=2:1$, $8:x=2:1$, $2x=8$ $\therefore x=4$

2 $\overline{AD}$는 중선이므로 $\overline{BD}=\overline{CD}$
직각삼각형의 빗변의 중점은 외심이므로
$\overline{DA}=\overline{DB}=\overline{DC}=\frac{1}{2}\times18=9(\text{cm})$
따라서 $\overline{AG}:\overline{GD}=2:1$이므로 $x=\frac{2}{3}\times9=6$

3 점 G가 △ABC의 무게중심이므로
$\overline{AG}:\overline{GD}=2:1$ $\therefore \overline{GD}=\frac{1}{3}\times9=3(\text{cm})$
점 G′이 △GBC의 무게중심이므로
$\overline{GG'}:\overline{G'D}=2:1$ $\therefore x=\frac{2}{3}\times3=2$

4 점 G′이 △GBC의 무게중심이므로
$\overline{GG'}:\overline{G'D}=2:1$
$4:\overline{G'D}=2:1$, $\overline{G'D}=2(\text{cm})$ $\therefore \overline{GD}=6(\text{cm})$
점 G가 △ABC의 무게중심이므로
$\overline{AG}:\overline{GD}=2:1$, $x:6=2:1$
$\therefore x=12$

5 $\triangle AGC=\frac{1}{3}\triangle ABC=\frac{1}{3}\times30=10(\text{cm}^2)$

6 $\triangle GBD=\frac{1}{6}\triangle ABC=\frac{1}{6}\times30=5(\text{cm}^2)$

7 $\overline{BO}=\overline{DO}=\frac{1}{2}\times36=18(\text{cm})$
$\overline{BO}$, $\overline{AM}$은 △ABC의 중선이므로 점 P가 △ABC의 무게중심이다.
따라서 $\overline{BP}:\overline{PO}=2:1$이므로 $x=\frac{2}{3}\times18=12$

8 점 P는 △ABC의 무게중심이고, 점 Q는 △ACD의 무게중심이므로
$\overline{AP}:\overline{AM}=\overline{AQ}:\overline{AN}=2:3$
따라서 $\overline{PQ}:\overline{MN}=2:3$이므로 $6:x=2:3$, $2x=18$ $\therefore x=9$

4. 닮은 도형의 넓이와 부피, 축도와 축척 165쪽

1 3 : 7	2 9 : 49	3 4 : 9	4 4 : 9
5 8 : 27	6 36 m	7 2 cm	8 24 km

1 □ABCD와 □A′B′C′D′의 둘레의 길이의 비는 닮음비이므로 3 : 7이다.

2 닮음비가 3 : 7이므로 넓이의 비는 $3^2:7^2=9:49$

3 닮음비가 $4:6=2:3$이므로 겉넓이의 비는
$2^2:3^2=4:9$

4 옆넓이의 비는 $2^2:3^2=4:9$

5 부피의 비는 $2^3:3^3=8:27$

6 △ABC와 △EDC에서
$\angle B=\angle D=90^\circ$, $\angle ACB=\angle ECD$ (맞꼭지각)
따라서 △ABC∽△EDC (AA 닮음)이므로
$\overline{AB}:\overline{ED}=\overline{BC}:\overline{DC}$, $\overline{AB}:3=48:4$, $4\overline{AB}=3\times48$
$\therefore \overline{AB}=36(\text{m})$

7 실제 거리가 0.1 km=10000 cm인 거리를 축척이 $\frac{1}{5000}$인 축도에 나타낼 때는 $10000\times\frac{1}{5000}=2(\text{cm})$

8 지도에서의 길이가 2 cm인 곳의 실제 거리가 8 km=800000 cm이므로 축척은 $\frac{2}{800000}=\frac{1}{400000}$
따라서 지도에서 길이가 6 cm이면 실제 거리는
$6\times400000=2400000(\text{cm})=24(\text{km})$

개념 완성 문제 166쪽

1 ③, ⑤	2 ①	3 14 cm	4 27 cm
5 ④	6 ⑤		

1 ① $\overline{AD}/\!/\overline{EC}$이므로 $\angle DAC=\angle ACE$
② $\overline{AD}/\!/\overline{EC}$이므로 $\angle BAD=\angle AEC$
③ ①, ②에서 $\angle ACE=\angle AEC$이므로 △ACE는 이등변삼각형이다. $\therefore \overline{AC}=\overline{AE}=8$ cm
④ $\overline{AC}=8$ cm이므로 $\overline{AB}:\overline{AC}=6:8=3:4$
⑤ 삼각형의 내각의 이등분선의 성질을 이용하면
$6:8=4:\overline{DC}$, $6\overline{DC}=32$ $\therefore \overline{DC}=\frac{16}{3}(\text{cm})$

2 $l/\!/m/\!/n/\!/o$이므로
$10:4=y:3$, $4y=30$ $\therefore y=\frac{15}{2}$
$4:x=3:9$, $3x=36$ $\therefore x=12$
$\therefore x+2y=12+2\times\frac{15}{2}=27$

3 $\overline{DE}/\!/\overline{BF}$, $\overline{DB}/\!/\overline{EF}$이므로 □DBFE는 평행사변형이다.
$\therefore \overline{BF}=\overline{DE}=6$ cm
삼각형의 두 변의 중점을 연결한 선분의 성질에 의하여
$\overline{EF}=\overline{DB}=\frac{1}{2}\times16=8(\text{cm})$, $\overline{BC}=2\overline{DE}=2\times6=12(\text{cm})$
$\therefore \overline{CF}=12-\overline{BF}=12-6=6(\text{cm})$
$\therefore \overline{CF}+\overline{EF}=6+8=14(\text{cm})$

4 점 G′이 △AGC의 무게중심이므로
$\overline{GG'}:\overline{G'D}=2:1$, $\overline{GG'}:3=2:1$
$\overline{GG'}=6(\text{cm})$ $\therefore \overline{GD}=\overline{GG'}+\overline{G'D}=6+3=9(\text{cm})$
점 G가 △ABC의 무게중심이므로
$\overline{BG}:\overline{GD}=2:1$, $\overline{BG}:9=2:1$
$\therefore \overline{BG}=18(\text{cm})$
$\therefore \overline{BD}=\overline{BG}+\overline{GD}=18+9=27(\text{cm})$

5 △ABC와 △ADE에서
∠A는 공통, $\angle ABC=\angle ADE$
∴ △ABC∽△ADE (AA 닮음)
$\overline{AC}:\overline{AE}=10:6=5:3$이므로 닮음비는 5 : 3이다.
따라서 넓이의 비는 $5^2:3^2=25:9$이므로
△ABC : △ADE=25 : 9, 75 : △ADE=25 : 9
25×△ADE=75×9 ∴ △ADE=27(cm^2)

6 서로 닮음인 두 원뿔의 옆넓이의 비가 9 : 16이므로 닮음비는 3 : 4이다. 즉,
(A의 부피) : (B의 부피)$=3^3:4^3=27:64$
54 : (B의 부피)=27 : 64, 27×(B의 부피)=54×64
∴ (B의 부피)=128(cm^3)

31 피타고라스 정리

1. 피타고라스 정리 167쪽

1 10	2 5	3 $x=8$, $y=10$	
4 $x=12$, $y=15$		5 3	6 18
7 $x=15$, $y=17$		8 $x=17$, $y=15$	

1 $x^2=8^2+6^2=100$ $\therefore x=10$

2 $x^2=13^2-12^2=169-144=25$ $\therefore x=5$

3 $x^2=17^2-15^2=289-225=64$ $\therefore x=8$
$y^2=8^2+6^2=64+36=100$ $\therefore y=10$

4 $x^2=13^2-5^2=169-25=144$ $\therefore x=12$
$y^2=12^2+9^2=144+81=225$ $\therefore y=15$

5 △ABC는 이등변삼각형이므로 $\overline{BD}=\frac{1}{2}\times8=4$
$x^2=5^2-4^2=25-16=9$ $\therefore x=3$

6 △ABD에서 $\overline{BD}^2=15^2-12^2=225-144=81$
$\therefore \overline{BD}=9$
△ABC는 이등변삼각형이므로 $x=2\times9=18$

7 $x^2=9^2+12^2=81+144=225$ $\therefore x=15$
$y^2=15^2+8^2=225+64=289$ $\therefore y=17$

8 점 D에서 $\overline{BC}$에 내린 수선의 발을 E라고 하면
$\overline{DE}=\overline{AB}=8$
$\overline{EC}^2=10^2-8^2=100-64=36$
$\therefore \overline{EC}=6$
즉, $y=9+6=15$이므로
$x^2=8^2+15^2=64+225=289 \quad \therefore x=17$

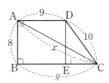

2. 직각삼각형이 되기 위한 조건 168쪽

1 17 cm^2	2 6 cm^2	3 직각	4 둔각
5 직각	6 예각	7 ○	8 ×
9 ×	10 ○		

1 $\square BFGC=10+7=17(cm^2)$

2 $\square ADEB=18-12=6(cm^2)$

3 $15^2=9^2+12^2$, 즉 $225=81+144$이므로 직각삼각형이다.

4 $8^2>4^2+5^2$, 즉 $64>16+25$이므로 둔각삼각형이다.

5 $13^2=5^2+12^2$, 즉 $169=25+144$이므로 직각삼각형이다.

6 $10^2<7^2+8^2$, 즉 $100<49+64$이므로 예각삼각형이다.

7 $\angle C>90°$이면 $\angle C$가 둔각이므로 $c^2>a^2+b^2$이 성립한다.

8 $\angle A=90°$이면 $\angle A$에 대한 빗변이 a이므로 $a^2=b^2+c^2$이다.

9 $c^2<a^2+b^2$일 때, $\angle C$는 예각이지만 c가 가장 긴 변이라는 조건이 없으므로 $\angle A$, $\angle B$가 둔각일 수 있다.
따라서 $\triangle ABC$는 예각삼각형이 아닐 수 있다.

10 $c^2>a^2+b^2$이면 $\angle C>90°$이므로 $\triangle ABC$는 둔각삼각형이다.

3. 피타고라스 정리의 활용 169쪽

1 113	2 33	3 65	4 61
5 55	6 12	7 16π	8 30

1 $\overline{DE}^2+\overline{BC}^2=\overline{BE}^2+\overline{CD}^2$에서
$2^2+x^2=6^2+9^2$, $4+x^2=36+81 \quad \therefore x^2=113$

2 $\overline{DE}^2+\overline{AB}^2=\overline{AD}^2+\overline{BE}^2$에서
$3^2+7^2=5^2+x^2$, $9+49=25+x^2 \quad \therefore x^2=33$

3 $\overline{AB}^2+\overline{CD}^2=\overline{AD}^2+\overline{BC}^2$에서
$5^2+7^2=3^2+x^2$, $25+49=9+x^2 \quad \therefore x^2=65$

4 $\overline{AB}^2+\overline{CD}^2=\overline{BC}^2+\overline{AD}^2$에서
$4^2+9^2=x^2+6^2$, $16+81=x^2+36 \quad \therefore x^2=61$

5 $\overline{AP}^2+\overline{CP}^2=\overline{BP}^2+\overline{DP}^2$에서
$8^2+4^2=x^2+5^2$, $64+16=x^2+25 \quad \therefore x^2=55$

6 $\overline{AP}^2+\overline{CP}^2=\overline{BP}^2+\overline{DP}^2$에서
$(2x)^2+8^2=10^2+x^2$, $4x^2+64=100+x^2$
$3x^2=36 \quad \therefore x^2=12$

7 오른쪽 그림과 같이 세 반원의 넓이를 각각 S_1, S_2, S_3이라고 하면

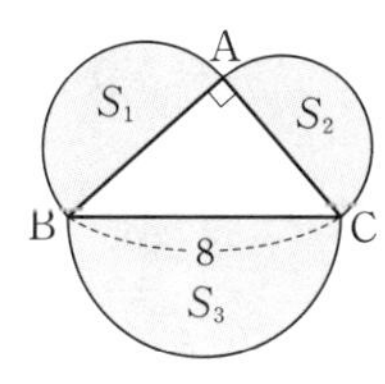

$S_3=\frac{1}{2}\times\pi\times4^2=8\pi$
$S_1+S_2=S_3$이므로 색칠한 부분의 넓이는
$2\times8\pi=16\pi$

8 $\overline{AC}^2=13^2-12^2=169-144=25 \quad \therefore \overline{AC}=5$
$\therefore$ (색칠한 부분의 넓이)$=\triangle ABC=\frac{1}{2}\times12\times5=30$

개념 완성 문제 170쪽

1 $x=12$, $y=5$	2 ④	3 ②	4 ③
5 ③	6 18π		

1 $x^2=20^2-16^2=400-256=144 \quad \therefore x=12$
$y^2=13^2-12^2=169-144=25 \quad \therefore y=5$

2 점 B에서 $\overline{AD}$에 내린 수선의 발을 E라고 하면

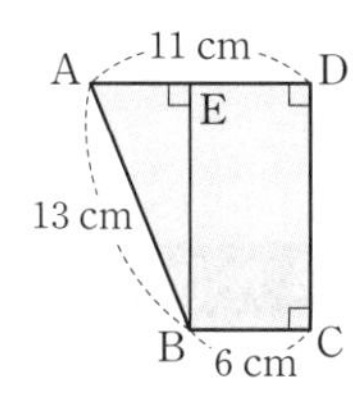

$\overline{ED}=6$ cm, $\overline{AE}=5$ cm이므로
$\overline{BE}^2=13^2-5^2=169-25=144$
$\therefore \overline{BE}=12(cm)$
따라서 사다리꼴 ABCD의 넓이는
$\frac{1}{2}\times(6+11)\times12=102(cm^2)$

3 $\square BADE$의 넓이는 $\overline{AB}^2$이므로
$\overline{AB}^2=\overline{BC}^2+\overline{AC}^2=8^2+5^2=89(cm^2)$

4 ③ a가 가장 긴 변이라는 조건이 있어야 예각삼각형이다.

5 삼각형의 두 변의 중점을 연결한 선분의 성질에 의하여
$\overline{AC}=2\times5=10$
$\therefore \overline{AE}^2+\overline{CD}^2=\overline{DE}^2+\overline{AC}^2$
$=5^2+10^2=125$

6 S_1+S_2는 $\overline{BC}$를 지름으로 하는 반원의 넓이와 같다.
$\therefore S_1+S_2=\frac{1}{2}\times\pi\times6^2=18\pi$

32 삼각비 1

1. 삼각비의 값 171쪽

1 $\frac{5}{13}$	2 $\frac{12}{13}$	3 $\frac{5}{12}$	4 $\frac{12}{13}$
5 $\frac{5}{13}$	6 $\frac{12}{5}$	7 $\frac{\sqrt{5}}{5}$	8 $\frac{2\sqrt{5}}{5}$
9 $\frac{1}{2}$	10 $\frac{2\sqrt{5}}{5}$	11 $\frac{\sqrt{5}}{5}$	12 2

1 $\sin A=\frac{\overline{BC}}{\overline{AC}}=\frac{5}{13}$

2 $\cos A=\frac{\overline{AB}}{\overline{AC}}=\frac{12}{13}$

3 $\tan A=\frac{\overline{BC}}{\overline{AB}}=\frac{5}{12}$

4 $\sin C=\frac{\overline{AB}}{\overline{AC}}=\frac{12}{13}$

5 $\cos C=\frac{\overline{BC}}{\overline{AC}}=\frac{5}{13}$

6 $\tan C=\frac{\overline{AB}}{\overline{BC}}=\frac{12}{5}$

7 $\sin B=\frac{\overline{AC}}{\overline{BC}}=\frac{3}{3\sqrt{5}}=\frac{\sqrt{5}}{5}$

8 $\cos B=\frac{\overline{AB}}{\overline{BC}}=\frac{6}{3\sqrt{5}}=\frac{2\sqrt{5}}{5}$

9 $\tan B=\frac{\overline{AC}}{\overline{AB}}=\frac{3}{6}=\frac{1}{2}$

10 $\sin C=\frac{\overline{AB}}{\overline{BC}}=\frac{6}{3\sqrt{5}}=\frac{2\sqrt{5}}{5}$

11 $\cos C=\frac{\overline{AC}}{\overline{BC}}=\frac{3}{3\sqrt{5}}=\frac{\sqrt{5}}{5}$

12 $\tan C=\frac{\overline{AB}}{\overline{AC}}=\frac{6}{3}=2$

2. 삼각형의 변의 길이 구하기 172쪽

1 $\frac{\sqrt{7}}{3}$　2 $\frac{3}{4}$　3 $\frac{3}{4}$　4 $\frac{3\sqrt{7}}{7}$

5 6　6 $3\sqrt{3}$　7 $\frac{1}{2}$　8 $\frac{\sqrt{5}}{5}$

9 $\frac{\sqrt{5}}{5}$

1 $\overline{AB}=\sqrt{8^2-6^2}=\sqrt{64-36}=\sqrt{28}=2\sqrt{7}$

$\therefore \tan C=\frac{\overline{AB}}{\overline{AC}}=\frac{2\sqrt{7}}{6}=\frac{\sqrt{7}}{3}$

2 $\sin B=\frac{\overline{AC}}{\overline{BC}}=\frac{6}{8}=\frac{3}{4}$

3 $\cos C=\frac{\overline{AC}}{\overline{BC}}=\frac{6}{8}=\frac{3}{4}$

4 $\tan B=\frac{\overline{AC}}{\overline{AB}}=\frac{6}{2\sqrt{7}}=\frac{3\sqrt{7}}{7}$

5 $\sin A=\frac{\overline{BC}}{\overline{AB}}$, $\frac{1}{2}=\frac{3}{\overline{AB}}$　　$\therefore \overline{AB}=6$

6 $\overline{AC}=\sqrt{\overline{AB}^2-\overline{BC}^2}=\sqrt{6^2-3^2}=\sqrt{27}=3\sqrt{3}$

7 $\sin B=\frac{\overline{AC}}{\overline{BC}}$, $\frac{2\sqrt{5}}{5}=\frac{8}{\overline{BC}}$

$\overline{BC}=8\times\frac{5}{2\sqrt{5}}=4\sqrt{5}$이므로

$\overline{AB}=\sqrt{\overline{BC}^2-\overline{AC}^2}=\sqrt{(4\sqrt{5})^2-8^2}=\sqrt{80-64}=\sqrt{16}=4$

$\therefore \tan C=\frac{\overline{AB}}{\overline{AC}}=\frac{4}{8}=\frac{1}{2}$

8 $\cos B=\frac{\overline{AB}}{\overline{BC}}=\frac{4}{4\sqrt{5}}=\frac{\sqrt{5}}{5}$

9 $\sin C=\frac{\overline{AB}}{\overline{BC}}=\frac{4}{4\sqrt{5}}=\frac{\sqrt{5}}{5}$

3. 삼각비의 값의 활용 173쪽

1 $\angle ACD$　2 $\angle ABD$　3 $\frac{\sqrt{3}}{3}$　4 $\sqrt{2}$

5 $\frac{\sqrt{3}}{3}$　6 $\frac{2\sqrt{5}}{5}$　7 $\frac{2}{3}$　8 $\frac{3}{5}$

1 $\angle x+\angle y=90°$, $\triangle ADC$에서 $\angle ACD+\angle y=90°$

$\therefore \angle x=\angle ACD$

2 $\angle x+\angle y=90°$, $\triangle ABD$에서 $\angle x+\angle ABD=90°$

$\therefore \angle y=\angle ABD$

3 $\overline{BC}=\sqrt{\overline{AB}^2+\overline{AC}^2}=\sqrt{3^2+(3\sqrt{2})^2}=\sqrt{27}=3\sqrt{3}$

$\angle ACB=\angle DAB=\angle x$이므로 $\triangle ABC$에서

$\sin x=\frac{\overline{AB}}{\overline{BC}}=\frac{3}{3\sqrt{3}}=\frac{\sqrt{3}}{3}$

4 $\angle ABC=\angle DAC=\angle y$이므로 $\triangle ABC$에서

$\tan y=\frac{\overline{AC}}{\overline{AB}}=\frac{3\sqrt{2}}{3}=\sqrt{2}$

5 $\cos y=\frac{\overline{AB}}{\overline{BC}}=\frac{3}{3\sqrt{3}}=\frac{\sqrt{3}}{3}$

6 $\overline{DE}=\sqrt{\overline{BD}^2-\overline{BE}^2}=\sqrt{6^2-4^2}=\sqrt{20}=2\sqrt{5}$

$\triangle ABC\backsim\triangle EBD$ (AA 닮음)이므로 $\angle x=\angle BDE$

$\triangle BED$에서

$\sin x\div\cos x=\frac{4}{6}\div\frac{2\sqrt{5}}{6}=\frac{4}{6}\times\frac{6}{2\sqrt{5}}=\frac{2}{\sqrt{5}}=\frac{2\sqrt{5}}{5}$

7 $\tan x\times\cos x=\frac{4}{2\sqrt{5}}\times\frac{2\sqrt{5}}{6}=\frac{2}{3}$

8 일차방정식 $3x-5y+15=0$의 그래프에서

x절편은 $y=0$을 대입하면 $x=-5$

y절편은 $x=0$을 대입하면 $y=3$

$\therefore \tan a=\frac{3}{5}$

개념 완성 문제 174쪽

1 ①　2 $\frac{15}{17}$　3 ②　4 ⑤

5 ④　6 ③

1 $\overline{BC}=\sqrt{(2\sqrt{3})^2-(\sqrt{3})^2}=\sqrt{9}=3$

$\therefore \sin A\div\cos A=\frac{3}{2\sqrt{3}}\div\frac{\sqrt{3}}{2\sqrt{3}}=\frac{3}{2\sqrt{3}}\times\frac{2\sqrt{3}}{\sqrt{3}}=\frac{3}{\sqrt{3}}=\sqrt{3}$

2 $\overline{AC}=\sqrt{10^2-6^2}=\sqrt{64}=8$

$\overline{BC}=\sqrt{17^2-\overline{AC}^2}=\sqrt{17^2-8^2}=\sqrt{225}=15$

$\therefore \cos B=\frac{\overline{BC}}{\overline{AB}}=\frac{15}{17}$

3 $\tan C=\frac{\overline{AB}}{\overline{BC}}$, $2=\frac{8}{\overline{BC}}$　　$\therefore \overline{BC}=4$

$\therefore \overline{AC}=\sqrt{\overline{AB}^2+\overline{BC}^2}=\sqrt{8^2+4^2}=\sqrt{80}=4\sqrt{5}$

4 $\cos C=\dfrac{\overline{BC}}{\overline{AC}}=\dfrac{3}{4}$이므로 $\overline{BC}=3$으로 놓으면

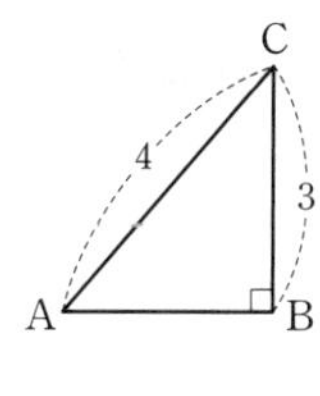

$\overline{AC}=4$이고,

$\overline{AB}=\sqrt{4^2-3^2}=\sqrt{7}$

$\therefore 12(\sin C+\tan C)=12\left(\dfrac{\sqrt{7}}{4}+\dfrac{\sqrt{7}}{3}\right)$

$=3\sqrt{7}+4\sqrt{7}=7\sqrt{7}$

5 $\angle BCA=\angle BAD=\angle x$, $\angle ABC=\angle DAC=\angle y$이고,

$\overline{BC}=\sqrt{\overline{AB}^2+\overline{AC}^2}=\sqrt{(2\sqrt{5})^2+5^2}=\sqrt{45}=3\sqrt{5}$

$\therefore \sin x=\dfrac{\overline{AB}}{\overline{BC}}=\dfrac{2\sqrt{5}}{3\sqrt{5}}=\dfrac{2}{3}$, $\cos y=\dfrac{\overline{AB}}{\overline{BC}}=\dfrac{2\sqrt{5}}{3\sqrt{5}}=\dfrac{2}{3}$

$\therefore \sin x+\cos y=\dfrac{2}{3}+\dfrac{2}{3}=\dfrac{4}{3}$

6 $\overline{EC}=\sqrt{\overline{DC}^2-\overline{DE}^2}=\sqrt{(3\sqrt{2})^2-2^2}=\sqrt{14}$

$\angle CDE=\angle CAB=\angle x$이므로

$\tan x=\dfrac{\overline{CE}}{\overline{DE}}=\dfrac{\sqrt{14}}{2}$

33 삼각비 2

1. 30°, 45°, 60°의 삼각비의 값 175쪽

1 $\dfrac{1}{2}$　　2 1　　3 $\dfrac{1}{2}$　　4 $\sqrt{3}$

5 $\dfrac{\sqrt{2}}{2}$　　6 $\dfrac{\sqrt{3}}{2}$　　7 $\sqrt{3}$　　8 0

9 $\dfrac{\sqrt{3}}{6}$　　10 $4\sqrt{2}$　　11 $2\sqrt{3}$

7 $\sin 60°+\cos 30°=\dfrac{\sqrt{3}}{2}+\dfrac{\sqrt{3}}{2}=\sqrt{3}$

8 $\sin 45°-\cos 45°=\dfrac{\sqrt{2}}{2}-\dfrac{\sqrt{2}}{2}=0$

9 $\cos 60°\times\tan 30°=\dfrac{1}{2}\times\dfrac{\sqrt{3}}{3}=\dfrac{\sqrt{3}}{6}$

10 $\triangle$ABD에서 $\sin 30°=\dfrac{\overline{AD}}{8}$, $\dfrac{1}{2}=\dfrac{\overline{AD}}{8}$

$\therefore \overline{AD}=4$

$\triangle$ADC에서 $\sin 45°=\dfrac{4}{x}$, $\dfrac{\sqrt{2}}{2}=\dfrac{4}{x}$

$\therefore x=4\sqrt{2}$

11 $\triangle$ABC에서 $\tan 60°=\dfrac{\overline{AC}}{4}$, $\sqrt{3}=\dfrac{\overline{AC}}{4}$

$\therefore \overline{AC}=4\sqrt{3}$

$\triangle$DAC에서 $\sin 30°=\dfrac{x}{4\sqrt{3}}$, $\dfrac{1}{2}=\dfrac{x}{4\sqrt{3}}$

$\therefore x=2\sqrt{3}$

2. 여러 가지 삼각비의 값 176쪽

1 $\overline{AB}$　　2 $\overline{OB}$　　3 $\overline{CD}$　　4 $\overline{AB}$

5 $\overline{OB}$　　6 0　　7 0　　8 1

9 1　　10 0　　11 0.6820　　12 0.7431

1 $\sin x=\dfrac{\overline{AB}}{\overline{OA}}=\dfrac{\overline{AB}}{1}=\overline{AB}$

2 $\cos x=\dfrac{\overline{OB}}{\overline{OA}}=\dfrac{\overline{OB}}{1}=\overline{OB}$

3 $\tan x=\dfrac{\overline{CD}}{\overline{OD}}=\dfrac{\overline{CD}}{1}=\overline{CD}$

4 $\cos y=\dfrac{\overline{AB}}{\overline{OA}}=\dfrac{\overline{AB}}{1}=\overline{AB}$

5 $\sin y=\dfrac{\overline{OB}}{\overline{OA}}=\dfrac{\overline{OB}}{1}=\overline{OB}$

11 각도 43°의 가로줄과 sin의 세로줄이 만나는 값이다.

$\therefore \sin 43°=0.6820$

12 각도 42°의 가로줄과 cos의 세로줄이 만나는 값이다.

$\therefore \cos 42°=0.7431$

3. 삼각비를 이용하여 변의 길이 구하기 177쪽

1 6.2　　2 7.9　　3 $\overline{AH}=3\sqrt{3}$, $\overline{BH}=3$

4 $2\sqrt{19}$　　5 $4\sqrt{6}$　　6 14　　7 $5\sqrt{3}-5$

8 $2\sqrt{3}$

1 $\overline{AB}=\overline{AC}\sin 38°=10\times 0.62=6.2$

2 $\overline{BC}=\overline{AC}\cos 38°=10\times 0.79=7.9$

3 $\overline{AH}=\overline{AB}\sin 60°=6\times\dfrac{\sqrt{3}}{2}=3\sqrt{3}$

$\overline{BH}=\overline{AB}\cos 60°=6\times\dfrac{1}{2}=3$

4 $\overline{CH}=10-3=7$이므로

$\overline{AC}=\sqrt{\overline{AH}^2+\overline{CH}^2}=\sqrt{(3\sqrt{3})^2+7^2}=\sqrt{76}=2\sqrt{19}$

5 점 A에서 $\overline{BC}$에 내린 수선의 발을 H라고 하면

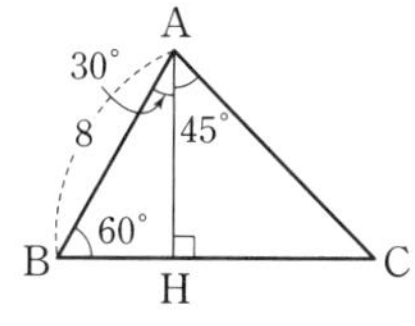

$\overline{AH}=\overline{AB}\sin 60°$

$=8\times\dfrac{\sqrt{3}}{2}=4\sqrt{3}$

$\therefore \overline{AC}=\dfrac{\overline{AH}}{\cos 45°}=4\sqrt{3}\times\dfrac{2}{\sqrt{2}}=4\sqrt{6}$

6 점 A에서 $\overline{BC}$에 내린 수선의 발을 H 라고 하면

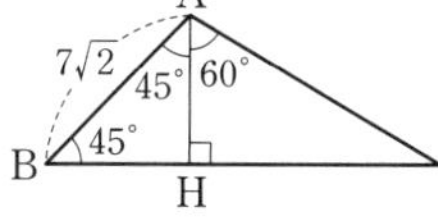

$\overline{AH}=\overline{AB}\sin 45°$

$=7\sqrt{2}\times\dfrac{\sqrt{2}}{2}=7$

$\therefore \overline{AC}=\dfrac{\overline{AH}}{\cos 60°}=7\times\dfrac{2}{1}=14$

7 $10=h\tan 60°+h\tan 45°$, $h(\tan 60°+\tan 45°)=10$

$\therefore h=\dfrac{10}{\tan 60°+\tan 45°}=\dfrac{10}{\sqrt{3}+1}$

$=\dfrac{10(\sqrt{3}-1)}{(\sqrt{3}+1)(\sqrt{3}-1)}=\dfrac{10(\sqrt{3}-1)}{2}=5\sqrt{3}-5$

8 $4=h\tan 60^\circ-h\tan 30^\circ$, $h(\tan 60^\circ-\tan 30^\circ)=4$

$\therefore h=\dfrac{4}{\tan 60^\circ-\tan 30^\circ}=\dfrac{4}{\sqrt{3}-\dfrac{\sqrt{3}}{3}}$

$=4\div\dfrac{2\sqrt{3}}{3}=4\times\dfrac{3}{2\sqrt{3}}=2\sqrt{3}$

4. 삼각비를 이용하여 도형의 넓이 구하기 178쪽

1 6 　 2 $24\sqrt{2}$ 　 3 $14\sqrt{3}$ 　 4 $\dfrac{7\sqrt{3}}{2}$

5 $30\sqrt{3}$ 　 6 $32\sqrt{2}$ 　 7 $12\sqrt{3}$ 　 8 13

1 $\triangle ABC=\dfrac{1}{2}\times 4\times 6\times\sin 30^\circ=12\times\dfrac{1}{2}=6$

2 $\triangle ABC=\dfrac{1}{2}\times 12\times 8\times\sin(180^\circ-135^\circ)$

$=48\sin 45^\circ=48\times\dfrac{\sqrt{2}}{2}=24\sqrt{2}$

3 $\overline{AB}=8\cos 60^\circ=8\times\dfrac{1}{2}=4$이므로

$\triangle ABC=\dfrac{1}{2}\times 8\times 4\times\sin 60^\circ=16\times\dfrac{\sqrt{3}}{2}=8\sqrt{3}$

$\overline{AC}=8\sin 60^\circ=8\times\dfrac{\sqrt{3}}{2}=4\sqrt{3}$이므로

$\triangle ACD=\dfrac{1}{2}\times 4\sqrt{3}\times 6\times\sin 30^\circ=12\sqrt{3}\times\dfrac{1}{2}=6\sqrt{3}$

$\therefore \square ABCD=8\sqrt{3}+6\sqrt{3}=14\sqrt{3}$

4 $\overline{AC}$를 그으면

$\triangle ABC=\dfrac{1}{2}\times 3\times 4\times\sin 60^\circ=6\times\dfrac{\sqrt{3}}{2}=3\sqrt{3}$

$\triangle ACD=\dfrac{1}{2}\times 2\times\sqrt{3}\times\sin(180^\circ-150^\circ)=\sqrt{3}\times\dfrac{1}{2}=\dfrac{\sqrt{3}}{2}$

$\therefore \square ABCD=\triangle ABC+\triangle ACD=3\sqrt{3}+\dfrac{\sqrt{3}}{2}=\dfrac{7\sqrt{3}}{2}$

5 평행사변형 ABCD의 넓이는

$6\times 10\times\sin(180^\circ-120^\circ)=60\times\dfrac{\sqrt{3}}{2}=30\sqrt{3}$

6 마름모 ABCD의 넓이는

$8\times 8\times\sin 45^\circ=64\times\dfrac{\sqrt{2}}{2}=32\sqrt{2}$

7 $\square ABCD=\dfrac{1}{2}\times 6\times 8\times\sin 60^\circ=24\times\dfrac{\sqrt{3}}{2}=12\sqrt{3}$

8 $\square ABCD$의 넓이가 52이므로

$\dfrac{1}{2}\times 8\sqrt{2}\times\overline{BD}\times\sin 45^\circ=52$

$4\sqrt{2}\times\overline{BD}\times\dfrac{\sqrt{2}}{2}=52$, $4\times\overline{BD}=52$

$\therefore \overline{BD}=13$

개념 완성 문제 179쪽

1 ② 　 2 ⑤ 　 3 $\dfrac{3}{2}$ 　 4 ④

5 150° 　 6 ①

1 $\tan(2x-30^\circ)=\dfrac{\sqrt{3}}{3}$, $\angle x<90^\circ$이므로

$2\angle x-30^\circ=30^\circ$, $\angle x=30^\circ$

$\therefore 6\sin x-4\sqrt{3}\cos x=6\sin 30^\circ-4\sqrt{3}\cos 30^\circ$

$=6\times\dfrac{1}{2}-4\sqrt{3}\times\dfrac{\sqrt{3}}{2}$

$=3-6$

$=-3$

2 $\angle BDC=180^\circ-(90^\circ+30^\circ)=60^\circ$

$\triangle BCD$에서 $\overline{BC}=6\tan 60^\circ=6\sqrt{3}$이므로

$\triangle ABC$에서

$\overline{AC}=\overline{BC}\cos 45^\circ=6\sqrt{3}\times\dfrac{\sqrt{2}}{2}=3\sqrt{6}$

3 $\sqrt{3}\cos 0^\circ\times\tan 30^\circ+\cos 60^\circ\times\sin 90^\circ=\sqrt{3}\times 1\times\dfrac{\sqrt{3}}{3}+\dfrac{1}{2}\times 1$

$=1+\dfrac{1}{2}=\dfrac{3}{2}$

4 점 B에서 $\overline{AC}$에 내린 수선의 발을 H라 고 하면

$\overline{BH}=\overline{BC}\cos 60^\circ$

$=12\times\dfrac{1}{2}=6$

$\therefore \overline{AB}=\dfrac{\overline{BH}}{\cos 45^\circ}=6\div\dfrac{\sqrt{2}}{2}$

$=6\times\dfrac{2}{\sqrt{2}}=6\sqrt{2}$

5 $\triangle ABC=\dfrac{1}{2}\times 6\times 8\times\sin(180^\circ-\angle C)=12(\text{cm}^2)$

$\sin(180^\circ-\angle C)=\dfrac{1}{2}$

$\angle C$가 둔각이므로 $180^\circ-\angle C=30^\circ$

$\therefore \angle C=150^\circ$

6 $\triangle ABC$에서 $\overline{AC}=\sqrt{3^2+(3\sqrt{2})^2}=\sqrt{27}=3\sqrt{3}$

$\therefore \square ABCD=\dfrac{1}{2}\times 3\sqrt{3}\times 8\times\sin(180^\circ-120^\circ)$

$=12\sqrt{3}\times\dfrac{\sqrt{3}}{2}=18$

34 원의 성질

1. 원의 중심과 현, 원의 접선의 성질 180쪽

1 10 　 2 5 　 3 7 　 4 69°

5 70° 　 6 $3\sqrt{5}$

1 $\overline{AM}=\overline{BM}=6$이므로 $\triangle OAM$에서

$x=\sqrt{6^2+8^2}=10$

2 $\overline{BM}=\overline{AM}=4$, $\overline{OM}=\overline{OC}-\overline{MC}=x-2$이므로 $\triangle OMB$에서

$x^2=(x-2)^2+4^2$, $x^2=x^2-4x+4+16$, $4x=20$

$\therefore x=5$

3 원의 중심을 O, 원의 반지름의 길이를 x라고 하면 $\overline{OM}=x-4$이고
$\triangle$AOM에서
$x^2=(x-4)^2+(2\sqrt{10})^2$
$x^2=x^2-8x+16+40$
$8x=56$
$\therefore x=7$

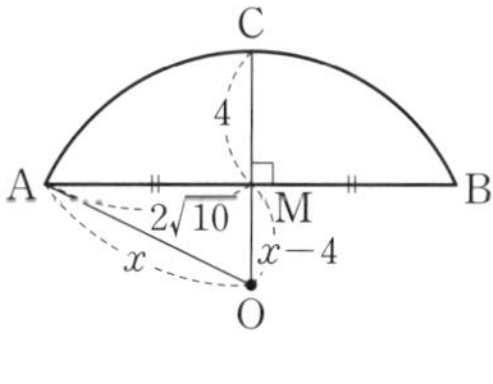

4 원의 중심으로부터 같은 거리에 있는 두 현의 길이는 같으므로
$\overline{AB}=\overline{AC}$
따라서 $\triangle$ABC는 이등변삼각형이므로
$\angle x=\dfrac{1}{2}\times(180^\circ-42^\circ)=69^\circ$

5 $\overline{PA}$, $\overline{PB}$는 원 O의 접선이므로
$\angle PAO=\angle PBO=90^\circ$
$\square$APBO의 내각의 크기의 합은 360°이므로
$\angle APB+\angle AOB=180^\circ$
$\therefore \angle x=180^\circ-110^\circ=70^\circ$

6 $\overline{PA}$는 원 O의 접선이므로 $\angle PAO=90^\circ$
$\triangle$AOP에서 $\overline{OP}=6+3=9$
$\therefore x=\sqrt{9^2-6^2}=\sqrt{45}=3\sqrt{5}$

2. 원의 접선의 길이의 활용 181쪽

1 9	2 6	3 12	4 78
5 8	6 5	7 4	8 3

1 ($\triangle$ABC의 둘레의 길이)$=7+6+5=18$
$\overline{BD}=\overline{BF}$, $\overline{CE}=\overline{CD}$이므로
($\triangle$ABC의 둘레의 길이)$=\overline{AE}+\overline{AF}=18$
$\therefore \overline{AE}=9$

2 $\overline{AF}$, $\overline{AE}$는 원 O의 접선이므로
$\overline{AF}=\overline{AE}=14$ $\quad\therefore \overline{BF}=2$
$\overline{BD}=\overline{BF}=2$, $\overline{CD}=\overline{CE}=4$이므로 $\overline{BC}=2+4=6$

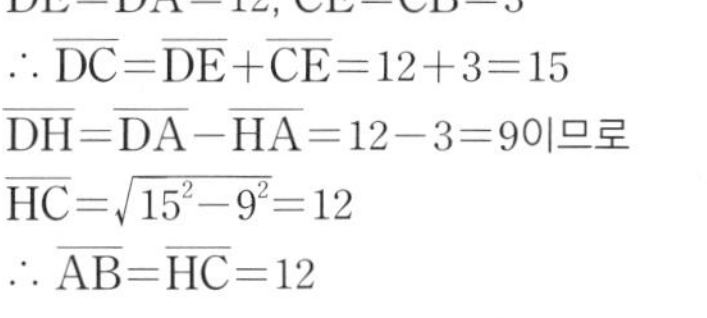
3 점 C에서 $\overline{DA}$에 내린 수선의 발을 H라고 하면
$\overline{DE}=\overline{DA}=12$, $\overline{CE}=\overline{CB}=3$
$\therefore \overline{DC}=\overline{DE}+\overline{CE}=12+3=15$
$\overline{DH}=\overline{DA}-\overline{HA}=12-3=9$이므로
$\overline{HC}=\sqrt{15^2-9^2}=12$
$\therefore \overline{AB}=\overline{HC}=12$

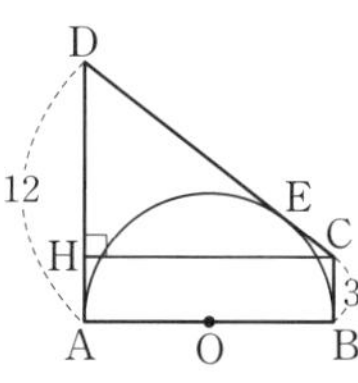

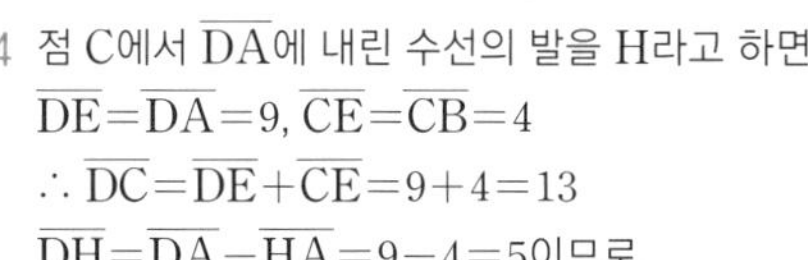
4 점 C에서 $\overline{DA}$에 내린 수선의 발을 H라고 하면
$\overline{DE}=\overline{DA}=9$, $\overline{CE}=\overline{CB}=4$
$\therefore \overline{DC}=\overline{DE}+\overline{CE}=9+4=13$
$\overline{DH}=\overline{DA}-\overline{HA}=9-4=5$이므로
$\overline{HC}=\sqrt{13^2-5^2}=12$
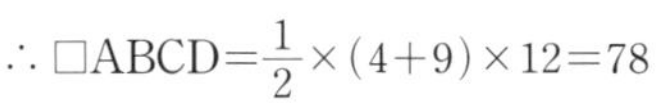
$\therefore \square ABCD=\dfrac{1}{2}\times(4+9)\times12=78$

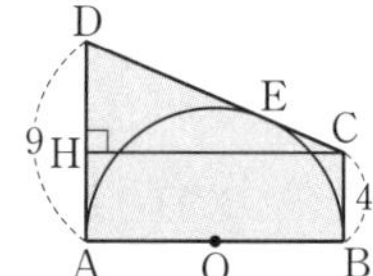

5 원 밖의 한 점에서 그은 접선의 길이는 같으므로
$\overline{BD}=\overline{BA}-\overline{DA}=9-4=5$, $\overline{BE}=\overline{BD}=5$
$\overline{AF}=\overline{AD}=4$ $\quad\therefore \overline{FC}=7-4=3$
$\overline{EC}=\overline{FC}=3$이므로 $x=\overline{BE}+\overline{EC}=5+3=8$

6 $\overline{BD}=\overline{BE}=x$, $\overline{AF}=\overline{AD}=11-x$, $\overline{CF}=\overline{CE}=13-x$이므로
$(11-x)+(13-x)=14$, $-2x=-10$ $\quad\therefore x=5$

7 원에 외접하는 사각형에서 두 쌍의 대변의 길이의 합은 같으므로
$6+x=3+7$ $\quad\therefore x=4$

8 $\overline{DH}=\overline{DE}=x$이고 $\overline{BG}=\overline{BF}=\overline{OG}=4$이므로
$\overline{GC}=9-4=5$
$\therefore \overline{HC}=\overline{GC}=5$
$\overline{DC}=\overline{DH}+\overline{HC}$이므로 $8=x+5$
$\therefore x=3$

3. 원주각의 크기 182쪽

1 60°	2 64°	3 120°	4 68°
5 55°	6 63°	7 32°	8 92°

1 $\angle x=\dfrac{1}{2}\angle AOB=\dfrac{1}{2}\times120^\circ=60^\circ$

2 $\angle x=2\angle APB=2\times32^\circ=64^\circ$

3 $\overline{OB}$를 그으면
$\angle AOB=2\angle APB=2\times36^\circ=72^\circ$
$\angle BOC=2\angle BQC=2\times24^\circ=48^\circ$
$\therefore \angle x=\angle AOB+\angle BOC=72^\circ+48^\circ=120^\circ$

4 $\overline{RB}$를 그으면 원에서 한 호에 대한 원주각의 크기는 모두 같으므로
$\angle ARB=\angle APB=22^\circ$, $\angle BRC=\angle BQC=46^\circ$
$\therefore \angle x=\angle ARB+\angle BRC=22^\circ+46^\circ=68^\circ$

5 원에서 호가 반원일 때, 그 호에 대한 원주각의 크기는 90°이므로
$\angle ACB=90^\circ$
$\therefore \angle x=90^\circ-\angle BAC=90^\circ-35^\circ=55^\circ$

6 원에서 호가 반원일 때, 그 호에 대한 원주각의 크기는 90°이므로
$\angle ABQ=90^\circ$
$\therefore \angle x=\angle AQB=180^\circ-(90^\circ+27^\circ)=63^\circ$

7 $\widehat{AB}=\widehat{BC}$이므로 $\angle x=\angle APB=32^\circ$

8 호의 길이는 그 호에 대한 원주각의 크기에 정비례하므로
$\widehat{AC}:\widehat{BC}=12:3=4:1$
$\angle APC:\angle BQC=4:1$
$\angle x:23^\circ=4:1$ $\quad\therefore \angle x=92^\circ$

4. 원에 내접하는 다각형 183쪽

1 $106°$　2 $115°$　3 $\angle x=106°$, $\angle y=212°$
4 $\angle x=96°$, $\angle y=81°$　5 $70°$　6 $55°$
7 $65°$　8 $105°$

1 $\triangle$ACD에서 $\angle ADC=180°-(49°+57°)=74°$
$\therefore \angle x=180°-\angle ADC=180°-74°=106°$

2 원에서 호가 반원일 때, 그 호에 대한 원주각의 크기는 90°이므로
$\angle BAC=90°$
$\triangle$ABC에서 $\angle ABC=180°-(90°+25°)=65°$
$\therefore \angle x=180°-\angle ABC=180°-65°=115°$

3 $\angle x=180°-\angle BCD=180°-74°=106°$
$\therefore \angle y=2\angle x=2\times 106°=212°$

4 $\angle x=180°-\angle ADC=180°-84°=96°$
$\angle y=\angle DAB=180°-99°=81°$

5 $\triangle$DAB에서 $\angle ADB=180°-(82°+28°)=70°$
$\angle ADB=\angle ACB$일 때, 네 점 A, B, C, D가 한 원 위에 있으므로
$\angle x=\angle ADB=70°$

6 $\angle ADB=\angle ACB$일 때, 네 점 A, B, C, D가 한 원 위에 있으므로
$\angle ADB=20°$
$\triangle$DPB에서 삼각형의 외각의 성질에 의하여
$\angle x=35°+20°=55°$

7 $\triangle$DAC에서 $\angle ADC=180°-(22°+43°)=115°$
$\angle x+\angle ADC=180°$일 때, □ABCD가 원에 내접하므로
$\angle x=180°-115°=65°$

8 $\angle DAC=\angle DBC$일 때, 네 점 A, B, C, D가 한 원 위에 있으므로
$\angle DBC=28°$
$\therefore \angle x=\angle DBC+\angle ACB=28°+77°=105°$

5. 접선과 현이 이루는 각 184쪽

1 $\angle x=32°$, $\angle y=79°$　2 $\angle x=38°$, $\angle y=86°$
3 $51°$　4 $39°$　5 $75°$
6 $\angle x=67°$, $\angle y=59°$

1 $\angle x=\angle CAT=32°$
$\angle y=\angle BCA=79°$

2 $\angle x=\angle BCA=38°$
$\angle y=\angle CAT=86°$

3 □ABCD가 원에 내접하므로
$\angle BCD=180°-92°=88°$
$\angle BDC=\angle BCT=41°$
$\triangle$CDB에서 $\angle x=180°-(41°+88°)=51°$

4 □ABCD가 원에 내접하므로
$\angle PDC=\angle ABC=103°$, $\angle DCP=\angle DAC=38°$
$\triangle$DCP에서 $\angle x=180°-(103°+38°)=39°$

5 원 밖의 한 점 P에서 원에 그은 접선의 길이는 같으므로 $\triangle$ABP는 이등변삼각형이다. 즉,
$\angle PAB=\frac{1}{2}\times(180°-54°)=63°$
$\therefore \angle ACB=\angle PAB=63°$
$\triangle$ACB에서 $\angle x=180°-(63°+42°)=75°$

6 $\angle x=\angle CTQ=\angle ATP=\angle ABT=67°$
$\angle y=\angle DTP=\angle BTQ=\angle BAT=59°$

개념 완성 문제 185쪽

1 12π cm^2　2 ⑤　3 ②　4 ④
5 ①　6 $38°$

1 $\overrightarrow{PA}$, $\overrightarrow{PB}$는 원 O의 접선이므로
$\angle PAO=\angle PBO=90°$
$\therefore \angle AOB=180°-60°=120°$
따라서 색칠한 부분의 넓이는
$\pi\times 6^2\times\frac{120}{360}=12\pi(\text{cm}^2)$

2 $\overline{BE}=\overline{BD}=8$ cm, $\overline{CE}=\overline{CF}=6$ cm
$\overline{AD}=\overline{AF}=x$ cm라고 하면
$2\times 8+2\times 6+2x=36$, $2x=36-28$　$\therefore x=4$

3 $\angle BOC=2\times 63°=126°$
$\triangle$OBC는 이등변삼각형이므로
$\angle x=\frac{1}{2}\times(180°-126°)=27°$

4 $\angle x=2\times 21°=42°$
호의 길이는 그 호에 대한 원주각의 크기에 정비례하므로
$\widehat{CA}:\widehat{AD}=4:12=1:3$에서
$\angle CBA:\angle ABD=1:3$
즉, $21°:\angle y=1:3$이므로 $\angle y=63°$
$\therefore \angle x+\angle y=42°+63°=105°$

5 □ABCD가 원에 내접하므로
$\angle ABC=180°-112°=68°$
$\triangle$ABC는 이등변삼각형이므로
$\angle x=180°-2\times 68°=44°$

6 □ABCD가 원에 내접하므로
$\angle BAD=180°-128°=52°$
$\angle ABD=90°$, $\angle ADB=\angle x$이므로 $\triangle$ABD에서
$\angle x=180°-(52°+90°)=38°$

고르고 고른 고등수학으로 연결되는 문제 Ⅳ단원 총정리 186~187쪽

1 ①	2 ②	3 ①	4 ③
5 ④	6 ②	7 ③	8 $\frac{3}{2}$ cm
9 ④	10 ②	11 ①	12 ⑤
13 2 cm	14 ②	15 ②	16 ⑤

1 $l /\!/ m$일 때, 엇각의 크기가 같으므로
$\angle DCA = 57^\circ$
$\triangle ABC$에서
$\angle x + 32^\circ = 57^\circ \quad \therefore \angle x = 25^\circ$

2 부채꼴의 중심각의 크기를 x°라고 하면
$2\pi \times 6 \times \frac{x}{360} = 2\pi,\ x = 2\pi \times \frac{30}{\pi}$
$\therefore x = 60$

3 원기둥의 높이를 h cm라고 하면
$2\pi \times 5^2 + 2\pi \times 5 \times h = 120\pi,\ 10\pi h = 70\pi$
$\therefore h = 7$

4 주어진 평면도형을 직선 l을 축으로 하여 1회전 시키면 원뿔대가 된다.

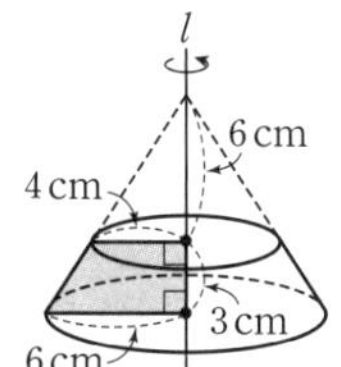

$\therefore$ (원뿔대의 부피)
$= \frac{1}{3} \times \pi \times 6^2 \times 9 - \frac{1}{3} \times \pi \times 4^2 \times 6$
$= 108\pi - 32\pi = 76\pi(\text{cm}^3)$

5 점 O가 직각삼각형의 빗변의 중점이므로 $\triangle ABC$의 외심이 된다.
$\therefore \overline{OA} = \overline{OB} = \overline{OC}$
따라서 $\triangle ABO$는 이등변삼각형이 되므로
$\angle BAO = \angle ABO = 38^\circ$
$\therefore \angle x = 38^\circ + 38^\circ = 76^\circ$

6 $\triangle ABP$와 $\triangle APD$는 높이가 같으므로 밑변의 길이의 비가 넓이의 비와 같다. 즉,
$\triangle ABP : \triangle APD = 2 : 3,\ 12 : \triangle APD = 2 : 3,\ 2\triangle APD = 36$
$\therefore \triangle APD = 18(\text{cm}^2)$
$\triangle APD$와 $\triangle PCD$는 밑변의 길이와 높이가 같으므로 넓이도 같다.
$\therefore \square APCD = 2\triangle APD = 2 \times 18 = 36(\text{cm}^2)$

7 $\triangle CAD$와 $\triangle CBA$에서
$\angle C$는 공통, $\angle CAD = \angle CBA$
따라서 $\triangle CAD \backsim \triangle CBA$ (AA 닮음)이므로
$\overline{CA} : \overline{CB} = \overline{CD} : \overline{CA},\ 9 : (x+6) = 6 : 9$
$6(x+6) = 81 \quad \therefore x = \frac{15}{2}$

8 $\triangle DEA$에서 $\overline{FH} /\!/ \overline{AC}$이므로 $\overline{DF} : \overline{DA} = \overline{FG} : \overline{AE}$
$5 : 8 = \overline{FG} : 6,\ 8\overline{FG} = 30 \quad \therefore \overline{FG} = \frac{15}{4}(\text{cm})$
$\triangle FBH$에서 $\overline{DE} /\!/ \overline{BC}$이므로 $\overline{FD} : \overline{DB} = \overline{FG} : \overline{GH}$
$5 : 2 = \frac{15}{4} : \overline{GH},\ 5\overline{GH} = \frac{15}{2} \quad \therefore \overline{GH} = \frac{3}{2}(\text{cm})$

9 $\triangle ABF$에서 $\overline{AD} = \overline{DB},\ \overline{AE} = \overline{EF}$이므로 삼각형의 두 변의 중점을 연결한 선분의 성질에 의하여
$\overline{DE} /\!/ \overline{BF},\ \overline{BF} = 2\overline{DE} = 12(\text{cm})$
$\triangle CED$에서 $\overline{CF} = \overline{FE},\ \overline{DE} /\!/ \overline{GF}$이므로
$\overline{GF} = \frac{1}{2}\overline{DE} = 3(\text{cm})$
$\therefore x = \overline{BF} - \overline{GF} = 12 - 3 = 9$

10 서로 닮음인 두 각뿔의 A와 B의 겉넓이의 비가 4 : 9이므로 닮음비는 2 : 3이다. 즉,
(A의 부피) : (B의 부피) $= 2^3 : 3^3 = 8 : 27$
32 : (B의 부피) $= 8 : 27$, $8 \times$(B의 부피) $= 32 \times 27$
$\therefore$ (B의 부피) $= 108(\text{cm}^3)$

11 $\tan C = \frac{\overline{AB}}{\overline{BC}},\ \sqrt{3} = \frac{4\sqrt{3}}{\overline{BC}} \quad \therefore \overline{BC} = 4(\text{cm})$
$\triangle ABC$가 직각삼각형이므로 피타고라스 정리에 의하여
$\overline{AC} = \sqrt{(4\sqrt{3})^2 + 4^2} = \sqrt{64} = 8(\text{cm})$

12 $\triangle BCD$에서 $\angle BDC = 180^\circ - (90^\circ + 30^\circ) = 60^\circ$이므로
$\overline{BC} = \overline{CD}\tan 60^\circ = 10\sqrt{3}$
$\triangle ABC$에서
$\overline{AC} = \overline{BC}\cos 45^\circ = 10\sqrt{3} \times \frac{\sqrt{2}}{2} = 5\sqrt{6}$

13 점 A에서 $\overline{BC}$에 내린 수선의 발을 H라고 하면
$\overline{AH} = \overline{AB}\sin 30^\circ$
$= 2\sqrt{2} \times \frac{1}{2} = \sqrt{2}(\text{cm})$
$\triangle AHC$에서 $\overline{AC} = \frac{\overline{AH}}{\cos 45^\circ} = \sqrt{2} \div \frac{\sqrt{2}}{2} = 2(\text{cm})$

14 $\overrightarrow{PA}, \overrightarrow{PB}$는 원 O의 접선이므로 $\angle PBO = 90^\circ$
$\therefore \angle PBA = 90^\circ - 24^\circ = 66^\circ$
$\overline{PA} = \overline{PB}$에서 $\triangle PBA$가 이등변삼각형이므로
$\angle x = 180^\circ - 2\angle PBA = 180^\circ - 2 \times 66^\circ = 48^\circ$

15 $\triangle ODC$에서 $\angle BOD = 24^\circ + 38^\circ = 62^\circ$
$\overset{\frown}{BD}$에 대한 중심각의 크기가 62°이고 $\overset{\frown}{BD}$에 대한 원주각의 크기는 중심각의 크기의 $\frac{1}{2}$이므로
$\angle x = \frac{1}{2} \times 62^\circ = 31^\circ$

16 $\angle BAP = \angle ACB = 42^\circ$이므로 $\triangle BAP$에서
$\angle x = \angle BAP + \angle BPA = 42^\circ + 33^\circ = 75^\circ$

V 확률과 통계

35 경우의 수와 확률

1. 경우의 수 1 190쪽

1 3	2 5	3 4	4 12
5 10	6 16	7 24	8 30
9 8			

1 경우의 수는 3, 6, 9로 3이다.

2 경우의 수는 1, 3, 5, 7, 9로 5이다.

3 두 눈의 수의 합이 2인 경우는 (1, 1)로 1가지
두 눈의 수의 합이 4인 경우는 (1, 3), (2, 2), (3, 1)로 3가지
따라서 구하는 경우의 수는 $1+3=4$

4 두 눈의 수의 차가 0인 경우는 (1, 1), (2, 2), (3, 3), (4, 4), (5, 5), (6, 6)으로 6가지
두 눈의 수의 차가 3인 경우는 (1, 4), (2, 5), (3, 6), (4, 1), (5, 2), (6, 3)으로 6가지
따라서 구하는 경우의 수는 $6+6=12$

5 버스를 타거나 걸어서 가는 경우의 수는 $4+6=10$

6 $2\times2\times2\times2=16$

7 $2\times2\times6=24$

8 부산에서 제주도까지 비행기를 타고 갔다가 배를 타고 돌아오는 경우의 수는
$10\times3=30$

9 A 지점에서 B 지점까지 가는 방법은 2가지이고, B 지점에서 C 지점까지 가는 방법은 4가지이므로 A 지점에서 C 지점까지 가는 방법의 수는 $2\times4=8$

2. 경우의 수 2 191쪽

1 24	2 30	3 120	4 12
5 20	6 60	7 10	8 10
9 210	10 25		

1 $4\times3\times2\times1=24$

2 $6\times5=30$

3 $6\times5\times4=120$

4 부모님을 한 묶음으로 생각하여 3명을 한 줄로 세우는 경우의 수는
$3\times2\times1=6$
부모님은 자리를 서로 바꿀 수 있으므로 $6\times2=12$

5 $5\times4=20$

6 $5\times4\times3=60$

7 5명의 후보 중에서 대표 2명을 뽑는 경우의 수는 A, B가 뽑힌다고 할 때, (A, B), (B, A)를 뽑는 것은 같은 경우이므로 2로 나누어야 한다.
$\therefore \frac{5\times4}{2}=10$

8 5명의 후보 중에서 대표 3명을 뽑는 경우의 수는 A, B, C가 뽑힌다고 할 때, (A, B, C), (A, C, B), (B, A, C), (B, C, A), (C, A, B), (C, B, A)를 뽑는 것은 같은 경우이므로 6으로 나누어야 한다.
$\therefore \frac{5\times4\times3}{6}=10$

9 $7\times6\times5=210$

10 0을 포함한 6장의 카드가 있을 때, 2장을 뽑아 만들 수 있는 두 자리의 자연수의 개수는 십의 자리에는 0이 올 수 없으므로 5장의 카드가 올 수 있고, 일의 자리에는 십의 자리에 온 수를 제외한 5장의 카드가 올 수 있다.
$\therefore 5\times5=25$

3. 확률의 뜻과 성질 192쪽

1 $\frac{1}{4}$	2 $\frac{3}{10}$	3 $\frac{1}{9}$	4 1
5 0	6 $\frac{1}{6}$	7 $\frac{7}{8}$	8 $\frac{6}{7}$

1 10원짜리 동전 1개, 100원짜리 동전 1개를 동시에 던질 때, 나올 수 있는 모든 경우의 수는 $2\times2=4$
모두 뒷면이 나오는 경우의 수는 1이다.
따라서 모두 뒷면이 나오는 확률은 $\frac{1}{4}$이다.

2 20의 약수는 1, 2, 4, 5, 10, 20의 6개이므로 20장의 카드 중에서 한 장을 뽑을 때, 20의 약수가 적힌 카드가 나올 확률은
$\frac{6}{20}=\frac{3}{10}$

3 서로 다른 주사위 두 개를 던질 때, 나오는 모든 경우의 수는 $6\times6=36$
두 눈의 수의 합이 9인 경우는 (3, 6), (4, 5), (5, 4), (6, 3)으로 4가지이다.
따라서 구하는 확률은 $\frac{4}{36}=\frac{1}{9}$

4 서로 다른 2개의 주사위를 동시에 던질 때, 두 눈의 수의 합은 모두 12 이하이다.
따라서 반드시 일어나는 사건의 확률이므로 1이다.

5 빨간 구슬 6개, 파란 구슬 8개가 들어 있는 상자에서 1개의 구슬을 꺼낼 때, 꺼낸 구슬이 노란 구슬인 경우는 일어나지 않는다.
따라서 절대로 일어날 수 없는 사건의 확률이므로 0이다.

6 A, B가 게임을 하여 A가 이길 확률이 $\frac{5}{6}$일 때, B가 이길 확률은 A가 질 확률과 같으므로 $1-\frac{5}{6}=\frac{1}{6}$

7 서로 다른 동전 3개를 동시에 던질 때, 나오는 모든 경우의 수는
$2\times2\times2=8$
모두 앞면이 나올 확률은 $\frac{1}{8}$이므로 적어도 뒷면이 1개 나올 확률은
$1-\frac{1}{8}=\frac{7}{8}$

8 남학생 4명과 여학생 3명 중에서 2명의 대표를 뽑는 경우의 수는

$\frac{7\times6}{2}=21$

여학생만 대표로 뽑는 경우의 수는 $\frac{3\times2}{2}=3$

2명의 대표를 모두 여학생으로 뽑을 확률은 $\frac{3}{21}=\frac{1}{7}$

따라서 2명의 대표를 뽑을 때, 적어도 한 명은 남학생이 뽑힐 확률은

$1-\frac{1}{7}=\frac{6}{7}$

4. 확률 1 193쪽

1 $\frac{1}{2}$ 2 $\frac{2}{3}$ 3 $\frac{1}{6}$ 4 $\frac{3}{10}$

5 $\frac{2}{35}$ 6 $\frac{1}{25}$ 7 $\frac{26}{27}$

1 3보다 작을 확률은 1, 2가 적힌 카드가 나와야 하므로 $\frac{2}{10}$

7보다 클 확률은 8, 9, 10이 적힌 카드가 나와야 하므로 $\frac{3}{10}$

따라서 3보다 작거나 7보다 큰 자연수가 적힌 카드가 나올 확률은

$\frac{2}{10}+\frac{3}{10}=\frac{1}{2}$

2 빨간 공이 나올 확률은 $\frac{3}{12}$

노란 공이 나올 확률은 $\frac{5}{12}$

따라서 빨간 공 또는 노란 공이 나올 확률은

$\frac{3}{12}+\frac{5}{12}=\frac{8}{12}=\frac{2}{3}$

3 동전이 앞면이 나올 확률은 $\frac{1}{2}$

주사위가 3의 배수의 눈이 나올 확률은 $\frac{2}{6}=\frac{1}{3}$

따라서 동전은 앞면이 나오고 주사위는 3의 배수의 눈이 나올 확률은

$\frac{1}{2}\times\frac{1}{3}=\frac{1}{6}$

4 $\frac{1}{2}\times\frac{3}{5}=\frac{3}{10}$

5 경서가 약속 장소에 나오지 않을 확률은 $1-\frac{4}{5}=\frac{1}{5}$

혜민이가 약속 장소에 나오지 않을 확률은 $1-\frac{5}{7}=\frac{2}{7}$

따라서 두 사람 모두 약속 장소에 나오지 않을 확률은

$\frac{1}{5}\times\frac{2}{7}=\frac{2}{35}$

6 10발을 쏘면 평균 8발을 과녁에 명중시키는 사격수가 과녁을 맞힐 확률은 $\frac{8}{10}=\frac{4}{5}$

따라서 과녁에 명중시키지 못할 확률은 $1-\frac{4}{5}=\frac{1}{5}$이므로 2발을 쏠 때, 모두 과녁에 명중시키지 못할 확률은

$\frac{1}{5}\times\frac{1}{5}=\frac{1}{25}$

7 A 선수가 자유투를 성공시키지 못할 확률은 $1-\frac{5}{6}=\frac{1}{6}$

B 선수가 자유투를 성공시키지 못할 확률은 $1-\frac{7}{9}=\frac{2}{9}$

따라서 적어도 한 명이 자유투를 성공시킬 확률은

$1-\frac{1}{6}\times\frac{2}{9}=1-\frac{1}{27}=\frac{26}{27}$

5. 확률 2 194쪽

1 $\frac{5}{16}$ 2 $\frac{13}{27}$ 3 $\frac{4}{25}$ 4 $\frac{1}{12}$

5 $\frac{1}{5}$ 6 $\frac{1}{15}$

1 오늘과 내일 중 하루만 비가 오는 경우의 확률은

(오늘 비가 오고 내일은 비가 오지 않을 확률)

+(오늘 비가 오지 않고 내일은 비가 올 확률)

$=\frac{3}{4}\times\left(1-\frac{7}{8}\right)+\left(1-\frac{3}{4}\right)\times\frac{7}{8}$

$=\frac{3}{4}\times\frac{1}{8}+\frac{1}{4}\times\frac{7}{8}$

$=\frac{10}{32}=\frac{5}{16}$

2 두 상자에서 각각 빵을 한 개씩 꺼낼 때 같은 종류의 빵을 꺼낼 확률은

(둘 다 단팥빵을 꺼낼 확률)+(둘 다 크림빵을 꺼낼 확률)

$=\frac{4}{9}\times\frac{6}{9}+\frac{5}{9}\times\frac{3}{9}=\frac{39}{81}=\frac{13}{27}$

3 첫 번째는 당첨 제비를 뽑을 확률은 $\frac{2}{10}=\frac{1}{5}$

두 번째는 당첨 제비가 아닌 제비를 뽑을 확률은

$1-\frac{1}{5}=\frac{4}{5}$

따라서 첫 번째는 당첨 제비를 뽑고 두 번째는 당첨 제비가 아닌 제비를 뽑을 확률은 $\frac{1}{5}\times\frac{4}{5}=\frac{4}{25}$

4 1개의 제품을 꺼낼 때 불량품일 확률은 $\frac{3}{9}$

꺼낸 제품은 다시 넣지 않으므로 첫 번째 불량품을 뽑고 두 번째 뽑을 때는 전체 제품과 불량품 모두 1개씩 줄었으므로 연속해서 불량품을 뽑을 확률은

$\frac{3}{9}\times\frac{2}{8}=\frac{1}{12}$

5 A가 당첨 제비를 뽑을 확률은 $\frac{4}{16}$

뽑은 제비는 다시 넣지 않으므로 A가 당첨 제비를 뽑으면 전체 제비 수와 당첨 제비 수가 모두 1개씩 줄어드므로 A만 당첨 제비를 뽑을 확률은

$\frac{4}{16}\times\frac{12}{15}=\frac{1}{5}$

6 두 원판 모두 C에 꽂힐 확률은 $\frac{1}{3}\times\frac{1}{5}=\frac{1}{15}$

개념 완성 문제 195쪽

1 ⑤　2 ①　3 ③　4 ④

5 $\frac{1}{30}$　6 ③

1 짝수를 뽑는 경우의 수는 8
9의 약수를 뽑는 경우의 수는 3
따라서 짝수 또는 9의 약수가 되는 경우의 수는 $8+3=11$

2 주민센터, 어린이집, 우체국, 도서관에 봉사 활동 순서를 정하는 경우의 수는 4곳을 한 줄로 세우는 경우의 수와 같으므로
$4\times3\times2\times1=24$

3 12명 중 대표 2명을 뽑는 경우의 수는
$\frac{12\times11}{2}=66$

4 2개 모두 흰 바둑돌이 나올 확률은 $\frac{4}{10}\times\frac{3}{9}=\frac{2}{15}$
따라서 적어도 한 개는 검은 바둑돌이 나올 확률은 $1-\frac{2}{15}=\frac{13}{15}$

5 명중률이 $\frac{8}{9}$인 양궁 선수가 과녁에 명중시키지 못할 확률은
$1-\frac{8}{9}=\frac{1}{9}$
명중률이 $\frac{7}{10}$인 양궁 선수가 과녁에 명중시키지 못할 확률은
$1-\frac{7}{10}=\frac{3}{10}$
따라서 두 선수 모두 과녁에 명중시키지 못할 확률은
$\frac{1}{9}\times\frac{3}{10}=\frac{1}{30}$

6 항준이가 당첨 제비를 뽑을 확률은 $\frac{4}{20}=\frac{1}{5}$
은기가 당첨 제비가 아닌 제비를 뽑을 확률은 $\frac{16}{20}=\frac{4}{5}$
따라서 항준이는 당첨 제비를 뽑고 은기는 당첨 제비가 아닌 제비를 뽑을 확률은
$\frac{1}{5}\times\frac{4}{5}=\frac{4}{25}$

36 통계

1. 대푯값 196쪽

1 3　2 7　3 8
4 중앙값: 3, 최빈값: 3　5 중앙값: 6, 최빈값: 7
6 중앙값: 4, 최빈값: 2, 3　7 5　8 14
9 19　10 7　11 13　12 22

1 (평균)$=\frac{1+3+4+5+2}{5}=\frac{15}{5}=3$

2 (평균)$=\frac{4+7+6+10+8}{5}=\frac{35}{5}=7$

3 (평균)$=\frac{9+6+4+8+11+10}{6}=\frac{48}{6}=8$

4 주어진 수들을 작은 수부터 크기순으로 나열하면
1, 2, 3, 3, 4, 5, 6
따라서 중앙값은 네 번째 수인 3이고, 최빈값은 3이 두 번 나오므로 3이다.

5 주어진 수들을 작은 수부터 크기순으로 나열하면
1, 3, 5, 6, 7, 7, 7
따라서 중앙값은 네 번째 수인 6이고, 최빈값은 7이 세 번 나오므로 7이다.

6 주어진 수들을 작은 수부터 크기순으로 나열하면
2, 2, 3, 3, 5, 6, 7, 8
따라서 자료의 개수가 짝수이므로 중앙값은 네 번째 수 3과 다섯 번째 수 5의 평균이므로 4이고, 최빈값은 2가 두 번, 3이 두 번 나오므로 2, 3이다.

7 7, x, 11, 9의 평균이 8이므로
$\frac{7+x+11+9}{4}=8$, $x+27=32$
$\therefore x=5$

8 8, 17, x, 10의 중앙값이 12이고 자료가 4개이므로
$\frac{10+x}{2}=12$　$\therefore x=14$

9 17, 25, 14, x의 중앙값이 18이고 자료가 4개이므로
$\frac{17+x}{2}=18$　$\therefore x=19$

10 5, 6, 5, x, 5, 1, 2, 9는 5가 3개 있으므로 최빈값이 5이다.
따라서 평균은 5이므로
$\frac{5+6+5+x+5+1+2+9}{8}=5$, $x+33=40$
$\therefore x=7$

11 15, 16, 13, x, 10, 11의 평균이 13이므로
$\frac{15+16+13+x+10+11}{6}=13$, $x+65=78$
$\therefore x=13$
이 자료를 작은 수부터 크기순으로 나열하면
10, 11, 13, 13, 15, 16
따라서 중앙값은 13

12 12, 31, 24, x, 18, 20의 평균이 22이므로
$\frac{12+31+24+x+18+20}{6}=22$, $x+105=132$
$\therefore x=27$
이 자료를 작은 수부터 크기순으로 나열하면
12, 18, 20, 24, 27, 31
따라서 중앙값은 $\frac{20+24}{2}=22$

2. 분산과 표준편차 197쪽

1 -2, 2, 5　2 26시간　3 24　4 4
5 2　6 10시간　7 2, 0, -3, 2, -1, 0
8 18　9 3　10 $\sqrt{3}$시간

1

변량	3	7	10	11	14
편차	-6	-2	1	2	5

2 E의 편차를 x라고 하면 편차의 합은 항상 0이므로
$(-3)+2+(-1)+0+x=0 \quad \therefore x=2$
(편차)=(E의 봉사 활동 시간)−(평균)이므로
2=(E의 봉사 활동 시간)−24
∴ (E의 봉사 활동 시간)=26(시간)

3 {(편차)^{2}의 총합}$=(-1)^2+4^2+(-2)^2+(-1)^2+(-1)^2+1^2$
$=24$

4 (분산)$=\frac{24}{6}=4$

5 (표준편차)$=\sqrt{4}=2$

6 (평균)$=\frac{12+10+7+12+9+10}{6}=\frac{60}{6}=10$(시간)

7 각 변량에 대한 편차를 차례대로 나열하면
$2, 0, -3, 2, -1, 0$

8 {(편차)^{2}의 총합}$=2^2+(-3)^2+2^2+(-1)^2=18$

9 (분산)$=\frac{18}{6}=3$

10 (표준편차)$=\sqrt{3}$(시간)

개념 완성 문제 198쪽

1 ④ 2 ⑤ 3 10 4 ③, ⑤
5 ② 6 E반

1 2개의 변량 a, b의 평균이 8이므로
$\frac{a+b}{2}=8,\ a+b=16$
따라서 3개의 변량 $a, b, 5$의 평균은
$\frac{a+b+5}{3}=\frac{16+5}{3}=7$

2 82점, 94점, 88점, x점의 중앙값이 90점이므로 88점과 x점의 평균이 90점이어야 한다.
$\frac{88+x}{2}=90 \quad \therefore x=92$

3 최빈값은 자료 중 가장 많이 나온 8이므로 이 자료의 평균이 8이다.
즉,
$\frac{8+3+8+x+5+8+10+9+11}{9}=8,\ x+62=72$
$\therefore x=10$

4 ③ 평균이 같은 두 자료의 표준편차는 같을 수도 있고 다를 수도 있다.
⑤ 편차의 합은 0이므로 편차의 평균은 항상 0이다.
따라서 편차의 평균으로는 변량들이 흩어진 정도를 알 수 없다.

5 {(편차)^{2}의 총합}$=(-2)^2+(-1)^2+3^2+(-1)^2+1^2=16$
∴ (분산)$=\frac{16}{5}=3.2$

6 영어 성적의 표준편차가 작을수록 성적이 고른 반이므로 E반이다.

고르고 고른 고등수학으로 연결되는 문제 V단원 총정리 199~200쪽

1 ⑤ 2 15 3 ⑤ 4 ③
5 ② 6 ⑤ 7 $\frac{16}{25}$ 8 ④
9 ① 10 78점 11 ⑤ 12 ②
13 ③, ④ 14 $x=1$, 표준편차: 2회 15 ①, ⑤
16 ③

1 두 눈의 수의 차가 2인 경우는
$(1,\ 3), (2,\ 4), (3,\ 5), (4,\ 6), (3,\ 1), (4,\ 2), (5,\ 3), (6,\ 4)$로 8가지
두 눈의 수의 차가 4인 경우는
$(1,\ 5), (2,\ 6), (5,\ 1), (6,\ 2)$로 4가지
따라서 두 눈의 수의 차가 2 또는 4인 경우의 수는
$8+4=12$

2 주사위를 두 번 던져 바닥에 닿은 면이 첫 번째는 소수가 나오는 경우는 2, 3, 5, 7, 11로 5가지이고, 두 번째는 4의 배수가 나오는 경우는 4, 8, 12로 3가지이므로 구하는 경우의 수는
$5\times3=15$

3 10개국 중에 3개국을 뽑아서 금메달, 은메달, 동메달을 주면 되므로
$10\times9\times8=720$

4 백의 자리에 올 수 있는 수는 0을 제외하고 5가지이고, 십의 자리에 올 수 있는 수는 백의 자리에 온 수를 제외한 5가지, 일의 자리에 올 수 있는 수는 백의 자리와 십의 자리에 온 수를 제외한 4가지이므로
$5\times5\times4=100$

5 ② $p+q=1$이므로 $p=1-q$

6 A, B, C, D 네 명의 학생을 한 줄로 세우는 경우의 수는
$4\times3\times2\times1=24$
B가 맨 앞에 서는 경우의 수는 B를 맨 앞에 세운 후 나머지 세 명을 세우면 되므로
$3\times2\times1=6$
따라서 B가 맨 앞에 서는 확률은 $\frac{6}{24}=\frac{1}{4}$이므로 B가 맨 앞에 서지 않을 확률은 $1-\frac{1}{4}=\frac{3}{4}$

7 야구 선수가 안타를 칠 확률은 $\frac{2}{5}$이므로 안타를 못 칠 확률은
$1-\frac{2}{5}=\frac{3}{5}$
이 선수가 두 번 모두 안타를 못 칠 확률은 $\frac{3}{5}\times\frac{3}{5}=\frac{9}{25}$
따라서 이 선수가 타석에 두 번 설 때 적어도 한 번은 안타를 칠 확률은
$1-\frac{9}{25}=\frac{16}{25}$

8 바늘이 가리키는 숫자가 3 이하일 확률은 $\frac{3}{8}$
바늘이 가리키는 숫자가 5 초과일 확률은 $\frac{3}{8}$
따라서 구하는 확률은 $\frac{3}{8}+\frac{3}{8}=\frac{3}{4}$

9 $\frac{13+12+x+11+20+25+26}{7}=18,\ x+107=126$
$\therefore x=19$

10 A 모둠의 국어 성적의 총합을 x점이라고 하면

$\frac{x}{8}=75$ $\therefore x=600$

B 모둠의 국어 성적의 총합을 y점이라고 하면

$\frac{y}{12}=80$ $\therefore y=960$

따라서 두 모둠 전체의 국어 성적의 평균은

$\frac{600+960}{8+12}=\frac{1560}{20}=78$(점)

11 변량 5, 8, a의 중앙값이 8이므로 $a\geq 8$

변량 13, 18, a의 중앙값이 13이므로 $a\leq 13$

따라서 a의 값이 될 수 없는 것은 ⑤ 14이다.

12 ① B의 중앙값은 8점이고 최빈값은 9점이므로 중앙값은 최빈값보다 작다.

② A의 중앙값은 8점이고 최빈값은 7점이므로 같지 않다.

③ A의 중앙값은 8점이고, B의 중앙값은 8점이므로 같다.

④ (A의 평균)$=\frac{7+8+9+10+7}{5}=\frac{41}{5}=8.2$(점)

(B의 평균)$=\frac{8+6+9+9+7}{5}=\frac{39}{5}=7.8$(점)

따라서 A의 평균이 B의 평균보다 크다.

⑤ B의 최빈값은 9점, A의 최빈값은 7점이므로 B의 최빈값이 A의 최빈값보다 크다.

13 ① 편차의 제곱의 합이 아닌 편차의 합이 항상 0이다.

② (편차)=(변량)−(평균)이므로 편차는 음수, 0, 양수가 모두 될 수 있다.

⑤ (편차)=(변량)−(평균)

14 편차의 합은 항상 0이므로 $-3+0+x+3-2+1=0$

$\therefore x=1$

{(편차)^{2}의 총합}$=(-3)^2+1^2+3^2+(-2)^2+1^2=24$

(분산)$=\frac{24}{6}=4$

$\therefore$ (표준편차)$=\sqrt{4}=2$(회)

15 ① 표준편차가 가장 작은 지역이 성적이 가장 고른 지역이므로 C 지역이다.

② B 지역에 과학 성적이 가장 낮은 학생이 있는지 알 수 없다.

③ 성적이 가장 고르지 않은 지역은 표준편차가 가장 큰 지역이므로 D 지역이다.

④ 성적이 가장 높은 학생이 있는 지역은 알 수 없다.

⑤ 과학 성적에 대한 분산이 가장 큰 지역은 표준편차가 가장 큰 지역이므로 D 지역이다.

16 표준편차가 가장 큰 것은 평균을 중심으로 흩어진 정도가 가장 큰 ③이다.

바빠 중학연산·도형 시리즈

기초 완성용 | 가장 먼저 풀어야 할 **'허세 없는 기본 문제집'**

교재	1학기용(연산 영역)		2학기용(도형 영역)
	바빠 중학연산 1권	바빠 중학연산 2권	바빠 중학도형
중1 과정	바쁜 중1을 위한 빠른 중학연산 1권	바쁜 중1을 위한 빠른 중학연산 2권	바쁜 중1을 위한 빠른 중학도형
	• 소인수분해 • 정수와 유리수	• 일차방정식 • 그래프와 비례	• 기본 도형과 작도 • 평면도형 • 입체도형 • 통계
중2 과정	바쁜 중2를 위한 빠른 중학연산 1권	바쁜 중2를 위한 빠른 중학연산 2권	바쁜 중2를 위한 빠른 중학도형
	• 수와 식의 계산 • 부등식	• 연립방정식 • 함수	• 도형의 성질 • 도형의 닮음 • 피타고라스 정리 • 확률
중3 과정	바쁜 중3을 위한 빠른 중학연산 1권	바쁜 중3을 위한 빠른 중학연산 2권	바쁜 중3을 위한 빠른 중학도형
	• 제곱근과 실수 • 다항식의 곱셈 • 인수분해	• 이차방정식 • 이차함수	• 삼각비 • 원의 성질 • 통계

중학수학 *빠르게 완성* 프로젝트

고등수학에서 필요한 내용만 한 권으로 끝낸다!

바빠 고등수학으로 연결되는 **중학수학 총정리**

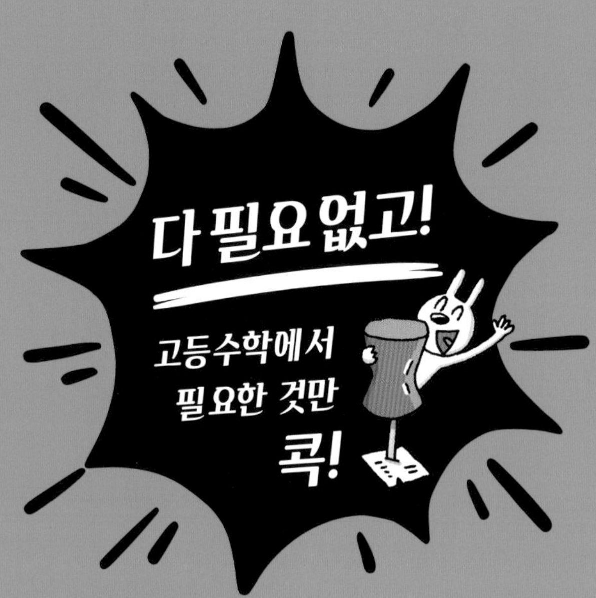

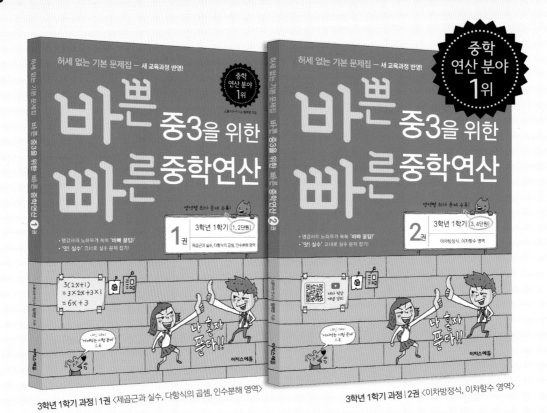